Zahnräder

ZAHNRÄDER

Berechnung, Entwurf und Herstellung nach amerikanischen Erfahrungen

Von

Darle W. Dudley

General Electric Company

Für die deutsche Praxis bearbeitet

von

Dr.-Ing. Hans Winter

Zahnradfabrik Friedrichshafen AG

Mit 256 Abbildungen

Springer-Verlag

Berlin / Göttingen / Heidelberg

1961

Titel der Originalausgabe:
Practical Gear Design
by Darle W. Dudley
McGraw-Hill Book Company, Inc.
New York/Toronto/London
1954

ISBN-13:978-3-642-92804-8   e-ISBN-13:978-3-642-92803-1
DOI: 10.1007/978-3-642-92803-1

Geleitwort zur deutschen Ausgabe

Der Springer-Verlag bietet mit der Herausgabe des Buches von D. W. Dudley in der deutschen Bearbeitung von H. Winter die Möglichkeit, den *heutigen Stand der amerikanischen Praxis* hinsichtlich *Entwurf, Berechnung* und *Herstellung* der verschiedenen Zahnradgetriebe und der hierbei bevorzugten Methoden eingehender kennenzulernen, mit den bei uns bevorzugten zu vergleichen und hieraus Anregungen für die Weiterentwicklung zu ziehen. Ein weiterer Anlaß für die deutsche Ausgabe sind die von Dudley in großem Umfang zu den praktischen Fragen gebotenen *Zahlenangaben,* z.B. die Erfahrungswerte für die Bemessung der Getriebe auf den verschiedenen Verwendungsgebieten, für Flankenspiele und Toleranzen, für Zeiten und Temperaturen bei der Wärmebehandlung, für die Ermittlung von Fertigungszeiten und für die Auslegung von Verzahnwerkzeugen.

Die für die deutsche Ausgabe vorgenommene Umstellung und Erweiterung auf die bei uns benutzten Maße, Begriffe, Werkstoffe und Normen erleichtert sehr das Verständnis und die Auswertung des Gebotenen für die praktische Verwendung.

München, im Herbst 1960

Gustav Niemann

Vorwort zur amerikanischen Ausgabe

Dieses Buch wendet sich nicht nur an den Zahnradfachmann, sondern in erster Linie an den *Ingenieur und Techniker des allgemeinen Maschinenbaues*. Ich hoffe, daß es auch für *Betriebsingenieure, Arbeitsvorbereiter, Werkzeugfachleute, Studenten des Maschinenbaues, Kalkulatoren, Meister* und *interessierte Maschinenarbeiter* nützlich ist, wenn sie Problemen in Bemessung oder Herstellung von Zahnrädern oder Schadensfällen gegenüberstehen.

Das Buch behandelt die *Geometrie der Zahnradbemessung*, die *Herstellverfahren* und die *Ursachen von Schäden an Getriebeanlagen*. – Der Entwurf eines Getriebes ist nur dann als gut zu bezeichnen, wenn alle Teile *zweckmäßig* und *wirtschaftlich gefertigt* werden können; er muß so gut durchdacht sein, daß das Getriebe allen *Belastungen* und *Gefahren*, die in der Betriebszeit auftreten können, standhält. Es war mir besonders wichtig zu zeigen, daß bei der Dimensionierung der Zahnräder unbedingt darauf Rücksicht genommen werden muß, welche *Werkzeugmaschinen* und *Vorrichtungen* zur Verfügung stehen.

In fast allen Bereichen der Technik werden oft *unterschiedliche Methoden* angewendet, um ein *bestimmtes vorgegebenes Ziel* zu erreichen. Der Getriebebau macht hier keine Ausnahme. So sind zum Beispiel in Kap. 7 *Gleichungen und Zahlenangaben zur Berechnung der Zeit* angegeben, die für das Verzahnen nach verschiedenen Herstellverfahren erforderlich ist. Diese Angaben wurden von mehreren Zahnradfachleuten überprüft, und alle äußerten in ihren Stellungnahmen die Überzeugung, daß die Angaben für die meisten Konstrukteure sicher sehr nützlich seien. Jedoch wurde hervorgehoben, daß einige Radkonstruktionen besonders schwierig herzustellen sind und daß vielleicht mancher Betrieb – ohne eigenes Verschulden – nicht in der Lage ist, die in diesem Kapitel geschätzten Produktionsleistungen zu erreichen.

Viele *Firmen* haben bei der Vorbereitung dieses Buches mitgeholfen. Ich möchte allen meinen herzlichen Dank aussprechen, die Bildunterlagen und sonstiges Material für das Manuskript zur Verfügung gestellt haben.

Besonders dankbar bin ich Mr. WELLS COLEMANN von der *Fa. Gleason Works* für seine Hilfe bei der Beschaffung der neuesten Gleason-Normen, für seine Beiträge zum Kapitel über Kegelräder und die Ratschläge, die er mir nach Durchsicht der ersten Niederschrift dieses Kapitels erteilte.

Mr. GERALD BROPHY überprüfte den ersten Entwurf des Kap. 4 und gab Anregung zu vielen Verbesserungen. Die *International Nickel Company* unterstützte mich bei der Beschaffung der verschiedenen Angaben über Zahnradwerkstoffe und Wärmebehandlungsverfahren.

Mr. LAWRENCE J. COLLINS und andere meiner Arbeitskollegen in der *General Electric Company* ermutigten mich zum Schreiben dieses Buches und halfen mir bei der Überarbeitung des ersten Entwurfes.

Die leitenden Herren und das Sekretariat der *American Gear Manufacturers Association* (AGMA)[1], der „Seele der amerikanischen Getriebeindustrie", waren mir bei der Vorbereitung und Herausgabe dieser Arbeit in besonderem Maße behilflich. Schließlich hätte ich dieses Buch wohl nicht ohne das Privileg schreiben können, die *General Electric Company* während der letzten Jahre in mehreren AGMA-Arbeitsgruppen zu vertreten.

Die Hilfe aller vorher genannten und weiterer Fachleute erkenne ich dankbar an; die Schlußfolgerungen stammen jedoch weitgehend von mir selbst. Ich hoffe, daß es mir gelungen ist, die verschiedenen voneinander abweichenden Ansichten über Theorien und Praktiken im Getriebebau auf einen Nenner zu bringen.

Darle W. Dudley

---

[1] American Gear Manufacturers Association = Vereinigung der amerikanischen Getriebehersteller.

Vorwort zur deutschen Ausgabe

Zum Inhalt. Bei der Bearbeitung der deutschen Ausgabe dieses Buches standen *zwei Hauptgesichtspunkte* im Vordergrund.

1. Dem Leser und Benutzer sollte der Wissensstoff vermittelt werden, der – bei Beachtung amerikanischer *und* deutscher Praxis – für Entwurf, Berechnung und Herstellung von Zahnrädern benötigt wird. Im Vergleich zu der ursprünglichen amerikanischen Ausgabe wurde deshalb eine Reihe von Angaben über *Verzahnungsgeometrie, Verzahnungsgenauigkeit, Prüfen und Messen von Verzahnungen, Werkstoffe, Wärmebehandlung, Herstellverfahren, Werkzeuge, Schmierstoffe, DIN-Normen* erweitert oder neu aufgenommen. Alle *Zoll-* und *Diametral-Pitch*-Maße wurden in *Millimeter* und *Modul* umgestellt bzw. – wo dies notwendig erschien – nebeneinander aufgeführt. – Ich hoffe, daß damit ein *Arbeitsbuch* vorliegt, das für die deutsche Praxis brauchbar ist.

2. Die Erfahrungen der *amerikanischen* Industrie sollten dem deutschen Benutzer möglichst *vollständig* übermittelt werden. Dort, wo in der amerikanischen Ausgabe *Hinweise* auf AGMA-Normen oder amerikanische Veröffentlichungen genügen mochten, wurde hier das Wesentliche (Formeln, Tabellen usw.) wiedergegeben. So sind beispielsweise Angaben über *Wärmetragfähigkeit von Stirn- und Schneckentrieben, Flankenspiele bei Schneckentrieben, Berechnungsformeln für Schaberäder und dynamische Zahnkräfte* (Buckingham) hinzugekommen. Ferner wurden Daten und Beschreibung *neuerer amerikanischer Herstellverfahren und Maschinen* aufgenommen. Wo neue oder überarbeitete amerikanische Normen erschienen waren, wurden diese an Stelle der ursprünglich angeführten zugrunde gelegt.

Bei den Daten, die aus amerikanischen und deutschen Normen entnommen wurden, bin ich stets von der – z. Z. der Bearbeitung vorliegenden – Ausgabe ausgegangen. Maßgebend ist jedoch immer die neueste Ausgabe der betreffenden Normblätter.

Zur Benutzung. Kap. 1 gibt einen *Überblick* über den Stand der Zahnradtechnik in den verschiedenen Anwendungsgebieten und soll den *Studierenden* in die unterschiedliche Problemstellung und die in den einzelnen Gebieten heute angewendeten Methoden einführen. Auch *dem in der*

Praxis stehenden Ingenieur wird ein Einblick in Nachbargebiete manchmal nützliche Erkenntnisse vermitteln können.

In Kap. 2 sind die *Grundlagen der Verzahnungsgeometrie* und *-tragfähigkeit* zusammengefaßt. Wo diese Formeln im Verlauf der Berechnung der Verzahnungsabmessungen später benötigt werden, wird jeweils auf Kap. 2 zurückverwiesen.

Die *eigentlichen fachlichen Angaben*, die man für die Anwendung auf konkrete Einzelfälle benötigt, sind in Kap. 3 bis 9 zusammengefaßt.

Zur Entstehung. Auf Anregung von Herrn Professor NIEMANN (Forschungsstelle für Zahnräder und Getriebebau, TH München) entschloß sich der Springer-Verlag, das Buch „Practical Gear Design" von DUDLEY in deutscher Fassung herauszubringen und mir die Bearbeitung zu übertragen.

Mr. DUDLEY gab bereitwillig seine Zustimmung zu Änderungen und Ergänzungen, die ich für zweckmäßig hielt. Ihm verdanke ich darüber hinaus wertvolle Hinweise auf neuere amerikanische Entwicklungen, die so ebenfalls berücksichtigt werden konnten.

Mein Dank gilt insbesondere dem technischen Vorstand der Zahnradfabrik Friedrichshafen, Herrn Direktor MAIER, der diese Arbeit förderte, und meinem Mitarbeiter, Herrn Ing. DICK, der mir eine entscheidende Hilfe war, indem er Zeichnungen, Diagramme und Beispiele sorgfältig und gewissenhaft ausarbeitete.

Ferner habe ich folgenden Kollegen zu danken, die in privater Mitarbeit bei Übersetzung, Durchsicht und Ergänzung des Stoffes bzw. durch Überlassung von Bildern und Daten mithalfen: Dipl.-Ing. AUGUSTIN, Obering. BRUGGER, Obering. A. FISCHER, Ing. KNOLLE, Ing. MAGG, Ing. OTT, H. SENFTLEBEN, Obering. THIEMIG und Frl. HÜGLE (sämtlich Zahnradfabrik Friedrichshafen), sowie den Herren Dipl.-Phys. GOHL (Bosch), Dipl.-Ing. HASE (Demag), Dr. JAEKEL (Krupp), Obering. KECK (Wentzky/Gleason), Dipl.-Ing. KOGGE (Esso), Direktor KRUMME (Klingelnberg), Dr. RICHTER (TH München), Ing. RITTER (Maag). Außerdem danke ich allen Firmen, die Unterlagen zur Verfügung stellten.

Dem Springer-Verlag sage ich Dank für die gute Zusammenarbeit und die sorgfältige Ausführung aller Arbeiten.

Friedrichshafen/Bodensee, im August 1960

Hans Winter

Inhaltsverzeichnis

1 Überblick und Einführung

Zahnräder gehören zu den am häufigsten verwendeten Maschinenelementen – es gibt wohl nur wenige Maschinen, die keine Zahnräder enthalten. Jeder im Maschinenbau tätige Konstrukteur muß sich deshalb immer wieder mit den Fragen des Entwurfs, der Herstellung und des Betriebsverhaltens von Zahnrädern befassen.

Berechnung und Konstruktion von Zahnradgetrieben sind heute jedoch schon fast zu einer eigenen Wissenschaft geworden; der dauernde Druck, immer billigere, ruhiger laufende, leichtere und leistungsstärkere Maschinen zu bauen, erforderte zwangsläufig auch immer wieder Verbesserungen der Zahnradgetriebe. Infolge dieser dauernden Anstrengungen und der Erfahrungen mit ausgeführten Konstruktionen, haben wir heute schon einen verhältnismäßig guten Einblick in den Beanspruchungsmechanismus der Zahnräder und es sind eine ganze Reihe komplizierter Verfahren für die Zahnradherstellung entwickelt worden. Um die Entwicklung weiter voranzutreiben, sind verschiedene große Firmen dazu übergegangen, Laufverhalten und Tragfähigkeit in Dauerversuchen zu ermitteln. Zur Entwicklung neuer Getriebetypen werden besondere Entwicklungsprogramme durchgeführt. – So findet man laufend neue Mittel, die Laufruhe und Tragfähigkeit zu steigern und die Herstellung zu verbilligen.

Da viele Konstrukteure jedoch nicht die Zeit haben, sich über alle Fortschritte des Getriebebaues auf dem Laufenden zu halten, kommen sie in Gefahr, mit ihren Konstruktionen – gegenüber den Spitzenleistungen ihrer Branche – ins Hintertreffen zu geraten. Es gibt zwar ein umfangreiches Schrifttum über alle Zahnradfragen und doch ist es in vielen Fällen schwierig, die Auskunft zu finden die man gerade benötigt.

Die für die Praxis des Getriebebaues erforderlichen Angaben in übersichtlicher, sofort anwendbarer Form zusammenzufassen, ist der Zweck dieses Buches.

1.1 Entwicklungsrichtungen im Getriebebau

Bevor wir die Formeln zur Berechnung der Zahnradabmessungen kennenlernen, wollen wir uns einen Überblick darüber verschaffen, welche Anforderungen in den verschiedenen *Anwendungsgebieten* an die

Zahnräder gestellt werden; wir wollen weiter sehen, welche *Getriebe-arten* man jeweils anwendet und welche Werkstoffe und Herstellver-fahren für die verschiedenen Zwecke heute üblich sind.

Die Größe der zu übertragenden Kräfte, das zulässige Gewicht, die Anforderungen an das Geräuschverhalten und die erforderliche Genauig-keit einerseits, Stückzahl und zulässiger Preis andererseits, sind in erster Linie bestimmend für die Wahl von Zahnradwerkstoff und Herstell-verfahren. Aber auch konstruktive Gegebenheiten[1], vorhandene Werk-zeugmaschinen und nicht zuletzt auch gewisse *Traditionen* sind von wesentlichem Einfluß. – Auf jedem Gebiet des Getriebebaues haben sich heute bestimmte Standardverfahren für die Herstellung von Zahnrädern eingebürgert; dasselbe gilt für Werkstoffe und Methoden der Wärme-behandlung. Wachsende Anforderungen an die Getriebe und die fort-schreitende Entwicklung der Verzahnungstechnik, können natürlich zu Änderungen und Umstellungen führen, aber die Tradition – man kann auch sagen: das Beharrungsvermögen – der Industrie wirkt sich doch als eine Art Bremse aus und verhindert sprunghafte Umstellungen. Im allgemeinen entschließt man sich erst dann von dem Bekannten und Bewährten abzugehen, wenn die Neuerungen in dem jeweiligen Anwen-dungsgebiet ausreichend erprobt sind und *durchschlagende* Vorteile bringen.

Die nachfolgenden Abschnitte geben einen Einblick in den heutigen Stand der Technik auf den verschiedenen Gebieten des Getriebebaues.

1.11 Kleine billige Zahnräder für untergeordnete Zwecke

Anforderungen. In vielen Anwendungsgebieten – wie z. B. bei Spiel-zeugen und Hilfsgeräten verschiedenster Art – spielt die Beanspruchung der Zahnräder fast keine Rolle. Die Geschwindigkeiten sind gering und die Anforderungen an die Genauigkeit und Lebensdauer ebenfalls nicht sehr hoch. Beinahe jedes „Zapfen"-Rad, das überhaupt eine rotierende Bewegung übertragen kann, könnte hierfür verwendet werden. Festig-keitsrechnungen sind durchweg unnötig, da die Abmessungen, die aus fertigungstechnischen Gründen erforderlich sind, ausreichende Sicher-heit bieten. Einzig entscheidender Gesichtspunkt ist, daß die Kosten je Stück so niedrig wie möglich sind, was nur bei großen Stückzahlen möglich ist.

Werkstoffe und Herstellverfahren. Für die einfachste Art von Zahnradgetrieben – wie z. B. in Spielzeugen – verwendet man häufig aus Stahlblech gestanzte Zahnräder (Abb. 1/1). Ritzel mit kleinen Zähne-

---

[1] Ist z. B. bei einer Verzahnung kein genügend großer Auslauf für den Fräser vorhanden (z. B. Stufenrad), wird man schon aus diesem Grund ein Stoßverfahren wählen müssen.

zahlen werden auch oft im Spritzguß- oder im Strangpreßverfahren hergestellt. Für schwachbelastete Räder und Ritzel, die sehr *ruhig* laufen müssen, wird gern Kunststoff (z. B. Nylon) verwendet, das ebenfalls

Abb. 1/1. Gestanzte Räder und kaltgezogene Ritzel in einem Präzisionslaufwerk. Mittels einer durchsichtigen Deckplatte wurde das Innere sichtbar gemacht. (Werkfoto: Telechron; Ashland, Massachusetts, USA)

meist in Spritzgußverfahren verarbeitet wird. Filmprojektoren, Schwinglüfter, Kameras, Registrierkassen und Rechenmaschinen erfordern oft

derartige ruhig laufende Räder für die Übertragung unbedeutender Kräfte. Es sei allerdings darauf hingewiesen, daß die eben erwähnten Geräte für bestimmte Aufgaben häufig auch Zahnräder hoher Genauigkeit benötigen; dann müssen auch Belastung und Geschwindigkeit beim Entwurf berücksichtigt werden.

Auch Spritzgußräder aus Zinklegierung, Messing oder Aluminium werden für kleine billige Getriebe verwendet. Das Spritzgußverfahren ist dort besonders beliebt, wo das Bauteil neben der Verzahnung Scheiben, Nocken oder Kupplungsteile aufweist (Abb. 1/2). Sowohl die Radzähne als auch die Sonderformen aller

Abb. 1/2. Billiges, im Spritzgußverfahren aus Zinklegierung hergestelltes Zahnrad komplizierter Bauform. (Werkfoto: Doehler-Jarvis Co.; Toledo, Ohio, USA)

mit dem Rad verbundenen Teile können – in einem Arbeitsgang – durch Spritzgießen mit einer Formgenauigkeit hergestellt werden, die eine Nachbearbeitung unnötig macht. Viele billige Hilfsgeräte, die heute auf dem Markt sind, wären sehr viel teurer, wenn alle darin vorhandenen komplizierten Zahnradelemente maschinell bearbeitet werden müßten.

Auch Verfahren der spanlosen Verformung von Metallen führen sich als Mittel für die Herstellung von kleinen Zahnradteilen immer mehr ein. Ritzel und Räder mit kleiner Zähnezahl können von der Stange abge-

Abb. 1/3. Kaltgezogenes Stangenmaterial für die Herstellung von Zahnrädern.
(Werkfoto: Rathbone Co.; Palmer, Massachusetts, USA)

schnitten werden, deren Profil durch Kaltziehen oder im Strangpreßverfahren erzeugt wurde (Abb. 1/1 und 1/3). Viel verwendet werden auch kleine Schnecken mit kaltgewalzter Verzahnung. Alle diese Formverfahren haben noch den Vorteil, daß man Teile mit sehr glatten, kaltverfestigten Oberflächen erhält, einer Eigenschaft, die dort wichtig ist, wo die Reibungsverluste der Verzahnung den Hauptanteil an dem Kraftverbrauch des Gerätes darstellen.

1.12 Zahnräder für Geräte

Anforderungen. Haushaltsgeräte wie Waschmaschinen, Nahrungsmittelmixer und Ventilatoren benötigen große Mengen kleiner Räder, die aus Konkurrenzgründen nur wenige Pfennige kosten dürfen. Sie müssen aber andererseits so ruhig laufen, daß auch anspruchsvolle Hausfrauen damit zufrieden sind. Derartige Getriebe müssen ferner jahrelang mit der Schmierfüllung laufen können, die sie beim Zusammenbau des Gerätes erhalten, da mit einer sachgemäßen Wartung nicht gerechnet werden kann.

Abb. 1/4. Zahnräder aus Sintereisen für eine Waschmaschine

Werkstoffe und Herstellverfahren. Zahnräder aus Stahl mit mittlerem C-Gehalt[1], die mit dem üblichen Zerspanungsverfahren hergestellt wurden, waren früher auf diesem Gebiet die Regel. Auch heute werden solche Räder noch verwendet, für die Herstellung kommen dann allerdings durchweg schnellaufende, automatisch arbeitende Maschinen zum Einsatz. Der Arbeiter an derartigen Verzahnmaschinen hat dabei nicht viel mehr zu tun, als Behälter mit Rohlingen heranzubringen und solche mit fertigen Teilen wegzuschaffen.

Gefräste und gestoßene Stahlzahnräder verlieren im modernen Gerätebau jedoch immer mehr an Bedeutung; andere Werkstoffe und neuere Herstellverfahren setzen sich durch: Sintereisenräder finden bereits verbreitete Anwendung. Sie sind außerordentlich billig (bei großen Stückzahlen), laufen ruhig und zeigen durchweg ein besseres Verschleiß-

---

[1] Etwa 0,25 bis 0,45% C.

verhalten als vergleichbare geschnittene Zahnräder. Da Sintermetall porös ist, kann es mit einem Schmiermittel imprägniert werden; derartig behandelte Räder können bei niedrigen Belastungen lange Zeit ohne weitere Schmiermittelzufuhr laufen. Man kann Sintermetall auch mit Kupfer imprägnieren, was sich in einer Erhöhung der Festigkeit auswirkt. Zähne und selbst komplizierte Radkörperformen können mit diesem Verfahren erzeugt werden, ohne daß Nacharbeit erforderlich ist (Abb. 1/4). Die Werkzeuge für die Herstellung eines Stirnzahnrades können allerdings bis zu 50000 DM kosten; bei Stückzahlen von 100000 aufwärts und Verwendung halbautomatischer Maschinen fällt aber selbst eine so hohe Summe nicht ins Gewicht.

In vielen Fällen, wo es auf geräuscharmen Lauf ankommt, haben sich Zahnräder aus Hartgewebe[1] und Hartpapier[2] (mit Phenolharzen verpreßte Gewebe- bzw. Papierbahnen) bewährt. Aus derartigen Schichtstoffen *gefräßte* oder *gestoßene* Räder sind durchweg tragfähiger als fertig *formgepreßte* Zahnräder, für die Phenolharze mit einer nur lose verfilzten Faserfüllung verwendet werden. Auch die unten erwähnten Polyamidzahnräder haben eine geringere Tragfähigkeit.

Nichtmetallische Räder mit geschnittener Verzahnung haben noch einen weiteren Vorzug: Zahnfehler wirken sich hier bei weitem nicht so schädlich aus, wie bei Metallzahnrädern: Der Elastizitätsmodul des Hartgewebes ist nur 1/30 so hoch wie der von Stahl, d.h. unter der gleichen Belastung biegt sich der Zahn eines Hartgeweberades etwa dreißigmal so stark durch wie ein Stahlradzahn! Infolge dieser Eigenschaft war es z. B. oft möglich, einen Satz von Stahlzahnrädern, deren Verzahnungsfehler sich in außergewöhnlich starkem Verschleiß auswirkten, dadurch zu befriedigendem Laufen zu bringen, daß *ein* Rad durch ein nichtmetallisches Zahnrad ersetzt wurde.

Zahnräder aus Polyamid[3] haben sich besonders in Fällen bewährt, wo infolge hoher Gleitgeschwindigkeit Schwierigkeiten durch übermäßigen Verschleiß auftraten. Polyamid scheint gewisse Eigenschaften eines festen Schmiermittels zu haben. Räder aus diesem Kunststoff werden deshalb in manchen Bearbeitungsmaschinen verwendet, wo sie völlig ohne Schmierung

Abb. 1/5. Auf Metallnaben aufgespritzte Polyamidzahnräder. (Werkfoto: Dynamit AG.; Troisdorf, Bez. Köln)

[1,2] Markenbezeichnungen der in Deutschland im Handel befindlichen Hartgewebe und Hartpapiere s. Fußnote S. 321.

[3] Handelsbezeichnungen für Polyamide, wie z.B. Nylon, s. Tab. 4/24, S. 324.

laufen, weil ein normales Schmiermittel das zu bearbeitende Material verunreinigen würde. Während Hartgeweberäder stets gegen Stahl oder Gußeisenräder laufen sollten (dabei muß stets das *treibende* Rad aus Metall sein!), ist eine Paarung zweier Polyamidenräder möglich. Man macht hiervon Gebrauch, wenn das Äußerste an Laufruhe erforderlich ist. Größere Räder und Einzelstücke werden meist aus Polyamidrohlingen gefräst oder gestoßen, kleine Rädchen – z. B. für Tachometerantriebe, Staubsauger usw. – werden bei großen Stückzahlen im Spritzgußverfahren hergestellt; dabei kann man die Radkörper auch auf Metallnaben aufspritzen (Abb. 1/5).

1.13 Getriebe für Werkzeugmaschinen

Anforderungen. Genauigkeit und Tragfähigkeit sind die maßgebenden Gesichtspunkte für Zahnräder in Werkzeugmaschinen. Die Festigkeitsberechnung ist allerdings mit ziemlichen Unsicherheiten behaftet, da die Belastungen je nach Vorschub, Schnittgeschwindigkeit, Größe des Werkstückes und Art des zu bearbeitenden Materials außerordentlich schwanken. Auch ist im voraus nur selten bekannt, für welche Arbeiten die Maschine verwendet werden soll. Sicherheitshalber wird der Konstrukteur die Zahnräder daher so bemessen, daß sie mehr als die Nennbelastung sicher übertragen können, denn man muß damit rechnen, daß die Maschine gelegentlich überlastet, zuweilen auch unsachgemäß behandelt wird. Da bei Werkzeugmaschinen andererseits ein scharfer Wettbewerb herrscht, darf der Aufwand nicht zu groß sein, um noch tragbare Preise zu erzielen.

Verwendete Getriebearten. Die Antriebsaggregate von Werkzeugmaschinen sind oft buchstäblich *gefüllt* mit Zahnrädern verschiedener Art (Abb. 1/6). Als Wechselräder, die zur Einstellung von Vorschub und Spindeldrehzahl dienen, kommen gerad- und schrägverzahnte Stirnräder zur Anwendung. Teil- oder Schaltgetriebe zur Tisch- und Werkstückbewegung arbeiten außer mit Schnecken oder Kegelrädern ebenfalls mit Gerad- und Schrägstirnrädern. Kegelräder werden in großer Zahl an den rechtwinkligen Übergängen zwischen den Wellen in Maschinenbett und Säulen verwendet. Auch Schnecken- und Schraubtriebe werden für diesen Zweck benutzt.

Werkstoffe und Herstellverfahren. Fertiggefräste oder -gestoßene Zahnräder aus mittelharten Stählen[1, 2] werden im Werkzeugmaschinenbau in großem Umfang verwendet. Wegen ihrer guten Bearbeitbarkeit bevorzugt man hierbei schwachlegierte Stähle[3]. Für Wechselräder wird vielfach auch Gußeisen benutzt, weil es leicht in den gewünschten For-

---

[1] HRC = 25 bis 35.　　[2] Härteprüfung s. S. 268.
[3] Etwa 0,4 bis 1,4% Legierungsbestandteile.

men zu gießen ist und sich ausgezeichnet bearbeiten läßt. Ein weiterer Vorzug der Gußeisenräder ist ferner, daß sie infolge ihres Graphitgehaltes mit wenig Schmierung laufen können.

Die höheren Zerspanungsgeschwindigkeiten, die mit der Einführung der Hartmetalle möglich wurden, haben viele Hersteller von Werkzeug-

Abb. 1/6. Genauigkeitsgetriebe einer Revolverdrehbank. (Werkfoto: Warner & Swasey Co.: Cleveland, Ohio, USA)

maschinen gezwungen, zu härteren und genaueren Zahnrädern überzugehen. Schaben und Schleifen wird immer mehr angewendet, um den gesteigerten Anforderungen an die Genauigkeit der Verzahnung gerecht zu werden. In besonderen Fällen kommen geschliffene Zahnräder höchster Qualität mit einer Flankenhärte bis HRC= 60 zur Anwendung, wobei an den Flanken nur Rauhtiefen von maximal $2\,\mu$ zugelassen werden. Teilweise werden die Flanken an Kopf und (oder) Fuß zurückgenommen, um den Flankeneintrittsstoß (vgl. S. 521) zu verringern.

1.14 Steuergetriebe

Anforderungen. Schiffsgeschütze sowie Flugzeug- und Panzerkanonen werden durch Getriebe gesteuert, die mit kleinstmöglichem Flankenspiel arbeiten müssen. Die primäre Aufgabe dieser Getriebe ist die *genaue, winkeltreue Übertragung von Bewegungen*; die Frage der Kraftübertragung ist demgegenüber von zweitrangiger Bedeutung. – Während

Leistungsgetriebe erst durch Zahnbruch oder sehr starke Flankenschäden unbrauchbar werden, kann dies bei Steuergetrieben bereits der Fall sein, wenn sich bei einem Rad die Zahndicke durch normalen Verschleiß um nur 7 μ verringert hat.

Im allgemeinen werden Räder mit Moduln von 1,25 mm und darunter verwendet. In einigen Fällen sind allerdings sehr viel gröbere Verzahnungen erforderlich; so z. B. bei Rädern, die die Schwenkbewegung eines Geschützturmes mit drei 40,6 cm Schiffsgeschützen übertragen, denn beim Feuern eines solchen Geschützturmes können außerordentlich starke Stöße auf die Verzahnung kommen.

Abb. 1/7. Geradverzahnte Kegelräder zur Steuerung eines Radargerätes. (Werkfoto: Gleason Works; Rochester, New York, USA)

Besonders hohe Anforderungen bezüglich Teilgenauigkeit müssen an die Steuergetriebe von Radargeräten, Raketen und Raketenleitgeräten (Abb. 1/7) gestellt werden. Es wird teilweise gefordert, daß der Teilwinkel zwischen zwei beliebigen Zähnen auf 10 Winkelsekunden genau stimmt. Bei einem Rad von 400 mm Durchmesser ergibt das einen zulässigen Summenteilfehler[1] von etwa 8 μ. Derartige Genauigkeiten können natürlich nur mit Sondermaschinen und -einrichtungen erzielt werden.

Verwendete Getriebearten. Für Steuergetriebe werden normalerweise geradverzahnte Stirnräder, Kegelräder oder Schnecken verwendet. Man findet auch schrägverzahnte Stirnräder, allerdings nur in geringer Zahl.

Werkstoffe und Herstellverfahren. Räder für Steuergetriebe werden gewöhnlich aus mittellegierten Stählen[2] mit mittlerem Kohlenstoffgehalt[3] hergestellt; vielfach bringt man sie auch vor dem Fertigbearbeiten

---

[1] Definition der Zahnfehler s. Abschn. 3.2, S. 138 f.
[2] 1,5 bis 2,5% Hauptlegierungsbestandteile.   [3] 0,25 bis 0,45% C.

durch Vergüten auf eine Härte von HB $=$ 250 bis 300 kg/mm². In anderen Fällen wird nach der Fertigbearbeitung auf einen mäßig hohen Härtegrad (HRC $=$ 35 bis 45) gehärtet. Sowohl Flammen- als auch Induktionshärteverfahren werden hierbei verbreitet angewendet. Wie bereits angedeutet, benötigen Steuergetrieberäder eine gewisse Härte, hauptsächlich um den Verschleiß in geringen Grenzen zu halten. Jedes Härten nach der Fertigbearbeitung der Räder muß jedoch so durchgeführt werden, daß nur verschwindend kleine Maßveränderungen, d. h. minimale Verzüge auftreten. Insbesondere wegen des sehr kleinen Flankenspiels ist das notwendig.

Räder, die nicht geschliffen werden sollen, werden durchweg vor dem Härten geschabt, um die Zahndicke innerhalb der für Steuergetriebe erforderlichen sehr kleinen Toleranzen zu halten. Nach dem Härten wird meist – mit gekreuzten Achsen – geläppt. Teilweise wird auch geschliffen.

Genauigkeitsprüfung. Bei der Endkontrolle beschränkt man sich im allgemeinen auf die Zweiflankenwälzprüfung.

Wie in Abschn. 3.2 beschrieben, wird hierbei das zu prüfende Rad mit einem – sehr genauen – Lehrzahnrad flankenspielfrei abgerollt, d. h. Vor- und Rückflanken der Verzahnung sind dabei in Eingriff. Die Schwankungen des Achsabstandes werden aufgezeichnet und sind ein Maß für die Verzahnungsfehler.

Gibt das Herstellverfahren die Gewähr, daß die Zahndickenfehler in annehmbaren Grenzen gehalten werden, so ist es im allgemeinen nicht notwendig, Flankenform und Teilung gesondert zu prüfen. – Bei höchsten Anforderungen, z. B. bei Zahnrädern für Radargeräte, Raketen und Raketenleitwerke, ist es allerdings erforderlich, die Teilung mit Hilfe von Lehrteilköpfen oder Theodoliten zu kontrollieren. Diese Meßgeräte müssen für beliebig große Winkel eine Meßgenauigkeit von mindestens 2 Bogensekunden aufweisen.

1.15 Kraftfahrzeug (PKW)-Getriebe

Anforderungen. Zahnräder in Kraftfahrzeugen werden im Verhältnis zu ihrer Größe *sehr hoch* belastet. Allerdings treten die schwersten Belastungen relativ selten und kurzzeitig auf. Dadurch ist es möglich, die Räder bei Zugrundelegung des maximalen Motordrehmoments für eine beschränkte Lebensdauer auszulegen. Trotzdem laufen derartige Getriebe bei durchschnittlichem Fahrbetrieb jahrelang ohne Schadensfälle.

Verwendete Getriebearten. Im Kraftfahrzeuggetriebe werden gerad- und schrägverzahnte Stirnräder und in den Hinterachsen Kegelräder verwendet.

Man geht zwar in zunehmendem Maße zu automatischen Getrieben über, um das Schalten zu beseitigen; das bedeutet jedoch nicht, daß man ohne Zahnräder

auskommt. Eher ist das Gegenteil der Fall: Die meisten automatischen Getriebe
haben nämlich mehr Zahnräder als die traditionellen Getriebe, an deren Stelle sie
getreten sind.

Werkstoffe und Wärmebehandlung. Zahnräder für Kraftfahrzeug-
getriebe werden im allgemeinen aus schwachlegiertem[1], niedriggekohltem[2]
Stahl hergestellt, wobei die Rohlinge meist vorgeschmiedet werden. Der
Werkstoff ist also zunächst relativ weich und läßt sich gut bearbeiten.
Erst nach dem Verzahnen werden die Räder eingesetzt, d. h. ihre Oberflächenschicht wird mit Kohlenstoff angereichert; dann wird gehärtet.
Um den Verzug möglichst geringzuhalten, arbeitet man hierbei vielfach
mit Härtepressen. Wesentlich ist dabei, daß sich jedes Rad der Serie in
gleicher Weise und in gleichem Maße verzieht. Dann kann man nämlich
die zu erwartenden Maßänderungen bei der vorhergehenden Bearbeitung
bereits berücksichtigen und ausgleichen. – Die der Zusammensetzung des
Stahls entsprechenden Härtetemperaturen werden daher sorgfältig überwacht und eingehalten, alle Fertigungsstufen werden genauestens kontrolliert.

Alle diese Maßnahmen sind erforderlich, weil die Verzahnung (in den
USA) durchweg nach dem Härten nicht mehr geschliffen oder ander-
weitig bearbeitet wird. Sie muß deshalb im gehärteten Zustand möglichst
fehlerfrei sein. Der einzige Arbeitsprozeß, der nach dem Härten noch ausgeführt wird, ist das Schleifen von Lagerflächen, teilweise wird die Verzahnung noch kurz geläppt. Für europäische Verhältnisse trifft dies nur
bedingt zu; vgl. Angaben am Schluß dieses Abschnitts. – Die fertigen
Zahnräder haben normalerweise eine Oberflächenhärte von HRC $\approx$ 60
und eine Kernhärte von HRC $\approx$ 30.

Obgleich das eben beschriebene Aufkohlen als Mittel zur Härtung von
Zahnrädern im Kraftfahrzeugbau weit verbreitet ist, werden auch andere
Härteverfahren in zunehmendem Maße angewendet. So haben sich z. B.
Kombinationen von Aufkohlen und Nitrieren bereits bewährt. Mit Verfahren dieser Art erzielt man bei gleicher Einsatzzeit eine zwar dünnere
aber härtere Einsatzschicht; der Verzug ist dabei geringer als bei reiner
Einsatzhärtung. Auch das Induktionshärteverfahren wird bereits angewendet, insbesondere für Zahnräder von Schwungradanlassergetrieben,
aber auch für andere Zahnräder. In beschränktem Umfang hat sich auch
das Flammenhärten eingeführt.

Herstellverfahren. Für das Verzahnen werden eine ganze Reihe
verschiedener Maschinentypen eingesetzt. Die seit langem bekannten
Stoß-, Hobel- und Wälzfräsmaschinen, ebenso die Kegelradfräsmaschinen
wurden insbesondere unter dem Blickwinkel der Serienfertigung weiter-
entwickelt. So arbeitet man heute viel mit halbautomatischen Stoß- und

---

[1] Etwa 0,7 bis 1,4% Hauptlegierungsbestandteile.
[2] Etwa 0,08 bis 0,25% C.

Hobelmaschinen, sowie Wälzfräs- und Schabemaschinen, die jeweils
mehrere Räder gleichzeitig bearbeiten. Der Bedienungsmann spannt
lediglich den Rohling in die Maschine ein; der eigentliche Arbeitsprozeß
läuft von da an selbsttätig ab, während der Arbeiter die Werkstücke
bei den anderen Stationen einspannt. Die sonst üblichen Wartezeiten
fallen weg; der Arbeitsrhythmus ist so bemessen, daß der Arbeiter fort-
laufend aus- und einspannt. Für große Stückzahlen gibt es bereits voll-

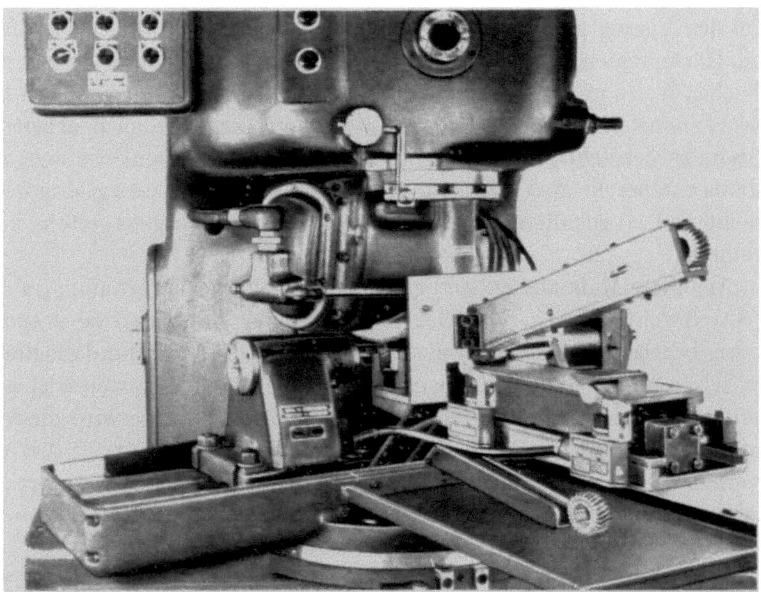

Abb. 1/8. Vollautomatisch arbeitende Schabemaschine für die Fertigung von Kraftfahrzeugzahnrädern. (Werkfoto: National Broach & Machine Co.; Detroit, Michigan, USA)

automatische Fertigungsstraßen; auch das Ein- und Ausspannen, der
Transport zwischen den Maschinen sowie die Zwischen- und Endkontrol-
len laufen hierbei automatisch ab.

Auch eine ganze Anzahl von neuen Maschinentypen kommen allgemein in Gebrauch. Genannt sei die Shear-Speed-Maschine[1,2], die alle
Zähne eines Zahnrades gleichzeitig schneidet. Eine neue, schnellaufende
Wälzfräsmaschine besonderer Konstruktion hat es ermöglicht, die Ver-
zahnleistung auf etwa das Dreifache gegenüber dem herkömmlichen
Wälzfräsen zu steigern. Besondere Kegelradverzahnungsmaschinen wurden ebenfalls speziell für die Automobilindustrie entwickelt. Erwähnt sei
hier das Revacycleverfahren[3], das hauptsächlich für Differentialkegel-

---

[1] Eingetragenes Warenzeichen der Michigan Tool Co.; Detroit, Michigan, USA.
[2] Beschreibung s. S. 394.   [3] Beschreibung s. S. 400.

räder angewendet wird. Räder, die früher 15 Minuten Verzahnungszeit beanspruchten, werden hiermit in ein bis zwei Minuten verzahnt.

Gerad- und Schrägstirnräder werden gewöhnlich nach dem Verzahnen geschabt, wobei sowohl Maschinen mit Schaberad, als auch solche mit Schabekamm verwendet werden. Kegelräder werden dagegen bis heute nicht geschabt. Auch die Schabemaschinen wurden den Erfordernissen der Serienfertigung angepaßt. Man verwendet weitgehend automatische Zuführ- und Entnahmevorrichtungen sowie besondere Vorschubeinrichtungen, die die Schnittzeit verringern (s. Abb. 1/8).

In Europa werden die Verzahnungen von PKW-Getrieben dagegen vielfach nach dem Härten geschliffen, insbesondere wenn es sich um kleinere Stückzahlen und Fahrzeuge mit hohem Fahrkomfort handelt.

1.16 Getriebe für Großfahrzeuge

Anforderungen, verwendete Getriebearten. Für Omnibusse, Lastwagen, Untergrundbahnen, Grubenfahrzeuge und Diesellokomotiven werden beträchtliche Mengen von gerad- und schrägverzahnten Stirnrädern verwendet (Abb. 1/9 und 1/10). Radgrößen bis zu 800 mm Durchmesser und darüber, mit Verzahnungen bis Modul 16 kommen vor. Die Belastungen sind durchweg beträchtlich und bleiben in vielen Fällen während längerer Zeitabschnitte extrem hoch. Als Beispiel seien die Diesellokomotiven erwähnt, die Eisenbahnzüge auf Bergstrecken befördern und daher sehr lange bei maximalem Drehmoment laufen. In einigen Anwendungsgebieten muß mit starken Stoßbelastungen gerechnet werden, die dann allerdings nur selten auftreten.

Werkstoffe und Herstellverfahren. In erster Linie kommen reine Kohlenstoffstähle oder schwach legierte Stähle[1] zur Anwendung. Die Verzahnung wird häufig bis auf den Kern durchgehärtet und geschliffen. Auch Einsatzhärtung ist sehr verbreitet; in zunehmendem Maße macht man auch von der Induktionshärtung Gebrauch. Bei stoßartigen Beanspruchungen haben sich dünne Härteschichten bei Stählen mit mittlerem Kohlenstoffgehalt[2] besser bewährt als einsatzgehärtete Räder mit normaler Einsatztiefe. Zur Erzeugung dieser dünnen Oberflächenhärteschicht werden sowohl Ofen- als auch Induktionshärteverfahren angewendet.

Zum Verzahnen benutzt man meist normale Wälzfräs-, Stoß- oder Hobelmaschinen. Teilweise wird nach dem Verzahnen auf Fertigmaß geschabt und dann gehärtet, teilweise auch gleich nach dem Verzahnen gehärtet und dann geschliffen. Hierbei kommen sowohl Wälz- als auch Formschleifmaschinen zur Anwendung.

---

[1] Etwa 0,7 bis 1,4% Hauptlegierungsbestandteile.
[2] Etwa 0,25 bis 0,45% C.

Abb. 1/9. Schaltgetriebe eines Schwerlastwagens. (Werkfoto: Spicer Manufacturing Division of

Abb. 1/10. Antriebszahnrad einer dieselelektrischen Lokomotive. (Werkfoto: General Electric Co.;
Massachusetts, USA)

Im Gegensatz zum PKW-Sektor handelt es sich hier um viel kleinere Stückzahlen und größere Radabmessungen. Beide Umstände erschweren die Beherrschung und Kontrolle des Härteverzuges, was erforderlich ist, wenn die Verzahnung vor dem Härten fertigbearbeitet werden soll. Auch der Einsatz leistungsfähigerer Spezialmaschinen, wie sie für die Fertigung von PKW-Getrieben verwendet werden, ist wegen der geringen Stückzahlen meist nicht gerechtfertigt.

1.17 Schiffsgetriebe

Anforderungen. Auf Handels- und Kriegsschiffen werden schnelllaufende, leistungsstarke Getriebe bis zu den größten Abmessungen verwendet.

Die Umfangsgeschwindigkeiten in der ersten Übersetzungsstufe eines Hauptgetriebes erreichen Werte von 100 m/s und darüber. Je Schraube eines großen Flugzeugträgers oder Schlachtschiffes müssen Leistungen von über 50 000 PS übertragen werden. Einige der modernen Frachtschiffe, die jetzt Verwendung finden, verfügen über 12 000 PS je Schraube und mehr.

Die großen Drehmomente sind deshalb einer der wichtigsten Faktoren, denen der Konstrukteur bei der Dimensionierung und Gestaltung Rechnung tragen muß. Die *Beanspruchungen* sind zwar im Vergleich zu Flugzeug- oder Kraftfahrzeuggetrieben nicht besonders hoch, aber auch die *zulässigen* Beanspruchungen der – hier meist verwendeten – vergüteten Stähle ist relativ gering. Weiter muß beachtet werden, daß beispielsweise das schnellaufende Ritzel eines Frachtschiffes eine Lebensdauer von etwa 10 Milliarden Umdrehungen (d. h. Lastwechsel je Zahn) haben muß, wobei durchweg mit vollem Drehmoment gefahren wird.

Ein besonders kritisches Problem bilden die *Getriebegeräusche*: Hilfsmaschinen mit Getrieben für den Antrieb von Generatoren befinden sich oft in der Nähe der Passagierräume, was besondere Maßnahmen zur Geräuschbekämpfung erforderlich macht. Das Singen und Heulen eines mit hoher Geschwindigkeit laufenden Zahnrads kann den Passagieren nicht zugemutet werden und ist auch vom Maschinenpersonal auf die Dauer nicht zu ertragen. – Bei Kriegsschiffen kommt noch ein weiterer Gesichtspunkt hinzu: Das eigene Schiff muß so ruhig laufen, daß man die vom Wasser übertragenen Geräusche des Gegners empfangen kann, ohne andererseits selber von ihm geortet zu werden.

Getriebearten und -abmessungen. Für die Hauptgetriebe werden wegen der großen Umfangskräfte durchweg pfeilverzahnte Räder angewendet (Abb. 1/11), für Hilfsmaschinen – z. B. Stromerzeugungsanlagen – im allgemeinen Stirnräder mit Schrägverzahnung. Getriebe mit geradverzahnten Stirnrädern sowie Kegelrädern findet man dagegen fast nur auf kleineren Schiffen (kleinere Kräfte, geringere Anforderungen an die Laufruhe).

Bei den größten Getrieben kommen Raddurchmesser bis zu 4,5 m vor.

Laufruhe wird dadurch erreicht, daß (pfeil- oder schrägverzahnte) Räder mit sehr großen Zähnezahlen und größtmöglicher Verzahnungsgenauigkeit verwendet werden.

Abb. 1/11. Seitenansicht eines geöffneten Schiffsgetriebes. Es handelt sich um ein zweistufiges Getriebe vom „locked-train‟-Typ. (Werkfoto: U. S. Navy und General Electric Co.)

Ein typisches Ritzel eines Schiffsgetriebes hat etwa 60 Zähne und Einzelteilfehler von maximal $3\,\mu$. Dagegen dürfte ein Ritzel gleichen Durchmessers in Lokomotivgetrieben nur ungefähr 15 Zähne haben, wobei man eine Teilgenauigkeit von vielleicht $13\,\mu$ zulassen würde. Der Modul – und damit die Zahngröße – dieses Schiffsgetriebes wäre also nur ein Viertel so groß wie bei dem – zum Vergleich herangezogenen – Lokomotivgetriebe.

Werkstoffe und Wärmebehandlung. Die hauptsächlichen für Schiffsgetriebe verwendeten Werkstoffe sind reine Kohlenstoffstähle und legierte

Stähle, wobei relativ geringe Härten bevorzugt werden. Hierfür sind folgende Gründe entscheidend:

Bei den großen Radmaßen ist es gefährlich, so drastische Abschreckverfahren anzuwenden, wie dies nötig ist, um hohe Härtegrade zu erzielen. Die hierdurch entstehenden starken inneren Spannungen könnten leicht zu Rissen führen.

Ferner sind Stahlsorten großer Härte durchweg schwer zu schweißen; auch hier besteht die Gefahr, daß sich infolge der Wärmespannungen Schweißrisse bilden. Gute Schweißeigenschaften sind aber wichtig, da die meisten Räder von Schiffsgetrieben durch Verschweißen der Speichen oder Radscheiben mit Nabe und Radkranz hergestellt werden.

Ein weiteres Problem ist das Verzahnen härterer Werkstoffe. Man muß bedenken, daß ein Fräser mitunter mehrere Tage (evtl. auch Wochen) ununterbrochen arbeiten muß, um ein Rad fertig zu verzahnen. Bei zu hartem Werkstoff wäre die Werkzeugabnutzung dann so groß, daß die geforderte Verzahnungsgenauigkeit nicht eingehalten werden könnte.

Die Großräder der meisten Schiffsgetriebe werden daher aus Stählen mit einer Brinellhärte von $HB = 200$ kg/mm^2 und weniger hergestellt. Ritzel haben im allgemeinen eine Härte von maximal $HB = 350$ kg/mm^2. Für besondere Zwecke wurden jedoch auch schon Ritzel von $HB = 380$ bis 430 kg/mm^2 und Räder von 300 bis 350 kg/mm^2 Brinellhärte gefertigt. Die meisten Hersteller von Schiffsgetrieben haben allerdings weder die Einrichtungen, noch die nötige Erfahrung, um Getrieberäder dieses Härtebereichs regelmäßig liefern zu können.

Herstellverfahren. Alle Verzahnarbeiten werden durchweg nach dem Vergüten durchgeführt. Die größten Räder der Schiffsgetriebe werden meist auf Wälzfräsmaschinen verzahnt und danach fertig geschabt oder geläppt. Die Verzahnungen kleinerer Räder (unter 1,5 m Durchmesser) werden oft auch gestoßen oder gehobelt. Das Schaben hat sich als neueste Methode für die Fertigbearbeitung der Verzahnungen von Schiffsgetrieben weitgehend durchgesetzt.

Noch im zweiten Weltkrieg wurden die meisten Zahnräder von Schiffsgetrieben entweder geläppt oder nur durch Abwälzfräsen fertigbearbeitet. Seitdem wurden für diesen Zweck besondere, große Schabemaschinen entwickelt und die Entwicklung geht in den USA dahin, alle Verzahnungen bei Schiffsgetrieben fertig zu schaben.

Einige Spezialfirmen stellen auch gehärtete und geschliffene Räder bis zu den größten Abmessungen her.

1.18 Flugzeuggetriebe

Aufgabengebiete. Im Flugzeug werden Getriebe für die verschiedensten Zwecke benötigt: An erster Stelle wären die ein- oder zweistufigen

– ins Langsame arbeitenden – Übersetzungsgetriebe der *Propellertrieb-werke* zu nennen. Außerdem gibt es eine große Zahl von *Nebenantrieben* für elektrische Stromerzeuger, Pumpen, hydraulische Regler, Tacho-meter usw., die ebenfalls mit Getrieben arbeiten. Derartige Antriebe benötigt man auch in Flugzeugen mit Strahlantrieb, die keinen Pro-peller haben. Weiter sind Getriebe erforderlich zum Einziehen des Fahr-werks, Öffnen von Bombenschächten, Antrieb von Bordkanonen, zur Betätigung von Rechengeräten, für das Richten von Kanonen und Bom-benabwurfeinrichtungen und für Propellerverstelleinrichtungen.

Abb. 1/12. Zusammenbau des Getriebes für eine Gasturbine vom Typ J–47. (Werkfoto: U. S. Air Force und General Electric Co.)

Die wichtigsten hier vorkommenden Anwendungsformen sind also Leistungsgetriebe für Propeller- und Geräteantrieb. Steuergetrieberäder und sonstige Zahnräder unterscheiden sich nicht wesentlich von den für Bodengeräte verwendeten Bauarten.

Anforderungen. Moderne Flugzeuggetriebe (s. z. B. Abb. 1/12) – ins-besondere in Gasturbinentriebwerken – laufen mit sehr hohen Dreh-zahlen und sind außerordentlich hoch belastet. Schon bei der Konstruk-tion muß daher von allen Möglichkeiten Gebrauch gemacht werden, die geeignet sind, hohe Zahnfuß- und Flankenfestigkeiten zu erzielen. Bei Militärflugzeugen bringt die Verwendung dünner Schmiermittel noch zusätzliche Schwierigkeiten mit sich.

(Derartige Öle sind erforderlich, um auch bei tiefen Temperaturen starten zu können.)

Die Freßgefahr kann dadurch in den Vordergrund treten und besondere konstruktive und schmiertechnische Maßnahmen erforderlich machen. Werkstoffe und Verzahnungstoleranzen müssen während der Fertigung laufend kontrolliert werden.

All das ist nötig, weil ein Getriebeschaden den Verlust von Menschenleben zur Folge haben kann. Sowohl der Getriebekonstrukteur als auch der Fertigungsmann tragen also eine große Verantwortung. Ausgedehnte Boden- und Flugversuche zur Erprobung von Neukonstruktionen sind unbedingt notwendig.

Getriebearten und Bauformen. Für Propellertriebwerke sind gerad- und schrägverzahnte Stirnräder sowie Kegelräder allgemein üblich. Um bei geringstem Gewicht und kleinstem Raumbedarf möglichst hohe Leistungen übertragen zu können, werden vielfach Planetengetriebe angewendet. Hierbei arbeiten mehrere Ritzel auf ein Abtriebsrad. Auch von der Leistungsverzweigung über mehrere (meist drei) feste, parallel geschaltete Vorgelege wird vielfach Gebrauch gemacht.

Für Hilfsantriebe verwendet man gewöhnlich geradverzahnte Stirn- oder Kegelräder. Um Raum für den Einbau der Hilfsgeräte zu gewinnen, muß dabei oft mit großen Achsabständen, aber geringen Zahnbreiten gearbeitet werden. Diese Tatsache und das Problem der Aufnahme von Axialkräften schließt die Anwendung von schrägverzahnten Stirnrädern bei Hilfsantrieben im allgemeinen aus.

Aus Gründen der Gewichtsersparnis wird für die Gehäuse der Leistungsgetriebe normalerweise Aluminium oder Magnesium gewählt. Die Räder erhalten sehr dünne Stege und die Querschnitte von Kranz und Nabe werden so schwach wie möglich gehalten.

Werkstoffe und Wärmebehandlung. Die Zahnräder der Leistungsgetriebe werden normalerweise aus hochlegiertem Stahl[1] hergestellt und die Verzahnungen einsatz- oder induktionsgehärtet. Bei einigen Konstruktionen wird die Verzahnung geschabt und einsatzgehärtet, aber nicht geschliffen; nach dem Härten werden hierbei lediglich die Lagerstellen geschliffen. Die Entscheidung, ob die Verzahnung nach dem Härten noch geschliffen werden muß, hängt von verschiedenen Faktoren ab: Viele Zahnräder haben so dünne, z.T. unsymmetrisch angeordnete Stege, daß Schleifen wegen zu großen Verzuges notwendig ist. Weiter kommt es darauf an, mit welchen Geschwindigkeiten die Zahnräder laufen sollen. So können bei den langsamer laufenden Getrieben der Kolbenmotoren etwas größere Verzahnungsfehler als bei Gasturbinentriebwerken zugelassen werden. Dadurch ist es zu erklären, daß man bisher bei Kolbentriebwerken bessere Erfolge mit ungeschliffenen Rädern erzielen konnte als bei Gasturbinentriebwerken.

---

[1] Über 2,5% Hauptlegierungsbestandteile.

2*

Zahnformen. Zur Erhöhung der Freßlastgrenze werden die Profilverschiebungen so gewählt, daß das Ritzel eine etwas größere Zahnkopfhöhe als das Rad erhält. Man erreicht damit, daß die Gleitgeschwindigkeiten an den Zahnköpfen von Ritzel und Rad angeglichen werden. Die Profilverschiebungen werden ferner möglichst so gewählt, daß Unterschnitt vermieden wird und die Zahnfußspannungen von Ritzel und Rad etwa gleich groß werden. Zur Erreichung dieses Zieles geht man z.T. auch so vor, daß man die Zahndicke des Ritzels auf Kosten der Zahndicke am Rad vergrößert. Die Eingriffswinkel liegen meist zwischen $22^1/_2$ und $27^1/_2{}^\circ$, was sich in einer Erhöhung sowohl der Flanken- als auch der Zahnfußtragfähigkeit auswirkt.

Herstellung und Prüfung. Bei der Fertigung von Zahnrädern für Flugzeuggetriebe werden praktisch alle zerspanenden Arbeitsverfahren angewendet: Wälzfräsen, Hobeln, Stoßen, Schaben und Schleifen. Kegelräder werden in den USA meist nach dem Gleason-Verfahren verzahnt und teilweise auch geschliffen. Die engen Toleranzen machen es erforderlich, daß der Maschinenpark im allerbesten Zustand ist und daß nur Präzisionswerkzeuge verwendet werden. Außer der normalen Abnahmeprüfung (meist Zweiflankenprüfung) werden auch Einzelfehlermessungen laufend durchgeführt. Die Kontrollstellen müssen also über Evolventenprüfgeräte sowie Einrichtungen zur Messung von Teilung, Schrägungswinkel, Rundlauf und Oberflächenrauheit verfügen.

1.2 Getriebearten – Eigenschaften und Auswahl

Nachdem im vorigen Abschnitt erläutert wurde, welche Gesichtspunkte für die Getriebe in den verschiedenen Anwendungsgebieten beachtet werden müssen, soll nun gezeigt werden, welche *Eigenschaften* die verschiedenen *Getriebearten* haben, um – hiervon ausgehend – die richtige Auswahl treffen zu können. Diese Wahl der Getriebeart ist der erste Schritt beim Entwurf eines Getriebes.

In vielen Fällen wird die Wahl allerdings durch die Anordnung von Antriebs- und anzutreibender Maschine erheblich eingeschränkt. Hierdurch ist die Lage der Radachsen im allgemeinen bereits festgelegt. Aus Tab. 1/1 ist dann zu ersehen, welche Getriebearten für die verschiedenen Anordnungen in Frage kommen. Es können nun allerdings keine festen Regeln angegeben werden, nach denen die geeignetste Getriebeart in jedem Einzelfall zu bestimmen wäre. Meist kommen zwei oder drei Typen in Frage, deren Vor- und Nachteile dann gegeneinander abgewogen werden müssen. Die nachfolgenden Angaben können hierbei als Richtlinie dienen.

Tabelle 1/1. Allgemein verwendete Getriebearten (Erläuterung s. Abschn. 1.2)

Parallele Achsen	Sich schneidende Achsen	Sich kreuzende Achsen
Geradverzahnte Stirnräder (Außenverzahnung)	Geradverzahnte Kegelräder	Zylindrische Schraubenräder (nicht einhüllender Schneckentrieb)
Schrägverzahnte Stirnräder (Außenverzahnung)	Spiralverzahnte Kegelräder	Zylinder-Schneckentrieb (Zylinderschnecken-Globoidradtrieb, einfach einhüllender Schneckentrieb)
Geradverzahnte Stirnräder (Innenverzahnung)	Zerolkegelräder[1]	Globoidschnecken-Zylinderradtrieb (einfach einhüllender Schneckentrieb)
Schrägverzahnte Stirnräder (Innenverzahnung)	Plantrieb (Stirnrad gegen Planrad)	Globoid-Schneckentrieb (Globoidschnecken-Globoidradtrieb, doppelt einhüllender Schneckentrieb)
		Achsversetzte Kegelräder (Kegelschraubtrieb, Hypoidtrieb[1])

1.21 Stirnräder mit Geradverzahnung (Abb. 1/13)

(Geradverzahnte Stirnräder, Geradstirnräder)

Wie Tab. 1/1 zeigt, können hiermit Kräfte und Bewegungen zwischen parallelen Wellen übertragen werden.

Stirnräder mit Geradverzahnung sind in erster Linie für langsam laufende Getriebe geeignet, während für schnellaufende Getriebe meist Schrägverzahnung benutzt wird. Wenn allerdings das Geräusch keine Rolle spielt, können Geradstirnräder bei fast allen Geschwindigkeiten verwendet werden, für die auch andere Getriebearten eingesetzt werden. So laufen z. B. Gasturbinengetriebe von Flugzeugen oft mit Umfangsgeschwindigkeiten über 50 m/s; selbst hierbei werden meist geradverzahnte Stirnräder verwendet.

Folgende *Herstellverfahren* kommen für Geradverzahnung in Frage: Wälzfräsen, Hobeln, Stoßen, Pressen, Ziehen, Sintern, Gießen und das Shearspeed-Verfahren (s. S. 365 f). Zur Fertigbearbeitung werden auch Schleifen, Schaben, Läppen und Glätten (burnishing) angewendet. Für das Verzahnen von Geradstirnrädern stehen somit mehr Maschinenarten und Bearbeitungsverfahren zur Verfügung als für jede andere Radart.

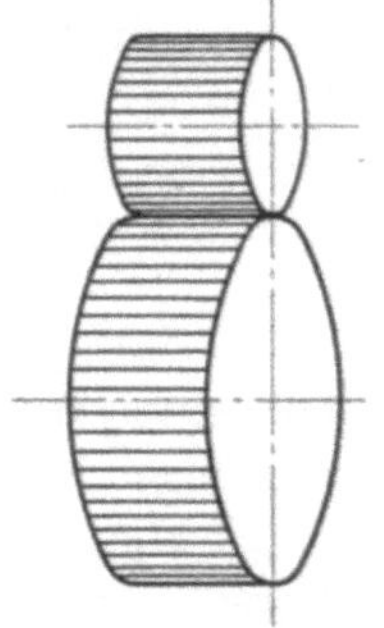

Abb. 1/13.
Stirnräder mit
gerader
Außenverzahnung

---

[1] „Zerol" und „Hypoid" sind eingetragene Warenzeichen der Fa. Gleason Works; Rochester, New York, USA.

Deshalb wählt man oft Stirnräder mit Geradverzahnung, wenn Herstellkosten oder die Ausnutzung des zur Verfügung stehenden Maschinenparks die entscheidenden Gesichtspunkte sind.

Auch *Entwurf* und *Prüfung* geradverzahnter Stirnräder sind verhältnismäßig einfach. Viele Konstrukteure bevorzugen sie daher, wenn es die Konstruktionsanforderungen nur irgend gestatten.

Lagerkräfte treten nur in radialer Richtung auf. Geradstirnräder (und Schrägstirnräder) mit *Evolventenverzahnung* (vgl. S. 37) sind unempfindlich gegenüber geringen Schwankungen des Achsabstandes. Es können deshalb selbst bei schnellaufenden Hochleistungsgetrieben außer Wälzlagern auch Gleitlager verwendet werden, die bekanntlich meist ein relativ großes Lagerspiel aufweisen.

1.22 Stirnräder mit Schräg- oder Pfeilverzahnung (Abb. 1/14)

(Schräg- oder pfeilverzahnte Stirnräder, Schräg- oder Pfeilstirnräder)

Diese Radart dient ebenfalls zur Übertragung von Kräften und Bewegungen zwischen parallelen Wellen (vgl. Tab. 1/1, S. 21).

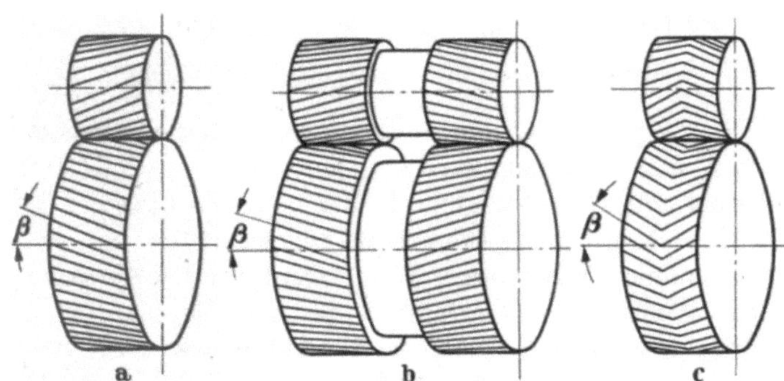

Abb. 1/14 a–c. Stirnräder mit Außenverzahnung: a) Schrägverzahnung, b) und c) Pfeilverzahnung, (b) auch Doppelschrägverzahnung genannt; β Schrägungswinkel

Schrägverzahnte Stirnräder werden insbesondere bei hohen Umfangsgeschwindigkeiten und hohen Leistungen angewendet, ferner wenn es auf ruhigen Lauf ankommt.

Es sind bereits Getriebe mit Leistungen bis zu 60000 PS für *ein* Radpaar ausgeführt worden, was jedoch keineswegs als obere Grenze anzusehen ist. Es dürfte kaum möglich sein, mit einer anderen Getriebeart gleich hohe Leistungen mit einem Radpaar zu übertragen.

Stirnräder mit einfacher Schrägverzahnung beanspruchen ihre Lager durch Radial- und Axialkräfte. Bei Stirnrädern mit Pfeilverzahnung sind die Axialkräfte beider Radhälften gleich groß und entgegengesetzt, so daß nur Radialkräfte auf die Lager kommen. Schrägstirnräder mit Evolventenverzahnung sind unempfindlich gegen kleine Achsabstandsänderungen (vgl. S. 22 oben).

Beide Hälften des pfeilverzahnten Rades sind häufig durch eine Ringnut getrennt[1], um einen Auslauf für Fräser, Schleifscheibe oder sonstige Schneidwerkzeuge zu schaffen (Abb. 1/14 b). Es wurden allerdings auch Herstellverfahren entwickelt, die es gestatten, die sog. „echte" Pfeilverzahnung ohne Ringnut zu erzeugen (Abb. 1/14 c).

Schrägzahnräder können durch Wälzfräsen, Hobeln, Stoßen, Formfräsen oder Gießen hergestellt werden. Sintern wurde mit begrenztem Erfolg angewendet. Ausgesprochene Fertigbearbeitungsverfahren sind Schleifen, Schaben, Läppen und Glätten (burnishing).

1.23 Stirnräder mit Innenverzahnung (Abb. 1/15)
(Innenverzahnte Stirnräder, Innenstirnräder)

Auch hiermit ist die Übertragung von Kräften und Bewegungen zwischen parallelen Wellen möglich (vgl. Tab. 1/1, S. 21). Mit einem *innen*verzahnten Stirnrad kämmt stets ein *außen*verzahntes Ritzel.

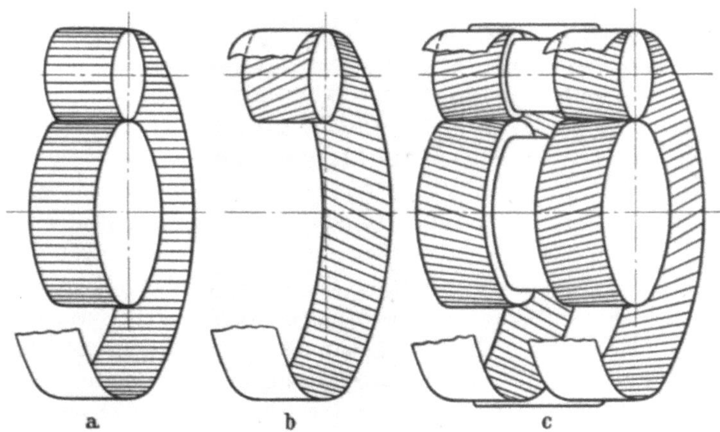

Abb. 1/15 a–c. Stirnräder mit Innenverzahnung: a) Planetengetriebe mit Geradverzahnung, b) Standgetriebe mit Schrägverzahnung, c) Planetengetriebe mit Doppelschrägverzahnung

Innenzahnräder haben meist Gerad- oder Schrägverzahnung, teilweise wird auch Pfeil- oder Doppelschrägverzahnung angewendet. Wegen der besseren Anschmiegung der Flanken ist die Flankentragfähigkeit höher, die Gleitarbeit geringer als bei Außenverzahnung.

Notwendig sind Innenzahnräder stets bei Planetengetrieben (Abb. 1/15a und c). Der geringe Achsabstand eines Innenzahnradpaares macht

---

[1] Diese Verzahnung nennt man besser „Doppelschrägverzahnung".

es aber auch dort geeignet, wo der verfügbare Raum begrenzt ist. Die Form des Innenzahnrades bildet außerdem einen natürlichen Schutz für die im Eingriff befindlichen Zähne; für einige Maschinenarten ist dies ein großer Vorteil.

Nachteilig ist, daß für die Herstellung von Innenstirnrädern nur wenige Maschinenarten geeignet sind. Innenverzahnung kann gestoßen, formgefräst und gegossen werden; kleinere Räder werden auch geräumt. Wälzfräsen ist dagegen nicht möglich. Geradverzahnung kann auch geschliffen werden, während für das Schleifen von Schrägverzahnung nur vereinzelt Maschinen zur Verfügung stehen.

Wegen der Gefahr der auf S. 70 näher beschriebenen Eingriffsstörungen darf der Durchmesser des außenverzahnten Ritzels nicht größer sein als etwa zwei Drittel des Durchmessers des innenverzahnten Rades, wenn Zähne mit normaler Zahnhöhe und 20° Eingriffswinkel verwendet werden.

1.24 Kegelräder

Kegelräder dienen zur Übertragung von Kräften und Bewegungen zwischen sich schneidenden Wellen (vgl. Tab. 1/1, S. 21), wenn hohe Wirkungsgrade erforderlich sind. – Man erreicht hiermit Wirkungsgrade von 98% und mehr. – Der Achswinkel beträgt im allgemeinen 90°, doch werden Kegeltriebe auch für die Übersetzung zwischen Achsen benutzt, die sich unter spitzen oder stumpfen Winkeln schneiden.

Kegelräder üben Radial- und Axialkräfte auf ihre Lager aus. Sie müssen sehr genau gelagert werden; sowohl Achswinkel als auch Schnittpunkt der Achsen müssen möglichst genau mit den theoretischen Maßen übereinstimmen. Ferner müssen die Kegelräder in Axialrichtung genau eingestellt werden. Wegen dieser hohen Anforderungen an die Genauigkeit der Lagerung und des Einbaues, können *keine Gleitlager* – mit dem ihnen eigenen großen Lagerspiel – verwendet werden; im allgemeinen benutzt man Kugel- und Rollenlager. Bei einigen Hochleistungsgetrieben bestimmter Anwendungsgebiete ist die übertragbare Leistung indirekt durch die zulässige Höchstgeschwindigkeit und Belastbarkeit der Lager begrenzt.

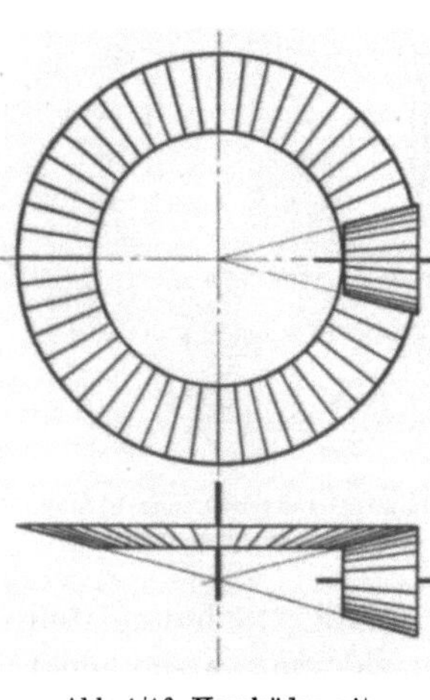

Abb. 1/16. Kegelräder mit Geradverzahnung

Kegelräder mit Geradverzahnung (Abb. 1/16) sind die einfachste Kegelradart. Sie werden meist verwendet, wenn bezüglich Tragfähigkeit und Laufruhe keine besonderen Anforderungen gestellt werden.

Einige Firmen liefern allerdings so genau tolerierte Geradzahnkegelräder, daß sie austauschbar sind.

Geradzahn-Kegelräder werden meistens auf Kegelradhoblern verzahnt, wobei die Hobelstähle eine hin- und hergehende Bewegung ausführen; seit kurzem kommen auch ein Teil-Wälzfräsverfahren und eine Art Räumen (Revacycle) zum Einsatz (S. 400). Bei geringeren Anforderungen an die Genauigkeit wird auch Formfräsen angewendet. Schließlich können Kegelräder auch gegossen oder geschmiedet werden. Als Fertigbearbeitungsverfahren nach dem Härten kommt in erster Linie das Läppen in Frage. Schaben von geradverzahnten Kegelrädern ist zwar möglich, aber bis jetzt sind hierfür

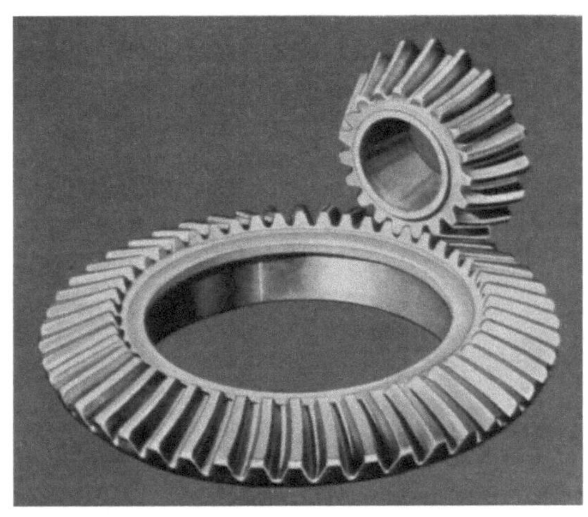

Abb. 1/17. Zerolkegelräder. (Werkfoto: Gleason Works; Rochester, New York, USA)

noch keine Maschinen auf dem Markt. Schleifmaschinen für geradverzahnte Kegelräder werden seit kurzem sowohl von amerikanischen als auch von europäischen Firmen hergestellt.

Zerol[1]-Kegelräder (s. Abb. 1/17) ähneln geradverzahnten Kegelrädern, haben aber in Längsrichtung *gekrümmte* Zähne; der mittlere Spiralwinkel ist jedoch Null.

Die Verzahnung wird durch einen rotierenden Messerkopf erzeugt, der einem Stirnfräser ähnelt. Der Radius des Messerkopfes ist also bestimmend für die Längskrümmung der Zähne.

Zerol-Verzahnung kann auch geschliffen oder geläppt werden. Deshalb zieht man in den USA diese Verzahnungsart für gehärtete Zahnräder hoher Genauigkeit meist der Geradverzahnung vor. Selbst wenn die Räder nach dem Verzahnen keiner Wärmebehandlung mehr unterworfen werden, wird Zerolverzahnung bei hohen Geschwindigkeiten vielfach bevorzugt, weil diese Verzahnung infolge ihrer Längskrümmung eine gewisse Sprungüberdeckung aufweist. Deshalb laufen die Räder etwas ruhiger als Kegelräder mit Geradverzahnung. Ein gefrästes Zerolrad ist gewöhnlich auch genauer als ein gehobeltes Kegelrad mit Geradverzahnung.

---

[1] Eingetragenes Warenzeichen der Fa. Gleason-Works; Rochester, New York, USA.

Von einem Radpaar mit Zerolverzahnung wird zuerst das *eine* Rad mit der berechneten Maschineneinstellung hergestellt. Dann werden Profil und Längskrümmung des Gegenrades so ausgeführt, daß sich beim Prüflauf mit dem ersten Rad ein befriedigendes Tragbild ergibt. Zur Herstellung eines gutlaufenden Radpaares sind im allgemeinen mehrere Probeschnitte und Korrekturen der Maschineneinstellung erforderlich.

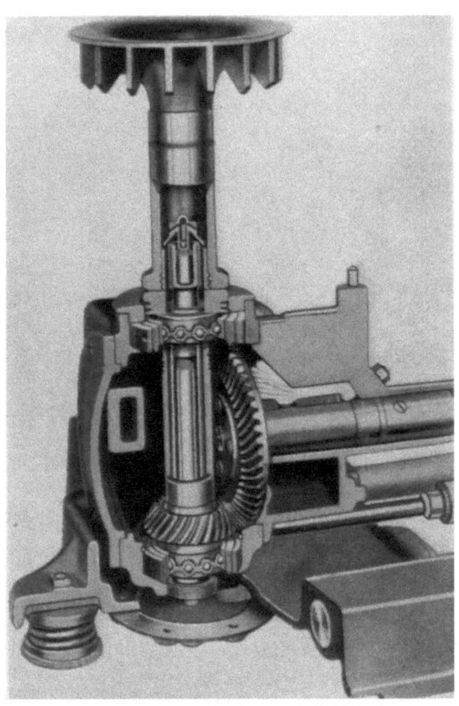

Abb. 1/18. Spiralkegeltrieb eines Ölbrenners. (Werkfoto: Gleason Works)

Wird eine größere Anzahl von Radpaaren benötigt, so fertigt man zunächst ein Paar ordnungsgemäß kämmender Musterräder; dann wird jedes weitere Rad so verzahnt, daß es mit dem entsprechenden Musterrad als Gegenrad zufriedenstellend läuft. Auf diese Weise erhält man einen Satz austauschbarer Räder.

Spiralkegelräder (Abb. 1/18) haben in Längsrichtung gekrümmte Zähne wie Zerolräder; die Zähne stehen jedoch in einem beträchtlichen Winkel zur Achse des Kegelrades. Auf den ersten Blick sind Kegelräder mit Spiralverzahnung den nur noch selten verwendeten schrägverzahnten Kegelrädern sehr ähnlich.

Spiralkegelräder können auf den gleichen (amerikanischen) Maschinen hergestellt werden, die man für das Schneiden und Schleifen der Zerolkegelräder verwendet. Der einzige Unterschied ist, daß der Messerkopf anders angestellt wird. – Daneben gibt es mehrere europäische Verfahren für das Verzahnen von Spiralkegelrädern.

Ebenso wie Zerolkegelräder werden sie im allgemeinen *paarweise* hergestellt. Nur in Ausnahmefällen werden Rädersätze gefertigt, bei denen jedes Ritzel mit jedem beliebigen Rad gepaart werden kann. Man geht dann genau so vor, wie bei den Zerolkegelrädern, indem alle Ritzel bzw. Räder an ein Musterradpaar angepaßt werden. Im allgemeinen wird nach dem Wälzverfahren verzahnt bzw. geschliffen. Für gewisse Großserienfertigungen werden dagegen vielfach Sondermaschinen benutzt, die mit

Formschnitt, also ohne Abwälzen, verzahnen. Zur Fertigbearbeitung wird vielfach geläppt. Man hat hiermit die Möglichkeit, das Tragbild zu korrigieren. Schleifen ist teuer und wird daher nur bei hohen Genauigkeitsansprüchen angewendet.

Die vom Lager aufzunehmenden Axialkräfte sind bei Spiralkegelrädern erheblich größer als bei Zerolkegelrädern.

In schnellaufenden Getrieben wird das Spiralkegelrad bevorzugt, weil infolge des Spiralwinkels eine erheblich größere Sprungüberdeckung erzielt wird. Der Lauf wird dadurch ruhiger und die Last verteilt sich auf mehrere, gleichzeitig im Eingriff befindliche Zähne.

1.25 Achsversetzte Kegelräder
(*Kegelschraubgetriebe, Hypoid[1]-Getriebe*)

Achsversetzte Kegelräder (Abb. 1/19) sind – einzeln betrachtet – normale bogenverzahnte Kegelräder. Sie werden für Getriebe mit *gekreuzten* Achsen verwendet, d. h. Achsen, die sich nicht schneiden. Der Abstand zwischen beiden Radachsen wird „Achsversetzung" genannt. Dieses Maß wird auf dem gemeinsamen Lot beider Achsen gemessen (s. Abb. 1/19). Hypoidräder ohne Achsversetzung sind normale Spiralkegelräder.

Bei hohem Übersetzungsverhältnis ($i = 10$) kann man bis auf eine Ritzelzähnezahl von 5 heruntergehen. Da die verschiedenen Kegelradarten im allgemeinen nur bis zu minimal $z = 12$ ausgeführt werden, bietet also die Verwendung achsversetzter Kegelräder die Möglichkeit, große Übersetzungsverhältnisse in einer Stufe zu verwirklichen. Im Gegensatz zu der allgemeingültigen Regel für Stirn- und Kegelräder, ver-

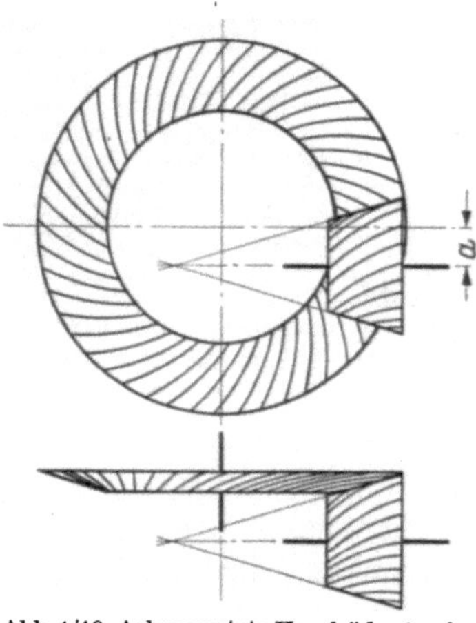

Abb. 1/19. Achsversetzte Kegelräder (auch Kegelschraubtrieb oder Hypoidtrieb[1] genannt), *a* Achsversetzung

halten sich hier die Teilkreisdurchmesser nicht wie die Zähnezahlen eines Radpaares. Hierdurch ist es möglich, ein großes und tragfähiges Ritzel auch bei hohem Übersetzungsverhältnis und mit nur wenig Ritzelzähnen auszuführen. Wegen der sich kreuzenden Wellen ist eine beiderseitige Lagerung des Ritzels leichter möglich als bei einem normalen Kegeltrieb (Abb. 1/20). Der Wirkungsgrad achsversetzter Kegelräder ist – wegen

---

[1] Eingetragenes Warenzeichen der Firma Gleason; vielfach jedoch allgemein für achsversetzte Kegelräder verwendet.

der höheren Gleitgeschwindigkeiten – nicht so gut wie bei Kegeltrieben. Andererseits ist die übertragbare Leistung – bei gleichen Hauptabmessungen – größer, wenn die Umfangsgeschwindigkeiten nicht zu hoch sind. Wegen der höheren Gleitgeschwindigkeiten laufen Kegelschraubtriebe ruhiger als normale Kegeltriebe.

Abb. 1/20. Hypoidgetriebe zum Antrieb einer Papiermühle. Weil die Wellen sich kreuzen, ist eine beidseitige Lagerung von Ritzel und Rad in einfacher Weise möglich. (Werkfoto: Gleason Works)

Die Verzahnung weist auf beiden Flanken ungleiche Eingriffswinkel und ungleiche Profilkrümmungen auf. Das ergibt sich mehr aus der ungewöhnlichen Geometrie der achsversetzten Kegelräder als aus der Unsymmetrie der Schneidwerkzeuge.

Ritzel und Rad werden meist paarweise zueinander passend verzahnt wie bei Zerol- oder Spiralkegelrädersätzen. Austauschbare Räder erhält man auch hier durch Anpassen der Serienräder an Musterradsätze. Tellerrad und Ritzel werden im allgemeinen auf Maschinen hergestellt, die nach dem Abwälzverfahren arbeiten. Es sind dies dieselben Maschinentypen, die in dem Abschnitt „Zerolkegelräder" (S. 25) beschrieben wurden. Die Verzahnung kann geschliffen oder geläppt werden.

Spiroidgetriebe. Speziell für Übersetzungen über $i = 10$ (bis zu $i = 300$) in einer Stufe wurde von der Firma Illinois-Tool-Works[1] eine besondere Art von Kegelschraubtrieben entwickelt, die „Spiroid-

---

[1] Illinois Tool Works; Chicago, Illinois, USA.

getriebe" genannt werden (Abb. 1/21). Sie haben eine besonders große Achsversetzung, stellen also gewissermaßen ein Mittelding zwischen normalen Kegelschraubtrieben und Schneckentrieben dar. Die große Achsversetzung hat zur Folge, daß stets eine große Zahl von Zähnen in Eingriff ist und daß die Gleitgeschwindigkeiten fast so groß wie bei Schnek-

Abb. 1/21. Spiroidgetriebe, Kegelschraubtrieb mit großer Achsversetzung. (Werkfoto: Illinois Too Works; Chicago, Illinois, USA)

kengetrieben sind. Die Tellerräder werden mit Wälzfräsern hergestellt, die dieselben Zahnformen und Abmessungen haben wie die Ritzel[1].

Das Anwendungsgebiet ist etwa das gleiche wie bei Schneckengetrieben, auch die Wirkungsgrade entsprechen im großen und ganzen denen der Schneckengetriebe.

1.26 Planradtrieb

Ein Planradtrieb hat als Ritzel ein *normales Stirnrad* und als Rad ein Planrad (Abb. 1/22). Diese Planradtriebe rechnen nicht eigentlich zu den Kegeltrieben, sind aber funktionsmäßig den Kegeltrieben ähnlicher als allen anderen Getriebearten. Abb. 1/22 zeigt, daß Stirnrad und Planrad – wie Kegelräder – auf zwei sich schneidenden Wellen montiert werden, die im allgemeinen einen Achswinkel von 90° miteinander bilden. Die Ritzellager haben überwiegend Radialkräfte aufzunehmen, während auf die Radlager Radial- und Axialkräfte kommen.

---

[1] Auch mit den bekannten Bogenverzahnungsverfahren können Getriebe mit großer Achsversetzung hergestellt werden.

Da die Zahnform des Ritzels über die Breite gleich ist, braucht der Abstand des Ritzels von der Teilkegelspitze nicht so genau eingehalten zu werden, wie dies bei Kegel- und Kegelschraubgetrieben erforderlich ist. Das Ritzel, das mit dem Planrad kämmen soll, wird meist mit Geradverzahnung ausgeführt. Es kann aber auch ein schrägverzahntes Stirnrad ver-

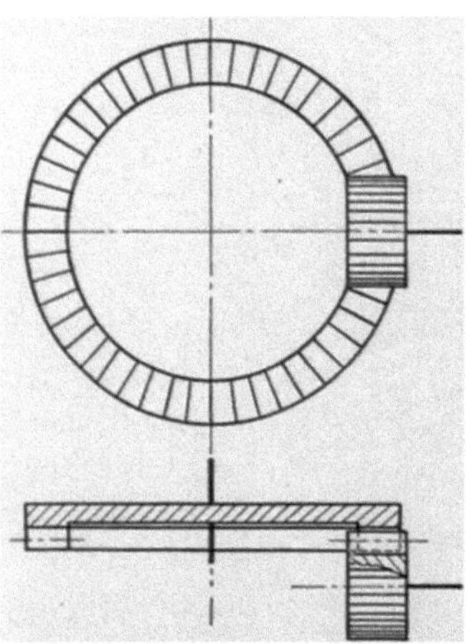

Abb. 1/22. Planradtrieb, bestehend aus einem Planrad und einem Stirnrad (gerad- oder schrägverzahnt)

wendet werden. Die Abmessungen des Ritzels unterscheiden sich in keiner Weise von denen eines normalen Stirnritzels, das bei *parallelen* Achsen mit einem anderen Stirnrad kämmt. Das Ritzel wird auch genau so verzahnt und fertigbearbeitet, wie dies in Abschn. 1.21, „Stirnräder mit Geradverzahnung" (S. 21) bzw. Abschn. 1.22, „Stirnräder mit Schrägverzahnung" (S. 22) beschrieben wurde.

Das Planrad muß mit einem Stoßrad verzahnt werden, das die gleiche Zähnezahl und Zahnform wie das Ritzel hat. Schleifmaschinen für Planzahnräder existieren nicht. Die Zähne können geläppt und auch ohne große Schwierigkeiten geschabt werden; das letztere ist allerdings nicht allgemein üblich. – Die Zahnform des Planrades ist über die Breite stark veränderlich. Die nutzbare Zahnbreite ist begrenzt: Außen durch den Halbmesser, bei dem der Zahn spitz wird, innen durch übermäßigen Unterschnitt. Praktisch wird man aber mit der Zahnbreite nicht bis an beide Grenzen herangehen.

1.27 Zylindrische Schraubenräder
(Nicht einhüllender Schneckentrieb)

Beide Räder dieser Getriebeart sind – für sich betrachtet – normale schrägverzahnte Stirnräder, haben also zylindrische Form (Abb. 1/23).

Im Gegensatz dazu hat beim Zylinderschneckentrieb das Rad Globoidform, hüllt also die zylindrische Schnecke teilweise ein; beim Globoidschneckentrieb haben Schnecke und Rad Globoidform, sind also „doppelt einhüllend" (vgl. hierzu S. 32, 33 und 34).

Zylindrische Schraubenräder laufen auf sich *kreuzenden* Achsen, d.h. auf Achsen, die sich nicht schneiden. Der Achswinkel ist meistens 90°. Die Lager haben axiale und radiale Kräfte aufzunehmen.

Zwischen den Zähnen zweier miteinander kämmender, zylindrischer Schraubenräder besteht im Neuzustand *Punkt*berührung. Nach einer

gewissen Einlaufzeit bildet sich allerdings auf beiden Zähnen eine flache schräge Berührungslinie, aus der ursprünglichen Punktberührung wird also eine Linienberührung. Demzufolge ist die Tragfähigkeit von neuen Schraubenrädern gering, kann aber durch sorgfältiges Einlaufen beträchtlich gesteigert werden. Schneckentriebe (s. Abschn. 1.28) sind allerdings – auch im Vergleich zu gut eingelaufenen Schraubenrädern – wesentlich
tragfähiger, so daß zylindrische Schraubenräder in erster Linie dort verwendet
werden, wo es sich um Übertragung von
Bewegungen oder kleinen Leistungen
handelt.

Kleine Änderungen des Achsabstandes und des Achswinkels beeinträchtigen
die Genauigkeit der Bewegungsübertragung nicht. Diese Tatsache und die Möglichkeit, beide Räder etwas axial verschieben zu können, ohne daß der Eingriff dadurch gestört wird, machen das
Schraubenradgetriebe zu dem am leich-
testen zu montierenden Getriebe. Voraussetzung ist nur, daß die Räder breit
genug sind und daß ausreichendes Flankenspiel vorgesehen wurde.

Da zylindrische Schraubenräder –
jedes für sich betrachtet – normale schräg-

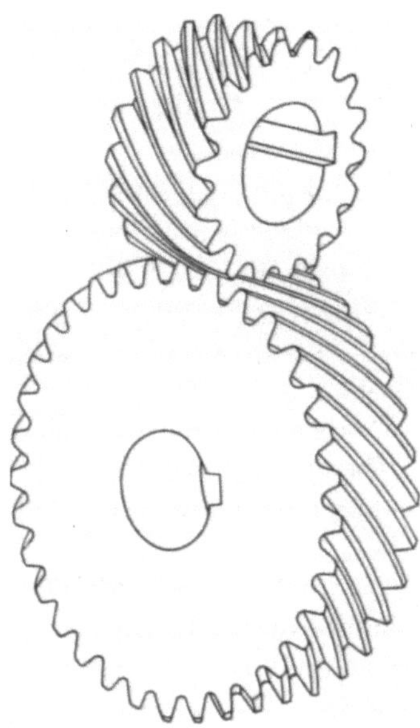

Abb. 1/23. Zylindrische Schraubenräder

verzahnte Stirnräder sind, kommen auch die gleichen Herstellverfahren zur Anwendung, die in Abschn. 1.22, „Stirnräder mit Schrägverzahnung" (S. 22), angeführt wurden.

1.28 Schneckentriebe

Schneckentriebe dienen zur Übertragung von Kräften und Bewegungen zwischen sich kreuzenden Achsen (s. Tab. 1/1, S. 21). Sie sind besonders geeignet, wenn *große* Übersetzungen in *einer* Übersetzungsstufe zu bewältigen sind, kommen jedoch auch bei niedrigen bis mittleren Übersetzungsverhältnissen vor als Getriebe kompakter Bauart. Der Winkel zwischen den sich kreuzenden Achsen beträgt im allgemeinen 90°. Eingängige Schnecken werden auch für Teilgetriebe hoher Genauigkeit bei Werkzeugmaschinen verwendet. So wird beispielsweise die schwierige Aufgabe des Teilens (Indexen) bei Wälzfräsmaschinen sowie Zahnradstoß- und -hobelmaschinen fast immer durch einen Schneckentrieb gelöst.

Schnecke und Schneckenrad berühren sich auf schräg über die Flanken verlaufenden Berührungs*linien*, wobei im allgemeinen mehrere Flanken gleichzeitig im Eingriff sind. Infolgedessen haben Schneckentriebe gegenüber den – im vorigen Abschnitt betrachteten – Schraubentrieben (Punktberührung) eine erheblich höhere Tragfähigkeit.

Im Vergleich zu – gerad- oder schrägverzahnten – Stirnrädern treten bei Schneckentrieben sehr viel höhere Gleitgeschwindigkeiten auf. Während die maximale Gleitgeschwindigkeit bei Stirnrädern (am Zahnkopf auftretend) im allgemeinen nicht über ein Viertel der Umfangsgeschwindigkeit hinausgeht, ist bei einem Schneckentrieb mit großer Übersetzung die Gleitgeschwindigkeit erheblich höher als die Umfangsgeschwindigkeit der Schnecke.

Die Lager der Schnecke haben in erster Linie Axialkräfte aufzunehmen, während in den Lagern des Schneckenrades hohe Radial- und niedrige Axialkräfte übertragen werden müssen (wenn der Steigungswinkel der Schnecke klein ist).

Das Verhältnis von Schnecken- zu Raddurchmesser ist nicht gleich dem Übersetzungsverhältnis; bei kleinen Übersetzungen ist es sogar möglich (wenn auch nicht zu empfehlen), die Schnecke größer zu machen als das Rad.

Zylinderschneckentrieb (Zylinderschnecken-Globoidradtrieb, einfach einhüllender Schneckentrieb). Schneckentriebe dieser Bauart bestehen aus einer zylindrischen Schnecke und einem globoidförmigen Rad und werden meist einfach als Zylinderschneckentriebe bezeichnet (Abb. 1/24 und 1/25). Der Steigungswinkel der Schnecke beträgt vielfach nur wenige Grade, so daß sie in diesem Falle wie ein dicker Schraubenbolzen aussieht. Eine mehrgängige Schnecke mit einem Steigungswinkel nahe 45° ähnelt dagegen mehr einem Stirnrad mit Schrägverzahnung desselben Steigungswinkels (auch die Zahnform kann die gleiche sein). In diesem Fall besteht der einzige Unterschied zwischen beiden in der Anwendung.

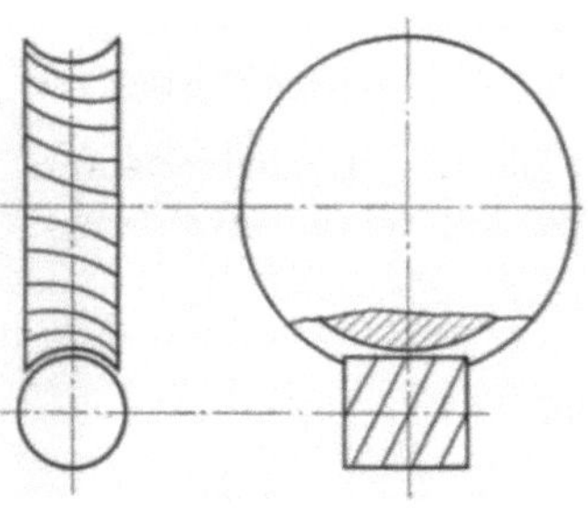

Abb. 1/24. Zylinderschneckentrieb (genaue Bezeichnung: Zylinderschnecken-Globoidradtrieb)

Die Wellen von Schnecke und Schneckenrad müssen so gelagert werden, daß die theoretischen Maße von Achswinkel und Achsabstand genau eingehalten werden. Die axiale Stellung der zylindrischen Schnecke ist nicht wichtig, wohl aber die axiale Stellung des Schneckenrades, damit die Schnecke richtig von der Globoidform des Rades umfaßt wird.

Die Schneckenverzahnung kann mit einem Drehmeißel auf der Drehbank, durch Fräsen mit Finger- bzw. Scheibenfräser oder (bei Evolventenverzahnung) nach den vorn besprochenen Verfahren für Schrägstirnräder erzeugt werden. Die Flankenform hängt vom Herstellverfahren und z.T. auch von den Werkzeugabmessungen ab. Besprechung der hauptsächlich verwendeten Zahnformen s. S. 88.

Manche Zahnformen können bei kleinen Moduln auch eingerollt oder aus dem Vollen geschliffen werden. Bei gehärteten Schnecken und größeren Moduln ist Schleifen meist der letzte Bearbeitungsgang.

Abb. 1/25. Einbauteile eines zweistufigen Schneckengetriebes mit Zylinderschnecken. (Werkfoto: Hamilton Gear and Machine Co. Ltd.; Toronto, Kanada)

Die Verzahnung des Schneckenrades wird durchweg im Wälzverfahren hergestellt. Dabei hat der Wälzfräser genau die äußere Kontur der Schnecke mit dem einzigen Unterschied, daß die Kopfhöhe des Fräsers größer ist, um ein gewisses Kopfspiel zu erzeugen.

Neue Schneckentriebe sollen möglichst unter Berücksichtigung der vorhandenen Fräser entworfen werden, um zu vermeiden, daß für jeden Entwurf ein neuer Fräser angefertigt werden muß. – Bei geringen Stückzahlen stellt man die Schneckenräder auch mit einem Schlagzahn her. Dies ist ein Formstahl mit dem Profil des Schneckenganges, gewissermaßen ein Wälzfräser mit nur einem Zahn (vgl. Abschn. 8.23, S. 471).

Globoidschnecken-Zylinderradtrieb (einfach einhüllender Schneckentrieb). Hierbei hat die Schnecke Globoidform und hüllt das zylindrische Schneckenrad teilweise ein (Abb. 1/26). Das Schneckenrad selber ist ein normales schräg- oder auch geradverzahntes Stirnrad, dessen Herstellung also besonders einfach ist (vgl. Abschn. 1.21, S. 21, und 1.22, S. 22). Die Schnecke kann dadurch erzeugt werden, daß man das Schneckenrad mit Schneidkanten versieht und hiermit die Schneckenverzahnung stößt; man benötigt also keinerlei Sonderwerkzeuge.Diese Art der Herstellung bedingt, daß das Rad meist in gehärtetem Stahl und die Schnecke in Bronze oder Gußeisen ausgeführt wird.

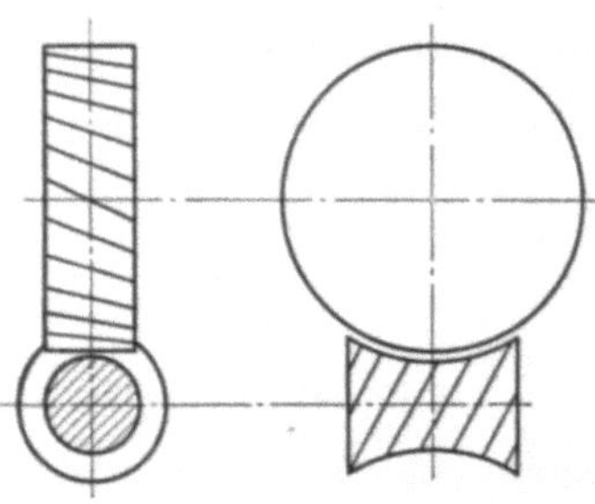

Abb. 1/26. Globoidschnecken-Zylinderradtrieb

Die Entstehung dieser Art von Schneckentrieb kann man sich so vorstellen, daß man – ausgehend von dem vorher beschriebenen Zylinderschneckentrieb – den Durchmesser der Schnecke im selben Maße vergrößert, wie man den Raddurchmesser verkleinert. So wird schließlich die Schnecke zum Stirnrad und das Rad zur globoidförmigen Schnecke.

Beim Einbau muß beachtet werden, daß die Schnecke in Axialrichtung genau eingestellt wird; es ist ohne weiteres einzusehen, daß der Einbau des Rades in dieser Beziehung keine besondere Sorgfalt erfordert. Bezüglich der Lagerbelastung gilt das gleiche wie für den vorher beschriebenen, normalen Zylinderschneckentrieb. – Trotz seiner günstigen Eigenschaften wird diese Art Schneckentrieb jedoch bis heute nur wenig angewendet.

Globoidschneckentrieb (**Globoidschnecken-Globoidradtrieb, doppelt einhüllender Schneckentrieb**). Bei dieser Getriebeart hüllt sowohl die Schnecke das Rad als auch das Rad die Schnecke ein (Abb. 1/27). Derartige Getriebe dienen in erster Linie zur Übertragung hoher Leistungen zwischen zwei sich kreuzenden Achsen, wobei der Achswinkel gewöhnlich 90° beträgt. Die Lagerbelastung ist die gleiche wie bei einfacheinhüllenden Schneckentrieben.

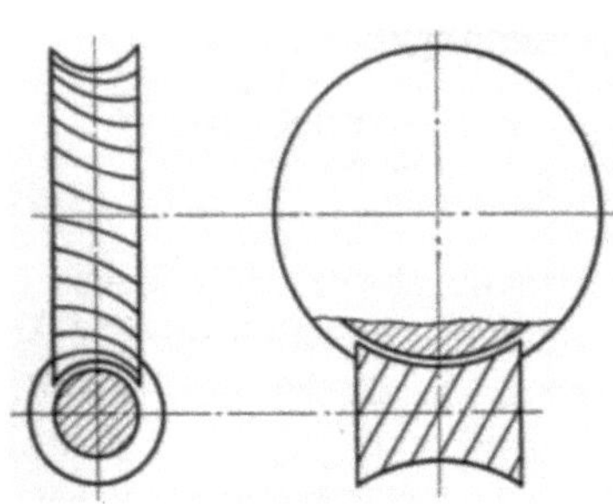

Abb. 1/27. Globoidschneckentrieb (genaue Bezeichnung: Globoidschnecken-Globoidradtrieb)

Alle Einbaumaße müssen genau eingehalten werden: Die Wellen müssen im richtigen Winkel zueinander stehen und den richtigen Achsabstand voneinander haben; auch die axiale Lage von Schnecke und Rad muß in engen Grenzen eingehalten werden. Es ist hier also besondere Sorgfalt beim Einbau erforderlich.

Wegen der engen Anschmiegung der Grundkörper ist die Gesamtlänge der Berührungslinien größer als bei den einfach-einhüllenden Schneckentrieben. Aus diesem Grunde ist auch die Tragfähigkeit größer. Bei hohen Geschwindigkeiten ist es aber mitunter schwierig, diese hohe Tragfähigkeit auszunutzen, da in einem Getriebe dieser Art bei gleicher Größe mehr Wärme entwickelt wird. Es muß also für gute Schmierung bzw. Kühlung gesorgt werden, um Fressen und Überhitzen zu vermeiden.

Der einzige – heute in den USA weitgehend benutzte – Typ dieser Art Schneckengetriebe ist das „Cone-Drive"-Getriebe (eingetragenes Warenzeichen) der Michigan Tool Co., Detroit. In Deutschland bauen die Zahnräderfabrik Renk und Maschinenfabrik Pekrun Globoidschneckengetriebe.

2 Grundlagen

2.1 Verzahnungs-Geometrie
(Grundlagen der Berechnung von Hauptabmessungen und Verzahnungsdaten)

In diesem Kapitel sollen zunächst die für Berechnung, Herstellung und Prüfung von Zahnrädern verwendeten Begriffe erklärt werden. Ferner wollen wir zeigen, wie die Getriebe- und Verzahnungsabmessungen zu berechnen sind. Es kommt uns dabei hauptsächlich darauf an, die grundsätzlichen Zusammenhänge zu klären und die Berechnungsgrundlagen darzulegen. Empfehlungen für die Wahl bestimmter Abmessungen oder Daten finden sich erst in Abschn. 3.4, S. 169, wo wir sie für die Entwurfsrechnung benötigen.

2.11 Stirnräder mit Geradverzahnung

Bei der Bewegungsübertragung zwischen zwei miteinander kämmenden Stirnrädern wälzen zwei gedachte Zylinder mit den Durchmessern d_{b1} und d_{b2} – Wälzzylinder genannt – ohne Gleiten aufeinander ab. Abb. 2/1 zeigt die Ansicht auf eine Stirnradpaarung, in die die beiden Wälzzylinder – hier als Wälzkreise – eingetragen sind.

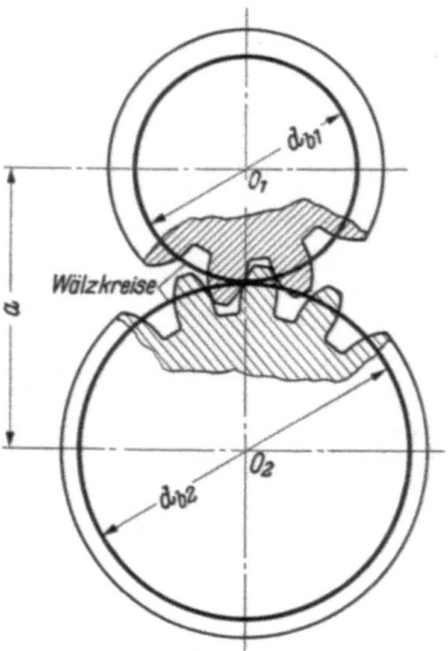

Abb. 2/1. Bei der Bewegungsübertragung zwischen zwei Stirnrädern rollen die Wälzkreise ohne Gleiten aufeinander ab

Bezeichnungen. Abb. 2/2 enthält die Bezeichnungen an Stirnrad und Zahnstange mit Geradverzahnung. Zusammenfassung aller Bezeichnungen s. Tab. 2/1, S. 36.

3*

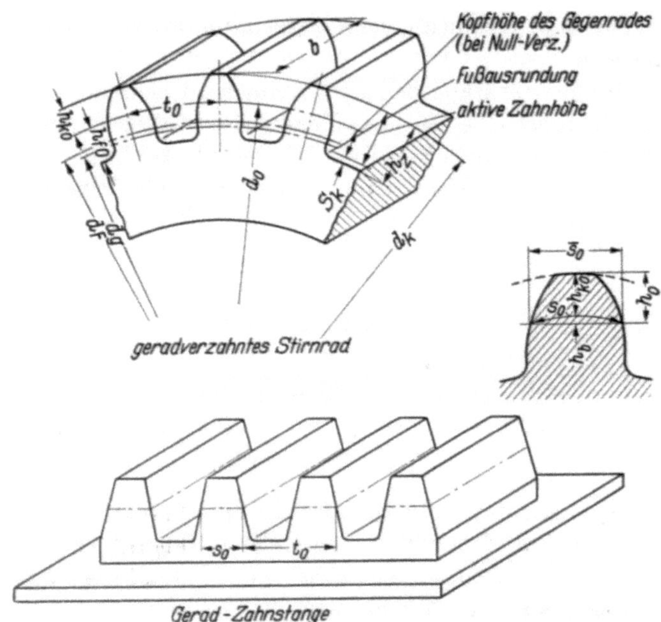

Abb. 2/2. Bezeichnungen an Stirnrad und Zahnstange mit Geradverzahnung: d_g Grundkreis-; d_F Formkreis-; d_0 Teilkreis-; d_k Kopfkreisdurchmesser; b Zahnbreite; h_z Gesamtzahnhöhe; h_{k0} Kopfhöhe; h_{f0} Fußhöhe; h_0 Zahnhöhe über Teilkreissehne; s_0 Zahndicke; $\bar{s}_0$ Zahndickensehne; t_0 Teilung

Tabelle 2/1. Bezeichnungen zu Abschn. 2.1

Wenn andere als die hier genannten Dimensionen verwendet werden, so ist dies im Text besonders angegeben

a	mm	Achsabstand	g	mm	Eingriffsstrecke
A_u, A_o	mm, μ	unteres, oberes Abmaß	H	mm	Steigung (Ganghöhe)
b	mm	Zahnbreite in (Achsrichtung)	h_z	mm	Gesamt-Zahnhöhe
d_0	mm	Teilkreisdurchmesser	h_0	mm	Zahnhöhe über der Sehne
d_a	mm	Außendurchmesser bei Schneckenrad, Globoidschnecke	h_b, h_r	mm	Bogenhöhen s. Abb.2/14 und 2/27
d_b	mm	Wälzkreisdurchmesser	h_{k0}	mm	Kopfhöhe über dem Teilkreis
d_l	mm	Grenzkreisdurchmesser	i	—	Übersetzungsverhältnis
d_f	mm	Fußkreisdurchmesser			$= \dfrac{n_1}{n_2}$
d_F	mm	Formkreisdurchmesser			
d_g	mm	Grundkreisdurchmesser			
d_k	mm	Kopfkreisdurchmesser	l	mm	Zahnlücke (auf dem Bogen)
d_r	mm	Meßrollen- oder Meßkugeldurchmesser	M	mm	Prüfmaß über bzw. zwischen Rollen oder Kugeln
d_{r0}	mm	Teilkreisdurchmesser des Ergänzungsstirnrades			
			m	mm	Modul $= t_0/\pi$ (auf dem Teilkreis)
DP	1/Zoll	Diametral Pitch[1]			
ev	—	Evolventenfunktion (ev $\alpha = \tan \alpha - \hat{\alpha}$)	m_a	mm	Modul im Achsschnitt der Schnecke

[1] 1 Zoll $= 25{,}4$ mm

Tabelle 2/1. (Fortsetzung)

m_n	mm	Modul im Normalschnitt	z	—	Zähnezahl
m_s	mm	Modul im Stirnschnitt	z'	—	Meßzähnezahl (bei
n	U/min	Drehzahl			Zahnweitenmessung)
p	kg/mm²	Hertzsche Pressung	α_b	°	Eingriffswinkel im Be-
r_{w1}	mm	Radius der Kopfabrun-			triebswälzkreis
		dung am Werkzeug	α_0	°	Eingriffswinkel im Teil-
r_{r0}	mm	Teilkreisradius des Er-			kreis
		gänzungsstirnrades bei	β	°	Schrägungswinkel
		Kegelrädern			$= 90° - \gamma$
R_a	mm	Spitzenentfernung	γ	°	Steigungswinkel
s	mm	Zahndicke (auf dem Bo-			$= 90° - \beta$
		gen)	γ_G	—	Schlupf
$\bar{s}$	mm	Zahndickensehne	δ_A	°	Achsenwinkel
S_d	mm, μ	Verdrehflankenspiel	δ_1, δ_2	°	Teilkegelwinkel
S_n	mm, μ	Flankenspiel im Nor-	λ	—	Verhältnis: beliebiger ⌀
		malschnitt			zu Teilkreis ⌀
S_k	mm	Kopfspiel	ε	—	Überdeckungsgrad
t	mm	Teilung			$= g/t_e$
v	m/s	Geschwindigkeit	$\varkappa_f$	°	Fußwinkel
W	mm	Zahnweite	Θ	°	Wälzwinkel
x	—	Profilverschiebungs-	ϱ	mm	Krümmungsradius
		faktor	ω	1/s	Winkelgeschwindigkeit

Indizes:

0	Teilkreis	i	innen
1	Ritzel (= Kleinrad)	k	Kopfkreis
2	Rad (= Großrad)	l	Grenzkreis
a	Achsabstands-, außen, im Achs-	max	Maximalwert, Größtwert
	schnitt	min	Minimalwert, Kleinstwert
b	Betriebswälzkreis	N	Normal-
e	auf der Eingriffslinie	R	Radial-
F	Formkreis	s	Zahndicken-, Stirnschnitt-
f	Fußkreis	sp	Sprungüberdeckung
G	Gleit-	T	Tangential-
g	Grundkreis	w	Werkzeug
gegen	Gegenrad	y	beliebiger Kreis

Übersetzungsverhältnis. Aus der Bedingung, daß die Wälzkreise ohne Gleiten aufeinander abrollen, folgt die Definiton des Übersetzungsverhältnisses:

$$i = \frac{d_{b2}}{d_{b1}} = \frac{d_{02}}{d_{01}} = \frac{n_1}{n_2} = \text{Verhältnis der Zähnezahlen } \frac{z_2}{z_1}. \qquad (2/1)$$

Hierin bezeichnet der Index 1 stets das *Ritzel* (*kleinere* Zähnezahl!) und der Index 2 das *Rad.*

Evolventenzahnform. Um zu erreichen, daß die Bewegung vom Ritzel (= Kleinrad) in jedem Augenblick gleichförmig auf das Rad (= Großrad) - oder umgekehrt - übertragen wird, muß die Form der

Zahnflanke bestimmten kinematischen Gesetzen gehorchen, die hier jedoch nicht näher erörtert werden sollen [2/55]. Praktisch hat sich im gesamten Maschinenbau die Evolventenzahnform durchgesetzt, da sie einige wesentliche Vorzüge besitzt:

1. Die Verzahnung ist unempfindlich gegen kleine Achsabstandsänderungen. Die Genauigkeit der Bewegungsübertragung wird hierdurch nicht gestört.

2. Einfache und genaue Herstellung mit einem geradflankigen Werkzeug möglich.

3. Durch die Möglichkeit der „Profilverschiebung" (s. unten) können – bei gleicher Zähnezahl des herzustellenden Rades – mit demselben Werkzeug unterschiedliche Zahnformen erzeugt werden.

Die Entstehung der Evolvente kann man sich folgendermaßen vorstellen: Man wickelt von einer Rolle mit dem Durchmesser d_g (Grundkreisdurchmesser) einen Faden ab, wobei das freie Stück immer straff gespannt wird; das Ende dieses Fadens beschreibt dann eine Evolvente (Abb. 2/3). Zur Berechnung zahlreicher Größen der Evolventenverzahnung benutzt man zweckmäßig die Evolventenfunktion ev α (sprich „evolut" α), die als Funktion von α tabelliert vorliegt (Tab. 2/2, S. 39). (In USA und England „involute α", abgekürzt „inv α").

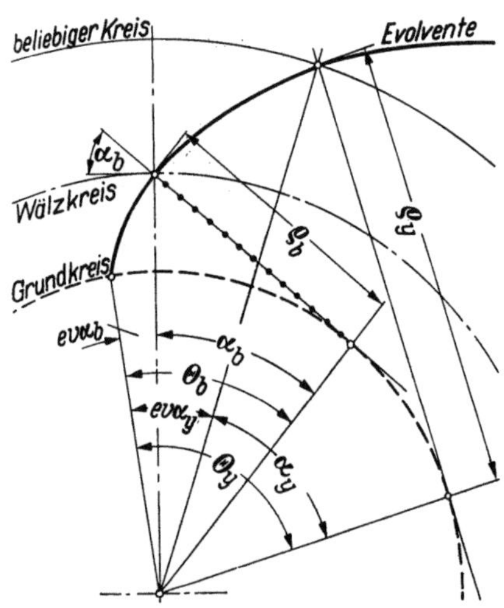

Abb. 2/3. Evolventenbeziehungen: α Pressungswinkel; θ Wälzwinkel; ϱ Krümmungsradien; ev $\alpha = \tan\alpha - \widehat{\alpha}$

$$\boxed{\text{ev}\,\alpha = \tan\alpha - \widehat{\alpha}\,.} \tag{2/2}$$

Sonstige Bezeichnungen und Beziehungen an der Evolvente s. Abb. 2/3.

Bezugsprofil. Die Zahnform kann auch dadurch erzeugt werden, daß man ein bestimmtes Zahnstangenprofil, das wir „Bezugsprofil" nennen, auf einem bestimmten Kreis abrollt (zeichnerische Darstellung s. S. 48). Diesen Kreis bezeichnen wir als „Teilkreis"; er ist von besonderer Bedeutung, weil auf ihm und von ihm ausgehend viele Verzahnungsmaße angegeben werden. Das in Deutschland genormte Bezugsprofil ist in Abb. 2/4 dargestellt.

Teilung, Modul (Abb. 2/2). Die Entfernung von einer Zahnflanke bis zu der gleichliegenden Flanke des nächsten Zahnes – auf dem Teil-

α°	,0	,2	,4	,6	,8
0	0,00000	0,00000	0,00000	0.00000	0,00000
1	0,00000	0,00000	0,00001	0,00001	0,00001
2	0,00001	0,00002	0,00003	0,00003	0,00004
3	0,00005	0,00006	0,00007	0,00008	0,00010
4	0,00011	0,00013	0,00015	0,00017	0,00020
5	0,00022	0,00025	0,00028	0,00031	0,00035
6	0,00038	0,00042	0,00047	0,00051	0,00056
7	0,00061	0,00067	0,00072	0,00078	0,00085
8	0,00091	0,00099	0,00106	0,00114	0,00122
9	0,00131	0,00139	0,00149	0,00159	0,00169
10	0,00179	0,00191	0,00202	0,00214	0,00227
11	0,00239	0,00253	0,00267	0,00281	0,00296
12	0,00312	0,00328	0,00344	0,00362	0,00379
13	0,00398	0,00416	0,00436	0,00456	0,00477
14	0,00498	0,00520	0,00543	0,00566	0,00590
15	0,00615	0,00640	0,00667	0,00693	0,00721
16	0,00749	0,00778	0,00808	0,00839	0,00870
17	0,00903	0,00936	0,00969	0,01004	0,01040
18	0,01076	0,01113	0,01152	0,01191	0,01231
19	0,01272	0,01313	0,01356	0,01400	0,01445
20	0,01490	0,01537	0,01585	0,01634	0,01684
21	0,01735	0,01787	0,01840	0,01894	0,01949
22	0,02005	0,02063	0,02122	0,02182	0,02243
23	0,02305	0,02368	0,02433	0,02499	0,02566
24	0,02635	0,02705	0,02776	0,02849	0,02922
25	0,02998	0,03074	0,03152	0,03232	0,03313
26	0,03395	0,03479	0,03564	0,03651	0,03739
27	0,03829	0,03920	0,04013	0,04108	0,04204
28	0,04302	0,04401	0,04502	0,04605	0,04710
29	0,04816	0,04925	0,05034	0,05146	0,05260
30	0,05375	0,05492	0,05612	0,05733	0,05856
31	0,05981	0,06108	0,06237	0,06368	0,06501
32	0,06636	0,06774	0,06913	0,07055	0,07199
33	0,07345	0,07493	0,07644	0,07797	0,07952
34	0,08110	0,08270	0,08432	0,08597	0,08764
35	0,08934	0,09107	0,09282	0,09459	0,09640
36	0,09822	0,10008	0,10196	0,10388	0,10581
37	0,10778	0,10978	0,11180	0,11386	0,11594
38	0,11806	0,12021	0,12238	0,12459	0,12683
39	0,12911	0,13141	0,13375	0,13612	0,13853
40	0,14097	0,14344	0,14595	0,14850	0,15108
41	0,15370	0,15636	0,15905	0,16178	0,16456
42	0,16737	0,17022	0,17311	0,17604	0,17901
43	0,18202	0,18508	0,18818	0,19132	0,19451
44	0,19774	0,20102	0,20435	0,20772	0,21114
45	0,21460	0,21812	0,22168	0,22530	0,22896
46	0,23268	0,23645	0,24027	0,24415	0,24808
47	0,25206	0,25611	0,26021	0,26436	0,26858
48	0,27285	0,27719	0,28159	0,28605	0,29057
49	0,29516	0,29981	0,30453	0,30931	0,31417
50	0,31909	0,32408	0,32915	0,33428	0,33949
51	0,34478	0,35014	0,35558	0,36110	0,36669
52	0,37237	0,37813	0,38397	0,38990	0,39592
53	0,40202	0,40821	0,41450	0,42087	0,42734
54	0,43390	0,44057	0,44733	0,45419	0,46115

[1] Ausführliche Tafel für ev α s. [2/16] und [2/29].

kreis gemessen – bezeichnen wir als „Teilung“; sie ist also gleich dem Umfang des Teilkreises, geteilt durch die Zähnezahl.

Entsprechend können wir eine *Durchmesserteilung* definieren, die wir „Modul“ nennen – ein viel benutztes Bezugsmaß: Teilkreisdurchmesser geteilt durch Zähnezahl. Damit gelten folgende Zusammenhänge:

$$\text{(Teilkreis-)Teilung} \quad t_0 = \frac{\pi\, d_0}{z} = \pi\, m = s_0 + l_0\,, \qquad (2/3)$$

$$\text{Modul} \quad m = \frac{d_0}{z} = \frac{t_0}{\pi}\,. \qquad (2/4)$$

Wie Abb. 2/4 zeigt, werden auch die Zahnhöhenmaße in Vielfachen des Moduls angegeben.

In den USA und Großbritannien verwendet man an Stelle des Moduls den „Diametral Pitch“, d. h. die Anzahl der Zähne je Zoll Teilkreisdurchmesser. Demnach gelten folgende Zusammenhänge:

$$\text{Diametral Pitch} \quad DP = \frac{z}{d_0\,[\,''\,]} = \frac{25{,}4}{m\,[\text{mm}]}\,. \qquad (2/5)$$

Grundsätzlich können Zahnräder mit jedem beliebigen Modul hergestellt werden, sofern Werkzeuge hierfür vorhanden sind. Um die Werkzeughaltung einzuschränken und um die Austauschbarkeit der Räder zu erleichtern, sind in Deutschland bestimmte Werte des Moduls genormt worden. Sie sind in Tab. 3/20, S. 181 angeführt. In dieselbe Tabelle ist auch eine zu empfehlende Reihe von Diametral Pitch-Werten eingetragen. Nur in Sonderfällen sollte von den Tabellenwerten abgewichen werden.

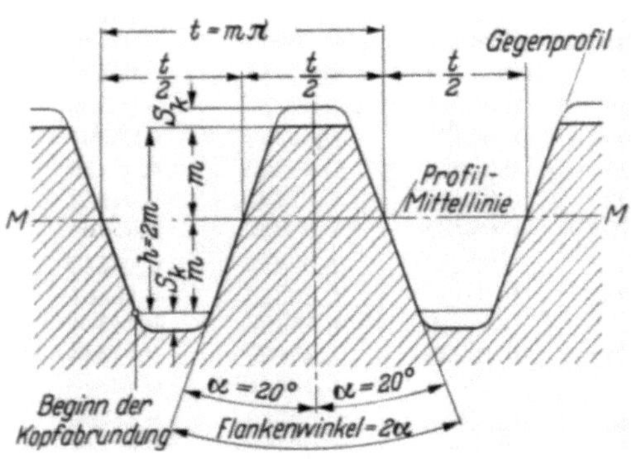

Abb. 2/4. Bezugsprofil (Zahnstangenprofil) für Stirnräder und Kegelräder nach DIN 867

Eingriffslinie, Eingriffswinkel, Grundkreis, Eingriffsteilung. Die Berührung zwischen den miteinander kämmenden Profilen zweier Zahnräder oder zwischen Bezugsprofil und Zahnrad, findet auf der „Eingriffslinie“ statt, die im Falle der Evolventenverzahnung eine Gerade ist. Beim Zusammenarbeiten mit einer Zahnstange (Bezugsprofil) ist die Neigung der Eingriffslinie und damit der „Eingriffswinkel“ durch den Flankenwinkel der Zahnstange gegeben, da die Eingriffslinie senkrecht auf den Zahnflanken stehen muß (Abb. 2/9, S. 48).

Der Kreis, den die Eingriffslinie berührt, wird „Grundkreis" genannt (vgl. auch Abb. 2/3). Mit der Herstellung eines Zahnrades liegt dieser Grundkreis ein für allemal fest. Paart man zwei Räder miteinander, so stellt sich die Eingriffslinie stets als gemeinsame Tangente an beide Grundkreise ein (Abb. 2/5). Der Eingriffswinkel (in diesem Falle „Betriebseingriffswinkel" genannt) kann dabei durchaus vom Herstelleingriffswinkel abweichen[1]. Der Schnittpunkt der Eingriffslinie mit der

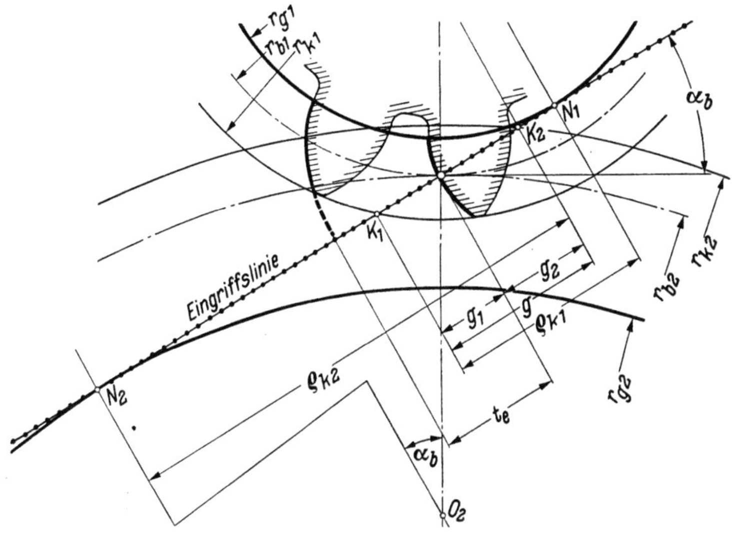

Abb. 2/5. Eingriffsgebiet einer Radpaarung: $K_1K_2 = g$ Eingriffsstrecke; ϱ_{k1} und ϱ_{k2} Krümmungsradien der Zahnflanken am Zahnkopf; t_e Eingriffsteilung. Übrige Bezeichnungen s. Tab. 2/1, S. 36

Verbindungsgeraden der Radmittelpunkte wird „Wälzpunkt" genannt; in diesem Punkt berühren sich auch die Wälzkreise. – Wie aus Abb. 2/5 ohne weiteres zu erkennen ist, gelten folgende Beziehungen:

$$d_g = d_0 \cos \alpha_0 = d_b \cos \alpha_b \, . \tag{2/6}$$

Die Grundkreisteilung – d. h. die auf dem Grundkreis gemessene Teilung – beträgt:

$$t_g = \frac{d_g \pi}{z} = \frac{d_0 \cos \alpha_0 \, \pi}{z} = \pi \, m \cos \alpha_0 = t_e \, . \tag{2/7}$$

Die auf der Eingriffslinie gemessene Teilung (vgl. Abb. 2/5) – genannt „Eingriffsteilung" – ist gleich der Grundkreisteilung.

---

[1] Der Eingriffswinkel stellt sich also stets abhängig vom Gegenrad (oder Gegenzahnstange usw.) ein. Den Winkel an einem Punkt der Evolvente – also unabhängig vom Gegenrad bezeichnen wir dagegen als Pressungswinkel (vgl. Abb.2/3).

Die Eingriffsteilung ist eine besonders wichtige Größe. Die erste kinematische Bedingung für ein einwandfreies Zusammenarbeiten zweier Räder ist nämlich, daß ihre Eingriffsteilungen *übereinstimmen*.

Überdeckungsgrad, Eingriffsstrecke. Von der Eingriffslinie wird nur der Teil zur Kraft- und Bewegungsübertragung benutzt, der zwischen den Kopfkreisen von Ritzel und Rad liegt (Abb. 2/5). Dieser Teil der Eingriffslinie wird als „Eingriffsstrecke" bezeichnet. Ihre Länge beträgt nach Abb. 2/5 und 2/3:

$$g = \overline{K_1 K_2} = \varrho_{k1} + \varrho_{k2} - a \sin\alpha_b = g_1 + g_2 .$$

$$g = \underbrace{\sqrt{r_{k1}^2 - (r_{01}\cos\alpha_0)^2}}_{\varrho_{k1}} + \underbrace{\sqrt{r_{k2}^2 - (r_{02}\cos\alpha_0)^2}}_{\varrho_{k2}} - a \sin\alpha_b . \qquad (2/9)$$

Berechnung der Radien r und Achsabstände a s. S. 47 und 46.

Wie aus Abb. 2/5 zu ersehen ist, sind g_1 und g_2 die Teileingriffsstrecken bis zum Wälzpunkt. Sie können mit ϱ_{k1} und ϱ_{k2} nach Gl. (2/9) wie folgt berechnet werden:

$$g_1 = \varrho_{k1} - \frac{d_{b1}}{2}\sin\alpha_b ; \quad g_2 = \varrho_{k2} - \frac{d_{b2}}{2}\sin\alpha_b . \qquad (2/9\,\text{A})$$

Damit die Bewegungsübertragung gleichförmig ist, muß bereits ein neuer Zahn im Eingriff sein, wenn der vorhergehende Zahn außer Eingriff kommt. Mit anderen Worten: Die Eingriffsstrecke muß länger als die Eingriffsteilung sein – oder: Das Verhältnis Eingriffsstrecke zu Eingriffsteilung muß größer als 1 sein. Dieses Verhältnis wird als Profilüberdeckung (oder Stirnüberdeckung) bezeichnet:

$$\varepsilon = \frac{\overline{K_1 K_2}}{t_e} = \frac{g}{m\,\pi\,\cos\alpha_0} . \qquad (2/10)$$

Gl. (2/10) gilt für Stirnräder mit Gerad- und Schrägverzahnung – bei Schrägverzahnung ist m_s [Gl. (2/44) bzw. (2/48)] und α_{0s} [Gl. (2/49)] einzusetzen.

Der Profilüberdeckungsgrad ist der Mittelwert der im Eingriff befindlichen Zähnezahl (bei Schrägverzahnung: im Stirnschnitt betrachtet). Wenn sich beispielsweise der Überdeckungsgrad zu 1,7 ergibt, so heißt das natürlich nicht, daß 1,7 Zähne gleichzeitig zu einem bestimmten Zeitpunkt im Eingriff sind – es können selbstverständlich nur 1 oder 2 oder 3 usw. Zähne in Eingriff sein. Wenn der Überdeckungsgrad zwischen 1 und 2 beträgt, so bedeutet dies vielmehr, daß abwechselnd ein und zwei Zahnpaare im Eingriff sind. Als Mittelwert über die Zeit jedoch ergibt sich 1,7 als durchschnittliche Anzahl der im Eingriff befindlichen Zähne.

Um die Gleichförmigkeit der Bewegungsübertragung auf jeden Fall zu sichern, wird man meist vorschreiben, daß ein Überdeckungsgrad von mindestens 1,1, z.T. auch 1,2, nicht unterschritten wird.

Profilverschiebung. Wird das Bezugsprofil (Abb. 2/4) bei der Erzeugung der Verzahnung mit seiner Mittellinie auf dem Teilkreis abgewälzt, so erhält man ein Zahnrad mit „Nullverzahnung". Hat das Gegenrad ebenfalls Nullverzahnung, so ist der Betriebseingriffswinkel gleich dem Herstelleingriffswinkel und die Herstellwälzkreise (= Teilkreise) sind auch die Betriebswälzkreise.

Es ist nun ein besonderer Vorzug der Evolventenverzahnung, daß man mit dem gleichen Bezugsprofil – d. h. Werkzeug – auch andere Zahnformen erzeugen kann. Rückt man das Bezugsprofil um den Betrag $x\,m$ vom Teilkreis ab und wälzt es mit der neuen Wälzgeraden (Parallele zur Profilmittellinie, die den Teilkreis berührt) auf dem Teil-

Abb. 2/6. Beispiel für die Beseitigung von Unterschnitt durch Profilverschiebung. Das linke Ritzel hat Nullverzahnung ($x = 0$) und ist stark unterschnitten, das rechte hat profilverschobene Verzahnung ($x = 0,35$) und ist unterschnittfrei. Beide Ritzel ($m = 2,5$; $z = 12$) wurden mit demselben Wälzfräser und demselben Schaberad hergestellt und haben die gleiche Zahnhöhe

kreis ab, so erhält man eine spitzere Zahnform mit größerer Zahndicke im Teilkreis und Fußkreis als bei Nullverzahnung (vgl. Abb. 2/6). Eine derartige Verzahnung bezeichnet man als Verzahnung mit *positiver* Profilverschiebung. Hat das Gegenrad nun eine gleich große aber entgegengesetzte (negative) Profilverschiebung (d. h. wird das Bezugsprofil in den Teilkreis hereingerückt und auf einer außerhalb der Profilmittellinie liegenden Wälzgeraden abgewälzt), so wird hier die Zahnflanke steiler und die Zahndicke in Teil- und Fußkreis geringer. Der Betriebseingriffswinkel bleibt gleich dem Herstelleingriffswinkel und die Teilkreise sind auch die Betriebswälzkreise. – Die Verzahnungsart wird „V-Nullverzahnung" genannt.

Null- und V-Nullverzahnung haben also gemeinsam, daß die Teilkreise gleich den Wälzkreisen und die Betriebseingriffswinkel gleich den Herstelleingriffswinkeln sind. Dies ist immer der Fall, wenn die Summe der Profilverschiebungsfaktoren $x_1 + x_2 = 0$ ist.

Verzahnungen, bei denen $x_1 + x_2$ nicht gleich Null ist, nennt man „V-Verzahnungen". Hierbei fallen Teilkreis und Betriebswälzkreis nicht zusammen, der Eingriffswinkel weicht vom Herstelleingriffswinkel ab (meist ist er größer).

Die Anwendung der Profilverschiebung bietet folgende Möglichkeiten:

1. *Unterschnitt* kann vermieden werden. Gefahr der Entstehung von Unterschnitt besteht nämlich in erster Linie dann, wenn das Werkzeug bei kleinen Zähnezahlen zu tief unter den Teilkreis in das zu erzeugende Rad hineinfaßt. Die Zahnfußlücke wird dann stark ausgearbeitet (der Zahn „unterschnitten") und ein Teil der Evolventenflanke – in der Nähe des Grundkreises – beseitigt. Nachteile des Unterschnitts s. unten.

2. Die *Tragfähigkeit* der Verzahnung kann gesteigert werden, auch oberhalb des Bereiches, der durch Unterschnitt gefährdet ist. Insbesondere ist es möglich, die Tragfähigkeiten von Ritzel und Rad einander anzugleichen.

3. *Gleitgeschwindigkeit* und *Schlupf* – z. T. auch die *Hertzsche Pressung* – sind meist am Ritzelzahnfuß am größten. Durch Profilverschiebung kann man Gleitgeschwindigkeit und Schlupf (s. S. 50) von Ritzel und Rad einander angleichen. Ferner erreicht man damit, daß das aktive Zahnprofil vom Grundkreis, d. h. vom Gebiet kleiner Krümmungsradien abgerückt wird, was sich in einer Verringerung der Hertzschen Pressung, d. h. Erhöhung der Flankentragfähigkeit auswirkt.

4. Durch Anwendung der Profilverschiebung kann jeder *vorgegebene Achsabstand* bei gegebenen Zähnezahlen von Ritzel und Rad mit *genormtem* Modul erreicht werden.

Empfehlungen für die Wahl der Profilverschiebungsfaktoren s. S. 178.

Zahnfußkurve, Unterschnitt. Wie am Anfang dieses Kapitels bereits erläutert, besteht die Zahnform in ihrem aktiven Teil (d. h. dem Teil, der an der Kraftübertragung teilnimmt) aus einer Evolvente. Die Zahnfußkurve ist dagegen keine normale Evolvente; ihre Form wird durch die Art des Herstellwerkzeugs und dessen Kopfabrundung bestimmt (Konstruktion s. Abb. 2/10, S. 49). Diese Zahnfußkurve läuft im allgemeinen tangential in die Evolvente über. Bei kleinen Zähnezahlen und kleinen Profilverschiebungen dagegen, schneidet die Zahnfußkurve die Evolvente. Wir bezeichnen dies als „Unterschnitt", weil der Zahnfuß *unterschnitten* wird, d. h. der Zahn erhält eine eingeschnürte Form. Ein Stück der Evolvente wird dabei weggeschnitten. Die Nachteile des Unterschnitts sind Verringerung der Zahnfußtragfähigkeit und des Überdeckungsgrades. Außerdem nutzt sich die Flanke an der Stelle, wo der Unterschnitt beginnt leichter ab.

Unterschnitt wird vermieden, wenn folgende Grenzzähnezahl nicht unterschritten wird:

$$\boxed{z_{\mathrm{grenz}} = \frac{2\left[h_{kw} - x\,m - r_{w1}(1 - \sin\alpha_0)\right]}{m\sin^2\alpha_0}.} \qquad (2/11)$$

Hierin ist h_{kw} die Kopfhöhe des Wälzfräsers (bzw. Zahnstangenwerkzeugs) von der Profilmittellinie gemessen. Sonstige Bezeichnungen s. Abb. 2/7 und Tab. 2/1, S. 36. Empfehlungen für h_{kw} s. Tab. 3/19, S. 172).

Diese Formel kann – bei gegebener Zähnezahl – auch dazu benutzt werden, um den Profilverschiebungsfaktor x zu errechnen, der erforderlich ist, um Unterschnitt zu vermeiden. Die Gleichung ist dann nach x aufzulösen und statt z_{grenz} ist die Zähnezahl z einzusetzen.

Da die Größe der Fußausrundung für die Zahnfußfestigkeit von Bedeutung ist, sei nachfolgend die Gleichung zur Bestimmung des kleinsten Krümmungsradius der Zahnfußkurve angegeben. Die Gleichung gilt bei Herstellung durch Wälzfräsen oder Wälzschleifen:

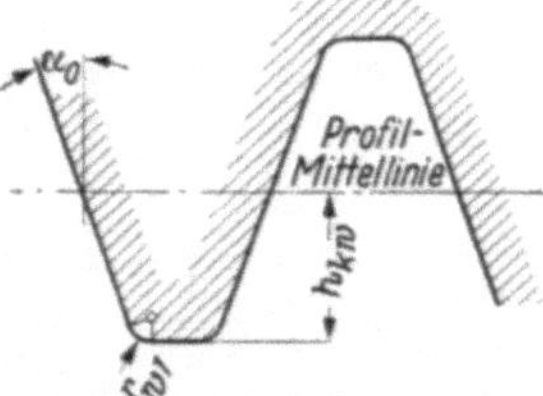

Abb. 2/7. Profil eines Zahnstangenwerkzeugs ($\approx$ Wälzfräserprofil); auf der Profilmittellinie ist Zahndicke = Zahnlücke

$$\varrho_{f\,min} = r_{w1} + \frac{(h_{kw} - x\,m - r_{w1})^2}{d_0/2 + (h_{kw} - x\,m - r_{w1})} \, . \qquad (2/12)$$

Bezeichnungen s. Abb. 2/7 und Tab. 2/1, S. 36.

Eingriffsstörungen (Interferenz). Wir hatten gesehen, daß eine Unterschneidung des Zahnfußes in verschiedener Beziehung nachteilig ist. Andererseits muß jedoch der Zahnfuß soweit ausgearbeitet werden, daß die Zahnköpfe des Gegenrades im Betriebszustand nicht mit der Zahnfußkurve in Berührung kommen. Das Gegenrad würde in einem solchen Falle als Werkzeug wirken und versuchen, sich mit seinen Kopfkanten den Zahnfuß freizuarbeiten. Diese Erscheinung wollen wir als ,,Eingriffsstörungen am Zahnfuß'' bezeichnen.

Die Gefahr der Eingriffsstörung besteht um so weniger, je größer die Zähnezahl und die Kopfhöhe des Schnittwerkzeugs ist, und da der Wälzfräser bei der Herstellung der Zahnstange entspricht, erzeugt dieser den größten Freischnitt am Zahnfuß (bei kleinen Zähnezahlen den größten Unterschnitt). Als überschlägige Regel kann daher gelten, daß bei wälzgefrästen Verzahnungen keine Eingriffsstörungen auftreten, die auf mangelnden Freischnitt des Zahnfußes zurückzuführen wären. – In Sonderfällen empfiehlt sich jedoch eine Kontrolle. Man kann diese leicht so durchführen, daß man – z. B. an Hand der Verzahnungszeichnung – prüft, ob die durch die Eingriffsstrecke bestimmte, aktive Zahnflanke eine Evolvente ist oder ob schon Teile der Zahnfußkurve in den Bereich der Eingriffsstrecke fallen (vgl. Abb. 2/9, S. 48). Auf S. 59 wird ferner gezeigt, wie der Formkreisdurchmesser zu berechnen ist, d. h. der Durchmesser, bis zu dem die Zahnflanke als Evolvente ausgebildet sein muß.

Achsabstand. Wie aus Abb. 2/1, S. 35 und Gl. (2/1), S. 37 hervorgeht, ist der Achsabstand

$$a = \frac{d_{b1} + d_{b2}}{2} = \frac{d_{b1}}{2}\,(1 + i)\,. \tag{2/13}$$

Führt man hier die Beziehungen von Gl. (2/6), S. 41 ein, so ergibt sich

$$a = \frac{d_{01}}{2}\,\frac{\cos\alpha_0}{\cos\alpha_b}\,(1 + i) = m\,\frac{z_1}{2}\,\frac{\cos\alpha_0}{\cos\alpha_b}\,(1 + i)\,. \tag{2/14 A}$$

$$\boxed{a = m\,\frac{z_1 + z_2}{2}\,\frac{\cos\alpha_0}{\cos\alpha_b}\,.} \tag{2/14 B}$$

Der Betriebseingriffswinkel kann dabei aus folgender Beziehung ermittelt werden:

$$\boxed{\operatorname{ev}\alpha_b = \frac{2\tan\alpha_0\,(x_1 + x_2)}{z_1 + z_2} + \operatorname{ev}\alpha_0\,.} \tag{2/15}$$

Hierin ist $\operatorname{ev}\alpha_b = \tan\alpha_b - \widehat{\alpha_b}$ die Evolventenfunktion (Erläuterung s. S. 38). Eine Reihe von ev α-Werten sind in Tab. 2/2 zusammengestellt. Für genaue Berechnungen benutzt man am besten eines der bekannten Tafelwerke [2/16], [2/29].

Bei der praktischen Rechnung geht man folgendermaßen vor: Sind die Profilverschiebungsfaktoren x_1 und x_2 gegeben, so kann zunächst nach Gl. (2/15) ev α_b und aus Tab. 2/2 somit α_b bestimmt werden; damit ist auch cos α_b bekannt und a kann nach Gl. (2/14 – A oder B) berechnet werden.

Ist der Achsabstand – z. B. durch die Konstruktion – vorgeschrieben, so kann zunächst aus Gl. (2/14 – A oder B) cos α_b und damit α_b ermittelt werden. Aus Tab. 2/2 kann ev α_b entnommen werden und aus Gl. (2/15) ist dann die erforderliche Profilverschiebungssumme $(x_1 + x_2)$ zu errechnen. Über die Aufteilung dieser Summe auf Ritzel und Rad s. S. 178. Zahlenbeispiel s. Abschn. 9.11, S. 516.

Für 05-Verzahnung $(x_1 = x_2 = 0{,}5)$ nach DIN 3994 kann der Wert a/m für die Zähnezahlsummen $z_1 + z_2 = 16$ bis 250 unmittelbar aus einer Tabelle (DIN 3995, Bl. 1) entnommen werden; vgl. auch Tab. 3/21, S. 182.

Durchmesser. Wir hatten bereits eine Reihe von Beziehungen für die verschiedenen Durchmesser und zwischen den Durchmessern des Zahnrades gefunden, die nochmals kurz zusammengefaßt seien:

Grundkreisdurchmesser $\qquad \boxed{d_g = d_0\cos\alpha_0 = d_b\cos\alpha_b,}$ $\qquad$ (2/16)

Teilkreisdurchmesser
$$d_0 = m\,z = \frac{d_g}{\cos\alpha_0}, \tag{2/17}$$

Betriebs-Wälzkreisdurchmesser
$$d_b = \frac{d_g}{\cos\alpha_b} = d_0\,\frac{\cos\alpha_0}{\cos\alpha_b}. \tag{2/18}$$

Weiter sind für die Festlegung der Verzahnung die Fuß- und Kopfkreisdurchmesser erforderlich. Den Fußkreisdurchmesser kann man sofort angeben, wenn man sich vorstellt, daß das Werkzeugprofil mit seiner Herstellwälzgeraden auf dem Teilkreis abrollt (s. Abb. 2/9, S. 48):

Fußkreisdurchmesser
$$d_f = d_0 - 2\,(h_{kw} - x\,m) \quad \text{[1]} \tag{2/19}$$

Der Kopfkreisdurchmesser muß so gewählt werden, daß im eingebauten Zustand ausreichendes Kopfspiel vorhanden ist. Schreibt man dieses mit S_k vor, so beträgt

Kopfkreisdurchmesser
$$d_{k1} = 2\,(a - 0{,}5\,d_{f2} - S_k)$$
$$d_{k2} = 2\,(a - 0{,}5\,d_{f1} - S_k) \tag{2/20}$$

Das Kopfspiel wird man im allgemeinen gleich der gesamten Zahnkopfhöhe des Werkzeuges, vermindert um die aktive Kopfhöhe (bis zum Beginn der Fußausrundung), wählen. Bei dem in DIN 867 genormten Bezugsprofil wäre $S_k = h_{kw} - m$ und würde zwischen 0,1 und $0{,}3 \cdot m$ liegen (vgl. Abb. 2/4 S. 40, Tab. 3/19 S. 172).

In Sonderfällen ist zu prüfen, ob am Zahnfuß von Ritzel oder Rad Eingriffsstörungen auftreten. Erläuterung s. Unterabschnitt ,,Eingriffsstörungen'', S. 45. – In diesem Falle wäre möglicherweise eine zusätzliche Kopfkürzung erforderlich.

Für 05-Verzahnung ($x_1 = x_2 = 0{,}5$) nach DIN 3994 können Fuß- und Kopfkreisdurchmesser für alle Zähnezahlen von 8 bis 200 unmittelbar aus einer Tabelle (DIN 3995, Bl. 2. u. 3) entnommen werden.

Formdurchmesser und Wälzwinkel s. S. 59.

Aufzeichnen der Zahnform. Mit den bisher erläuterten Grundbegriffen ist es ohne weiteres möglich, die Zahnform nach den gegebenen Verzahnungsdaten aufzuzeichnen. Wie man hierbei vorgeht, wird in Tab. 2/3 gezeigt. Diese Darstellung wird dem Leser das Verständnis der geometrischen Zusammenhänge erleichtern; außerdem benötigen wir die bildliche Darstellung der Zahnform später zur Ermittlung der Zahnfußbiegespannungen.

Gleitgeschwindigkeit, Schlupf. Beim Kämmen zweier Zahnräder findet zwischen den Zahnflanken eine Wälz- und Gleitbewegung statt.

---

[1] Gl. 2/19 liefert einen theoretischen Wert, der bei der Herstellung meist etwas unterschritten wird.

Tabelle 2/3. *Zeichnerische Darstellung der Zahnform eines Stirnrades mit Geradverzahnung*

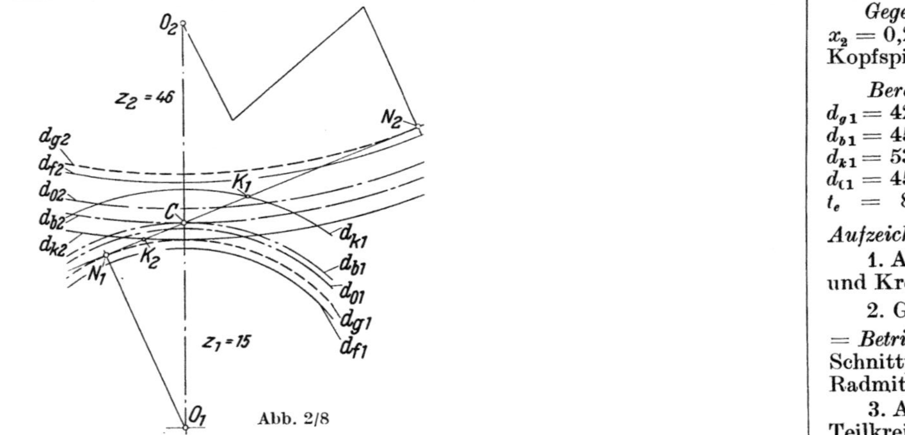

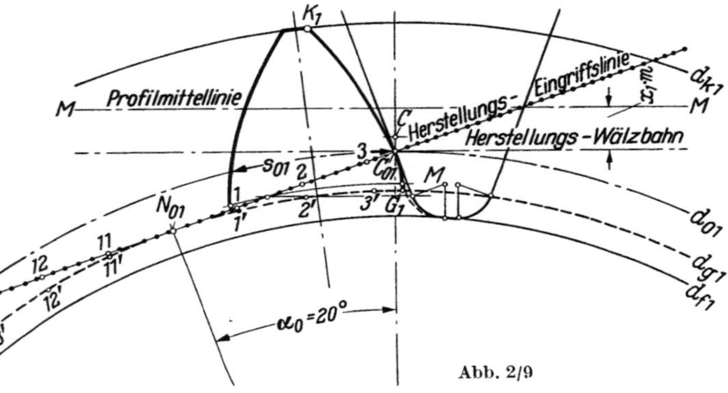

Gegeben: $z_1 = 15$, $z_2 = 46$; $m = 3$ mm; $x_1 = 0,5$; $x_2 = 0,2$; Bezugsprofil nach DIN 867, $h_{kw} = 1,25$ m; Kopfspiel $S_k = 0,25$ m, $n_1 = 1450$ U/min.

Berechnet: $a = 93,45$ Gl. (2/14)

$d_{g1} = 42,29$	Gl. (2/16)	$d_{g2} = 129,68$	Gl. (2/16)
$d_{b1} = 45,96$	Gl. (2/18)	$d_{b2} = 140,95$	Gl. (2/18)
$d_{k1} = 53,71$	Gl. (2/20)	$d_{k2} = 144,91$	Gl. (2/20)
$d_{c1} = 45,00$	Gl. (2/17)	$d_{f1} = 40,50$	Gl. (2/19)
$t_e = 8,856$	Gl. (2/7)	$i = z_2/z_1 = 3,07$	

Aufzeichnen:

1. Abb. 2/8. Zunächst oben errechneten Achsabstand und Kreise aufzeichnen.

2. Gemeinsame Tangente $\overline{N_1CN_2}$ an die Grundkreise = *Betriebs*-Eingriffslinie (Kontrolle: $\overline{N_1CN_2}$ muß durch Schnittpunkt der Wälzkreise mit der Verbindung der Radmittelpunkte gehen).

3. Abb. 2/9. Tangente von C_{01} (Schnittpunkt von Teilkreis und Verbindungsgerade der Radmittelpunkte) an den Grundkreis 1. Zu beiden Seiten von N_{01} gleich große Teilstrecken auf der *Herstellungs*-Eingriffslinie und dem Grundkreis abtragen. Kreisbogen mit $\overline{N_{01}C_{01}}$ um N_{01} schlagen, weitere Kreisbögen mit $\overline{1\,C_{01}}$ um 1', mit $\overline{2\,C_{01}}$ um 2' usw., ferner mit $\overline{11\,C_{01}}$ um 11', $\overline{12\,C_{01}}$ um 12' usw.; als Einhüllende dieser Bögen kann die Evolventenflanke $G_1C_{01}K_1$ gezogen werden.

4. Abb. 2/9 und 2/10. Einzeichnen des Bezugsprofils, dessen Herstellungswälzbahn den Teilkreis in C_{01} tangiert.

5. Abb. 2/10. Bei der Herstellung wälzt die Herstellungswälzbahn auf dem Teilkreis ab. Zur Darstellung der Zahnfußkurve wird diese Bewegung zeichnerisch nachgeahmt: Ausgehend von C_{01} werden Herstellungswälzbahn und Teilkreis in gleich große Teilstrecken eingeteilt. Dann werden die Punkte D und F auf der Her-

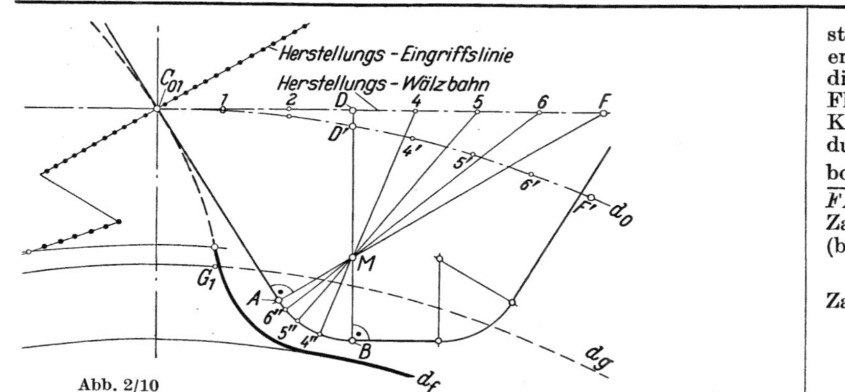

Abb. 2/10

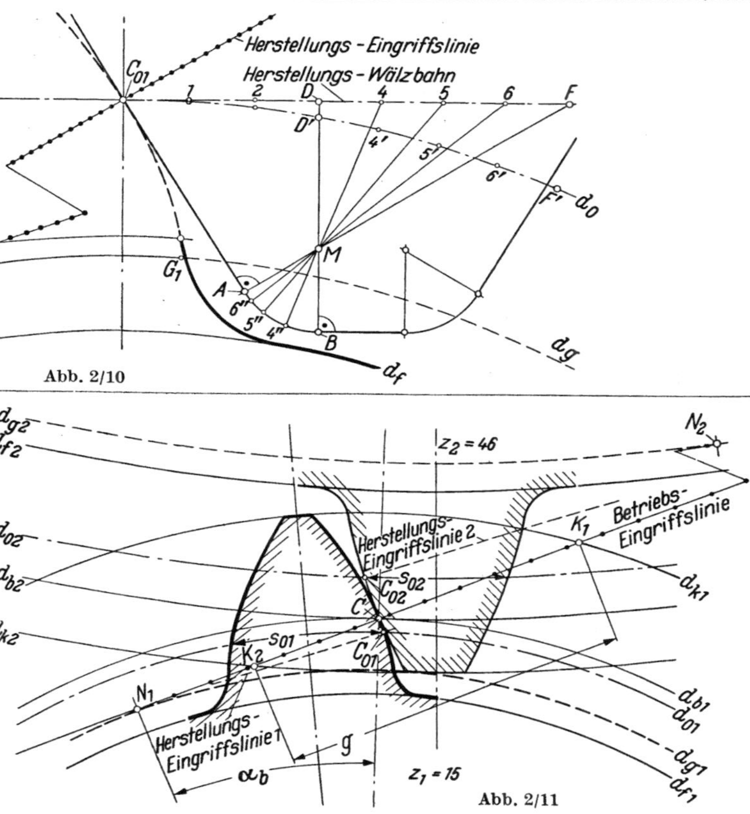

Abb. 2/11

stellungswälzbahn bestimmt, wie aus der Zeichnung zu ersehen ist. Hierbei sind A und B die Punkte, in denen die Kopfabrundung des Werkzeuges in die Geraden von Flanke und Kopf übergeht; M ist der Mittelpunkt der Kopfabrundung. Bestimmung der Punkte 4″, 5″ usw. durch Gerade von 4 über M, 5 über M usw. Dann Kreisbogen mit $\overline{DB}$ um D', mit $\overline{4\,4''}$ um 4′, mit $\overline{5\,5''}$ um 5′... $\overline{FA}$ um F'. Die Einhüllende dieser Kreisbögen ergibt die Zahnfußkurve. Sie muß die Evolvente tangieren oder (bei Unterschnitt) schneiden.

6. Abb. 2/9 und 2/11. Nach Gl. (2/24) beträgt die Zahndicke im Teilkreis (ohne Zahndickenabmaß):

$$s_{01} = m\left(\frac{\pi}{2} + 2x_1 \tan\alpha_0\right) = 5{,}80 \text{ mm}.$$

Wir tragen $s_{01}/2$ auf dem Teilkreis von C_{01} nach links ab und können damit die Zahnmittellinie zeichnen. Durch Spiegeln der Rechtsflanke an dieser Mittellinie kann die Linksflanke gezeichnet werden (mit Hilfe von Transparentpapier) (Abb. 2/9).

Die Zahnform des Gegenrades kann nach demselben Verfahren konstruiert werden. Dabei ist zu beachten, daß sich die Werkzeugprofile von Rad und Gegenrad bei V-Verzahnung nicht decken (Abb. 2/11).

Aus der Zeichnung ermittelte Werte:

Mit Hilfe der aus Abb. 2/11 entnommenen Länge der Eingriffsstrecke $g = \overline{K_1 K_2}$ kann die Profilüberdeckung nach Gl. (2/10) bestimmt werden. Wir erhalten $\varepsilon = 1{,}39$. Ebenso kann nach Gl. (2/22) die Gleitgeschwindigkeit in jedem Punkt der Eingriffsstrecke bestimmt werden. Dabei ist g_1 der jeweilige Abstand vom Wälzpunkt (auf der Eingriffslinie gemessen). Für den Kopf des Ritzels ergibt sich $v_a = 15{,}3$ m/s.

Betrachten wir zwei im Eingriff befindliche Zahnflanken, so können die Tangentialgeschwindigkeiten im Berührungspunkt nach folgender Gleichung berechnet werden:

Flanke von Rad 1:

$$v_{T1}[\text{m/s}] = \varrho_1\,\omega_1 = \frac{\pi\,n_1\,\varrho_1}{30}\,[\text{U/min}][\text{m}]$$

Flanke von Rad 2:

$$v_{T2}[\text{m/s}] = \varrho_2\,\omega_2 = \frac{\pi\,n_2\,\varrho_2}{30}\,[\text{U/min}][\text{m}] = \frac{\pi\,n_1\,\varrho_2}{i\cdot 30}\,[\text{U/min}][\text{m}]$$

$$\left.\right\} \quad (2/21)$$

ϱ_1 und ϱ_2 sind dabei die Krümmungsradien in dem jeweiligen Eingriffspunkt der Zahnflanken (vgl. Abb. 2/3, S. 38 und 2/5, S. 41).

Aus den Gln. (2/21) ergibt sich die Gleitgeschwindigkeit als die Differenz der Tangentialgeschwindigkeiten:

$$v_G[\text{m/s}] = \frac{\pi\,n_1}{30}\left(\varrho_1 - \frac{\varrho_2}{i}\right)[\text{U/min}][\text{m}]$$

$$v_{G1,2}[\text{m/s}] = \frac{\pi\,n_1\,g_{1,2}}{30}\,\frac{i+1}{i}\,[\text{U/min}][\text{m}] \qquad (2/22)$$

Hierin ist g_1 bzw. g_2 der jeweilige Abstand des Berührungspunktes vom Wälzpunkt – auf der Eingriffslinie gemessen. Er ist *oberhalb* des Wälzpunktes *positiv* und *unterhalb* des Wälzpunktes *negativ* einzusetzen. Die Gleitgeschwindigkeit ist also im Wälzpunkt Null und nimmt linear mit dem Abstand der Berührungspunkte (auf der Eingriffslinie gemessen) vom Wälzpunkt zu; sie ist also am Eingriffsbeginn und Eingriffsende (Punkt K_1 und K_2 in Abb. 2/5, S. 41) am größten. Berechnung der zugehörigen Teileingriffsstrecken s. Gl. 2/9 A, S. 42.

Der Schlupf (oder *das spezifische Gleiten*) γ_G ist eine Vergleichsgröße, die das Verhältnis von Gleit- zu Wälzgeschwindigkeit beinhaltet. Bei reinem Wälzen, d. h. wenn die zusammenarbeitenden Flankenteile von Rad und Gegenrad gleich groß sind (im Wälzpunkt), ist γ_G Null. Einer bestimmten Strecke des Zahn*fuß*profils ist dagegen eine größere Strecke am Kopf des Gegenrades zugeordnet, mit der sie zusammenarbeitet. Hierfür wird der Schlupf *negativ*. Umgekehrt ergibt sich für den *Zahnkopf* ein *positiver* Schlupf.

$$\gamma_{G1} = \frac{v_{G1}}{v_{T1}} = \frac{g_1\,(z + z_2)}{\varrho_1\cdot z_2}$$

$$\gamma_{G2} = \frac{v_{G2}}{v_{T2}} = \frac{g_2\,(z_1 + z_2)}{\varrho_2\cdot z_1} \qquad (2/22\,\text{A})$$

g_1 bzw. g_2 ist so einzusetzen wie unter Gl. (2/22) angegeben. Zu ϱ_1 und ϱ_2 siehe Angaben unter (Gl. 2/21). Maximalwerte für g_1, g_2 siehe Gl. (2/9A), Maximalwerte für ϱ_1 und ϱ_2 siehe Gl. (2/9 ϱ_{k1} und ϱ_{k2}). Der Schlupf wird vielfach zur Beurteilung des Verschleißverhaltens benutzt. Er ist — absolut gesehen — in Grundkreisnähe am größten; Zahnprofile in Grundkreisnähe sind also zu vermeiden.

Die Umfangsgeschwindigkeit in einem Kreis mit dem Durchmesser d_y beträgt

$$v\,[\text{m/s}] = \frac{\pi d_y n}{60}\,[\text{U/min}]\,[\text{m}] \qquad\qquad (2/23)$$

Zahndicke im Teilkreis. Man kann sich die Herstellung der Verzahnung so vorstellen, daß das Bezugsprofil (Abb. 2/4) mit seiner Herstellungswälzbahn auf dem Teilkreis abrollt (Abb. 2/9). Daraus folgt, daß die Zahn*dicke* im Teilkreis gleich der Zahn*lücke* des Bezugsprofils in der Herstellungswälzbahn sein muß. Bei ausgeführten Verzahnungen verringert man die Zahndicke noch um das Zahndickenabmaß (Abb. 2/12) um ein bestimmtes Flankenspiel zu erreichen:

$$s_0 = m\left(\frac{\pi}{2} + 2\,x\tan\alpha_0\right) + A_s$$

$$(2/24)$$

Bei negativer Profilverschiebung (auf die Radmitte zu), ist x negativ einzusetzen.

A_s ist das Zahndickenabmaß, das einen Mindestwert haben muß, damit im Betriebszustand immer ein gewisses Flankenspiel vorhanden ist. Es muß stets einen *negativen* Wert haben (auch in DIN 3963 sind für A_s *negative* Werte angegeben). Da alle Maße – so auch die Zahndicke – nur mit einer gewissen Toleranz eingehalten werden können,

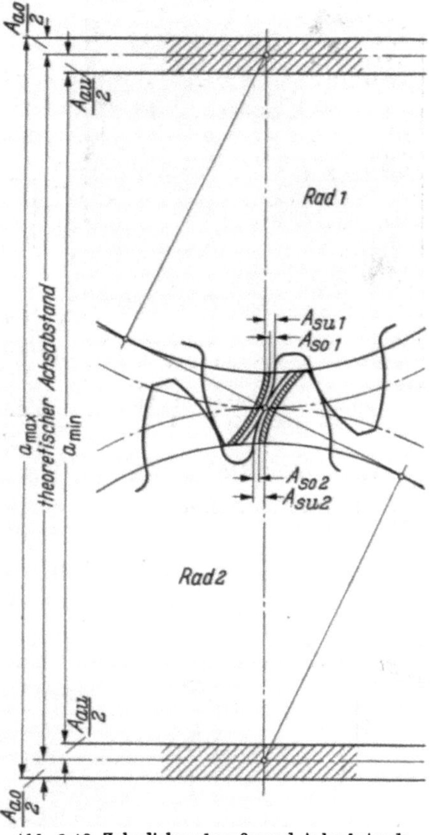

Abb. 2/12. Zahndickenabmaße und Achsabstandsabmaße einer Radpaarung. A_{so} oberes Zahndickenabmaß; A_{su} unteres Zahndickenabmaß; A_{ao} oberes Achsabstandsabmaß; A_{au} unteres Achsabstandsabmaß

schreibt man für die Fertigung ein oberes Abmaß vor, das nicht überschritten und ein unteres Abmaß, das nicht unterschritten werden darf (A_{os} und A_{us}). Wie diese bestimmt werden können, wird in Abschn. 3.2, S. 156, gezeigt.

Bemerkt sei noch, daß es sich bei s_0 nach Gl. (2/24) um die im Bogen gemessene Zahndicke handelt.

Auf die Sehne bezogene Zahnabmessungen. Die Zahndicke von gerad- und schrägverzahnten Stirnrädern wird oft mit Zahnmeßschieblehren gemessen (Abb. 2/13). Das Meßgerät wird dabei auf eine Tiefe eingestellt, die der Zahnhöhe über der Sehne entspricht und es wird als Zahndicke die Zahndicken*sehne* abgelesen. Abb. 2/14 zeigt die auf die Sehne bezogenen Zahnabmessungen. Die Kopfhöhe über der Sehne berechnet man zweckmäßigerweise durch Addieren der Bogenhöhe zur Zahnhöhe über dem Bogen, wobei die Bogenhöhe mit genügender Genauigkeit nach einer Näherungsformel bestimmt wird. Wird die Zahndicke im Teilkreis gemessen, so gilt:

$$h_0 \doteq h_{k0} + h_b; \quad h_b \approx \frac{s_0^2}{4\,d_0} \cos^2 \beta_0$$

(2/25)

Abb. 2/13. Messen der Zahndicke mit der Zahnmeßschieblehre; das Rad befindet sich noch in der Schabemaschine. (Werkfoto: General Electric Co.; Lynn, Massachusetts, USA)

Die obige Gleichung gilt für *schräg-* und *gerad*verzahnte Stirnräder. Bei schrägverzahnten Rädern wird als Zahndicke die Zahndicke im Normalschnitt benutzt.

Aus Abb. 2/15 können die Bogenhöhen für eine Reihe von Durchmessern und Zahndicken entnommen werden. Für schrägverzahnte Stirnräder sind die Diagrammwerte mit $\cos^2 \beta_0$ zu multiplizieren, wie aus Gl. (2/25) hervorgeht.

Die Zahndickensehne erhält man durch Subtrahieren eines kleinen Betrages von der Bogenzahndicke. Dieser Betrag ist so klein, daß er in vielen Fällen vernachlässigt werden kann. Für Ritzel mit großen Moduln und Lehrzahnräder sollte der Unterschied jedoch berücksichtigt werden. Eine Näherungsgleichung, die viel benutzt wird, lautet

Abb. 2/14. Sehnenmaße eines Zahnes: h_{k0} Zahnkopfhöhe; h_0 Zahnhöhe über der Sehne; h_b Bogenhöhe; $\bar{s}_0$ Zahndickensehne

$$\bar{s}_0 = s_0 - s_c; \quad s_c = \frac{s_0^3}{6\,d_0^2} \cos^2 \beta_0$$

(2/26)

Für schrägverzahnte Räder ist in die obige Gleichung die Zahndicke s_{n0} im Normalschnitt nach Gl. (2/56) einzusetzen. Die Sehnenkorrektur s_c ist in Abb. 2/16 für eine Reihe von Durchmessern und Zahndicken schaubildlich aufgetragen. Für *schräg*verzahnte Räder sind wieder die Multiplikationskonstanten angegeben.

Für 05-Verzahnung ($x_1 = x_2 = 0{,}5$) nach DIN 3994 können Zahndickensehne und Zahnhöhe über der Sehne für alle Zähnezahlen von 8 bis 200 unmittelbar aus einer Tabelle entnommen werden (DIN 3995, Bl. 6).

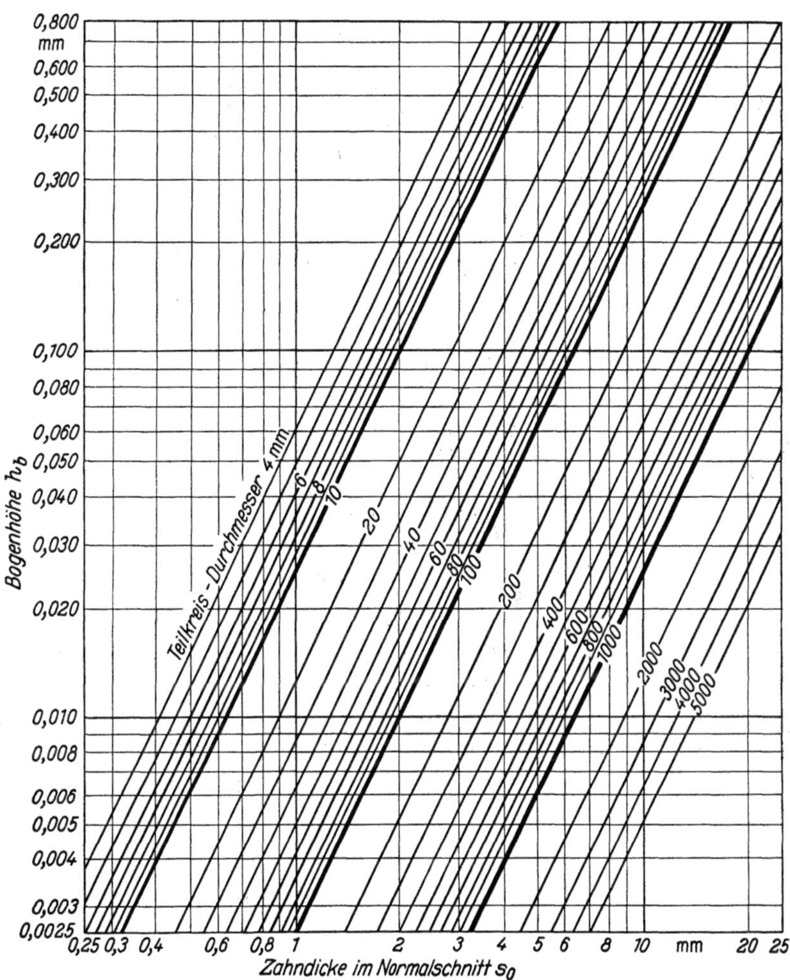

Abb. 2/15. Diagramm zur Bestimmung der Bogenhöhe h_b (vgl. Abb. 2/14 und Gl. 2/25). Der abgelesene Wert ist mit dem Korrekturfaktor $\cos^2 \beta_0$ zu multiplizieren:

Schrägungs-$\sphericalangle$ β_0	0°	5°	10°	15°	20°	25°	30°	35°	40°	45°
Korrekturfaktor $\cos^2 \beta_0$	1,00	0,99	0,97	0,93	0,88	0,82	0,75	0,67	0,58	0,50

Die Messung der Zahndickensehne ergibt nur zuverlässige Werte, wenn der Kopfkreisdurchmesser genau mit den theoretischen Werten übereinstimmt. Alle Abweichungen gehen in das Meßergebnis ein. Da

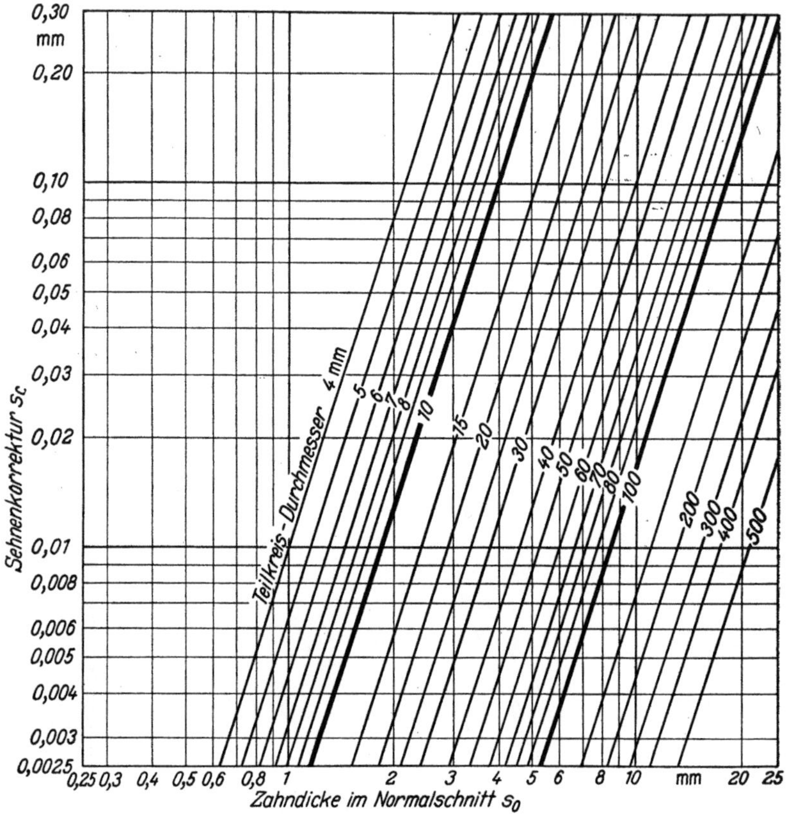

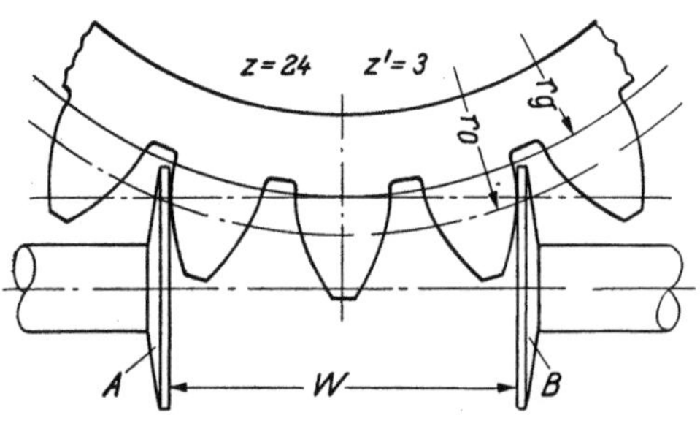

Abb. 2/16. Diagramm zur Bestimmung des Korrekturgliedes s_c in Gl. (2/26) zum Berechnen der Zahndickensehne. Der abgelesene Wert ist mit dem Korrekturfaktor $\cos^2 \beta_0$ zu multiplizieren:

Schrägungs-$\sphericalangle$ β_0	0°	5°	10°	15°	20°	25°	30°	35°	40°	45°
Korrekturfaktor $\cos^2 \beta_0$	1,00	0,99	0,97	0,93	0,88	0,82	0,75	0,67	0,58	0,50

der Kopfkreisdurchmesser überdies durchweg nicht im gleichen Arbeitsgang mit der Verzahnung erzeugt wird, werden Verzahnung und Kopfkreis meist nicht miteinander laufen, was ebenfalls zu fehlerhaften Meßergebnissen führt.

Zahnweite. Die Zahnweitenmessung (Abb. 2/17) ist – im Gegensatz zu der vorher beschriebenen Messung der Zahndickensehne – vom Kopfkreis *unabhängig*.

Abb. 2/17. Messen der Zahnweite W; A, B Meßteller

Wenn irgend möglich, wird in Deutschland deshalb die Zahnweitenmessung bevorzugt.

Für geradverzahnte Räder ist

$$W = m \cos\alpha_v \, [(z' - 0{,}5)\,\pi + z \operatorname{ev}\alpha_v] + 2\,x\,m \sin\alpha_0 + A_s \cos\alpha_0 \qquad (2/27)$$

Hierin ist z' die Anzahl der Zähne über die gemessen wird; sie wird als
„Meßzähnezahl" bezeichnet. Man wählt z' meist so, daß die Meßteller
etwa Mitte Zahnhöhe anliegen. Für Nullverzahnung ergibt sich

$$z' = z\,\frac{\alpha_0\,[^\circ]}{180} + 0{,}5 \qquad (2/28)$$

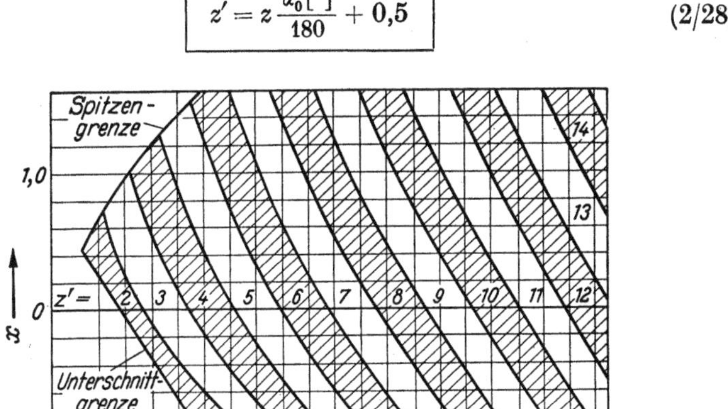

Abb. 2/18. Zähnezahl z', über die die Zahnweite zu messen ist, in Abhängigkeit von der Zähnezahl z
des Rades und dem Profilverschiebungsfaktor x (bei Bezugsprofil nach DIN 867) [DIN 3960]

Der ermittelte Wert ist auf die nächstliegende ganze Zahl aufzurunden. – Verwendet man eine Verzahnung mit Bezugsprofil nach DIN 867
(Abb. 2/4), so entnimmt man z' besser aus Abb. 2/18. Bei Profilverschiebungsfaktoren über 0,4 ist der hiermit gefundene Wert brauchbarer
als der nach Gl. (2/28).

A_s ist das Zahndickenabmaß, das bereits auf S. 51 erläutert wurde.

Der *erste* Teil von Gl. (2/27) kann für die Eingriffswinkel $\alpha_0 = 14{,}5$;
15 und 20° aus Tab. 2/4 entnommen werden, so daß nur der *zweite* Teil,
der sich aus der Profilverschiebung ergibt, noch errechnet werden muß.

Für 05-Verzahnung ($x_1 = x_2 = 0{,}5$) nach DIN 3994 können die Werte W/m
und z' für alle Zähnezahlen von 8 bis 200 unmittelbar aus einer Tabelle (DIN 3995,
Bl. 4) entnommen werden.

Prüfmaß über Rollen oder Kugeln. Bei diesem Meßverfahren werden
zylindrische Rollen oder Kugeln in zwei gegenüberliegende Zahnlücken
eingelegt und der Abstand über beide Rollen (oder Kugeln) gemessen

Tabelle 2/4. $W_0 = \cos\alpha_0\,[(z'-0,5)\pi + z\,ev\,\alpha_0]$; erster Teil der Gl. (2/27) für Modul $m = 1$

Eingriffswinkel $\alpha_0 = 14^1/_2°$						Eingriffswinkel $\alpha_0 = 15°$						Eingriffswinkel $\alpha_0 = 20°$					
z	z'	W_0	z	z'	W_0	z	z'	W_0	z	z'	W_0	z	z'	W_0	z	z'	W_0
			51	5	139606				51	5	139584				51	7	199031
			52	5	139660				52	5	139643				52	7	199171
			53	5	139714				53	5	139703				53	7	199311
			54	5	139767				54	5	139762				54	7	199452
			55	5	139821				55	6	170167				55	7	199592
			56	5	139875				56	6	170227	6	2	45122	56	7	199732
			57	6	170344				57	6	170286	7	2	45262	57	7	199872
			58	6	170397	8	2	45993	58	6	170345	8	2	45402	58	7	200012
			59	6	170451	9	2	46053	59	6	170405	9	2	45542	59	8	229673
			60	6	170505	10	2	46113	60	6	170464	10	2	45683	60	8	229813
11	2	46213	61	6	170559	11	2	46172	61	6	170524	11	2	45823	61	8	229953
12	2	46267	62	6	170612	12	2	46231	62	6	170583	12	2	45963	62	8	230093
13	2	46321	63	6	170666	13	2	46290	63	6	170642	13	2	46103	63	8	230233
14	2	46374	64	6	170720	14	2	46350	64	6	170702	14	2	46243	64	8	230373
15	2	46428	65	6	170773	15	2	46409	65	6	170761	15	2	46383	65	8	230513
16	2	46482	66	6	170827	16	2	46469	66	6	170821	16	3	76044	66	8	230653
17	2	46535	67	6	170881	17	2	46528	67	7	201225	17	3	76184	67	8	230794
18	2	46589	68	6	170934	18	2	46587	68	7	201285	18	3	76324	68	9	260455
19	2	46643	69	7	201403	19	2	46647	69	7	201344	19	3	76464	69	9	260595
20	2	46697	70	7	201457	20	3	77052	70	7	201404	20	3	76604	70	9	260735
21	3	77165	71	7	201511	21	3	77111	71	7	201463	21	3	76744	71	9	260875
22	3	77219	72	7	201564	22	3	77170	72	7	201522	22	3	76884	72	9	261015
23	3	77273	73	7	201618	23	3	77230	73	7	201582	23	3	77025	73	9	261155
24	3	77327	74	7	201672	24	3	77289	74	7	201641	24	4	106686	74	9	261295
25	3	77380	75	7	201725	25	3	77349	75	7	201701	25	4	106826	75	9	261435

Tabelle 2/4. (Fortsetzung)

Eingriffswinkel $\alpha_0 = 14^{1}/_{2}°$

z	z'	W_0	z	z'	W_0
26	3	7 7434	76	7	20 1779
27	3	7 7488	77	7	20 1833
28	3	7 7541	78	7	20 1886
29	3	7 7595	79	7	20 1940
30	3	7 7649	80	7	20 1994
31	3	7 7702	81	8	23 2463
32	3	7 7756	82	8	23 2516
33	4	10 8225	83	8	23 2570
34	4	10 8279	84	8	23 2624
35	4	10 8332	85	8	23 2677
36	4	10 8386	86	8	23 2731
37	4	10 8440	87	8	23 2785
38	4	10 8493	88	8	23 2838
39	4	10 8547	89	8	23 2892
40	4	10 8601	90	8	23 2946
41	4	10 8654	91	8	23 2999
42	4	10 8708	92	8	23 3053
43	4	10 8762	93	8	23 3107
44	4	10 8815	94	9	26 3576
45	5	13 9284	95	9	26 3629
46	5	13 9338	96	9	26 3683
47	5	13 9392	97	9	26 3737
48	5	13 9445	98	9	26 3791
49	5	13 9499	99	9	26 3844
50	5	13 9553	100	9	26 3898

Eingriffswinkel $\alpha_0 = 15°$

z	z'	W_0	z	z'	W_0
26	3	7 7408	76	7	20 1760
27	3	7 7467	77	7	20 1819
28	3	7 7527	78	7	20 1879
29	3	7 7586	79	8	23 2284
30	3	7 7646	80	8	23 2343
31	4	10 8051	81	8	23 2402
32	4	10 8110	82	8	23 2462
33	4	10 8169	83	8	23 2521
34	4	10 8229	84	8	23 2581
35	4	10 8288	85	8	23 2640
36	4	10 8348	86	8	23 2699
37	4	10 8407	87	8	23 2759
38	4	10 8466	88	8	23 2818
39	4	10 8526	89	8	23 2878
40	4	10 8585	90	8	23 2937
41	4	10 8645	91	9	26 3342
42	4	10 8704	92	9	26 3401
43	5	13 9109	93	9	26 3461
44	5	13 9168	94	9	26 3520
45	5	13 9228	95	9	26 3580
46	5	13 9287	96	9	26 3639
47	5	13 9346	97	9	26 3698
48	5	13 9406	98	9	26 3758
49	5	13 9465	99	9	26 3817
50	5	13 9525	100	9	26 3877

Eingriffswinkel $\alpha_0 = 20°$

z	z'	W_0	z	z'	W_0
26	4	10 6966	76	9	26 1575
27	4	10 7106	77	10	29 1237
28	4	10 7246	78	10	29 1377
29	4	10 7386	79	10	29 1517
30	4	10 7526	80	10	29 1657
31	4	10 7666	81	10	29 1797
32	4	10 7806	82	10	29 1937
33	5	13 7468	83	10	29 2077
34	5	13 7608	84	10	29 2217
35	5	13 7748	85	10	29 2357
36	5	13 7888	86	11	32 2019
37	5	13 8028	87	11	32 2159
38	5	13 8168	88	11	32 2299
39	5	13 8308	89	11	32 2439
40	5	13 8448	90	11	32 2579
41	6	16 8109	91	11	32 2719
42	6	16 8250	92	11	32 2839
43	6	16 8390	93	11	32 2999
44	6	16 8530	94	11	32 3139
45	6	16 8670	95	12	35 2800
46	6	16 8810	96	12	35 2940
47	6	16 8950	97	12	35 3080
48	6	16 9090	98	12	35 3221
49	6	16 9230	99	12	35 3361
50	7	19 8891	100	12	35 3501

(Abb.2/19). Mit diesem Verfahren ist eine besonders genaue Vermessung
der Verzahnung möglich, weil Abweichungen in der Zahndicke sich in
verstärktem Maße im Rollen- (oder Kugel-)maß auswirken.

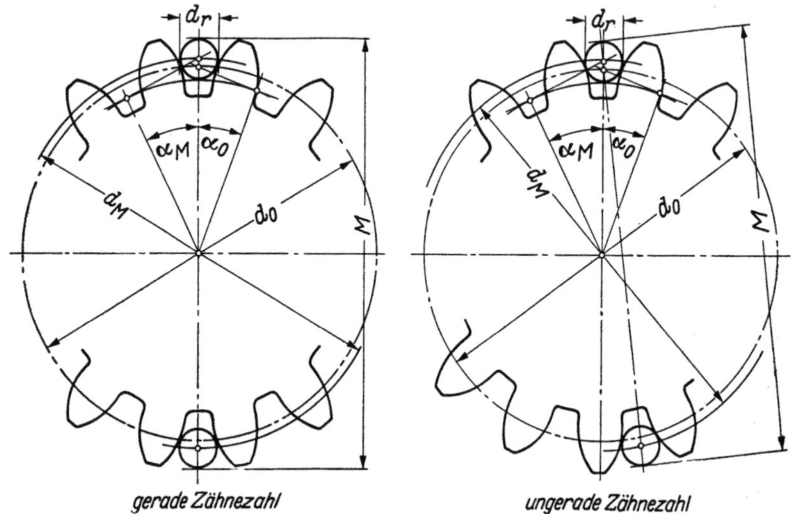

Abb. 2/19. Prüfmaß über Rollen oder Kugeln

Für geradverzahnte Stirnräder gilt:

$$M = k\,d_M + d_r + A_M \tag{2/29}$$

$$d_M = \frac{d_g}{\cos \alpha_M} \tag{2/30}$$

α_M ergibt sich aus

$$\mathrm{ev}\,\alpha_M = \frac{s_0'}{d_0} + \mathrm{ev}\,\alpha_0 + \cdot\frac{d_r}{m\,z\,\cos\alpha_0} - \frac{\pi}{z} \tag{2/31}$$

Hierin ist s_0' die Zahndicke im Teilkreis, die wie s_0 nach Gl. (2/24) zu
bestimmen ist, jedoch ohne Berücksichtigung des Zahndickenabmaßes A_s.
Tabelle der Evolventenfunktion s. S. 39 und [2/16] [2/29].

$$\left.\begin{array}{l} k = \cos \dfrac{90°}{z} \quad \text{bei } \textit{ungerader} \text{ Zähnezahl,} \\[2mm] k = 1 \quad \text{bei } \textit{gerader} \text{ Zähnezahl.} \end{array}\right\} \tag{2/32}$$

A_M ist das Abmaß des Prüfmaßes über Kugeln (oder Rollen), das ebenso
wie das Zahndickenabmaß einen gewissen Mindestwert haben muß. Es
kann näherungsweise wie folgt bestimmt werden:

$$A_M \approx A_s\,k\,\frac{\cos\alpha_0}{\sin\alpha_M} \tag{2/33}$$

Die Bedeutung des Zahndickenabmaßes A_s wurde bereits auf S. 51 erläutert. Praktische Bestimmung des oberen und unteren Zahndickenabmaßes s. Abschn. 3.2, S. 156.

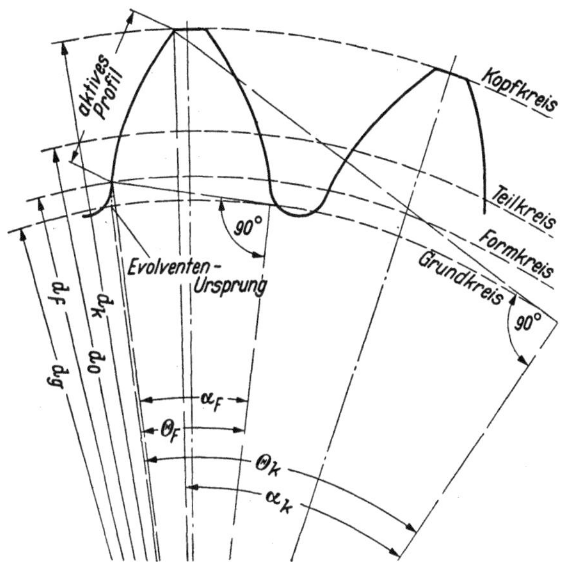

Abb. 2/20. Wälzwinkel, die das aktive Profil der Zahnflanke bestimmen: α_F Pressungswinkel am Formkreis; α_k Pressungswinkel am Kopfkreis; Θ_F Wälzwinkel am Formkreis; Θ_k Wälzwinkel am Kopfkreis

Die eingelegten Rollen oder Kugeln sollen die Zahnflanken etwa in Teilkreisnähe berühren. Bei $\alpha_0 = 20°$ werden die Rollen- (bzw. Kugel-) durchmesser d_r vielfach gleich $1{,}75\ m$ gewählt.

Für 05-Verzahnung nach DIN 3994 können die Werte M/m für alle Zähnezahlen von 8 bis 200 unmittelbar aus einer Tabelle (DIN 3995, Bl. 5) entnommen werden, so daß das Rollen- oder Kugelmaß hierfür in einfacher Weise zu bestimmen ist.

Formkreisdurchmesser und Wälzwinkel. Bei der Zahnformprüfung mit Hilfe des Evolventenprüfgerätes[1] werden die Flankenformfehler im allgemeinen abhängig vom Wälzwinkel oder über der Länge des zugehörigen Grundkreisbogens aufgezeichnet (vgl. Abb. 2/20). In vielen Fällen ist es deshalb erforderlich, den Wälzwinkel am Anfang und am Ende des aktiven Zahnprofils zu bestimmen. Das Zahnprofil ist – abgesehen von Fehlern und evtl. Korrekturen – zwischen Formkreis- und Kopfkreisdurchmesser als Evolvente ausgebildet. Sie geht am Formkreis in die Fußausrundung über.

---

[1] Beschreibung s. S. 143.

Der Wälzwinkel am Kopfkreis kann durch Auflösen folgender Gleichungen berechnet werden:

$$\lambda_k = \frac{d_k}{d_0},$$ (2/34)

$$\cos \alpha_k = \frac{\cos \alpha_0}{\lambda_k}.$$ (2/35)

Der Wälzwinkel am Kopfkreis ergibt sich damit zu

$$\Theta_k = \frac{180°}{\pi}\,\tan \alpha_k$$ (2/36)

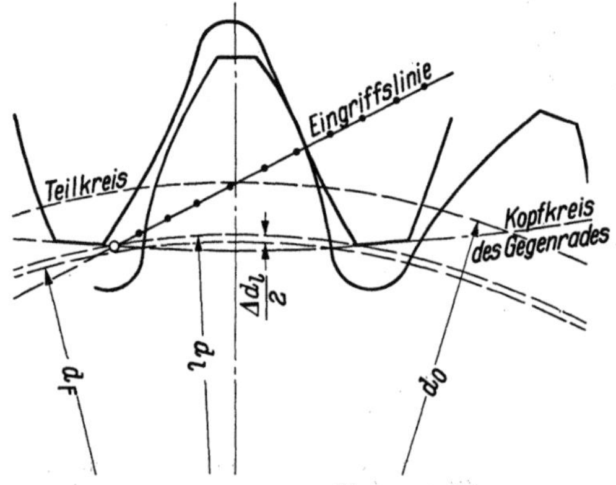

Abb. 2/21. Grenzdurchmesser und Formdurchmesser. Der Sicherheitsabstand $\frac{\Delta d_l}{2}$, innerhalb dessen die Zahnform noch als Evolvente ausgebildet wird, muß so groß gewählt werden, daß Ungenauigkeiten des Achsabstandes oder des Kopfkreisdurchmessers des Gegenrades noch keine Eingriffsstörung ergeben. d_l Grenzkreisdurchmesser; d_F Formkreisdurchmesser

Wenn entsprechende Tabellen vorhanden sind, kann man sich die Auflösung von Gl. (2/35) sparen. Man berechnet dann nur λ_k nach Gl. (2/34) und nimmt den zugehörigen Wälzwinkel Θ_k unmittelbar aus der Tafel. Eine Übersicht zeigt Abb. 2/22, aus der die ungefähren Wälzwinkel Θ für α_0 von $14^1/_2$, 20 und 25° entnommen werden können.

Der Wälzwinkel am Formkreisdurchmesser wird auf ähnliche Weise berechnet:

$$\lambda_F = \frac{d_F}{d_0}$$ (2/37)

$$\cos \alpha_F = \frac{\cos \alpha_0}{\lambda_F}$$ (2/38)

Hieraus – bzw. mit Abb. 2/22, S. 61 – ergibt sich der Wälzwinkel am Formkreisdurchmesser

$$\Theta_F = \frac{180°}{\pi}\,\tan \alpha_F$$ (2/39)

Der Grundkreisbogen, der der Differenz der Wälzwinkel entspricht, beträgt nach Abb. 2/20:

$$e_E = \frac{d_g}{2}\,(\Theta_k - \Theta_F)$$ (2/39 A)

Bei vielen *europäischen* Evolventenprüfgeräten ist dies unmittelbar die Länge des Evolventendiagramms der aktiven Flanke.

Der Formkreisdurchmesser (oder Formdurchmesser) d_F eines Zahnrades ist der Durchmesser, bis zu dem herab die Zahnflanke als Evolvente ausgebildet ist, bis zu dem sie also für den Zahneingriff ausgenutzt werden kann. Zu seiner Festlegung bestimmt man zunächst einen theoretischen Grenzdurchmesser d_l (Abb. 2/21), der die innere Grenze des aktiven, d. h. für die Bewegungsübertragung ausgenutzten Profils darstellt und somit vom Kopfkreis des Gegenrades abhängig ist [Gl. (2/40)]. Durch Abziehen eines Sicherheitsabstandes Δd_l kommt man dann auf den Formdurchmesser. Dieser Sicherheitsabstand berücksichtigt, daß der Kopfpunkt der Gegenflanke *tangential* in die Eingriffsstellung einläuft und daß der Achs-

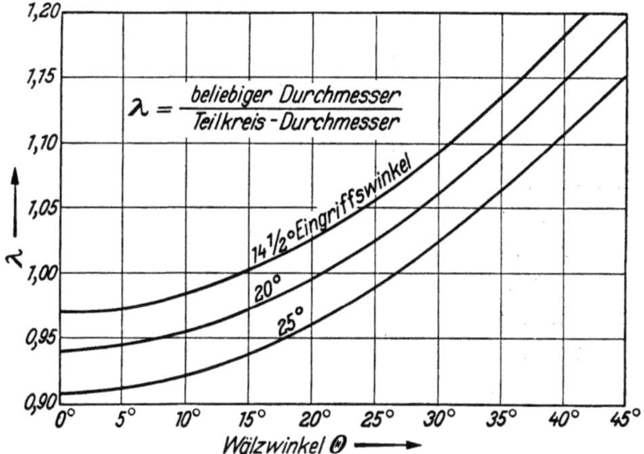

Abb. 2/22. Wälzwinkel, abhängig von dem Verhältnis λ für verschiedene Eingriffswinkel am Teilkreis

abstand nur mit gewissen Toleranzen eingehalten wird. Auch die Durchbiegung der Zähne unter Last verlangt einen gewissen Sicherheitsabstand.

Der Grenzdurchmesser d_l kann entweder graphisch [2/6] oder durch Lösung einer Reihe von Gleichungen bestimmt werden:

$$\boxed{d_l = d_b \frac{\cos\alpha_b}{\cos\alpha_l}} \tag{2/40}$$

α_l aus:
$$\tan\alpha_l = \frac{\pi}{180}\,\Theta_l \tag{2/41}$$

und Θ_l aus:
$$\Theta_l = \Theta - (\Theta_{k\,\text{gegen}} - \Theta)\frac{z_{\text{gegen}}}{z} \tag{2/42}$$

$$\Theta = \frac{180°}{\pi}\tan\alpha_b$$

Bezeichnungen s. Abb. 2/20 und 2/21 und Tab. 2/1, S. 36. Θ, Θ_l und $\Theta_{k\,\text{gegen}}$ sind in ° einzusetzen.

Der Wälzwinkel am Kopfkreis des Gegenrades $\Theta_{k\,gegen}$ kann mit Gl. (2/36) errechnet werden. Durch Einsetzen dieser Werte (für Ritzel und Rad) und entweder d_{b1} oder d_{b2} in Gl. (2/40) und der jeweiligen Zähnezahlen in Gl. (2/42) ergeben sich dann die Grenzdurchmesser von Rad und Ritzel.

Aus Abb. 2/22 können die Wälzwinkel Θ auch direkt als Funktion von λ [s. Gl. (2/34) bzw. (2/37)] abgelesen werden, sofern die Genauigkeit genügt.

Nachdem die Grenzdurchmesser d_{l1} bzw. d_{l2} so bestimmt worden sind, kann der maximal zulässige Formdurchmesser angegeben werden:

$$\boxed{\max d_F = d_l - \Delta d_l} \qquad\qquad (2/43)$$

Der *Sicherheitsabstand* Δd_l muß groß genug sein, um der Wirkung der verschiedenen, oben erwähnten Einflüsse gerecht zu werden. Für Getriebe allgemeiner Verwendung hat sich der Wert $0,05 \times$ Modul als brauchbar erwiesen. Wenn das Ritzel kleine Zähnezahlen hat, so daß der Grenzdurchmesser dicht am Grundkreis liegt, darf jedoch nur ein kleinerer oder gar kein Sicherheitsabstand gewählt werden. Da die Evolventenflanke am Grundkreis endet, darf der Formdurchmesser niemals kleiner als der Grundkreisdurchmesser angegeben werden. Bei einem Ritzel mit 20°-Nullverzahnung ist ein Sicherheitsabstand in der Größe von $0,05 \times$ Modul nur für Zähnezahlen von 25 und darüber anwendbar.

2.12 Stirnräder mit Schrägverzahnung

Was im Abschnitt „Stirnräder mit *Gerad*verzahnung" über die Bewegungsübertragung zwischen zwei Zahnrädern und die Berechnung des Übersetzungsverhältnisses gesagt wurde, gilt genau so für *Schräg*verzahnung.

Auch die Grundbegriffe der Verzahnung, wie Eingriffslinie, Profilüberdeckung, Unterschnitt, Profilverschiebung, Eingriffsstörungen können ohne weiteres von der Geradverzahnung auf die Schrägverzahnung übertragen werden, sofern die Verzahnung im *Stirnschnitt* betrachtet wird.

Bezeichnungen. Abb. 2/23 enthält die Bezeichnungen für Schrägverzahnung an Stirnrad und Zahnstange; s. a. Tab. 2/1, S. 36. Die Zahnhöhen können in Vielfachen des Stirnmoduls (Moduls im *Stirnschnitt*) oder des Normalmoduls (Moduls im *Normalschnitt*) angegeben werden. In Deutschland ist nur das letztere üblich.

Evolventenverzahnung. Schrägverzahnte Stirnräder werden fast ausschließlich mit Evolventenprofil ausgeführt, d. h. das Zahnprofil ist im Stirnschnitt eine Evolvente (nicht im Normalschnitt). Wir wollen uns daher nur mit derartigen Schrägstirnrädern befassen. Unter „Stirnschnitt" versteht man einen zur Radachse senkrecht geführten Schnitt durch das Zahnrad. – Die Vorzüge der Evolventenverzahnung wurden bereits auf S. 38 besprochen.

Bezugsprofil. Die Zahnform kann dadurch erzeugt werden, daß eine Schrägzahnstange auf dem Teilkreis abrollt. Wesentlich ist dabei, daß sich der Abrollvorgang in *Stirn*schnittrichtung abspielt. Schreibt man das

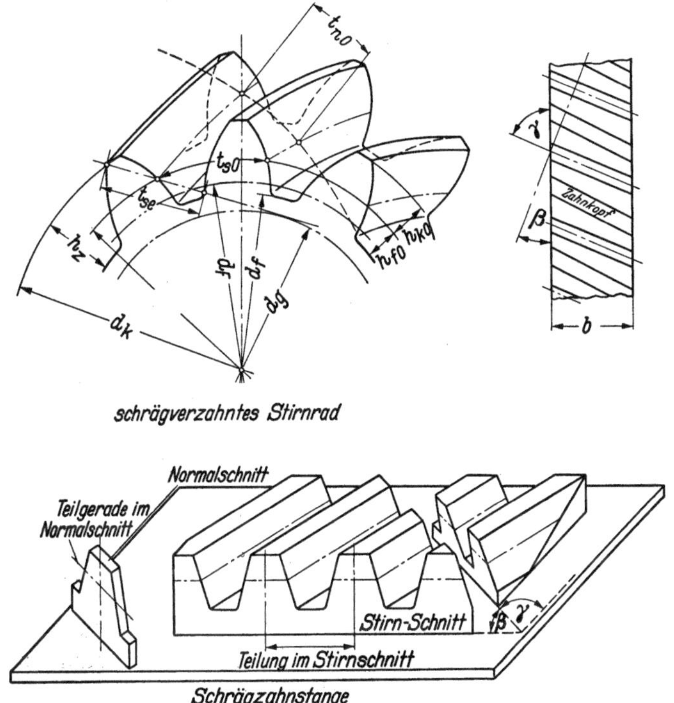

Abb. 2/23. Bezeichnungen an Stirnrad und Zahnstange mit Schrägverzahnung. Es bedeuten: d_F Formkreisdurchmesser; t_{s0} Teilkreisteilung im Stirnschnitt; t_{n0} Teilkreisteilung im Normalschnitt; t_{se} Grundkreis- oder Eingriffsteilung im Stirnschnitt; h_{k0} Kopfhöhe; h_{f0} Fußhöhe; h_z Gesamtzahnhöhe; β Schrägungswinkel; γ Steigungswinkel

Profil der Zahnstange im *Normal*schnitt vor (z. B. = Bezugsprofil nach DIN 867 – Abb. 2/4, S. 40), so ändert sich das *Stirn*schnittprofil mit dem Schrägungswinkel: Alle Maße in Umfangsrichtung wie Teilung, Zahndicke usw., nehmen mit dem Schrägungswinkel zu; die Zahnhöhen bleiben konstant.

In den USA ist allerdings auch ein zweites System in Gebrauch, bei dem man das Bezugsprofil (Herstellungszahnstange) im *Stirn*schnitt festhält. Dies hat zur Folge, daß sich das Profil im Normalschnitt – und damit das Werkzeug – mit dem Schrägungswinkel ändert. Näheres hierzu s. S. 186.

Schrägungsrichtung, Schrägungswinkel. Der Schrägungswinkel muß für beide Räder gleich groß sein, aber die Steigungsrichtungen von Ritzel und Rad müssen einander entgegengesetzt sein (Abb. 2/24). (Ein *rechts*steigendes Ritzel kämmt mit einem *links*steigenden Rad und ein *links*steigendes Ritzel kämmt mit einem *rechts*steigenden Rad).

Abb. 2/24. Rechtssteigendes und linkssteigendes Schrägstirnrad. (Werkfoto: Zahnradfabrik Friedrichshafen)

Für die Berechnung von Schrägstirnrädern ist die Kenntnis folgender Zusammenhänge nützlich.

Schrägungswinkel im Grundkreis aus:

$$\sin\beta_y = \sin\beta_b \cos\alpha_{nb} = \sin\beta_0 \cos\alpha_{n0} \qquad (2/43\,\text{A})$$

$$\tan\beta_y = \tan\beta_b \cos\alpha_{sb} = \tan\beta_0 \cos\alpha_{s0} \qquad (2/43\,\text{B})$$

Schrägungswinkel in beliebigem Kreis aus:

$$d_y \cot\beta_y = d_0 \cot\beta_0 = d_b \cot\beta_b \qquad (2/43\,\text{C})$$

Siehe ferner Gl. (2/49).

Teilung, Modul, Eingriffswinkel. Wie aus Abb. 2/23 zu ersehen ist, muß bei Schrägverzahnung zwischen Teilung (bzw. Modul) im *Stirn*schnitt und im *Normal*schnitt unterschieden werden. Zwischen beiden besteht folgende Beziehung (auf den Teilkreis bezogen):

$$\boxed{\begin{aligned} \text{Teilung} \quad & t_{n0} = t_{s0}\cos\beta_0 = \pi m_n \\ \text{Modul} \quad & m_n = m_s \cos\beta_0 \end{aligned}} \qquad (2/44)$$

Ebenso wie bei Geradverzahnung gilt ferner:

$$\left.\begin{aligned} \text{Eingriffsteilung im Stirnschnitt} \quad & t_{se} = t_{s0}\cos\alpha_{s0} \\ \text{Eingriffsteilung im Normalschnitt} \quad & t_{ne} = t_{n0}\cos\alpha_{n0} \end{aligned}\right\} \qquad (2/45)$$

Bei Schrägverzahnung kann ferner noch eine Teilung in *Axial*richtung definiert werden

$$\boxed{\text{Axialteilung} \quad t_a = \frac{t_{s0}}{\tan\beta_0} = \frac{t_{n0}}{\sin\beta_0}} \qquad (2/46)$$

Die Gln. (2/3) und (2/4), S. 40 der Geradverzahnung gelten auch für Schrägverzahnung, wenn wir sie auf Stirnschnitt beziehen:

$$\text{Teilung} \quad t_{s0} = \pi\,\frac{d_0}{z} = \pi\,m_s = s_{s0} + l_{s0} \qquad (2/47)$$

$$\text{Modul} \quad m_s = \frac{d_0}{z} = \frac{t_{s0}}{\pi} \qquad (2/48)$$

Zwischen den Eingriffswinkeln im Stirn- und Normalschnitt besteht folgende Beziehung:

$$\tan \alpha_{s0} = \frac{\tan \alpha_{n0}}{\cos \beta_0} \qquad (2/49)$$

In dieser Schreibweise gilt Gl. (2/49) für den Teilkreis. Im Betriebswälzkreis erhalten alle drei Winkel statt der 0 den Index b.

Überdeckungsgrad. Für die Profilüberdeckung (auch Stirnüberdeckungsgrad genannt) gelten die Gln. (2/9) und (2/10), S. 42 der Geradverzahnung, wobei für α und m die Stirnschnittwerte einzusetzen sind – Gl. (2/48) und (2/49). Außerdem gibt es bei Schrägverzahnung einen *Sprung*überdeckungsgrad, der angibt, wieviel Zähne – in Axialrichtung gezählt – gleichzeitig im Eingriff sind. Dies ist gleich dem Verhältnis von Zahnbreite zu Axialteilung

$$\varepsilon_{sp} = \frac{b \tan \beta_0}{t_{s0}} = \frac{b \sin \beta_0}{t_{n0}} \qquad (2/50)$$

Profilverschiebung, Unterschnitt, Fußausrundung. Profilverschiebung ist bei Schrägverzahnung ebenso möglich wie bei Geradverzahnung. (Auf S. 43/44 wurden die Vorteile der Profilverschiebung erläutert.) Es sei besonders darauf hingewiesen, daß die Profilverschiebung hier immer in Vielfachen des Moduls im *Normal*schnitt angegeben wird; wenn also der Profilverschiebungsfaktor x_1 ist, so beträgt die Profilverschiebung $x_1\,m_n$. Die Profilverschiebung sollte mindestens so groß gewählt werden, daß Unterschnitt vermieden wird. Dies ist der Fall, wenn folgende Grenzzähnezahl nicht unterschritten wird:

$$z_{\text{grenz}} = \frac{2\,[h_{kw} - x\,m_n - r_{w1}\,(1 - \sin \alpha_{n0})]}{m_s \sin^2 \alpha_{s0}} \qquad (2/51)$$

Wenn die Zähnezahl gegeben ist, kann hiernach der Profilverschiebungsfaktor bestimmt werden, der zur Vermeidung von Unterschnitt erforderlich ist. Werkzeugkopfhöhe h_{kw} s. Tab. 3/19, S. 172.

In Sonderfällen ist auch bei Schrägverzahnung die Größe der Fußausrundung von Interesse. Der kleinste Krümmungsradius der Zahnfußkurve beträgt:

$$\varrho_{f\,\text{min}} = r_{w1} + \frac{(h_{kw} - x\,m - r_{w1})^2}{\dfrac{d_0}{2\cos^2\beta_0} + (h_{kw} - x\,m - r_{w1})} \qquad (2/52)$$

Diese Gleichung gilt an sich nur für Werkzeuge mit Zahnstangenprofil. Sie kann jedoch für alle Wälzverfahren verwendet werden, denn man kann annehmen, daß auch mit anderen Verfahren dieser Mindestwert der Fußausrundung erreicht wird. – Bezeichnungen s. Abb. 2/7, S. 45 und Tab. 2/1, S. 36.

Achsabstand. Wenn wir den Stirnschnitt der Verzahnung zugrunde legen, gelten für die Berechnung des Achsabstandes auch hier die Formeln der Geradverzahnung (2/13) und (2/14). Wird der Normalmodul $m_n = m_s/\cos\beta_0$ eingeführt, so ergibt sich

$$a = \frac{m_n}{\cos\beta_0}\,\frac{z_1 + z_2}{2}\,\frac{\cos\alpha_{s0}}{\cos\alpha_{sb}} = \frac{m_n}{\cos\beta_0}\,\frac{z_1}{2}\,(i + 1)\,\frac{\cos\alpha_{s0}}{\cos\alpha_{sb}} \qquad (2/53)$$

Der Eingriffswinkel α_{s0} kann nach Gl. (2/49) ermittelt werden. Die Größe des Betriebseingriffswinkels α_{sb} hängt von der Größe der Profilverschiebungssumme ab. Wichtig ist dabei, daß x immer – so auch in der nachfolgenden Formel – als Faktor des Normalmoduls angegeben wird (die Profilverschiebung beträgt also absolut $x\,m_n$). Bei Beachtung dieser Vereinbarung erhält man den Betriebseingriffswinkel α_{sb} aus:

$$\text{ev}\,\alpha_{sb} = \frac{2\tan\alpha_{n0}\,(x_1 + x_2)}{z_1 + z_2} + \text{ev}\,\alpha_{s0} \qquad (2/54)$$

Bei der Berechnung von a – wenn $x_1 + x_2$ gegeben ist – und umgekehrt kann nun genau so verfahren werden, wie auf S. 46 für Geradverzahnung beschrieben wurde. Zahlenbeispiel s. Abschn. 9.12, S. 518.

Durchmesser. Die Formeln für die Berechnung von Grundkreis, Teilkreis, Betriebswälzkreis und Kopfkreis brauchen hier nicht gesondert aufgeführt zu werden. Es gelten auch für Schrägverzahnung die auf S. 46/47 angeführten Gleichungen für Geradverzahnung, wenn für Modul und Eingriffswinkel die Stirnschnittwerte eingesetzt werden. Der *Fuß*kreisdurchmesser ist nach folgender Formel zu berechnen:

$$d_f = d_0 - 2\,(h_{kw} - x\,m_n).\,^{[1]} \qquad (2/55)$$

In Sonderfällen ist zu prüfen, ob nicht am Zahnfuß von Ritzel oder Rad Flankenteile zum Eingriff kommen, die nicht als Evolvente ausgebildet sind (Zahnfußkurve). In solchen Fällen sind möglicherweise besondere

---

[1] Gl. (2/55) liefert einen theoretischen Wert, der bei der Herstellung meist etwas unterschritten wird.

Kopfkürzungen erforderlich. Erläuterungen s. S. 45. „Eingriffsstörungen." Werkzeugkopfhöhe h_{kw} s. Tab. 3/19, S. 172.

Zahndicke im Teilkreis. Für die Messung der Zahndicke mit Hilfe der Zahnmeßschieblehre interessiert nur die Zahndicke im Normalschnitt der Verzahnung

$$s_{n0} = m_n \left(\frac{\pi}{2} + 2\,x \tan \alpha_{n0} \right) + A_s \cos \beta_0 \, . \tag{2/56}$$

Die Zahndicke im Stirnschnitt beträgt

$$s_{s0} = m_n \left(\frac{\pi}{2 \cos \beta_0} + 2\,x \tan \alpha_{s0} \right) + A_s \, . \tag{2/56 A}$$

Bei negativer Profilverschiebung (auf die Radmitte zu) ist x negativ einzusetzen. A_s ist das Zahndickenabmaß im Stirnschnitt. Es muß so gewählt werden, daß sich im eingebauten Zustand das gewünschte Flankenspiel ergibt. (Vgl. Erläuterungen auf S. 51.) Wie bei der Wahl von A_s vorzugehen ist, wird in Abschn. 3.2, S. 158, gezeigt.

Auf die Sehne bezogene Zahnabmessungen. Die Berechnung von Zahndickensehne und Zahnhöhe über der Sehne wurde bereits auf S. 52, zusammen mit der Geradverzahnung, behandelt. Auch die dort angegebenen Hilfsdiagramme sind – bei Verwendung eines Umrechnungsfaktors – für Schrägverzahnung verwendbar; vgl. Abb. 2/15 und 2/16. – Bei der Bestimmung der Sehnenmaße nach Gl. (2/25) und (2/26), S. 52 ist für s_0 die Zahndicke im *Normal*schnitt s_{n0} nach Gl. (2/56) einzusetzen.

Zahnweitenmessung (Abb. 2/17, S. 54). Wie bereits auf S. 54 bemerkt, liegt der Vorzug dieses Meßverfahrens (gegenüber der Messung der Zahndickensehne) darin, daß es vom Kopfkreis unabhängig ist. Die Zahnweite wird stets im *Normal*schnitt gemessen.

Für schrägverzahnte Räder gilt:

$$W = m_n \cos \alpha_{n0} \left[(z' - 0{,}5)\,\pi + z\,\mathrm{ev}\,\alpha_{s0} \right] + 2\,x m_n \sin \alpha_{n0} + A_s \cos \alpha_{n0} \cos \beta_0 \, . \tag{2/57}$$

Hierin ist z' die Meßzähnezahl, d. h. die Anzahl der Zähne zwischen den Meßtellern. Sie kann recht genau aus Gl. (2/28) bzw. Abb. 2/18, S. 55 ermittelt werden, wenn man hierfür statt z eine umgerechnete Zähnezahl benutzt:

$$z_i = z\,\frac{\mathrm{ev}\,\alpha_{s0}}{\mathrm{ev}\,\alpha_{n0}} \, , \tag{2/58}$$

Der für z' gefundene Wert ist auf die nächste ganze Zahl aufzurunden. Berechnung von z' bei größeren Profilverschiebungen s. [2/30].

5*

A_s ist das Zahndickenabmaß im Stirnschnitt. Es muß so gewählt werden, daß sich im eingebauten Zustand das gewünschte Flankenspiel ergibt. (Vgl. Erläuterungen auf S. 51.) Wie bei der Wahl von A_s vorzugehen ist, wird in Abschn. 3.2, S. 158, gezeigt.

Prüfmaß über Rollen oder Kugeln. Wie auf S. 55 schon erwähnt, werden Kugeln oder Rollen in zwei gegenüberliegenden Zahnlücken eingelegt und der Abstand über beide Kugeln oder Rollen gemessen (Abb. 2/19, S. 58). Vorzüge des Meßverfahrens s. S. 58.

Für schrägverzahnte Stirnräder ist

$$\boxed{M = k\,d_M + d_r + A_M\,.} \tag{2/60}$$

$$d_M = \frac{d_g}{\cos \alpha_{sM}}\,. \tag{2/61}$$

α_{sM} ist zu ermitteln aus:

$$\operatorname{ev} \alpha_{sM} = \frac{s_{s0}}{d_0} + \operatorname{ev} \alpha_{s0} + \frac{d_r}{m_n\,z\,\cos \alpha_{n0}} - \frac{\pi}{z}\,. \tag{2/62}$$

Hierin ist s_{s0} die Zahndicke im Teilkreis, und zwar im *Stirn*schnitt, *ohne* Zahndickenabmaß:

$$s_{s0} = \frac{m_s\,\pi}{2} + 2\,x\,m_n \tan \alpha_{s0}\,. \tag{2/63}$$

$$\left. \begin{aligned} k &= \cos \frac{90°}{z} \quad \text{bei ungerader Zähnezahl}\,, \\ k &= 1 \qquad\quad \text{bei gerader Zähnezahl}\,. \end{aligned} \right\} \tag{2/64}$$

A_M ist das Abmaß des Prüfmaßes über Kugeln. Es muß so groß (stets negativ) sein, daß sich im eingebauten Zustand das gewünschte Flankenspiel ergibt. Es kann näherungsweise wie folgt bestimmt werden:

$$\boxed{A_M \approx A_s\,k\,\frac{\cos \alpha_{s0}}{\sin \alpha_{sM}}\,.} \tag{2/65}$$

Die Bedeutung des Zahndickenabmaßes A_s wurde bereits auf S. 51 besprochen. Praktische Bestimmung des oberen und unteren Zahndickenabmaßes s. Abschn. 3.2, S. 158.

Die eingelegten Kugeln sollen die Zahnflanken etwa in Teilkreisnähe berühren. Bei $\alpha_{n0} = 20°$ werden die Kugeldurchmesser d_r vielfach $\approx 1{,}75\ m_n$ gewählt. Dieser Wert ist auch noch für $\alpha_{n0} = 17°30'$ und $22°30'$ brauchbar.

Formdurchmesser und Wälzwinkel. Hierfür gelten die Gleichungen, die in Abschn. 2.11, S. 60/62, für Geradverzahnung angegeben wurden, wobei für alle Winkel die *Stirn*schnittwerte einzusetzen sind.

2.13 Stirnräder mit Innenverzahnung

Bei der Paarung eines innenverzahnten Rades mit einem außenverzahnten Ritzel rollen die Wälzkreise beider Räder innen aufeinander ab (Abb. 2/25). Das Übersetzungsverhältnis kann also, wie bei Außenverzahnung, nach Gl. (2/1), S. 37 berechnet werden.

Die Zusammenhänge bei der Bewegungsübertragung sind ebenfalls die gleichen wie bei Außenverzahnung. So kann bezüglich der Grundbegriffe, wie Modul, Teilung, Eingriffswinkel, Eingriffslinie, Überdeckungsgrad, Profilverschiebung auf die Abschn. 2.11, S. 35 f und 2.12, S. 62 f verwiesen werden.

Bezeichnungen. Abb. 2/25 enthält die Bezeichnungen für einen Stirntrieb mit Innenverzahnung. Siehe hierzu auch Tab. 2/1, S. 36.

Evolventenverzahnung. Auch Innenstirntriebe werden fast ausschließlich mit Evolventenverzahnung ausgeführt. Das

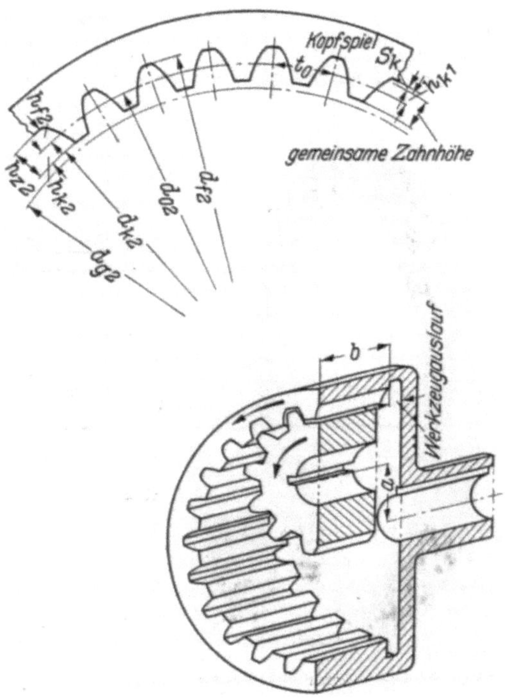

Abb. 2/25. Bezeichnungen am innenverzahnten Stirnrad. Bedeutung der Zeichen s. Abb. 2/2

Ritzel ist ein normales außenverzahntes Stirnrad mit Gerad- oder Schrägverzahnung (vgl. Abschn. 2.11, S. 35 und 2.12, S. 62). Das größere innenverzahnte Rad hat dieselbe Flankenform wie ein gleich großes außenverzahntes Rad; jedoch der Raum, der beim Außenstirnrad die Zahnlücke bildete, ist – beim (innenverzahnten) Hohlrad mit Material ausgefüllt – ist also hierbei der *Zahn*; was der Zahn war, ist jetzt Zahn*lücke* (vgl. Abb. 2/25).

Schrägungsrichtung. Im Gegensatz zur Paarung außenverzahnter Stirnräder hat beim Innenstirntrieb das Innenrad (im Falle der Schrägverzahnung) *dieselbe* Steigungsrichtung wie das (außenverzahnte) Ritzel. Also: *Rechts*steigendes Ritzel kämmt mit *rechts*steigendem Rad und *links*steigendes Ritzel mit *links*steigendem Rad, s. Abb. 2/26.

Überdeckungsgrad. Grundsätzlich wird die Profilüberdeckung wie bei der Paarung außenverzahnter Stirnräder berechnet: Aus Eingriffsstrecke und Eingriffsteilung. Damit erhält man

$$\varepsilon = \frac{\sqrt{r_{k\,1}^{\,2} - r_{g\,1}^{\,2}} - \sqrt{r_{k\,2}^{\,2} - r_{g\,2}^{\,2}} + a\sin\alpha_b}{m\,\pi\cos\alpha_0}\,. \qquad (2/66)$$

Diese Gleichung gilt für Gerad- und Schrägverzahnung. Im Falle der Schrägverzahnung sind für Modul und Eingriffswinkel die *Stirn*schnittwerte einzusetzen. – Werden am innenverzahnten Rad die Kopfkanten abgerundet, so ist für r_{k2} der Radius einzusetzen, bis zu dem die Flanke als Evolvente ausgebildet ist. Beachte ferner den Abschnitt „Eingriffsstörungen", unten auf dieser Seite!

Bei Schrägverzahnung kann die Sprungüberdeckung nach Gl. (2/50), S. 65 berechnet werden.

Profilverschiebung. Auch bei Innenverzahnung ist Profilverschiebung möglich. Wir wollen sie als *positiv* bezeichnen, wenn das Bezugsprofil – und damit das entstehende Zahnprofil gegenüber Nullverzahnung nach *außen*, also vom Grundkreis abgerückt wird und *negativ*, wenn es nach *innen*, d. h. näher an den Grundkreis herangerückt wird. Möglichkeiten der Profilverschiebung s. S. 43.

Eingriffsstörungen. Bei Innenstirntrieben können Eingriffsstörungen auftreten, die bei der Paarung außenverzahnter Räder entweder gar nicht vorkommen oder

Abb. 2/26. Innenverzahnung: Rechtssteigendes Ritzel kämmt mit rechtssteigendem Rad (die Verzahnung beider Räder verläuft in einer rechtssteigenden Schraubenlinie). (Werkfoto: Zahnradfabrik Friedrichshafen)

kaum eine Rolle spielen (vgl. Abschn. „Eingriffsstörungen", S. 45). Folgende Grenzen müssen beim Entwurf beachtet werden:

1. Wenn das innenverzahnte Rad die volle Zahnhöhe erhält, so kann es vorkommen, daß der Eingriff am Fuß des Ritzels bereits unterhalb des Punktes beginnt, bis zu dem die Ritzelflanke als Evolvente ausgebildet ist. Man erhält dann „Eingriffsstörungen am Zahnfuß". Um dies zu vermeiden, muß der Kopf des innenverzahnten Rades gekürzt werden.

Auch am Ritzelkopf bzw. Zahnfuß des Hohlrades können Eingriffsstörungen auftreten, wenn die Flanke des Rades nicht genügend tief als Evolvente ausgearbeitet ist. In diesem Falle muß der Kopf des Ritzels gekürzt werden.

2. Bei kleiner Zähnezahldifferenz zwischen Ritzel und Rad, besteht die Gefahr, daß sich die Zahnköpfe von Ritzel und Rad *außerhalb* des eigentlichen Eingriffsgebietes überschneiden.

3. Bisweilen macht es ferner die Konstruktion erforderlich, daß die Verzahnung von Ritzel und Rad beim Einbau *radial* ineinander gefügt werden muß. Bei zu kleinen Zähnezahldifferenzen besteht dabei die Gefahr des Überschneidens der Zahnköpfe von Ritzel und Rad. Ein radiales Ineinanderschieben ist dann unmöglich.

Bei *axialer* Montage des Ritzels entfällt diese Störung. Die Zähnezahldifferenz kann hierbei also geringer sein.

Die rechnerische Behandlung dieser Eingriffsstörungen ist ziemlich verwickelt. Wir wollen deshalb darauf verzichten, diese Verfahren hier zu erläutern. Stattdessen bringen wir eine Tabelle (Tab. 3/26, S. 192), die angibt, welche Zahnabmessungen bei Innenverzahnung mit Sicherheit brauchbar sind.

Achsabstand. Wie aus Abb. 2/25 und Gl. (2/18), S. 47 hervorgeht, beträgt der Achsabstand eines Innenzahntriebes:

$$a = \frac{d_{b2} - d_{b1}}{2} = m \frac{z_2 - z_1}{2} \frac{\cos \alpha_0}{\cos \alpha_b} . \qquad (2/67)$$

Der Betriebseingriffswinkel α_b kann bei *Gerad*verzahnung aus folgender Gleichung ermittelt werden:

$$\mathrm{ev}\, \alpha_b = \frac{2 \tan \alpha_0 (x_2 - x_1)}{z_2 - z_1} + \mathrm{ev}\, \alpha_0 . \qquad (2/68)$$

Die Gln. (2/67) gelten für Gerad- und Schrägverzahnung, wenn für Modul und Eingriffswinkel die *Stirn*schnittwerte eingesetzt werden. Der Betriebseingriffswinkel ist bei *Schräg*verzahnung mit folgender Gleichung zu berechnen:

$$\mathrm{ev}\, \alpha_{sb} = \frac{2 \tan \alpha_{n0} (x_2 - x_1)}{z_2 - z_1} + \mathrm{ev}\, \alpha_{s0} . \qquad (2/69)$$

Über die Bedeutung der Evolventenfunktion s. S. 38; Tab. 2/2 der Evolventenfunktion s. S. 39 und [2/16], [2/29]. Definition des Profilverschiebungsfaktors x bei Schrägverzahnung s. S. 65.

Durchmesser. Da es sich bei dem *Ritzel* um ein normales außenverzahntes Stirnrad mit Gerad- oder Schrägverzahnung handelt, kann für die Durchmesserberechnung auf die entsprechenden Abschnitte der Außenverzahnung verwiesen werden (S. 46 bzw. 66). Lediglich für den *Kopf*kreisdurchmesser des Ritzels ergibt sich eine abweichende Formel:

$$d_{k1} = 2 (0{,}5 d_{f2} - a - S_k) . \qquad (2/70)$$

Verwendet man die in Tab. 3/26, S. 192 empfohlenen Abmessungen, rechnet man jedoch besser folgendermaßen:

$$d_{k1} = d_{01} + 2\,h_{k01}\,.$$

(2/71)

Grundkreis-, Teilkreis- und Betriebswälzkreisdurchmesser der *Innen*-verzahnung können nach den Gleichungen der Außenverzahnung, S. 46, bzw. 66 berechnet werden. Im Falle der Schrägverzahnung sind die *Stirn*-schnittwerte für Modul und Eingriffswinkel einzusetzen. Der *Fuß*kreis-durchmesser des Rades ergibt sich aus

$$d_{f2} = d_{02} + 2\,h_{kw} + 2\,x_2\,m_n\,.\quad^{[1]}$$

(2/72)

Die allgemeine Berechnung des *Kopf*kreisdurchmessers des innenver-zahnten Rades ist schwierig, weil vielfach Kopfkürzungen erforderlich sind, um die oben beschriebenen Eingriffsstörungen zu vermeiden.

Wir haben daher in Tab. 3/26, S. 192, die Maße der Innenverzahnung, die mit Sicherheit brauchbar sind, zusammengestellt.

Mit diesen Angaben kann der Kopfkreisdurchmesser des Rades wie folgt bestimmt werden:

$$d_{k2} = d_{02} - 2\,h_{k02}\,.$$

(2/73)

Zu beachten ist, daß der Kopfkreisdurchmesser des innenverzahnten Rades der *Innen*durchmesser ist.

Der *Form*kreisdurchmesser des innenverzahnten Rades ergibt sich – im Gegensatz zur Außenverzahnung – durch *Addition* des Sicherheits-abstandes zum Grenzdurchmesser:

$$d_F = d_l + \Delta d_l\,.$$

(2/74)

[Für das außenverzahnte Ritzel gilt auch hier Gl. (2/43) S. 62.]

Der Grenzkreisdurchmesser d_l wird nach den Gleichungen der Außen-verzahnung (2/40) und (2/41), S. 61 berechnet. Statt Gl. (2/42) gilt jedoch bei Innenverzahnung für Rad und Ritzel folgende Beziehung:

$$\Theta_l = \Theta + (\Theta_{k\,\text{gegen}} - \Theta)\,\frac{z_{\text{gegen}}}{z}\,,$$

(2/75)

$$\Theta = \frac{180^{\circ}}{\pi}\tan\alpha_b$$

(Θ, Θ_l und Θ_k sind in [°] einzusetzen.)

Allgemeine Erläuterung der Begriffe ,,Wälzwinkel, Form- und Grenz-kreisdurchmesser" s. S. 59 und 61.

---

[1] h_{kw} s. Tab. 3/19, S. 172. Gl. (2/72) liefert einen theoretischen Wert, der bei Herstellung mit Schneidrad meist etwas überschritten wird.

Fußausrundung. Die am Innenzahnrad erzeugte Fußausrundung hat fast den gleichen Radius wie die Kopfabrundung des für die Herstellung verwendeten Schneidwerkzeuges. Dieser Radius wird im allgemeinen nur etwa zwei Drittel des in Tab. 3/19 angegebenen Wertes betragen.

Zahndicke des innenverzahnten Rades. Die Zahndicke im Teilkreis beträgt – auf dem Bogen gemessen – bei Geradverzahnung:

$$s_{02} = m \left(\frac{\pi}{2} - 2\,x \tan \alpha_0 \right) + A_s \,, \qquad (2/76)$$

und bei Schrägverzahnung im *Normal*schnitt:

$$s_{n02} = m_n \left(\frac{\pi}{2} - 2\,x \tan \alpha_{n0} \right) + A_s \cos \beta_0 \,. \qquad (2/77)$$

Die Zahndickensehne kann hieraus nach Gl. (2/26), S. 52 oder mit Diagramm Abb. 2/16, S. 54 ermittelt werden. Bestimmung des Zahndickenabmaßes A_s wie bei Stirnrädern mit Außenverzahnung – S. 51 und 67. Über die Wahl des Abmaßes s. Abschn. 3.2, S. 156.

Für die Messung mit der Zahnmeßschieblehre benötigen wir noch die dabei einzustellende Zahnmeßhöhe, die sich nach Abb. 2/27 wie folgt zusammensetzt:

$$q_0 = h_{k0} - h_b + h_r \,. \qquad (2/78)$$

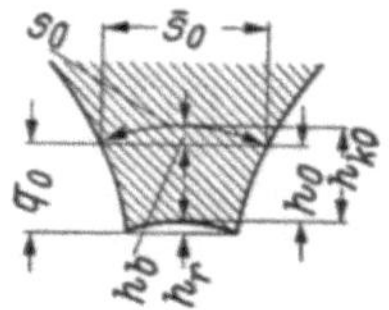

Abb. 2/27. Sehnenmaße am Zahn eines innenverzahnten Stirnrades: h_{k0} Zahnkopfhöhe; h_0 Zahnhöhe über der Sehne; h_b und h_r Bogenhöhen, $\bar{s}_0$ Zahndickensehne; q_0 Zahnmeßhöhe

Für übliche Verzahnungsabmessungen kann dabei $h_r \approx 1/3 \cdot h_b$ gesetzt werden, so daß Gl. (2/78) dann in folgende Näherungsformel übergeht:

$$q_0 = h_{k0} - \frac{2}{3}\,h_b \,. \qquad (2/79)$$

Hier kann h_b nach Gl. (2/25), S. 52 berechnet oder aus dem Diagramm, Abb. 2/15, S. 53 entnommen werden.

Bei dem *Ritzel* handelt es sich ja um ein normales Stirnrad mit Außenverzahnung. Seine Zahndickensehne und Zahnmeßhöhe können also nach den Gln. (2/25) und (2/26), S. 52 ermittelt werden.

Die Messung der Zahndickensehne mit der Zahnmeßschieblehre ist bei Innenverzahnung in vielen Fällen allerdings praktisch nicht ausführbar; s. hierzu Erläuterungen auf S. 194.

Zahnweite. Die Zahnweitenmessung kann im Falle der Innenverzahnung nur bei *Gerad*verzahnung durchgeführt werden. Die Berechnung ist die gleiche wie bei Außenverzahnung [Gl. (2/27), S. 55] – außer, daß das Zahndickenabmaß $A_s \cdot \cos \alpha_0$ (negativer Wert!) subtrahiert, statt addiert wird.

Selbst bei *gerader* Innenverzahnung ist die Messung der Zahnweite vielfach praktisch nicht durchführbar; vgl. Erläuterungen auf S. 194.

Prüfmaß zwischen Rollen oder Kugeln (Abb. 2/28). Dieses Meßverfahren ist bei Innenverzahnung häufig das einzig mögliche. Darüber hinaus ist es in allen Fällen das *genaueste* Meßverfahren.

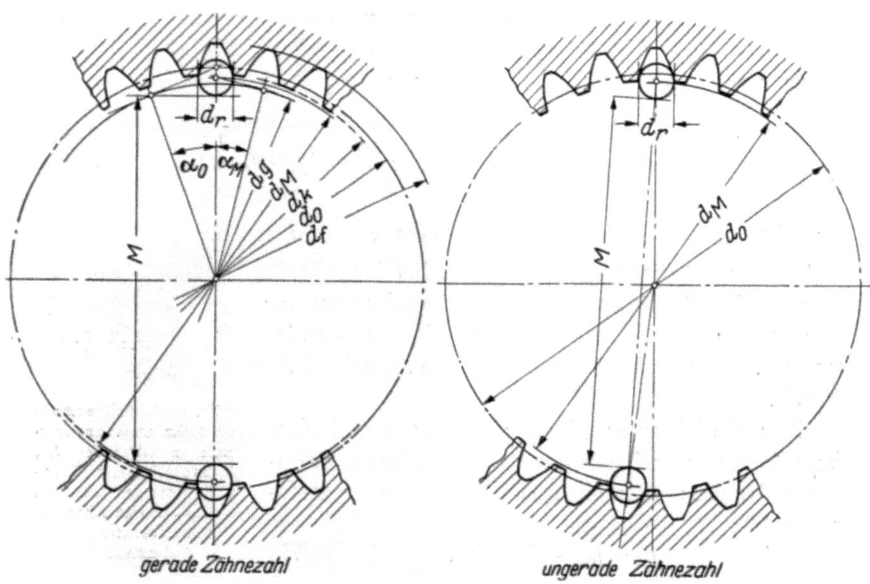

Abb. 2/28. Prüfmaß zwischen 2 Rollen oder Kugeln. d_r Rollen- bzw. Kugeldurchmesser

Bei Innen*gerad*verzahnung beträgt das Prüfmaß zwischen Rollen oder Kugeln:

$$M = k\,d_M - d_r - A_M, \qquad (2/80)$$

$$d_M = \frac{d_g}{\cos \alpha_M}, \qquad (2/81)$$

α_M ist zu ermitteln aus

$$\mathrm{ev}\,\alpha_M = \frac{l'_0}{d_0} + \mathrm{ev}\,\alpha_0 - \frac{d_r}{m\,z\,\cos \alpha_0}. \qquad (2/82)$$

Hierin ist l'_0 die theoretische Zahnlückendicke im Teilkreis

$$l'_0 = m\left(\frac{\pi}{2} + 2\,x\tan \alpha_0\right), \qquad (2/83)$$

$$\begin{aligned}
k &= \cos \frac{90°}{z} \quad \text{bei ungerader Zähnezahl} \\
k &= \quad 1 \quad\ \text{bei gerader Zähnezahl}
\end{aligned} \qquad (2/84)$$

Grundkreisdurchmesser d_g s. Gl. (2/6), S. 41. Berechnung des Abmaßes A_M über Kugeln s. Gl. (2/65), S. 68 und zugehörige Erläuterungen.

Die eingelegten Rollen oder Kugeln sollen die Zahnflanken möglichst in Teilkreisnähe berühren. Bei einem Eingriffswinkel von 20° sollten die Durchmesser der Meßrollen bzw. -kugeln $d_r \approx 1{,}65\,m$ gewählt werden.

Bei Innen*schräg*verzahnung kann das Prüfmaß zwischen Kugeln[1] ebenfalls nach Gln. (2/80), (2/81) und (2/84) berechnet werden; dabei ist allerdings α_M zu ermitteln aus:

$$\operatorname{ev}\alpha_M = \frac{l'_{s0}}{d_0} + \operatorname{ev}\alpha_{s0} - \frac{d_r}{m_n z \cos \alpha_{n0}}\,, \qquad (2/85)$$

l'_{s0} ist die theoretische Zahnlückendicke im Teilkreis

$$l'_{s0} = m_s \frac{\pi}{2} + 2\,x\,m_n \tan\alpha_{s0}\,. \qquad (2/87)$$

Beim Berechnen des Grundkreisdurchmessers nach Gl. (2/6), S. 41 sind für Modul und Eingriffswinkel die *Stirn*schnittwerte einzusetzen. Tabelle der Evolventenfunktion s. S. 39 und [2/16], [2/29].

2.14 Kegelräder

Die Bewegungsübertragung zwischen zwei miteinander kämmenden Kegelrädern kann man sich so vorstellen, daß die beiden Wälz- oder Teilkegel *ohne Gleiten* aufeinander abrollen (Abb. 2/29).

Infolge der kegeligen Form der Grundkörper nehmen Zahndicke und Zahnhöhe zur Kegelspitze hin ab. Die Verzahnungsmaße werden allgemein für den Außendurchmesser, d. h. das dicke Zahnende angegeben. Zur Berechnung der Lagerkräfte muß dagegen von den Maßen und Kräften in Mitte Zahnbreite ausgegangen werden.

Da Geradzahn-, Zerol- und Spiral-Kegelräder bezüglich der

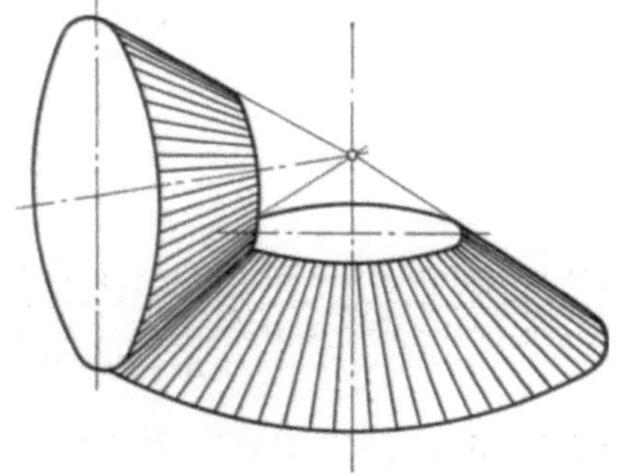

Abb. 2/29. Bei der Bewegungsübertragung zwischen zwei Kegelrädern rollen die (gedachten) Wälzkegel ohne Gleiten aufeinander ab

Hauptabmessungen weitgehend übereinstimmen, können die Grundbegriffe der drei Radarten gemeinsam behandelt werden. – In der Praxis überwiegen die Fälle, in denen sich die Achsen von Ritzel und Rad unter 90° schneiden, bei weitem. Wir wollen uns bei den nachfolgenden Berechnungsangaben deshalb hierauf beschränken.

---

[1] Rollen sind bei Schrägverzahnung nicht zu verwenden

Bezeichnungen. Abb. 2/30 enthält die hauptsächlichen Bezeichnungen an Kegelrädern. Siehe auch Tab. 2/1, S. 36.

Übersetzung, Kegelwinkel. Aus der Bedingung, daß die Teilkegel ohne Gleiten aufeinander abrollen (Abb. 2/29), ergeben sich bei einem Achsen-

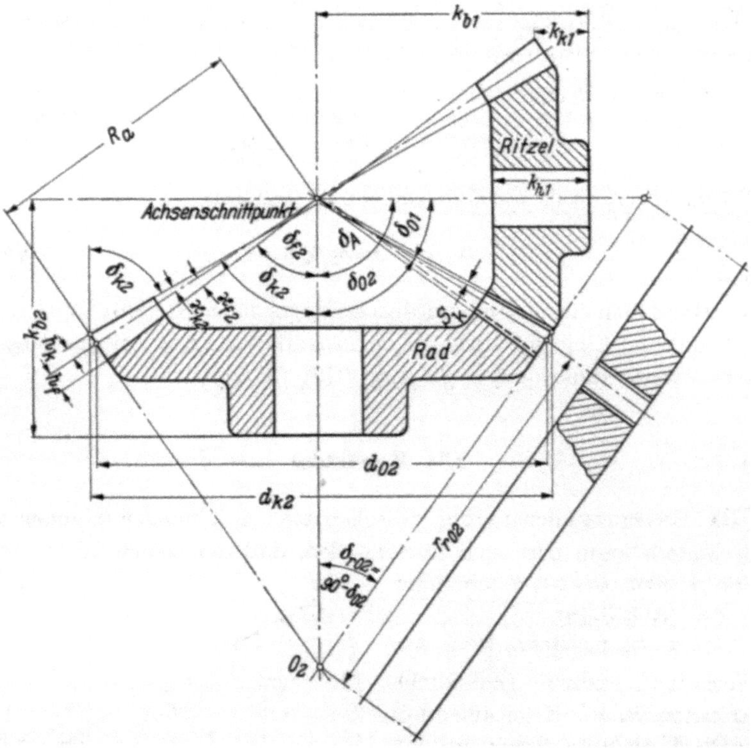

Abb. 2/30. Bezeichnungen an Kegelrädern: δ_A Achsenwinkel; δ_{01} Teilkegelwinkel des Ritzels; δ_{02} Teilkegelwinkel des Tellerrades; δ_f Fußkegelwinkel; δ_k Kopfkegelwinkel; $\varkappa_f$ Fußwinkel; $\varkappa_k$ Kopfwinkel; r_{r0} Teilkreisradius des Ersatzstirnrades; R_a Äußere Teilkegellänge; S_k Kopfspiel; k_b, k_k, k_h Maße für Herstellen, Messen und Einbauen

winkel $\delta_A = 90°$ folgende Beziehungen, aus denen die Teilkegelwinkel δ_{01} und δ_{02} ermittelt werden können:

$$\tan\delta_{01} = \frac{z_1}{z_2} = \frac{1}{i}\,,$$
$$\tan\delta_{02} = \frac{z_2}{z_1} = i\,. \qquad (2/88)$$

Gemäß Voraussetzung muß dabei sein

$$\delta_A = \delta_{01} + \delta_{02} = 90°. \qquad (2/89)$$

Die Größe des Teilkegelwinkels ist ein Maß für die Konizität des Kegelrades. Bei einem Teilkegelwinkel Null ist aus dem Kegelrad ein *Stirnrad* geworden; Kegelräder mit einem Teilkegelwinkel von 90° werden als *Planräder* bezeichnet. Kegelradsätze werden vielfach so ausgeführt, daß sich neben den Mantellinien der Teilkegel auch die Mantellinien der Fußkegel im Achsenschnittpunkt schneiden. Die Mantellinien der Kopfkegel werden dagegen parallel zum Fußkegel des Gegenrades gemacht; dadurch erhält man ein konstantes Kopfspiel, was den Entwurf von Verzahnung und Schneidwerkzeugen (Abb. 2/30) gegenüber der früheren Praxis vereinfacht.

Nach dieser früheren Verzahnungspraxis schnitten sich auch die Mantellinien des Kopfkegels im Achsenschnittpunkt; man hatte dabei ein zur Kegelspitze hin abnehmendes Kopfspiel.

Bezeichnen wir die Zahnfußhöhe mit h_f — s. Gl. (2/100), S. 80 — so kann der Fußwinkel aus folgender Gleichung ermittelt werden:

$$\tan \varkappa_{f1} = \frac{h_{f1}}{R_a} \quad \text{bzw.} \quad \tan \varkappa_{f2} = \frac{h_{f2}}{R_a} . \tag{2/90}$$

Hierin ist R_a die äußere Teilkegellänge [s. Abb. 2/30 und Gl. (2/105)]. Bei konstantem Kopfspiel können dann die Fuß- und Kopfkegelwinkel wie folgt ermittelt werden:

$$\text{Fußkegel:} \quad \delta_{f1} = \delta_{01} - \varkappa_{f1} \quad \text{bzw.} \quad \delta_{f2} = \delta_{02} - \varkappa_{f2} , \tag{2/91}$$
$$\text{Kopfkegel:} \quad \delta_{k1} = \delta_{01} + \varkappa_{f2} \quad \text{bzw.} \quad \delta_{k2} = \delta_{02} + \varkappa_{f1} . \tag{2/92}$$

Verzahnungsart, Eingriffswinkel, Profilverschiebung. Die Zahnform der Kegelradzähne ist der Evolventenzahnform sehr ähnlich. Während die Eingriffslinie bei Evolventenverzahnung eine Gerade ist, hat sie bei Kegelradverzahnung meist die Form einer langgestreckten Acht (daher „Oktoidenverzahnung").

Viele Untersuchungen am Kegelrad können vereinfacht werden, wenn man statt des Kegelrades das zugehörige „Ergänzungsstirnrad" betrachtet, das in Abb. 2/30 und 2/31 dargestellt ist. Die Zähnezahl dieses – größeren – Ergänzungsstirnrades wird als „Ergänzungszähnezahl" z_r bezeichnet, die wie folgt berechnet werden kann:

$$z_{r1} = \frac{z_1}{\cos \delta_{01}} ; \quad z_{r2} = \frac{z_2}{\cos \delta_{02}} \tag{2/93}$$

Entsprechend gilt für die Durchmesser der Ergänzungsstirnräder:

$$d_{r01} = \frac{d_{01}}{\cos \delta_{01}} ; \quad d_{r02} = \frac{d_{02}}{\cos \delta_{02}} . \tag{2/94}$$

Die Zahnform des Ergänzungsstirnrades ist der des zugehörigen Kegelrades sehr ähnlich.

Bei Kegelrädern mit *Gerad*verzahnung werden im allgemeinen folgende Eingriffswinkel angewendet: 14,5; 17,5 und 20°, wobei sich der letztgenannte heute weitgehend durchgesetzt hat. *Zerol*kegelräder haben durchweg 20° Eingriffswinkel, bei niedrigen Zähnezahlen von Ritzel und Rad auch 22,5 und 25°. Bei *Spiral*kegelrädern findet man 14,5; 16; 17,5

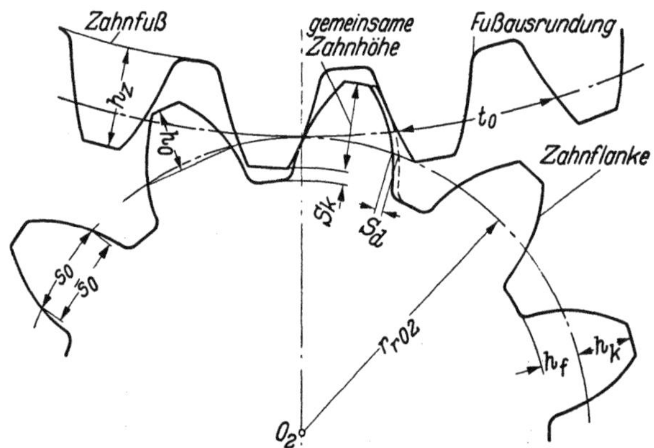

Abb. 2/31. Verzahnung eines Kegelrades, dargestellt am Ersatzstirnrad. (Vgl. Abb. 2/30)

und 20°; 20° Eingriffswinkel wird auch hierbei bevorzugt, für Flugzeuggetriebe, Geräte und Instrumente wird er ausschließlich verwendet. Als Spiralwinkel ist 35° üblich. – Bei Zerol- und Spiralkegelrädern ändert sich der Eingriffswinkel (im Stirnschnitt) über die Zahnbreite, da die Zahnschräge über die Breite veränderlich ist (Bogenverzahnung).

Bei Kegelrädern wird ausschließlich Null- und V-Nullverzahnung angewendet. Mit Hilfe der V-Nullverzahnung ($x_1 = - x_2$) ist es in den meisten Fällen möglich, Unterschnitt bei kleinen Ritzelzähnezahlen zu vermeiden und die Festigkeit von Ritzel und Rad anzugleichen. Im Gegensatz zu der bei Stirnrädern üblichen Praxis wird bei Kegelrädern zunächst die *negative* Profilverschiebung des Rades bestimmt und dann die Profilverschiebung des Ritzels gleich groß – aber positiv – gemacht. – Eine weitere Möglichkeit, die Festigkeit von Ritzel und Rad anzugleichen, besteht darin, durch Veränderung des seitlichen Messerabstandes, die gewünschten Zahndicken zu erzeugen. Auch dem Spitzwerden der Zähne bei größeren Profilverschiebungen kann damit begegnet werden. Siehe hierzu Abschnitt „Zahndicke, Sehnenmaße", S. 80. Empfehlungen der Firma Gleason für die Wahl der Profilverschiebungen und der Zahndickenkorrektur sind auf S. 197 und 198 angegeben.

Es sei besonders darauf hingewiesen, daß es hierbei – im Gegensatz zu den Stirnrädern – üblich ist, die Profilverschiebung in Vielfachen des

*Stirn*moduls m_s anzugeben. Den absoluten Betrag der Profilverschiebung bezeichnen wir deshalb mit $x_s m_s$. Man ist damit vom Spiralwinkel unabhängig.

Modul, Teilung, Durchmesser. Wie bei Stirnrädern ist auch bei Kegelrädern der Modul das Hauptmaß der Verzahnung (in den USA entsprechend der „Diametral Pitch", vgl. S. 40). Er wird grundsätzlich für das *äußere* Zahnende angegeben. Da sich bei Kegelrädern alle Abmessungen zur Kegelspitze hin verjüngen, nimmt auch der Modul zur Kegelspitze hin ab; beispielsweise kann er außen $m = 2{,}5$ mm und innen $m = 2{,}0$ mm betragen. – Bei der Wahl des Moduls hält man sich im allgemeinen an die genormte Modulreihe für Stirnräder; bezüglich der Werkzeughaltung bietet die Verwendung genormter Moduln allerdings keinen besonderen Vorteil, da mit einem Satz Schneidmesser – innerhalb eines bestimmten Bereichs – jeder gewünschte Modul geschnitten werden kann.

Der Teilkreisdurchmesser kann wie bei Stirnrädern bestimmt werden

$$d_0 = m\,z\,, \tag{2/95}$$

ebenso die Teilung

$$t_0 = m\,\pi\,, \tag{2/96}$$

wobei für Zerol- und Spiralkegelräder der *Stirn*modul einzusetzen ist. Da Kopf- und Fußhöhe in Richtung senkrecht zu den Teilkegeln gemessen werden, ergeben sich für Kopf- und Fußkreisdurchmesser gegenüber Stirnrädern etwas abweichende Formeln:

$$\begin{aligned}
\text{Kopfkreisdurchmesser}\quad d_{k1} &= d_{01} + 2\cos\delta_{01}\left(\frac{h}{2} + x_s m_s\right)\\[1ex]
d_{k2} &= d_{02} + 2\cos\delta_{02}\left(\frac{h}{2} - x_s m_s\right)
\end{aligned} \tag{2/97}$$

Hierin stellt der Ausdruck $\left(\dfrac{h}{2} \pm x_s m_s\right)$ die jeweilige Kopfhöhe dar – mit h als gemeinsamer Zahnhöhe (s. Tab. 3/28, S. 196):

$$h_{k1} = \frac{h}{2} + x_s m_s; \quad h_{k2} = \frac{h}{2} - x_s m_s \tag{2/98}$$

$$\begin{aligned}
\text{Fußkreisdurchmesser}\quad d_{f1} &= d_{01} - 2\cos\delta_{01}\left(h_{kw} - x_s m_s\right)\\[1ex]
d_{f2} &= d_{02} - 2\cos\delta_{02}\left(h_{kw} + x_s m_s\right)
\end{aligned} \tag{2/99}$$

$h_{kw} \pm x_s m_s$ ist dabei die jeweilige Fußhöhe mit h_{kw} als Werkzeugkopfhöhe (s. Tab. 3/28, S. 196):

$$h_{f1} = h_{kw} - x_s m_s; \quad h_{f2} = h_{kw} + x_s m_s. \tag{2/100}$$

Wie auf S. 78 bereits erläutert, wird bei Kegeltrieben nur Null- oder V-Nullverzahnung verwendet, d. h., die Profilverschiebungen an Ritzel und Tellerrad sind stets gleich groß und entgegengesetzt; deshalb wird nicht zwischen x_1 und x_2 unterschieden.

Zahndicke, Sehnenmaße. Wie alle übrigen Maße, werden auch die Zahndicken für das dicke Ende der Zähne angegeben. Die Zahndicke im *Stirn*schnitt beträgt im Teilkreis für alle Kegelradarten (ohne Flankenspielanteil)

$$\text{am Rad} \quad s_{s02} = m_s \frac{\pi}{2} - \frac{2 x_s m_s \tan \alpha_{n0}}{\cos \beta_0} + k m_s - \frac{S_d}{2}, \tag{2/101}$$

$$\text{am Ritzel} \quad s_{s01} = m_s \frac{\pi}{2} + \frac{2 x_s m_s \tan \alpha_{n0}}{\cos \beta_0} - k m_s - \frac{S_d}{2}$$
$$= m_s \pi - s_{02} - S_d. \tag{2/102}$$

Bei *Gerad*verzahnung wird $m_s = m_n = m$ und $\beta = 0$. Die Formeln (2/101) und (2/102) unterscheiden sich von denen für Stirnräder nur durch den Summanden $k \cdot m_s$, der nur bei *Spiral*verzahnung in Erscheinung tritt (bei Gerad- und Zerolverzahnung wird er meist $= 0$ gesetzt). Positives k bedeutet, daß die Zahndicke des Rades auf Kosten der Zahndicke des Ritzels vergrößert wird, ohne daß Kopfhöhe, Unterschnitt usw. dadurch beeinflußt werden. Wie bereits erwähnt, ist dies bei solchen Herstellverfahren möglich, bei denen Rechts- und Linksflanken von zwei *getrennten* Messern geschnitten werden. Für die so entstandene Verzahnung gilt dann nicht mehr das normale Bezugsprofil. – Empfehlungen für die Wahl des Verdrehflankenspiels S_d s. Tab. 3/14, S. 160. – k-Werte für Spiralverzahnung s. Tab. 3/32, S. 198.

Die Zahndicke *gerad*verzahnter Kegelräder kann mit einer Zahnmeßschieblehre gemessen werden. Dazu müssen Zahndickensehne und Zahnmeßhöhe bestimmt werden. Wie bei geradverzahnten Stirnrädern [Gl. (2/26)] gilt für die Zahndickensehne:

$$\overline{s}_0 = s_0 - s_c; \quad s_c \approx \frac{s_0^3}{6 d_{r0}^2}. \tag{2/103}$$

Bei der Berechnung der Zahnhöhe über der Sehne kann ebenfalls von der Stirnradformel (2/25) ausgegangen werden. Zu berücksichtigen ist allerdings, daß die Zahnhöhe senkrecht zum Teilkegel gemessen wird. Daraus ergibt sich folgende Näherungsgleichung:

$$h_0 = h_k + h_b; \quad h_b \approx \frac{s_0^2}{4\,d_{r\,0}}\cos\delta_0 .$$

(2/104)

Die Kopfhöhe h_k kann nach Gl. (2/98) bestimmt werden. $- d_{r\,0}$ ist der jeweilige Teilkreisdurchmesser des Ergänzungsstirnrades [s. Gl. (2/94)].

Sonstige Maße. Die Mantellänge der Teilkegel, die wir als äußere Teilkegellänge R_a bezeichnen, beträgt

$$R_a = \frac{d_{01}}{2\sin\delta_{01}} = \frac{d_{02}}{2\sin\delta_{02}} .$$

(2/105)

Der Abstand vom Achsenschnittpunkt zum äußeren Kopfkreis (parallel zur Achse gemessen), der für das Herstellen, Messen und Einbauen wichtig ist, ergibt sich aus den geometrischen Zusammenhängen in Abb. 2/30, S. 76 wie folgt:

$$k_{b1} - k_{k1} = \frac{d_{02}}{2} - h_{k1}\sin\delta_{01}; \quad k_{b2} - k_{k2} = \frac{d_{01}}{2} - h_{k2}\sin\delta_{02} .$$

(2/106)

2.15 Achsversetzte Kegelräder

(Abb. 2/32)

Wie bereits in Abschn. 1.25 (S. 27) erwähnt, eignen sich achsversetzte Kegelräder besser als Kegelräder, wenn hohe Übersetzungen in einer Stufe unterzubringen sind. Infolge der Achsversetzung wird das Ritzel dicker als bei dem entsprechenden Kegeltrieb – gleicher Übersetzung.– Für Ritzel mit Formate[1]-Verzahnung empfiehlt Gleason die in Tab. 2/5, S. 82 angegebenen Mindestzähnezahlen.

Der mittlere Eingriffswinkel wird für Hypoidräder[2]

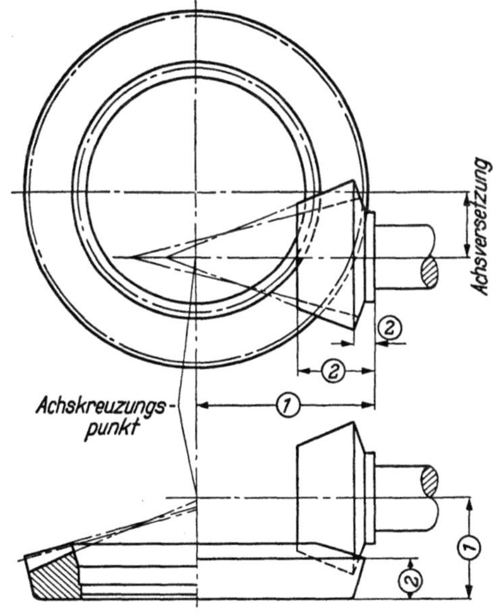

Abb. 2/32. Achsversetzte Kegelräder (Zeichnung: Gleason Works).
1 Einbaumaße; *2* Radkörpermaße

[1] Besonderes Herstellverfahren der Gleason-Werke, bei dem das Tellerrad im Formschnitt hergestellt wird.

[2] Siehe Fußnote S. 27.

Tabelle 2/5. Mindestzähnezahl für Hypoid-Ritzel mit Formate-Verzahnung (Empfehlung der Fa. Gleason)

Übersetzungs-verhältnis	Mindest-Ritzelzähnezahl
$2^1/_2$	15
3	12
4	9
5	7
6	6
10	5

in Personenkraftwagen und Getrieben des allgemeinen Maschinenbaues meist gleich 21°15′; bei Schleppern und Lastkraftwagen im Durchschnitt gleich 22°30′ gewählt.

Der Spiralwinkel des Ritzels liegt meist bei 45 bis 50°.

Der Modul wird bei achsversetzten Kegeltrieben nur für das Tellerrad angegeben, ebenso Teilkreisdurchmesser und Teilkegelwinkel. Würde man – nach den bekannten Formeln – auch einen Modul für das Ritzel berechnen, so erhielte man hierfür einen kleineren Wert als für das Rad.

Die Größe des Ritzels ist durch seinen Außendurchmesser und seine Zähnezahl bestimmt. Die Zahnform ergibt sich aus der berechneten Maschineneinstellung.

Mit diesen allgemeinen Hinweisen wollen wir uns hier begnügen, weil die Berechnung aller Verzahnungsdaten den Rahmen dieses Buches überschreiten würde. Zur Berechnung eines Gleason-Hypoidtriebes sind etwa 150 Rechenoperationen erforderlich. Etwa 45 Werte müssen durch Probieren gefunden werden, wobei die Rechnung zwei- bis dreimal wiederholt werden muß. Interessenten für achsversetzte Kegelräder wenden sich daher am besten an Herstellerfirmen oder beschaffen sich die Berechnungsunterlagen der Firmen Gleason, Oerlikon oder Klingelnberg, die Maschinen zum Verzahnen achsversetzter Kegelräder herstellen.

2.16 Planradgetriebe

Diese Getriebeart sollte möglichst nur für Übersetzungen über 1,5 gewählt·werden.

Wie auf S. 29 bereits erläutert, ist das Ritzel ein gewöhnliches *gerad*- oder *schräg*verzahntes Stirnrad, für dessen Dimensionierung also dieselben Regeln gelten, die in den Abschn. 2.11 (S. 35) oder 2.12 (S. 62) besprochen wurden. Lediglich die Kopf- und Fußkreisdurchmesser sind nach den folgenden Angaben zu berechnen.

Bezeichnungen. Abb. 2/33 enthält die hauptsächlichen Bezeichnungen von Stirnritzel und Planrad. Zusammenfassung aller Bezeichnungen s. Tab. 2/1, S. 36.

Zahnbreite. Beim Entwerfen von Planrädern bildet die Berechnung der Zahnbreite eine der Hauptaufgaben. Da sich die Radverzahnung an der *Stirn*fläche des zylindrischen Radkörpers befindet (nicht an der Mantelfläche), so wird durch die Zahnbreite der Innen- und der Außendurchmesser der Verzahnung bestimmt. Die Zähne des Planrades ändern ihre Form längs der Breite. Der kleinstmögliche *Innen*durchmesser wird durch den Punkt bestimmt, an dem das Zahnprofil bis etwa Mitte Zahnhöhe

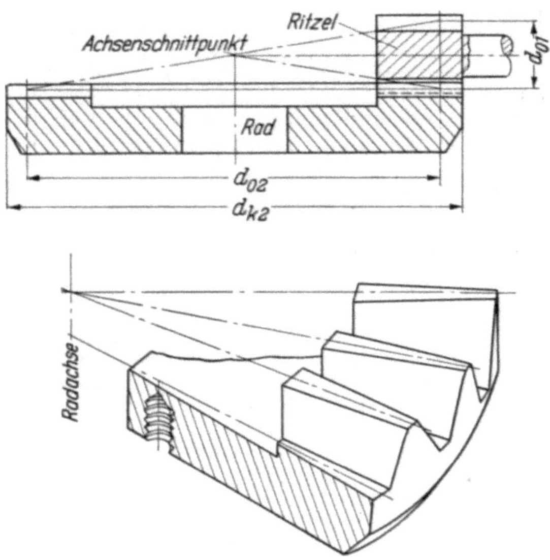

Abb. 2/33. Bezeichnungen am Planradtrieb

unterschnitten ist; der Außendurchmesser wird durch den Wert begrenzt, bei dem die Zahnkopfdicke zu Null wird (vgl. Abb. 2/34).

Abb. 2/34. Grenzen der Zahnbreite bei Planrädern. Am linken Rad ist die Verzahnung so breit, daß die Zähne an beiden Enden teilweise zerstört sind. An dem rechten Rad sind diese Teile, die für die Kraftübertragung nutzlos sind, entfernt worden. (Werkfoto: Fellows Gear Shaper Co.; Springfield, Vermont, USA)

Die zulässigen *Innen*- und *Außen*durchmesser des Planrades können mit Hilfe der in Tab. 2/6, S. 84 angegebenen Konstanten c_a und c_i wie folgt bestimmt werden

$$d_a = c_a z_2 m,$$
(2/107)

$$d_i = c_i z_2 m.$$
(2/108)

Tabelle 2/6. Verzahnungsabmessungen und Durchmesserkonstanten für Plantriebe bei Modul m = 1; 20° Eingriffswinkel

| Zähne-zahl | Ritzel- | | Rad- | Rad-Durchmesserkonstante | | | | | | | |
| | Zahn-kopf-höhe | Zahn-dicke | Zahn-kopf-höhe | $i = 1{,}5$ | | $i = 2$ | | $i = 4$ | | $i = 8$ | |
z_1	$h_{k\,01}$	s_{01}	h_{k02}	c_a	c_i	c_a	c_i	c_a	c_i	c_a	c_i
12	1.120	1.790	0.700	—	—	1.221	1.020	1.221	0.960	1.221	0.945
13	1.100	1.745	0.760	1.202	1.064	1.202	1.015	1.202	0.959	1.202	0.945
14	1.080	1.700	0.820	1.187	1.062	1.187	1.011	1.187	0.958	1.187	0.944
15	1.060	1.660	0.880	1.174	1.052	1.174	1.007	1.174	0.957	1.174	0.944
16	1.040	1.620	0.940	1.161	1.051	1.161	1.004	1.161	0.956	1.161	0.944
17	1.020	1.580	0.980	1.156	1.041	1.156	1.000	1.156	0.955	1.156	0.944
18	1.000	1.570	1.000	1.150	1.039	1.150	0.997	1.150	0.954	1.150	0.943
	1.250	1.752	0.750	1.176	1.042	1.176	0.999	1.176	0.955	1.176	0.943
20	1.000	1.570	1.000	1.144	1.030	1.144	0.991	1.144	0.953	1.144	0.943
	1.250	1.752	0.750	1.166	1.032	1.166	0.993	1.166	0.953	1.166	0.943
22	1.000	1.570	1.000	1.140	1.022	1.140	0.987	1.140	0.952	1.140	0.943
	1.200	1.715	0.800	1.156	1.024	1.156	0.988	1.156	0.952	1.156	0.943
24	1.000	1.570	1.000	1.133	1.015	1.133	0.983	1.133	0.951	1.133	0.942
	1.200	1.715	0.800	1.150	1.017	1.150	0.984	1.150	0.951	1.150	0.943
30	1.000	1.570	1.000	1.121	1.001	1.121	0.975	1.121	0.949	1.121	0.942
	1.150	1.680	0.850	1.131	1.001	1.131	0.975	1.131	0.949	1.131	0.942
40	1.000	1.570	1.000	1.109	0.986	1.109	0.966	1.109	0.946	1.109	0.941
	1.100	1.640	0.900	1.113	0.986	1.113	0.966	1.113	0.946	1.113	0.941

Demnach beträgt die größtzulässige Zahnbreite des Planrades

$$b_{\max} = \frac{d_a - d_i}{2} \,.$$

(2/109)

Im allgemeinen ist es zweckmäßig, die Zahnbreite etwas innerhalb dieser Extremwerte zu wählen.

Die Zahnbreite des Ritzels wird im allgemeinen etwas *größer* als die des Rades gewählt, um mögliche Fehler in der axialen Lagerung des Ritzels auszugleichen.

Verzahnung. Die Verzahnung des Planrades wird mit einem Schneidrad hergestellt, das entweder die *gleiche* oder eine etwas *höhere* Zähnezahl wie das Ritzel hat. Bei etwas größerer Schneidradzähnezahl wird der Radzahn leicht längsballig, so daß die Berührung von Ritzel und Planrad im mittleren Bereich der Zahnbreite stattfindet, während die Zahnenden unbelastet sind. Das Planrad darf dagegen nicht mit einem Schneidrad geschnitten werden, das weniger Zähne als das Ritzel hat. Dies würde bedeuten, daß die Balligkeit der Zahnflanke in Längsrichtung zu gering wird; beim Kämmen mit dem Ritzel würden dann nur die Zahnenden tragen.

Bei Ritzeln mit weniger als 17 Zähnen bzw. bei größeren Profilverschiebungen muß der Außendurchmesser des Schneidrades (der um das doppelte Kopfspiel größer ist als der des Ritzels) verkleinert werden, damit die Zahnkopfdicke des Schneidrades nicht zu klein wird. Andernfalls würde das Schneidrad am Zahnkopf zu schnell verschleißen. Um das normale Kopfspiel zu erhalten, muß daher in den genannten Fällen auch der Kopf des Ritzels gekürzt werden, so daß in diesen Fällen die gemeinsame Kopfhöhe kleiner als 2 × Modul ist (vgl. Tab. 2/6).

In den meisten Fällen wendet man 20°-Null- oder V-Nullverzahnung an. Bei V-Nullverzahnung erhält das Ritzel eine *positive* und das Rad eine gleich große, *negative* Profilverschiebung. Diese muß so groß gewählt werden, daß Unterschnitt vermieden wird. Zur Kontrolle, ob Unterschnitt besteht bzw. zur Bestimmung der erforderlichen Profilverschiebung kann Gl. (2/11), S. 44 bzw. Gl. (2/51), S. 65 – letztere für Schrägverzahnung – benutzt werden. – Empfehlungen für die Wahl der Profilverschiebungen sind in Tab. 2/6 enthalten, wo ihre Größe in den angegebenen Kopfhöhen des Ritzels zum Ausdruck kommt.

Die Eingriffsverhältnisse zwischen Planrad und Ritzel ähneln den Verhältnissen bei der Paarung Zahnstange–Ritzel. Das Evolventenprofil des Ritzels muß deshalb so tief ausgearbeitet werden, daß es mit einer Zahnstange störungsfrei kämmen könnte.

Zahndicke, Zahnhöhe, Durchmesser. Die Zahndicke des Ritzels ist nach Gl. (2/24), S. 51 bzw. (2/56), S. 67 zu berechnen. Die Zahndicke des Planrades ergibt sich, indem man Ritzelzahndicke und Flankenspiel von der Teilung subtrahiert. Da der Radzahn konisch verläuft, hat dieser Wert allerdings keine große Bedeutung. Die Planradverzahnung wird im allgemeinen dadurch geprüft, daß man in einer Prüfeinrichtung das Flankenspiel – beim Kämmen mit einem Prüfritzel – ermittelt.

Die Gesamtzahnhöhe des Planrades beträgt

$$\boxed{h_{z2} = h_{k01} + h_{k02} + S_k \, .} \tag{2/110}$$

Das Kopfspiel wird im allgemeinen mit 0,25 × Modul ausgeführt; h_{k01} und h_{k02} s. Tab. 2/6, S. 84.

Der Fußkreisdurchmesser des Ritzels wird nach Gl. (2/19), S. 47 bzw. (2/55), S. 66 und den Angaben in Tab. 2/6 bestimmt, er kann jedoch auch der Zahnkopfhöhe des Planrades angepaßt werden. Was man in jedem Einzelfall vorzieht, hängt davon ab, welche Werkzeuge für die Herstellung des Ritzels zur Verfügung stehen.

Mit den in Tab. 2/6 angegebenen Werten für die Ritzelkopfhöhe h_{k01} ergibt sich der Kopfkreisdurchmesser des Ritzels, zu

$$\boxed{d_{k1} = d_{01} + 2 \, h_{k01} \, .} \tag{2/111}$$

Formkreisdurchmesser des Ritzels sowie Wälzwinkel am Formkreisdurchmesser können nach Gl. (2/37) bis (2/39), S. 60 sowie (2/43) bestimmt werden. Für den Grenzdurchmesser gelten allerdings nicht mehr Gln.

(2/40) bis (2/42), sondern folgende Formeln (Voraussetzung: Null- oder V-Nullverzahnung):

$$d_{l1} = d_{01}\,\frac{\cos\alpha_0}{\cos\alpha_{l1}}\,.$$

(2/112)

$$\alpha_{l1}\ \text{aus:}\quad \tan\alpha_{l1} = \frac{\pi}{180°}\,\Theta_{l1}[°],$$

(2/113)

$$\text{und}\ \Theta_{l1}\ \text{aus:}\quad \Theta_{l1}[°] = \Theta_0[°] - \frac{360°\,h_{kf2}}{\pi\,d_{01}\sin\alpha_0\cos\alpha_0}\,,$$

(2/114)

$$\Theta_0[°] = \frac{180°}{\pi}\,\tan\alpha_0\,.$$

(2/115)

Die Lage von Zahnkopf und Zahnfuß des Planrades wird durch Maße in *Achsrichtung* definiert. Man benutzt hierzu die Kopfhöhe und die Gesamtzahnhöhe der Planradverzahnung.

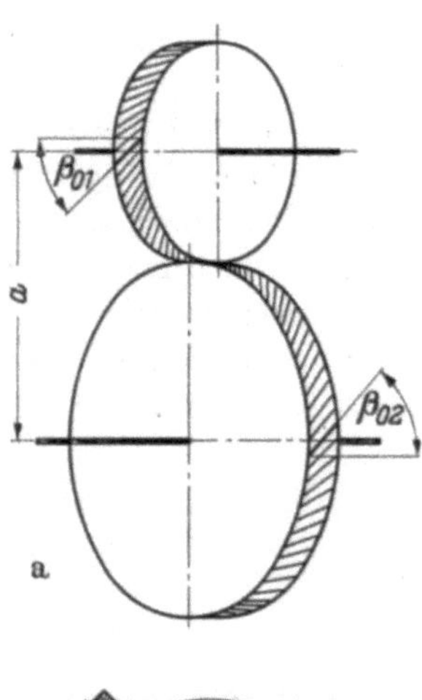
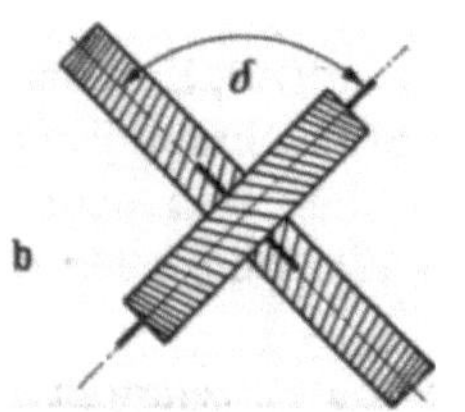

Abb. 2/35a u. b. Zylindrische Schraubenräder. β_{01} und β_{02} Schrägungswinkel der Radachse, a Achsabstand; a) Seitenansicht, b) Draufsicht

2.17 Zylindrische Schraubenräder

Bei zylindrischen Schraubenrädern verhalten sich die Durchmesser nicht wie die Zähnezahlen; das *kleinere* Rad einer Paarung kann durchaus *mehr* Zähne haben als das große. Es ist deshalb unzweckmäßig, das kleinere Rad als „Ritzel" zu bezeichnen. Wir wollen daher von „Antriebsrad" und „Abtriebsrad" sprechen.

Bezeichnungen. Abb. 2/35 enthält die Bezeichnungen der Winkel an einem Zylinderschraubentrieb. Zusammenfassung aller Bezeichnungen s. Tab. 2/1, S. 36.

Das Übersetzungsverhältnis i ist gleich dem Verhältnis der Zähnezahl des Abtriebsrades zur Zähnezahl des Antriebsrades:

$$i = \frac{n_1}{n_2} = \frac{z_2}{z_1} = \frac{d_{f2}\cos\beta_{02}}{d_{f1}\cos\beta_{01}}\,.$$

(2/116)

Schrägungswinkel, Achswinkel. Beträgt der Achswinkel (Winkel, unter dem sich die Achsen beider Räder kreuzen) 90°, so ist die Steigungsrichtung beider Räder stets gleich, d. h. An- und Abtriebsrad sind entweder beide linkssteigend oder beide rechtssteigend. Bei anderen Achswinkeln sind dagegen folgende Paarungen möglich:

a) *An*triebsrad mit Rechtssteigung – *Ab*triebsrad mit Rechtssteigung,

b) *An*triebsrad mit Linkssteigung – *Ab*triebsrad mit Linkssteigung,

c) *An*triebsrad mit Rechtssteigung – *Ab*triebsrad mit Linkssteigung,

d) *An*triebsrad mit Linkssteigung – *Ab*triebsrad mit Rechtssteigung.

Der Achswinkel ist dabei – Null- oder V-Null-Verzahnung vorausgesetzt:

$$\delta = \beta_{01} + \beta_{02}. \qquad (2/117)$$

Bei *Rechts*steigung ist β_{01} bzw. β_{02} *positiv*, bei *Links*steigung *negativ* einzusetzen. Das Vorzeichen des errechneten Achswinkels ist ohne Bedeutung.

Verzahnung, Prüfmaße, Eingriffsverhältnisse. Zylindrische Schraubenräder sind – *einzeln betrachtet* – normale Stirnräder mit Schrägverzahnung (vgl. S. 62); sie haben wie diese Evolventenzahnform im Stirnschnitt. Alle Prüfmaße des einzeln betrachteten Rades, wie Zahndicke, Zahnweite, Prüfmaß über Kugeln usw., können deshalb wie bei Schrägstirnrädern (S. 62 bis 68) bestimmt werden.

Im neuen Zustande berühren sich die Flanken der im Eingriff befindlichen Räder nur in einem *Punkt*, der bei der Drehung der Räder schräg über die Zahnflanke wandert. Nach einem gewissen Einlaufverschleiß wird aus dem Punkt eine Berührungs*linie*, so daß bei der Bewegung ein schräg über die Flanke verlaufendes Berührungsband entsteht.

Es wird fast ausschließlich Null- oder V-Nullverzahnung angewendet.

Teilung, Modul. Teilung und Modul im *Normal*schnitt müssen bei Antriebs- und Abtriebsrad stets gleich groß sein. Der Normalmodul ist deshalb die geeignete Bezugsgröße. Wenn die Schrägungswinkel von An- und Abtriebsrad verschieden groß sind, so sind auch die Moduln (bzw. Teilungen) im *Stirn*schnitt bei beiden *unterschiedlich* [vgl. Gl. (2/44), S. 64].

Im Gegensatz dazu stimmen bekanntlich bei schrägverzahnten Stirnrädern mit parallelen Achsen sowohl die Stirnschnittwerte, als auch die Normalschnittwerte von Ritzel und Rad überein (Modul, Teilung, Eingriffswinkel).

Durchmesser, Achsabstand. Die Durchmesser können nach den in Abschn. 2.12 (S. 66) angeführten Formeln für schrägverzahnte Stirnräder berechnet werden.

Für die fast ausschließlich verwendete Null- und V-Nullverzahnung beträgt der Achsabstand:

$$a = \frac{d_{c1} + d_{c2}}{2}. \qquad (2/118)$$

Dabei ist nach Gl. (2/17), S. 47 und (2/44), S. 64

$$d_{01} = \frac{z_1\, m_n}{\cos \beta_{c1}}, \qquad (2/119)$$

$$d_{02} = \frac{z_2\, m_n}{\cos \beta_{02}}. \qquad (2/120)$$

2.18 Zylinderschneckentrieb

Wie auf S. 32 bereits erläutert, besteht diese Getriebeart aus einer *zylindrischen* Schnecke und einem *globoidförmigen* Rad. Wir wollen uns nur mit dieser Art Zylinderschnekkentrieb befassen, weil sie vorwiegend verwendet wird; außerdem werden wir uns auf Getriebe mit 90° Achskreuzungswinkel ohne Profilverschiebung beschränken[1]. Über Profilverschiebung s. [2/63].

Bezeichnungen. Abb. 2/36 enthält die hauptsächlichen Bezeichnungen an einem Zylinderschneckentrieb. Zusammenfassung aller Bezeichnungen s. Tab. 2/1, S. 36.

Flankenform. Wir unterscheiden folgende vier hauptsächlichen Schneckenzahnformen, die durch die zugehörigen Herstellverfahren gekennzeichnet sind (vgl. Entwurf DIN 3975):

1. Flankenform A (Abb. 2/36a) ist im Achsschnitt geradflankig. Sie kann mit Hilfe eines trapezförmigen

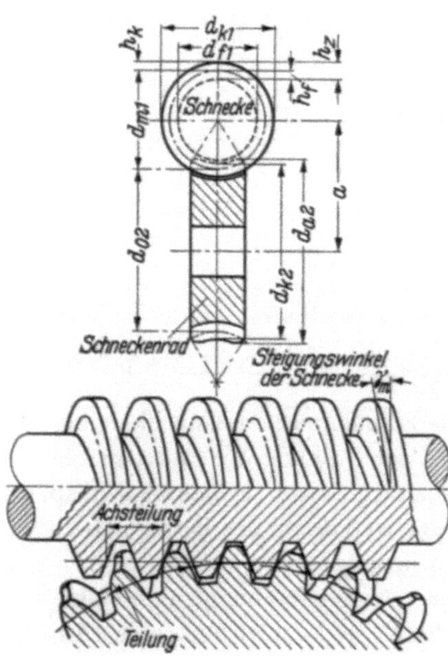

Abb. 2/36. Bezeichnungen am Zylinderschnekkentrieb; bei Profilverschiebungsfaktor $x = 0$ wird $d_{m1} = d_{01}$ und $\gamma_m = \gamma_0$

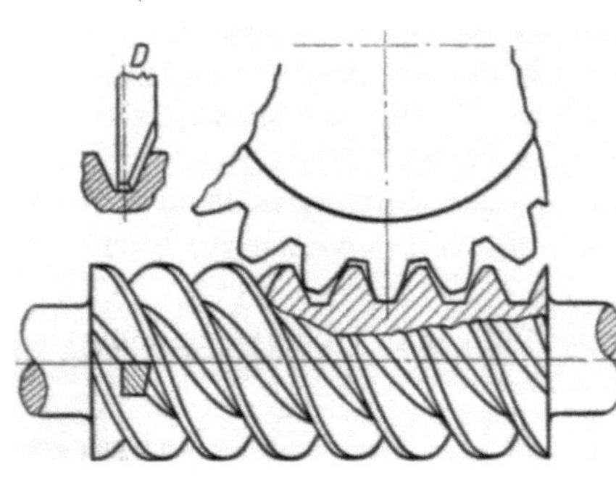

Abb. 2/36a. Zylinderschnecke mit Flankenform A – im Achsschnitt geradflankig; D Drehmeißel [DIN-Entwurf 3975]

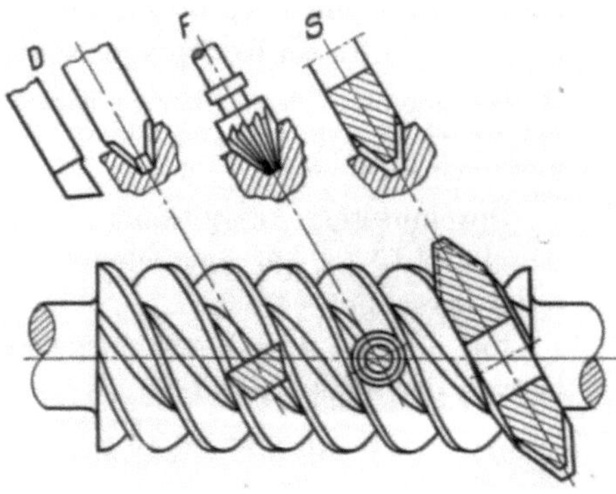

Abb. 2/36b. Zylinderschnecke mit Flankenform N – im Normalschnitt geradflankig; D Drehmeißel, F Fingerfräser; S Scheibenfräser [DIN-Entwurf 3975]

Drehmeißels (mit im Achsschnitt liegender Schneidenfläche) auf der Drehbank erzeugt werden.

---

[1] Hierfür gelten die nachfolgenden Gleichungen.

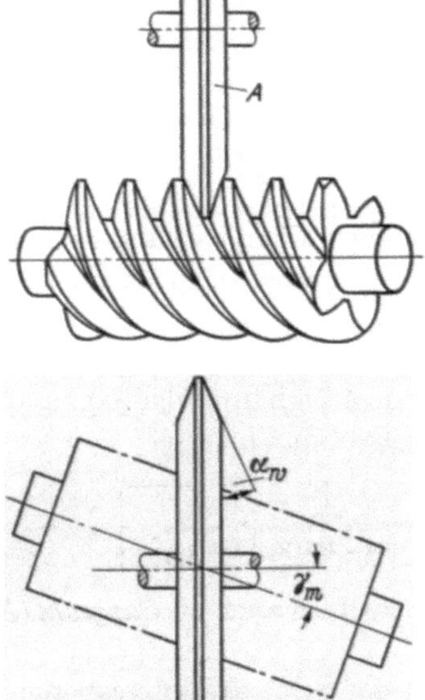

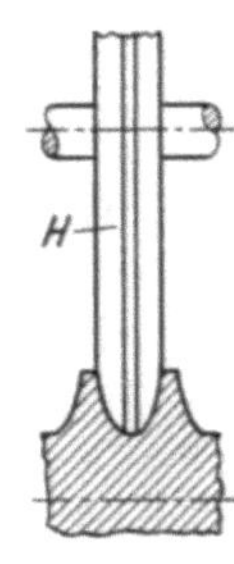

Abb. 2/36c. Zylinderschnecke mit Flankenform K; A Schleifscheibe mit trapezförmigem Querschnitt. H Hohlflankenprofil, erzeugt durch Schleifscheibe mit balligem Kreisprofil (NIEMANN) [DIN-Entwurf 3975]; für $x = 0$ wird $\gamma_m = \gamma_0$

2. *Flankenform N* (Abb. 2/36b) kann ebenfalls mittels eines geradflankigen Drehmeißels hergestellt werden, der aber – im Gegensatz zu Flankenform A – um den mittleren Steigungswinkel gegen die Achse geschwenkt, d. h. im Normalschnitt angestellt wird. – Näherungsweise kann Flankenform N auch durch Fräsen mit einem Fingerfräser oder kleinem Scheibenfräser erzeugt werden.

3. *Flankenform K* (Abb. 2/36c) entsteht, wenn ein Scheibenfräser bzw. eine Schleifscheibe mit trapezförmigem Querschnitt im Normalschnitt (d. h. um den mittleren Steigungswinkel gegen die Achse geschwenkt) angestellt wird. Das Profil des Schneckenzahnes ist im Achsschnitt schwach konvex. Gibt man dem Fräser bzw. der Schleifscheibe ein

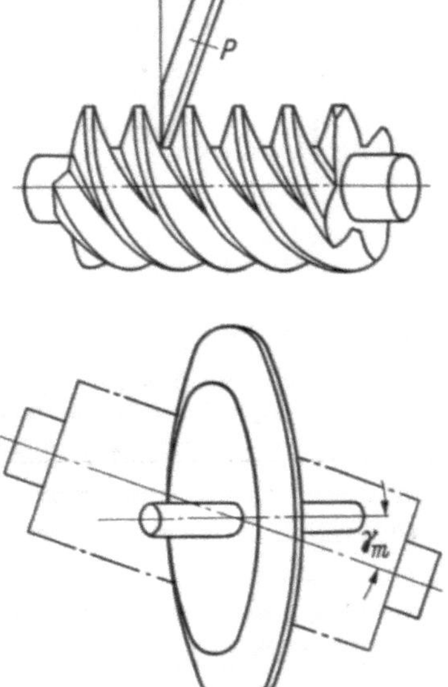

2/36d. Zylinderschnecke mit Flankenform E-Evolventenschnecke; P ebene Schleifscheibe [DIN-Entwurf 3975]; für $x = 0$ wird $\alpha_{nm} = \alpha_{n0}$ und $\gamma_m = \gamma_0$

balliges Kreisbogenprofil, so ergibt sich eine Hohlflankenschnecke (nach
NIEMANN [2/55]).

4. Flankenform E (Abb. 2/36 d) kennzeichnet die Evolventenverzahnung. Da die Evolventenschnecke bekanntlich ein normales Stirnrad mit
großem Schrägungswinkel ist, kann sie mit den hierfür angegebenen Verzahnwerkzeugen bzw. den für Stirnräder geeigneten Schleifverfahren
erzeugt werden.

Die Verzahnungen mit Flankenform K und E kann man bei kleinen
Moduln auch durch *Einrollen* herstellen; bzw. in gehärtetem Zustand *aus
dem vollen* schleifen.

Übersetzungsverhältnis. Wie bei zylindrischen Schraubenrädern ist
das Übersetzungsverhältnis gleich dem Verhältnis der Zähnezahlen, nicht
aber gleich dem Verhältnis der Teilkreisdurchmesser:

$$\boxed{\; i = \frac{n_1}{n_2} = \frac{z_2}{z_1} = \frac{d_{02}}{d_{01}\tan\gamma_0} = \frac{d_{02}}{m_a z_1}. \;}$$
$$\tag{2/121}$$

Die Zähnezahl der Schnecke wird vielfach auch als *Gangzahl* (Anzahl der
Gänge) bezeichnet.

Teilung, Modul, Steigung. Bei der Schnecke interessieren besonders
die Achsteilung t_a, d. h. der Abstand von Zahn zu Zahn – im Achsschnitt
gemessen – und die Normalteilung t_n, d. h. der Abstand von Zahn zu Zahn,
auf dem Bogen senkrecht zur Zahnrichtung (auf dem Teilkreiszylinder)
gemessen. *Achs-* und *Normal*teilung hängen wie folgt zusammen:

$$\boxed{\; t_n = t_a \cos\gamma_0. \;}$$
$$\tag{2/122}$$

Für die Moduln gilt

$$\boxed{\; m_n = \frac{t_n}{\pi}\;; \quad m_a = m_{s2} = \frac{t_a}{\pi} = \frac{d_{02}}{z_2}. \;}$$
$$\tag{2/123}$$

Beim Achswinkel von 90° ist die Achsteilung der Schnecke also gleich der
Stirnteilung (Umfangsteilung) des Schneckenrades. Die Normalteilung
ist an Schnecke und Rad gleich groß.

Für den *Achs*modul wird man in Deutschland im allgemeinen die im
Entwurf DIN 3976 genormten Moduln wählen. Bei Evolventenschnecken,
für deren Herstellung man teilweise die normalen Stirnradwerkzeuge
verwenden kann, geht man häufig von den genormten *Normal*moduln
der Stirnverzahnungen aus. Achsteilung und Achsmodul sind – ebenso
wie die Ganghöhe – vom Schneckendurchmesser unabhängig.

Unter Steigung (oder Ganghöhe) verstehen wir den Abstand zweier
Windungen desselben Schneckenzahnes im Achsschnitt. Sie ist gleich
dem Produkt von Achsteilung und Zähnezahl (= Gangzahl):

$$\boxed{\; H = t_a z_1. \;}$$
$$\tag{2/124}$$

Steigungswinkel, Schrägungswinkel. Schnecke und Schneckenrad haben (bei 90° Achswinkel) gleichsinnige Steigungsrichtung. Beispielsweise kämmt eine *rechts*steigende Schnecke stets mit einem *rechts*steigenden Rad. Die *Schrägungs*winkel von Schnecke und Schneckenrad sind im allgemeinen sehr unterschiedlich. Bei der Schnecke ist er meist größer als 45°, am Schneckenrad kleiner als 45°. – Durchweg wird bei Schneckentrieben allerdings mit dem *Steigungs*winkel – d. h. dem Komplementwinkel zum *Schrägungs*winkel – gerechnet. Bei einem Achswinkel von 90° ist der *Steigungs*winkel der Schnecke gleich dem *Schrägungs*winkel des Schneckenrades.

Der Steigungswinkel der Schnecke kann aus folgenden Beziehungen berechnet werden:

$$\tan \gamma_0 = \frac{d_{02}}{d_{01}\, i} = \frac{m_a\, z_1}{d_{01}} = \frac{H}{\pi\, d_{01}} = \frac{z_1\, d_{02}}{z_2\, d_{01}}, \qquad (2/125)$$

$$\text{bzw.} \quad \sin \gamma_0 = \frac{m_n\, z_1}{d_{01}} . \qquad (2/126)$$

Empfehlungen für die Wahl der Steigungswinkel s. S. 207.

Selbsthemmung. Schneckentriebe mit kleinen Schneckensteigungswinkeln sind häufig selbsthemmend, d. h. die Schnecke kann nicht vom Rad her angetrieben werden; der Schneckentrieb blockiert hierbei. Der größte Steigungswinkel, bei dem die Schnecke noch selbsthemmend wirkt, hängt von verschiedenen Einflüssen ab: Oberflächengüte, Art der Schmierung, Stärke der Schwingungen am Einbauort u. a. – Im allgemeinen kann man sagen, daß Selbsthemmung bei Steigungswinkeln unter 6° auftritt, unter Umständen auch bis zu 10°.

Verzahnungsmaße. Früher war es in den USA allgemein üblich, die Zahnhöhen abhängig von der Stirnteilung des Schneckenrades bzw. der axialen Teilung oder dem Achsmodul der Schnecke zu wählen. Bei kleinen Steigungswinkeln und ein- oder zweigängigen Schnecken wird auch heute vielfach eine Kopfhöhe von $1 \times$ Achsmodul, eine gemeinsame Zahnhöhe von $2 \times$ Achsmodul und eine Gesamtzahnhöhe von $2{,}157 \times$ Achsmodul angewendet. – Auch im Entwurf DIN 3975 (Juli 1955) wird dieser Weg vorgeschlagen.

Andererseits müssen bei mehrgängigen Schnecken mit großen Steigungswinkeln größere Eingriffswinkel[1] verwendet werden. Dann ist es erforderlich, Kopfhöhe und gemeinsame Zahnhöhe zu verkürzen, um spitze Zähne und Unterschnitt zu vermeiden. Wenn man die Zahnabmessungen – wie oben gezeigt – auf der Basis des *Achs*moduls bestimmt, kann es bei großen Steigungswinkeln (wie etwa 45°) nötig sein, Kopfhöhe und gemeinsame Zahnhöhe auf etwa 70% der oben erwähnten Werte zu verringern. Wenn die Zahnabmessungen aber auf der Basis des

---

[1] Im Achsschnitt der Schnecke.

*Normal*moduls errechnet werden, so wird die Kopfhöhe ungefähr im richtigen Verhältnis zum Steigungswinkel bleiben. Zum Beispiel entspricht eine Kopfhöhe von $1 \times$ Normalmodul bei $45°$ Steigungswinkel dem Wert $0,71 \times$ Achsmodul.

Für Schneckengetriebe mit kleinem Modul ist die AGMA-Norm[1] 374.02 bereits als amerikanische Norm ASA B6.9–1950 übernommen worden, bei der die Abmessungen in Vielfachen der *Normal*teilung angegeben werden. – Für die Abmessungen von Schneckentrieben mittlerer Moduln gibt es bisher keine allgemein anerkannte, amerikanische Norm. Vom praktischen Standpunkt gesehen, scheint es jedoch allgemein am günstigsten, die Abmessungen von Schneckentrieben *aller* Größen in Vielfachen des *Normal*moduls (bzw. der *Normal*teilung) anzugeben.

Die Verzahnung wird durchweg als Nullverzahnung ausgeführt, d. h. der Teilkreis der Schnecke und der Teilkreis des Rades berühren sich und die Zahnköpfe der Verzahnung von Schnecke und Rad sind gleich hoch. Hierfür gelten die angeführten Gleichungen.

Bei der Berechnung der Zahndicke ist zu beachten, daß meist das gesamte Flankenspiel von der Schneckenzahndicke abgezogen wird, während die Radzahndicke das theoretische Maß erhält. Die Zahndicke im Normalschnitt beträgt dann

$$\boxed{\; s_{n01} = \frac{m_n \pi}{2} - S_n \; ; \quad s_{n02} = \frac{m_n \pi}{2} \,. \;} \tag{2/127}$$

Zahndicken*sehne* und Zahnhöhe über der *Sehne* können mit Hilfe der Gln. (2/25) und (2/26), S. 52 sowie der Abb. 2/15 und 2/16 bestimmt werden.

Eingriffswinkel, Werkzeugwinkel. Wir betrachten die Flankenformen A, N, K und E getrennt (Beschreibung der Flankenformen s. S. 88:

1. Flankenform A: Der Eingriffswinkel im Achsschnitt der Schnecke α_{am} ist gleich dem Neigungswinkel der Werkzeugschneide.

2. Flankenform N: Der Eingriffswinkel im Normalschnitt (normal zur Schraubenlinie auf dem Mittenzylinder) der Schnecke ist gleich dem Neigungswinkel der Werkzeugschneide.

3. Flankenform K: Der Eingriffswinkel im Normalschnitt der Schnecke ist etwas kleiner als der Kegelwinkel des Werkzeugs. Es gelten folgende Zusammenhänge:

$$\alpha_{n0} = \alpha_w - \Delta\alpha \,. \tag{2/128}$$

Hierin ist

$$\Delta\alpha = \frac{5400 \, d_{01} \sin^3 \gamma_0}{z_1 \, (d_{bw} \cos^2 \gamma_0 + d_{01})} \,. \tag{2/129}$$

Gl. (2/129) ergibt den Winkel $\Delta\alpha$ in Winkelminuten; d_{bw} ist der – d_{01} zugeordnete – Bezugskreisdurchmesser des Fräsers[2], α_w der Kegelwinkel oder halbe Flankenwinkel im Achsschnitt des Werkzeugs (Flankenwinkel s. Abb. 2/36c, S. 89.

---

[1] AGMA = American Gear Manufacturers Association (Vereinigung der amerikanischen Getriebehersteller).

[2] Schneckenradwälzfräser-Abmessungen s. S. 472.

4. Flankenform E (Evolvente): Der Eingriffswinkel im Normalschnitt ist gleich dem halben Flankenwinkel des Bezugsprofils im Normalschnitt (wie bei Schrägverzahnung), d. h. gleich dem Neigungswinkel der Schleifscheibe (Abb. 2/36d).

Zwischen Eingriffswinkel im Axialschnitt und Normalschnitt besteht folgende Beziehung:

$$\tan \alpha_a = \frac{\tan \alpha_{n0}}{\cos \gamma_0} \qquad (2/130)$$

Achsabstand, Durchmesser. Der Achsabstand von Zylinder- und Globoidschneckentrieben beträgt:

$$a = \frac{d_{01} + d_{02}}{2 \cdot} = \frac{m_a}{2}\left(\frac{z_1}{\tan \gamma_0} + z_2\right). \qquad (2/130\,\text{A})$$

Teilkreisdurchmesser der Schnecke:

$$d_{01} = \frac{m_a z_1}{\tan \gamma_0} = 2\,a - d_{02}. \qquad (2/131)$$

Teilkreisdurchmesser des Schneckenrades:

$$d_{02} = m_a z_2 = 2\,a - d_{01}. \qquad (2/131\ \text{A})$$

Kopfkreisdurchmesser von Schneckenrad und Schnecke:

$$d_{k2} = d_{02} + 2\,h_{k02}; \qquad d_{k1} = d_{01} + 2\,h_{k01}. \qquad (2/132)$$

Fußkreisdurchmesser von Schneckenrad und Schnecke:

$$d_{f2} = d_{k2} - 2\,h_z; \qquad d_{f1} = d_{k1} - 2\,h_z. \qquad (2/133)$$

Für die Wahl der Zahnkopfhöhen h_k und der Gesamtzahnhöhe h_z werden auf S. 207 Empfehlungen gegeben.

Die Gleitgeschwindigkeit in Längsrichtung der Flanken beträgt am Durchmesser d_{01} der Schnecke:

$$v_G\,[\text{m/s}] = \frac{\pi\,d_{01}\,n_1}{60\cos \gamma_0}\,[\text{m}]\,\lceil \text{U/min}\rceil . \qquad (2/133\ \text{A})$$

2.19 Globoidschneckentrieb

Wie auf S. 34 bereits erläutert, besteht diese Getriebeart aus einer *globoid*förmigen Schnecke und einem *globoid*förmigen Rad; beide Teile umfassen sich gegenseitig. – Obgleich mehrere Arten von Globoidschneckentrieben in der Getriebeliteratur erwähnt sind, wird heute in den USA hauptsächlich eine Type verwendet, nämlich das von der Michigan Tool Company, Detroit, entwickelte Cone-Drive-Getriebe, mit dem wir uns nachfolgend befassen wollen.

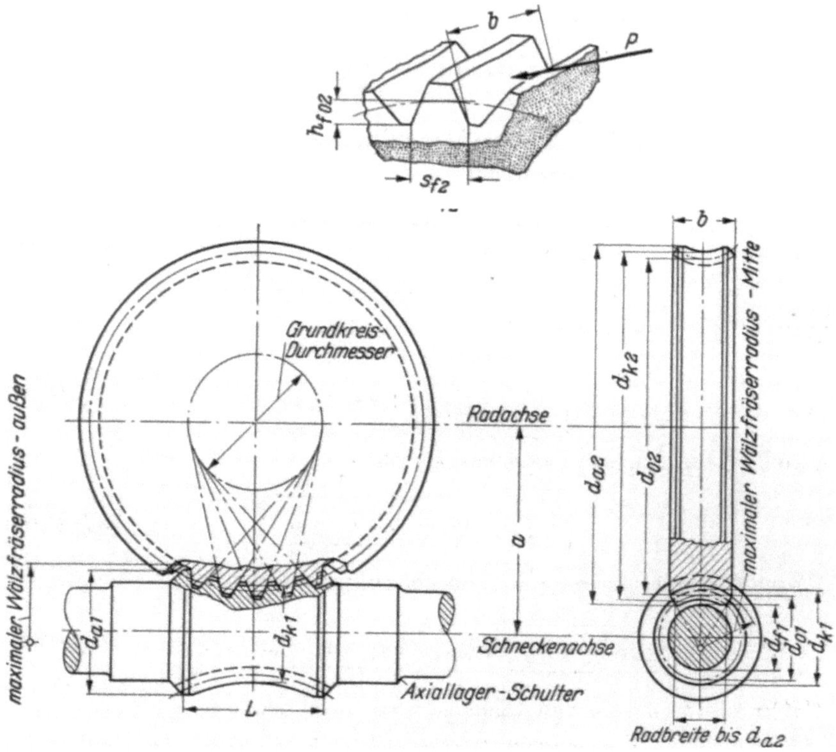

Abb. 2/37. Bezeichnungen am Globoidschneckentrieb (Typ Cone Drive)

Bezeichnungen. Abb. 2/37 enthält die hauptsächlichen Bezeichnungen eines Globoid-Schneckentriebes. Zusammenfassung aller Bezeichnungen s. Tab. 2/1, S. 36.

Das Übersetzungsverhältnis kann nach der Formel für den Zylinderschneckentrieb (2/121), S. 90 berechnet werden, wobei Schneckendurchmesser d_{01} und Steigungswinkel γ_0 veränderlich sind. Das Produkt $d_{01} \tan \gamma_0$ bleibt jedoch stets konstant. Besser rechnet man mit Hilfe des Schrägungswinkels am Rad β_{02}:

$$i = \frac{n_1}{n_2} = \frac{z_2}{z_1} = \frac{d_{02}}{d_{01} \tan \beta_{02}} . \qquad (2/134)$$

Für *Teilung* und *Modul* gelten ebenfalls die Gleichungen des Zylinderschneckentriebes, wobei allerdings zu beachten ist, daß bei der Globoidschnecke außer dem Steigungswinkel γ_0 auch die Achsteilung veränderlich ist.

Zahnform, Verzahnungsmaße. Die Schnecke des Cone-Drive-Getriebes hat im Achsschnitt *gerade* Flanken. Diese Geraden ändern jedoch ihre Neigung, wenn man sich längs des Schneckengewindes bewegt. Die Neigung ist in jeder Stellung durch die Tangenten an den Grundkreiszylinder des Schneckenrades bestimmt (Abb. 2/37). Wie bei der Evolventenverzahnung ist auch der Grundkreis eines Cone-Drive-Rades ein imaginärer Kreis, der das Flankenprofil bestimmt. Geometrisch wird der Grundkreis eines Cone-Drive-Rades allerdings in *anderer* Weise benutzt als der Grundkreis der Evolventenverzahnung, wie aus Abb. 2/3 S. 38 und Abb. 2/37 hervorgeht.

Die Verzahnungsmaße werden in Vielfachen der Schneckenradteilung (im Normalschnitt) angegeben. Im allgemeinen macht man die Zahndicke der Schnecke gleich 40% und die des Rades gleich 60% der Radteilung im Normalschnitt, wenn die Werkzeugabmessungen dies zulassen und wenn es auf hohe Tragfähigkeit ankommt. Das gesamte Flankenspiel wird von der Zahndicke der Schnecke abgezogen. Damit gilt

$$s_{n01} = 0{,}4\,t_n - S_n\,, \qquad (2/135)$$

$$s_{n02} = 0{,}6\,t_n\,. \qquad (2/136)$$

Empfehlungen über die Wahl des Flankenspiels s. S. 209, Tab. 3/16.

Schrägungswinkel, Eingriffswinkel. Da der Steigungswinkel längs der Schnecke veränderlich ist, rechnet man beim Globoidschneckentrieb besser mit dem Schrägungswinkel des Rades, der aus Gl. (2/134) zu bestimmen ist.

Der Eingriffswinkel im Achsschnitt kann nach der für alle Arten Schneckentriebe gültigen Gl. (2/130) bestimmt werden.

Durchmesser. Die Mitten- bzw. Teilkreisdurchmesser von Schnecke und Rad können nach den Gln. (2/131) und (2/131 A) bestimmt werden.

Der Grundkreisdurchmesser ist wie folgt zu berechnen:

$$d_{g2} = d_{02}\sin\left(\alpha_a + \lambda\right)\,, \qquad (2/137)$$

wobei sich λ aus der Beziehung $\sin\lambda = t_a/(2\,d_{02})$ ergibt.

Die Kopfkreisdurchmesser (für die Schnecke: am kleinsten Durchmesser) betragen, wie sich aus Abb. 2/37 ohne weiteres ergibt:

$$d_{k1} = d_{01} + 2\,h_{k01}; \quad d_{k2} = d_{02} + 2\,h_{k02}\,, \qquad (2/138)$$

Fußkreisdurchmesser (für die Schnecke: am kleinsten Durchmesser):

$$d_{f1} = d_{k1} - 2\,h_z; \quad d_{f2} = d_{k02} - 2\,h_z\,. \tag{2/139}$$

Empfehlungen für die Wahl von h_k und h_z s. S. 212.
Gleitgeschwindigkeit s. Gl. (2/133 A).

2.2 Grundlagen der Tragfähigkeitsberechnung

An den Zähnen eines unter Last laufenden Zahnrades treten verschiedene Arten von Beanspruchungen auf, die zu entsprechenden Schäden führen, wenn bestimmte Grenzwerte überschritten werden:

Überschreitung der ertragbaren *Zahnfuß*beanspruchung führt zu Zahnbruch,

Überschreitung der ertragbaren *Flanken*beanspruchung (Wälzpressung) zu Grübchenbildung und

Überschreitung der ertragbaren *Freß*beanspruchung zum Fressen der Zahnflanken.

Bezeichnung der verschiedenen Schadensarten s. Kapitel 6, S. 343 f.

Die Aufgabe des Konstrukteurs ist es nun, Radabmessungen, Werkstoff, Genauigkeit und Schmierung so zu wählen, daß keine der erwähnten Schäden auftreten, d. h. daß keine Beanspruchungsgrenze überschritten wird. Es ist also wichtig, die für die verschiedenen Schäden verantwortlichen Beanspruchungen (Spannungen) berechnen zu können. Wie weit das heute möglich ist und welche Einschränkungen gemacht werden müssen, soll nachstehend gezeigt werden.

2.21 Grundformeln

Zunächst seien einige Grundformeln angeführt, die bei der Tragfähigkeitsberechnung immer wieder benötigt werden. (Bezeichnungen s. Tab. 2/7.)
Leistung, Kraft, Drehmoment (Abb. 2/38)

$$\text{Leistung} \quad N\,[\mathrm{PS}] = \frac{P\,v}{75}\,[\mathrm{kg}]\,[\mathrm{m/s}] = \frac{M\,n}{716}\,[\mathrm{mkg}]\,[\mathrm{U/min}]\,, \tag{2/140}$$

$$N\,[\mathrm{kW}] = 0{,}735\,N\,[\mathrm{PS}]; \quad N\,[\mathrm{PS}] = 1{,}36\,N\,[\mathrm{kW}]\,. \tag{2/141}$$

$$\text{Umfangskraft} \quad P\,[\mathrm{kg}] = \frac{2\,M}{d_b}\,\frac{[\mathrm{mkg}]}{[\mathrm{m}]}\,; \quad P_0 = \frac{2\,M}{d_0}\,\frac{[\mathrm{mkg}]}{[\mathrm{m}]}\,. \tag{2/142}$$

Berechnung von d_0 und d_b s. S. 47, 66 und 72 (Stirnr.), 79 (Kegelr.), 87 (Schraubenr.), 93 (Schnecken). Führt man statt d_b den Achsabstand $a = (d_{b1}/2)\,(1 + i)$ ein, so kann P – für Stirn- u. Kegelräder – auch wie folgt ermittelt werden:

$$P = \frac{M_1(i + 1)}{a}\,\frac{[\mathrm{mkg}]}{[\mathrm{m}]} \tag{2/143}$$

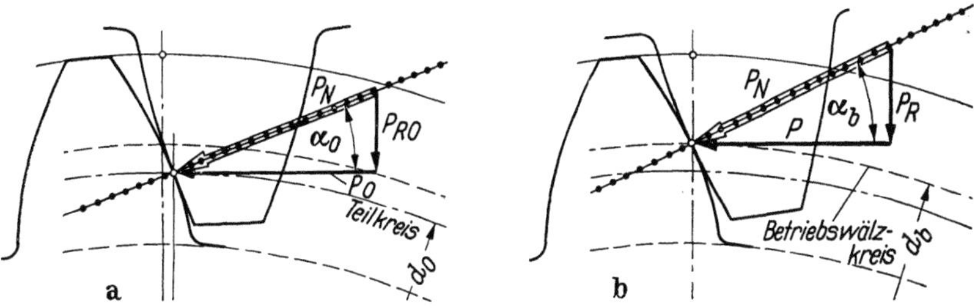

Abb. 2/38a u. b. Am Zahn angreifende Kräfte. Normalkraft P_N kann zerlegt werden in Umfangskraft P und Radialkraft P_R oder P_0 und $P_{R\,0}$

Tabelle 2/7. Bezeichnungen zu Abschnitt 2.2
Wenn andere als die hier genannten Dimensionen verwendet werden, so ist dies im Text besonders angegeben

a	mm	Achsabstand		t_e	mm	Eingriffsteilung
b	mm	Zahnbreite in Achsrichtung		t_0	mm	Teilung im Teilkreis
b_H	mm	Breite der HERTZschen Abplattung		v	m/s	Umfangsgeschwindigkeit
C_R	—	Kerbfaktor der Fußausrundung		y, Y	—	Zahnform-Faktoren (nach LEWIS)
d_b	mm	Wälzkreisdurchmesser		$y_c, y_s,$		
d_0	mm	Teilkreisdurchmesser		y_W		Wälzpressungsfaktoren
DP	1/Zoll	Diametral Pitch		α_b	Grad	Betriebseingriffswinkel (Geradverzahnung)
E	kg/mm²	Elektrizitäts-Modul		α_0	Grad	Eingriffswinkel im Teilkreis (Geradverzahnung)
F_A	kg/s	Freßbeanspruchung nach ALMEN				
g_1, g_2	mm	Kopfeingriffsstrecken		α_{sb}	Grad	Betriebseingriffswinkel im Stirnschnitt
h	mm	Biegehebelarm				
h_k	mm	Kopfhöhe		α_{s0}	Grad	Teilkreis-Eingriffswinkel im Stirnschnitt
i	—	Übersetzungsverhältnis $= n_1/n_2$				
m	mm	Modul (im Teilkreis)		β_0	Grad	Schrägungswinkel im Teilkreis
M	mkg	Drehmoment				
n	U/min	Drehzahl		β_g	Grad	Schrägungswinkel im Grundkreis
N	PS, kW	Leistung				
p	kg/mm²	HERTZsche Pressung		ε	—	Profilüberdeckung
P	kg	Umfangskraft am Wälzkreis		ε_{sp}	—	Sprungüberdeckung
				μ	—	Reibwert
P_0	kg	Umfangskraft am Teilkreis		μ_p	—	POISSONsche Zahl
				ϱ	mm	Krümmungsradius
s_f	mm	Zahnfußdicke		ϱ_f	mm	Radius der Fußausrundung
t_B	°C	Blitztemperatur nach BLOCK				
				σ_z	kg/mm²	Biegezugspannung
				τ	kg/mm²	Schubspannung

Indizes

0	Teilkreis		g	Grundkreis	
1	Ritzel		k	Kopf, Kopfkreis	
2	Rad		n	Normalschnitt	
b	Betriebswälzkreis (Dmr., Eingriffswinkel)		s	Stirnschnitt	
			y	beliebiger Kreis	

Zahnnormalkraft bei *Gerad*verzahnung:

$$P_N = \frac{P}{\cos\alpha_b} = \frac{P_0}{\cos\alpha_0},$$

bei *Schräg*verzahnung:

$$P_N = \frac{P}{\cos\alpha_{sb}\cos\beta_g}.$$
(Ableitung
s. Gl. 2/169, S.111)

(2/144)

Drehzahl, Umfangsgeschwindigkeit, Winkelgeschwindigkeit

$$\omega\,[1/\text{s}] = \frac{n\,[\text{U/min}]}{9{,}55} = \frac{2\,v\,[\text{m/s}]}{d_b\,[\text{m}]},$$
(2/145)

$$v\,[\text{m/s}] = \frac{d_b\,[\text{m}]\,n\,[\text{U/min}]}{19{,}1} = \frac{\omega\,[1/\text{s}]\,d_b\,[\text{m}]}{2}$$
(2/146)

2.22 Errechnete Spannungen (Nennspannungen)

Wir müssen uns darüber im klaren sein, daß die mit Hilfe von Zahnradberechnungsformeln errechneten Spannungen nicht notwendigerweise
gleich den *wirklich* auftretenden Spannungen sind. Betrachten wir beispielsweise den Zahn eines Zahnrades als eingespannten Balken, der rein
auf Biegung beansprucht wird, so kann die am Zahnfuß auftretende
Biegezugspannung in einfacher Weise berechnet werden. Wir wollen annehmen, die so berechnete nominelle Spannung betrage 28 kg/mm². Handelt es sich nun aber um sehr harten Werkstoff (Zahnquerschnitt durchgehärtet) und läuft das Rad im Dauerfestigkeitsgebiet (d. h. erreicht es
eine hohe Lastwechselzahl), so könnte der spannungserhöhende Kerbfaktor zwischen etwa 1 und 2 liegen. Das heißt, die Spannung würde
sich in diesem Beispiel möglicherweise auf einen tatsächlichen Wert von
56 kg/mm² erhöhen.

Ist das betrachtete Rad dagegen einsatzgehärtet, so könnte andererseits in der Oberflächenschicht der Zahnfußausrundung eine Druckvorspannung bis zu 14 kg/mm² vorhanden sein. Nehmen wir weiter an, der
Zahnfuß sei gut ausgerundet und poliert und es handele sich um ein
Getriebe kurzer Lebensdauer (geringe Lastwechselzahl), so kann der
Kerbfaktor bis auf 1 heruntergehen. In diesem Falle würde also einer
berechneten Spannung von 28 kg/mm² eine tatsächlich vorhandene
Spannung von nur 14 kg/mm² entsprechen.

Aus diesem Beispiel wird ersichtlich, daß Einflüsse wie Spannungserhöhung durch Kerbwirkung und Druckvorspannungen im Material die
Tragfähigkeitsberechnung von Zahnrädern außerordentlich erschweren.

Aber es kommen noch weitere Faktoren hinzu, die die am Zahnrad auftretenden Spannungen beeinflussen. Nehmen wir an, die zu übertragende Umfangskraft sei bekannt; dann ist jedoch in den meisten Fällen nicht bekannt, ob sich diese Kraft über die ganze Zahnbreite gleichmäßig verteilt und ob sie von den zwei oder mehr gleichzeitig im Eingriff befindlichen Zahnpaaren zu gleichen Teilen übertragen wird. – Teilungsfehler verändern die Verteilung der Gesamtzahnkraft und können auch Beschleunigungen und Verzögerungen verursachen, wodurch „dynamische" Zusatzkräfte entstehen, weil die Massen der rotierenden Räder und der mit ihnen gekuppelten Massen Geschwindigkeitsänderungen entgegenwirken.

Nur so ist zu erklären, daß beispielsweise Tachometerantriebe aus gehärtetem Stahl für schnellaufende Flugzeugtriebwerke Grübchenbildung zeigten, obwohl die übertragenen Leistungen vernachlässigbar gering waren.

Es müssen also eine ganze Reihe von Annahmen getroffen werden, um die am Zahn auftretenden Spannungen berechnen zu können; die vorstehenden Beispiele zeigen, wie schwierig es ist, Einflüssen wie Kerbspannung, Druckvorspannungen im Material, Montageungenauigkeiten und Verzahnungsfehler richtig abzuschätzen. In Wirklichkeit bedeutet es, daß die berechnete Spannung von der tatsächlich vorhandenen wahrscheinlich abweicht.

Wenn man die nominelle Spannung berechnet hat, ist es also sehr schwierig zu bestimmen, welche Spannung bei vorliegendem Werkstoff nun als *zulässig* anzusehen ist. Die einzigen Größen eines Zahnradwerkstoffes, die man mit einiger Sicherheit kennt, sind Bruchfestigkeit σ_B und Streckgrenze σ_F. Teilweise sind auch Dauerfestigkeitswerte bekannt, die aber im allgemeinen durch Wechselbiegeversuche an kleinen, polierten Proben ermittelt wurden. Der Radzahn ist aber im wesentlichen ein einseitig eingespannter Balken, der nur in einer Richtung, d. h. schwellend beansprucht wird. Schwellbeanspruchung ist aber weniger gefährlich als Wechselbeanspruchung. Ferner hat der Zahn eines Zahnrades ganz andere Abmessungen und Proportionen als die erwähnte Probe. Der gefährliche Querschnitt des Zahnes weist häufig Abnutzungsmarken auf, die Oberfläche ist durchweg rauher als bei der Probe, und z.T. sogar durch Korrosion angegriffen. Die Zerstörung tritt gewöhnlich durch Ermüdungsbruch ein.

Diese grundlegend anderen Verhältnisse machen es fast zwecklos, für den Entwurf die üblichen Festigkeitswerte aus Handbüchern zu benutzen, (soweit sie Versuchsergebnissen mit derartigen Proben entstammen). Der sicherste Weg zur Bestimmung der Tragfähigkeit von Zahnrädern ist daher die Durchführung von Festigkeitsversuchen an *Zahnrädern* selbst. Von diesen Ergebnissen kann der Konstrukteur dann zurückrechnen und die „Beanspruchung" ermitteln, die an den Zähnen auftrat. So ermittelte Festigkeitswerte können dann den Neukonstruktionen zugrunde gelegt werden.

2.23 Spannungsgleichungen für Zahnräder

Trotz der Schwierigkeit – man könnte fast sagen Unmöglichkeit – die tatsächlichen Spannungen zu berechnen, sind die nur näherungsweise richtigen Berechnungsverfahren ein wertvolles und notwendiges Hilfsmittel für den Entwurf von Zahnradgetrieben. Wenn Werkstoffeigenschaften, Herstellungsqualität und Art der Konstruktion vollkommen dieselben bleiben, können derartige Formeln zur Bestimmung der geeigneten Abmessungen von Neukonstruktionen mit durchaus gutem Erfolg benutzt werden. Im wesentlichen dient die Berechnungsformel als eine Art Modellgesetz (oder Proportionalitätsfaktor), um eine Neukonstruktion maßstäblich einem ausgeführten und bewährten Getriebe nachzubilden.

Es ist nämlich besonders wichtig, bei Neukonstruktionen auf bewährten Ausführungen aufzubauen. Lautet die Aufgabe, eine bestimmte Getriebebauart *erstmals* zu entwerfen, ohne daß erprobte Vorbilder existieren, so tut man gut daran, mit äußerster Vorsicht zu verfahren. – Die Berechnungsformeln können wohl benutzt werden, um die Tragfähigkeit des neuen Getriebes abzuschätzen; man muß sich aber grundsätzlich darüber im klaren sein, daß die Leistung einer grundlegend neuen Konstruktion wirklich eben nur *geschätzt* werden kann. Es sind immer erst Betriebserfahrungen nötig, ehe die Leistung eines Getriebes endgültig angegeben werden kann.

So sind viele Fälle bekannt, wo man für Zahnradgetriebe höhere Leistungen, als ursprünglich vorgesehen, zuließ, nachdem Erfahrungen aus der praktischen Erprobung vorlagen. Eine Reihe von Flugzeugtriebwerken sind mit Getrieben ausgestattet, die eine um 25 bis 50% höhere Leistung übertragen, als beim ersten Entwurf vorgesehen war.

2.24 Zahnfußbeanspruchung – Lewis-Formel

Die am Zahnfuß eines belasteten Zahnes auftretende Spannung, die bei Überschreitung eines bestimmten Grenzwertes den Zahnbruch verursacht, wird nachfolgend als „Zahnfußspannung" oder „Zahnfuß-Beanspruchung" bezeichnet. Diese Bezeichnung soll zum Ausdruck bringen, daß hier außer der Biegespannung auch Druck- und Schubspannungen vorhanden sind. Wird in der Berechnung nur die Biegespannung berücksichtigt, so wird sinngemäß von „Zahnfuß*biege*spannung" gesprochen. Die Widerstandsfähigkeit des Zahnes gegen Bruch (d. h. der Grenzwert, den die Zahnfußspannung mit Sicherheit nicht überschreiten darf) wird „Zahnfuß*festigkeit*" bzw. „Biegefestigkeit" genannt.

Grundgleichungen für geradverzahnte Stirnräder. Ein Radzahn kann in erster Annäherung als kurzer eingespannter Balken betrachtet werden, der rein auf Biegung beansprucht wird. An der Einspannstelle des Balkens herrscht dann auf der Lastseite *Zug*spannung und auf der entgegengesetzten Seite *Druck*spannung.

Ausgehend von dieser vereinfachten Vorstellung stellte W. Lewis im Jahre 1893 die nach ihm benannte Formel zur Berechnung der Zahnfußbiegespannung auf [*2/41*].

Nach den Regeln der elementaren Festigkeitslehre beträgt die Biegezugspannung eines eingespannten Balkens (Abb. 2/39):

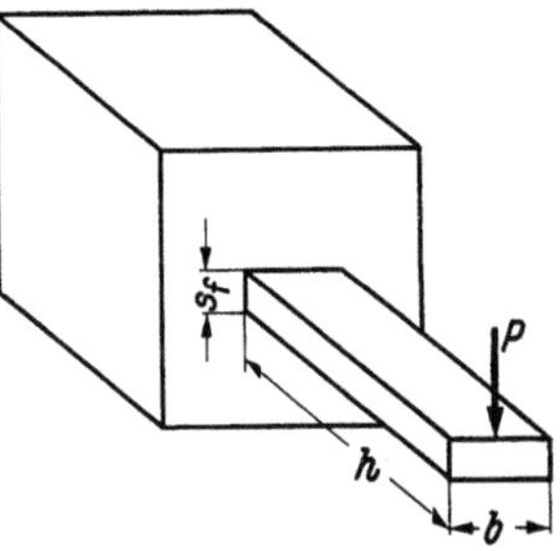

$$\sigma_z = \frac{6\,P\,h}{b\,s_f^2}. \qquad (2/147)$$

Abb. 2/39. Auf Biegung beanspruchter, eingespannter Balken

Will man diese Formel auf den Zahn eines Zahnrades anwenden, so muß zunächst geklärt werden, an welcher Stelle des Zahnfußes die höchste Beanspruchung auftritt, d. h. in welchem Querschnitt die Spannung berechnet werden soll.

Diese Stelle findet man (nach Lewis), indem man dem Zahnprofil die größtmögliche *Parabel gleicher Biegefestigkeit* einbeschreibt; das ist die quadratische Parabel, die die Fußausrundung berührt. Der Berührungspunkt (in Abb. 2/40, Punkt A) kennzeichnet also den gesuchten Querschnitt. – Abb. 2/40 zeigt auch, mit welcher Hilfskonstruktion man den Punkt A einfach bestimmen kann.

Der nächste Schritt besteht darin, die Grundformel (2/147) so umzuformen, daß die Rechenarbeit vereinfacht wird. Dazu führen wir die Strecke c ein (Abb. 2/41). Aus den Beziehungen zwischen ähnlichen Dreiecken in Abb. 2/41 folgt:

$$c = \frac{s_f^2}{4\,h}. \qquad (2/148)$$

Durch Einsetzen von c in Gl. (2/147) und Erweitern mit der Teilkreisteilung t_0 erhält man

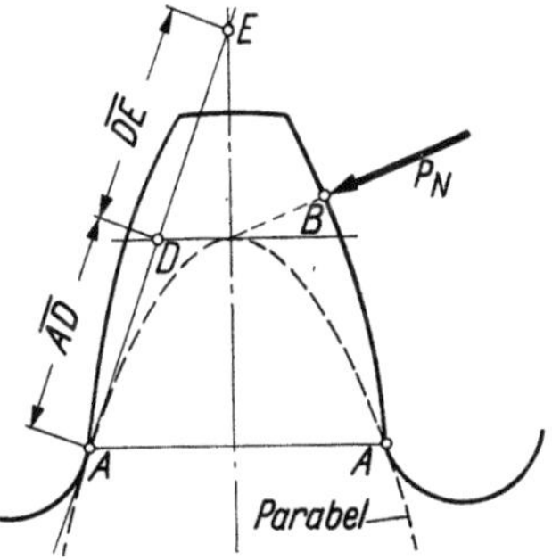

Abb. 2/40. Wenn die Zahnnormalkraft in *B* angreift, ist (nach Lewis) *A* die am stärksten gefährdete Stelle des Zahnfußquerschnitts. Die einbeschriebene Parabel berührt die Fußausrundung in *A* und hat ihren Scheitelpunkt dort, wo der Kraftvektor die Zahnmittellinie schneidet. Hilfskonstruktion des Punktes *A*: Eine Tangente wird so an die Fußausrundung gelegt, daß $\overline{AD} = \overline{DE}$ ist

$$\sigma_z = \frac{3\,P\,t_0}{b\,2\,c\,t_0}. \qquad (2/149)$$

Lewis bezeichnete den Ausdruck $2c/3t_0$ mit y. Die Größe von y kann aus dem aufgezeichneten Zahnprofil (s. Abb. 2/40 und Abb. 2/8 bis 2/11, S. 48) ermittelt werden. Da er dimensionslos ist, gilt er für jede Zahngröße, d. h. jeden Modul. Man kann ihn im voraus für jede vorkommende Zahnform berechnen und tabellieren. Mit dem Faktor y lautet die LEWIS-Formel dann:

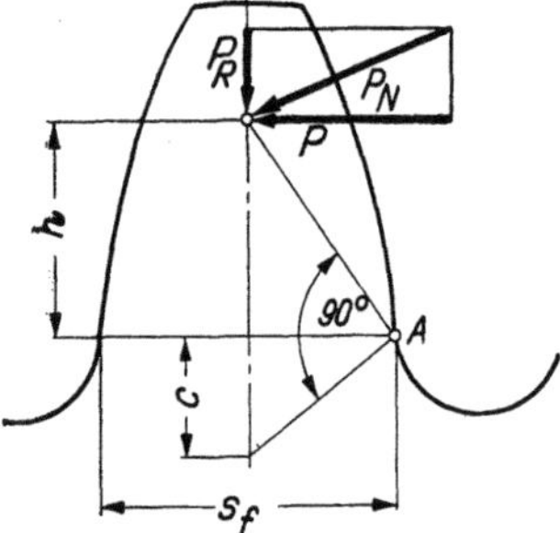

Abb. 2/41 Ermittlung der Strecke c in einem Zahnprofil

$$\sigma_z = \frac{P}{b\,t_0\,y} \quad \text{oder} \quad P = \sigma_z t_0\, b y \,. \qquad (2/150)$$

In den USA und Großbritannien wird bei der Tragfähigkeitsberechnung statt mit der Teilung mit dem Diametral Pitch gearbeitet (vgl. S. 40). Man ersetzt y durch $Y = \pi\, y$ und t_0 durch $DP = \pi/t_0$. Statt des Diametral Pitch kann man auch den Modul $(m = t_0/\pi)$ einführen. Damit nimmt die LEWIS-Formel folgende Formen an:

$$\boxed{\sigma_z = \frac{P\,DP}{b\,Y} \quad \text{oder} \quad \sigma_z = \frac{P}{b\,m\,Y}\,.} \qquad (2/151)$$

Berücksichtigung von Biege- und Druckspannung. Betrachtet man die Kraftverhältnisse am Zahn genauer (Abb. 2/41), so erkennt man, daß außer der – in der ursprünglichen LEWIS-Formel berücksichtigten – Tangentialkraft (= in Umfangsrichtung wirkenden Kraft), auch eine radiale Kraftkomponente am Zahn wirkt. Diese Radialkomponente verursacht eine kleine Druckspannung im Zahnfußquerschnitt. Berücksichtigt man auch diese Komponente, so verringert sich die Zugspannung um einen kleinen Betrag und die Druckspannung (auf der entgegengesetzten Zahnflanke) erhöht sich um denselben Betrag. Daraus könnte man folgern, daß der Zahn auf der Druckseite am stärksten gefährdet wird. Das ist jedoch nicht der Fall; der Bruch geht vielmehr von der Zugseite des Zahnes aus, da die Zugfestigkeit der meisten Werkstoffe geringer ist, als die Druckfestigkeit; das gilt insbesondere für die Schwell- und Wechselfestigkeit.

Einige der heute gebräuchlichen Formeln zur Berechnung der Zahnfußtragfähigkeit berücksichtigen auch diese radiale Kraftkomponente. Dadurch werden sie komplizierter, während die Genauigkeit der Rechnung nur wenig erhöht wird.

In Deutschland wird vielfach mit dem Berechnungsverfahren von NIEMANN und GLAUBITZ [2/49] gearbeitet, bei dem außer der *Biege-* und der *Druckspannung* auch die *Schubspannung* im Zahnfuß berücksichtigt wird.

Wahl des Kraftangriffspunktes. LEWIS legte bei der von ihm angegebenen Berechnungsweise zugrunde, daß die Gesamtzahnkraft am *Zahnkopf* angreift. Zu seiner Zeit waren auch die besten Zahnräder so ungenau, daß nicht mit Lastverteilung auf zwei im Eingriff befindliche Zähne gerechnet werden konnte. Wenn aber ein Zahn die volle Umfangskraft überträgt, so muß die größte Spannung dann auftreten, wenn der äußerste Punkt der Zahnflanke, d. h. der Zahnkopf, in Eingriff ist (Formfaktor Y_k).

Wird die Verzahnung jedoch so genau hergestellt, daß sich die Last auf mehrere Zahnpaare verteilt, so ist die Eingriffsstellung, bei der die

Kraft am Zahnkopf angreift, nicht die gefährlichste. In fast allen Getrieben ist nämlich der Überdeckungsgrad so groß, daß ein zweites Zahnpaar in Eingriff gekommen ist, wenn das vorhergehende Zahnpaar die Kopfeingriffsstellung erreicht hat. Die ungünstigste Eingriffsstellung ist dann die, bei der nur *ein* Zahnpaar in Eingriff ist (d. h. die volle Umfangskraft überträgt) und das nachfolgende Zahnpaar gerade zum Eingriff kommt. Abb. 2/42 zeigt, wie man diese ungünstigste Eingriffsstellung,

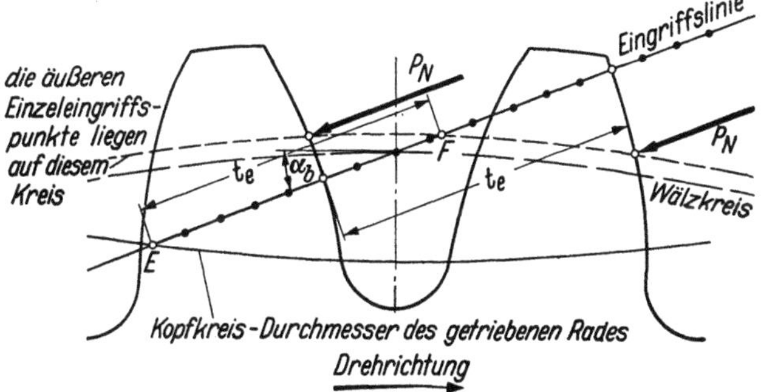

Abb. 2/42. Kraftangriff im äußeren Einzeleingriffspunkt F; F liegt um eine Eingriffsteilung oberhalb des Eingriffsbeginnes E (auf der Eingriffslinie gemessen)

d. h. den Kraftangriff im „äußeren Einzeleingriffspunkt", an einem geradverzahnten Stirnrad bestimmt. Man sieht, daß der äußere Einzeleingriffspunkt um *eine* Eingriffsteilung (auf der Eingriffslinie gemessen) vom Eingriffsbeginn entfernt ist.

Bei geradverzahnten Stirnrädern mit genauer Verzahnung kann man also so vorgehen, daß man den LEWIS-Faktor Y für Kraftangriff im äußeren Einzeleingriffspunkt bestimmt statt für Kraftangriff am Kopf. Man erhält dann größere Y-Werte, d. h. für ein gegebenes Getriebe eine höhere Tragfähigkeit. Tab. 2/8 zeigt, wie sich der Faktor Y_E (Einzel-

Tabelle 2/8. Y-Faktor (Formfaktor für Zahnfuß-Biegespannung) für Ritzel mit 20°-Null-Verzahnung, Geradverzahnung

Ritzelzähnezahl z_1	Rad Zähnezahl z_2	Y-Faktor für Kraftangriff	
		am Kopf (Y_k)	im äußeren Einzeleingriffspunkt (Y_E)
20	20	0,287	0,527
20	60	0,287	0,577
20	120	0,287	0,600
25	25	0,310	0,583
25	60	0,310	0,657
25	120	0,310	0,693
30	30	0,332	0,640
30	60	0,332	0,673
30	120	0,332	0,740

eingriff) bzw. Y_k (Kopfangriff) bei einigen Stirnrädern ändert, wenn 20°
Eingriffswinkel, Gesamtzahnhöhe von 2,25 × Modul und Nullverzahnung
zugrunde gelegt wird.

Schrägverzahnung. Bei schrägverzahnten Stirnrädern und Kegelrädern mit Bogenverzahnung ist die Verzahnung meist so genau und die
Verzahnungsdaten können im allgemeinen so gewählt werden, daß sich
die Umfangskraft auf mehrere Zahnpaare verteilt. Die geometrischen
Verhältnisse sind aber so kompliziert, daß es sehr schwierig und umständlich ist, den ungünstigsten Kraftangriffspunkt und die Art der
Lastverteilung zu bestimmen. Bei der Tragfähigkeitsberechnung geht
man deshalb oft so vor, daß man den Y-Faktor zunächst für Kraftangriff am Kopf ermittelt und diesen Wert mit dem Profilüberdeckungsgrad (oder einem ähnlichen Faktor) multipliziert.

Auch bei geradverzahnten Stirnrädern wird teilweise so verfahren, und man
kommt damit durchweg zu ähnlichen Ergebnissen, als wenn man den Y-Faktor
für Kraftangriff im äußeren Einzeleingriffspunkt einsetzt. Zum Beispiel ergibt sich
für ein Ritzel mit 25 Zähnen, das mit einem 60zähnigen Rad kämmt, nach Tab. 2/8
ein Y_k-Wert von 0,310 für Kraftangriff am Zahnkopf. Der Profilüberdeckungsgrad
beträgt in diesem Fall etwa 1,70. Der durch Multiplikation von 0,310 und 1,70
ermittelte Formfaktor beträgt aber 0,527, was relativ gut mit dem Y-Faktor von
0,657 für Kraftangriff im äußeren Einzeleingriffspunkt übereinstimmt.

Spannungserhöhung durch Kerbwirkung. Als Lewis seine Berech-
nungsformel aufstellte, war der Begriff „Kerbwirkung" noch unbekannt.
Wir wissen jedoch heute, daß eine zu kleine Fußausrundung oder eine
scharfe Bearbeitungskerbe am Zahnfuß die
Zahnfußspannung *beträchtlich* erhöht. Bei der
Tragfähigkeitsberechnung muß deshalb dieser
Einfluß ebenfalls berücksichtigt werden. Um
zuverlässige Angaben über die Größe dieser
Kerbfaktoren zu erhalten, wurden von Dolan
und Broghamer umfangreiche, *spannungsoptische* Untersuchungen an einer Reihe von
Zahnprofilen durchgeführt [2/45]. Nach den von
ihnen gefundenen Erkenntnissen wurde während der letzten Jahre in den USA viel gearbeitet.

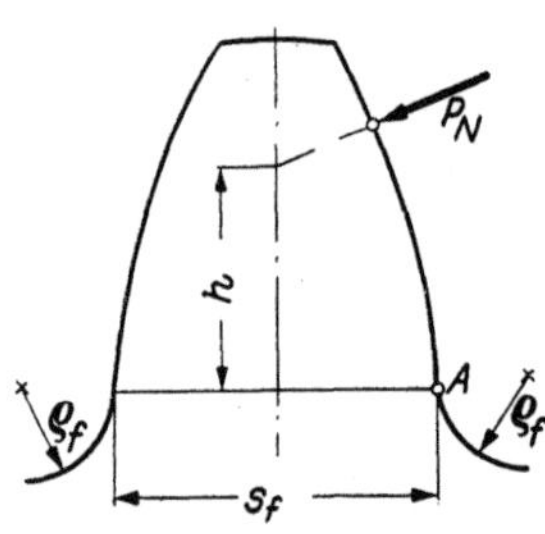

Abb. 2/43. Maße zur Berechnung des Kerbfaktors am Zahnfuß nach Dolan und
Broghamer [2/45]

Abb. 2/43 zeigt die Maße, die für die von
Dolan und Broghamer angegebene Berechnungsart benötigt werden.
Der Kerbfaktor, um den sich die nominelle Zahnfußbiegespannung erhöht,
lautet nach diesen Versuchen für geradverzahnte Stirnräder mit 20°-Null-
verzahnung:

$$C_R = 0{,}18 + \left(\frac{s_f}{\varrho_f}\right)^{0{,}15} \left(\frac{s_f}{h}\right)^{0{,}45} \qquad (2/152)$$

und für geradverzahnte Stirnräder mit $14^1/_2{}^\circ$-Nullverzahnung:

$$C_R = 0{,}22 + \left(\frac{s_f}{\varrho_f}\right)^{0,20} \left(\frac{s_f}{h}\right)^{0,40} \tag{2/153}$$

Hierin ist ϱ_f der Krümmungsradius der Zahnfußausrundung, und zwar an dem Punkt, wo die Ausrundung in den Fußkreis übergeht; hier ist der Krümmungsradius am kleinsten.

Neuere spannungsoptische Untersuchungen von KELLEY und PEDERSEN [2/60] ergaben, daß Formeln vom Typ der Gln. (2/152) und (2/153) zusammen mit der LEWIS-Formel die wirklichen Spannungen bei größeren Zähnezahlen verhältnismäßig gut, bei kleinen Zähnezahlen aber weniger gut wiedergeben. Die beiden Verfasser stellten deshalb eine Formel auf, bei der weder die LEWIS-Gleichung noch die Gln. (2/152) und (2/153) verwendet werden. – Prüfstandsversuche an ausgeführten Zahnrädern haben allerdings diese Überlegenheit des Verfahrens von KELLEY und PEDERSEN nicht bestätigt. In den USA neigt man deshalb dazu, an der einfachen LEWIS-Formel festzuhalten und lediglich die Kerbfaktoren zu modifizieren, sobald ausreichende Versuchsunterlagen zur Verfügung stehen.

Versuche mit Stahlzahnrädern haben gezeigt, daß der *wirkliche* Kerbfaktor in den meisten Fällen von dem an spannungsoptischen Kunststoffmodellen ermittelten Werten abweicht. So kann der Kerbfaktor höher sein, wenn die Zahnfußausrundung tiefe Kratzer und Bearbeitungsriefen aufweist; ferner sind beispielsweise hochfeste Stähle kerbempfindlicher als weichere Stähle. Eine Ausnahme bilden einsatz- und induktionsgehärtete Stähle; die hier vorhandene Druckvorspannung in der Oberflächenschicht verringert bekanntlich die Kerbwirkung. – In Abb. 2/44 sind Ergebnisse neuerer Versuche wiedergegeben, die außer dem Einfluß der Fußausrundung auch den *Werkstoffeinfluß* erkennen lassen.

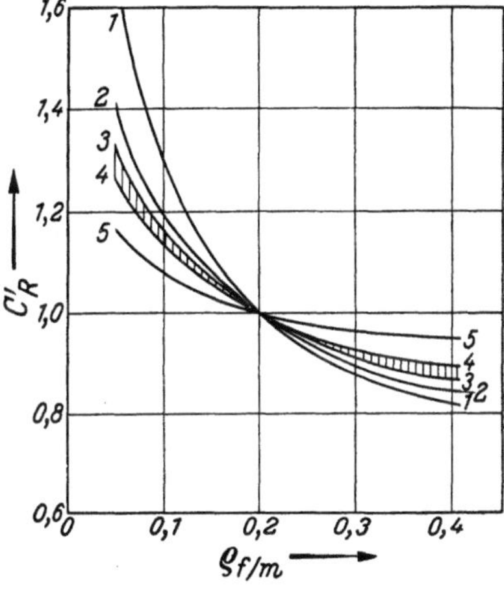

Abb. 2/44. Kerbfaktor nach Angabe von NIEMANN [2/63]

1 Spannungsoptischer Versuch (elastischer Bereich); *2* Durchgehärteter Vergütungsstahl $\sigma_B \approx 90$ kg/mm^2; *3* Bereich für einsatzgehärteten Stahl (Pulsatorversuche nach POPOVIC); *4* Bereich für einsatzgehärteten Stahl (Lauf- und Pulsatorversuche nach FZG); *5* Ungehärteter Stahl

Die Darstellung lehrt, daß eine Mindestkopfabrundung des Werkzeuges von etwa 0,2 bis 0,25 × Modul nicht unterschritten werden sollte (die Fußabrundung am erzeugten Rad ist dann mindestens ebenso groß). Mit kleiner werdendem ϱ_f/m wächst der Kerbfaktor stark an, größere Fußausrundungen ergeben dagegen nur einen relativ kleinen Gewinn. (Die Kerbfaktoren aus Abb. 2/44 dürfen nicht ohne weiteres für die in Abschn. 3.5, S. 217f benutzte Berechnungsart übernommen werden!)

Die Kerbwirkung kann auch ganz unterschiedlich hoch sein, je nachdem es sich um *Dauerschwell-* oder *statische* Belastung handelt oder – dazwischen liegend – um im *Zeitfestigkeitsgebiet* laufende Zahnräder. So zeigen einige Stähle geringer Härte fast gar keinen Einfluß von Kerben auf die Belastbarkeit, wenn sie statisch bis zum Bruch belastet werden. Setzt man sie aber schwellender oder wechselnder Belastung von 1 Million oder mehr Lastwechseln aus, so erkennt man eine deutliche Verringerung ihrer Tragfähigkeit infolge Kerbwirkung.

Zahnradspezialisten neigen aus allen diesen Gründen dazu, *korrigierte* Kerbfaktoren zu benutzten, d. h. spannungsoptisch ermittelte Faktoren, die auf Grund von Versuchen mit Stahlzahnrädern korrigiert wurden.

Lastverteilung über die Zahnbreite. LEWIS setzte bei seinen Berechnungsverfahren die volle Zahnbreite ein. Die Zähne sind nun aber selbst bei hoher Verzahnungsgenauigkeit niemals gleichmäßig über die ganze Zahnbreite belastet, was auf Fehler in der Parallelität der Achsen, Schrägungswinkelfehler und auf Verformung der Verzahnung unter Last zurückzuführen ist. Wo eine genauere Berechnung der Tragfähigkeit erforderlich ist, wird daher heute vielfach mit einer „wirksamen" Zahnbreite gerechnet, die *geringer* ist als die tatsächliche (vgl. praktische Rechnung, S. 217 und Tab. 3/46, S. 218).

Dynamische Zusatzkräfte. Die auf den Zahn wirkende Gesamtkraft ist im allgemeinen höher als der aus der übertragenen Leistung errechnete Wert. Je größer die Umfangsgeschwindigkeit eines Zahnrades ist, um so stärker sind auch die durch Verzahnungsfehler verursachten Stöße und um so größer sind die dynamischen Zusatzkräfte durch Unwuchten und Drehmomentschwankungen auf An- und Abtriebsseite.

Wir haben es also mit zwei Arten von dynamischen Zusatzkräften zu tun. Einmal mit den durch Verzahnungsfehler und Zahndurchbiegungen *im Getriebe* selber entstehenden, die also durch Drehmomentmessungen an An- oder Abtriebswelle nicht festzustellen wären; wir wollen diese als „innere" dynamische Zusatzkräfte bezeichnen. Dazu kommen die durch Schwingungen oder Ungleichförmigkeiten von der treibenden und der getriebenen Maschine *in das Getriebe eingeleiteten* „äußeren" Zusatzkräfte. Diese können durch Messung der Drehmomente an An- oder Abtriebswelle ermittelt werden.

Um diesen Einflüssen Rechnung zu tragen, schlug LEWIS vor, mit *steigender* Umfangsgeschwindigkeit *geringere* Grenzspannungen zuzulassen. Vielfach wird auch heute noch nach dieser Regel verfahren.

Um die Größe dieser dynamischen Zusatzkräfte zu ermitteln, sind umfangreiche Forschungsarbeiten durchgeführt worden. Eine Forschungsgruppe der American Society of Mechanical Engineers unter der Leitung von EARLE BUCKINGHAM veröffentlichte im Jahre 1931 die erste maßgebende Arbeit [2/42] über dieses Problem. Diese Veröffentlichung gab dem Konstrukteur – nach Ansicht der Verfasser – ein exaktes Verfahren zur Berechnung von dynamischen Zusatzkräften an die Hand. Hieraus wurde später eine vereinfachte Formel entwickelt, um eine zwar nur angenäherte, aber schnellere Berechnung der dynamischen Zahnkräfte zu ermöglichen. Dieses abgekürzte Verfahren wurde allgemein bekannt und benutzt.

In seinem neuesten Buch [2/46] gibt BUCKINGHAM die Gleichungen an, mit deren Hilfe die dynamischen Zahnkräfte für alle Getriebearten und unterschiedliche Zahnformen berechnet werden können. Ein Beispiel in Kap. 9, S. 542, zeigt die Anwendung dieses Verfahrens für Stirnräder.

Die Erfahrung hat allerdings gezeigt, daß die tatsächlich auftretenden dynamischen Zahnkräfte wahrscheinlich kleiner sind, als nach der Methode von BUCKINGHAM zu erwarten wäre. Mehrere amerikanische Firmen haben daher zur Zeit Versuche laufen, die die Unterlagen für eine wirklichkeitsnahe Berechnungsweise schaffen sollen. Hierbei kommen neue Prüfverfahren und -einrichtungen zur Anwendung, so daß es wahrscheinlich bald möglich sein wird, einen tieferen Einblick in das Wesen der dynamischen Zahnkräfte zu erhalten. Untersuchungen des Verfassers an schnellaufenden Flugzeuggetrieben haben gezeigt, daß die zusätzlichen dynamischen Zahnkräfte bei gewissen Gasturbinenantrieben nicht mehr als 35% der statischen Umfangskraft betragen; nach dem Verfahren von BUCKINGHAM käme man dagegen auf 35 bis 75%.

Obgleich das BUCKINGHAM-Verfahren also nicht immer mit Versuchsergebnissen übereinstimmt, so kann man doch beim Vergleich verschiedener Konstruktionen mit seiner Hilfe den Einfluß der Massen, Wellensteifigkeiten und Verzahnungsfehler auf die Höhe der dynamischen Zahnkräfte deutlich herausschälen. Es ist deshalb ein sehr wertvolles Hilfsmittel beim Entwurf.

Bezüglich der in England, Frankreich und Deutschland durchgeführten Untersuchungen über dynamische Zahnkräfte sei auf das Schrifttum verwiesen [2/54], [2/56], [2/59].

Für einige Getriebebauarten wurde das Problem der dynamischen Beanspruchungen durch die Einführung von „Stoßfaktoren" gelöst. Man legt dann der Berechnung eine „Betriebsleistung" zugrunde, die folgendermaßen berechnet wird:

$$\boxed{\text{Betriebsleistung} = \text{Nenn-Leistung} \times \text{Stoßfaktor}.} \qquad (2/155)$$

Die Größe der Stoßfaktoren wurde für eine Reihe von Anwendungsgebieten zwischen Getriebeherstellern und -benutzern vereinbart. Die AGMA-Normen[1] enthalten für verschiedene Getriebearten Tabellen derartiger Stoßfaktoren, deren Größe von der Art der Antriebsmaschine und

---

[1] AGMA: American Gear Manufacturers Association (Vereinigung der amerikanischen Getriebehersteller).

der getriebenen Maschine abhängt. Stoßfaktoren sind also Lasterhöhungsfaktoren, die die zu erwartenden inneren und äußeren dynamischen Zusatzkräfte und die geforderte Lebensdauer der Zahnräder berücksichtigen. – Es sei jedoch darauf hingewiesen, daß die in Tab. 3/52, S. 223 und Tab. 3/72, S. 246 angegebenen „Anwendungsfaktoren" nur die *äußeren* dynamischen Zusatzkräfte erfassen, während die inneren gesondert berücksichtigt werden. – Die vereinbarten bzw. genormten Werte stützen sich auf theoretische Überlegungen und Betriebserfahrungen.

2.25 Flankenbeanspruchung – Hertzsche Pressung

Außer durch Zahnbruch kann ein Zahnradgetriebe auch durch Grübchenbildung (pitting), durch Gleitverschleiß oder infolge „Fressens" der Zahnflanken unbrauchbar werden. Häufig sind diese Flankenschäden auch die eigentliche Ursache für den Zahnbruch: Mit zunehmendem Verschleiß laufen die Räder unruhiger, d. h. die dynamischen Beanspruchungen werden größer. Dazu kommt die Spannungserhöhung durch die Verschleißmarken am Zahnfluß, was zusammen schließlich zum Zahnbruch führen kann.

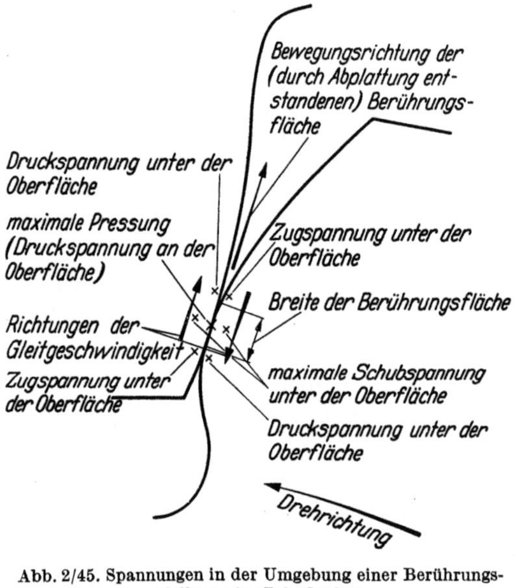

Abb. 2/45 zeigt die verschiedenen Beanspruchungsarten, die im Bereich der Berührungsstelle zweier Zahnflanken auftreten. Unter der Wirkung der übertragenen Kraft platten sich die gekrümmten Zahnflanken ab, so daß eine Berührungs*fläche* entsteht. In der Mitte der Abplattungsfläche ist die Flächenpressung am größten. Unmittelbar unter diesem Punkt tritt auch die größte Schubspannung auf. Der Abstand dieses Punktes größter Schubspannung von der Oberfläche beträgt knapp ein Drittel der Breite der Abplattungs-, d. h. Berührungsfläche. Die beiden im Eingriff befindlichen Zahnflanken bewegen sich aufeinander mit einer kombinierten *Wälz-* und *Gleit*bewegung[1]. Die gleitende Reibung führt dabei zur Entstehung zusätzlicher Oberflächenspannungen: Kurz vor der Berührungsfläche bildet sich ein schmaler Bereich von Druck-

Abb. 2/45. Spannungen in der Umgebung einer Berührungsstelle zweier Zahnflanken

---

[1] Vgl. auch Abb. 6/7, S. 352.

spannungen und kurz hinter der Berührungsfläche eine schmale Zug-spannungszone.

Die an der Oberfläche liegenden Gefügeteile sind also bei jedem Eingriff mit einem Gegenzahn einer Zug-Druck-Wechselspannung ausgesetzt. Bei großen Kräften kann dieser Belastungszyklus sowohl zu Oberflächenrissen als auch zu plastischen Fließen führen. Als Folge der inneren Schubspannungen können Anrisse *unter* der Oberfläche auftreten.

Grundgleichungen. Die Flankenbeanspruchung von Zahnrädern wird im allgemeinen nach den von HERTZ [2/40] entwickelten Gleichungen berechnet. Die so ermittelten Flächenpressungen werden deshalb meist als HERTZsche Pressungen bezeichnet. Mit Hilfe dieser Gleichungen können die Abmessungen der Berührungsfläche berechnet werden, die entsteht, wenn zwei gewölbte Körper aufeinander gedrückt werden; ferner geben sie die Spannungsverteilung in dieser Fläche an.

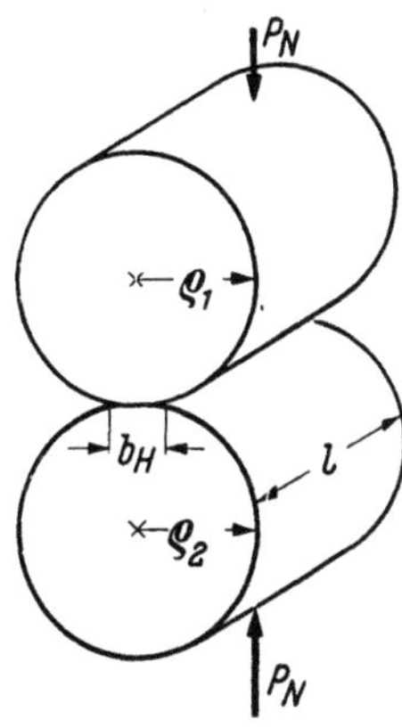

Abb. 2/46. Durch eine Kraft P_N belastete Zylinder mit parallelen Achsen

Den Getriebekonstrukteur interessiert besonders der Fall zweier Zylinder mit parallelen Achsen, der in Abb. 2/46 dargestellt ist. Hierin ist P_N die Kraft, mit der beide Zylinder gegeneinander gepreßt werden, ϱ_1, ϱ_2 und l sind die Hauptabmessungen der Zylinder.

Nach HERTZ ist dann die Breite der Berührungsfläche:

$$b_H = \sqrt{\frac{32\,P_N\,(1 - \mu_p^2)}{\pi\,E\,l}\;\frac{\varrho_1\,\varrho_2}{\varrho_1 + \varrho_2}}\;. \qquad (2/156)$$

In dieser Gleichung ist μ_p die POISSONsche Zahl und E der Elastizitätsmodul. Ist E in beiden Körpern verschieden (E_1 und E_2), so ist für E einzusetzen:

$$E = \frac{2\,E_1\,E_2}{E_1 + E_2}\;. \qquad (2/156\ \text{A})$$

Die größte – in der Mitte der Abplattungsfläche auftretende – Druckspannung, die wir als HERTZsche Pressung bezeichnen, ist:

$$p = \frac{4\,P_N}{\pi\,b_H\,l}\;. \qquad (2/157)$$

Die größte – unterhalb der Oberfläche auftretende – Schubspannung ist

$$\tau = 0{,}295\,p\;. \qquad (2/158)$$

Der Abstand von der Oberfläche bis zum Punkt der maximalen Schubspannung beträgt

$$u = 0{,}393\, b_H .$$

(2/159)

Die Gln. (2/156) und (2/157) können zusammengefaßt und vereinfacht werden. Setzt man ferner die POISSONsche Konstante mit 0,3 ein (bei Stahl und Leichtmetall), so ergibt sich folgende Formel:

$$p = \sqrt{0{,}175 \frac{P_N E}{l} \frac{(\varrho_1 + \varrho_2)}{\varrho_1 \varrho_2}} .$$

(2/160)

Geradverzahnte Stirnräder. Die HERTZschen Gleichungen lassen sich in einfacher Weise auf geradverzahnte Stirnräder anwenden, indem man den sich berührenden Zahnflanken *Zylinder* einbeschreibt, die die gleichen Krümmungsradien haben wie die Zahnflanken an der jeweiligen Berührungsstelle.

Diese Annahme ist natürlich nur näherungsweise richtig, weil ja der Krümmungsradius einer Evolvente längs der Breite der Abplattungsfläche veränderlich ist. In der Gegend des Wälzkreises ändert sich die Krümmung zwar nicht sehr stark; je weiter jedoch die Berührungsstelle an den Grundkreis heranrückt, um so stärker macht sich dieser Einfluß bemerkbar. Die nach den HERTZschen Gleichungen für Zylinder ermittelten Pressungen sind hier verhältnismäßig ungenau.

Abb. 2/3, S. 38 zeigt, wie der Krümmungsradius an einem beliebigen Punkt der Evolvente bestimmt werden kann. Demnach ist am Wälzkreis:

$$\varrho = \frac{d_b}{2} \sin \alpha_b$$

(2/161)

und an einem beliebigen anderen Durchmesser d_y:

$$\varrho_y = \frac{d_y}{2} \sin \alpha_y .$$

(2/162)

Der Winkel α_y ergibt sich aus der Beziehung:

$$\cos \alpha_y = \frac{d_b}{d_y} \cos \alpha_b = \frac{d_0}{d_y} \cos \alpha_0 .$$

(2/163)

Um die HERTZsche Pressung im Wälzkreis zweier miteinander kämmender Stirnräder (mit Geradverzahnung) nach Gl. (2/160) berechnen zu können, benötigen wir folgende Größen:

1. Die am Wälzkreis übertragene Zahnnormalkraft (Abb. 2/38, S. 97); sie ist nach Gl. (2/144), S. 98 zu errechnen.

2. Die Krümmungsradien im Wälzpunkt; sie betragen nach Abb. 2/3, S. 38 und Gl. (2/161):

$$\varrho_1 = \frac{d_{b1}}{2} \sin \alpha_b ; \quad \varrho_2 = \frac{d_{b2}}{2} \sin \alpha_b = i\, \varrho_1 .$$

(2/164)

3. Als Länge der Zylinder wird die Zahnbreite eingesetzt.

Mit diesen Größen und $i = z_2/z_1$ ergibt dann Gl. (2/160) die HERTZsche Pressung im Wälzpunkt:

$$p_C = \sqrt{\frac{0{,}35\,E}{\sin\alpha_b\cos\alpha_b}}\;\sqrt{\frac{P}{b\,d_{b1}}\;\frac{(i+1)}{i}}\;. \qquad (2/165)$$

Führt man die Kenngrößen

$$y_C = \sqrt{1/(\sin\alpha_b\cos\alpha_b)} \quad \text{und} \quad y_W = \sqrt{0{,}35\,E}$$

ein und bezeichnet man ferner den Ausdruck unter der zweiten Wurzel in Gl. (2/165) als K-Faktor, wie dies in USA und Großbritannien vielfach üblich ist, so vereinfacht sich die Schreibweise von Gl. (2/165) zu

$$p_C = y_C\,y_W\sqrt{K\text{-Faktor}}\,, \qquad (2/166)$$

worin

$$K\text{-Faktor} = \frac{P}{b\,d_{b1}}\left(\frac{i+1}{i}\right). \qquad (2/167)$$

y_C kann für eine Reihe von Eingriffswinkeln aus Tab. 2/9 entnommen werden.

Tabelle 2/9. Faktor y_C aus Gl. (2/166) bzw. (2/172)

$\alpha_b,\ \alpha_{sb}$	$15°$	$17,5°$	$20°$	$22,5°$	$25°$	$27,5°$	$30°$	$35°$	$40°$
$y_C\,[\sqrt{\text{kg/mm}^2}]$	2,0	1,87	1,76	1,68	1,62	1,56	1,52	1,46	1,42

Für die Paarung Stahl gegen Stahl ist $y_W = 85{,}7\ \sqrt{\text{kg/mm}^2}$.

Schrägverzahnte Stirnräder. Wir legen hierbei ebenfalls die HERTZsche Pressung nach Gl. (2/160) im Wälzpunkt zugrunde. Wie Abb. 2/47a, S. 112 zeigt, sind die Krümmungsradien senkrecht zur Berührungslinie wie folgt zu berechnen:

$$\left.\begin{array}{ll} \text{Ritzel:} & \varrho_1 = \dfrac{d_{b1}}{2}\,\dfrac{\sin\alpha_{sb}}{\cos\beta_g}\,, \\[2ex] \text{Rad:} & \varrho_2 = \dfrac{d_{b2}}{2}\,\dfrac{\sin\alpha_{sb}}{\cos\beta_g} = i\,\varrho_1\,. \end{array}\right\} \qquad (2/168)$$

Die Zahnnormalkraft (senkrecht zur Berührungslinie) ergibt sich aus den geometrischen Beziehungen in Abb. 2/47b, S. 112 zu

$$P_N = \frac{P}{\cos\beta_g\cos\alpha_{sb}}\;. \qquad (2/169)$$

Die Länge der Berührungslinien beträgt im Mittel

$$l_T = \frac{b\,\varepsilon}{\cos\beta_g}\,.$$

(2/170)

Gl. (2/170) gilt an sich nur bei ganzzahligen Sprungüberdeckungen ($\varepsilon_{sp} = 1$; 2; 3 usw.). (Berechnung der Sprungüberdeckung s. Gl. (2/50), S. 65. Wenn ε_{sp} gleich oder größer als etwa 0,9 ist, weicht die tatsächliche Länge der Berührungslinien aber nur wenig von l_T nach Gl. (2/170) ab.

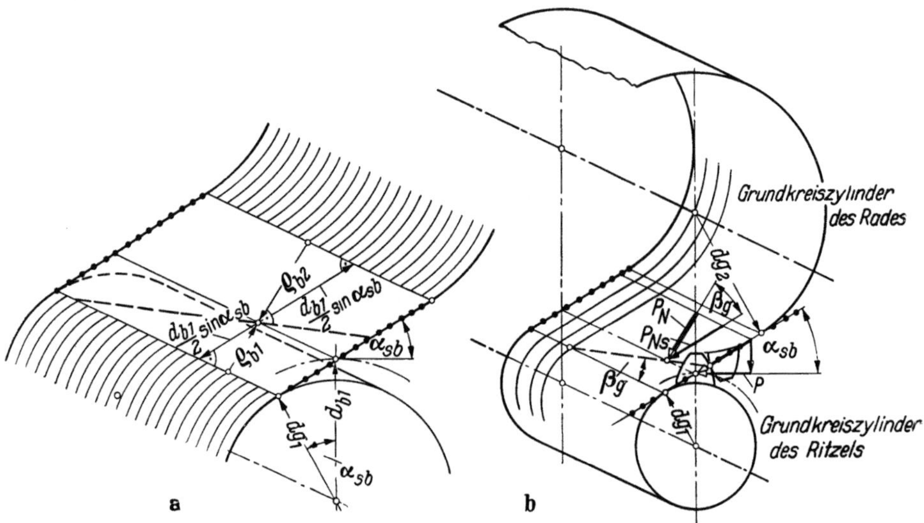

Abb. 2/47a u. b. Berechnung von Zahnnormalkraft P_N und der Krümmungsradien ϱ_1 und ϱ_2 im Wälzpunkt bei Schrägverzahnung

Nach Einsetzen der Gln. (2/168) bis (2/170) in Gl. (2/160) ergibt sich die HERTZsche Pressung im Wälzpunkt schrägverzahnter Stirnräder wie folgt:

$$p_C = \sqrt{\frac{0{,}35\,E\cos\beta_g}{\sin\alpha_{sb}\cos\alpha_{sb}\,\varepsilon}}\;\sqrt{\frac{P}{b\,d_{b1}}\,\frac{(i+1)}{i}}\,.$$

(2/171)

Der Schrägungswinkel im Grundkreis β_g ist aus Gl. (2/43-A), S. 64 zu berechnen; näherungsweise kann β_g gleich β_0 gesetzt werden.

Führt man die auf S. 111 definierten Kenngrößen y_C und y_W, den K-Faktor nach Gl. (2/167) ein und bezeichnet man die Größe $\sqrt{\cos\beta_g/\varepsilon}$ mit y_S, so ergibt sich folgende handliche Gleichung:

$$p_C = y_C\,y_W\,y_S\sqrt{K\text{-Faktor}}\,.$$

(2/172)

y_C kann für eine Reihe von Eingriffswinkeln aus Tab. 2/9, S. 111 entnommen werden.

$y_W = \sqrt{0,35 \cdot E}$ beträgt für die Paarung Stahl gegen Stahl $y_C = 85,7$ $\sqrt{\text{kg/mm}^2}$.

Für $y_S = \sqrt{\cos \beta_g / \varepsilon}$ sind in Tab. 2/10 einige Werte angeführt. Die Tafelwerte gelten für die Paarung eines Ritzels mit $z_1 = 25$ und eines Rades mit $z_2 = 100$ Zähnen. Für andere Zähnezahlen ändert sich zwar die Überdeckung um einen gewissen Betrag, was sich aber für y_S nur geringfügig auswirkt, da ε unter der Wurzel steht. Die in Tab. 2/10 für $\beta_0 = 0°$ (d. h. Geradverzahnung) angeführten y_S-Werte gelten nur als *Grenzwerte zum Interpolieren*. Bei Geradverzahnung ist stets *nach* Gl. (2/165) oder (2/166) S. 111 zu rechnen.

Tabelle 2/10. Faktor y_S aus Gl. (2/172) und Stirnüberdeckung ε
Die angeführten Werte gelten für die Paarung $z_1/z_2 = 25/100$, Nullverzahnung $(h_{k01} + h_{k02} = 2\,m_n)$, β_g nach Gl. (2/43A) berechnet

α_{n0}	β_0	$\alpha_{sb} = \alpha_{s0}$	ε	y_S
	0°	15°	2,06	0,70
15°	15°	15,50°	1,96	0,70
	30°	17,20°	1,67	0,72
	45°	20,75°	1,23	0,77
	0°	20°	1,73	0,76
20°	15°	20,65°	1,65	0,77
	30°	22,80°	1,40	0,79
	45°	27,25°	1,05	0,85
	0°	25°	1,52	0,81
25°	15°	25,75°	1,45	0,82
	30°	28,30°	1,24	0,85
	45°	33,40°	0,95	0,90

Die Stirnüberdeckung kann mit Gl. (2/10), S. 42 ermittelt werden. Berechnung des Stirneingriffswinkels α_{sb} s. Gl. (2/54), S. 66 und (2/49), S. 65.

Die gefährlichste Eingriffsstellung. Bisher war nur von der HERTZschen Pressung im Wälzpunkt die Rede. In Wirklichkeit gibt es jedoch *drei* verschiedene Stellen auf der Zahnflanke, die bezüglich Grübchenbildung besonders gefährdet sind (vgl. auch S. 352):

1. Im Punkt des Eingriffsbeginns am Fuß des Ritzels ist der Krümmungsradius des Zahnprofils sehr gering. Hier würde sich rechnerisch eine sehr hohe Spannung ergeben, wenn die gesamte Zahnkraft an dieser Stelle übertragen werden müßte. Meist ist allerdings ein zweites Zahnpaar im Eingriff, das dann einen Teil der Belastung überträgt. In Einzelfällen kommt man aber auch bei Berücksichtigung der Lastverteilung auf hohe HERTZsche Pressungen an dieser Stelle.

2. Der zweite kritische Punkt ist der, in dem der Ritzelzahn zum erstenmal die volle Belastung allein übernimmt. Dies ist dann der Fall, wenn der vorhergehende Zahn gerade außer Eingriff gekommen ist. Wir bezeichnen diesen Zustand, der theoretisch meist die höchste HERTZsche Pressung ergibt, als „Kraftangriff im inneren Einzeleingriffspunkt" (s. Abb. 2/48). Ein solcher Einzeleingriffspunkt existiert allerdings nur bei geradverzahnten und schmalen schrägverzahnten Stirnrädern, nicht aber bei breiten Stirnrädern mit Schrägverzahnung.

3. Die dritte kritische Stelle liegt am Wälzkreis oder knapp darunter. Bei einer zweckmäßig gewählten Verzahnung und ungehärteten Rädern tritt Grübchenbildung gewöhnlich zuerst an dieser Stelle auf, obgleich die HERTZsche Pressung hier nicht am größten ist. Die Ursache dafür scheint in der Natur des Gleitvorganges zu liegen. Bei treibendem Ritzel ist die Gleitgeschwindigkeit vom Wälzpunkt weg-

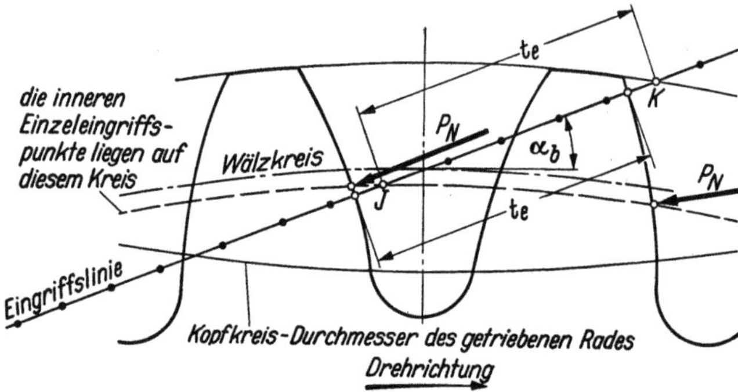

Abb. 2/48. Kraftangriff im inneren Einzeleingriffspunkt J des Ritzels. J liegt um eine Eingriffsteilung innerhalb des Eingriffsendes K (auf der Eingriffslinie gemessen)

gerichtet. Daraus folgt die Tendenz, das Material beiderseits von der Wälzkreiszone wegzuschieben und abzutragen (vgl. Abb. 6/7 S. 352). Am Wälzkreis bleibt eine erhabene Stelle stehen. Außer diesem Verschleißvorgang tritt noch eine Streckwirkung auf, die zur Folge hat, daß in Teilkreisnähe des *treibenden* Rades Oberflächenrisse entstehen. Durch diese Streckwirkung wird die Grübchenbildung gefördert. Es konnte oft beobachtet werden, daß in einem überlasteten Getriebe bei treibendem Rad und Übersetzung 4 : 1 Grübchenbildung zuerst am Teilkreis des Rades und nicht am Ritzel auftritt! Der einzige Grund für dieses ungewöhnliche Verhalten scheint zu sein, daß die Streckwirkung an dem *treibenden* Glied auftritt, also in diesem Falle am Rad.

Für die Praxis dürfte es in den meisten Fällen ausreichen, die HERTZsche Pressung im Wälzpunkt zu berechnen. Nur in Einzelfällen, wo der Eingriff bereits dicht am Grundkreis beginnt, sind die Gebiete am Zahnfuß stärker durch Grübchenbildung gefährdet.

Dynamische Zusatzkräfte, Lastverteilung über die Zahnbreite. Die Probleme der dynamischen Zusatzkräfte und der ungleichmäßigen Lastverteilung über die Zahnbreite infolge von Verzahnungs- und Lagerungsfehlern sind dieselben wie bei der Berechnung der Zahnfußbeanspruchung. Es kann hierzu also auf den entsprechenden vorhergehenden Abschnitt verwiesen werden.

Auch bei der Berechnung der Flankentragfähigkeit arbeitet man vielfach mit *Stoßfaktoren*, um die Wirkungen von Verzahnungsfehlern und Massenkräften der mit dem Getriebe gekoppelten Kraft- und Arbeitsmaschinen in Rechnung zu stellen. Ebenso können auch Drehmomentschwankungen und geforderte Lebensdauer durch entsprechend gewählte Stoßfaktoren berücksichtigt werden.

2.26 Freßbeanspruchung

Wenn eine Verzahnung lange Zeit einer übermäßig hohen Flankenbeanspruchung ausgesetzt ist, so tritt bald Grübchenbildung auf. Bleibt das Rad trotz dieser Schäden weiter in Betrieb, so kann unter Umständen die ganze Zahnflanke zerstört werden. Der Zerstörungsvorgang läuft meist folgendermaßen ab:

Starke Grübchenbildung führt zu rauhem Lauf und „Hämmern" der Getriebezähne. Dies wiederum ist in den meisten Fällen die Ursache für andere Formen von Oberflächenbeschädigungen:

1. *Fressen* (vgl. Abb. 6/2a, S. 345), das durch radiale, aufgerauhte Streifen und radiale Kratzer auf der Zahnflanke gekennzeichnet ist.

2. Durch die Gleit- und Wälzbewegung wird die Oberflächenschicht ähnlich dem *Kaltwalzen* verformt (vgl. Abb. 6/2c, S. 345).

3. Die durch die Grübchenbildung herausgelösten Metallteilchen verursachen – wenn sie in die Eingriffszone geraten – eine Art *Schleifverschleiß* (Abb. 6/1d, S. 344). Weiterer Abrieb entsteht dadurch, daß die infolge Grübchenbildung aufgerauhten Flanken aufeinander gleiten.

Diese Zerstörungserscheinungen können das Rad schließlich unbrauchbar machen.

Freßerscheinungen können allerdings auch auftreten, ohne daß sich vorher Grübchen bilden. Mitunter fressen die Räder bereits bei der ersten Inbetriebnahme eines Getriebes. Die Ursache des Fressens liegt dann vielfach in der mangelnden Genauigkeit. Entweder war die Oberflächengüte unzureichend, oder Teilung und Flankenform waren nicht genau genug.

In den vergangenen Jahren traten nun bei Flugzeuggetrieben und anderen schnellaufenden hochbelasteten Getrieben wiederholt Freßerscheinungen auf, obwohl es sich hier um Verzahnungen hoher Genauigkeit handelte. Die großen Pressungen führen anscheinend in Verbindung mit hohen Gleitgeschwindigkeiten zu so hohen Temperaturen, daß der Ölfilm an der Eingriffsstelle durch Verdampfen zerstört wird. Dadurch kann ein momentanes *Verschweißen* der metallisch reinen Oberflächen eintreten. Durch die Relativbewegung der Zahnflanken wird diese Verbindungsstelle sofort wieder zerrissen, wodurch dann die charakteristischen Freßmarken entstehen.

Bei der Berechnung der Freßbeanspruchung muß die gemeinsame Wirkung von Flankenpressung, Gleitgeschwindigkeit, Reibwert, Art des Metalles und die Art des verwendeten Schmiermittels berücksichtigt werden.

Gegenwärtig gibt es allerdings noch keine Berechnungsformel, die auf allen Gebieten des Getriebebaues angewendet wird. Nachfolgend sollen deshalb einige der bekanntesten Berechnungsverfahren erläutert werden.

Almen-Formel (im amerikanischen Schrifttum auch PVT-Formel genannt).

Diese Formel wurde mit gutem Erfolg beim Entwurf kleiner Flugzeuggetriebe benutzt, wie sie von Automobilgetriebe-Firmen hergestellt wurden. – Während des zweiten Weltkrieges war eine Anzahl von Fahrzeuggetriebe-Firmen weitgehend für die Fertigung von Flugzeuggetrieben eingesetzt. Die ALMEN-Formel war das Ergebnis dieser Kriegserfahrungen [2/50].

Wie der Ausdruck „PVT-Formel" schon andeutet, setzt sich diese Kenngröße aus drei Faktoren zusammen, für die wir die in Deutschland üblichen Bezeichnungen verwenden wollen: p, v_G und g_1 bzw. g_2.

Nach ALMEN [2/50] darf der Faktor $p\, v_G\, g_{1,2}$ einen Grenzwert nicht überschreiten, wenn man Fressen vermeiden will.

p ist die HERTZsche Pressung; hier wird gewöhnlich p_{k1}, d. h. die Pressung am Zahnkopf des Ritzels oder p_{k2} am Zahnkopf des Rades eingesetzt, je nachdem an welcher Stelle die Freßbeanspruchung kontrolliert werden soll. Die Zahnkraft wird durch den *Profilüberdeckungsgrad* dividiert, um die Verteilung der Umfangskraft auf zwei Zahnpaare zu berücksichtigen.

v_G ist die Gleitgeschwindigkeit an der Eingriffsstelle, für die auch die HERTZsche Pressung berechnet wurde.

$g_{1,2}$ ist die – auf der Eingriffslinie gemessene – Entfernung zwischen dem Wälzpunkt und derselben Eingriffsstelle.

Das Produkt $p\, v_G\, g_{1,2}$ ist für gerad- und schrägverzahnte Stirnräder im Wälzkreis gleich Null. Es wird um so größer, je mehr sich der Berührungspunkt (der Profile von Ritzel und Rad) vom Wälzkreis entfernt und erreicht einen Maximalwert bei der Eingriffsstellung am Zahnkopf. Deshalb wird diese Kenngröße im allgemeinen nur für Kraftangriff am Kopf berechnet.

Zur Berechnung der Pressungen p_{k1} und p_{k2} geht man – der Einfachheit halber – vom *Stirnschnitt* der Verzahnung aus. Die errechneten Pressungen sind also *nominelle* Werte.

Der Krümmungsradius im Stirnschnitt der Flanke beträgt am Zahnkopf:

$$\left. \begin{aligned} \text{Ritzel:} \quad & \varrho_{sk1} = \sqrt{r_{k1}^2 - (r_{01}\cos\alpha_0)^2} = \sqrt{r_{k1}^2 - (r_{b1}\cos_{\alpha_{sb}})^2}\,, \\ \text{Rad:} \quad & \varrho_{sk2} = \sqrt{r_{k2}^2 - (r_{02}\cos\alpha_0)^2} = \sqrt{r_{k2}^2 - (r_{b2}\cos_{\alpha_{sb}})^2}\,. \end{aligned} \right\} \qquad (2/173)$$

Ferner gilt folgende Beziehung im Stirnschnitt:

$$M_1 = P\,r_{b1} = P_{Ns}\cos\alpha_{sb}\,z_1\,m_s/2\,. \qquad (2/176)$$

Durch Einsetzen in Gl. (2/160) erhält man damit die (nominelle) HERTZsche Pressung am Zahnkopf des *Ritzels*:

$$p_{k1} = y_W \sqrt{\frac{P}{b\,\varepsilon}\,\frac{a\tan\alpha_{sb}}{2\varrho_{sk1}(a\sin\alpha_{sb} - \varrho_{sk1})}}\,. \qquad (2/177)$$

Hierin ist $y_W = \sqrt{0{,}35\,E}$ und hat für Stahl den Wert: $y_W = 85{,}7$ $\sqrt{\text{kg/mm}^2}$. Zur Bestimmung von p_{k2} (HERTZsche Pressung am Kopf des *Rades*) gilt ebenfalls Gl. (2/177), wenn ϱ_{sk2} statt ϱ_{sk1} eingesetzt wird. Macht man von den in Gl. (2/176) angegebenen Beziehungen Gebrauch, so erhält man nach einigen Vereinfachungen p_k in folgender Form, die im Kraftfahrzeuggetriebebau vielfach bevorzugt wird:

$$p_{k1} = y_3 \sqrt{\frac{M_1}{z_1\,b\,g}} \sqrt{\frac{a \sin \alpha_{sb}}{\varrho_{sk1}(a \sin \alpha_{sb} - \varrho_{sk1})}} \, . \qquad (2/178)$$

Hierin ist $y_3 = \sqrt{0{,}35\,E\,\pi}$; für Stahl ist $y_3 = 152\,\sqrt{\text{kg/mm}^2}$. g ist die Länge der Eingriffsstrecke [Gl. (2/9), S. 42]. Die HERTZsche Pressung am Kopf des Rades p_{k2} kann ebenfalls nach Gl. (2/178) berechnet werden, wenn ϱ_{sk2} statt ϱ_{sk1} eingesetzt wird.

g_1 und g_2 sind nach Gl. (2/9 A) S. 42, v_G ist nach Gl. (2/22) S. 50 zu berechnen.

Die Freßbeanspruchung (nach ALMEN) am Kopf des Ritzels kann damit wie folgt geschrieben werden:

$$F_{A1} = p_{k1}\,v_{G1}\,g_1 = p_{k1}\,\frac{\pi\,n_1}{30}\,\frac{i+1}{i}\left(\varrho_{sk1} - \frac{d_{b1}}{2}\sin \alpha_{sb}\right)^2 \leqq F_{A\,\text{grenz}}$$
$$\left[\frac{\text{kg}}{\text{s}}\right] \qquad \left[\frac{\text{kg}}{\text{mm}^2}\right]\left[\frac{\text{U}}{\text{min}}\right] \qquad [\text{mm}] \quad [\text{mm}]\,. \qquad (2/179)$$

Entsprechend ergibt sich F_A am Kopf des Rades:

$$F_{A2} = p_{k2}\,v_{G2}\,g_2 = p_{k2}\,\frac{\pi\,n_1}{30}\,\frac{i+1}{i}\left(\varrho_{sk2} - \frac{d_{b2}}{2}\sin \alpha_{sb}\right)^2 \leqq F_{A\,\text{grenz}}$$
$$\left[\frac{\text{kg}}{\text{s}}\right] \qquad \left[\frac{\text{kg}}{\text{mm}^2}\right]\left[\frac{\text{U}}{\text{min}}\right] \qquad [\text{mm}] \quad [\text{mm}]\,. \qquad (2/180)$$

Diese Gleichungen gelten für *gerad-* und *schräg*verzahnte Stirnräder; für Geradverzahnung wird $\alpha_{sb} = \alpha_b$.

Als sicherer Grenzwert für F_A, der nicht überschritten werden soll, hat sich $F_{A\,\text{grenz}} = 8{,}2 \cdot 10^6$ bewährt. Dieser Wert gilt für genaue einsatzgehärtete Verzahnungen bei Schmierung mit Mineralöl mittlerer Zähigkeit. Dabei ist weiter vorausgesetzt, daß die Umfangsgeschwindigkeit mehr als 10 m/s beträgt.

Die PVT-Formel hat sich nur in dem eingangs erwähnten Anwendungsbereich bewährt. Im übrigen ist sie als Entwurfsformel ungeeignet und muß im großen und ganzen als *überholt* angesehen werden.

Blitztemperaturformel von Blok [*2/61*]. Nach BLOK gibt es für jede Kombination von Schmierstoff und Zahnradwerkstoff eine kritische

Freßtemperatur, die noch von der Art der Laufflächen abhängt, aber innerhalb weiterer Grenzen praktisch unabhängig ist von den Drücken in der Berührungsfläche und den Gleitgeschwindigkeiten. Die an der Eingriffsstelle zweier Zahnflanken entstehende „Blitztemperatur" beträgt nach BLOK:

$$t_B[°\mathrm{C}] = 0{,}83 \frac{\mu\,P\,(v_{T1} - v_{T2})}{b\,(f_1\sqrt{v_{T1}} + f_2\sqrt{v_{T2}})\sqrt{b_H/2}} \leqq t_{B\,\mathrm{max}}. \qquad (2/181)$$

Hierin bedeuten: μ Reibwert (bei den Versuchen von BLOK war $\mu \approx 0{,}1$), P Umfangskraft in kg, b Zahnbreite [cm]; $(v_{T1} - v_{T2})$ Gleitgeschwindigkeit [cm/s], b_H Breite der Abplattungsfläche (s. Abb. 2/46, S. 109) [cm], $f_1 = \sqrt{\lambda_1\,\gamma_1\,c_1}$ und $f_2 = \sqrt{\lambda_2\,\gamma_2\,c_2}$; wobei λ die Wärmeleitfähigkeit [kg cm/ (cm°C s)], γ das spezifische Gewicht [kg/cm³] und c die spezifische Wärme [kg cm/(kg °C)] ist.

Die Grenztemperatur $t_{B\,\mathrm{max}}$, die nicht überschritten werden darf, wenn Fressen vermieden werden soll, liegt nach BLOK [2/61] für reine Mineralöle zwischen 250 °C (dünnflüssige Öle) und 450 oder 500 °C (dickflüssige Öle).

Kelley-Formel. In einer 1952 erschienenen Arbeit von KELLEY (Firma: Caterpillar Tractor Co.) wird das Problem des Fressens von Zahnflanken ebenfalls auf die Berechnung der „Blitztemperatur" zurückgeführt [2/53]. Die von KELLEY aufgestellte Formel beruht auf den oben erläuterten, theoretischen Berechnungen von H. BLOK; außer den in Gl. (2/181) enthaltenen Einflußgrößen werden hierbei die *Eintrittstemperatur* des Öls und die *Flankenrauheit* berücksichtigt. KELLEY benutzte die neue Formel zur Auswertung von Freßversuchen an Schleppergetrieben. Auch DUDLEY hat sie bei Versuchen an Flugzeug- und Schiffsgetrieben angewendet. Diese und andere Untersuchungen haben gezeigt, daß die Blitztemperaturformel ein besserer Maßstab zur Beurteilung der Freßbeanspruchung ist als die ALMEN-Formel. Sie wird daher in Abschn. 3.5, S. 230 für die praktische Getriebeberechnung benutzt.

2.27 Wärmetragfähigkeit, Verlustleistung

Die Reibungsverlustleistung eines Getriebes setzt sich zusammen aus

> Verzahnungsverlusten,
> Lagerverlusten,
> Planschverlusten und
> Ventilationsverlusten.

Diese Verluste müssen in Form von *Wärme* an die umgebende Luft abgegeben werden, wenn nicht zusätzliche Kühlung des Schmieröls vor-

gesehen wird. Im allgemeinen muß nun mit Rücksicht auf das Schmiermittel eine bestimmte maximale Übertemperatur (des Getriebes gegenüber der Temperatur der umgebenden Luft) vorgeschrieben werden. Da
aber Lager-, Plansch- und Ventilationsverluste mit der Drehzahl zunehmen, bleibt für die Verzahnungsverluste – und damit auch für die übertragbare *Nutzleistung* – mit zunehmender Drehzahl immer weniger.

So ergibt sich insbesondere bei Stirnrad- und Schneckengetrieben mit
geschlossenen Gehäusen für jede Drehzahl eine bestimmte Grenzleistung.
Wie diese überschlägig berechnet werden kann, wird in Abschn. 3.51,
S. 234 (Stirntriebe), S. 248 (Zylinderschneckentriebe) und S. 249 (Globoidschneckentriebe) gezeigt.

2.3 Schrifttum zu Kapitel 2

2.31 Verzahnungsgeometrie

Normblätter über Verzahnungen s. Abschn. 3.7, S. 262

[2/1] DUHNSEN, W.: Ermittlung der Berührungsverhältnisse von Globoidschneckentrieben. München: Oldenbourg 1931.

[2/2] BUCKINGHAM, E., und G. OLAH: Stirnräder mit geraden Zähnen. Berlin:
Springer 1932.

[2/3] VOGEL, W.: Eingriffsgesetze und analytische Berechnungsgrundlagen des
zylindrischen Schneckentriebes mit geradlflankigem Achsenschnitt. Berlin:
VDI-Verlag 1933.

[2/4] BOTSTIBER, D. W.: Theory and Design of Enveloping Worm Drives. Machine
Design, Juni 1944.

[2/5] BLOOMFIELD, B.: Designing Face Gears. Machine Design, April 1947,
S. 129–134.

[2/6] DUDLEY, D. W.: Graphical Determination of Gear Contact Ratios. Product
Engineering, März 1948, S. 152–155.

[2/7] Fellows Gear Shaper Co.: The Internal Gear. 4. Aufl.; Fellows Gear Shaper
Co.; Springfield (Vermont, USA), 1949.

[2/8] CAPELLE, J.: Théorie et Calcul des Engrenages hypoides. Paris: Dunod 1949.

[2/9] BUCKINGHAM, E.: ,,Analytical Mechanics of Gears", S. 248–542. New York:
McGraw-Hill 1949.

[2/10] HENRIOT, G.: Traité théorique et pratique des Engrenages. Paris: Dunod,
Bd. 1 1949, Bd. 2 1950.

[2/11] KRUMME, W.: Klingelnberg-Palloid-Spiralkegelräder. Berlin/Göttingen/Hei-
delberg: Springer 1950.

[2/12] FRANCIS, V., and J. SILVAGI: Face Gear Design Factors. Product Engineering,
Juli 1950, S. 117–121.

[2/13] American Gear Manufacturers Association: Standard System Design for
Fine Pitch Worm Gearing. AGMA Pub. 374.02, Juli 1950.

[2/14] American Gear Manufacturers Association: Standard System Fine Pitch
Straight Bevel Gears. AGMA Pub. 206.03, Juli 1950.

[2/15] Michigan Tool Co.: Cone-drive Gears. Michigan Tool Co., Detroit, Michig.,
1950.

[2/16] PETERS, J.: Kreis- und Evolventenfunktionen. Bonn: Dümmler 1951.

[2/17] Lorenz AG.: Lorenz-Werkzeuge für die Zahnradherstellung. Lorenz AG., Ettlingen 1953.

[2/18] WEBER, C.: Profilbeziehungen bei der Herstellung von zylindrischen Schnecken, Schneckenfräsern und Gewinden. Braunschweig: Vieweg 1954

[2/19] JAKOBI, R.: Die Eingriffsfläche beim Zylinderschneckentrieb und ihre Konstruktion. Braunschweig: Vieweg 1954.

[2/20] SCHIEBEL, A., und W. LINDNER: Zahnräder, 1. Bd.: Stirn- und Kegelräder mit geraden Zähnen, 2. Bd.: Stirn- und Kegelräder mit schrägen Zähnen, Schraubgetriebe. Berlin/Göttingen/Heidelberg: Springer 1954 und 1957.

[2/21] HELLMICH, H. K.: Kegelräder, Tafeln für die Berechnung der Abmessungen von Geradzahnkegelrädern ohne Profilverschiebung. Braunschweig: Vieweg 1955.

[2/22] MERRITT, H. E.: Gears. London: Pitman & Sons 1955.

[2/23] Gleason Works: Spiral Bevel Gear System. Gleason Works, Rochester, New York 1955.

[2/24] Gleason Works: 20° Straight Bevel Gear System. Gleason Works, Rochester, New York 1956.

[2/25] Gleason Works: Zerol Bevel Gear System. Gleason Works, Rochester, New York 1956.

[2/26] Gleason Works: Method for Desingning Hypoid Gear Blanks. Gleason Works, Rochester, New York 1956.

[2/27] KÄMPF, P., und H. KREISEL: Berechnung und Herstellung von Zahnrädern. Leipzig: Fachbuchverlag 1956.

[2/28] Gleason Works: Bevel and Hypoid Gear Design, Gleason Works, Rochester, New York 1956.

[2/29] VOGEL, W. F.: Involutometrie and Trigonometrie. Michigan Tool Works, Detroit 1945.

[2/30] DIN 3960 (Okt. 1957). Bestimmungsgrößen und Fehler an Stirnrädern.

[2/31] TRIER, H.: Die Zahnformen der Zahnräder. Berlin/Göttingen/Heidelberg: Springer 1958.

2.32 Grundlagen der Tragfähigkeitsberechnung

[2/40] HERTZ, H.: Ges. Werke, Bd. 1. Leipzig: Barth 1884. Auszug: Hütte I, 27. Aufl., S. 736–738.

[2/41] LEWIS, W.: Investigation of the Strength of Gear Teeth. Proc. Eng. Club, Phild., 1893.

[2/42] BUCKINGHAM, E.: Dynamic Loads on Gear Teeth (Report of the ASME Special Research Committee on the Strength of Gear Teeth). American Society of Mechanical Engineers, New York 1931.

[2/43] SCHMITTER, W. P.: Determining Capacity of Helical and Herringbone Gears. Machine Design, Bd. 6 (Juni 1934) S. 40–45 und 53–62; Bd. 7 (Juli 1934) S. 33–37 und 44–61.

[2/44] BLOK, H.: Les Temperatures des surface dans les conditions de graissage sous pression extrême. 2. Welt-Petroleum-Kongreß, Paris 1937.

[2/45] DOLAN, T. J., und E. I. BROGHAMER: A Photoelastic Study of the Stresses in Gear Tooth Fillets. Univ. Illinois Eng. Expt. Sta. Bull. 335, März 1942.

[2/46] BUCKINGHAM, E.: Analytical Mechanics of Gears, S. 426–473. New York: McGraw-Hill 1949.

[2/47] KARAS, F.: Berechnung der Walzenpressung von Schrägzähnen an Stirnrädern. Halle: Knapp 1949.

[2/48] NIEMANN, G.: Maschinenelemente, Bd. 1, S. 203–214. Berlin/Göttingen/Heidelberg: Springer 1950.

[2/49] NIEMANN, G., und H. GLAUBITZ: Zahnfußfestigkeit geradverzahnter Stirnräder aus Stahl. Z. VDI 92 (1950) S. 923–932.

[2/50] ALMEN, J. O.: Surface Deterioration of Gear Teeth. In „Mechanical Wear". Cleveland, Ohio 1950. (Herausgeber: Burwell.)

[2/51] American Gear Manufacturers Association: Progress Report by Automotive Gearing Committee Sec. II, PVT. Values of Gear Teeth. AGMA Pub. 101.02, Oktober 1951.

[2/52] DIETRICH, G.: Berechnung von Stirnrädern mit geraden und schrägen Zähnen. Düsseldorf 1952.

[2/53] KELLEY, B. W.: A New Look at the Scoring Phenomena of Gears. Trans. SAE, 1952.

[2/54] TUPLIN, W. A.: Dynamic Loads on Gear Teeth. Mach. Design 25 (Okt. 1953) S. 203 bis 211.

[2/55] NIEMANN, G.: Abschnitt Zahntriebe, Hütte II A, 28. Aufl. S. 152–192. Berlin: W. Ernst & Sohn 1954. (Dort weiteres Schrifttum.)

[2/56] CAPELLE, J., und BERTHOUD: Étude des surcharges dynamiques dans les engrenages. Bull. Soc. d'Études de l'Industrie de l'Engrenages. Nr. 12 (1954).

[2/57] MERRITT, H. E.: Gears. London: Pitman & Sons 1955.

[2/58] KECK, K. F.: Die Zahnradpraxis, Teil I: Geradzahn-Stirnräder. Teil II: Schrägzahn-Stirnräder und Kegelräder. München: Oldenbourg 1956 u. 1958.

[2/59] NIEMANN, G., und H. RETTIG: Dynamische Zahnkräfte. Z. VDI 99 (1957) S. 89–96 und 131–137.

[2/60] KELLEY, B. W., und R. PEDERSEN: The Beam Strength of Modern Gear Tooth Design. Vortrag auf der Fachtagung „Antriebselemente" Essen 1956. Braunschweig: Vieweg 1957.

[2/61] BLOK, H.: Calculation of Surface Temperatures under Extreme-Pressure Lubrication Conditions. Royal Dutch Shell Laboratory Delft, Niederlande.

[2/62] NIEMANN, G., und H. RETTIG: Der FZG-Zahnradkurztest zur Prüfung von Getriebeölen. Erdöl und Kohle 7 (1954) S. 640–642.

[2/63] NIEMANN, G.: Maschinenelemente, Bd. 2. Berlin / Göttingen / Heidelberg: Springer 1960.

3 Getriebe-Entwurf

3.1 Vorläufige (überschlägige) Bestimmung der Getriebeabmessungen

In Abschn. 2.2, S. 96 bis 121 wurde gezeigt, welche Beanspruchungsarten am Zahnrad auftreten und welche Spannungsansätze üblicherweise zur Berechnung benutzt werden. Wir haben damit einen gewissen Überblick und wissen, welche Faktoren für die Tragfähigkeit von Zahnradgetrieben maßgebend sind. Diese Angaben nützen uns allerdings wenig beim *Entwerfen* eines Getriebes; nachfolgend soll deshalb hierfür ein Weg gezeigt werden.

Nachdem die Getriebeart, mit der man arbeiten will, gewählt ist (gerad- oder schrägverzahnte Stirnräder, Kegelräder oder Schneckentrieb usw.), ist es das Beste, alle Einzelheiten des Entwurfes zunächst zu

überspringen und als Erstes die Abmessungen der Räder überschlägig zu
bestimmen. Ist diese überschlägige Rechnung genügend genau, so kann
der Konstrukteur sämtliche Abmessungen festlegen. Eine Nachrechnung
des endgültigen Entwurfs – mit Hilfe der in Abschn. 3.5, S. 212 dargestellten genaueren Berechnungsformeln – wird dann nur noch geringfügige Korrekturen bringen.

3.11 Entwurfsdaten

Getriebe dienen zur Übertragung von Leistung zwischen zwei Wellen
und zur Umwandlung der Eingangsdrehzahl. Der Konstrukteur braucht
daher für den Entwurf folgende Angaben:

1. Zu übertragende Leistung,
2. Ritzeldrehzahl (oder Raddrehzahl),
3. gefordertes Übersetzungsverhältnis zwischen Eingangs- und Aus-
gangsdrehzahl.

Ferner sind für die Bemessung wichtig

4. Erforderliche Lebensdauer der Zahnräder und Verwendungszweck
des Getriebes (stationär, Fahrzeug, Fahrzeugart usw.).

Die Radabmessungen werden häufig auch weitgehend durch die Ge-
samtkonstruktion bestimmt. So liegen in manchen Fällen Außenabmes-
sungen, Baulänge o. ä. bereits von der Konstruktionsseite her fest. Vor
Beginn ist also zu klären, ob derartige *einschränkende Vorschriften* bestehen.

Oft ist es sehr schwierig, die *tatsächlich* zu übertragende Leistung
zu bestimmen. Betrachten wir als Beispiel ein Getriebe, das von einem
10-PS-Motor angetrieben wird:

Nur in einigen Anwendungsgebieten wird der Motor wirklich dauernd
mit seiner Nennleistung von 10 PS laufen. An anderer Stelle ist er vielleicht nur zeitweise in Betrieb und läuft nur mit Teillast. In wieder anderen Fällen kommt es vor, daß der gleichstarke Motor jeden Tag beim
Anlaufen der Maschinen kurzzeitig mit 20 PS belastet wird.

Dieses Beispiel zeigt, daß der Getriebekonstrukteur zunächst genaue
Angaben über die wirklich auftretenden Belastungen braucht. Dabei muß
die *Antriebs-* und auch die *Abtriebsseite* berücksichtigt werden. Es gibt
Fälle, in denen der Abtrieb kurzzeitig blockiert wird oder schwere Stöße
erfährt. Hierbei können Drehmomente auftreten, die den mehrfachen
Betrag des größten Motordrehmomentes erreichen.

Wenn Leistung und Drehzahlen während des Betriebes stark ver-
änderlich sind, wird der Konstrukteur versuchen, die Daten auf einfache
Bedingungen zurückzuführen. Als erstes muß die zu erwartende *größte
Dauerbelastung* des Getriebes bestimmt werden. Dann ist das *größte*

vorkommende *Drehmoment* zu ermitteln, das wahrscheinlich nur kurzzeitig wirkt. Bei vielen Entwürfen wird die Festigkeitsrechnung nur für diese beiden Belastungen durchgeführt. In einigen Fällen muß allerdings noch eine *mittlere Laststufe* berücksichtigt werden, die zwar niedriger ist als die Höchstlast, jedoch kürzere Zeit wirkt als die Dauerlast. Hier müssen die Spannungen auch noch für die mittlere Belastung berechnet werden.

3.12 Bestimmung der Hauptabmessungen gerad- und schrägverzahnter Stirnräder

(*Q-Faktor-Methode*)

Nachdem man sich über die oben besprochenen Entwurfsdaten Klarheit verschafft hat, können die Getriebeabmessungen *überschlägig* nach der „Q-Faktor-Methode" bestimmt werden (Bezeichnungen s. Tab. 3/1).

Tabelle 3/1. Bezeichnungen zu Abschn. 3.1
Wenn andere als die hier genannten Dimensionen verwendet werden, so ist dies im Text besonders angegeben

a	mm	Achsabstand
b	mm	Zahnbreite (in Achsrichtung)
d_{b1}	mm	Wälzkreisdurchmesser des Ritzels
d_{m1}	mm	Mittenkreisdurchmesser der Schnecke
HB	kg/mm²	Brinellhärte
HRC	—	Rockwellhärte C
i	—	Übersetzungsverhältnis $= n_1/n_2 = z_2/z_1$
m	mm	Modul (im Teilkreis)
N	PS	Leistung
n	U/min	Drehzahl
P	kg	Umfangskraft im Wälzkreis
R_a	mm	Äußere Teilkegellänge
z	—	Zähnezahl
	lbs/sq in	1 Pfund / Quadratzoll $= 0{,}000\,703\,073$ kg/mm²

Indizes

1	Ritzel (Kleinrad)
2	Rad (Großrad)
b	Betriebswälzkreis

Dieses Verfahren wurde ursprünglich [3/92] für die Schätzung von Getriebegewichten entwickelt. Es kann aber auch für die näherungsweise Bestimmung von Achsabstand und Zahnbreite verwendet werden.

Leistung, Drehzahl und *Übersetzungsverhältnis* werden hierbei durch eine einzige Zahl ausgedrückt. Wir wollen diese Größe mit dem Buchstaben Q bezeichnen, was von dem englischen Wort für Menge (quantity) herrührt.

$$Q\text{-Faktor} = \frac{N}{n_1} \; \frac{(i+1)^3}{i} \; \frac{[\text{PS}]}{[\text{U/min}]} \; . \tag{3/1}$$

Zur einfacheren Bestimmung von Q wurde die Größe von $(i + 1)^3/i$, die in Gl. (3/1) enthalten ist, für verschiedene Übersetzungsverhältnisse in Tab. 3/2 angegeben.

Tabelle 3/2. Faktor $(i + 1)^3/i$ aus Gl. (3/1) für einstufige Getriebe

Übersetzungs- verhältnis i	Faktor $(i + 1)^3/i$	Übersetzungs- verhältnis i	Faktor $(i + 1)^3/i$
1,00	8,000	3,00	21,333
1,20	8,873	3,50	26,036
1,40	9,874	4,00	31,250
1,60	10,985	4,50	36,972
1,80	12,195	5,00	43,200
2,00	13,500	6,00	57,167
2,20	14,895	7,00	73,143
2,40	16,377	8,00	91,125
2,60	17,945	9,00	111,11
2,80	19,597	10,00	133,10

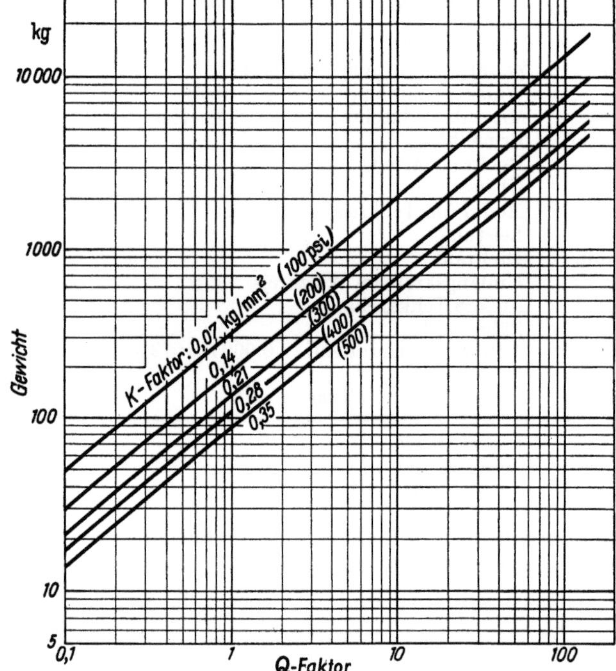

Abb. 3/1. Gewichte einstufiger Getriebe bei verschiedenen spezifischen Zahnbelastungen (K-Faktoren); Mittelwerte für normale Konstruktionen (Seriengetriebe)

In Abb. 3/1 und 3/2 sind die durchschnittlichen Gewichte kompletter einstufiger Getriebe abhängig von der Größe des Q-Faktors aufgetragen.

Der erforderliche *Achsabstand* und die *Zahnbreite* können aus dem Q-Faktor ermittelt werden, sobald die spezifische Belastung bekannt ist. Als Maß für die spezifische Belastung gerad- und schrägverzahnter Stirn-

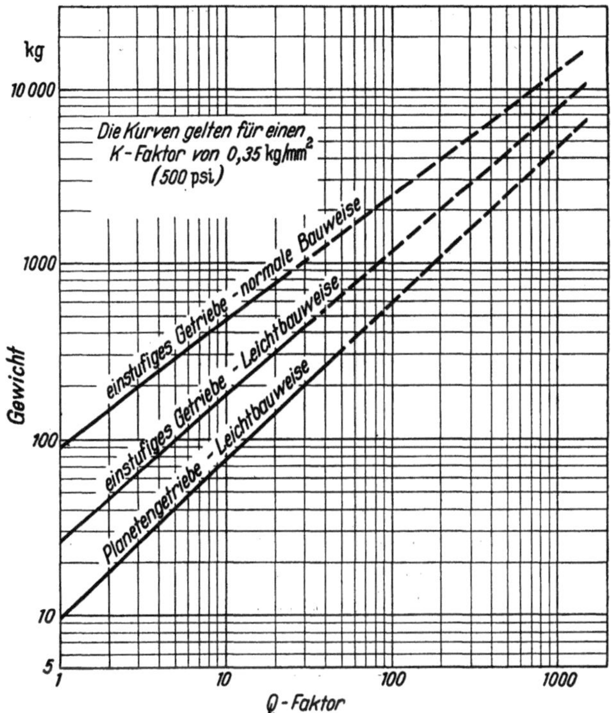

Abb. 3/2. Vergleich der Gewichte von Getrieben verschiedener Konstruktion

räder eignet sich der K-Faktor, der nach Gl. (2/167) wie folgt definiert ist

$$K\text{-Faktor} = \frac{P}{b\,d_{b1}}\left(\frac{i+1}{i}\right).$$
(3/2)

Der in Deutschland vielfach gebräuchliche Lastwert $B = P/(b\,d_{b1})$ hängt demnach mit dem hier verwendeten K-Faktor folgendermaßen zusammen:

$$K\text{-Faktor} = B\left(\frac{i+1}{i}\right).$$
(3/3)

Sobald der K-Faktor gewählt ist (Hinweise hierzu s. S. 127), können die Hauptabmessungen des Getriebes aus nachstehender Gleichung bestimmt werden:

$$b\,d_{b1}^{2}\,[\text{mm}^3] = \frac{1{,}432 \cdot 10^6 \cdot Q\text{-Faktor}}{(i+1)^2 \cdot K\text{-Faktor}} \frac{\left[\dfrac{\text{PS}}{\text{U/min}}\right]}{[\text{kg/mm}^2]}.$$
(3/4)

Durch Umformung mit $d_{b1} = 2a/(i + 1)$, folgt hieraus

$$b\,a^2\,[\mathrm{mm}^3] = \frac{358 \cdot 10^3 \cdot Q\text{-Faktor}}{K\text{-Faktor}}\; \frac{\left[\dfrac{\mathrm{PS}}{\mathrm{U/min}}\right]}{[\mathrm{kg/mm^2}]}\,. \qquad (3/5)$$

Liegt der Achsabstand a durch vorgegebene Gehäuseabmessungen fest, so kann hiernach die erforderliche Zahnbreite b berechnet werden und umgekehrt. Soll der Achsabstand möglichst klein gehalten werden, so muß entschieden werden, welches Verhältnis „Breite zu Durchmesser" (b/d_{b1}) noch zulässig ist.

Im allgemeinen wird man die Breite nicht größer als den Ritzeldurchmesser wählen $(b/d_{b1} = 1)$. Bei größerer Breite macht sich die Verdrillung des Ritzels bereits bemerkbar, was sich darin äußert, daß die Verzahnung einseitig trägt. (Man kann wesentlich größere Breiten anwenden, wenn man den Schrägungswinkel so korrigiert, daß die Verdrillung ausgeglichen wird – vgl. hierzu Abschn. 9.3, S. 529.

In vielen Anwendungsgebieten ist die *nutzbare* Zahnbreite aber kleiner als der Ritzeldurchmesser. Flankenrichtungsfehler, Abweichungen von der Wellenparallelität, Nachgiebigkeit der Lagerung sind die Hauptursachen dafür, daß nur ein Teil der Zahnbreite trägt. In diesen Fällen ist es also zweckmäßig, das Verhältnis b/d_{b1} beim Entwurf *kleiner* als 1 zu wählen. Einige Anhaltswerte sind in Tab. 3/3 zusammengestellt. Mit bekanntem b/d_{b1} kann der erforderliche Achsabstand dann aus folgender Gleichung bestimmt werden:

$$a^3\,[\mathrm{mm}^3] = \frac{179 \cdot 10^3\,(i + 1) \cdot Q\text{-Faktor}}{b/d_{b1} \cdot K\text{-Faktor}}\; \frac{\left[\dfrac{\mathrm{PS}}{\mathrm{U/min}}\right]}{[\mathrm{kg/mm^2}]}\,. \qquad (3/6)$$

Tabelle 3/3. Ausgeführte Verhältnisse b/d_{b1} bei Stirnradgetrieben
Bei Pfeilverzahnung (Doppelschrägverzahnung) gilt der angegebene Wert für eine Hälfte der Verzahnung

Verzahnung und Lagerung	b/d_{b1}
normale Räder, beidseitig gelagert	$\leqq 0,5$
genaue Verzahnung, starre und genaue Lagerung	$\leqq 1,0$
Turbinengetriebe, Räder hoher Genauigkeit und Schrägungswinkelkorrektur	$\leqq 2$
einseitige (fliegende) Lagerung	$\leqq 0,4$

Kleinere Werte bei nachgiebiger oder ungenauer Lagerung (Fehler in der Achsparallelität) oder ungenauer Verzahnung (Flankenrichtungsfehler)

In doppel-schrägverzahnten Rädern kann die Zahnbreite *doppelt* so groß sein wie bei Gerad- oder Einfachschrägverzahnung, ehe Verdrehung des Ritzels und Durchbiegung der Zähne die Lastverteilung längs des Zahnes wesentlich beeinflussen. Dies folgt daraus, daß doppel-schrägverzahnte Ritzel sich unter Last axial verschieben, so daß die Last immer je zur Hälfte auf die beiden Verzahnungshälften aufgeteilt wird.

Nach Bestimmung des Achsabstandes erhält man die Wälzkreisdurchmesser aus Gl. (2/13), S. 46:

$$d_{b1} = \frac{2\,a}{i+1}\,; \quad d_{b2} = i\,d_1\,. \tag{3/7}$$

Zulässige K-Faktoren. Genau genommen ist der K-Faktor nur ein Näherungsmaß für die *Flanken*tragfähigkeit (Wälzfestigkeit) der Verzahnung, denn die HERTZsche Pressung ist eine Funktion der Quadratwurzel des K-Faktors [Gl. (2/166), S. 111)]. Tatsächlich ist die Tragfähigkeit in vielen Fällen aber von der *Zahnfuß*festigkeit oder der *Freß*festigkeit oder der Wärmebelastbarkeit begrenzt.

Man wird also fragen, ob es zulässig ist, in allen Fällen bei der Dimensionierung vom K-Faktor auszugehen. Diese Frage soll zunächst geprüft werden.

Zahnräder aus *weichem* und *mittelhartem* Stahl[1] haben in den meisten Fällen eine größere Zahnfußtragfähigkeit als Widerstandsfähigkeit gegen Grübchenbildung, d. h. Flankentragfähigkeit. Die Flankentragfähigkeit ist also die maßgebende Grenze, die die Belastungshöhe der Verzahnung bestimmt. Wenn allerdings ein sehr dünnflüssiges Öl benutzt wird, oder wenn die Kühlung ungenügend ist, kann auch Fressen für die Tragfähigkeit maßgebend sein. Im allgemeinen wird es jedoch möglich sein, ein genügend zähes Öl vorzuschreiben und die Kühlung so leistungsfähig zu machen, daß die Wälzfestigkeit des Werkstoffes voll ausgenutzt wird. Auch durch Verwendung von Hochdruckschmiermitteln (d. h. Zusatz chemisch aktiver Mittel) kann die Freßlastgrenze weit hinausgeschoben werden; Schmieröl und Kühleinrichtungen aber sind im allgemeinen billiger als reichlicher bemessene Räder. In diesen Fällen ist die Rechnung mit dem K-Faktor sinnvoll.

Bei *gehärteten* Zahnrädern kann die Zahnfußfestigkeit ebenso wichtig wie die Flankenfestigkeit sein; vielfach wird die Fußfestigkeit sogar für die Tragfähigkeitsgrenze allein bestimmend sein. Wenn möglich sollte der Konstrukteur allerdings seine Verzahnung so wählen, daß die Flankentragfähigkeit genau so groß ist wie die Fußtragfähigkeit; dann ist die Verzahnung gut ausgeglichen. – Auch hierbei wäre die Rechnung mit dem K-Faktor also berechtigt.

Aber selbst in dem Fall, daß die Flankentragfähigkeit höher ist als die Zahnfußtragfähigkeit, der bei gehärteten Verzahnungen häufig vorliegt, d. h. wenn die Zahnfußtragfähigkeit die maßgebende Leistungsgrenze

---

[1] Mittelhart heißt: HB $\approx$ 260 bis 340 kg/mm².

bildet, kann man mit dem K-Faktor rechnen, indem man diesen niedriger ansetzt als der Flankenhärte entspricht.

Wenn man diese Zusammenhänge im Auge behält, ist es möglich, zulässige K-Faktoren als Maß für die ertragbare Beanspruchung oder spezifischen Belastung gerad- und schrägverzahnter Stirnräder zu benutzen. Tab. 3/4 enthält eine Zusammenstellung von K-Faktoren für ausgeführte Stirnradgetriebe der verschiedensten Anwendungsgebiete. Diese Werte wurden aus der *wirklich* übertragenen Leistung und nicht aus der Nennleistung der Antriebsmaschine errechnet.

Bei einigen Getriebearten besteht die Tendenz, mit *zunehmender* Baugröße und Umfangsgeschwindigkeit, *geringere* Tragfähigkeiten zuzulassen. Das gilt insbesondere für Getriebe mit Schrägstirnrädern geringerer Genauigkeit bei Umfangsgeschwindigkeiten unter 20 m/s. Die in Tab. 3/4 angeführten K-Faktoren für Getriebe allgemeiner Zwecke zeigen den Einfluß der Umfangsgeschwindigkeit.

Dagegen läßt man bei (genaueren) schrägverzahnten Stirnrädern für Generatorenantrieb einen K-Faktor von 0,077 kg/mm² zu, *ganz gleich*, ob das Ritzel 25 oder 250 mm Durchmesser hat. Ebenso wird derselbe K-Faktor (0,077 kg/mm²) sowohl bei 20 m/s als auch bei 50 m/s Umfangsgeschwindigkeit zugelassen. Näheres über den Einfluß der Geschwindigkeit auf die Tragfähigkeit s. Abschn. 3.51, S. 215 und Abschn. 3.62, S. 259.

Die Zahlenwerte von Tab. 3/4 sollten mit Vorsicht benutzt werden. Die aus den angegebenen K-Faktoren errechneten Belastungen können nur dann sicher übertragen werden, wenn die konstruktive Gestaltung der Getriebe in Ordnung ist, wenn die erforderliche Verzahnungsgenauigkeit gewährleistet ist (s. hierzu Abschn. 3.2, S. 135) und geeigneter Werkstoff verwendet wird (Werkstoffe s. S. 266 f.). Getriebe, die nach diesen K-Faktoren entworfen werden, sollten immer noch durch genauere Berechnungen überprüft werden, um sicher zu gehen, daß sämtliche Beanspruchungsgrenzen eingehalten werden (s. Abschn. 3.5, S. 212).

3.13 Bestimmung der Hauptabmessungen von Kegelrädern
(*Q-Faktor-Methode*)

Auch die Abmessungen von Kegelrädern können nach der Q-Faktor-Methode überschlägig bestimmt werden. Bis jetzt wurde dieses Verfahren allerdings nur von Dudley und einigen seiner Mitarbeiter angewendet. Es scheint aber durchaus brauchbar zu sein, wenn es auch nicht so zuverlässige Ergebnisse liefert wie bei gerad- und schrägverzahnten Stirnrädern.

Das Kegelrad neigt stärker als Räder auf parallelen Wellen dazu, bei Belastung seine Lage zu ändern. Es ist daher im allgemeinen nötig, die Zahnflanken so zu korrigieren, daß die Enden *unbelastet* bleiben, d. h.

Tabelle 3/4. K-Faktoren ausgeführter Getriebe

Verwendung	Ritzel		Rad		Umfangs-geschwin-digkeit m/s	K-Faktor	
	Werkstoff	Brinellhärte kg/mm²	Werkstoff	Brinellhärte kg/mm²		kg/mm²	lbs/sq in
Antrieb: Turbine Abtrieb: Generator	Stahl	225	Stahl	180	20 und mehr	0,077	110
Antrieb: Verbrennungsmotor Abtrieb: Kompressor	Stahl	225	Stahl	180	20 und mehr	0,044	63
Antrieb: Turbine Abtrieb: Kolbenpumpe	Stahl	225	Stahl	180	20 und mehr	0,039	55
allgemein	Stahl	575	Stahl	575	5	0,385	550
allgemein	Stahl	350	Stahl	300	5	0,245	350
allgemein	Stahl	210	Stahl	180	5	0,120	170
allgemein	Stahl	575	Stahl	575	15	0,335	475
allgemein	Stahl	350	Stahl	300	15	0,195	275
allgemein	Stahl	210	Stahl	180	15	0,090	125
Flugzeug – einfaches Vorgelege	Stahl	mindestens HRC = 58[1]	Stahl	mindestens HRC = 58[1]	15 -50	0,700 beim Start	1000
Flugzeug – Planetengetriebe	Stahl	mindestens HRC = 58[1]	Stahl	mindestens HRC = 58[1]	15 —50	0,420	600
Kraftfahrzeug-Getriebe	Stahl	mindestens HRC = 58[1]	Stahl	mindestens HRC = 58[1]	im 1. Gang	1,05	1500
Kleine Getriebe für allgemeinen Maschinenbau	Stahl	350	Hartgewebe[2]	—	unter 5	0,053	75
Kleine Getriebe für allgemeinen Maschinenbau	Stahl	350	Polyamid[3]	—	unter 5	0,035	50
Kleines Gerät	Stahl	200	Zinklegierung	—	unter 3	0,018	25
Kleines Gerät	Stahl	200	Messing od. Aluminium	—	unter 3	0,018	25
Kleines Gerät	Messing od. Aluminium	—	Messing od. Aluminium	—	unter 3	0,011	15

[1] Rockwellhärte C   [2] Phenolharz–Hartgewebe; Handelsnamen s. S. 321.
[3] Handelsnamen s. S. 324.

daß die Last etwa in Mitte Zahnbreite konzentriert wird. So kann eine gewisse Verschiebung und Durchbiegung der Wellen zugelassen werden, ohne daß die Verzahnung extrem einseitig (an einem Zahnende) trägt. Infolge dieser Eigenschaft ist es schwierig, die Tragfähigkeit von Kegelrädern mittels einer einfachen Formel genügend genau zu bestimmen.

Wir benutzen für Kegeltriebe, die bereits auf S. 125 angeführte Gl. (3/4):

$$b\,d_{b_1}^2\,[\text{mm}^3] = \frac{1{,}432 \cdot 10^6 \cdot Q\text{-Faktor}}{(i+1)^2 \cdot K\text{-Faktor}} \, \frac{\left[\dfrac{\text{PS}}{\text{U/min}}\right]}{[\text{kg/mm}^2]} \, . \tag{3/8}$$

Diese Formel kann für Kegelräder *und* Stirnräder angewendet werden. Sie wird zweckmäßigerweise benutzt, wenn die Entwurfsdaten auf einen Q-Faktor reduziert worden sind, aber noch nicht festliegt, ob Stirnräder oder Kegelräder angewendet werden sollen. Mit Hilfe der Gleichung kann man die Größe beider Getriebetypen schnell abschätzen.

Der K-Faktor in Gl. (3/8) ist der gleiche Wert, der schon bei der Berechnung der Stirnräder benutzt wurde. Vielfach muß man jedoch *niedrigere* Werte als die aus Tab. 3/4 anwenden, um den Besonderheiten bei Kegeltrieben Rechnung zu tragen. Wenn beispielsweise die Lagerung nicht so ausgeführt werden kann, daß bei Vollast ein ordentliches Tragbild gewährleistet ist, muß der K-Faktor herabgesetzt werden.

Tabelle 3/5. K-Faktoren ausgeführter Kegeltriebe in kg/mm²

Ritzeldurchmesser[1] [mm]	Umfangsgeschwindigkeit [m/s]		
	5	20	50
Fall 1: Gehärtete Kegelräder mit Bogenverzahnung. Härte HRC = 60			
25	1,20		
100	0,60	0,35	0,28
250	0,32	0,23	0,16
Fall 2: Kegelräder mit Bogenverzahnung. Ritzel Härte HB = 245 kg/mm²			
Rad Härte HB = 210 kg/mm²			
25	0,21		
100	0,105	0,060	0,049
250	0,056	0,039	0,028
Fall 3: Gehärtete Zerolkegelräder. Härte HRC 60			
25	0,84		
100	0,42	0,25	0,20
250	0,21	0,16	0,11

[1] Großer Durchmesser des Teilkegels.

Ebenso wie bei den Stirnradgetrieben besteht auch beim Entwurf von Kegelrädern die Tendenz, sowohl mit zunehmenden Ritzelabmessungen als auch mit steigenden Umfangsgeschwindigkeiten geringere Tragfähigkeiten zuzulassen.

Tab. 3/5 zeigt hierzu Ergebnisse von Untersuchungen über die Größe des K-Faktors bei Kegelrädern. Dabei wurde von den üblicherweise angewendeten Berechnungsformeln ausgegangen. Die angegebenen Werte stellen *Mittelwerte* aus Konstruktionen verschiedener Übersetzungsverhältnisse dar. Es wurde gleichförmiger Antrieb und konstantes Abtriebsmoment zugrunde gelegt, wie z. B. bei einem Getriebe zwischen Turbine und Generator, die mit konstanter Belastung laufen.

Wenn von vornherein feststeht, daß ein Kegeltrieb gewählt wird, so ist es unnötig, erst den Q-Faktor zu berechnen. Gl. (3/8) kann dann folgendermaßen zusammengefaßt werden:

$$\boxed{\,b\,d_{01}^{2}\,[\mathrm{mm}^{3}] = \frac{1{,}432 \cdot 10^{6} \cdot N}{n_{1} \cdot K\text{-Faktor}}\,\frac{(i+1)}{i}\,\frac{[\mathrm{PS}]}{[\mathrm{U/min}][\mathrm{kg/mm}^{2}]}\cdot\,} \qquad (3/9)$$

Führt man das Verhältnis $(b/d_{01})^{1}$ ein, so erhält man schließlich folgende Formel:

$$\boxed{\,d_{01}^{3}\,[\mathrm{mm}^{3}] = \frac{1{,}432 \cdot 10^{6} \cdot N}{(b/d_{01})\,n_{1} \cdot K\text{-Faktor}}\,\frac{(i+1)}{i}\,\frac{[\mathrm{PS}]}{[\mathrm{U/min}][\mathrm{kg/mm}^{2}]}\cdot\,} \qquad (3/10)$$

Um die Gleichung lösen zu können, muß das Verhältnis b/d_{01} bekannt sein. Die Gleason-Werke empfehlen, die Zahnbreite von gerad- und bogenverzahnten Kegelrädern nicht größer als 0,3 mal der äußeren Teilkegellänge R_{a} (vgl. Abb. 2/30, S. 76) oder 10 mal Modul zu machen. Bei Zerolkegelrädern sollte man eine Zahnbreite von $0{,}25\,R_{a}$ nicht überschreiten. Diese Empfehlungen werden im Getriebebau allgemein eingehalten.

Tab. 3/6 zeigt, wie sich die obigen Bedingungen auf den zulässigen Wert b/d_{01} des Ritzels für verschiedene Übersetzungsverhältnisse auswirken; hierbei ist ein Achswinkel von $90°$ zugrunde gelegt.

Es sei nochmals besonders darauf hingewiesen, daß mit d_{01} bei Kegelrädern stets der größte Teilkreisdurchmesser (am äußeren Ende des Kegels) bezeichnet wird.

Man erkennt aus Tab. 3/6, daß die Zahnbreite bei kleinen Übersetzungsverhältnissen im allgemeinen durch die *Teilkegellänge* begrenzt ist. Bei hohen Übersetzungsverhältnissen ist dagegen meist der *Modul* für die zulässige Zahnbreite maßgebend. Mit Hilfe der Werte aus Tab. 3/6 kann die Gl. (3/10) gelöst, d. h. die Hauptabmessungen des Kegeltriebes können damit bestimmt werden. Dabei ist zu beachten, daß stets die *kleinere*, der sich aus beiden Vorschriften ergebenden Zahnbreiten einzusetzen ist.

---

[1] Statt d_{b1} wird jetzt d_{01} gesetzt, da bei Kegelrädern ausschließlich Null- oder V-Null-Verzahnung angewendet wird.

Tabelle 3/6. Für Kegelritzel zulässiges Breitenverhältnis b/d_{01} bei $90°$ Achswinkel

Übersetzungs-verhältnis i	größtzulässiges Verhältnis b/d_{01}				
	Vorschrift $b \leqq 0{,}3\,R_a$	Vorschrift $b \leqq 0{,}25\,R_a$ (Zerol-Verz.)	Vorschrift $b \leqq 10$ m		
			$z_1 = 15$	$z_1 = 20$	$z_1 = 25$
1	0,212	0,177	0,667	0,500	0,400
1,5	0,270	0,225			
2	0,335	0,279			
3	0,474	0,395			
4	0,618	0,515			
5	0,765	0,637			
6	0,912	0,760			
7	1,061	0,885			

Maßgebend ist stets der kleinere, der sich aus den beiden Vorschriften ergebenden Werte.

Da die in Tab. 3/5 angeführten K-Faktoren von dem vorerst unbekannten d_{01} abhängen, muß die Größe von d_{01} zunächst abgeschätzt werden. Die Rechnung mit Gl. (3/10) zeigt dann, ob der K-Faktor aus dem richtigen Durchmesserbereich gewählt wurde. Eventuell muß die Rechnung mit einem korrigierten K-Faktor wiederholt werden.

3.14 Bestimmung der Hauptabmessungen von achsversetzten Kegelrädern

Als allgemeine Regel kann man annehmen, daß ein Kegelschraubritzel ungefähr dieselbe Tragfähigkeit wie ein gleich großes Kegelritzel besitzt. Da das Kegelschraubritzel aber – bei gleichem Übersetzungsverhältnis und gleich großem Tellerrad – einen größeren Durchmesser als das entsprechende Kegelritzel hat, kann ein Kegelschraubtrieb – bei gleichen Hauptabmessungen – mehr Leistung übertragen als der entsprechende Kegeltrieb. Infolge des dickeren Ritzels ist eine starrere Lagerung möglich, die Durchbiegungen der Ritzelwelle sind kleiner.

3.15 Bestimmung der Hauptabmessungen von Planradgetrieben

Planradtriebe können ähnlich wie geradverzahnte Kegelräder behandelt werden. Im allgemeinen ist für das Planrad aber nur eine geringere Zahnbreite möglich als maximal für einen Kegelradsatz mit gleichem Übersetzungsverhältnis zugelassen würde. (Näheres hierzu s. S. 82.)

3.16 Bestimmung der Hauptabmessungen von Schneckengetrieben
(*Tabellen für die Tragfähigkeit*)

Die Tragfähigkeit von Schneckentrieben ist weit schwerer voraus zu bestimmen als die von Stirn- und Kegelrädern. Wie wir gesehen haben, ist bei Stirn- und Kegelrädern in den meisten Fällen die Flankenfestigkeit (ertragbare Hertzsche Pressung) oder die Fußfestigkeit für die

Tragfähigkeit maßgebend. Die Freßtragfähigkeit bestimmt weit seltener die Größe eines Getriebes, abgesehen von zu schwach bemessenen Getrieben. Bei Schneckentrieben ist dagegen die durch Freßgefahr gebildete Leistungsgrenze *ebenso* wichtig für die Bestimmung der Tragfähigkeit wie die durch die Grübchenbildung gezogene Grenze. Da das Auftreten von Freßerscheinungen aber sowohl von der Flankenpressung als auch von der Reib- (oder Gleit-)Geschwindigkeit abhängt, kann eine Bemessungsformel nicht allein auf einem K-Faktor aufgebaut werden.

Die Größe eines Schneckentriebes kann jedoch mit genügender Genauigkeit aus einer Tabelle bestimmt werden, in der die Leistung abhängig vom Achsabstand für eine Reihe von Schneckendrehzahlen angegeben ist. So enthält Tab. 3/7 die Nenntragfähigkeit von *Zylinder*-schneckentrieben (Schnecke: Zylinder, Rad: Globoid, s. Abb. 1/24, S. 32) verschiedener Größe. Die Angaben gelten unter der Voraussetzung, daß die Schnecke einsatzgehärtet und auf mittlere Genauigkeit und Oberflächengüte geschliffen ist. Um die Tabellenwerte zu erreichen, sollte das Schneckenrad aus einer hochwertigen Hartguß-Phosphorbronze hergestellt und so sorgfältig bearbeitet sein, daß sich ein gutes Tragbild ergibt.

Tabelle 3/7. Tragfähigkeit von Zylinderschneckentrieben
(Schnecke: Zylinder; Rad: Globoid)
Die Leistungsangaben gelten nur, wenn keine Stoßbelastungen auftreten und die Laufzeit maximal 10 Stunden pro Tag beträgt. Bei 24stündigem Betrieb und mittlerer Stoßbelastung sind etwa 75% der angegebenen Werte anzunehmen

Über-setzungs-verhältnis i	Achs-abstand a [mm]	Teilkreis-$\emptyset$ der Schnecke [mm]	Schneckendrehzahl [U/min]				
			100	720	1 750	3 600	10 000
			Leistung [PS] bei verschiedenen Schneckendrehzahlen				
5	50	20,8	0,215	1,13	2,00	2,86	4,15
15	50	20,8	0,100	0,54	0,98	1,45	2,16
50	50	20,8	0,033	0,18	0,33	0,49	0,73
5	100	38,2	1,32	5,93	9,48	12,6	17,0
15	100	38,2	0,62	2,94	4,87	6,6	9,2
50	100	38,2	0,20	0,98	1,64	2,2	3,1
5	200	70,2	7,85	28,9	41,9	52,4	[1]
15	200	70,2	3,73	14,9	22,5	28,8	[1]
50	200	70,2	1,24	5,0	7,6	9,8	[1]
5	400	128	44,0	130	174	[1]	[1]
15	400	128	21,6	71,1	98,5	121	[1]
50	400	128	7,2	24,2	33,7	41,8	[1]
5	600	183	116	298	384	[1]	[1]
15	600	183	58	165	219	[1]	[1]
50	600	183	19	56	74	[1]	[1]

[1] Gleitgeschwindigkeit über 30 m/s.

Verschiedene Herstellerfirmen liefern zwar Schneckengetriebe, die eine doppelt
so hohe Tragfähigkeit haben, wie in der Tabelle angegeben ist; dies kann jedoch nur
durch Verwendung von Sonderwerkstoffen, sehr genaue Bearbeitung und Lagerung
von Schnecke und Rad erreicht werden. Umgekehrt wird man bei ungenaueren
Getrieben und ungünstigen Betriebsbedingungen (Stoßbelastung, Schwingungen,
Überhitzung usw.) oft nur erheblich geringere Tragfähigkeiten erzielen können, als
in Tab. 3/7 angegeben ist.

Die Nennleistungen von *Globoid*schneckentrieben (Ritzel: Globoid,
Rad: Globoid, s. Abb. 1/27, S. 34) sind in Tab. 3/8 zusammengestellt.
Es handelt sich um die bereits erwähnte Cone-Drive-Ausführung[1].

Tabelle 3/8. Tragfähigkeit von Globoidschneckentrieben
(Schnecke: Globoid; Rad: Globoid)
Die Leistungsangaben gelten nur, wenn keine Stoßbelastungen auftreten und die
Laufzeit maximal 10 Stunden pro Tag beträgt. Bei 24stündigem Betrieb und
mittlerer Stoßbelastung sind etwa 75% der angegebenen Werte anzunehmen

Über-setzungs-verhältnis i	Achs-abstand a [mm]	Teilkreis-⌀ der Schnecke [mm]	Schneckendrehzahl [U/min]				
			100	720	1 750	3 600	10 000
			Leistung [PS] bei verschiedenen Schneckendrehzahlen				
5	50	20,8	0,32	1,60	2,72	3,86	5,70
15	50	20,8	0,14	0,71	1,29	1,71	2,44
50	50	21,2	0,042	0,227	0,41	0,60	0,89
5	100	43,2	2,76	11,9	18,2	23,6	31,8
15	100	38,8	1,17	5,47	8,87	12,0	16,4
50	100	41,5	0,36	1,67	2,82	3,87	5,25
5	200	86,2	22,4	18,0	110	137	2
15	200	73,5	9,6	37,6	56,3	69,6	2
50	200	72,5	3,0	11,8	17,9	22,5	2
5	400	130	158	440	570	2	2
15	400	128	73	236	322	400	2
50	400	128	23	78	109	128	2
5	600	184	485	1244	1626	2	2
15	600	184	240	648	858	2	2
50	600	184	71	206	282	2	2

Die Leistungsangaben der Tab. 3/7 und 3/8 gehen von der „mechanischen" Belastungsgrenze aus, d. h. von der Leistung, die das Getriebe
übertragen kann, ohne daß übermäßiger *Flankenverschleiß* oder *Zahnbruch* auftritt, sofern der Trieb ausreichend gekühlt wird. In vielen
Fällen reicht allerdings die Kühlung des Gehäuses oder des Öles nicht
aus, um die durch Reibung an den Zahnflanken erzeugte Wärme abzuführen. In diesem Fall darf nicht bis an die „mechanische" Leistungsgrenze heran belastet werden, weil dann Überhitzungserscheinungen auf-

---

[1] Cone-Drive ist ein eingetragenes Warenzeichen der Firma Michigan Tool Co.;
Detroit, Michigan, USA.

[2] Gleitgeschwindigkeit über 30 m/s.

treten würden. Hier ist die Bestimmung einer „thermischen" Leistungsgrenze erforderlich. Dies ist die höchste Leistung, die der Schneckentrieb übertragen kann, ohne daß die *Betriebstemperatur* unzulässige Werte erreicht. Es ist einleuchtend, daß die Höhe der thermischen Leistung sowohl von Gehäuseform und -kühlung und dem Schmiersystem als auch von der Größe des Getriebes selbst abhängt (Abb. 3/3). Bei ausreichender Bemessung von Ölpumpen, Wärmetauschern und Öleinspritzdüsen sollte es allerdings möglich sein, jeden Schneckentrieb bis zu seiner mechanischen Höchstlast zu beanspruchen.

Auf S. 248 wird gezeigt, wie die thermische Leistungsgrenze von Zylinder- und Globoidschneckentrieben berechnet werden kann.

Die Tab. 3/7 und 3/8 enthalten auch Angaben über *Schneckendurchmesser*, die gute Erfahrungswerte darstellen. In vielen Fällen wird es jedoch

Abb. 3/3. Globoidschneckengetriebe (Typ Cone Drive) mit Kühlrippen zur Erhöhung der „thermischen" Leistung (Werkfoto: Michigan Tool Co.; Detroit, Michigan, USA)

nötig sein, eine hiervon abweichende Schneckengröße zu wählen. Oft liegt z. B. der Durchmesser der Welle, auf die die Schnecke aufgeschoben werden soll, fest und man käme zu Schnecken mit zu geringer Wandstärke, wenn man sich an die Tabellenwerte hielte; so benötigt man vielfach Schnecken für dicke Turbinenwellen, um damit die kleinen Schneckenräder von Ölpumpen oder Reglern anzutreiben. Auch derartige Schneckentriebe mit relativ sehr dicken Schnecken können so ausgelegt werden, daß sie zufriedenstellend arbeiten. Sie haben allerdings einen schlechteren Wirkungsgrad, als wenn die Abmessungen von Schnecke und Rad entsprechend Tab. 3/7 und 3/8 gewählt werden.

3.2 Genauigkeit und Flankenspiel
(*Verzahnungstoleranzen und -passungen*)

Die Verzahnungsfehler und Achsrichtungsfehler dürfen gewisse Grenzwerte nicht überschreiten. Die Größe dieser zulässigen Fehler hängt von den Anforderungen ab, die an das jeweilige Getriebe gestellt werden. Folgende Gesichtspunkte sind hierfür maßgebend (Bezeichnungen s. Tab. 3/9):

Tabelle 3/9. Bezeichnungen zu Abschn. 3.2
Wenn andere als die hier genannten Dimensionen verwendet werden, so ist dies im Text besonders angegeben.

a	mm	Achsabstand	f_p	μ	Profilfehler
A	μ, mm	Abmaß	f_w	μ	Zahnweitenfehler
d_0	mm	Teilkreis-Durchmesser	F_g	μ	Grundkreisfehler
f_a	μ	Achsabstandsfehler	F_i'	μ	Einflanken-Wälzfehler
f_e	μ	Eingriffsteilungsfehler	F_i''	μ	Zweiflanken-Wälzfehler
f_f	μ	Flankenformfehler	F_t	μ	Summenteilungsfehler
f_i'	μ	Einflanken-Wälzsprung	m	mm	Modul (im Teilkreis)
f_i''	μ	Zweiflanken-Wälzsprung	R	μ	Rauhtiefe nach DIN 4762
f_r	μ	Rundlauffehler	S_d	μ, mm	Verdrehflankenspiel
f_s	μ	Zahndickenfehler	t	mm	Teilung
f_β	μ	Flankenrichtungsfehler	z	—	Zähnezahl
f_t	μ	Einzelteilungsfehler	α_b	Grad	Betriebs-Eingriffswinkel
f_u	μ	Teilungssprung (der Eingriffsteilung und der Teilkreisteilung)	α_0	Grad	Teilkreis-Eingriffswinkel
			β	Grad	Schrägungswinkel

Indizes

a	Achsabstand, axial	u	untere(r) (s)
b	Betriebs-Wälzkreis	0	Teilkreis
o	obere(r) (s)	1	Ritzel (Kleinrad)
s	Zahndicke	2	Rad (Großrad)
w	Zahnweite		

1. Durch Verzahnungsfehler können insbesondere bei hohen Drehzahlen zu den vom Antrieb eingeleiteten und im Getriebe zu übertragenden Kräften zusätzliche *dynamische* Umfangskräfte treten, d. h. die Genauigkeit der Zahnräder beeinflußt die Tragfähigkeit.

2. Die *Laufruhe* der Zahnräder hängt weitgehend von der Genauigkeit der Verzahnung und des Gehäuses ab. Allerdings spielen auch eine Reihe anderer Faktoren eine Rolle für das Zahnradgeräusch (Wellenschwingungen, Drehmomentschwankungen, Zahnfrequenzen, Schrägungswinkel, Überdeckungsgrad usw.).

3. Die *Gleichförmigkeit* der Bewegungsübertragung, die für Steuergetriebe und Uhrwerke wichtig ist, wird durch Verzahnungsfehler gestört. Vielfach wird hierbei außerdem ein sehr kleines Verdrehflankenspiel für die gesamte Getriebekette zugelassen; auch hieraus folgt eine Begrenzung der Verzahnungsfehler.

4. Schließlich macht es der *Austauschbau* erforderlich, die Verzahnungs- und Einbaumaße innerhalb gewisser Grenzen zu halten.

Bei der Wahl der Toleranzen müssen folgende Anforderungen beachtet werden:

5. Die Toleranzen müssen so *groß* sein, daß sie mit den der jeweiligen Firma zur Verfügung stehenden Mitteln (Maschinen, Meßeinrichtungen, geschultes Personal) eingehalten werden können.

6. Die Toleranzen müssen so *eng* sein, daß die Zahnräder die unter Punkt 1 bis 4 genannten Anforderungen erfüllen.

7. Die Toleranzen sollen andererseits *nicht enger* gewählt werden *als notwendig*, da dies die Herstellung unnötig verteuern würde.

3.21 Prüfung der Zahnräder

Der Konstrukteur muß für die Abnahme das billigste Prüfverfahren vorschreiben, das die geforderte Radqualität noch gewährleistet. Im allgemeinen wird man sich mit einer Funktionsprüfung oder (evtl. zusätzlich) einer Sammelfehlerprüfung begnügen können. Bei Sonderanforderungen (z. B. Lehrzahnrädern) oder zur Einstellung der Maschinen ist teilweise Einzelfehlermessung erforderlich. – Liegt das Prüfverfahren fest, so werden dieses und die (für das betreffende Prüfverfahren gültigen) Toleranzangaben in der Zeichnung eingetragen.

Die genannten Prüfverfahren,

Funktionsprüfung,

Sammelfehlerprüfung,

Einzelfehlerprüfung

und ihr Anwendungsbereich sollen im folgenden erläutert werden.

Für Kegelräder, Schnecken und Schneckenräder sind bisher nur wenige Geräte verfügbar, die eine Sammel- oder Einzelfehlerprüfung ermöglichen. Man wird sich hierbei also durchweg auf die Funktionsprüfung beschränken.

Funktionsprüfungen (alle Getriebearten)

1. Für manche Anwendungsgebiete ist das *Abhorchen* eine gute Prüfmethode. Hierbei läuft das zu prüfende Radpaar mit geringer Belastung, möglichst bei Betriebsdrehzahl, kurzzeitig in einer Geräuschprüfmaschine. Ein Prüfer beurteilt das Geräusch (subjektive Prüfung).

2. Leistungsgetriebe werden teilweise dadurch geprüft, daß man sie eine bestimmte Zeit mit *Vollast* und Betriebsdrehzahl laufen läßt. Läuft das Getriebe bei diesem Probelauf ruhig und glätten sich die Zahnflanken, ohne daß nennenswerter Verschleiß auftritt, so kann man annehmen, daß das Getriebe auch im Dauerbetrieb zufriedenstellend arbeitet.

3. Bei Kontrollgetrieben und Steuergetrieben besteht die Prüfung vielfach darin, daß man das *Flankenspiel* in verschiedenen Stellungen mißt.

Sammelfehlerprüfung (Stirnräder). Mit den Sammelfehlerprüfverfahren wird festgestellt, wie sich die gesamten – am Zahnrad vorhandenen – Einzelfehler, die sich in ihrer Wirkung verstärken oder auch teilweise aufheben können, auf die Bewegungsübertragung auswirken.

Das Verfahren, das den wirklichen Übertragungsverhältnissen eines im Getriebe eingebauten Radpaares am besten entspricht, ist die *Einflankenwälzprüfung*. Hierbei wird gemessen, wie gleichförmig oder ungleichförmig die Drehbewegung vom Rad auf das Gegenrad übertragen wird. – Da bis heute jedoch keine betriebssicheren, für die Werkstatt geeigneten Einflankenwälzprüfgeräte auf dem Markt sind, kommt dieses – theoretisch richtige Prüfverfahren für die laufende Abnahmeprüfung kaum in Frage.

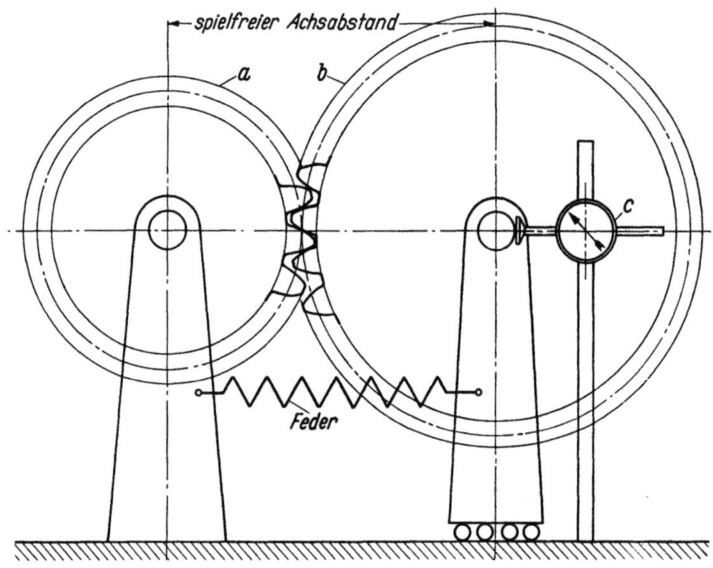

Abb. 3/4. Zweiflankenwälzprüfgerät (Schema). *a* Werkrad, *b* praktisch fehlerfreies Lehrzahnrad, *c* Meßuhr oder Schreibgerät. Fehler des Werkrades äußern sich als Achsabstandsänderung

In großem Maße angewendet wird das *Zweiflankenwälzprüf-Verfahren*. Ein Prüfgerät ist schematisch in Abb. 3/4 dargestellt. Das zu prüfende Rad wird dabei mit geringer Kraft radial gegen ein (nahezu) fehlerfreies Lehrzahnrad gedrückt. In diesem Zustand rollen beide spielfrei aufeinander ab. Die Fehler des Werkrades kommen hierbei in Achsabstandsveränderungen zum Ausdruck, die entweder auf einer Meßuhr abgelesen oder auf Diagrammpapier aufgezeichnet werden können (Abb. 3/5). Der Nachteil des Verfahrens besteht darin, daß während der Prüfung gleichzeitig Rechts- und Linksflanken zum Arbeiten kommen; das widerspricht der tatsächlichen Funktion des Zahnrades im Getriebe. – Da das Verfahren aber einfach ist und erprobte, betriebssichere Geräte zur Verfügung stehen, hat es sich trotzdem weitgehend durchgesetzt.

Einzelfehler, Profilkorrekturen und ihre Messung (Stirnräder). Die
Verzahnung eines Zahnrades wird durch eine Reihe von *Bestimmungs-*

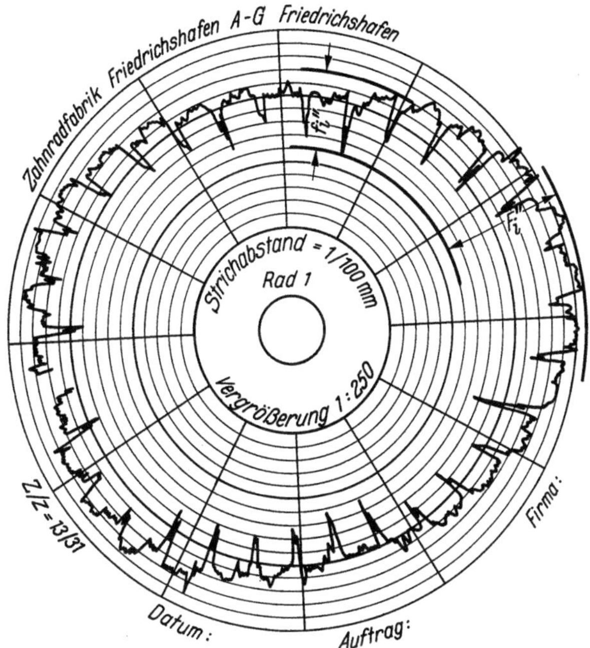

Abb. 3/5. Mit Zweiflankenwälzprüfgerät (nach Abb. 3/4) aufgenommenes Kreisdiagramm.
F_i'' Zweiflankenwälzfehler; f_i'' Zweiflankenwälzsprung

größen definiert, die je nach Verwendungszweck mit engerer oder weiterer Toleranz eingehalten werden müssen:

> Grundkreis und Eingriffswinkel,
> Flankenform und Oberflächenrauheit,
> Teilung und Eingriffsteilung,
> Zahndicke,
> Rundlauf (Konzentrizität der Verzahnung),
> Flankenrichtung (Schrägungswinkel),
> (Achsabstand des Gehäuses).

Zur Kennzeichnung einer Verzahnung ist ferner die Angabe von
Kopfkreis,- Fußkreis- und Formkreisdurchmesser[1] erforderlich. Meist
genügt es jedoch, wenn diese Maße mit verhältnismäßig *grober* Toleranz
eingehalten werden.

Die Abweichungen von den – theoretisch errechneten – Sollmaßen
der Bestimmungsgrößen nennen wir „Einzelfehler", deren Definition

---

[1] Definition s. S. 60.

Tabelle 3/10. Profilfehler (Grundkreis- und Flankenformfehler) und Profilkorrekturen

Fehler bzw. Korrektur	an der Verzahnung	im Evolventendiagramm
Grundkreis zu klein	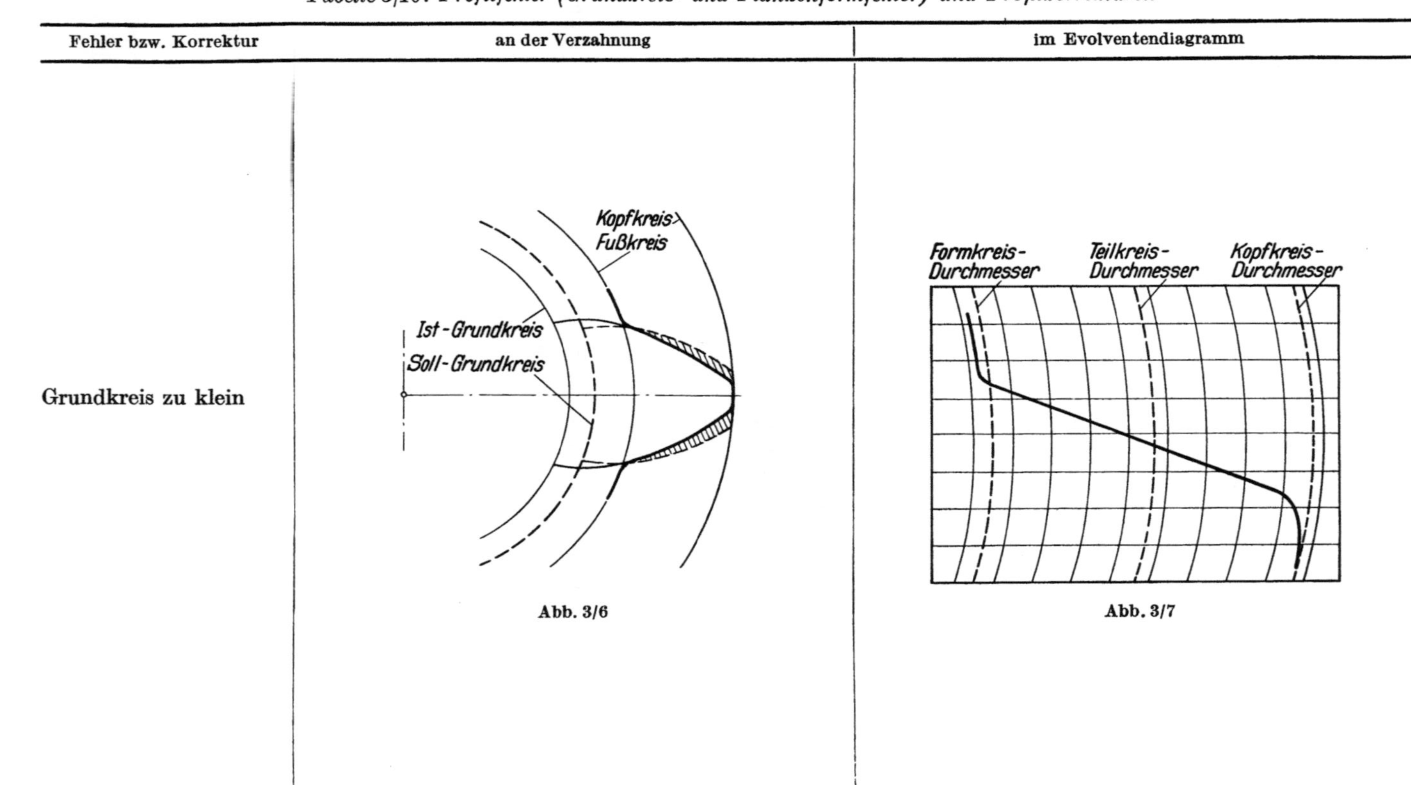	

Abb. 3/6   Abb. 3/7

Tabelle 3/10. (Fortsetzung)

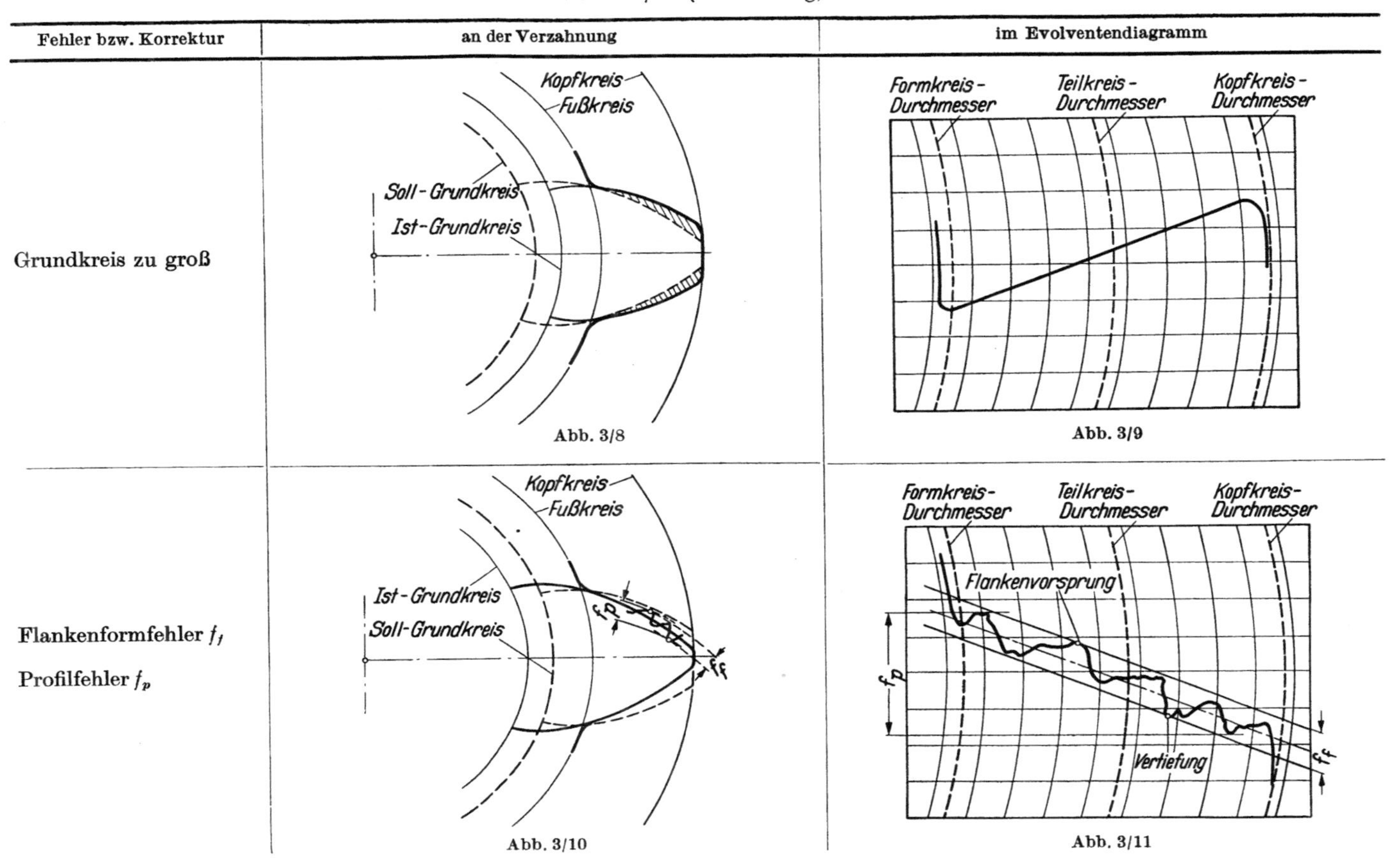

Fehler bzw. Korrektur	an der Verzahnung	im Evolventendiagramm
Grundkreis zu groß		
Flankenformfehler f_f Profilfehler f_p		

Tabelle 3/10. (Fortsetzung)

Fehler bzw. Korrektur	an der Verzahnung	im Evolventendiagramm
Kopfabrundung und Flankenrücknahme an Kopf und Fuß	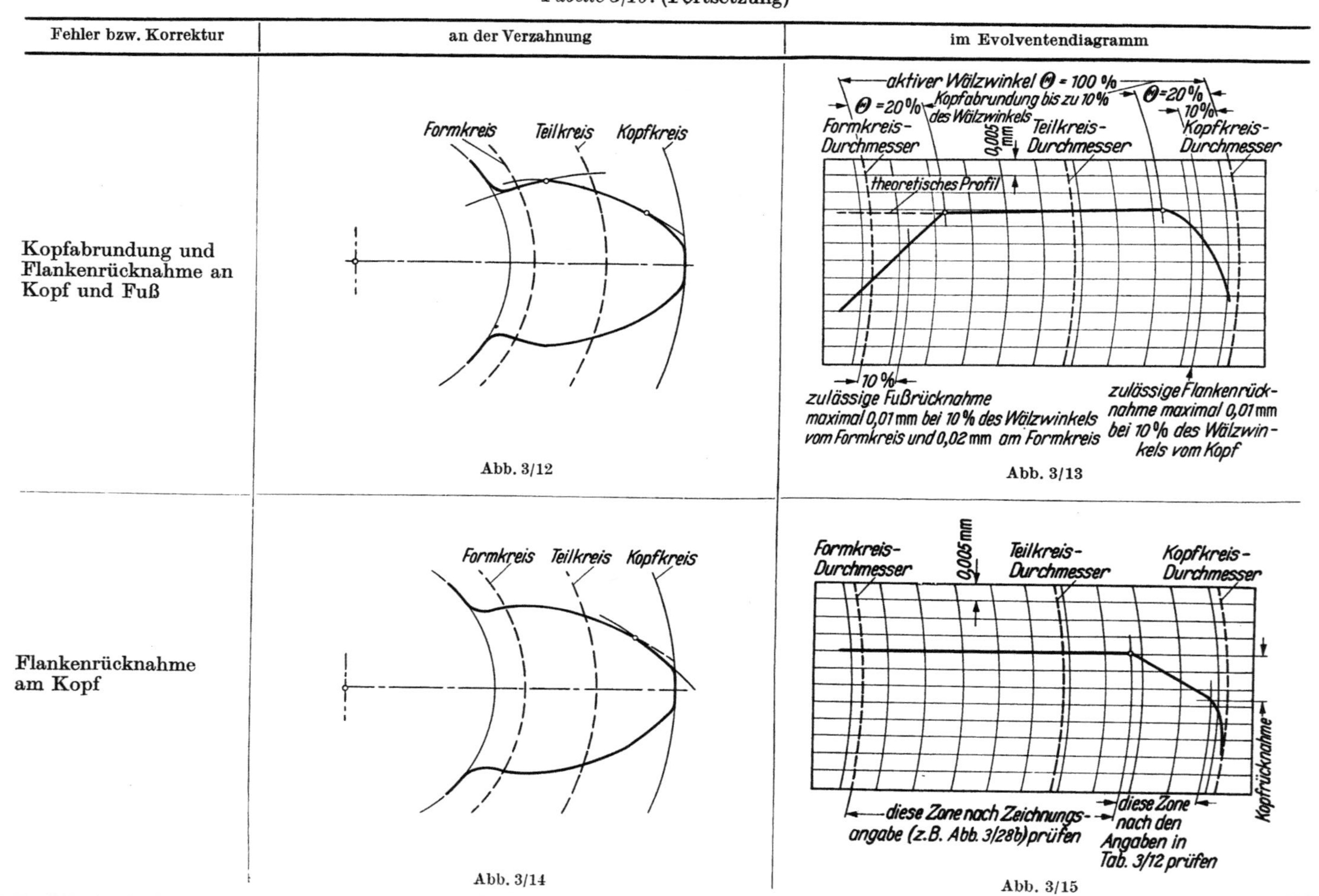 Abb. 3/12	Abb. 3/13
Flankenrücknahme am Kopf	Abb. 3/14	Abb. 3/15

und Messung nun kurz behandelt werden soll. Die Kenntnis dieser Einzelfehler ist insbesondere für den Hersteller wichtig zur richtigen Einstellung der Werkzeugmaschinen.

Grundkreisfehler. Durch den Grundkreis ist die Evolvente eindeutig festgelegt (Konstruktion s. Abb. 2/3, S. 38). Ist der Grundkreis eines Zahnrades *größer* als der Sollwert, so ist die Evolvente zu *steil*, ist er *kleiner* als der Sollwert, so verläuft sie zu *flach* (Abb. 3/8 und 3/6, Tab. 3/10). Der Unterschied zwischen Grundkreis des ausgeführten Rades und Sollwert ist der Grundkreisfehler. Wie aus Tab. 3/10, Abb. 3/6 und 3/8 hervorgeht, bestimmt die Größe des Grundkreisfehlers auch unmittelbar die Größe des *Eingriffswinkelfehlers*: Ein zu kleiner Grundkreis äußert sich in einem vergrößerten Eingriffswinkel und umgekehrt.

Grundkreis- und Eingriffswinkelfehler können mit einem *Evolventenprüfgerät* gemessen werden, dessen Arbeitsweise aus Abb. 3/16 hervorgeht. Bei theoretisch richtiger Evol-

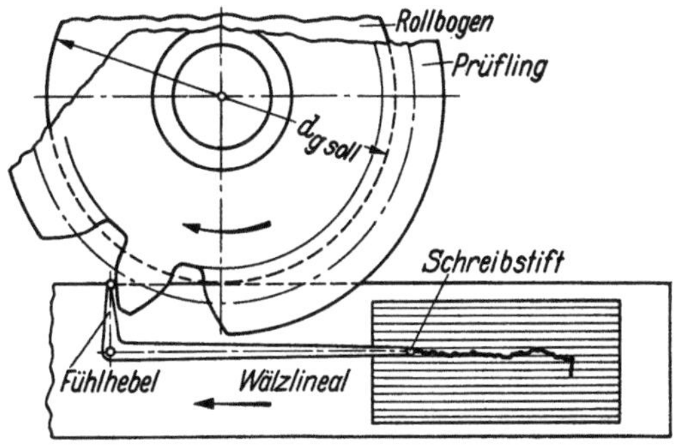

Abb. 3/16. Arbeitsweise des Evolventenprüfgerätes. Der Prüfling ist mit dem Rollbogen (dessen Durchmesser = Grundkreisdurchmesser $d_{g\,soll}$ ist) fest verbunden. Das an den Rollbogen angedrückte Wälzlineal wird tangential verschoben, wobei beide aufeinander abrollen

vente zeichnet das Gerät eine zu den Diagrammlinien parallele Gerade; die Neigung der aufgezeichneten Linie ist ein Maß für den Grundkreisfehler (bzw. Eingriffswinkelfehler) (s. Abb. 3/7 und 3/9 in Tab. 3/10).

Flankenformfehler. Hiermit bezeichnen wir die Abweichungen der Flankenform von der *Ist-Evolvente*, d. h. man erfaßt damit die der Evolvente überlagerten Welligkeiten und Oberflächenrauheiten (s. Abb. 3/10 und 3/11 in Tab. 3/10). Dabei ist es gleichgültig, ob der ausgeführte Grundkreis gleich dem Sollgrundkreis ist oder davon abweicht.

Profilfehler. Nach amerikanischer Praxis wird die gesamte Abweichung von der Soll-Evolvente als „Profilfehler f_p" bezeichnet. Der Profilfehler erfaßt also die Auswirkung von Grundkreisfehler und Flankenformfehler (s. Abb. 3/10 und 3/11 in Tab. 3/10).

Profilkorrekturen. Wie alle Profilfehler äußern sich auch *gewollte* Abweichungen von der Evolvente – wie z. B. Kopf- oder Fußzurücknahme oder gewollter Unterschnitt – im Evolventendiagramm als Abweichungen von der theoretisch richtigen Geraden. Wenn bestimmte Profilkorrekturen vorgeschrieben sind, so kann man diese also in Form eines Evolventendiagramms angeben (s. Abb. 3/13 und 3/15 in Tab. 3/10).

Teilungsfehler. Die Teilung ist eine wichtige Bestimmungsgröße des Zahnrades, denn Teilungsfehler haben im Getriebe den sogenannten Kanteneingriff zur Folge. Unter *Einzel*teilungsfehler verstehen wir die Abweichung *einer* an der Verzahnung gemessenen Teilung von dem Sollwert. Sie kann mit Geräten gemessen werden, die nach dem in Abb. 3/17a dargestellten Prinzip arbeiten. Im allgemeinen stellt man das Gerät so ein, daß die Fühlhebel die Flanken am Teilkreis berühren, mißt also die Teilkreisteilung. Hierbei steht das Meßgerät im Raum fest. Das Prüfrad ist auf einem Dorn drehbar gelagert und wird nach jeder Ablesung um eine Teilung weitergedreht. Üblicherweise werden die Fehler in einem Diagramm, ähnlich Abb. 3/18, grafisch dargestellt.

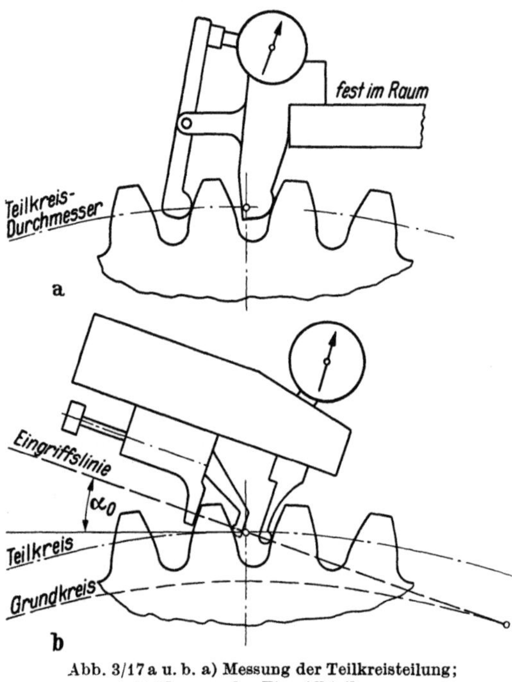

Abb. 3/17a u. b. a) Messung der Teilkreisteilung; b) Messung der Eingriffsteilung

Trägt man beispielsweise die Einzelteilungsfehler für 10 benachbarte Teilungen auf, so ergibt die Summe der Einzelteilfehler den sogenannten „*Summen*teilungsfehler" über 10 Zähne. Der größte an einem Rad auftretende Summenteilungsfehler wird „*Gesamt*teilungsfehler" genannt.

Bei großen Zähnezahlen (30 und mehr) kann der Summenteilungsfehler jedoch nur mit einem Theodoliten oder einem anderen Gerät, das eine exakte Winkelmessung ermöglicht, genau genug bestimmt werden. Die Addition der Einzelteilungsfehler entsprechend Abb. 3/18 würde infolge der unvermeidlichen Meßfehler zu einer Verfälschung des Summenteilungsfehlers führen.

Teilungssprung wird der Unterschied zweier aufeinanderfolgender Teilungen genannt (vgl. Abb. 3/18a).

Eingriffsteilungsfehler. Definition der Eingriffsteilung s. Abb. 2/5, S. 41, und zugehörigen Text. Für die Messung verwendet man meist Fühlhebelgeräte nach Abb. 3/17b.

Im Gegensatz zur Teilungsmessung ist die Eingriffsteilungsmessung von der Exzentrizität *unabhängig*.

Wenn die Zahnräder im Wälzverfahren hergestellt sind, ist der Eingriffsteilungsfehler durch die Werkzeuggenauigkeit bestimmt. Bei ungenau arbeitenden Maschinen können aber trotz hoher Genauigkeit der Eingriffsteilung beträchtliche Teilungsfehler auftreten.

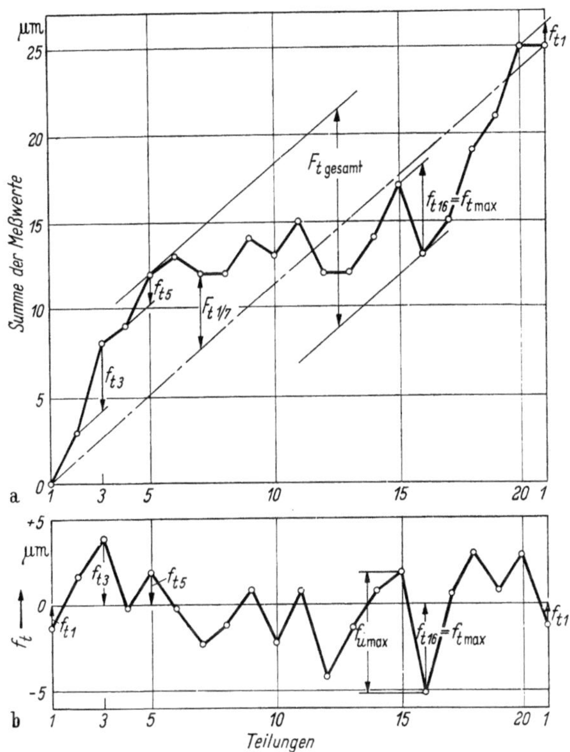

Abb. 3/18 a u. b. Teilungsfehlerdiagramme: a) Auftragung der Summe der Meßwerte, Meßwert der Teilung 1 gleich Null gesetzt. $F_{t1/7}$ Summenteilungsfehler von Teilung 1 bis 7; $F_{t\,gesamt}$ maximaler Summenteilungsfehler (= Gesamtteilungsfehler); $f_{t1}, f_{t3}, f_{t5}, f_{t16} = f_{t\,max}$ Einzelteilungsfehler der Teilungen 1, 3, 5, 16. b) Einzelteilungsfehlerdiagramm; Werte aus a) entnommen; Teilungssprung $f_{u\,15/16} = f_{u\,max}$

Das *Laufverhalten* hängt stärker von der Teilungsgenauigkeit als von der Eingriffsteilungsgenauigkeit ab.

Zahndickenfehler. Die Zahndicke ist neben dem Achsabstand bestimmend für das Flankenspiel, das sich im Betriebszustand einstellt. Als Meßverfahren kommen für den Werkstattgebrauch in erster Linie in Frage:

1. Messung der Zahndickensehne mit der Zahnmeßschieblehre (Erläuterung und Berechnung der Sehnenmaße s. S. 52).

2. Messung der Zahnweite (Erläuterungen und Berechnung der Zahnweite s. S. 54).

10 Dudley/Winter, Zahnräder

3. Messung über Rollen oder Kugeln (Erläuterung und Berechnung des Prüfmaßes über Rollen oder Kugeln s. S. 55).

Die Verfahren Nr. 2 und 3 haben gegenüber Nr. 1 den Vorteil, daß sie von dem – meist fehlerbehafteten – Kopfkreis *unabhängig* sind. Für grundsätzliche Untersuchungen sind Zahndickenmessungen mit einem im Raum feststehenden Gerät, ähnlich Abb. 3/17a, vorzuziehen, weil hiermit auch der Einfluß des Rundlauffehlers – der im eingebauten Zustand ja ebenfalls wirksam ist – mit erfaßt wird.

Rundlauffehler. Der Rundlauffehler wird mit verhältnismäßig einfachen Mitteln gemessen: Man nimmt das Rad spielfrei drehbar in seiner Führungsachse (zwischen Spitzen) auf und setzt – von einer festen Bezugsstelle aus – einen Fühlhebel auf einen nacheinander in alle Zahnlücken eingelegten Zylinder (Kugel) auf. Die Differenz des Größt- und Kleinstwertes der Fühlhebelanzeige ist der Rundlauffehler. Der Rundlauffehler kann überschlägig auch aus dem *Zweiflankenwälzdiagramm* ermittelt werden. In dem Kreisdiagramm der Abb. 3/5, S. 139 legt man zu diesem Zweck durch den aufgenommenen Kurvenzug einen Kreis; der Abstand des Mittelpunktes dieses Kreises von dem theoretisch richtigen, d. h.: dem Mittelpunkt des Diagrammpapiers, ist dann gleich dem halben Rundlauffehler.

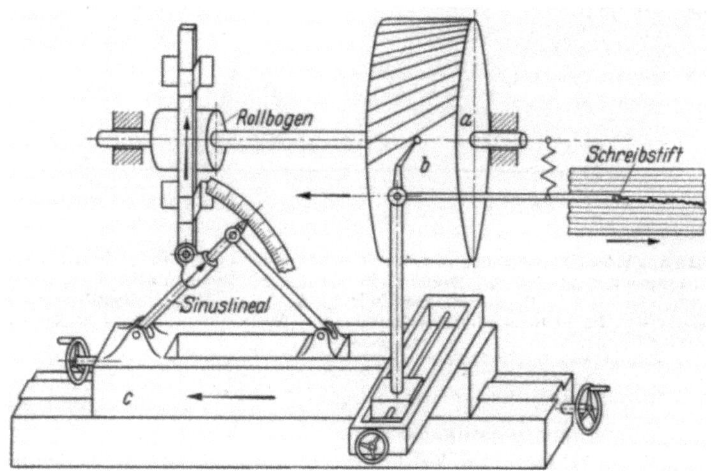

Abb. 3/19. Messen der Flankenrichtung. *a* Werkrad; *b* Fühlhebel; *c* Schlitten mit einstellbarem Sinuslineal zum Steuern der Drehung von *a*

Flankenrichtungsfehler. Um eine möglichst gleichmäßige Lastverteilung über die Zahnbreite zu erreichen, darf die Abweichung der Flankenrichtung von dem theoretisch richtigen Wert (= Flankenrichtungsfehler) nicht zu groß sein. Zur Messung der Flankenrichtung bzw. des

Schrägungswinkels finden z. B. Meßeinrichtungen Verwendung, deren Prinzip in Abb. 3/19 dargestellt ist. Hierbei wird geprüft, wie stark sich bei Axialverschiebung eines Fühlhebels b um die Strecke k und gleichzeitige Drehung des Werkrades a um den Betrag $k \tan \beta$ – der Ausschlag eines Schreibstiftes ändert.

Um eine gleichmäßige Lastverteilung zu erreichen, schreiben manche amerikanische Firmen vor, daß die Abweichungen von der Soll-Flankenrichtung – innerhalb eines Prozentsatzes P der Zahnbreite – eine vorgeschriebene Toleranz nicht überschreiten (vgl. Abb. 3/20 und Tab. 3/12).

Die Flankenanlage zweier miteinander kämmender Räder kann man einfach und genau durch Antuschieren prüfen. Man färbt dabei die Flanken des einen Rades ein und wälzt es unter leichtem Flankendruck auf dem Gegenrad

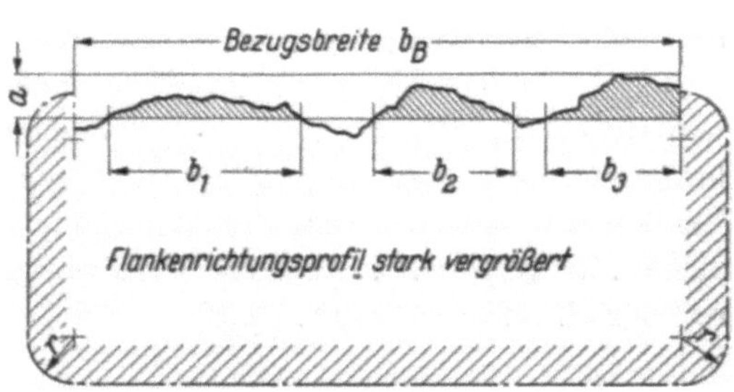

Abb. 3/20. Bestimmung des Prozentsatzes P der tragenden Breite. Dargestellt ist der Schnitt durch einen Zahn im Teilzylinder. Die Bezugsbreite ergibt sich aus der Gesamtbreite, vermindert um die Abrundungsradien an den Zahnenden. a zulässige Abweichung vom höchsten Punkt; $b_1 + b_2 + b_3$ Anteil der Bezugsbreite b_B innerhalb der die zulässige Abweichung a eingehalten wird [P % = 100 $(b_1 + b_2 + b_3) : b_B$]

ab; beide sind dabei auf Achsen angeordnet, die wie im Betriebszustand zueinander stehen. – Aus dem Farbabdruck ist dann die tragende Breite abzulesen. Mit diesem einfachen Mittel kann man Flankenrichtungsfehler bis zu 3 μ herab erkennen. – Bei Kegelrädern und Schneckentrieben ist dies meist die einzige Möglichkeit, das zu erwartende Tragbild zu überprüfen.

Achsabstand. Neben der Zahndicke ist der Achsabstand entscheidend für das im Betriebszustand vorhandene Flankenspiel. Deshalb ist es wichtig, die Toleranz des Gehäuse-Achsabstandes einzuhalten. Insbesondere ein zu kleiner Achsabstand ist gefährlich, da dann die Gefahr besteht, daß die Räder klemmen.

3.22 Vorgehen beim Festlegen der Toleranzen (Stirnräder)

Der Konstrukteur muß entscheiden, welche Einzel- oder Sammelfehler in jedem Falle zugelassen werden dürfen.

Zunächst muß er sich einen Überblick verschaffen, welche Toleranzen von der Fertigungsseite her eingehalten werden können *(was ist möglich?)*.

Dann muß geklärt werden, welche Toleranzen für einen bestimmten Getriebetyp erforderlich sind *(was ist nötig?)*. Es gibt nun verschiedene Möglichkeiten, sich diese Informationen zu beschaffen:

1. In vielen Firmen liegt bereits umfangreiches Erfahrungsmaterial über die Verzahnungsqualität der für verschiedene Anwendungszwecke gelieferten Getriebe und deren Betriebsverhalten vor, so daß bei der Festlegung von Toleranzangaben in Zeichnungen hiervon ausgegangen werden kann.

2. Sollen erstmals für ein bereits laufend gebautes Getriebe Verzahnungstoleranzen angegeben werden, so kann man sich durch *Vermessung* bereits ausgeführter (und praktisch bewährter) Zahnräder ein Bild von den Toleranzen, die nötig sind, verschaffen.

3. Bei Neukonstruktionen, für die keine Vorbilder vorhanden sind, wird es eventuell nötig sein, die zu erwartenden dynamischen Zusatzkräfte zu berechnen und Untersuchungen über die Auswirkung von Flankenrichtungsfehler und Flankenrauheit auf die Tragfähigkeit anzustellen. In Abschn. 3.5, S. 217 f. wird gezeigt, wie man diese Einflüsse rechnerisch erfassen kann.

3.23 Toleranzen (zulässige Fehler) – amerikanische Erfahrungswerte (Stirnräder)

Einzelteilungsfehler. Die größte, heute erreichbare Teilungsgenauigkeit beträgt 2 bis 2,5 μ. Nur durch sehr sorgfältiges Schleifen oder Schaben kann dieser hohe Genauigkeitsgrad erzielt werden und nur wenige besonders konstruierte Werkzeugmaschinen und Spezialwerkzeuge sind hierzu geeignet. Bei der Bearbeitung sind besondere Vorsichtsmaßnahmen (z.T. Klimaräume) erforderlich. Diese Genauigkeit wird für einige sehr schnellaufende Getriebe für Schiffsantriebe und Industriezwecke sowie für Lehrzahnräder benötigt. Bei den meisten Präzisionsgetrieben liegen die Einzelteilungsfehler in der Größenordnung von 5 bis 8 μ. Gute handelsübliche Getriebe haben Teilungsgenauigkeiten im Bereich von 12 bis 40 μ.

Profilfehler (Definition s. S. 143). Nur in wenigen Fällen können Profilfehler von 5 μ eingehalten werden. Die meisten Präzisionszahnräder haben Profilfehler bis zu 12 μ. Bei guten Getrieben für allgemeine Zwecke erreicht man 25 bis 50 μ.

Rundlauffehler. Bei Lehrzahnrädern kleiner Abmessung wurden Rundlauffehler von nur 12 μ eingehalten (in Deutschland: Qualität 2, d. h. teilweise nur 6 μ). Die meisten Präzisionsgetrieberäder haben allerdings Rundlauffehler zwischen 25 und 50 μ. Getriebe guter Handelsqualität erreichen bis zu 120 μ Rundlauffehler. Mit Rundlauffehler ist dabei der doppelte Betrag der Exzentrizität (voller Meßuhrausschlag) gemeint.

Flankenrichtungsfehler. Bei Zahnrädern höchster Genauigkeit beträgt die Abweichung der Flankenrichtung vom theoretischen Maß nur 5 μ

auf 25 mm Breite und 12 μ auf 250 oder 500 mm Breite. An die Genauigkeit der Meßgeräte, die für die Vermessung so breiter Räder benötigt werden, müssen ungewöhnlich hohe Anforderungen gestellt werden; (die Breite je Hälfte der Pfeilverzahnung von Schiffsgetrieben beträgt bis 500 mm). Bei vielen handelsüblichen Getrieben liegt die Flankenrichtungsgenauigkeit zwischen 12 und 25 μ je 25 mm Zahnbreite.

Zahndickentoleranzen. Bei Leistungsgetrieben läßt man Zahndickenunterschiede von 50 bis 125 μ zu; hierbei handelt es sich um Maßunterschiede zwischen verschiedenen Rädern einer Serie. Innerhalb eines Rades sind die Zahndickenunterschiede sehr gering, wenn die Teilung genügend genau ist. Bei geschliffenen oder geschabten Lehrzahnrädern werden teilweise Zahndickenunterschiede von Rad zu Rad von weniger als 5 μ eingehalten, was allerdings nur mit großem Aufwand zu erreichen ist.

Welche Zahndickentoleranzen bei den verschiedenen Bearbeitungsverfahren erreicht werden, geht aus Tab. 3/11 hervor; die Werte gelten für Verzahnungen mit Modul 2,5 bis 5.

Tabelle 3/11. Zahndickentoleranzen für Modul m = 2,5 bis 5 mm

Bearbeitungsverfahren	Erreichte Genauigkeit [μ]		
	bestmöglich	genaue Arbeit	leicht zu erreichen
Schleifen	5	12	50
Schaben	5	12	50
Wälzfräsen	12	50	100
Stoßen, Hobeln	12	50	100

Gehäuse-Achsabstandstoleranz. Bei kleinen Leistungsgetrieben wird häufig eine Achsabstandstoleranz von 50 μ zugelassen, das bedeutet für das Flankenspiel eine Änderung von etwa 36 μ. Für Steuergetriebe ist eine engere Tolerierung nötig. Siehe hierzu DIN 3964.

Sonstige Toleranzen. Der *Kopfkreisdurchmesser* braucht im allgemeinen nicht mit besonderer Genauigkeit eingehalten zu werden, wenn dies nicht wegen der genauen Einstellung der Zahndickenschieblehre erforderlich ist.

Eine Toleranz für den *Fußkreisdurchmesser* wird nur angegeben, um Fehler bei der Einstellung der Verzahnmaschine erkennen und korrigieren zu können.

Oberflächenrauheit. Bei sehr sorgfältigem Schaben oder Schleifen kann man auf Rauheiten bis zu 15 micro inches rms (quadratischer Mittelwert) herunterkommen; das entspricht etwa einer Rauhtiefe (nach DIN 4762) von etwa 1,5 μ. Präzisionsgetriebe liegen im Mittel bei 32 micro inches rms ($R \approx 3,2\ \mu$), handelsübliche Getriebe bei 50 bis 60 micro inches rms ($R \approx 5 \div 6\ \mu$).

Tabelle 3/12. Verzahnungstoleranzen bei gerad- und schrägverzahnten Stirnrädern nach amerikanischer Praxis

Prüfung			Spalte																		
			A	B	C	D	E	F	G	H	I	J	K	L	M	N	O	P	Q	R	S
Teilungs-prüfung		maximaler Einzelteilungsfehler	5	5	7,5	7,5	10	10	12,5	12,5	7,5	7,5	5	7,5	7,5	7,5	12,5	7,5	7,5	12,5	7,5
		maximaler Gesamtteilungsfehler	15	15	20	20	22,5	22,5	25	25	20	20	15	20	20	20	25	20	20	25	17,5
Flanken-richtungs-prüfung		max. zul. Abweichung a vom höchsten Punkt innerhalb „P"% der Zahnbreite, vergl. Bild 3.20. (gemessen mit einer Meßuhr, die parallel zur Bezugsachse verschoben wird und die Zahnflanke in der Teilkreisflankenlinie berührt)	5	5	5	5	5	5	7,5	7,5	7,5	7,5	12,5	20	25	25	25	12,5	7,5	12,5	10
		Prozentsatz „P" der Zahnbreite %	75	75	75	75	75	75	75	75	75	75	80	80	80	80	80	80	75	80	80
Zweiflanken-wälzprüfung		max. zul. Zweiflankenwälzfehler	25	32,5	32	37	37	45	50	62	32	37	37	45	50	50	75	37	37	75	50
Zahnprofil-Prüfung	Abweichg. am Zahnkopf	Toleranzbereich am Zahnkopf, wenn die Anzeige am Formkreis d_F mit Null angenommen wird	+12,5 / +2,5	+5 / −5	+12,5 / 0	+5 / −7,5	+12,5 / 0	+5 / −7,5	+20 / 0	+10 / −10	+12,5 / 0	+5 / −7,5	0 / −20	0 / −25	+15 / 0	+7,5 / −7,5	0 / −17,5	+5 / −7,5	+12,5 / −12,5	+15 / −15	+5 / −5
	Flanken-form	max. zul. Vertiefungen oder Vorsprünge im Evolventendiagramm	5	5	5	5	5	5	7,5	7,5	5	5	5	5	7,5	7,5	10	5	7,5	10	5
	Fußausrundungen und Evolventen-Diagramme	die Fußausrundungen müssen glatt u. ohne Absätze u. entsprechend den Angaben in der Teilzeichnung ausgeführt werden. An keiner Stelle der Fußausrundung darf der Krümmungsradius kleiner als der angegebene Mindestwert sein. Die nebenstehenden Evolventendiagramme zeigen das anzustrebende Zahnprofil und den Toleranzbereich. (Abstand der Teilstriche=5μ)	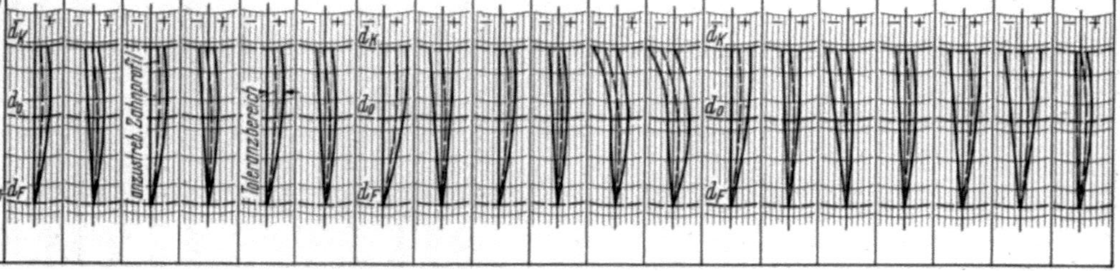																		

[1] In der Werkstattzeichnung wird je nach Genauigkeitsanforderung auf eine der Spalten A ÷ S verwiesen. Angabe von Kopf- und Fußrücknahme s. Abb. 3/13 und 3/15 in Tab. 3/10, S. 142 und Abb. 3/28 b, S. 164.

Toleranztafeln. Die Entwicklung geht in den USA allgemein dahin, die Toleranzen der verschiedenen Bestimmungsstücke für jeden Anwendungsfall zu einer Gruppe zusammenzufassen. So erhält man Toleranzgruppen für höchste bis geringste Genauigkeitsanforderungen. Tab. 3/12 ist eine derartige Zusammenstellung mit 19 Toleranzgruppen. In der Zeichnung braucht dann nur der Buchstabe der Toleranzgruppe angegeben zu werden und man spart die Angabe aller Einzelfehlertoleranzen und des Evolventendiagramms.

3.24 DIN-Verzahnungs-Toleranzen und -Passungen (Stirnräder)

In Deutschland und auch in anderen europäischen Ländern ist das DIN-Verzahnungstoleranzsystem weitgehend eingeführt. Auch die in Vorbereitung befindlichen internationalen ISO-Toleranzen für Zahnräder werden dem DIN-System sehr ähnlich sein.

Toleranzen. In diesem Tafelwerk [DIN 3960] bis [3967] sind die nach Modul und Durchmesser gestuften Räder in 12 Genauigkeitsklassen (Qualitäten) eingeteilt. Qualität 1 gilt für solch feine Toleranzen, wie sie heute noch nicht hergestellt werden können; Qualität 12 ist so grob, daß die Angabe einer Toleranz kaum erforderlich wäre. Zwischen diesen extremen Grenzen liegen die für die verschiedensten Anwendungsgebiete erforderlichen Qualitäten. Abb. 3/21 zeigt einen Ausschnitt aus der DIN-Norm 3962, in der die Toleranzen (gestuft nach Modul und Durchmesser) für die Einzelfehler angegeben sind. Aus DIN-Blatt 3963, das auszugsweise in Abb. 3/24 gezeigt wird, können die zulässigen Sammelfehler entnommen werden.

Auf der Zahnradzeichnung ist dann nur eine Zahl für die Qualität und die Art der Prüfung anzugeben (Einzel- oder Sammelfehlerprüfung). Es ist auch möglich, Einzelfehler nach verschiedenen Qualitäten zuzulassen, z. B. den Einzelteilfehler um 2 Qualitäten besser als die übrigen Einzelfehler, wenn es hierauf besonders ankommt; oder man kann für die Bestimmungsstücke, auf die es weniger ankommt, *grobere* Toleranzen (d. h. schlechtere DIN-Qualitäten) zulassen. Dabei ist allerdings zu beachten, daß sich die Fehler weitgehend beeinflussen, wie bereits gezeigt wurde.

Bei der Wahl der Qualität sollte man sich soweit wie möglich auf *Erfahrungs*angaben stützen. – Stehen keine derartigen Erfahrungswerte zur Verfügung, so können die Angaben in Abb. 3/22 bei der Wahl der Qualität als Anhalt dienen.

An einem Beispiel soll gezeigt werden, wie man mit Hilfe dieser Abbildung die Verzahnungsqualität festlegen kann [*3/82*]:

Schlepperradpaar mit Geradverzahnung; Modul 5, $z_1/z_2 = 15/45$, Zahnbreite 40 mm, Werkstoff 16 Mn Cr 5, Umfangsgeschwindigkeit 4 m/s.

			DIN
	Verzahnungen		3962
	Toleranzen für Stirnradverzahnungen nach DIN 867		
	Zulässige Einzelfehler	Modul über 1,6 bis 4	Blatt 3

Werte in $\mu = {}^1/_{1000}$ mm

Zulässige Größen der Einzelfehler (E):

f_f = Flankenformfehler f_t = Einzelteilungsfehler f_u = Teilungssprung f_s = Zahndickenfehler
F_g = Grundkreisfehler F_t = Summenteilungsfehler f_e = Eingriffsteilungsfehler f_r = Rundlauffehler

Qualität	Fehler	Teilkreisdurchmesser d_0 (mm)							Qualität	Fehler	Teilkreisdurchmesser d_0 (mm)						
		über 12 bis 25	über 25 bis 50	über 50 bis 100	über 100 bis 200	über 200 bis 400	über 400 bis 800	über 800 bis 1600			über 12 bis 25	über 25 bis 50	über 50 bis 100	über 100 bis 200	über 200 bis 400	über 400 bis 800	über 800 bis 1600
1	$f_t\,f_e\,f_u\,f_f$	—	—	1,5	1,5	2	2,5	3	7	$f_t\,f_e\,f_u\,f_f$	9	10	11	12	14	18	22
	F_g	—	—	—	1,5	1,5	2	2,5		F_g	8	8	9	10	12	14	18
	F_t	4	4,5	5	6	7	8	10		F_t	32	36	40	45	50	63	80
	f_s	2,5	3	3	3,5	4	4,5	5		f_s	20	22	25	28	32	36	40
	f_r	3,5	4	4,5	5	5,5	6	7		f_r	28	32	36	40	45	50	56
2	$f_t\,f_e\,f_u\,f_f$	1,5	2	2	2	2,5	3	4	8	$f_t\,f_e\,f_u\,f_f$	12	14	16	18	20	25	32
	F_g	1,5	1,5	1,5	2	2	2,5	3		F_g	11	11	12	14	18	20	25
	F_t	6	6	7	8	9	11	14		F_t	45	50	56	63	71	90	110
	f_s	3,5	4	4,5	5	5,5	6	7		f_s	28	32	36	40	45	50	56
	f_r	5	5,5	6	7	8	9	10		f_r	40	45	50	56	63	71	80
3	$f_t\,f_e\,f_u\,f_f$	2,5	2,5	3	3	3,5	4,5	5,5	9	$f_t\,f_e\,f_u\,f_f$	18	20	22	25	28	36	45
	F_g	2	2	2,5	2,5	3	3,5	4,5		F_g	16	16	18	20	25	28	36
	F_t	8	9	10	11	14	16	20		F_t	63	71	80	90	100	126	160
	f_s	5	5,5	6	7	8	9	10		f_s	40	45	50	56	63	71	80
	f_r	7	8	9	10	11	12	14		f_r	56	63	71	80	90	100	110
	$f_t\,f_e\,f_u\,f_f$	3,5	3,5	4	4,5	5	6	8		$f_t\,f_e\,f_u\,f_f$	28	32	36	40	45	56	71

Abb. 3/21. Ausschnitt aus DIN 3962 (Toleranzen für Stirnradverzahnungen nach DIN 867, zulässige Einzelfehler bei Modul 1,6 bis 4)

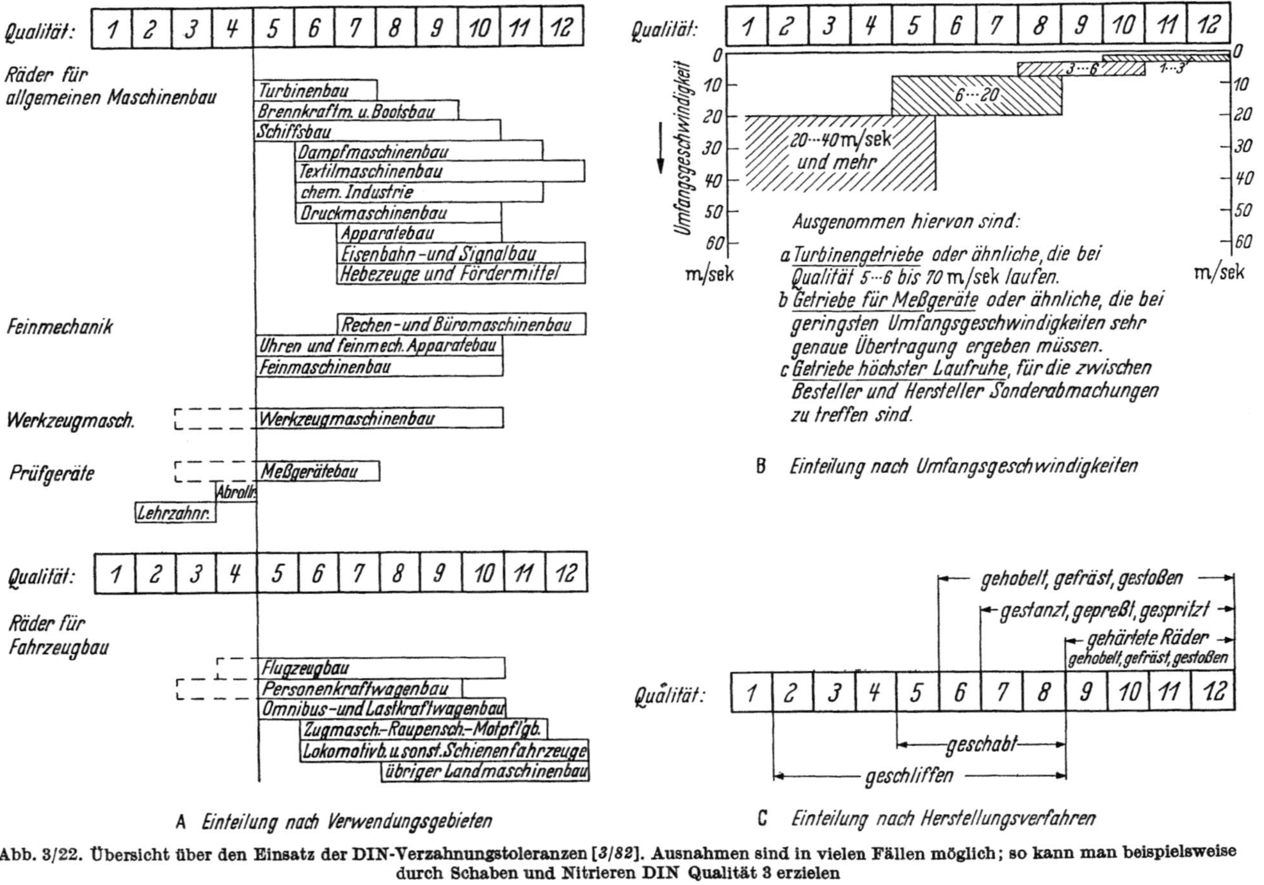

Abb. 3/22. Übersicht über den Einsatz der DIN-Verzahnungstoleranzen [3/82]. Ausnahmen sind in vielen Fällen möglich; so kann man beispielsweise durch Schaben und Nitrieren DIN Qualität 3 erzielen

Nach Abb. 3/22, Einteilung A Hauptgruppe „Fahrzeuggetriebe", Untergruppe „Zugmaschinen, Raupenschlepper und Motorpflugbau" können die Räder in den Qualitäten 6 bis 11 liegen. – Nach Einteilung B (Berücksichtigung der Umfangsgeschwindigkeit) kommen nur noch die Qualitäten 8 bis 10 in Frage.

Spielt die Laufruhe keine Rolle, wäre also Qualität 10 zu wählen, bei höheren Anforderungen an die Laufruhe Qualität 8.

Passungen. Die Paarung zweier tolerierter Zahnräder bei toleriertem Achsabstand ergibt die Verzahnungspassung, ebenso wie die Paarung von tolerierter Welle und Bohrung die bekannte ISA-Passung ergibt. Während man bei den Wellen Preßpassungen und Spielpassungen unterscheiden kann, gibt es bei den Verzahnungen *nur* Spielpassungen, d. h. ein gewisses Flankenspiel muß immer vorhanden sein. Unterschiede im Flankenspiel werden nach den DIN-Vorschriften durch Ändern der *Zahndicke* erzeugt. (Möglich wäre es auch, Unterschiede im Flankenspiel durch Ändern des Achsabstandes zu erzeugen!).

Die Abweichung der Zahndicke vom theoretischen Maß wird durch Buchstaben gekennzeichnet. – Wie Abb. 3/23 zeigt, ergibt Passung h das kleinste Flankenspiel, während mit g, f, e usw. das Flankenspiel zunimmt. Ähnlich wie beim ISA-Toleranzsystem für Wellen und Bohrungen zeigt also der *Buchstabe* die *Lage* des Toleranzfeldes und die *Zahl* (= Verzahnungsqualität) dessen *Breite* an. In DIN 3963 bzw. 3967 sind die Zahndicken- bzw. Zahnweitenabmaße für alle Passungen – nach Modul und Durchmesser gestuft – angegeben. Abb. 3/24 zeigt einen Ausschnitt aus dem DIN-Blatt 3963.

Um den Passungsbuchstaben, d. h. das Toleranzfeld wählen zu können, muß bekannt sein, wie groß das Flankenspiel im eingebauten Zu-

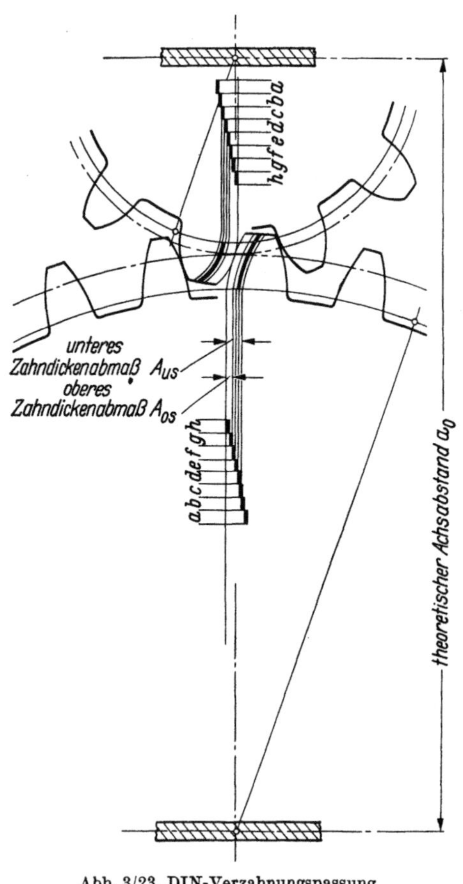

Abb. 3/23. DIN-Verzahnungspassung
oben: e/c, unten: f/d

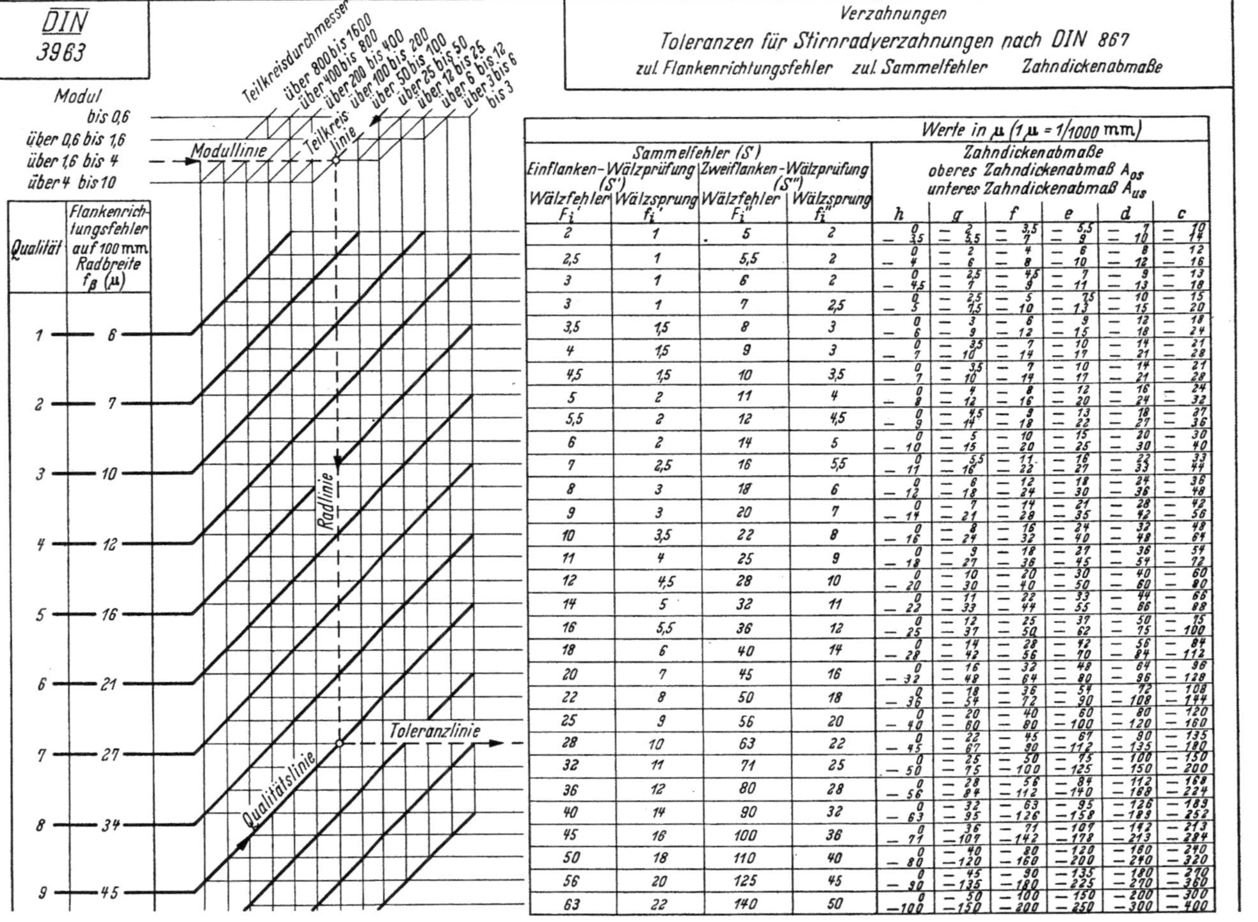

Verzahnungen
Toleranzen für Stirnradverzahnungen nach DIN 867
zul. Flankenrichtungsfehler   zul. Sammelfehler   Zahndickenabmaße

Flankenrichtungsfehler auf 100 mm Radbreite f_β (μ):

Qualität	f_β (μ)
1	6
2	7
3	10
4	12
5	16
6	21
7	27
8	34
9	45

Werte in μ (1 μ = 1/1000 mm)

| Sammelfehler (S') | | | | Zahndickenabmaße oberes Zahndickenabmaß A_{os} / unteres Zahndickenabmaß A_{us} | | | | | |
| Einflanken-Wälzprüfung (S') | | Zweiflanken-Wälzprüfung (S") | | | | | | | |
Wälzfehler F_i'	Wälzsprung f_i'	Wälzfehler F_i''	Wälzsprung f_i''	h	g	f	e	d	c
2	1	5	2	0 / −3,5	−2 / −3,5	−3,5 / −7	−5,5 / −9	−7 / −10	−10 / −14
2,5	1	5,5	2	0 / −4	−2 / −6	−4 / −8	−6 / −10	−8 / −12	−12 / −16
3	1	6	2	0 / −4,5	−2,5 / −7	−4,5 / −9	−7 / −11	−9 / −13	−13 / −18
3	1	7	2,5	0 / −5	−2,5 / −7,5	−5 / −10	−7,5 / −13	−10 / −15	−15 / −20
3,5	1,5	8	3	0 / −6	−3 / −9	−6 / −12	−9 / −15	−12 / −18	−18 / −24
4	1,5	9	3	0 / −7	−3,5 / −10	−7 / −14	−10 / −17	−14 / −21	−21 / −28
4,5	1,5	10	3,5	0 / −7	−3,5 / −10	−7 / −14	−10 / −17	−14 / −21	−21 / −28
5	2	11	4	0 / −8	−4 / −12	−8 / −16	−12 / −20	−16 / −24	−24 / −32
5,5	2	12	4,5	0 / −9	−4,5 / −14	−9 / −18	−13 / −22	−18 / −27	−27 / −36
6	2	14	5	0 / −10	−5 / −15	−10 / −20	−15 / −25	−20 / −30	−30 / −40
7	2,5	16	5,5	0 / −11	−5,5 / −16	−11 / −22	−16 / −27	−22 / −33	−33 / −44
8	3	18	6	0 / −12	−6 / −18	−12 / −24	−18 / −30	−24 / −36	−36 / −48
9	3	20	7	0 / −14	−7 / −21	−14 / −28	−21 / −35	−28 / −42	−42 / −56
10	3,5	22	8	0 / −16	−8 / −24	−16 / −32	−24 / −40	−32 / −48	−48 / −64
11	4	25	9	0 / −18	−9 / −27	−18 / −36	−27 / −45	−36 / −54	−54 / −72
12	4,5	28	10	0 / −20	−10 / −30	−20 / −40	−30 / −50	−40 / −60	−60 / −80
14	5	32	11	0 / −22	−11 / −33	−22 / −44	−33 / −55	−44 / −66	−66 / −88
16	5,5	36	12	0 / −25	−12 / −37	−25 / −50	−37 / −62	−50 / −75	−75 / −100
18	6	40	14	0 / −28	−14 / −42	−28 / −56	−42 / −70	−56 / −84	−84 / −112
20	7	45	16	0 / −32	−16 / −48	−32 / −64	−48 / −80	−64 / −96	−96 / −128
22	8	50	18	0 / −36	−18 / −54	−36 / −72	−54 / −90	−72 / −108	−108 / −144
25	9	56	20	0 / −40	−20 / −60	−40 / −80	−60 / −100	−80 / −120	−120 / −160
28	10	63	22	0 / −45	−22 / −67	−45 / −90	−67 / −112	−90 / −135	−135 / −180
32	11	71	25	0 / −50	−25 / −75	−50 / −100	−75 / −125	−100 / −150	−150 / −200
36	12	80	28	0 / −56	−28 / −84	−56 / −112	−84 / −140	−112 / −168	−168 / −224
40	14	90	32	0 / −63	−32 / −95	−63 / −126	−95 / −158	−126 / −189	−189 / −252
45	16	100	36	0 / −71	−36 / −107	−71 / −142	−107 / −178	−142 / −213	−213 / −284
50	18	110	40	0 / −80	−40 / −120	−80 / −160	−120 / −200	−160 / −240	−240 / −320
56	20	125	45	0 / −90	−45 / −135	−90 / −180	−135 / −225	−180 / −270	−270 / −360
63	22	140	50	−0 / −100	−50 / −150	−100 / −200	−150 / −250	−200 / −300	−300 / −400

Abb. 3/24. Ausschnitt aus DIN 3963 (zulässige Flankenrichtungsfehler, Wälzfehler und Zahndickenabmaße)

stand maximal und minimal sein darf und welche Abweichungen vom Nennmaß des Achsabstandes zu erwarten sind.

Für das Flankenspiel werden auf S. 158 einige Empfehlungen – z.T. aus amerikanischen Normen – angeführt.

Der *Achsabstand* muß mit einem oberen und einem unteren Abmaß angegeben werden. In DIN 3964 sind Richtwerte hierfür – abhängig von Qualität und Achsabstand – tabelliert worden. Abb. 3/25 zeigt einen Ausschnitt aus diesem DIN-Blatt. Wie man sieht, kann zwischen den Toleranzfeldern J und K gewählt werden, je nachdem, wie genau ein Flankenspiel eingehalten werden soll; denn große Schwankungen des Achsabstandes bedeuten auch große Schwankungen des Flankenspiels und umgekehrt.

Für die Fertigung muß die *Zahndicke* [zu errechnen nach den Gln. (2/24) und (2/56)] oder die *Zahnweite* [zu errechnen nach den Gln. (2/27) und (2/57)] oder das *Rollenmaß* [zu errechnen nach Gl. (2/29) und (2/60)] angegeben werden. Unter Benutzung der Normblätter des DIN-Toleranz- und Passungssystems können wir dabei wie folgt vorgehen:

Nach den auf S. 158 angeführten Richtlinien bzw. den amerikanischen Empfehlungen in Tab. 3/13, S. 159 kann das Flankenspiel gewählt werden. Wie Tab. 3/13 zeigt, wird man hierfür eine (möglichst große) Toleranz zulassen; vgl. hierzu die Erläuterungen auf S. 159. Man schreibt also ein Mindest- und ein maximales Flankenspiel vor.

Dieses Flankenspiel muß durch richtige Wahl von Zahndickenabmaß und Achsabstandsabmaß erreicht werden.

a) Geradverzahnung. Mit A_{oa} und A_{ua} als oberes und unteres Achsabstandsmaß und A_{os} und A_{us} als oberes und unteres Zahndickenabmaß (vgl. Abb. 3/23, S. 154) gilt:

Mindest-Verdrehflankenspiel

$$S_{d\,\min} = 2 A_{ua} \tan \alpha_b - (A_{os1} + A_{os2}), \qquad (3/11\,\text{A})$$

maximales Verdrehflankenspiel

$$S_{d\,\max} = 2 A_{oa} \tan \alpha_b - (A_{us1} + A_{us2}). \qquad (3/11\,\text{B})$$

Hieraus können die Summen $(A_{os1} + A_{os2})$ sowie $(A_{us1} + A_{us2})$ ermittelt werden. Ihre Aufteilung auf Ritzel und Rad führt man mit Hilfe der Tabellen in DIN 3963 so durch, daß man für Ritzel und Rad die gleichen Passungsbuchstaben erhält. – Zur besseren Erläuterung wollen wir für das Berechnungsbeispiel von Tab. 3/22 die Passung bestimmen:

Flankenspiel $S_d = 100$ bis $400\,\mu$, Qualität 8; für $a = 150$ mm und Toleranzfeld J ergeben sich nach DIN 3964 (vgl. Abb. (3/25) die Achsabstandsabmaße:

$$A_{oa} = +50\,\mu \quad \text{und} \quad A_{ua} = -50\,\mu.$$

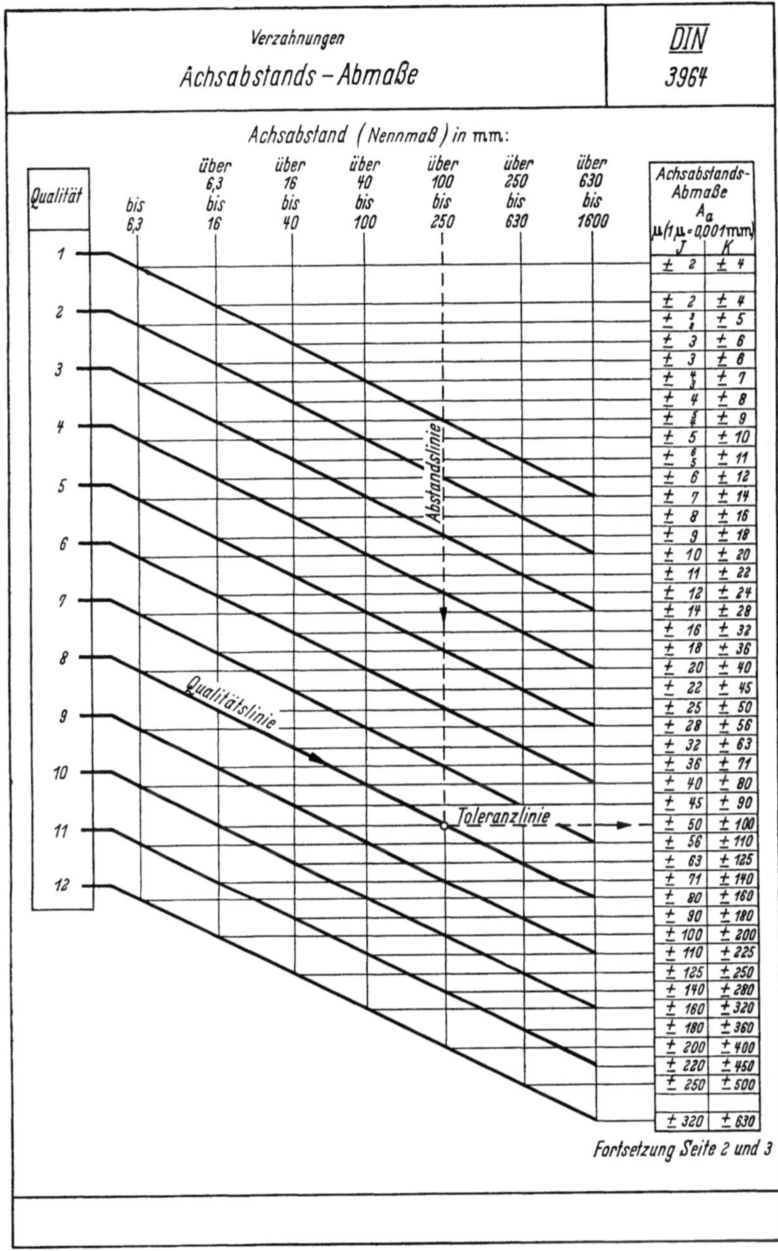

A_a (J)	A_a (K)
± 2	± 4
± 2	± 4
± 3/8	± 5
± 3	± 6
± 3	± 8
± 4/3	± 7
± 4	± 8
± 5/4	± 9
± 5	± 10
± 6/5	± 11
± 6	± 12
± 7	± 14
± 8	± 16
± 9	± 18
± 10	± 20
± 11	± 22
± 12	± 24
± 14	± 28
± 16	± 32
± 18	± 36
± 20	± 40
± 22	± 45
± 25	± 50
± 28	± 56
± 32	± 63
± 36	± 71
± 40	± 80
± 45	± 90
± 50	± 100
± 56	± 110
± 63	± 125
± 71	± 140
± 80	± 160
± 90	± 180
± 100	± 200
± 110	± 225
± 125	± 250
± 140	± 280
± 160	± 320
± 180	± 360
± 200	± 400
± 220	± 450
± 250	± 500
± 320	± 630

Abb. 3/25. Ausschnitt aus DIN 3964 (zulässige Achsabstandsabmaße)

Mit $\tan \alpha_b = 0{,}36$ erhält man aus Gln. (3/11 A u. B) die Summe der Zahndickenabmaße:

$$(A_{os1} + A_{os2}) = -136\,\mu,$$
$$(A_{us1} + A_{us2}) = -364\,\mu.$$

Aus DIN-Blatt 3963 (vgl. Abb. 3/24) finden wir diese Summen für Ritzel und Rad in den Toleranzfeldern

$$e \rightarrow (A_{os\,1} = -\ 60\,\mu \quad \text{und} \quad A_{os\,2} = -\ 75\,\mu)$$
$$\text{bis } c \rightarrow (A_{us\,1} = -\,160\,\mu \quad \text{und} \quad A_{us\,2} = -\,200\,\mu)\,.$$

Aus den Abmessungen und der vorgeschriebenen Qualität folgt (nach DIN 3963), daß die Zahndickentoleranz für jedes Ritzel einer Serie $T_{s\,1} = 40\,\mu$ beträgt (T_s = Differenz der Zahndickenabmaße eines Toleranzfeldes, z. B. Feld e). Dieses Toleranzfeld für die Zahndicke muß aber innerhalb des Bereiches der Felder e und c liegen, also für das Ritzel zwischen − 60 und − 160 μ. Dies bedeutet, daß das Zahndickentoleranzfeld bei einer Serie von Ritzeln in dem Bereich der Felder e bis c wandern kann; daraus ergibt sich jeweils ein unterschiedliches Flankenspiel.

Dieselben Überlegungen gelten für das Rad. $T_{s\,2}$ beträgt für jedes Rad 50 μ; dieses Toleranzfeld muß ebenfalls im Bereich der Felder e und c liegen, d. h. zwischen − 75 und − 200 μ.

Die Toleranzangabe lautet damit für Ritzel und Rad:

$$\text{DIN-Qualität 8 e/c } S''.$$

Das Zeichen S'' besagt dabei, daß die Abnahmekontrolle mit Hilfe des Zweiflanken-Wälzprüfverfahrens durchgeführt wird.

Die Abmaße des Prüfmaßes über Kugeln kann man mit Gl. (2/33), S. 58 aus den oben ermittelten Zahndickenabmaßen A_s errechnen.

b) Schrägverzahnung. Hierfür gelten die Gln. (3/11 A u. B), wobei unter Eingriffswinkel und Zahndickenabmaß stets die *Stirn*schnittwerte zu verstehen sind. Auch die in DIN 3963 angegebenen Abmaße sind Stirnschnittwerte.

3.25 Wahl des Flankenspiels nach amerikanischen Erfahrungen
(alle Getriebearten)

Für die Wahl des Flankenspiels können nur Anhaltswerte gegeben werden, denn im Einzelfall sind jeweils die Betriebsverhältnisse zu berücksichtigen.

Für Leistungsgetriebe wird im allgemeinen ein verhältnismäßig großes Flankenspiel verwendet; es muß wenigstens so groß sein, daß sich die Räder bei kürzestem Achsabstand und unter ungünstigen Bedingungen bezüglich Temperatur und Teilungsfehlern noch frei drehen. Bei Steuergetrieben darf im allgemeinen nur ein sehr geringes Flankenspiel zugelassen werden. Ein leichtes Klemmen der Zähne infolge Exzentrizität und Verzahnungsfehlern wird hierbei vielfach lieber in Kauf genommen als zu viel Flankenspiel.

Stirnräder. Richtwerte für die Wahl des Flankenspiels bei gerad- und schrägverzahnten Stirnrädern sind in Tab. 3/13 zusammengestellt. Sie gelten für Räder in *eingebautem* Zustand. Sollen die Tabellenwerte zur Berechnung der Zahndicke benutzt werden, so sind die Achsabstandstoleranzen zu berücksichtigen, denn das Flankenspiel ändert sich, wenn der wirkliche Achsabstand von dem theoretischen Wert abweicht [s. Gln. (3/11 A u. B)].

Tabelle 3/13. Empfohlene Flankenspiele bei gerad- und schrägverzahnten Stirnrädern im eingebauten Zustand

Modul [mm] ≈	Diametral Pitch [1/″][1]	Flankenspiel [mm]
0,8 –1,75	32–14	0,05–0,10
2,0 –2,5	13–10	0,08–0,13
2,75–3,25	9 u.8	0,10–0,15
3,5	7	0,10–0,18
4,25	6	0,13–0,20
5,0	5	0,15–0,23
6,5	4	0,18–0,28
8,5	3	0,23–0,35
10,0	$2^1/_2$	0,28–0,40
13	2	0,35–0,50
17	$1^1/_2$	0,46–0,68
25	1	0,64–1,00

Die in Tab. 3/13 angeführten Flankenspielwerte sind zwar den AGMA-Normen [231.02], [236.04] entnommen, trotzdem müssen sie mit Vorsicht benutzt werden. Bei großem Achsabstand und in den Fällen, wo der Gehäusewerkstoff einen anderen Ausdehnungskoeffizienten hat als den der Räder, sind einige der angegebenen Werte zu riskant. Zum Beispiel erfordern schnellaufende Räder mit Modul 2,5 bei Anwendung in Schiffen oder Flugzeugen ein Mindestflankenspiel in der Größenordnung von 150 bis 200 μ, um sicherzustellen, daß sie bei allen Temperaturen zufriedenstellend laufen.

Wie aus den Gln. (3/11 A u. B) hervorgeht, hängt die Größe des wirklich vorhandenen Flankenspiels stark von der Toleranz der Zahndicke ab, d. h. von der Genauigkeit, mit der die Zahndicke hergestellt wird. Tab. 3/11, S. 149 zeigt nun, daß eine Zahndickentoleranz von 50 μ bei gefrästen oder gestoßenen Zahnrädern schon eine sehr genaue Arbeit erfordert. Addiert man die möglichen Fehler von Ritzel und Rad, so erhält man allein durch Herstellungsunsicherheiten Schwankungen des Flankenspiels von 100 μ. – Wenn irgend möglich, sollte man also das *Flankenspiel nicht zu eng tolerieren*, weil dann notwendigerweise enge Verzahnungstoleranzen vorgeschrieben werden müssen; eine Verteuerung der Fertigung ist die Folge.

Kegelräder. Erfahrungswerte für das Flankenspiel von Kegelrädern im eingebauten und betriebsfertigen Zustand sind in Tab. 3/14 angegeben. Für Feinmechanik und Steuergetriebe werden teilweise auch noch kleinere Werte angewendet. Umgekehrt wählt man bei einigen schnellaufenden Getrieben und bei Getrieben, deren Gehäuse und Räder aus verschiedenen Werkstoffen bestehen (unterschiedliche Wärmeausdehnung) meist ein größeres Flankenspiel.

---

[1] ″ = inch = Zoll = 25,4 mm.

Tabelle 3/14. Empfohlene Flankenspiele bei Gerad-, Spiral- und Zerolkegelrädern im eingebauten Zustand

Modul [mm] $\approx$	Diametral Pitch [1/'']	Flankenspiel [mm]
bis 1,25	über 20	0,025–0,075
1,25–2,5	20 –10	0,05 –0,10
2,5 –3	10 – 8	0,075–0,13
3 –4	8 – 6	0,10 –0,15
4 –5	6 – 5	0,15 –0,18
5 –6	5 – 4	0,15 –0,20
6 –7	4 – 3,50	0,18 –0,23
7 –8,5	3,5 – 3,00	0,20 –0,28
8,5 –10	3,0 – 2,50	0,25 –0,33
10 –13	2,5 – 2,00	0,30 –0,40
13 –15	2,0 – 1,75	0,35 –0,46
15 –17	1,75– 1,50	0,41 –0,56
17 –20	1,50– 1,25	0,46 –0,66
20 –25	1,25– 1,00	0,50 –0,76

Zylinder-Schneckentriebe. Zur Berechnung des zu wählenden Flankenspiels werden in AGMA 234.01 für den Modulbereich $m_a = 2$ bis 30 mm die in Tab. 3/15 zusammengestellten Formeln vorgeschlagen. Bei kleineren Moduln hängt die Größe des Flankenspiels stark vom Anwendungs-

Tabelle 3/15
Vorgeschlagene Formeln zur Berechnung des Flankenspiels bei Zylinderschneckentrieben
(gemessen in Umfangsrichtung des Schneckenrades nach AGMA 234.01, 1956)

AGMA-Klasse	Größtes Flankenspiel	Kleinstes Flankenspiel	Anwendungs-bereich
1	$0,0007\ d_{02} + 0,022\,m_a + 0,09$	$0,0004\ d_{02} + 0,014\,m_a + 0,025$	geringe Belastung
2	$0,0005\ d_{02} + 0,016\,m_a + 0,06$	$0,0003\ d_{02} + 0,011\,m_a + 0,025$	Leistungsgetriebe
3	$0,00035\,d_{02} + 0,011\,m_a + 0,05$	$0,00025\,d_{02} + 0,008\,m_a + 0,025$	Genauigkeitsgetr.

Tabelle 3/16. Mittlere Flankenspiele bei Globoidschneckentrieben

Achsabstand [mm]	Flankenspiel [mm]
50	0,07–0,20
150	0,15–0,30
300	0,30–0,50
600	0,45–0,75

zweck ab und kann von Null bis über die in Tab. 3/15 angeführten Werte reichen.

Globoid-Schneckentriebe. Für übliche Verwendungszwecke können die in Tab. 3/16 angeführten Flankenspiele angewendet werden.

3.3 Angaben in Zeichnungen

Nachdem die Hauptabmessungen und die Verzahnungsdaten festgelegt sind, muß der Konstrukteur bzw. Berechner sämtliche Maßangaben und Toleranzen festlegen, die für die Werkstattzeichnungen erforderlich sind. Ferner müssen Werkstoff und eventuell nötige Wärmebehandlung angegeben werden.

Früher war es vielfach üblich, nur die Hauptverzahnungsdaten in die Zeichnung einzutragen: Modul, Zähnezahl, Eingriffswinkel und Zahnbreite. Da es sich bei der Verzahnung dann immer um Nullverzahnung handelte und keine besonders hohen Anforderungen an Laufruhe und Belastbarkeit gestellt wurden, überließ man alles weitere dem Mann an der Maschine. Von ihm erwartete man, daß er wußte, welche Zahndicke, Zahnhöhe und ebenso welche Genauigkeit erforderlich wären. Solchen Feinheiten wie Radius der Fußausrundung, Oberflächengüte und Profilkorrekturen wurde dabei allerdings kaum Beachtung geschenkt.

Der Konstrukteur von heute, der z. B. Getriebe für hochentwickelte Fahrzeuge – wie Flugzeuge, Hochseeschiffe oder Kraftwagen – auslegt, muß dagegen die Dimensionen und Toleranzen des Getriebes bis in alle Einzelheiten vorschreiben.

Insbesondere bei Aufträgen, die bei fremden Firmen ausgeführt werden, sind genaue Zeichnungsangaben und Herstellungsvorschriften erforderlich. Im anderen Falle besteht das Risiko, daß sich die Qualität der gelieferten Zahnräder nachträglich für den betreffenden Anwendungszweck als nicht ausreichend erweist. Der Besteller hat dann den Schaden zu tragen, denn der Hersteller kann geltend machen, daß die gelieferten Räder genau nach Entwurfszeichnung hergestellt sind und daß er deshalb den Kaufvertrag erfüllt hat, nach welchem so und so viel Räder nach gegebener Zeichnung herzustellen sind. – Trotzdem empfiehlt es sich auch für den Hersteller, auf genaue Zeichnungsangaben zu dringen, um ein zutreffendes Angebot abgeben zu können, bzw. um nicht unnötig teuer zu fertigen.

3.31 Verzahnungsangaben

Die Maßangaben, die zur Herstellung einer Verzahnung notwendig sind, können aufgeteilt werden in:

Maße des Radkörpers und

Verzahnungsdaten.

Die Radkörpermaße trägt man im allgemeinen in eine Schnittdarstellung des Zahnrades ein.

Die Verzahnungsdaten werden entweder in einer Tabelle aufgeführt, die auf dem Zeichnungsformular angebracht ist, oder unmittelbar in eine vergrößerte Darstellung eines oder mehrerer Zähne eingetragen.

Bei Stirnrädern werden folgende Radkörpermaße (in der Schnittzeichnung) angegeben:

1. Kopfkreisdurchmesser (Nennwert und – wenn Tolerierung erforderlich – Abmaße).
2. Zahnbreite.
3. Bohrung (Nennwert und Abmaße); bei Ritzeln, die auf die Welle aufgeschnitten sind, ist der Wellendurchmesser anzugeben.
4. (Fußkreisdurchmesser; Angabe nur erforderlich, wenn konstruktiv von Bedeutung, z. B. bei geringer Zahnkranzdicke).
5. Innendurchmesser des Zahnkranzes und Nabendurchmesser.
6. Stegdicke.

Nach deutscher Praxis (DIN 3966) ist ferner der zulässige Rundlauffehler und der zulässige Stirnlauffehler des Radkörpers sowie evtl. die zulässige Oberflächenrauheit anzugeben.

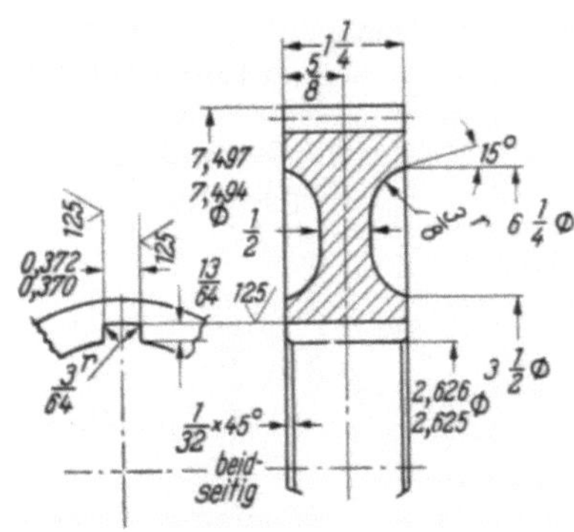

Bemerkung: Verzahnen nach Genauigkeitsklasse 2 (AGMA 231.02) Werkstoff: Gußeisen, AGMA Klasse 30

Verzahnungsdaten		
Zähnezahl	56	
Diametral Pitch (Stirnschnitt)	7,7274	
Teilkreisdurchmesser	7,2469	
Kopfhöhe	0,125	
Gesamte Zahnhöhe	0,282	Nur Bezugsmaße
Teilung (Normalschnitt)	0,3927	
Eingriffswinkel (Normalschnitt)	20°	
Zahnhöhe über der Sehne für max. Kopfkreis-⌀	0,1260	
Zahndickensehne	0,194 | 0,192	
Eingriffswinkel	20° 38′ 48.7″	
Schrägungswinkel	15° rechtsgängig	
Verzahnwerkzeug	8 norm. Dia. Pitch	

Abb. 3/26. Amerikanische Werkstattzeichnung für ein schrägverzahntes Stirnrad einer Werkzeugmaschine; Längenmaße in Zoll (1″ = 25,4 mm); die Zahl über dem Zeichen ∨ gibt die maximal zulässige Rauhtiefe in rms an (vgl. Abschnitt: Oberflächenrauheit, S. 149)

Verzahnungsdaten		
Zähnezahl	z	56
Normalmodul	m_n	3,25
Bezugsprofil		DIN 867
(Teilkreisdurchmesser[1]	d_0	188,42)
Profilverschiebungsfaktor	x	0
Zahnhöhe	h_z	7,310
Schrägungswinkel	β_0	15°
Schrägungsrichtung		Rechts
Zahnweite über 7 Zähne	W	57,567 $^{--\ 0,028}_{-\ 0,047}$
Qualität, Toleranzfeld		Qualität 6 e S'' DIN 3967
Achsabstand im Gehäuse	a	140 ± 0,025
Zeichnungs-Nr. des Gegenrades		600 442 − 1
Zähnezahl des Gegenrades		27

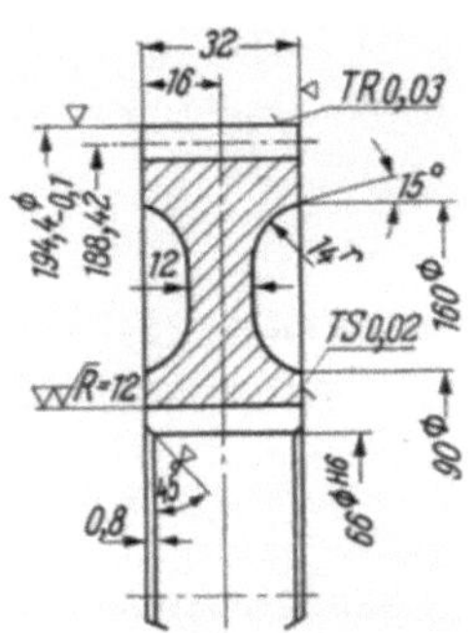

Abb. 3/27. Werkstattzeichnung eines schrägverzahnten Stirnrades nach deutscher Praxis (vgl. DIN 3966). *TR* zuläss. Rundlauffehler, *TS* zuläss. Stirnlauffehler

Die tabellierten Verzahnungsdaten umfassen nach *deutscher* Praxis:

1. Zähnezahl.
2. Modul oder Diametral Pitch (bei Schrägverzahnung: Normalschnittwerte).
3. Bezugsprofil [z. B. Hinweis auf DIN 867 (– s. Schrifttum S. 264 u. Abb. 2/4)]. Bei Abweichungen von der Norm sind die Daten des Bezugsprofils anzugeben; vgl. z. B. Abb. 3/32 und Tab. 3/19.
4. (Teilkreisdurchmesser[1]).
5. Profilverschiebungsfaktor x (Profilverschiebung $= x \cdot m_n$).
6. Zahnhöhe.

[1] Nach ISO-Vorschlag in der Tabelle aufführen; nach DIN 3966 in der Figur.

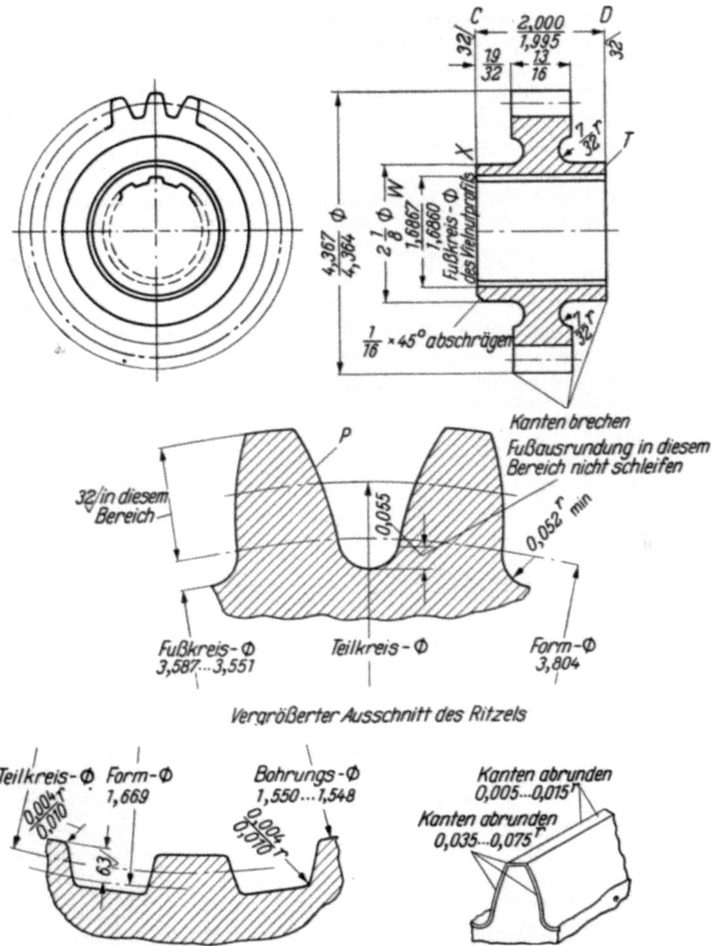

Abb. 3/28a. Amerikanische Werkstattzeichnung für ein geradverzahntes Ritzel eines Flugzeuggetriebes; Längenmaße in Zoll (1″ = 25,4 mm). Hierzu gehört Abb. 3/28b

7. Bei Schrägverzahnung: Schrägungswinkel und Schrägungsrichtung.
8. Zahndicke oder Zahnweite oder Prüfmaß über Rollen (Nennmaße und Abmaß).
9. Genauigkeitsklasse (z. B. Qualität und Passung nach DIN 3962 bis 3967).
10. Achsabstand im Gehäuse (Nennwert und Abmaße).
11. Zeichnungsnummer und Zähnezahl des Gegenrades.

Nach *amerikanischer* Praxis werden an Stelle von Bezugsprofil und Profilverschiebungsfaktor meist Eingriffswinkel, Zahnkopfhöhe, Gesamtzahnhöhe und Zahndicke angegeben, ferner die Teilung und bei Schrägverzahnung Diametral Pitch im Stirn- und Normalschnitt, ebenso Teilung und Eingriffswinkel im Stirn- und Normalschnitt.

Abb. 3/26 und 3/27 zeigen je ein Beispiel für die zeichnerische Darstellung eines Stirnrades nach amerikanischer und deutscher Praxis. Für spezifisch hochbelastete Zahnräder sind oft zusätzliche Zeichnungsangaben erforderlich; ein Beispiel hierfür enthält Abb. 3/28, das die amerikanische Werkstattzeichnung eines Flugzeuggetriebezahnrades wiedergibt.

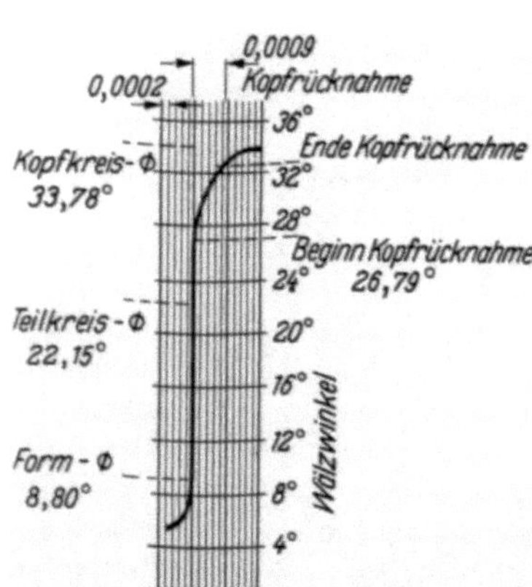

Vorgeschriebenes Evolventendiagramm

Zulässige Abweichung von dem vorgeschriebenen Evolventendiagramm zwischen Form-Φ und Beginn der Kopfrücknahme ±0,0002".

Werkstoff: AMS 6260 geschmiedet. (AMS = American Material Standard)

Bemerkungen:

1. Verzahnungen an den Flanken und Seiten einsatzhärten. Vor der Endbearbeitung härten auf eine Rockwellhärte $30\,N = 75{,}5 \div 80$ (entspricht HRC $= 58 \div 63$) auf der Zahnflanke. Dicke der Einsatzschicht nach der Endbearbeitung $0{,}025 \div 0{,}035'$. Härte an den nicht einsatzgehärteten Stellen HRA $= 65{,}5 \div 69{,}5$ (entspricht HRC $= 30 \div 38$). Die Härte ist bei P und T zu prüfen.
2. Vorschriften für die Genauigkeit der Laufverzahnung siehe Tafel 3.12 Spalte J (außer Profilgenauigkeit). Genauigkeit der Vielnutverzahnung s. W-8 445 119*), Spalte D. Für die Abnahmeprüfung muß die Bezugsachse zu dem Durchmesser X konzentrisch sein.
3. Die Exzentrizität zwischen den Durchmessern X und W darf nicht mehr als $0.0003''$ (voller Meßuhr-Ausschlag) betragen.
4. Die Stirnflächen C und D müssen parallel zueinander und zur Bohrung senkrecht sein innerhalb einer Genauigkeit von $0.0005''$.
5. Rauheit 125 ⌄, wenn nicht anders angegeben**).

Verzahnungsdaten des Vielnutprofils			
Zähnezahl	16		
Diametral Pitch	10		
Teilkreisdurchmesser	1.600		
Zahnkopfhöhe	0.026		Nur Bezugsmaße
Gesamte Zahnhöhe	0.069		
Teilung	0.31416		
Zahnlückensehne	0.1625	0.1640	
Prüfmaß zw. Rollen mit 0,1645 ⌀ zur Prüfung der Zahndicke	1.4008	1.4099	
Schrägungswinkel	0°		
Eingriffswinkel	14° 30′		

Verzahnungsdaten der Laufverzahnung			
Zähnezahl	24		
Diametral Pitch	6.000		
Teilkreisdurchmesser	4,000		
Zahnkopfhöhe	0.1835		Nur Bezugsmaße
Gesamte Zahnhöhe	0.400		
Teilung	0.5236		
Höhe über Sehne[1]	0.1880		
Zahndickensehne	0.268	0.264	
Prüfmaß über Rollen mit 0.288 ⌀ zur Prüfung der Zahndicke	4.4147	4.4054	
Schrägungswinkel	0°		
Eingriffswinkel	20°		

[1] Für den Maximalwert des Kopfkreisdurchmessers.
*) Firmennorm ähnlich Tafel 3/12.
**) Erläuterung der Rauheitsbezeichnung s. Abb. 3/26.

Abb. 3/28 b. Fortsetzung von Abb. 3/28 a

Bei Kegelrädern muß die Schnittzeichnung folgende Radkörpermaße enthalten:

1. Kopfkreisdurchmesser – außen (Nennwert und – wenn Tolerierung erforderlich – Abmaße).
2. Zahnbreite.
3. Kopfkegelwinkel.
4. Ergänzungskegelwinkel.
5. Abstand von Bezugsfläche bis Achsenschnittpunkt (Nennwert und Abmaße).
6. Abstand von Bezugsfläche bis Kopfkreis – außen (Nennwert und Abmaße).
7. Bohrung (Nennwert und Abmaße); bei Kegelrädern, die auf die Welle aufgeschnitten sind, ist der Wellendurchmesser anzugeben.
8. Nabenlänge.

Die tabellierten Verzahnungsdaten umfassen nach *deutscher* Praxis (die Verzahnungsmaße gelten stets für den großen Durchmesser des Teilkegels):

1. Zähnezahl.
2. Modul oder Diametral Pitch.
3. Bezugsprofil (z. B. Hinweis auf DIN 867); wird nicht auf die Abmessungen in einer Norm Bezug genommen, sind genauere Angaben über Zahnhöhen und Eingriffswinkel zu machen.
4. Teilkegelwinkel.
5. Teilkreisdurchmesser.
6. Profilverschiebungsfaktor x (Profilverschiebung $= x\, m_n$).
7. Spitzenentfernung.
8. Fußkegelwinkel.
9. Zahndickensehne und Zahnhöhe über der Sehne (Nennwert und Abmaße).
10. Achsenwinkel δ_A.
11. Genauigkeitsangaben.
12. Zeichnungsnummer und Zähnezahl des Gegenrades.

Abb. 3/29 zeigt ein Beispiel für die zeichnerische Darstellung eines geradverzahnten Kegelrades.

Verzahnungsdaten		
Zähnezahl	z	16
Modul	m	5
Bezugsprofil		DIN 867
Teilkegelwinkel	δ_0	18° 05′
Teilkreisdurchmesser	d_0	80,0
Profilverschiebungsfaktor	x	+ 0,42
Äuß. Teilkegellänge	R_a	128,86
Fußkegelwinkel	δ_f	16° 21′ 16″
Zahndickensehne	$\bar{s}_0$	9,26 ÷ 9,31
Höhe über der Sehne	h_0	7,361
Achsenwinkel	δ_A	90
Genauigkeitsangaben		Rundlauffehler max. 0,1
Zeichnungs-Nr. und Zähnezahl des Gegenrades		435 600 — 1 $z = 49$

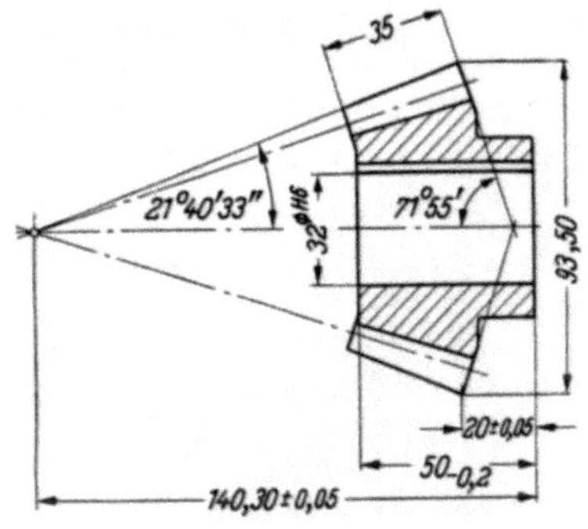

Abb. 3/29. Werkstattzeichnung eines geradverzahnten Kegelrades

Bei Bogenverzahnung nach dem GLEASON-, OERLIKON- oder KLIN-GELNBERG-System muß ferner der Spiralwinkel sowie die Gangrichtung angegeben werden; z.T. sind weitere Angaben erforderlich, die sich aus dem jeweiligen Herstellverfahren ergeben; s. hierzu Angaben der angeführten Firmen.

Bei Zylinderschnecken sind folgende Radkörpermaße erforderlich·

1. Außendurchmesser (Nennmaß und Abmaße).
2. Breite der Verzahnung.
3. Bohrung (Nennmaß und Abmaße); bei Schnecken, die auf die Welle aufgeschnitten sind: Abmessungen der Welle.
4. (Fußkreisdurchmesser; Angabe nur erforderlich, wenn konstruktiv von Bedeutung).

Die tabellierten Verzahnungsdaten umfassen·

1. Zähnezahl (= Gangzahl).
2. Achsmodul (bzw. Achsteilung).
3. Steigung (= Ganghöhe), Steigungsrichtung.
4. Steigungswinkel.
5. Eingriffswinkel (des Werkzeuges).
6. Teilkreisdurchmesser.
7. Kopfhöhe, Gesamtzahnhöhe.
8. Flankenform (Angabe z. B. nach DIN E 3975 – s. Abschn. 2.18, S. 88).
9. Zahndickensehne und Zahnhöhe über der Sehne oder Maß über Rollen.
10. Genauigkeitsangaben.
11. Achsabstand.
12. Zeichnungsnummer und Zähnezahl des zugehörigen Schneckenrades.

Beispiel einer Werkstattzeichnung für eine Zylinderschnecke s. Abb. 3/30.

Bei Schneckenrädern sind folgende Radkörpermaße erforderlich:

1. Außendurchmesser.
2. Kopfkreisdurchmesser.
3. Radius der Außenkehle.
4. Verzahnungsbreite.
5. Sonstige Radkörpermaße (Bohrung, Nabenabmessungen usw.).

Die tabellierten Verzahnungsdaten umfassen:

6. Zähnezahl.
7. Teilkreisdurchmesser.
8. Kopfhöhe, Gesamtzahnhöhe.
9. Achsabstand.
(10. Flankenspiel.)
11. Daten der zugehörigen Schnecke: Zeichnungsnummer, Gangzahl (= Zähnezahl), Achsmodul (oder -teilung), Steigung (Ganghöhe), Steigungsrichtung, Flankenform, Teilkreisdurchmesser, Steigungswinkel.

In Abb. 3/31 ist das Muster einer Werkstattzeichnung für ein Schneckenrad angegeben.

Einzelheiten, wie Halbmesser der Fußausrundung, Formkreisdurchmesser, Radius der Kopfabrundung (seitlich und in Umfangsrichtung) und Oberflächengüte, können in Nebenansichten des Rades dargestellt werden, wie dies z. B. in Abb. 3/28 gezeigt wurde. Vielfach ist es noch nötig, die „Bezugsachse" für die Prüfung anzugeben; ferner findet man oft Nummern von Werkzeugzeichnungen oder Angaben über die Reihenfolge der Arbeitsvorgänge auf den Zeichnungen, wenn die von dem Rad geforderten Eigenschaften und Maße hiervon abhängen.

Vereinfachte Zeichnungen. Es ist allerdings durchaus nicht in allen Fällen erforderlich, alle Einzelheiten eines Zahnrades in der Werkstattzeichnung vorzuschreiben. Der Konstrukteur hat zwar die Eigenschaften des Rades

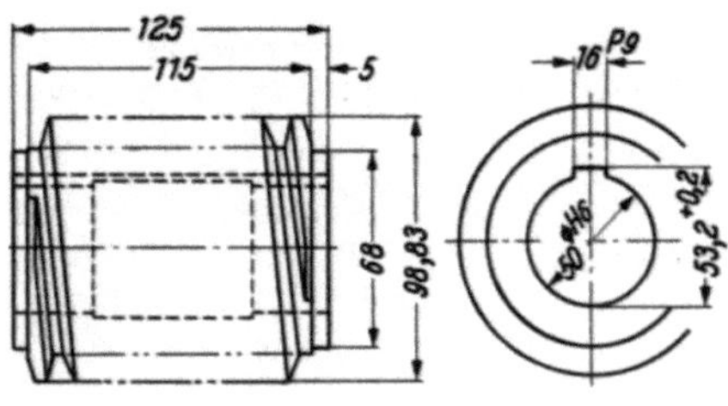

Verzahnungsdaten		
Zähnezahl (Gangzahl)	z	5
Achsmodul	m_a	8
Steigung (-Richtung)	H	125,664 (rechts)
Steigungswinkel	γ_m	25°
Eingriffswinkel	$\alpha_{a\,m}$	25°
Teilkreisdurchmesser	d_0	85,78
Kopfhöhe	$h_{k\,0}$	6,525
Gesamtzahnhöhe	h_z	14,50
Flankenform		A nach DIN E 3975
Zahndickensehne	$\bar{s}_{n\,0}$	$11{,}383^{-0{,}03}$
Zahnhöhe über Sehne	$h_{n\,0}$	6,593
Genauigkeitsangaben		
Achsabstand	a	250
Zähnezahl und Zeichn.-Nr. des Schneckenrades		$z_2 = 52$ 387 245 — 1

Abb. 3/30. Werkstattzeichnung einer Zylinderschnecke

Verzahnungsdaten		
Zähnezahl	z	52
Teilkreisdurchmesser	d_0	416
Kopfhöhe	$h_{k\,0}$	6,525
Gesamtzahnhöhe	h_z	14,50
Achsabstand	a	250
Flankenspiel		0,1 ··· 0.16
Daten der dazugehörigen Schnecke		
Zeichnungsnummer		387 244 — 1
Zähnezahl (= Gangzahl)	z	5
Achsmodul	m_a	8
Steigung (= Ganghöhe)	H	125,664
Steigungsrichtung		rechts
Steigungswinkel	γ_0	25°
Eingriffswinkel	$\alpha_{a\,0}$	25°
Teilkreisdurchmesser	d_0	85,78
Flankenform		A nach DIN E 3975

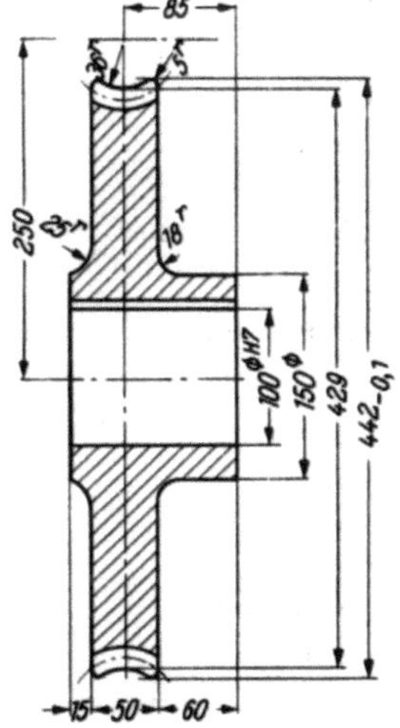

Abb. 3/31. Werkstattzeichnung eines Schneckenrades

festzulegen, die notwendig sind, damit das Rad den jeweiligen Anforderungen entspricht; er hat aber auch zu bestimmen, in welchem Maße die Werkstatt die Verantwortung hierfür übernehmen muß. Wenn der Werkstatt außerdem die zu fordernden Eigenschaften bekannt sind, so genügt unter Umständen eine *sehr einfache* Zeichnung. Viele gute Räder werden nach Zeichnungen gefertigt, die nur die Hauptdaten enthalten.

Der Konstrukteur muß allerdings wissen, welche Angaben der Hersteller benötigt, um für den jeweiligen Zweck brauchbare Räder herstellen zu können. – In manchen Fällen wird es zweckmäßig sein, besondere Vereinbarungen mit dem Hersteller zu treffen.

3.32 Angaben über Werkstoff und Wärmebehandlung

In vielen Zweigen des Getriebebaues ist es für den Konstrukteur eine Notwendigkeit geworden, sich eingehend mit den Fragen der Werkstoffe und der Wärmebehandlungsverfahren zu beschäftigen (vgl. Kap. 4, S. 266 f.). Wie wichtig genaue Vorschriften über Werkstoff und Wärmebehandlung sind, soll am Beispiel der Einsatzhärtung gezeigt werden.

Einsatzhärtung. Wird die Einsatztiefe zu gering gewählt, so sind Zahnfuß- und Verschleißfestigkeit ungenügend; zu große Einsatztiefe ist andererseits ungünstig bei Schlagbeanspruchung, auch können die inneren Spannungen zu groß werden, was schließlich dazu führen kann, daß sich die Einsatzschicht vom Kernwerkstoff ablöst. – Wenn das Aufkohlungsgas zu stark kohlenstoffhaltig ist, wird die Oberflächenschicht zu hart und damit spröde, so daß bei hoher Last Absplitterungen auftreten können. Bei Verwendung eines Gases mit zu geringem Kohlenstoffgehalt wird dagegen die erforderliche Oberflächenhärte nicht erreicht.

In allen Fällen, wo es darauf ankommt, eine hohe Tragfähigkeit mit Sicherheit zu erreichen, genügt deshalb die einfache Angabe „Einsatzhärtung" nicht mehr. – Im allgemeinen sind außer dem Werkstoff folgende Daten anzugeben (AGMA 241.01):

1. Einsatztiefe (bei fertigbearbeiteter Oberfläche).
2. Oberflächenhärte (meist in HRC).
3. Kernhärte.
4. Maximaler Kohlenstoffgehalt der Einhärtezone.

Soll die Einsatzhärtung für besonders hoch beanspruchte und komplizierte Räder (z. B. bei Flugzeug- oder Diesellokomotivgetrieben) angewendet werden, so ist es eventuell nötig, ein geeignetes Wärmebehandlungsverfahren besonders zu entwickeln und dies auf der Zeichnung zu vermerken.

Durchhärtung. Hierbei ist außer dem Werkstoff die Härte (meist Brinellhärte) des verzahnten Teils anzugeben.

Oberflächenhärtung (Flammhärtung, Induktionshärtung). Nach AG-MA 241.01 sind folgende Angaben erforderlich:

1. Härtetiefe.
2. Oberflächenhärte.
3. Kernhärte bzw. Wärmebehandlungszustand des Kernes vor dem Oberflächenhärten.
4. Wärmebehandlung nach dem Oberflächenhärten.

Die Entwicklung im Getriebebau geht dahin, Werkstoff und Wärmebehandlung *immer genauer* vorzuschreiben. Bei einer Reihe von Firmen hat man hierfür feste Vorschriften ausgearbeitet, so daß die Zeichnung lediglich einen Hinweis hierauf zu enthalten braucht. – Andere führen dagegen alle Einzelheiten in der Zeichnung an.

Der Konstrukteur trägt jedoch in jedem Falle die Verantwortung dafür, daß Werkstoff und Wärmebehandlung richtig auf der Zeichnung angegeben werden.

Über die für Zahnradgetriebe geeigneten Werkstoffe und Wärmebehandlungsverfahren wird in Kap. 4, S. 266 f. berichtet.

3.4 Festlegung der Verzahnungsdaten
(Erfahrungswerte – Bestimmung aller Abmessungen)

Nachdem eine bestimmte Getriebeart ausgewählt und die Hauptabmessungen der Zahnräder durch überschlägige Berechnung bestimmt wurden, müssen die Einzelabmessungen des Getriebes festgelegt werden; das sind alle Maße, die für die Konstruktionszeichnungen benötigt werden. Hierfür sollen in diesem Abschnitt Richtlinien gegeben werden.

Derjenige Konstrukteur oder Berechner, der mit den Grenzen für Radgröße und Radform, wie sie durch die verschiedenen Werkstoffe und Werkzeugmaschinentypen gegeben sind, noch nicht vertraut ist, sollte den nach diesem Kapitel festgelegten Entwurf als Probeentwurf betrachten. Erst nachdem er sich mit dem Inhalt der nachfolgenden Kapitel vertraut gemacht hat, sollte dann das letzte Urteil gesprochen werden. – Bezeichnungen s. Tab. 3/17, S. 170.

3.41 Stirnräder mit Geradverzahnung

Eigenschaften S. 21.
Verzahnungsgeometrie S. 35.

Wahl der Ritzelzähnezahl. Ganz allgemein kann man sagen: Je *größer* die Zähnezahl eines Ritzels ist, um so ruhiger wird das Getriebe laufen und um so höher wird seine Verschleißfestigkeit sein. – Andererseits er-

Tabelle 3/17. Bezeichnungen zu Abschn. 3.4
Wenn andere als die hier genannten Dimensionen verwendet werden,
so ist dies im Text besonders angegeben

a	mm	Achsabstand	S_k	mm	Kopfspiel
b	mm	Zahnbreite	x	—	Profilverschiebungsfaktor
d_0	mm	Teilkreisdurchmesser			
d_{m1}	mm	mittl. Schneckendurchmesser	α	°	Eingriffswinkel
			β	°	Schrägungswinkel
d_f	mm	Fußkreisdurchmesser	γ	°	Zahnwinkel
d_g	mm	Grundkreisdurchmesser	δ_0	°	Teilkegelwinkel
h_f	mm	Zahnfußhöhe	$\varkappa_f$	°	Fußwinkel
h_k	mm	Zahnkopfhöhe	$\varkappa_{fz}$	°	Fußwinkel für Zerolkegelräder für Herstellung nach dem Duplex-Verfahren
h_z	mm	Gesamte Zahnhöhe			
i	—	Übersetzungsverhältnis $\dfrac{n_1}{n_2} = \dfrac{z_2}{z_1}$			
L	mm	Schneckenlänge			
m	mm	Modul (im Teilkreis)			*Indizes*
m_a	mm	Achsmodul			
R_a	mm	äußere Teilkegellänge	0		Teilkreis (auf den Teilkreis bezogen)
r_{w1}	mm	Werkzeug-Kopfabrundung	1		Ritzel (= Kleinrad)
s_0	mm	Zahndicke im Teilkreis	2		Rad (= Großrad)
S_d	mm	Verdrehflankenspiel	b		Betriebswälzkreis

gibt eine *kleinere* Ritzelzähnezahl größere Zahnfußfestigkeit, geringere
Bearbeitungskosten, sowie größere und damit unempfindlichere Zahnabmessungen.

Bei Getrieben mit geradverzahnten Stirnrädern hat sich ein siebenzähniges Ritzel mit einem Modul von 0,4 mm als ausreichend erwiesen,
wenn es sich um Leistungen unter 1 PS handelte.

Geradverzahnte Ritzel für *Lokomotiv*antriebe haben im allgemeinen
12 bis 20 Zähne. Hochbelastete und schnellaufende Ritzel von *Flugzeug*getrieben werden mit 18 bis 30 Zähnen ausgeführt. Schrägverzahnte
Ritzel für *Schiffshaupt*getriebe haben häufig Zähnezahlen von 35 bis 70.

Im allgemeinen wird man bei *niedrigem* Übersetzungsverhältnis
höhere Ritzelzähnezahlen wählen als bei *großer* Übersetzung. Beispielsweise hat ein Zahnradpaar der Übersetzung 1:1 mit 35 Zähnen ungefähr
dieselbe Zahnfußtragfähigkeit, d. h. überträgt dieselbe Umfangskraft
wie ein Radpaar 5:1 mit einem Ritzel von 24 Zähnen.

Als allgemeine Richtlinie für die Wahl der Ritzelzähnezahl gerad- und
schrägverzahnter Stirnräder können die Angaben in Tab. 3/18 benutzt
werden. – Die Nachrechnung der Zahnfußspannung [mit Gl. (3/23).
S. 217)] zeigt dann, ob die gewählte Zähnezahl beibehalten werden kann.

Die Zähnezahlen von Ritzel und Rad müssen *ganzzahlig* sein. Insbesondere bei Zahnrädern geringer Härte sollten die Zähnezahlen von
Ritzel und Rad so gewählt werden, daß sie *keinen gemeinsamen Teiler*
haben. Man erreicht damit, daß jeder Zahn nacheinander mit allen Zähnen

Tabelle 3/18. Richtlinien für die Wahl der Ritzelzähnezahl

z_1	Anwendungsgebiet, Eigenschaften
7	Erfordert mindestens 25° Eingriffswinkel und Profilverschiebungen zur Vermeidung von Unterschnitt. Niedriger Überdeckungsgrad. Verwendung nur bei kleinen Moduln.
10	Praktisch kleinste Zähnezahl bei 20°-Bezugsprofil. Erfordert eine Profilverschiebung von etwa $x = 0{,}45$ um Unterschnitt zu vermeiden. Niedrige Verschleiß-und Flanken-Tragfähigkeit.
15	Angewendet, wenn Fußfestigkeit wichtiger als Flankentragfähigkeit ist. Erfordert Profilverschiebung.
19	Kein Unterschnitt bei 20°-Nullverzahnung.
25	Gut ausgeglichen bezüglich Fuß- und Flanken-Tragfähigkeit bei harten Stählen. Die kritischen Eingriffsgebiete in der Nähe des Grundkreises sind vermieden.
35	Bei harten Stählen wird im allgemeinen die Zahnfußfestigkeit für die Tragfähigkeit maßgebend sein. Bei Stählen mittlerer Härte sind Fuß- und Flanken-Tragfähigkeit etwa gleich hoch.
50	Zahnfuß-Tragfähigkeit wahrscheinlich in allen Fällen maßgebend außer bei Werkstoff geringer Härte. Hohe Flanken-Festigkeit. Bevorzugt bei hohen Umfangsgeschwindigkeiten, um geräuscharmen Lauf zu erreichen.

des Gegenrades in Eingriff kommt. Dadurch wird eine gleichmäßige Abnutzung erreicht und die Teilungsgenauigkeit verbessert.

Um diese Zusammenhänge näher zu erläutern, betrachten wir ein Zähnezahlverhältnis von 21 : 76. Die Teiler von 21 sind 3 und 7. Die kleinsten Teiler von 76 sind 2, nochmals 2 und 19. Dieses Übersetzungsverhältnis wird der oben erwähnten Forderung gerecht, weil beide Räder des Paares keinen gemeinsamen Teiler haben. Für die Herstellung wären hiernach folgende Forderungen zu stellen: Das Rad sollte nicht mit einem zweigängigen Fräser geschnitten werden; ein Schaberad mit 57 Zähnen wäre für beide Räder wenig geeignet, weil 57 die Teiler 3 und 19 hat. Es sollten also auch die Radzähnezahl und die Zähnezahl des Schneidwerkzeuges keinen gemeinsamen Teiler haben, wenn das Schneidwerkzeug eine Wälzbewegung mit dem zu schneidenden Rad ausführt.

Bezugsprofil und Zahnform. Wie bereits auf S. 38 erläutert, kann man sich die Zahnform dadurch entstanden denken, daß ein zahnstangenförmiges Bezugsprofil auf dem Teilkreis abgewälzt wird (vgl. auch S. 48 — Aufzeichnen der Zahnform). Das in Deutschland genormte Bezugsprofil ist in Abb. 2/4, S. 40 dargestellt.

In den USA wurden lange Jahre Verzahnungen mit einer aktiven Zahnhöhe (geradflankiger Teil des Bezugsprofils) von 2 × Modul und einer Gesamtzahnhöhe von 2,157 × Modul verwendet. Diese Maße ergeben jedoch nur einen sehr kleinen Radius für die Zahnfußausrundung, und der Entwurf richtiger Schabe-Stoßräder[1] und -Hobelkämme[1], Schabe-Wälzfräser[1] und Schaberäder ist schwierig. Deshalb geht man neuerdings vielfach auf andere Abmessungen über. Zusammenstellung der heute in den USA verwendeten Bezugsprofile s. Tab. 3/19 und Abb. 3/32.

Bei einigen Getriebearten werden auch *Stumpf*verzahnungen angewendet. Die gemeinsame Zahnhöhe liegt hierbei meist im Bereich von 1,5 bis 1,6 × Modul. Zur Kennzeichnung dieser Verzahnungen verwendet man Bezeichnungen, wie z. B. ,,8/10

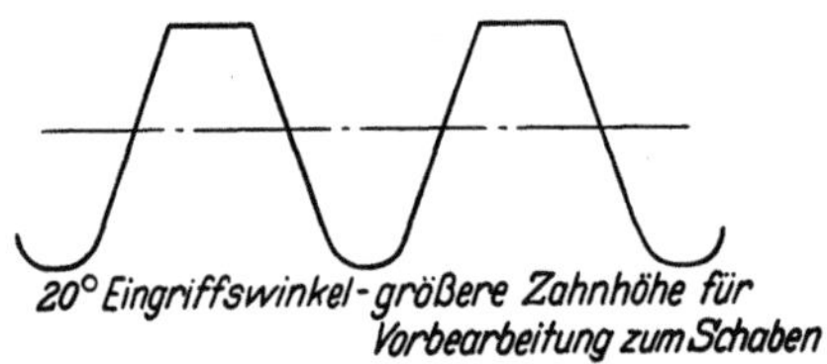

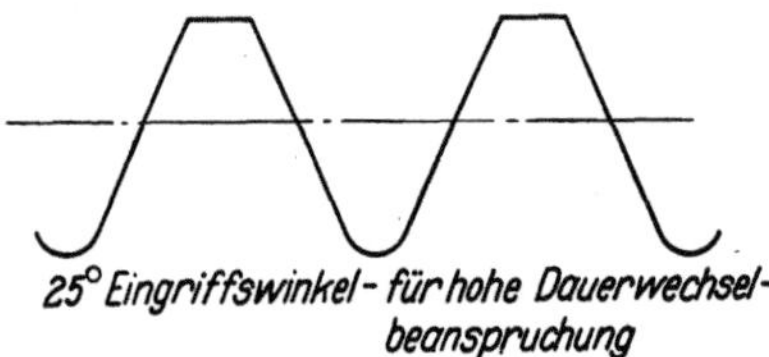

Abb. 3/32. Vergleich verschiedener Bezugsprofile

Tabelle 3/19. *Bezugsprofile für geradverzahnte Stirnräder nach amerikanischer Praxis*
Maße bezogen auf Modul $m = 1$ (vgl. Abb. 3/32)

Anwendung	Eingriffswinkel α_0	Gemeinsame Zahnhöhe h	Werkzeug-Kopfhöhe h_{kw}	Kopfabrundung des Wälzfräsers bzw. Hobelkamms
Allgemeine Zwecke	20°	2,000	1,250	0,300
Größere Zahnhöhe für Vorbereitung zum Schaben und Schleifen	20°	2,000	1,350	0,350
Flugzeuggetriebe, durchgehende Fußausrundung, hohe Dauerfestigkeit	20°	2,000	1,400	0,380
Bei hoher Dauerwechselbeanspruchung	25°	2,000	1,250	0,300
Für Moduln unter $m = 1,25$ mm	20°	2,000	1,200 + 0,05 mm	

[1] Werkzeuge für die Vorbearbeitung zum Schaben.

pitch“; dies bedeutet, daß es sich um eine Stumpfverzahnung mit der Zahnhöhe eines Zahnes von 10 DP ($\approx$ Modul 2,5), aber der Teilung und Zahndicke eines Zahnes von 8 DP ($\approx$ Modul 3,2) handelt. Auf der Basis von Modul 3,2 ergäbe sich also eine gemeinsame Zahnhöhe von 1,6 × Modul.

Der große Vorteil des Stumpfzahnes liegt darin, daß er tragfähiger ist, wenn die volle Last am Zahnkopf angreift. Dieser Belastungszustand kommt bei ungenauen Verzahnungen vor, während sich bei höherer Genauigkeit die Last auf mehrere Zähne verteilt, so daß die dann am Kopf wirkende Kraft nicht mehr interessiert. (Vgl. Erläuterungen auf S. 102.)

In einigen Gebieten des Getriebebaues verwendet man *Hoch*verzahnung mit einer gemeinsamen Zahnhöhe von 2,3 × Modul. Wählt man hierbei einen Eingriffswinkel von etwa $17^1/_2°$, so kann man stets einen Überdeckungsgrad von 2 oder größer erreichen. Dies gibt ein besonders laufruhiges Getriebe. Nach bisher vorliegenden Versuchsergebnissen scheint diese Verzahnungsart allerdings keine höhere Tragfähigkeit zu besitzen, als eine Verzahnung mit einem Eingriffswinkel von 20°.

Auch in den USA bevorzugen die meisten Konstrukteure heute Bezugsprofile mit 20° *Eingriffswinkel* (vgl. Tab. 3/19, Abb. 3/32 und 2/4, S. 40), während früher 14,5° viel benutzt wurde. Mit 14,5° ergeben sich bei kleinen Zähnezahlen viel schneller Schwierigkeiten durch Unterschnitt, als bei $\alpha_0 = 20°$. Auch ist die Tragfähigkeit des 20°-Zahnes größer. Aus demselben Grund wurde in Deutschland das 15°-Bezugsprofil durch das 20°-Profil ersetzt (DIN 867). Für manche Zwecke wird heute auch $\alpha_0 = 25°$ angewendet, man konnte hiermit vielfach eine höhere Tragfähigkeit erzielen, als mit $\alpha_0 = 20°$. Allerdings läuft eine derartige Verzahnung nicht so gleichförmig und ruhig wie eine Verzahnung mit niedrigerem Eingriffswinkel.

Abb. 3/33. Typisches Ritzel eines Flugzeuggetriebes. Beachte die Zahnfußausrundung sowie die Abrundung an den Zahnenden und am Kopf

Alle erwähnten Verzahnungsarten – Stumpfverzahnung, Hochverzahnung, größere und kleinere Flankenwinkel als 20° – haben für bestimmte, begrenzte Anwendungsfälle Vorteile. Für allgemeinen Gebrauch ergibt jedoch die Verwendung des normalen 20°-Bezugsprofils (vgl. Abb. 2/4) die beste Kompromißlösung.

Fußausrundung. Bei hochbelasteten Zahnrädern muß eine möglichst große Fußausrundung angestrebt werden (vgl. Abb. 3/33 und Erläuterungen auf S. 104). Man schreibt in diesen Fällen zweckmäßigerweise für den Radius der Fußausrundung einen Mindestwert vor, der in der Fertigung nicht unterschritten werden darf. Die kleinste Fußausrundung, die sich bei Herstellung durch Wälzfräsen oder Wälzschleifen ergibt, kann mit Gl. (2/12) S. 45, bestimmt werden.

Für Getriebe normaler Bauart sollte allerdings die *auf der Zeichnung* angegebene geringste Fußausrundung nicht größer sein als etwa 70% des nach Gl. (2/12) berechneten Minimalwertes. Dadurch haben die Fertigungsstellen bei der Auswahl des Werkzeugs einen gewissen Spielraum.

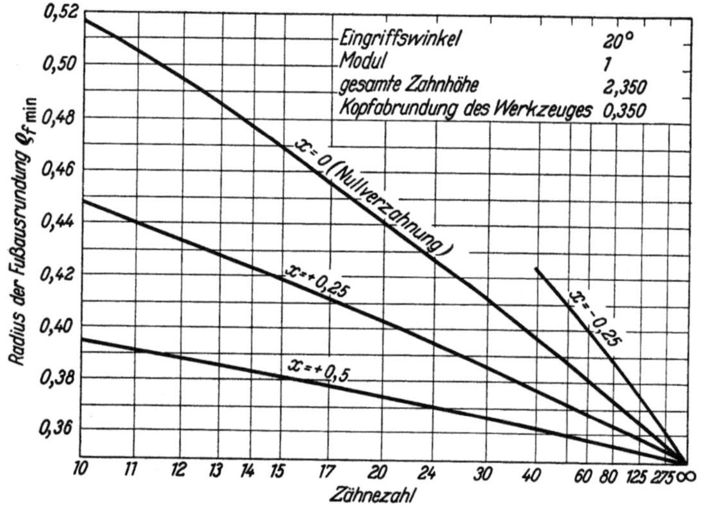

Abb. 3/34. Diagramm zur Bestimmung der kleinsten Fußausrundung. (Der abgelesene Wert ist mit dem Modul zu multiplizieren)

Wenn die Räder gestoßen, gehobelt, formgeschliffen oder formgefräst werden, kann man etwa den gleichen Mindesthalbmesser (in der Fußausrundung), wie beim Wälzfräsen erreichen, wenn die Werkzeuge richtig bemessen sind. Die Form der Abrundung wird allerdings etwas unterschiedlich sein.

Abb. 3/34 zeigt ein nach Gl. (2/12) entworfenes Kurvenblatt. In vielen Fällen wird man die für die Zeichnungsangabe benötigten Fußausrundungen unmittelbar mit diesem Kurvenblatt bestimmen können.

Wahl der Profilverschiebungen. Auf S. 44 wurde erläutert, welche Vorteile und Möglichkeiten die Anwendung von Profilverschiebung bietet. Zunächst muß entschieden werden, ob Null-, V-Null- oder V-Verzahnung gewählt werden soll.

a) *Nullverzahnung* $(x_1 = x_2 = 0)$

Vorzüge. Der Achsabstand ist bei Nullverzahnung gleich der Summe der Teilkreisradien, kann also sehr einfach berechnet werden. Auch die

Bestimmung der übrigen Verzahnungsdaten ist einfach, weil hierfür auf eine Reihe von Tabellen zurückgegriffen werden kann. Bei Verwendung der genormten Moduln ergeben sich für den Achsabstand runde (d. h. ganzzahlige) Maße. Gegenüber Verzahnungen mit großen Profilverschiebungen hat die Nullverzahnung den Vorzug eines größeren Überdeckungsgrades, solange kein schädlicher Unterschnitt auftritt.

Diese Vorteile, die sich im wesentlichen in einer Arbeitserleichterung für den Konstrukteur auswirken, haben in erster Linie dazu geführt, daß so häufig Nullverzahnung bevorzugt wurde und daß sie z.T. – trotz schwerwiegender Nachteile – noch heute viel angewendet wird.

Erwähnt sei noch, daß Nullräder Satzrädereigenschaften haben, d. h. Nullräder gleichen Moduls können – unabhängig von der Zähnezahl – beliebig miteinander gepaart werden.

Nachteile der Nullverzahnung. Bei Zähnezahlen unter 17 ($\alpha_0 = 20°$) wird der Zahnfuß unterschnitten, was zu einer Verringerung des Überdeckungsgrades und Verminderung der Zahnfußtragfähigkeit führt. Wegen des großen Unterschnitts sollte die Ritzelzähnezahl im allgemeinen nicht kleiner als 14 gewählt werden. – Besonders bei kleinen Zähnezahlen werden Teile der Evolvente als Zahnflanken benutzt, die sehr nahe am Grundkreis liegen; auch die Flankentragfähigkeit ist deshalb in diesen Fällen gering (Gefahr der Grübchenbildung!). Bei Verwendung genormter Moduln ist es *nicht* möglich, beliebige, vorgeschriebene Achsabstände einzuhalten; dies ist eine Einschränkung, die allein schon in vielen Fällen die Verwendung der Nullverzahnung ausschließt.

b) *V-Nullverzahnung* ($x_1 = - x_2$)

Vorzüge. Der Achsabstand ist auch bei V-Nullverzahnung gleich der Summe der Teilkreisradien, also sehr einfach zu bestimmen. Bei größeren Übersetzungen kann das Ritzel durch positive Profilverschiebung beträchtlich verstärkt werden, während die gleichgroße negative Profilverschiebung des (großen) Rades die Radzähne nur geringfügig schwächt; dabei ist vorausgesetzt, daß die Radzähnezahl groß genug ist. Ebenso ist es möglich, durch entsprechende Wahl des Profilverschiebungsfaktors die maximalen Gleitgeschwindigkeiten oder die Freßbeanspruchungen von Ritzel und Rad anzugleichen. – Mit V-Nullverzahnung läßt sich auch meist ein größerer Überdeckungsgrad als bei V-Verzahnung erzielen.

Nachteile der V-Nullverzahnung. Da das Ritzel auf Kosten des Rades verstärkt wird, sind V-Nullgetriebe mit Übersetzung $i = 1$ sinnlos; auch bei Übersetzungen wenig über 1 steht nur wenig Spielraum für die Verstärkung des Ritzels zur Verfügung. Ritzel und Rad sind – jedes für sich betrachtet – V-Räder, deren Verzahnungsabmessungen im allgemeinen schwieriger zu berechnen sind als bei Nullverzahnung.

Zahnräder mit V-Nullverzahnung haben keine Satzrädereigenschaften, d. h. die Räder können nicht beliebig miteinander gepaart werden, weil die Größe der Profilverschiebung auch von der Gegenzähnezahl abhängt. (Ein Zahnrad hat immer positive Profilverschiebung, wenn es als Ritzel und immer negative Profilverschiebung, wenn es als Großrad arbeitet.)

Bei Verwendung genormter Moduln ist es *nicht* möglich, beliebige, vorgeschriebene Achsabstände einzuhalten.

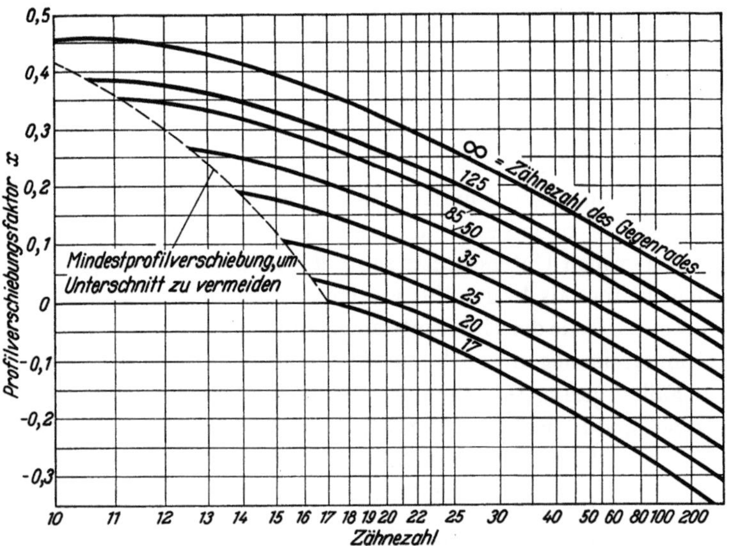

Abb. 3/35. Empfohlene Profilverschiebungsfaktoren für Ritzel und Rad bei V-Nullverzahnung; Eingriffswinkel 20°. (Die für Ritzel und Rad ermittelten Werte müssen zusammen 0 ergeben)

Bei treibendem Ritzel ist der Teil der Eingriffsstrecke vor dem Wälzpunkt (Fußeingriffsstrecke des Ritzels) kleiner als der Teil hinter dem Wälzpunkt[1]; in diesem Falle ergibt also V-Nullverzahnung *günstige* Eingriffsverhältnisse. – Im umgekehrten Fall, d. h. bei treibendem Rad, ist dagegen die Teileingriffsstrecke hinter dem Wälzpunkt kürzer als vor dem Wälzpunkt, was für die Laufruhe *nachteilig* ist. Aus diesen Zusammenhängen ergeben sich die nachstehend angegebenen Empfehlungen für die Wahl der Profilverschiebungen bei Übersetzungen ins Schnelle.

Wahl der Profilverschiebungsfaktoren für V-Nullverzahnung. Abb. 3/35 zeigt Empfehlungen von DUDLEY. Die gestrichelte Linie im linken Teil des Diagramms gibt das absolute Minimum der Profilverschiebung an, das eingehalten werden muß, um Unterschnitt zu vermeiden. Kein

---

[1] Vor dem Wälzpunkt haben wir stemmendes, hinter dem Wälzpunkt ziehendes Gleiten, wobei das letztere bezüglich Wirkungsgrad und Laufruhe vorteilhafter ist.

Rad oder Ritzel sollte eine geringere Profilverschiebung erhalten, als dieser Kurve entspricht.

Die ausgezogenen Linien in Abb. 3/35 geben die Profilverschiebungsfaktoren, abhängig von Zähnezahl und Gegenradzähnezahl, an. Die Ablesung sei an einem Beispiel erläutert:

Wir nehmen an, ein 20zähniges Ritzel kämmt mit einem 50zähnigen Rad. Zur Bestimmung des Profilverschiebungsfaktors x_1 (des Ritzels) geht man dann vom Abszissenwert $z = 20$ nach oben auf die Kurve $z = 50$ und kann dann auf der Ordinate den Profilverschiebungsfaktor $x_1 = 0{,}16$ ablesen. In gleicher Weise ergibt sich – ausgehend von dem Abszissenwert $z = 50$ für Kurve $z = 20$ – der Profilverschiebungsfaktor des Rades $x_2 = -0{,}16$. Wenn der Profilverschiebungsfaktor x_1 des Ritzels an der gestrichelten Linie abgelesen wird, so wählt man x_2 ohne weiteres gleich groß, aber negativ. (Da es sich um V-Nullverzahnung handelt, muß stets $x_2 = -x_1$ sein.)

Die in Abb. 3/35 dargestellten Profilverschiebungswerte sind bewußt niedrig gewählt; eine Reihe von Konstrukteuren wenden demgegenüber größere Werte an. Theoretisch kann man auch beweisen, daß dadurch höhere Tragfähigkeiten erzielt werden. Bei Versuchen und im praktischen Betrieb wurde jedoch oft beobachtet, daß die Profilverschiebung tatsächlich zu groß war, wenn man die Verzahnung auf gleiche Zahnfußfestigkeiten für Rad und Ritzel ausgelegt hatte. Offenbar ist die Festigkeit des Ritzelwerkstoffes – wegen der kleineren Abmessungen – durchweg etwas größer als die des Radwerkstoffes, wenn nominell der gleiche Werkstoff verwendet wird. Das Ritzel braucht daher nicht in dem Maße durch Profilverschiebung verstärkt zu werden wie die Berechnung ergibt, bei der für Ritzel und Rad die gleiche Dauerfestigkeit zugrunde gelegt wird.

Ist für *Übersetzungen ins Schnelle* V-Nullverzahnung vorgesehen, so sollte die Profilverschiebung nur so groß gewählt werden, wie zum Vermeiden von Unterschnitt am Ritzel nötig ist.

In den USA arbeitet man bei hochbeanspruchten Getrieben vielfach mit 25°-Werkzeugeingriffswinkel und wendet hierbei V-Nullverzahnung an. Der amerikanische Ingenieur zieht diese Verzahnung im allgemeinen der nachstehend beschriebenen V-Verzahnung mit 20°-Werkzeugeingriffswinkel vor, mit der man ebenfalls größere Betriebseingriffswinkel als 20° verwirklichen kann.

c) *V-Verzahnung*

Vorzüge. Ritzel und Rad können unabhängig voneinander verstärkt werden; im Gegensatz zur V-Nullverzahnung braucht also eine Verbesserung des Ritzels hier nicht auf Kosten des großen Rades zu gehen. Der wesentliche Vorteil der V-Getriebe ist vielmehr, daß man die Profilverschiebungen in weiten Grenzen und entsprechend den Anforderungen, die an das Getriebe gestellt werden, wählen und x_1 und x_2 aufeinander abstimmen kann.

So bevorzugt man beispielsweise große Profilverschiebungen an Ritzel und Rad, wenn es auf hohe Tragfähigkeit ankommt.

Will man einen großen Überdeckungsgrad d.h. eine lange Eingriffsdauer erzielen, was sich günstig auf die Laufruhe auswirkt, sind die

Profilverschiebungen möglichst klein zu wählen. Durch entsprechende Wahl der Profilverschiebungen an Ritzel und Rad kann man erreichen, daß in allen Fällen die Teileingriffsstrecke *hinter* dem Wälzpunkt größer ist als die vor dem Wälzpunkt (vgl. Fußnote S. 176).

Die Profilverschiebungen können so gewählt werden, daß *jeder gewünschte* Achsabstand mit genormtem Modul erreicht wird.

Nachteile der V-Verzahnung. Die Berechnung des Achsabstandes und der Verzahnungsabmessungen ist umständlicher als bei Null- und V-Null-verzahnung. – Der größere Eingriffswinkel hat eine – allerdings nur geringfügige – Erhöhung der Lagerkräfte zur Folge.

Wahl der Profilverschiebungsfaktoren für V-Verzahnung. In DIN-Entwurf 3994 und 3995 wird ein V-Verzahnungssystem vorgeschlagen, das als ,,05-Verzahnung‘‘ bezeichnet wird. Hierbei erhalten Ritzel und Rad bei allen Zähnezahlen den konstanten Profilverschiebungsfaktor $x = +0{,}5$; Bezugsprofil nach DIN 867 ($\alpha_0 = 20°$) (vgl. Abb. 2/4, S. 40). Man kommt damit im Mittel zu gut ausgeglichenen Verzahnungen. In Fällen, wo keine Höchstanforderungen an Tragfähigkeit und Laufruhe oder Sonderanforderungen (wie z. B. Treiben ins Schnelle, s. unten) gestellt werden, bzw. Vorschriften für den Achsabstand bestehen, kann diese 05-Verzahnung gewählt werden, so auch in den meisten Fällen, in denen bisher 20°-Nullverzahnung verwendet wurde. Ein großer Vorteil des Systems besteht darin, daß alle Verzahnungsdaten, nämlich

Achsabstand, Betriebseingriffswinkel,
Zahndicke, Zahnweite, Prüfmaß über Rollen,
Kopfkreisdurchmesser, Fußkreisdurchmesser,
Gleitgeschwindigkeit, Überdeckungsgrad

aus Tabellen (DIN 3995) entnommen werden können. – Die 05-Verzahnung hat Satzrädereigenschaften, d. h. man kann – bei gleichem Modul – 05-Räder beliebiger Zähnezahl miteinander paaren.

Sind bestimmte, vorgeschriebene Achsabstände einzuhalten oder werden besondere Anforderungen bezüglich Tragfähigkeit oder Laufverhalten gestellt, so kann von den Richtlinien in DIN 3992 (z. Zt. in Vorbereitung) ausgegangen werden. Hiernach kann man wie folgt vorgehen:

Ist der Achsabstand *nicht* vorgeschrieben, so ist aus Abb. 3/35a die – für die jeweiligen Anforderungen günstige – Summe der Profilver-

---

Abb. 3/35 a–c

Abb. 3/35a. Empfehlungen für die Wahl der Summe der Profilverschiebungsfaktoren [Entwurf DIN 3992] Eingetragenes Beispiel: Getriebe, bei dem es auf hohe Tragfähigkeit und gewisse Laufruhe ankommt. (Gewählt: Summenlinie $P\,7$.) $z_1 = 16$, $z_2 = 38$; über $(z_1 + z_2)/2 = 27$ abgelesen: $(x_1 + x_2)/2 = 0{,}425$. Aufteilung der Profilverschiebungssumme aus 3/35b und c

Abb. 3/35b. Aufteilung der Summe der Profilverschiebungsfaktoren auf Ritzel und Rad für Übersetzungen ins Langsame [Entwurf DIN 3992]
Eingetragenes Beispiel von Abb. 3/35a: $(x_1 + x_2)/2$ über $(z_1 + z_2)/2$ aufgetragen, ergibt Punkt A. Paarungslinie durch A ziehen; über z_1 kann $x_1 = 0{,}44$ und über z_2 der Betrag $x_2 = 0{,}41$ abgelesen werden

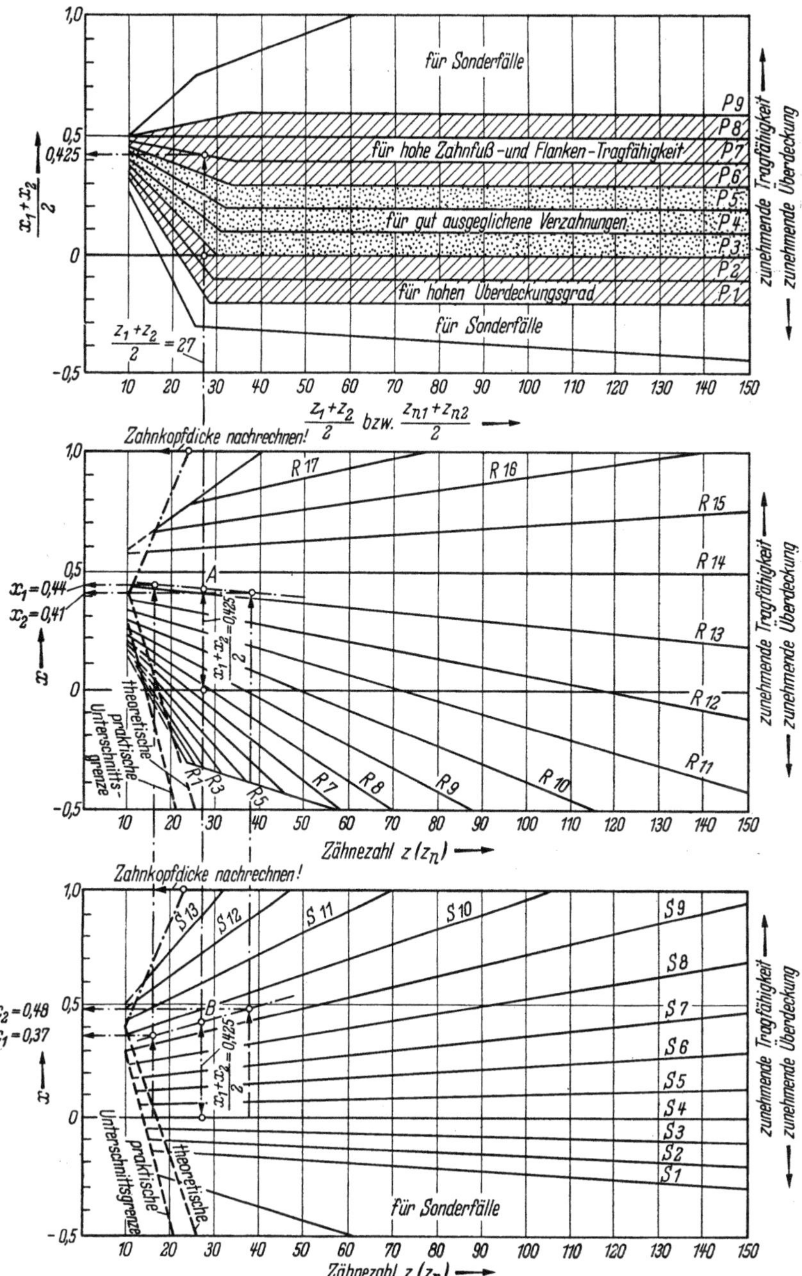

Abb. 3/35c. Aufteilung der Summe der Profilverschiebungsfaktoren auf Ritzel und Rad für Übersetzungen ins Schnelle [Entwurf DIN 3992]
Eingetragenes Beispiel von Abb. 3/35a: $(x_1 + x_2)/2$ über $(z_1 + z_2)/2$ aufgetragen, ergibt Punkt B. Paarungslinie durch B ziehen; über z_1 kann $x_1 = 0,37$ und über z_2 der Betrag $x_2 = 0,48$ abgelesen werden

schiebungsfaktoren zu entnehmen. Mit den Gleichungen in Tab. 3/21 kann damit der Achsabstand berechnet werden. Vielfach wird dieser zunächst ermittelte Achsabstand auf ein glattes Maß aufgerundet. Aus diesem endgültigen Achsabstand (und ebenso aus einem vorgegebenen Achsabstand) kann durch Zurückrechnen die hierfür erforderliche Summe $x_1 + x_2$ bestimmt werden.

Die damit bekannte Summe $x_1 + x_2$ wird (nach Vorschlag DIN 3992) für Übersetzungen ins Langsame nach Abb. 3/35b und für Übersetzungen ins Schnelle nach Abb. 3/35c so auf Ritzel und Rad aufgeteilt, daß x_1 und x_2 auf einer Paarungslinie[1] liegen. Man kann so vorgehen, daß man in Abb. 3/35b (bzw. 3/35c) über $(z_1 + z_2)/2$ den Wert $(x_1 + x_2)/2$ aufträgt (beide können von Abszisse und Ordinate Abb. 3/35a unmittelbar abgelesen werden); durch diesen Punkt zieht man eine Gerade, die sich dem Verlauf der benachbarten Paarungslinien anpaßt. Diese Gerade gibt dann über z_1 den zugehörigen Profilverschiebungsfaktor x_1 und über z_2 den Wert von x_2 an. Bei Radzähnezahlen über 150 können x_1 und x_2 so bestimmt werden, als wenn $z_2 = 150$ wäre; die Berechnung ist natürlich mit den wirklichen Zähnezahlen durchzuführen.

Bei *Schräg*verzahnung mit $z_n = \dfrac{z}{\cos^2 \beta_g \cos \beta_0}$ in die Diagramme gehen!

Ein Zahlenbeispiel ist in Abb. 3/35a bis c eingetragen. Siehe ferner Berechnungsbeispiel in Abschn. 9.11.

Der Vorschlag für DIN 3992, der hier auszugsweise wiedergegeben ist, gilt für Verzahnungen mit Bezugsprofil nach DIN 867 ($\alpha_{n0} = 20°$) (vgl. Abb. 2/4, S. 40).

Modul. Durch die Entwurfsrechnung in Abschnitt 3.12, S. 123 wurde der Achsabstand vorläufig festgelegt. Vielfach ist er auch durch die Konstruktion vorgegeben. Die Zähnezahlen und Profilverschiebungen werden gewählt. Damit kann dann – je nach der gewählten Verzahnungsart – der Modul aus den Gleichungen der Tab. 3/21 errechnet werden. Um *genormte* Werkzeuge verwenden zu können, wählt man zweckmäßigerweise den nächstliegenden Modul nach Tab. 3/20. Die ursprünglich gewählten Zähnezahlen und Profilverschiebungen müssen eventuell nochmals geändert werden, wenn der Achsabstand bereits unveränderlich festliegt. – Das endgültige Urteil, ob die Zähnezahl (und damit der Modul) richtig gewählt wurde, liefert die Nachrechnung der Zahnfußspannung [mit Gl. (3/23), S. 217].

---

[1] Für die Festlegung der Paarungslinien wurde von folgenden Gesichtspunkten ausgegangen: Die Zahnfußtragfähigkeiten von Ritzel und Rad sollten einander angeglichen werden und die Gleitgeschwindigkeit am Kopf des treibenden Teiles sollte etwas größer sein als die am Kopf des getriebenen Teils. Besonders bei treibendem Rad stehen beide Forderungen teilweise zueinander in Gegensatz. Die Paarungslinien stellen einen Kompromiß dar.

Tabelle 3/20. Empfohlene Diametral-Pitch-Werte und in DIN 780 genormte Modul-Werte

Left column group:

genormte Moduln (DIN 780) mm	empfohlene Diametral-Pitch 1/"	entsprechende Moduln mm
0,3		
	128	0,19844
	96	0,26458
0,4	64	0,39688
0,5	48	0,52917
0,6		
0,7		
0,8	32	0,79375
0,9		
1,0	24	1,05833
1,25	20	1,27000
1,5	16	1,58750
1,75		
2,0	12	2,11667
2,25		
2,5	10	2,54000
2,75		
3,0	8	3,17500
3,25		
3,5		
3,75		
4,0		
4,5	6	4,23333
5,0	5	5,08000
5,5		
6,0	4	6,35000
6,5		
7,0		
8,0	3	8,46667
9,0		
10,0	2,5	10,16000

Right column group:

genormte Moduln (DIN 780) mm	empfohlene Diametral-Pitch 1/"	entsprechende Moduln mm
10	2,5	10,16000
11		
12	2,0	12,70000
13		
14	1,75	14,51429
15		
16	1,5	16,93333
18		
20	1,25	20,32000
22		
24	1,0	25,40000
27		
30		
33	0,75	33,86667
36		
39		
42		
45		
50	0,5	50,80000
55		
60		
65		
70		
75		

Achsabstand. Die allgemeinen Gleichungen zur Berechnung des Achsabstandes von Geradstirnrädern mit V-Verzahnungen sind auf S. 46 angegeben. Grundsätzlich können hiernach die Achsabstände für alle Verzahnungsarten berechnet werden, für einige Fälle kann man die Formeln jedoch vereinfachen. In Tab. 3/21 sind daher die Formeln zur

Tabelle 3/21. Formeln zur Berechnung des Achsabstandes bei gerad- und schrägverzahnten Stirnrädern

Außenverzahnung		Gegeben	Berechnungsformel	Hilfswerte
Gerade- V-Verzahnung	z_1 z_2 m	$x_1;\;\; x_2$	$a = m\,\dfrac{z_1 + z_2}{2}\,\dfrac{\cos\alpha_0}{\cos\alpha_b}$	α_b zu ermitteln aus: $\operatorname{ev}\alpha_b = \dfrac{2\tan\alpha_0(x_1 + x_2)}{z_1 + z_2} + \operatorname{ev}\alpha_0$ [3]
05-Verzahnung		$x_1 = x_2 = 0{,}5$	$a = m\left(\dfrac{a}{m}\right)$	$\left(\dfrac{a}{m}\right)$ kann aus DIN 3995 Bl. 1 abhängig von $z_1 + z_2$ entnommen werden
V-Null-Verzahnung		$x_1 = -\,x_2$	$a = m\,\dfrac{z_1 + z_2}{2}$	
Null-Verzahnung		$x_1 = x_2 = 0$		
Schräge- V-Verzahnung	z_1 z_2 m_n β_0	$x_1;\;\; x_2$ [1]	$a = \dfrac{m_n}{\cos\beta_0}\,\dfrac{z_1 + z_2}{2}\,\dfrac{\cos\alpha_{s0}}{\cos\alpha_{sb}}$	α_{s0} zu ermitteln aus: $\tan\alpha_{s0} = \dfrac{\tan\alpha_{n0}}{\cos\beta_0}$
V-Null-Verzahnung		$x_1 = -\,x_2$ [1]	$a = \dfrac{m_n}{\cos\beta_0}\,\dfrac{z_1 + z_2}{2}$	α_{sb} zu ermitteln aus: $\operatorname{ev}\alpha_{sb} = \dfrac{2\tan\alpha_{n0}(x_1 + x_2)}{z_1 + z_2} + \operatorname{ev}\alpha_{s0}$ [3]
Null-Verzahnung		$x_1 = x_2 = 0$		

Tabelle 3/21. (Fortsetzung)

	Innenverzahnung	Gegeben		Berechnungsformel	Hilfswerte
Gerade-	V-Verzahnung		$x_1;\quad x_2$	$a = m\,\dfrac{z_2 - z_1}{2}\,\dfrac{\cos\alpha_0}{\cos\alpha_b}$	α_b zu ermitteln aus:
Gerade-	V-Null-Verzahnung[2]	z_1 z_2 m	$x_1 = x_2$	$a = m\,\dfrac{z_2 - z_1}{2}$	$\operatorname{ev}\alpha_b = \dfrac{2\tan\alpha_0\,(x_2 - x_1)}{z_2 - z_1}$ $+\ \operatorname{ev}\alpha_0$ [3]
Gerade-	Null-Verzahnung		$x_1 = x_2 = 0$		
Schräge-	V-Verzahnung		$x_1;\quad x_2$ [1]	$a = \dfrac{m_n}{\cos\beta_0}\,\dfrac{z_2 - z_1}{2}\,\dfrac{\cos\alpha_{s0}}{\cos\alpha_{sb}}$	α_{s0} zu ermitteln aus: $\tan\alpha_{s0} = \dfrac{\tan\alpha_{n0}}{\cos\beta_0}$
Schräge-	V-Null-Verzahnung[2]	z_1 z_2 m_n β_0	$x_1 = x_2$ [1]	$a = \dfrac{m_n}{\cos\beta_0}\,\dfrac{z_2 - z_1}{2}$	α_{sb} zu ermitteln aus: $\operatorname{ev}\alpha_{sb} = \dfrac{2\tan\alpha_{n0}\,(x_2 - x_1)}{z_2 - z_1}$
Schräge-	Null-Verzahnung		$x_1 = x_2 = 0$		$+\ \operatorname{ev}\alpha_{s0}$ [3]

---

[1] Hierbei ist das absolute Maß der Profilverschiebung $x_1 m_n$ bzw. $x_2 m_n$.
[2] Bei Innengetrieben entspricht die V-Null-Verzahnung der 05-Verzahnung, wenn $x_1 = x_2 = 0{,}5$ ist.
[3] Tabelle der Evolventenfunktion s. Tabelle 2/2, S. 39 und [2/16], [2/29].

Bestimmung des Achsabstandes für Null-, V-Null- und V-Verzahnung *getrennt* aufgeführt.

Zahnbreite. Die Zahnbreite des Ritzels wird gewöhnlich etwas größer ausgeführt als die Breite des Rades. Einbaufehler in Axialrichtung können auf diese Weise am Ritzel besser ausgeglichen werden als am Rad.

Berechnungsblatt für geradverzahnte Stirnräder. Für die Berechnung der Verzahnungsabmessungen ist die Benutzung eines *Formblattes* zweckmäßig, das alle zu berechnenden Größen enthält. Man ist dann sicher, daß alle erforderlichen Abmessungen berechnet wurden und kann das Formblatt als Unterlage für spätere Entwürfe aufbewahren. Tab. 3/22 zeigt ein solches Formblatt für geradverzahnte Stirnräder. Dabei ist auch angegeben, wie die einzelnen Werte zu berechnen sind. Um die Anwendung zu erläutern, sind Zahlenwerte für eine V-Nullverzahnung eingetragen.

Mehrere der in den Formblättern enthaltenen Abmessungen erfordern *Toleranzangaben*. Richtlinien für die Wahl der Toleranzen und des Flankenspiels sowie Hinweise für die Bestimmung der Zahndicken- und Achsabstandsmaße s. Abschn. 3.2, S. 148 (Angaben über Verzahnungstoleranzen und -passungen).

Für die Fertigung werden ferner Angaben über *Werkstoff* und *Wärmebehandlung* benötigt (s. S. 168 und Kap. 4, S. 266). Gewöhnlich werden diese Werte aber nicht in die Berechnungsblätter eingetragen. Sie müssen dagegen auf den Konstruktionszeichnungen angeführt werden.

3.42 Stirnräder mit Schrägverzahnung

In den USA werden sehr unterschiedliche Zahnabmessungen für Schrägstirnräder angewendet. Viele Herstellerfirmen haben eigene Bemessungsregeln ausgearbeitet, mit dem Ziel, bestimmte Bearbeitungsverfahren zu vereinfachen und zu verbilligen. Wählt man beispielsweise für die axiale Teilung oder den Schrägungswinkel bestimmte ganzzahlige Werte, so ergibt sich hieraus eine Vereinfachung für die Herstellung des Wälzfräsers, bzw. man erreicht, daß ein Satz Führungen einer Stoßmaschine für eine ganze Reihe unterschiedlicher Verzahnungsmaße benutzt werden kann (s. S. 377 unten). Bei zweckmäßiger Wahl der Verzahnungsabmessungen ist es in vielen Fällen möglich, den gewünschten Stirnmodul und Schrägungswinkel mit vorhandenen Werkzeugen zu erzeugen, statt Spezialwerkzeuge zur Herstellung jeder neuen Radtype anzuschaffen.

Wahl der Ritzelzähnezahl. Siehe entsprechenden Abschnitt der Geradverzahnung (S. 169); die dort angeführten Richtlinien können im großen und ganzen auch für Schrägverzahnung zugrunde gelegt werden. Gefahr des Unterschnitts tritt allerdings erst bei kleineren Zähnezahlen auf, wie

Tabelle 3/22. Berechnungsblatt für geradverzahnte Stirnräder
Eingetragenes Beispiel für V-Nullverzahnung

Gegebene und gewählte Größen:

1.	Ritzelzähnezahl	$z_1 = 15$	8.	Bezugsprofil nach DIN 867 (vgl. Abb. 2/4 S. 40)	
2.	Radzähnezahl	$z_2 = 45$			
3.	Profilverschiebungs-faktor	$x_1 = + 0{,}2$	9.	Werkzeugkopf-höhe	$h_{kw} = 1{,}25\ m$
4.	Profilverschiebungs-faktor	$x_2 = - 0{,}2$	10.	Werkzeugkopf-abrundung	$r_{w1} = 0{,}2\ m$
5.	Modul	$m = 5$	11.	Kopfspiel	$S_k = 0{,}25\ m$
6.	Eingriffswinkel	$\alpha_0 = 20°$	12.	Flankenspiel	$S_d = 0{,}1 \div 0{,}4$
7.	Zahnbreite	$b = 40$	13.	DIN-Qualität	8

Errechnete Größen:

			Gleichung	Ritzel (1)	Rad (2)
1.	Teilkreisdurchmesser	d_0	2/17	75,00	225,00
2.	Grundkreisdurchmesser	d_g	2/16	70,477	211,431
3.	Fußkreisdurchmesser	$d_f{}^1$	2/19	64,50	210,50
4.	Kopfkreisdurchmesser	d_k	2/20	87,00	233,00
5.	Zahnhöhe	h_z	$r_k - r_f$	11,25	11,25
6.	Teilung	t_0	2/3	15,707963	15,707963
7.	Eingriffsteilung	t_e	2/7	14,760663	14,760663
8.	Zahndicke	s_0	2/24	$8{,}582\ {-\ 0{,}060 \atop -\ 0{,}160}$	$7{,}126\ {-\ 0{,}075 \atop -\ 0{,}200}$
9.	Zahndickensehne	$\bar{s}_0$	2/26	$8{,}564\ {-\ 0{,}060 \atop -\ 0{,}160}$	$7{,}125\ {-\ 0{,}075 \atop -\ 0{,}200}$
10.	Höhe über der Sehne	h_0	2/25	6,239	4,054
11.	Meßzähnezahl	z'	Abb. 2/18	2	5
12.	Zahnweite	W	2/27	$23{,}875\ {-\ 0{,}056 \atop -\ 0{,}150}$	$68{,}890\ {-\ 0{,}070 \atop -\ 0{,}188}$
13.	Kugeldurchmesser	d_r	$1{,}75\ m$	8,75	8,75
14.	Prüfmaß über Kugeln	M	2/29	$88{,}286\ {-\ 0{,}119 \atop -\ 0{,}316}$	$235{,}555\ {-\ 0{,}194 \atop -\ 0{,}517}$
15.	Grenzdurchmesser	d_l	2/40	70,634	217,635
16.	Formkreisdurchmesser	d_F	2/43	70,600	217,385
17.	Wälzwinkel am Kopfkreis	Θ_k	2/36	41,469540°	26,532071°
18.	Wälzwinkel am Formkreis	Θ_F	2/39	3,385951°	13,738323°
19.	Kleinster Fußausrun-dungsradius	$\varrho_{f\,min}$	2/12	1,433	1,329
20.	Überdeckungsgrad	ε	2/10	1,569	
21.	Achsabstand	a	Tab. 3/21	150,00	
22.	Achsabstandsabmaß (J)	A_a	DIN 3964	$\pm\,0{,}050$	
23.	Zahndickenabmaß	A_s	3/11 A u. B	$-\,0{,}060 \atop -\,0{,}160$	$-\,0{,}075 \atop -\,0{,}200$
24.	Toleranzfeld		DIN 3963	e/c	e/c

[1] Theoretische Werte, die bei der Herstellung meist etwas unterschritten werden.

aus Gleichg. (2/51), S. 65 hervorgeht. Bei großen Schrägungswinkeln sind demnach sehr kleine Zähnezahlen möglich. Bei Laufverzahnungen sollte die Stirnüberdeckung allerdings nicht kleiner als 1 werden.

Modul, Verzahnungsart. Hier sollen 2 Reihen von Grundabmessungen behandelt werden, deren eine von konstantem Modul und Flankenwinkel (Bezugsprofil) im Normalschnitt ausgeht, während bei der anderen Modul und Flankenwinkel (Bezugsprofil) im Stirnschnitt als Ausgangswerte festgelegt werden. Es sei jedoch darauf hingewiesen, daß auch noch andere Verzahnungsmaße als die in diesem Abschnitt behandelten möglich sind. Tab. 3/23 gibt die Zahnabmessungen für verschiedene Schrägungswinkel bei einem Modul im *Normal*schnitt von 1. Zur Bestimmung der tatsächlichen Verzahnungsmaße müssen die Tabellenwerte (außer den Winkeln) mit dem jeweiligen Modul multipliziert werden. Der Vorteil dieses Systems, das in Deutschland fast ausschließlich angewendet wird,

Tabelle 3/23. Verzahnungsmaße schrägverzahnter Stirnräder für Modul im Normalschnitt $m_n = 1$

(Die tatsächlichen Maße erhält man also durch Multiplizieren mit dem jeweiligen Normalmodul)

Eingriffswinkel im Normalschnitt $\alpha_{n0} = 20°$,
Teilung im Normalschnitt $t_{n0} = 3,14159$,
Werkzeug-Kopfabrundung $r_{w1} = 0,300$,
aktive Zahnhöhe des Bezugsprofils $h = 2,000$,
Gesamthöhe des Bezugsprofils $h_{ges} = 2,250$,
Werkzeugkopfhöhe $h_{kw} = 1,250$

(Wenn nach dem Verzahnen geschabt werden soll, muß mindestens $h_{kw} = 1,350$ bzw. $h_{ges} = 2,350$ gewählt werden)

Schrägungswinkel β_0	Modul im Stirnschnitt m_s	Teilung im Stirnschnitt t_{s0}	Teilung im Achsschnitt t_{a0}	Eingriffswinkel im Stirnschnitt α_{s0}
0°	1,000	3,14159		20°
5°	1,003820	3,15359	36,04560	20° 4′13,1″
8°	1,009828	3,17247	22,57327	20°10′50,6″
10°	1,015426	3,19006	18,09171	20°17′ 0,7″
12°	1,022340	3,21178	15,11019	20°24′37,1″
15°	1,035276	3,25242	12,13817	20°38′48,8″
18°	1,051462	3,30326	10,16640	20°56′30,7″
20°	1,064177	3,34321	9,18540	21°10′22,0″
21°	1,071145	3,36510	8,76638	21°17′56,4″
22°	1,078535	3,38832	8,38636	21°25′57,7″
23°	1,086360	3,41290	8,04029	21°34′26,3″
24°	1,094637	3,43890	7,72389	21°43′22,9″
25°	1,103378	3,46636	7,43364	21°52′58,7″
26°	1,112602	3,49534	7,16651	22° 2′44,2″
27°	1,122326	3,52589	6,91994	22°13′10,6″
28°	1,132570	3,55807	6,69175	22°24′ 9,0″
29°	1,143354	3,59195	6,48004	22°35′40,0″
30°	1,154701	3,62760	6,28318	22°47′45,1″

ist, daß Räder aller Schrägungswinkel mit dem gleichen Wälzfräser erzeugt werden können, wenn sie den gleichen Modul im Normalschnitt haben.

Tab. 3/24 enthält die Zahnabmessungen für verschiedene Schrägungswinkel bei einem Modul im *Stirn*schnitt von 1. Dieses System erfordert besondere Fräser für jeden Schrägungswinkel, selbst wenn die Stirnmoduln die gleichen sind. Der Vorteil ist, daß man hiermit bei Schrägungswinkeln von 30° und darüber erheblich bessere Überdeckungsgrade, als bei dem vorher besprochenen System (Tab. 3/23) erhält. So werden die größten schrägverzahnten Stirnräder für Schiffs- und Kraftwerksgetriebe oft hiermit (20°-Eingriffswinkel im Stirnschnitt) ausgeführt. Allgemein ist diese Verzahnung (Tab. 3/24) für schnellaufende Getriebe zu empfehlen, wenn große Laufruhe erzielt werden soll.

Tabelle 3/24. Verzahnungsmaße schrägverzahnter Stirnräder für Modul im Stirnschnitt $m_s = 1$

(Die tatsächlichen Maße erhält man also durch Multiplizieren mit dem jeweiligen Stirnmodul)

Eingriffswinkel im Stirnschnitt $\alpha_{s0} = 20°$
Teilung im Stirnschnitt $\quad t_{s0} = 3{,}14159$
(Aktive Höhe des Bezugsprofils $\quad = 2{,}000\ m_n$)

Schrägungswinkel β_0	Modul im Normalschnitt m_n	Teilung im Normalschnitt t_{n0}	Teilung im Achsialschnitt t_{a0}	Eingriffswinkel im Normalschnitt α_{a0}	Aktive Zahnhöhe des Bezugsprofils h	Gesamthöhe des Bezugsprofils h_{ges}	Kopfabrundung der Herstellungszahnstange r_1
15°	0,965926	3,03455	11,72456	19°22′12,2″	2,000	2,350	0,350
23°	0,920505	2,89185	7,40113	18°31′21,6″	1,840	2,200	0,350
30°	0,866025	2,72070	5,44140	17°29′42,7″	1,740	2,050	0,300
45°	0,707107	2,22144	3,14159	14°25′57,9″	1,420	1,700	0,250

Fußausrundung. Der kleinste Fußausrundungsradius wird bei Schrägstirnrädern im allgemeinen nicht auf der Zeichnung angegeben. Das Maß ist schwierig zu prüfen, weil man von der Fußausrundung keine brauchbare Projektionsansicht erhält, ohne das Rad zu zerschneiden. Ist die Zahnfußbiegebeanspruchung nicht besonders hoch, so ist eine Kontrolle des Fußausrundungsradius auch nicht erforderlich. Man sollte nur verlangen, daß alle Verzahnwerkzeuge einen möglichst großen Abrundungshalbmesser haben. In Sonderfällen kann der kleinste Fußausrundungsradius, den ein gegebenes Werkzeug erzeugt, mit Gl. (2/52), S. 66, berechnet werden.

Wahl von Schrägungswinkel und Radbreite. Schrägungswinkel von 15 und 23° werden in den USA für schrägverzahnte Räder bevorzugt angewendet, da sie eine verhältnismäßig niedrige Axialkraft ergeben. Schrägungswinkel von 30 und 45° wählt man im allgemeinen nur für

pfeilverzahnte Räder. Hierbei kommen bekanntlich keine Axialkräfte
auf die Lager, weil sie in beiden Schrägungshälften gleich groß und entgegengesetzt gerichtet sind, so daß sie sich gegenseitig aufheben.

Die Radbreite richtet sich nach der geforderten Tragfähigkeit der
Verzahnung (s. S. 126 und S. 215 f.). Hierbei ist jedoch zu beachten, daß
eine um so größere Genauigkeit in der Flankenrichtung erforderlich ist,

Abb. 3/36. Schnellaufendes Getriebe, obere Gehäusehälfte entfernt. Die Sprungüberdeckung ist für
jede Radhälfte etwa $\varepsilon_{sp} = 9$, Übersetzung $i = 6$, Leistung $N = 6000$ PS. (Werkfoto: General Electric
Co.; Lynn, Massachusetts, USA)

je breiter die Verzahnung ist, um eine gleichmäßige Verteilung der Last
auf die ganze Zahnbreite zu erreichen. Außerdem muß berücksichtigt
werden, daß eine gewisse Mindest-Zahnbreite erforderlich ist, um den
Vorteil der *Sprungüberdeckung* auszunutzen. Die Erfahrung hat gezeigt, daß die Sprungüberdeckung [s. Gl. (2/50), S. 65] wenigstens 2 sein
sollte, um einen merklichen Nutzen aus dieser Breitenüberdeckung der
Schrägzähne zu ziehen. Bei kritischen, schnellaufenden Rädern, bei denen
es auf große Laufruhe ankommt, sollte der Konstrukteur Sprungüberdeckungen von 4 oder mehr anstreben (Abb. 3/36). Bei Sprungüberdeckungen unter 1 hat das Stirnrad Eigenschaften (Eingriffsverhältnisse), die zwischen denen eines geradverzahnten Stirnrades und denen
eines richtig bemessenen Schrägstirnrades liegen.

Wahl der Profilverschiebungen. Bei Schrägverzahnung ist nur selten
Profilverschiebung zur Beseitigung von Unterschnitt erforderlich. Bei
kleinen Zähnezahlen und Schrägungswinkeln kann man mit Gl. (2/51),
S. 65 die hierfür erforderliche Profilverschiebung ermitteln.

Vom Gesichtspunkt der Tragfähigkeit wird man bei Schrägverzahnung meist mit Nullverzahnung auskommen. – Wendet man V-Nullverzahnung an, so benötigt man im allgemeinen nicht so große Plus- und Minus-profilverschiebungen um die Tragfähigkeit von Ritzel und Rad anzugleichen wie bei Geradverzahnung.

Schrägverzahnte Räder geringer Härte besitzen meist eine überschüssige Zahnfußtragfähigkeit und es besteht durchweg keine Gefahr des Fressens. Die Tragfähigkeit wird hierbei in erster Linie durch die *Flankenfestigkeit* (Grübchenbildung) begrenzt. In diesem Falle bietet die Anwendung von V-Nullverzahnung nur geringe Vorteile gegenüber Nullverzahnung.

Bei gehärteter Verzahnung oder kleinen Ritzelzähnezahlen kann man etwa die gleichen Profilverschiebungen anwenden wie bei Geradverzahnung. Die Empfehlungen in Abb. 3/35 (V-Nullverzahnung) bzw. Abb. 3/35a bis c (V-Verzahnung) können als Richtlinie benutzt werden, wobei x abhängig von der Ersatzzähnezahl $[z_n = z/(\cos^2 \beta_g \cos \beta_0)]$ zu bestimmen ist. Der Faktor $1/(\cos^2 \beta_g \cos \beta_0)$ ist für eine Reihe von Schrägungswinkeln in Tab. 3/24a angegeben.

Tabelle 3/24a

Faktor zur Bestimmung der Ersatzzähnezahl von Schrägstirnrädern für $\alpha_{n0} = 20°$

$$z_n = z\,\eta$$

$$\eta = \frac{1}{\cos^2 \beta_g \cos \beta_0}$$

β_0	η	β_0	η
5°	1,010597	25°	1,309979
6°	1,015303	26°	1,339983
7°	1,020898	27°	1,372031
8°	1,027398	28°	1,406258
9°	1,034827	29°	1,442803
10°	1,043203	30°	1,481821
11°	1,052555	31°	1,523486
12°	1,062911	32°	1,567983
13°	1,074308	33°	1,615521
14°	1,086778	34°	1,666319
15°	1,100363	35°	1,720625
16°	1,115110	36°	1,778710
17°	1,131066	37°	1,840871
18°	1,148287	38°	1,907435
19°	1,166831	39°	1,978763
20°	1,186763	40°	2,055257
21°	1,208156	41°	2,137341
22°	1,231084	42°	2,225515
23°	1,255634	43°	2,320309
24°	1,281900	44°	2,422322
		45°	2,532216

Beim Entwurf kann man genau so vorgehen wie dies auf S. 180 für Geradverzahnung beschrieben wurde.

Bei vorgegebenem Achsabstand und festliegendem Schrägungswinkel wird man die Verzahnung im allgemeinen als V-Verzahnung ausführen müssen, weil der Modul nach Möglichkeit aus einer Normreihe gewählt wird und runde Schrägungswinkel bevorzugt werden (vgl. Berechnungsbeispiel in Abschn. 9.12, S. 518).

Achsabstand. Die allgemeinen Gleichungen zur Berechnung des Achsabstandes von Schrägstirnrädern mit V-Verzahnungen sind auf S. 66 angegeben. Grundsätzlich können hiernach die Achsabstände für alle Verzahnungsarten berechnet werden; für einige Fälle vereinfachen sich jedoch die Formeln. In Tab. 3/21, S. 182 sind daher die Formeln zur Bestimmung des Achsabstandes für Null-, V-Null- und V-Verzahnung getrennt aufgeführt.

Berechnungsblatt für schrägverzahnte Stirnräder. Tab. 3/25 zeigt ein Formblatt, wie es zur Berechnung aller erforderlichen Abmessungen benutzt werden kann. Bei billigeren Getriebeausführungen, wo man an die Genauigkeit keine besonderen Anforderungen stellt, werden Wälzwinkel, Formdurchmesser und axiale Teilung nicht benötigt.

Hinweis. Mehrere der in den Formblättern enthaltenen Abmessungen erfordern Toleranzangaben. Richtlinien für die Wahl der Toleranzen und des Flankenspiels sowie Hinweise für die Bestimmung der Zahndicken- und Achsabstandsabmaße s. Abschn. 3.2, S. 148 f.

3.43 Stirnräder mit Innenverzahnung

Zulässige Zähnezahldifferenz, Wahl der Profilverschiebung. Um die auf S. 70 beschriebenen *Eingriffsstörungen* zu vermeiden, darf die Differenz der Zähnezahlen von Rad und Ritzel nicht zu klein gewählt werden; teilweise sind aus diesem Grunde auch Kopfkürzungen erforderlich.

Statt die ziemlich komplizierten Berechnungsverfahren hier zu erläutern, haben wir in Tab. 3/26 eine Reihe von Zahnabmessungen zusammengefaßt, die mit Sicherheit brauchbar sind.

Die in Tab. 3/26 angegebenen Kopfhöhen des Innenrades sind soweit gekürzt, daß der Eingriff nicht tiefer am Fuß des Ritzels beginnt, als wenn dieses mit einer Zahnstange kämmt, die um den Betrag der Profilverschiebung $x_1 m$ abgerückt ist. Dadurch wird es möglich, das Ritzel für einen Innentrieb in der gleichen Weise herzustellen, wie ein Ritzel, das mit einem außenverzahnten Stirnrad großer Zähnezahl zusammenarbeitet.

Bei Anwendung der in Tab. 3/26 angeführten Zähnezahlkombinationen ist sichergestellt, daß weder beim Zusammenbau (radiale oder axiale Montage) noch im Lauf ein Überschneiden der Zahnspitzen auftritt (vgl.

Tabelle 3/25. Berechnungsblatt für schrägverzahnte Stirnräder
Eingetragenes Beispiel für V-Nullverzahnung

Gegebene und gewählte Größen:

1.	Ritzelzähnezahl	$z_1 = 15$	9.	Bezugsprofil nach DIN 867 (vgl. Abb. 2/4)	
2.	Radzähnezahl	$z_2 = 45$			
3.	Profilverschiebungsfaktor	$x_1 = + 0,2$	10.	Werkzeugkopfhöhe	$h_{kw} = 1,25\,m_n$
4.	Profilverschiebungsfaktor	$x_2 = - 0,2$	11.	Werkzeugkopfabrundung	$r_{w1} = 0,2\,m_n$
5.	Modul	$m_n = 5$	12.	Kopfspiel	$S_k = 0\,25\,m_n$
6.	Eingriffswinkel	$\alpha_{n0} = 20°$	13.	Flankenspiel	$S_d = 0,1 \div 0,4$
7.	Schrägungswinkel	$\beta_0 = 23°$	14.	DIN-Qualität	8
8.	Zahnbreite	$b = 40$			

Errechnete Größen:

			Gleichung	Ritzel (1)	Rad (2)
1.	Modul im Stirnschnitt	m_s	2/48	5,431801	
2.	Eingriffswinkel im Stirnschnitt	α_{s0}	2/49	21°34′26″	
3.	Teilung im Stirnschnitt	t_{s0}	2/47	17,064505	
4.	Eingriffsteilung im Stirnschnitt	t_{se}	2/45	15,869034	
5.	Eingriffsteilung im Norschnitt	t_{ne}	2/45	14,760663	
6.	Achsteilung	t_a	2/46	40,201437	
7.	Teilkreisdurchmesser	d_0	2/17	81,477	244,431
8.	Grundkreisdurchmesser	d_g	2/16	75,769065	227,307195
9.	Fußkreisdurchmesser	d_f^1	2/55	70,977	229,931
10.	Kopfkreisdurchmesser	d_k	2/20	93,477	252,431
11.	Zahnhöhe	h_z	$r_k - r_f$	11,25	11,25
12.	Zahndicke im Normalschnitt	s_{n0}	2/56	$8,582\ {-0,055 \atop -0,147}$	$7,126\ {-0,069 \atop -0,184}$
13.	Zahndicke im Stirnschnitt	s_{s0}	2/56 A	$9,323\ {-0,060 \atop -0,160}$	$7,741\ {-0,075 \atop -0,200}$
14.	Zahndickensehne im Norschnitt	$\bar{s}_{n0}$	2/26	$8,569\ {-0,055 \atop -0,147}$	$7,125\ {-0,069 \atop -0,184}$
15.	Höhe über der Sehne	h_0	2/25	6,188	4,042
16.	Schrägungswinkel im Grundkreis	β_g	2/43 A	21°32′27,5″	
17.	Ideelle Zähnezahl	z_i	2/58	18,9875	56,9625
18.	Meßzähnezahl	z'	Abb. 2/18	3	7
19.	Zahnweite	W	2/57	$38,915\ {-0,052 \atop -0,138}$	$99,249\ {-0,065 \atop -0,173}$
20.	Kugeldurchmesser	d_r	$1,75\,m_n$	8,75	8,75
21.	Prüfmaß über Kugeln	M	2/60	$94,882\ {-0,115 \atop -0,305}$	$254,987\ {-0,180 \atop -0,482}$
22.	Grenzdurchmesser	d_l	2/40	77,485	236,910
23.	Formkreisdurchmesser	d_F	2/43	77,215	236,640
24.	Wälzwinkel am Kopfkreis	Θ_k	2/36	40,132543°	26,119427°
25.	Wälzwinkel am Formkreis	Θ_F	2/39	11,247047°	16,586383°
26.	Kleinster Fußausrundungsradius	$\varrho_{f\,min}$	2/52	1,345	1,260
27.	Sprungüberdeckung	ε_{sp}	2/50	0,995	
28.	Profilüberdeckung	ε_p	2/10	1,408	
29.	Achsabstand	a	Tab. 3/21	162,954	
30.	Achsabstandsabmaß (J)	A_a	DIN 3964	± 0,050	
31.	Zahndickenabmaß	A_s	3/11 A u. B	$-0,060 \atop -0,160$	$-0,075 \atop -0,200$
32.	Toleranzfeld		DIN 3963	e/c	e/c

[1] Theoretische Werte, die bei der Herstellung meist etwas unterschritten werden.

Tabelle 3/26 Erprobte Verzahnungsabmessungen und Zähnezahlen bei gerader Innenverzahnung mit 20°-Eingriffswinkel

Modul $m = 1$ und V-Nullverzahnung, d. h. $x_1 = x_2$
(Die tatsächlichen Maße erhält man also durch Multiplizieren mit dem jeweiligen Modul)

Ritzel			Innenverzahntes Rad					
			Mindestzähnezahl		Kopfhöhe $h_{k\,02}$ bei			
Zähne-zahl z_1	Profil-verschie-bungs-faktor $x_1\,(=x_2)$	Kopf-höhe $h_{k\,01}$	bei axial. Zu-sammen-bau $z_{2\,min}$	bei radial. Zu-sammen-bau $z_{2\,min}$	$i = i_{min}$ [1]	$i = 2$	$i = 4$	$i = 8$
12	0,350	1,350	19	26	0,472	0,510	0,582	0,616
	0,510	1,510	19	26	0,390	0,412	0,451	0,471
13	0,290	1,290	20	27	0,507	0,556	0,635	0,673
	0,470	1,470	20	27	0,419	0,445	0,488	0,509
14	0,230	1,230	21	28	0,543	0,601	0,688	0,729
	0,430	1,430	21	28	0,447	0,479	0,525	0,548
15	0,180	1,180	22	30	0,574	0,642	0,733	0,777
	0,400	1,400	22	30	0,470	0,506	0,554	0,577
16	0,120	1,120	23	32	0,608	0,688	0,786	0,834
	0,380	1,380	23	32	0,487	0,526	0,574	0,597
17	0,060	1,060	24	33	0,642	0,734	0,839	0,890
	0,360	1,360	24	33	0,505	0,546	0,594	0,617
18	0,000	1,000	25	34	0,676	0,779	0,892	0,947
	0,350	1,350	25	34	0,516	0,558	0,605	0,628
19	0,000	1,000	27	35	0,702	0,792	0,898	0,950
	0,330	1,330	27	35	0,539	0,578	0,625	0,648
20	0,000	1,000	28	36	0,713	0,802	0,903	0,952
	0,320	1,320	28	36	0,550	0,590	0,636	0,658
22	0,000	1,000	30	39	0,733	0,821	0,912	0,957
	0,290	1,290	30	39	0,577	0,621	0,666	0,688
24	0,000	1,000	32	41	0,750	0,836	0,920	0,960
	0,270	1,270	32	41	0,599	0,644	0,687	0,709
26	0,000	1,000	34	43	0,766	0,849	0,926	0,963
	0,250	1,250	34	43	0,620	0,666	0,709	0,729
30	0,000	1,000	38	47	0,792	0,870	0,936	0,968
	0,220	1,220	38	47	0,654	0,702	0,741	0,761
40	0,000	1,000	48	57	0,836	0,903	0,952	0,976
	0,170	1,170	48	57	0,718	0,764	0,797	0,814

[1] $i_{min} = \dfrac{z_{2\,min}}{z_1}$ ist das kleinste Übersetzungsverhältnis, das bei axialem Zusammenbau möglich ist.

Abb. 3/37). Die Zahnköpfe sind hierbei immer mindesten $0{,}02 \times$ Modul voneinander entfernt.

Die in Tab. 3/26 angegebenen Daten sind die optimal erreichbaren. Viele Konstrukteure lassen für Innentriebe nicht so kleine Zähnezahldifferenzen zu und wählen kleinere gemeinsame Zahnhöhen. Muß mit

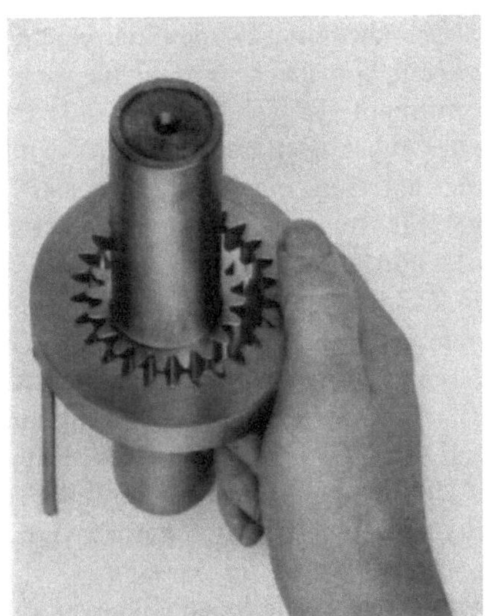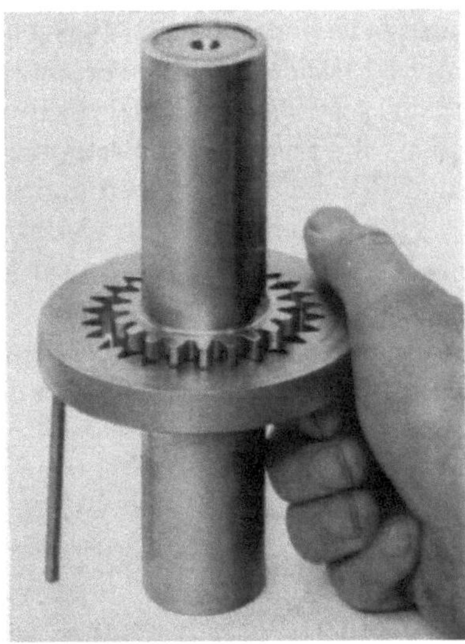

Abb. 3/37. Paarung eines innenverzahnten Rades ($z_2 = 27$) mit einem Ritzel ($z_1 = 19$); beide Teile wurden nach den Angaben in Taf. 3/26 hergestellt. a) Radiales Zusammenfügen ist nicht möglich. b) Axiales Zusammenfügen ist möglich

größeren Achsabstandsungenauigkeiten gerechnet werden, dürfte es auf jeden Fall zweckmäßig sein, die Zähnezahldifferenz etwas größer zu wählen, als in Tab. 3/26 angegeben ist.

Es ist zu beachten, daß in Tab. 3/26 für jede Ritzelzähnezahl zwei Profilverschiebungsfaktoren x_1 angegeben sind. Der erste (kleinere) ist der Mindestwert, der nötig ist, um Unterschnitt zu vermeiden. Wo keine Unterschnittgefahr besteht, wurde hier Nullverzahnung gewählt. Der zweite (größere) x-Wert wurde so gewählt, daß die Zahnfußtragfähigkeit von Ritzel und Rad etwa gleich groß ist. Die angegebene Profilverschiebung ist zwar nicht ganz so groß, wie sich theoretisch ergäbe – es wurde jedoch berücksichtigt, daß die Güte des Radwerkstoffes durchweg geringer ist, als die des Ritzelwerkstoffes: Ferner wird die Kerbwirkung am Fuß der Radzähne meist größer sein als am Ritzel.

Wenn das *Ritzel treibt*, soll im allgemeinen die größere Profilverschiebung gewählt werden, bei *treibendem Rad* die kleinere. Bei der Verzahnung in Tab. 3/26 handelt es sich um eine V-Nullverzahnung. – V-Verzahnungen wird man hauptsächlich dann anwenden, wenn bestimmte, vorgegebene Achsabstände eingehalten werden müssen. In diesem Falle kann die Profilverschiebungssumme nach den in Tab. 3/21, S. 183 angeführten Formeln bestimmt werden.

Kopfspiel. Da sich die Zahnlücken der innenverzahnten Räder zum Zahnfuß hin stark verengen, kann das Kopfspiel (am Fuß des innenverzahnten Rades) im allgemeinen nicht größer als 0,25 × Modul gemacht werden.

Achsabstand. Die allgemeinen Gleichungen zur Berechnung des Achsabstands sind auf S. 71 angegeben. Grundsätzlich können hiernach die Achsabstände für alle Verzahnungsarten berechnet werden, für einige Fälle vereinfachen sich jedoch die Formeln. In Tab. 3/21, S. 183 sind daher die Formeln zur Bestimmung des Achsabstandes für Null-, V-Null- und V-Verzahnung (gerad und schräg) getrennt angeführt.

Berechnungsblatt für Stirntriebe mit Innenverzahnung. Tab. 3/27 zeigt ein Formblatt, wie es zur Berechnung aller erforderlichen Abmessungen benutzt werden kann. – Die Zahndickenmessung mit Hilfe der Zahnmeßschieblehre ist am innenverzahnten Rad vielfach nicht möglich. Der Innendurchmesser muß mindestens 120 mm betragen, damit man eine Zahnmeßschieblehre ansetzen und mit der Hand in das Rad hineinfassen kann. Zahnweitenmessung mit den üblichen Meßgeräten (s. Abb. 2/17, S. 54) ist wegen der Hohlflankenform nicht brauchbar. Innenzahnräder – insbesondere kleiner Abmessung – werden daher meist mit Hilfe von Meßrollen oder -kugeln (vgl. S. 74) vermessen.

Hinweis. Mehrere der in den Formblättern enthaltenen Abmessungen erfordern Toleranzangaben. Richtlinien für die Wahl der Toleranzen und des Flankenspiels sowie Hinweise für die Bestimmung der Zahndicken- und Achsabstandsabmaße s. Abschn. 3.2 (Verzahnungstoleranzen und -passungen), S. 148.

Sonstige Verzahnungsdaten. Bezüglich der Grundbegriffe wie Modul, Verzahnungsart, Schrägungswinkel usw., sei auf die vorhergehenden Abschnitte der Außenverzahnung verwiesen.

Bei Schrägverzahnung hat das Innenzahnrad den *gleichen* Schrägungswinkel und die *gleiche* Steigungsrichtung wie sein Gegenrad (rechtssteigendes Ritzel kämmt mit rechtssteigendem Rad und umgekehrt).

3.44 Kegelräder

Die Gleason-Werke; Rochester, N. Y, USA, haben umfangreiche Untersuchungen durchgeführt, um die günstigsten Abmessungen der Kegelräder zu ermitteln. Die hieraus entstandenen Werksnormen werden auch außerhalb der Gleason-Werke weitgehend verwendet und sind z.T. auch zur AGMA[1]-Norm erhoben worden. Die Angaben dieses Abschnittes

---

[1] AGMA = American Gear Manufacturers Association = Vereinigung amerikanischer Getriebehersteller.

Tabelle 3/27. Berechnungsblatt für gerade Innenverzahnung
Eingetragenes Beispiel für V-Nullverzahnung

Gegebene und gewählte Größen:

1.	Ritzelzähnezahl	$z_1 = 15$	8.	Bezugsprofil nach DIN 867	
2.	Radzähnezahl	$z_2 = 45$	9.	Werkzeugkopf-	
3.	Profilverschiebungs-faktor	$x_1 = +0{,}4$		höhe	$h_{kw} = 1{,}25\,m$
			10.	Werkzeugkopf-	
4.	Profilverschiebungs-faktor	$x_2 = +0{,}4$		abrundung	$r_{w1} = 0{,}2\,m$
			11.	Kopfspiel	$S_k = 0{,}25\,m$
5.	Modul	$m = 5$	12.	Flankenspiel	$S_d = 0{,}1 \div 0{,}4$
6.	Eingriffswinkel	$\alpha_0 = 20°$	13.	DIN-Qualität	8
7.	Zahnbreite	$b = 40$			

	Errechnete Größen:		Gleichung	Ritzel (1)	Rad (2)	Gleichung
1.	Teilkreis-durchmesser	d_0	2/17	75,00	225,00	2/17
2.	Grundkreis-durchmesser	d_g	2/16	70,477	211,431	2/16
3.	Fußkreis-durchmesser	d_f	2/19	66,50 [2]	241,50 [3]	2/72
4.	Kopfkreis-durchmesser	d_k	2/71 und Tab. 3/26	89,00	219,65	2/73 und Tab. 3/26
5.	Zahnhöhe	h_z	$r_k - r_f$	11,25	10,925	$r_f - r_k$
6.	Teilung	t_0	2/3	15,707963	15,707963	2/3
7.	Eingriffsteilung t_e		2/7	14,760663	14,760663	2/7
8.	Zahndicke	s_0	2/24	$9{,}310\ {-\,0{,}060 \atop -\,0{,}160}$	$6{,}398\ {-\,0{,}075 \atop -\,0{,}200}$	2/76
9.	Zahndicken-sehne	$\bar{s}_0$	2/26	$9{,}286\ {-\,0{,}060 \atop -\,0{,}160}$	$6{,}390\ {-\,0{,}075 \atop -\,0{,}200}$	2/26
10.	Höhe über Sehne	h_0, q_0	2/25	$h_0 = 6{,}716$	$q_0 = 2{,}587$	2/79
11.	Meßzähnezahl	z'	Abb. 2/18	3	6	Abb. 2/18
12.	Zahnweite	W	2/27	$39{,}320\ {-\,0{,}056 \atop -\,0{,}150}$	$85{,}703\ {+\,0{,}070 \atop +\,0{,}188}$	2/27
13.	Kugel-durchmesser	d_r	$1{,}75\,m$	8,75 [1]	8,75	$1{,}75\,m$
14.	Prüfmaß über (zwischen) Kugeln	M	2/29	$88{,}170\ {-\,0{,}117 \atop -\,0{,}311}$	$220{,}717\ {+\,0{,}183 \atop +\,0{,}488}$	2/80
15.	Grenzkreis-durchmesser	d_l	2/40	70,955	236,36	2/40
16.	Formkreis-durchmesser	d_F	2/43	70,705	236,61	2/74
17.	Wälzwinkel am Kopfkreis	Θ_k	2/36	44,185474°	16,130366°	2/36
18.	Wälzwinkel am Formkreis	Θ_F	2/39	4,612769°	28,782879°	2/39
19.	Überdeckungs-grad	ε	2/66	1,913		—
20.	Achsabstand	a	Tab. 3/21	$75{,}00 \pm 0{,}040$		—
21.	Achsabstands-abmaß (J)	A_a	DIN 3964	$\pm\,0{,}040$		—
22.	Zahndicken-abmaß	A_s	DIN 3963	$-\,0{,}060 \atop -\,0{.}160$	$-\,0{,}075 \atop -\,0{,}200$	DIN 3963
23.	Toleranzfeld		DIN 3963	e/c	e/c	DIN 3963

[1] Die gleiche Kugel wie für das Innenstirnrad gewählt.
[2] Theoretischer Wert, s. Fußnote S. 47.
[3] Theoretischer Wert, der bei Herstellung mit Schneidrad meist etwas überschritten wird.

sind den Gleason-Veröffentlichungen [2/23], [2/24], [2/25], [2/26] über geradverzahnte, Zerol- und spiralverzahnte Kegelräder entnommen. – Da in erster Linie Kegelräder für 90°-Achswinkel interessieren, wollen wir uns bei den nachfolgenden Ausführungen hierauf beschränken.

Wahl von Eingriffswinkel und Zahnhöhe (Bezugsprofil). Die für die verschiedenen Kegelradarten zu empfehlenden Eingriffswinkel und Zahnhöhen sind in Tab. 3/28 zusammengestellt. Die Gesamtzahnhöhe wird in der Praxis beim Schruppen meist etwas größer ausgeführt als in Tab. 3/28 angegeben ist, um den Verschleiß der Fertigbearbeitungswerkzeuge zu verringern. Man erreicht damit, daß die Fertigbearbeitungswerkzeuge nur an den Flanken, nicht aber im Zahngrund angreifen.

Tabelle 3/28. *Verzahnungsmaße von Kegelrädern für Modul im Stirnschnitt* $m_s = 1$ (Die tatsächlichen Maße erhält man also durch Multiplizieren mit dem jeweiligen Stirnmodul)

Ver-zahnungs-art	Modul-bereich m_s	Eingriffs-winkel	Gemeinsame Zahnhöhe h	Gesamt-Zahnhöhe h_z	Werkzeug-Kopfhöhe h_{kw}
gerade	alle Moduln	20°	2,000	$2{,}188 + 0{,}05$ mm	$1{,}188 + 0{,}05$ mm[1]
Spiral	alle Moduln über 1,25	20°	1,700	1,888	1,038
Zerol	alle Moduln	20° 22,5° 25°	2,000	$2{,}188 + 0{,}05$ mm	$1{,}188 + 0{,}05$ mm[1]

Wahl von Zähnezahl, Profilverschiebung und Zahndicke. Für alle drei Kegelradarten wurden von Gleason Profilverschiebungen angegeben, die so gewählt sind, daß Unterschnitt vermieden wird und daß die Biegefestigkeit von Ritzel und Rad etwa gleich groß ist (s. Tab. 3/29 und 3/30). Es wird stets V-Nullverzahnung angewendet, d. h. die Profilverschiebungen von Ritzel und Rad sind gleich groß und entgegengesetzt. – Bei Anwendung der Profilverschiebungen nach Tab. 3/29 und 3/30 dürfen gewisse Mindestzähnezahlen nicht unterschritten werden, die in Tab. 3/31 zusammengestellt sind. Die Zähnezahl (und damit der Modul) wird zunächst geschätzt und nach der Berechnung der Zahnfußbiegespannung [Gl. (3/37), S. 236) eventuell korrigiert.

Da bei der Kegelradherstellung Links- und Rechtsflanke mit zwei verschiedenen Messern geschnitten werden, besteht noch die Möglichkeit, den *seitlichen* Messerabstand zu verändern und so die gewünschten Zahndicken an Ritzel und Rad zu erzeugen, ohne daß die Zahnhöhen bzw. Profilverschiebungen dadurch beeinflußt werden. Von diesem Mittel wird

---

[1] 0,05 mm ist ein konstanter Betrag für alle Moduln.

Tabelle 3/29. Profilverschiebungsfaktor x_{s2} des Tellerrades für geradverzahnte und Zerolkegelräder

Da V-Nullverzahnung, x_{s1} des Ritzels gleich groß wie x_{s2}, aber positiv
Gemeinsame Zahnhöhe $h = 2\,m$

Über-setzung von	bis	x_{s2}	Über-setzung von	bis	x_{s2}	Über-setzung von	bis	x_{s2}	Über-setzung von	bis	x_{s2}
1,00	1,00	0,00	1,15	1,17	− 0,12	1,42	1,45	− 0,24	2,06	2,16	− 0,36
1,00	1,02	− 0,01	1,17	1,19	− 0,13	1,45	1,48	− 0,25	2,16	2,27	− 0,37
1,02	1,03	− 0,02	1,19	1,21	− 0,14	1,48	1,52	− 0,26	2,27	2,41	− 0,38
1,03	1,04	− 0,03	1,12	1,23	− 0,15	1,52	1,56	− 0,27	2,41	2,58	− 0,39
1,04	1,05	− 0,04	1,23	1,25	− 0,16	1,56	1,60	− 0,28	2,58	2,78	− 0,40
1,05	1,06	− 0,05	1,25	1,27	− 0,17	1,60	1,65	− 0,29	2,78	3,05	− 0,41
1,06	1,08	− 0,06	1,27	1,29	− 0,18	1,65	1,70	− 0,30	3,05	3,41	− 0,42
1,08	1,09	− 0,07	1,29	1,31	− 0,19	1,70	1,76	− 0,31	3,41	3,94	− 0,43
1,09	1,11	− 0,08	1,31	1,33	− 0,20	1,76	1,82	− 0,32	3,94	4,82	− 0,44
1,11	1,12	− 0,09	1,33	1,36	− 0,21	1,82	1,89	− 0,33	4,82	6,81	− 0,45
1,12	1,14	− 0,10	1,36	1,39	− 0 22	1,89	1,97	− 0,34	6,81	∞	− 0,46
1,14	1,15	− 0,11	1,39	1,42	− 0,23	1,97	2,06	− 0,35			

Tabelle 3/30. Profilverschiebungsfaktor x_{s2} des Tellerrades für Spiralkegelräder

Da V-Nullverzahnung, x_{s1} des Ritzels gleich groß wie x_{s2}, aber positiv
Gemeinsame Zahnhöhe $h = 1{,}700\,m$

Über-setzung von	bis	x_{s2}	Über-setzung von	bis	x_{s2}	Über-setzung von	bis	x_{s2}	Über-setzung von	bis	x_{s2}
1,00	1,00	0,00	1,15	1,17	− 0,10	1,41	1,44	− 0,20	1,99	2,10	− 0,30
1,00	1,02	− 0,01	1,17	1,19	− 0,11	1,44	1,48	− 0,21	2,10	2,23	− 0,31
1,02	1,03	− 0,02	1,19	1,21	− 0,12	1,48	1,52	− 0,22	2,23	2,38	− 0,32
1,03	1,05	− 0,03	1,21	1,23	− 0,13	1,52	1,57	− 0,23	2,38	2,58	− 0,33
1,05	1,06	− 0,04	1,23	1,26	− 0,14	1,57	1,63	− 0,24	2,58	2,82	− 0,34
1,06	1,08	− 0,05	1,26	1,28	− 0,15	1,63	1,68	− 0,25	2,82	3,17	− 0,35
1,08	1,09	− 0,06	1,28	1,31	− 0,16	1,68	1,75	− 0,26	3,17	3,67	− 0,36
1,09	1,11	− 0,07	1,31	1,34	− 0,17	1,75	1,82	− 0,27	3,67	4,56	− 0,37
1,11	1,13	− 0,08	1,34	1,37	− 0,18	1,82	1,90	− 0,28	4,56	7,00	− 0,38
1,13	1,15	− 0,09	1,37	1,41	− 0,19	1,90	1,99	− 0,29	7,00	∞	− 0,39

in erster Linie bei Spiralverzahnung Gebrauch gemacht. Um die gewünschten Zahndicken zu erreichen, empfiehlt Gleason einen Faktor k (Tab. 3/32), der in Gln. (2/101) und (2/102) eingeht, mit der dann die Zahndicke errechnet werden kann. Für Gerad- und Zerolverzahnung wird k meist $= 0$ gewählt.

Wahl des Moduls. Bei der Wahl des Moduls (der stets am äußeren Zahnende gemessen wird) braucht man sich nicht an die genormte Modulreihe für Stirnräder zu halten. Bezüglich der Werkzeughaltung bietet

Tabelle 3/31. Kleinstzulässige Zähnezahlen für Kegelräder

Verzahnungs-art	Eingriffs-winkel	Ritzel-zähnezahl	Kleinste Radzähnezahl
Gerade	$20°$	13	30
		14	20
		15	17
		16	16
Spiral	$20°$	12	26
		13	22
		14	20
		15	19
		16	18
		17	17
Zerol	$20°$	15	25
		16	20
		17	17
	$22^1/_2$	13	15
		14	14
	$25°$	13	14
		13	13

Tabelle 3/32. Zahlenwerte der k-Größe zur Berechnung der Zahndicke bei Kegelrädern mit Spiralverzahnung

Für Gl. (2/101) und (2/102)

Übersetzung i	Ritzelzähnezahl					
	12–13	14–15	16–18	19–22	23–27	28–34
1,00– 1,02				$- 0,052$	$- 0,035$	$- 0,028$
1,02– 1,07			$- 0,051$	$- 0,043$	$- 0,029$	$- 0,025$
1,07– 1,14			$- 0,035$	$- 0,030$	$- 0,020$	$- 0,022$
1,14– 1,26			$- 0,018$	$- 0,018$	$- 0,015$	$- 0,022$
1,26– 1,84		$+ 0,010$	$- 0,002$	$- 0,018$	$- 0,035$	$- 0,049$
1,84– 2,26	$+ 0,002$	$- 0,020$	$- 0,044$	$- 0,062$	$- 0,083$	$- 0,098$
2,26– 2,64	$- 0,030$	$- 0,060$	$- 0,082$	$- 0,098$	$- 0,118$	$- 0,132$
2,64– 3,10	$- 0,074$	$- 0,096$	$- 0,114$	$- 0,130$	$- 0,148$	$- 0,160$
3,10– 4,00	$- 0,126$	$- 0,140$	$- 0,156$	$- 0,170$	$- 0,186$	$- 0,200$
4,00– 5,00	$- 0,170$	$- 0,182$	$- 0,195$	$- 0,208$	$- 0,224$	
5,00– 7,00	$- 0,206$	$- 0,218$	$- 0,230$	$- 0,240$		
7,00–10,00	$- 0,242$	$- 0,255$				

dies keinen besonderen Vorteil, da mit einem Satz Schneidmesser – innerhalb eines bestimmten Bereichs – jeder gewünschte Modul geschnitten werden kann.

Berechnungsblatt für Geradzahnkegelräder. Tab. 3/33 gibt den Berechnungsgang für die Abmessungen geradverzahnter Kegelräder an. Die Tabelle enthält einige Begriffe, die bisher noch nicht erläutert wurden, da es im wesentlichen Fertigungsangaben sind.

Tabelle 3/33. Berechnungsblatt für geradverzahnte Kegelräder
Eingetragenes Beispiel für V-Nullverzahnung entsprechend Gleason-Empfehlung
(Tab. 3/29)

Gegebene und gewählte Größen:

1.	Ritzelzähnezahl	$z_1 = 16$		8.	Gemeinsame		
2.	Tellerradzähnezahl	$z_2 = 49$			Zahnhöhe	$h = 2\,m$ [2]	
3.	Profilverschiebungs-			9.	Gesamt-		
	faktor	$x_1 = +0{,}42$ [1]			zahnhöhe	$h_z = 2{,}188\,m + 0{,}05$ [2]	
4.	Profilverschiebungs-			10.	Werkzeug-		
	faktor	$x_2 = -0{,}42$ [1]			kopfhöhe	$h_{kw} = 1{,}188\,m + 0{,}05$ [2]	
5.	Modul	$m = 5$		11.	Kopfspiel	$S_k = 0{,}188\,m + 0{,}05$	
6.	Eingriffswinkel	$\alpha_0 = 20°$		12.	Zahnbreite	$b = 35$ mm	
7.	Achsenwinkel	$\delta_A = 90°$		13.	Flankenspiel	$S_d = 0{,}1 \div 0{,}2$	

	Errechnete Größen:		Gleichung	Ritzel (1)	Tellerrad (2)
1.	Teilkreisdurchmesser	d_0	2/95	80,0	245,0
2.	Teilkegelwinkel	δ_0	2/88	18°05′	71°55′
3.	Äußere Teilkegellänge	R_a	2/105	128,865	
4.	Teilkreisteilung	t_0	2/96	15,708	
5.	Zahnkopfhöhe	h_k	2/98	7,10	2,90
6.	Zahnfußhöhe	h_f	2/100	3,89	8,09
7.	Kopfkegelwinkel	δ_k	2/92	21°40′33″	73°38′44″
8.	Fußwinkel	$\varkappa_f$	2/90	1°43′45″	3°35′32″
9.	Fußkegelwinkel	δ_f	2/91	16°21′16″	68°19′27″
10.	Kopfkreisdurchmesser	d_k	2/97	93,50	246,80
11.	Fußkreisdurchmesser	d_f	2/99	72,604	239,978
12.	Abstand (s. Abb. 2/30)	$k_b\text{–}k_k$	2/106	120,296	37,243
13.	Zahndicke im Teilkreis	s_0	2/102; 2/101	$9{,}28 \div 9{,}33$	$6{,}23 \div 6{,}28$
14.	Zahndickensehne	$\bar{s}_0$	2/103	$9{,}26 \div 9{,}31$	$6{,}23 \div 6{,}28$
15.	Höhe über der Sehne	h_0	2/104	7,361	2,913
16.	Zahnwinkel	γ	3/12	2°43′	2°43′
17.	Grenzbreite des Messers	b_{grenz}	3/13; 3/14	2,50	2,50

Die Bedeutung des Zahnwinkels γ ist aus Abb. 3/38 zu ersehen. Er ist ein Wert, der für die Einstellung der Gleason-Doppelstahl-Hobelmaschine benötigt wird.

$$\gamma\,['] = \frac{3438}{R_a}\left(\frac{s_0}{2} + h_f \tan \alpha_0\right). \quad (3/12)$$

Die Rechnung ergibt zunächst γ in Winkelminuten. Für die Angabe in Tab. 3/33 ist er in Grad und Minuten umgewandelt worden.

Unter „Grenzbreite des Messers" verstehen wir die größtzulässige Spitzenbreite eines V-förmigen, geradflan-

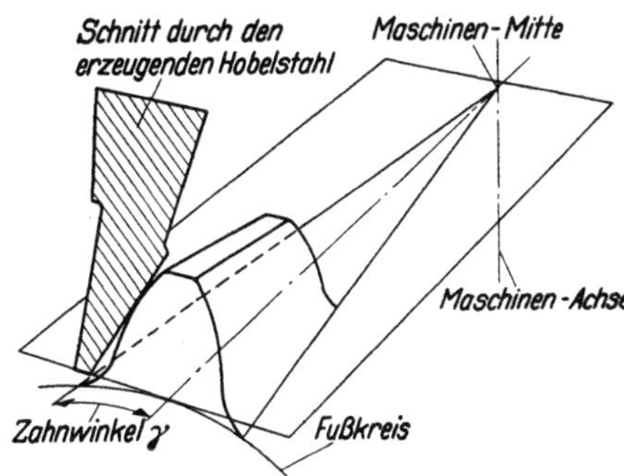

Abb. 3/38. Der Zahnwinkel ist ein Maschinenein-stellwert. Er ist der Zentriwinkel zwischen Schneidstahlecke und Zahnmittellinie

---

[1] Siehe Tab. 3/29. [2] Siehe Tab. 3/28.

kigen Messers, das Zahnflanke und Zahngrund am inneren Zahnende berührt. Das
für die Herstellung benutzte Messer darf nicht breiter, kann aber etwas schmaler
als dieser Grenzwert sein:

$$b_{\text{grenz 1}} = \frac{R_a - b}{R_a}\,(s_{02} - 2\,h_{f1}\tan\alpha_0) - 0{,}040 \text{ mm}\,, \qquad (3/13)$$

$$b_{\text{grenz 2}} = \frac{R_a - b}{R_a}\,(s_{01} - 2\,h_{f2}\tan\alpha_0) - 0{,}040 \text{ mm}\,. \qquad (3/14)$$

Das Flankenspiel in Tab. 3/33, Zeile 13, kann aus Tab. 3/14, S. 160,
entnommen werden. Dabei sollten die Erläuterungen zu dieser Tabelle
beachtet werden. Dann ist zu entscheiden, ob besondere Betriebserfor-
dernisse vorliegen, die eventuell erforderlich machen, von den Tabellenwerten abzuweichen.

Durch den konstanten Betrag von 0,05 mm in der Werkzeugkopfhöhe
(vgl. Tab. 3/28 und 3/33) soll erreicht werden, daß auch bei sehr kleinem
Modul und negativem Achsabstandsabmaß noch ein Mindest-Kopfspiel
vorhanden ist.

Berechnungsblatt für Zerolkegelräder (Tab. 3/34). Zerolkegelräder
haben Bogenverzahnung wie Spiralkegelräder auch; der mittlere Spiralwinkel ist jedoch 0°.

Tabelle 3/34. Berechnungsblatt für Zerolkegelräder

Gegebene und gewählte Größen:

1.	Ritzelzähnezahl	$z_1 = 16$	8.	Gemeinsame Zahnhöhe	$h = 2\,m_s = 5{,}0$ [2]
2.	Tellerradzähnezahl	$z_2 = 49$			
3.	Profilverschiebungs-faktor	$x_{s1} = +0{,}42$ [1]	9.	Gesamt-zahnhöhe	$h_z = 2{,}188\,m_s + 0{,}05$ [2]
4.	Profilverschiebungs-faktor	$x_{s2} = -0{,}42$ [1]	10.	Werkzeug-kopfhöhe	$h_{kw} = 1{,}188\,m_s + 0{,}05$ [2]
5.	Modul	$m_s = 2{,}5$	11.	Kopfspiel	$S_k = 0{,}188\,m_s + 0{,}05$
6.	Eingriffswinkel	$\alpha_0 = 20°$	12.	Zahnbreite	$b = 18$
7.	Achsenwinkel	$\delta_A = 90°$	13.	Flankenspiel	$S_d = 0{,}05 \div 0{,}10$

Errechnete Größen:

			Gleichung	Ritzel (1)	Tellerrad (2)
1.	Teilkreisdurchmesser	d_0	2/95	40,0	122,5
2.	Teilkegelwinkel	δ_0	2/88	18°05′	71°55′
3.	Äußere Teilkegellänge	R_a	2/105	64,433	
4.	Teilkreisteilung	t_0	2/96	7,854	
5.	Zahnkopfhöhe	h_k	2/98	3,55	1,45
6.	Zahnfußhöhe	h_f	2/100	1,97	4,07
7.	Zahnfußwinkel	$\varkappa_f$	2/90	3°41′38″	5°33′25″
8.	Fußkegelwinkel	δ_f	2/91	14°23′22″	66°21′35″
9.	Kopfkegelwinkel	δ_k	2/92	23°38′25″	75°36′38″
10.	Kopfkreisdurchmesser	d_k	2 97	46,75	123,40
11.	Fußkreisdurchmesser	d_f	2/99	36,255	119,973
12.	Abstand (s. Abb. 2/30)	$k_b - k_k$	2/106	60,148	18,622
13.	Zahndicke	s_0	2/102; 2/101	4,691	3,163

[1] Siehe Tab. 3/29.　　[2] Siehe Tab. 3/28.

Bei der Auswahl des Flankenspiels kann ebenfalls Tab. 3/14 als Richtlinie benutzt werden. Zerolkegelräder werden allerdings häufig auch für sehr genaue feinmechanische Getriebe verwendet, bei denen ein Flankenspiel von fast Null verlangt wird.

Wenn nach dem Duplexverfahren verzahnt wird, ergeben sich bei Zerolkegelrädern Fußwinkel, die von denen nach Gl. (2/90) etwas abweichen:

$$\varkappa_{fz1} = \varkappa_{f1} + \Delta\delta; \quad \varkappa_{fz2} = \varkappa_{f2} + \Delta\delta. \tag{3/15}$$

Hierin sind $\varkappa_{f1}$ und $\varkappa_{f2}$ aus Gl. (2/90) zu ermitteln. Für $\Delta\delta$ werden von GLEASON folgende Formeln angegeben:

Für $\alpha_0 = 20°$:

$$\Delta\delta = \frac{3334\,m}{R_a} - \frac{756\,m\,\sqrt{d_{01}\sin\delta_{02}}}{R_a\,b} - \frac{177,8}{R_a}, \tag{3/16}$$

Für $\alpha_0 = 22,5°$:

$$\Delta\delta = \frac{2434\,m}{R_a} - \frac{756\,m\,\sqrt{d_{01}\sin\delta_{02}}}{R_a\,b} - \frac{177,8}{R_a},$$

Für $\alpha_0 = 25°$:

$$\Delta\delta = \frac{1706\,m}{R_a} - \frac{756\,m\,\sqrt{d_{01}\sin\delta_{02}}}{R_a\,b} - \frac{177,8}{R_a}. \tag{3/17}$$

Mit dem Duplexverfahren ist eine sehr schnelles Erzeugen der Verzahnung möglich. Bei dieser – auch als Spreizmesserverfahren bezeichneten Methode – werden Vor- und Rückflanke von zwei getrennten Messern gleichzeitig fertig bearbeitet (s. Hierzu Kap. 7, S. 402 bis 404). Mit den heute von der Firma Gleason gelieferten Maschinen kann das Duplexverfahren für die Herstellung von Rädern bis zu Modul 2,5 mm angewendet werden. Das entsprechende Schleifverfahren ist bis etwa Modul 4 mm möglich. Die kleinstmögliche Ritzelzähnezahl ist 13.

Berechnungsblatt für Spiralkegelräder. Tab. 3/35 zeigt den verhältnismäßig einfachen Berechnungsgang für Spiralkegelräder. Die Verzahnungsqualität der Spiralkegelräder wird dadurch geprüft, daß man einmal die Einstelldaten der Maschine kontrolliert, auf der die Räder verzahnt werden und dann jedes Rad mit einem Kontrollrad in einer Prüfmaschine laufen läßt. Dabei kann das Rad bezüglich des Tragbildes und der erreichten Laufruhe beurteilt werden.

Als Richtlinie für die Wahl des Flankenspiels kann Tab. 3/14 benutzt werden. Im allgemeinen wird das gesamte Flankenspiel von der Zahndicke des *Ritzels* abgezogen.

Der Spiralwinkel wird normalerweise zu 35° gewählt.

Tabelle 3/35. Berechnungsblatt für Spiralkegelräder

Gegebene und gewählte Größen:

1.	Ritzelzähnezahl	$z_1 = 14$	9.	Gemeinsame		
2.	Tellerradzähnezahl	$z_2 = 43$		Zahnhöhe	$h = 1{,}7\,m_s$ [2]	
3.	Profilverschiebungs-		10.	Gesamt-		
	faktor	$x_{s1} = +0{,}35$ [1]		zahnhöhe	$h_z = 1{,}888\,m_s$ [2]	
4.	Profilverschiebungs-		11.	Werkzeug-		
	faktor	$x_{s2} = -0{,}35$ [1]		kopfhöhe	$h_{kw} = 1{,}038\,m_s$ [2]	
5.	Modul	$m_s = 6{,}5$	12.	Kopfspiel	$S_k = h_z - h = 0{,}188\,m_s$	
6.	Eingriffswinkel	$\alpha_0 = 20°$	13.	Zahnbreite	$b = 42$	
7.	Achsenwinkel	$\delta_A = 90°$	14.	Flanken-		
8.	Spiralwinkel	$\beta = 35°$		spiel	$S_d = 0{,}18 \div 0{,}23$	

Errechnete Größen:

			Gleichung	Ritzel (1)	Tellerrad (2)
1.	Teilkreisdurchmesser	d_0	2/95	91,0	279,5
2.	Teilkegelwinkel	δ_0	2/88	18°02′03″	71°57′57″
3.	Äußere Teilkegellänge	R_a	2/105	146,970	
4.	Teilkreisteilung	t_0	2/96	20,420	
5.	Zahnkopfhöhe	h_k	2/98	7,80	3,25
6.	Zahnfußhöhe	h_f	2/100	4,472	9,022
7.	Zahnfußwinkel	$\varkappa_f$	2/90	1°44′34″	3°30′46″
8.	Fußkegelwinkel	δ_f	2/91	16°17′29″	68°27′11″
9.	Kopfkegelwinkel	δ_k	2/92	21°32′49″	73°42′31″
10.	Kopfkreisdurchmesser	d_k	2/97	105,834	281,512
11.	Fußkreisdurchmesser	d_f	2/99	82,495	273,914
12.	Abstand (s. Abb. 2/30)	$k_b{-}k_k$	2/106	137,335	42,410
13.	Zahndicke	s_0	2/102; 2/101	12,490	7,930

3.45 Zylindrische Schraubenräder (Abb. 3/39)

Es gibt bis heute keine Norm für die Abmessungen zylindrischer
Schraubenräder. Da die meisten Firmen nur gelegentlich Schraubenräder
benötigen, legt man für den Entwurf im allgemeinen dieselben Wälzfräser oder sonstigen Werkzeuge zugrunde, die zur Herstellung normaler
schrägverzahnter Stirnräder benutzt werden. Man spart dadurch Werkzeugkosten und kommt zu durchaus betriebsfähigen Konstruktionen.
Allerdings kann man bessere Tragfähigkeit und Laufruhe erreichen, wenn
man die Verzahnungsabmessungen entsprechend den besonderen Anforderungen der Schraubgetriebe wählt.

Verzahnungsmaße. Um einen Überdeckungsgrad von zwei oder darüber zu erhalten, wenden viele Konstrukteure bei zylindrischen Schraubentrieben *größere* Zahnhöhen und *kleinere* Eingriffswinkel als bei normalen schrägverzahnten Stirnrädern an. Da wir bei zylindrischen Schraubenrädern nur Punktberührung (statt Linienberührung) haben, werden
Tragfähigkeit und Laufruhe durch einen Überdeckungsgrad von zwei

---

[1] Siehe Tab. 3/30, S. 197.   [2] Siehe Tab. 3/28, S. 196.

oder darüber sehr verbessert. Während des Abwälzvorganges sind dann stets mindestens zwei Zahnpaare im Eingriff, auf die sich die Gesamtzahnkraft verteilt.

Abb. 3/39. Schraubentrieb zum Antrieb von Ölpumpe und Regler einer kleinen Dampfturbine. Um Turbinenrad und Getriebe zu zeigen, wurde die obere Gehäusehälfte entfernt. (Werkfoto: General Electric Co.; Lynn, Massachusetts, USA)

Zu empfehlende Zahnabmessungen sind in Tab. 3/36 zusammengestellt. Schraubenräder mit diesen Abmessungen haben sich in schnell-

Tabelle 3/36. *Empfohlene Verzahnungsmaße zylindrischer Schraubenräder für Modul im Normalschnitt* $m_n = 1$

(Die tatsächlichen Maße erhält man also durch Multiplizieren mit dem Normalmodul m_n)

Teilung im Normalschnitt $t_{n0} = 3{,}14159$

Schrägungs-winkel des Antriebs-rades β_{01}	Schrägungs-winkel des Abtriebs-rades β_{02}	Eingriffswinkel im Normalschnitt α_{n0}	Zahnkopfhöhe h_{k0}	Gemeinsame Zahnhöhe h	Gesamt-Zahnhöhe h_{ges}
45°	45°	14°30′	1,200	2,400	2,650
60°	30°	17°30′	1,200	2,400	2,650
75°	15°	19°30′	1,200	2,400	2,650
86°	4°	20°	1,200	2,400	2,650

laufenden Getrieben vielfach bewährt. Man erhält hierbei Überdeckungs-grade über zwei für alle Zähnezahlverhältnisse, vorausgesetzt, daß Unterschnitt vermieden wird.

Wenn beide Räder entweder geschabt oder mit Wälzfräser verzahnt werden, kommen nur die ersten beiden der in Tab. 3/36 angegebenen Kombinationen in Frage. Beide Bearbeitungsverfahren sind jedoch nicht ausreichend bei Schrägungswinkeln über 60°; dann muß Schleifen vorgesehen werden. Dies trifft insbesondere zu bei hohen Übersetzungsverhältnissen oder wenn das Antriebsrad mit großem Durchmesser ausgeführt werden muß. In diesen Fällen sind die letzten beiden Kombinationen von Tab. 3/36 zweckmäßig.

Tabelle 3/37
Mindestzähnezahl der Antriebsräder von
zylindrischen Schraubentrieben
(Zur Vermeidung von Unterschnitt)

Schrägungswinkel des Antriebsrades β_{01}	Mindestzähnezahl $z_{1\,min}$
45°	20
60°	9
75°	4
86°	1

Zähnezahlen. Die kleinste Zähnezahl des getriebenen Rades, bei der kein Unterschnitt auftritt, ist 20; das gilt für alle vier in Tab. 3/36 angegebenen Kombinationen.

Um Unterschnitt am Antriebsrad zu vermeiden, muß die Zähnezahl z_1 gleich oder größer als $z_{1\,min}$ nach Tab. 3/37 sein.

Profilverschiebung, Fußausrundung. Zylindrische Schraubenräder werden teilweise mit V-Nullverzahnung ausgeführt; meist kommt man allerdings mit der in Tab. 3/36 empfohlenen Nullverzahnung aus. Da die Zahnfußbeanspruchung meist von untergeordneter Bedeutung ist (vgl. S. 240), ist es unnötig, genaue Untersuchungen darüber anzustellen, wie die Zahnfußtragfähigkeit beider Räder durch Profilverschiebung angeglichen werden könnte oder wie groß die Profilverschiebung gewählt werden sollte, um Unterschnitt zu vermeiden, wenn einmal ein Antriebsrad kleiner Zähnezahl verwendet werden muß.

Aus demselben Grunde ist es auch unbedenklich, daß die Fußausrundung bei den in Tab. 3/36 empfohlenen Zahnhöhen ziemlich klein wird.

Zahnbreite. Die genau erforderliche Zahnbreite hängt davon ab, wie weit sich der Eingriffspunkt seitlich bewegt, wenn die Zähne das Eingriffsgebiet durchlaufen. Bei einem neuen Getriebe ist der Eingriffsbogen etwas länger als zwei Teilungen im Normalschnitt, nach dem Einlaufen drei Teilungen und eventuell noch etwas darüber. Wir können also wählen:

$$b_1 = 3t_n \cos\beta_{01} + \Delta b,$$
$$b_2 = 3t_n \cos\beta_{02} + \Delta b.$$

(3/18)

Zu der erforderlichen Mindestbreite wurde also noch ein Sicherheits-
zuschlag Δb addiert. Dadurch bleiben die Zahnenden frei vom Eingriff
bzw. man begegnet dadurch Ungenauigkeiten in der axialen Einstellung
und Verschiebungen durch ungleiche Abnützungen.

Als Mindestwerte für Δb können gelten:

$$\left.\begin{aligned} \Delta b &= 6 \text{ mm bei Modul } m_n = 2,5 \text{ mm}, \\ \Delta b &= 10 \text{ mm bei Modul } m_n = 5,0 \text{ mm}. \end{aligned}\right\} \qquad (3/18\,\mathrm{A})$$

Berechnungsblatt. Tab. 3/38 gibt ein Berechnungsblatt mit einem
Rechenbeispiel eines zylindrischen Schraubentriebes wieder. Die Berechnung gilt für 90° Achswinkel und gleichsinniger Schrägungsrichtung für
beide Räder.

Tabelle 3/38. Berechnungsblatt für zylindrische Schraubenräder (Nullverzahnung)

Gegebene und gewählte Größen:

1.	Zähnezahl des Antriebs-rades	$z_1 = 12$	3.	Normalmodul	$m_n = 2,5$	
2.	Zähnezahl des Abtriebs-rades	$z_2 = 49$	4.	Achsenwinkel	$\delta_A = 90°$	
			5.	Flankenspiel	$S_n = 0,08 \div 0,25$	
			6.	Qualität	7	

7.	Normaleingriffswinkel	$\alpha_{nb} = \alpha_{n0} = 17,5°$
8.	Schrägungswinkel des Antriebsrades	$\beta_{01} = 60°$
9.	Schrägungswinkel des Abtriebsrades	$\beta_{02} = 30°$
10.	Zahnkopfhöhe	$h_{k1} = h_{k2} = 1,200\, m_n = 3,0$ mm
11.	Gemeinsame Zahnhöhe	$h = 2,400\, m_n = 6,0$ mm
12.	Gesamtzahnhöhe	$h_{z1} = h_{z2} = 2,650\, m_n = 6,625$ mm
13.	Werkzeugkopfhöhe	$h_{kw} = h_z - h_k = 1,45\, m_n = 3,625$ mm
14.	Kopfspiel	$S_K = h_{kw} - h_k = 0,625$ mm

Errechnete Werte:			Gleichung	Antriebsrad (1)	Abtriebsrad (2)
1.	Teilkreisdurch-messer	d_0	2/119; 2/120	60,00	141,451
2.	Achsabstand	a	2/118	100,726	
3.	Normaleingriffs-teilung	t_{en}	2/44	7,854	
4.	Kopfkreisdurch-messer	d_k	2/20	66,00	147,45
5.	Fußkreisdurch-messer	d_f	2/55	52,75	134,20
6.	Zahndicke	s_{n0}	2/56	$3,927\ {-0,050 \atop -0,113}$	$3,927\ {-0,050 \atop -0,113}$
7.	Zahndickensehne	$\bar{s}_{n0}$	2/26	$3,926\ {-0,050 \atop -0,113}$	$3,927\ {-0,050 \atop -0,113}$
8.	Höhe über der Sehne	h_0	2/25	3,016	3,020
9.	Prüfmaß über Kugeln	M	2/60	$66,082\ {-0,155 \atop -0,332}$	$147,443\ {-0,155 \atop -0,332}$
10.	Kugeldurchmesser	d_r	$\approx 1,75\, m_n$	4,3	4,3
11.	Zahnbreite	b	3/18	18,0	27,0

3.46 Zylinderschneckentrieb

Diese Getriebeart besteht aus einer zylindrischen Schnecke und einem globoidförmigen Rad.

Schnecken- und Raddurchmesser. Die Größe des Teilkreisdurchmessers der Schnecke ist im allgemeinen ein *Kompromiß* zwischen mehreren Forderungen. Wenn die Schnecke im Vergleich zum Rade dünn ist, so wird der Steigungswinkel groß und der Wirkungsgrad gut sein. Andererseits ergibt sich daraus eine geringe Zahnbreite des Schneckenrades; ferner hat man in diesem Falle häufig Schwierigkeiten, die Schneckenlager dicht genug beieinander anzuordnen, um ein zu starkes Durchbiegen der schwachen Schnecke zu vermeiden. Eine im Vergleich zum Rad dicke Schnecke hat zwar einen geringeren Wirkungsgrad, jedoch ist es hierbei möglich, den Schneckenkörper mit einer Bohrung zu versehen und auf eine Welle aufzustecken, statt Schnecke und Schneckenwelle aus einem Stück herzustellen.

In der AGMA-Norm 213.02 wird vorgeschlagen, den *mittleren Schneckendurchmesser* wie folgt zu wählen:

$$d_{m1}\,[\text{mm}] = \frac{(a\,[\text{mm}])^{0,875}}{1,47}\,. \tag{3/19}$$

Diese Formel liefert praktisch brauchbare Schneckenabmessungen, wobei alle oben genannten Gesichtspunkte berücksichtigt wurden. Ist der Konstrukteur weniger an einem guten Wirkungsgrad interessiert, so kann er von der Gl. (3/19) erheblich abweichen und trotzdem ein brauchbares Getriebe erhalten. Nach AGMA-Norm 213.02 kann der Schneckendurchmesser in dem

Bereich von $(a\,[\text{mm}])^{0,875}/1,14$ bis $(a\,[\text{mm}])^{0,875}/2,0$

gewählt werden, ohne daß die Tragfähigkeit hierdurch wesentlich beeinflußt wird.

Wenn die Kopfhöhe der Schnecke gleich der Kopfhöhe des Rades gemacht wird – wie in Tab. 3/39 empfohlen – so ist der mittlere Schneckendurchmesser gleich dem Teilkreisdurchmesser. Wir beschränken uns auf diese Verzahnung (Profilversch.fakt. $x = 0$) und setzen deshalb $d_{m1} = d_{01}$.

Bei *Getrieben mit kleinen Teilungen* (Feinwerktechnik, Instrumente) sind Wirkungsgrad und übertragbare Leistung eines Schneckengetriebes meist ohne Bedeutung. Die hierfür gültige AGMA-Norm 374.03 enthält daher auch keine Gleichung zur Bestimmung des Schneckendurchmessers ähnlich Gl. (3/19). Hier sind lediglich eine Reihe genormter Axialteilungen und Steigungswinkel festgelegt. Indirekt ergibt dies auch eine Reihe genormter Teilkreisdurchmesser. Die Axialteilungen liegen zwischen

Tabelle 3/39. Empfohlene Verzahnungsmaße für Zylinderschneckentriebe

Verwendung	Gangzahl (Zähnezahl) der Schnecke z_1	Eingriffswinkel der geradflankigen Fräs- oder Schleifscheibe α_w	Zahnkopfhöhe $h_{k\,01}, h_{k\,02}$	Gemeinsame Zahnhöhe h	Gesamtzahnhöhe h_z	Herkunft der Angaben
Teil- oder Stellvorrichtungen	1 oder 2	14°30′	$1\,m_n$	$2\,m_n$	$2,2\,m_n$	Durchschnittswerkstattwerte
Leistungsgetriebe	1 oder 2	20°	$1\,m_n$	$2\,m_n$	$2,2\,m_n$	
	3 oder mehr	25°	$0,9\,m_n$	$1,8\,m_n$	$2\,m_n$	
Instrumente kleine Moduln $m_n < 1,25$	1–10	20°	$1\,m_n$	$2\,m_n$	$2,2\,m_n +$ 0,05 mm	AGMA 374.02

0,75 und 4 mm (d. h. m_a zwischen 0,24 und 1,25 mm) und die Steigungswinkel zwischen 30′ und 30° (s. nächsten Absatz). Diese Norm gibt für jede der angegebenen Räderkombinationen eine erhebliche Anzahl von Tabellenwerten.

Wenn der Schneckendurchmesser nach den vorher genannten Richtlinien festgelegt wurde, kann mit Gl. (2/131 A), S. 93 der Raddurchmesser bestimmt werden.

Teilung und Modul. In den USA werden die Axialteilungen meist aus einer Reihe von Dezimalbrüchen (auf Zollbasis) gewählt; z. B.: 0,250″; 0,375″; 0,500″; 0,750″; 1,000″; 1,250″ und 1,500″. Für Schneckentriebe mit feiner Teilung (unter 0,160″) sind in AGMA 374.03 folgende Achsteilungen genormt (vgl. auch vorhergehenden Absatz): 0,030″; 0,040″; 0,050″; 0,065″; 0,080″; 0,100″; 0,130″; 0,160″.

In dem DIN-Entwurf 3976 ist eine geometrisch gestufte Reihe von Achsmoduln von $m_a = 1$ bis 20 mm festgelegt.

Gangzahl (= Zähnezahl der Schnecke), Steigungswinkel. Tab. 3/39 gibt Richtlinien für die Wahl der Gangzahl und der sonstigen Schneckenabmessungen bei verschiedenen Anwendungsgebieten.

Nach Auffassung des Verfassers sollte der Steigungswinkel nicht größer als 6° je Gewindegang gewählt werden. Wenn der Steigungswinkel beispielsweise 30° beträgt, sollte die Schnecke mindestens fünfgängig sein. Wenn die Gangzahl der Schnecke zu klein ist, ergeben sich Herstellschwierigkeiten; der Entwurf der Werkzeuge wird kompliziert und es wird schwierig, die gewünschte Flankenkrümmung der Schnecken- und Radverzahnung zu erzielen.

Für Schnecken mit feiner Achsteilung (0,03 bis 0,160″) sind in AGMA 374.03 folgende Steigungswinkel der Schnecke genormt (Angaben in Grad): 0,5; 1,0; 1,5; 2,0; 3,0; 4,0; 5,0; 7,0; 9,0; 11,0; 14,0; 17,0; 21,0; 25,0; 30,0.

In dem DIN-Entwurf 3976 sind für die Gangzahl der Schnecke die Werte $z_1 = 1$; 2 und 4 gewählt worden, mit denen eine Reihe von Schneckengetrieben aufgebaut wurde.

Eingriffswinkel. Tab. 3/39 gibt Empfehlungen für die Wahl des Werkzeugeingriffswinkels, wenn geradflankige konische Fräser oder Schleifscheiben zur Herstellung benutzt werden. Der Normaleingriffswinkel am Schneckentrieb ist etwas kleiner, er kann nach Gl. (2/128), S. 92, berechnet werden.

Radzähnezahl und Durchmesser. Im allgemeinen sollte das Schneckenrad nicht weniger als 29 Zähne haben. Ausnahmsweise kann die Zähnezahl jedoch bis auf 20 vermindert werden, wobei ein Eingriffswinkel des Schneidwerkzeuges von 25° vorzusehen ist; der Steigungswinkel darf dann nicht größer als 15° sein. Die kleinstzulässige Zähnezahl hängt auch stark vom Achsabstand ab; Empfehlungen der AGMA-Norm 341.01 s. Tab. 3/40. Die Zähnezahl des Rades und die Anzahl der Schneckengänge sollten so gewählt werden, daß sie *keinen gemeinsamen Teiler* besitzen. Dies ist bei Schneckentrieben besonders wichtig, weil der Fräser zur Herstellung des Rades die gleiche Gangzahl wie die Schnecke selbst hat.

Tabelle 3/40. Kleinstzulässige Zähnezahlen des Schneckenrades bei Zylinderschneckentrieben, die bei Konstruktionen des allgemeinen Maschinenbaues nicht unterschritten werden sollten

Achsabstand a [mm]	Kleinste Zähnezahl z_2
50	20
75	25
130	25
250	29
380	35
500	40
600	45

Radbreite. Zur Festlegung der Breite der Schneckenradverzahnung und des Außendurchmessers werden verschiedene Methoden angewendet.

Ein einfaches Verfahren, das immer funktioniert, ist in Abb. 3/40 – Konstruktion A – dargestellt. Man legt hierbei eine Tangente an den Mittenkreis der Schnecke; ihre Schnittpunkte mit dem Kopfkreis sind dann bestimmend für die Radbreite, die auch etwas breiter als die gefundene Sehne gemacht werden kann (Berechnungsformel s. Abb. 3/40). Damit wird die Schneckenverzahnung soweit wie praktisch möglich ausgenutzt. Die Breite, innerhalb der das Schneckenrad die Schnecke hohlkehlenartig umfaßt, wird gleich 60% der Radbreite b gewählt; außerhalb dieses Bereichs begrenzt der Außendurchmesser d_{a2} das Schneckenrad.

Konstruktion B zeigt eine andere – für *Leistungsgetriebe* vielfach angewendete – Ausführungsart.

Konstruktion C gibt eine Ausführung mit nicht ausgerundetem Schneckenzahnkopf wieder. Diese Form kann für *feinmechanische Geräte* oder sonstige Zwecke benutzt werden, bei denen die Tragfähigkeit keine entscheidende Rolle spielt.

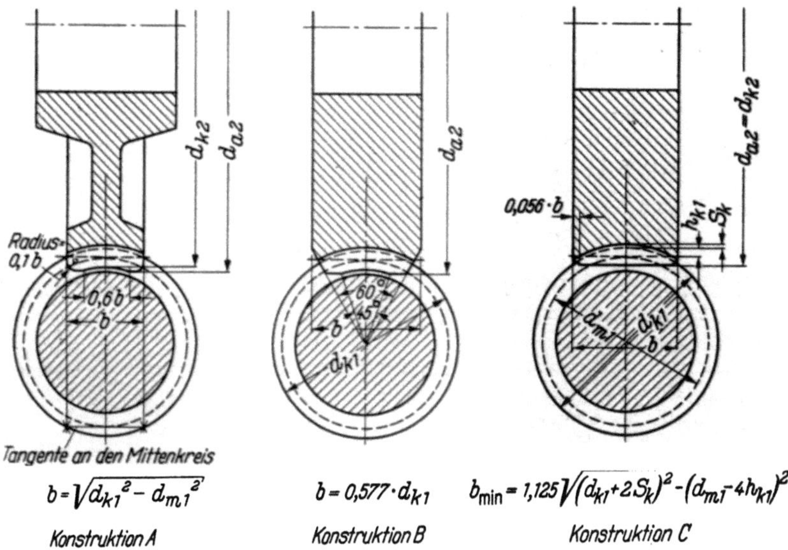

$$b = \sqrt{d_{k1}^2 - d_{m1}^2}$$

$$b = 0{,}577 \cdot d_{k1}$$

$$b_{min} = 1{,}125 \sqrt{(d_{k1} + 2 S_k)^2 - (d_{m1} - 4 h_{k1})^2}$$

Konstruktion A   Konstruktion B   Konstruktion C

Abb. 3/40. Verschiedene Schneckenrad-Konstruktionen; bei Profilverschiebungsfaktor $x = 0$ wird $d_{m1} = d_{01}$ und $h_{k1} = h_{k01} = h_{k02}$ (s. Tab. 3/39)

Schneckenlänge. Folgende Faustformel ergibt im allgemeinen brauchbare Werte:

$$L = 4\,t_a + \Delta L\,. \tag{3/19 A}$$

ΔL kann etwa in der Größenordnung von Δb [Gl. (3/18 A)] gewählt werden.

Deutsche Normen. Mit den oben erwähnten Normreihen für Achsmodul und Schneckenzähnezahl ist in dem DIN-Entwurf 3976 eine Vorzugsreihe von Schnecken aufgestellt worden. Ferner enthält das DIN-Blatt eine Tabelle, in der diesen Schnecken geometrisch gestufte Achsabstände (von 50 bis 500 mm) zugeordnet sind. Die Tabelle enthält 12 Übersetzungen, die zwischen $i = 7{,}5$ und $i = 106$ liegen.

Für deutsche Verhältnisse empfiehlt es sich, die Empfehlungen dieses DIN-Blattes zu berücksichtigen.

Flankenspiel, Kopfspiel. Bei Schneckentrieben ist es üblich, das gesamte Flankenspiel von der Zahndicke der *Schnecke* abzuziehen und die Zahndicke des Rades gleich der halben Teilung zu machen [Gl. (2/127), S. 92].

Im allgemeinen erfordern Schneckengetriebe *mehr* Flankenspiel als Getriebe mit gerad- oder schrägverzahnten Stirnrädern, was auf folgende

14 Dudley/Winter, Zahnräder

Zusammenhänge zurückzuführen ist: Die Schnecke wird meist in Stahl, das Rad meist in Bronze ausgeführt; beides wird in einem gußeisernen Gehäuse gelagert. Durch die hohe Gleitgeschwindigkeit können während des Betriebes aber erhebliche Temperaturerhöhungen auftreten. Die unterschiedliche Ausdehnung der verschiedenen Werkstoffe kann dann leicht erhebliche Änderungen des Flankenspiels verursachen. Außer bei langsam laufenden Steuergetrieben muß deshalb schon beim Entwurf genügend Flankenspiel vorgesehen werden, damit das Getriebe bei keiner der eventuell in Frage kommenden Geschwindigkeiten oder Umgebungstemperaturen blockiert. Empfehlungen s. Tab. 3/15, S. 160.

Tabelle 3/41   Berechnungsblatt für Zylinderschneckentrieb (ohne Profilverschiebung)

Gegebene und gewählte Größen:

1.	Gangzahl der Schnecke	$z_1 = 5$
2.	Zähnezahl des Schneckenrades	$z_2 = 52$
3.	Achsmodul der Schnecke = Stirnmodul des Rades	$m_a = 8$
4.	Steigungswinkel der Schnecke	$\gamma_{(1} = 25°$
5.	Achsenwinkel	$\delta_A = 90°$
6.	Flankenspiel	$S_n = 0{,}18$
7.	Bezugskreisdurchmesser des vorhandenen Fräsers	$d_{bw} = 86{,}4$ (vgl. auch Gl. 8/14, S. 473)
8.	Eingriffswinkel der geradflankigen Fräs- oder Schleifscheibe	$\alpha_w = 25°$ (s. Tab. 3/39, S. 207)
9.	Zahnkopfhöhe	$h_{k(1} = h_{k02} = 0{,}9\,m_n = 6{,}525$ (s. Tab. 3/39)
10.	Gemeinsame Zahnhöhe	$h = 1{,}8\,m_n = 13{,}05$ (s. Tab. 3/39)
11.	Gesamtzahnhöhe	$h_z = 2{,}0\,m_n = 14{,}50$ (s. Tab. 3/39)
12.	Flankenform K (nach Abb. 2/36c); Radkonstruktion A (nach Abb. 3/40)	

Errechnete Größen:			Gleichung	Schnecke (1)	Schneckenrad(2)
1.	Durchmesser	$d_{(1},\ d_{02}$	2/131(A)	85,780[1]	416,0
2.	Achsteilung	t_a	2/123	25,13274	
3.	Normalteilung	t_n	2/122	22,77800	
4.	Normalmodul	m_n	2/123	7,250464	
5.	Achsabstand	a	2/130 A	250,890	
6.	Zahndicke	$s_{n(1},\ s_{n(2}$	2/127	11,209	11,389
7.	Zahndickensehne	$\bar{s}_{n(1},\ \bar{s}_{n02}$	2/26	11,203	11,388
8.	Höhe über Sehne	$h_{(1},\ h_{02}$	2/25	6,593	6,589
9.	Normaleingriffswinkel	α_{n0}	2/128	24°15′23″	
10.	Eingriffswinkel-Abweichung	$\Delta\alpha$	2/129	0°44′37″	
11.	Eingriffswinkel im Achsschnitt	α_a	2/130	26°26′09″	
12.	Kopfkreisdurchmesser	d_k	2/132	98,83	429,05
13.	Fußkreisdurchmesser	d_f	2/133	69,83	400,05
14.	Schneckenlänge	L	3/19 A	114,0	
15.	Radbreite	b	Abb.3/40		44,50

[1] Vgl. auch Gl. (3/19), S. 206.

Während früher meist ein Kopfspiel von $0,157 \times$ Modul gewählt wurde, bevorzugt man heute größere Kopfspiele, wie aus Tab. 3/39, S. 207 hervorgeht. Damit ist es möglich, die Kopfradien an den Werkzeugen reichlicher zu bemessen.

Berechnungsblatt. Tab. 3/41 zeigt ein Berechnungsblatt für zylindrische Schneckentriebe und die Durchrechnung eines Zahlenbeispiels.

3.47 Globoid-Schneckentrieb

Diese Getriebeart besteht aus einer globoidförmigen Schnecke und einem globoidförmigen Rad (vgl. Abb. 3/41 und 2/37, S. 94).

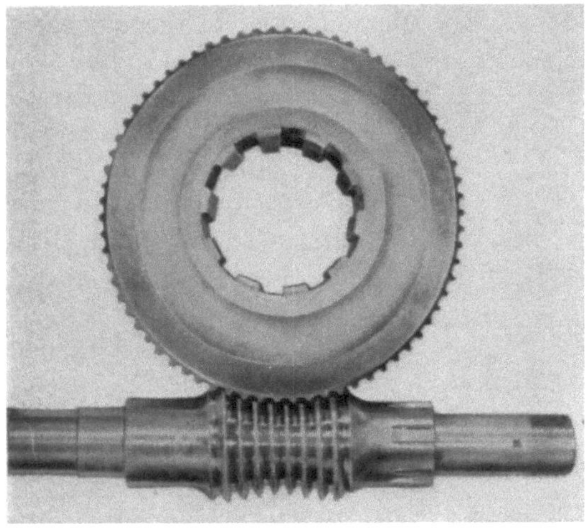

Abb. 3/41. Globoid-Schneckentrieb (Typ Cone Drive). Beachte das Vielnutprofil, das erforderlich ist, um hohe Drehmomente durch kurze Wellenstücke zu übertragen

Schnecken- und Raddurchmesser. Nach Empfehlung der AGMA-Norm 213.02 erhält man ein tragfähiges Schneckengetriebe, wenn der Teilkreisdurchmesser der Schnecke nach folgender Formel bestimmt wird:

$$d_{01} \, [\text{mm}] = \frac{a^{0,875} \, [\text{mm}]}{1,47} . \tag{3/20}$$

Spielt die Tragfähigkeit eines Getriebes keine Rolle, wie dies z. B. in einfachen Geräten und Steuerantrieben meist der Fall ist, kann man selbstverständlich erheblich von den Werten nach Gl. (3/20) abweichen. Der Teilkreisdurchmesser des Rades kann nach Gl. (2/131 A), S. 93 ermittelt werden. Wie sich aus Gl. (2/139) ergibt, kann der Fußkreisdurchmesser der Schnecke wie folgt berechnet werden:

$$d_{f1} = d_{01} + 2 h_{k01} - 2 h_{z1} . \tag{3/21}$$

Der so gefundene Wert sollte mindestens $= (a\,[\mathrm{mm}])^{0{,}875}/2$ sein. Ergibt sich ein kleinerer Wert, so muß der Teilkreisdurchmesser der Schnecke so vergrößert werden, daß der Fußkreisdurchmesser diesen Mindestwert erreicht.

Verzahnungsabmessungen. Tab. 3/42 enthält die von der Michigan Tool Co. empfohlenen Abmessungen von Globoidschneckengetrieben.

Tabelle 3/42. Empfohlene Verzahnungsmaße für Globoidschneckentriebe

Eingriffswinkel im Normalschnitt $\alpha_{n\,0}$	Kopfhöhe $h_{k\,01},\ h_{k\,02}$	Gemeinsame Zahnhöhe h	Gesamt-Zahnhöhe h_z
$20°$	$0{,}71\ m_n$	$1{,}42\ m_n$	$1{,}57\ m_n$

Steigungswinkel und Gangzahl. Der Steigungswinkel bei Getrieben mit Achsabständen unter 130 mm sollte nicht größer als ungefähr 6° je Gewindegang sein. Für größere Achsabstände soll der Steigungswinkel dividiert durch die Anzahl der Gänge nicht größer sein als 5°.

Radzähnezahl. Die Zähnezahl des Rades soll so gewählt werden, daß Rad- und Schneckenzähnezahl (Gangzahl) nach Möglichkeit keinen gemeinsamen Teiler haben. Allerdings ist dies hier nicht so wichtig wie bei einfach einhüllenden Schneckentrieben.

Tabelle 3/43
Empfohlene Zähnezahlen des Schneckenrades bei Globoidschneckentrieben

Achsabstand mm	Radzähnezahl z_2
50	24–40
150	30–50
300	40–60
600	60–80

Ferner sollte die Zähnezahl des Rades in einem bestimmten Verhältnis zum Achsabstand stehen; Empfehlungen hierzu enthält Tab. 3/43.

Schneckenlänge und Radbreite. Die wirksame Länge der Schnecke sollte fast so groß wie der Grundkreisdurchmesser sein. Im allgemeinen wählt man etwa:

$$\boxed{L = d_{g2} - 0{,}03\,a\,.} \qquad (3/22)$$

Die Zahnbreite des Rades kann etwas kleiner als der Fußkreisdurchmesser der Schnecke gemacht werden.

Berechnungsblatt. Tab. 3/44 zeigt ein Berechnungsblatt für Globoidschneckentriebe und die Durchrechnung eines Beispiels.

3.5 Tragfähigkeitsberechnung – Nachrechnung

Nachdem die Verzahnungsdaten vorläufig festgelegt wurden, muß die Tragfähigkeit des Getriebes *nachgerechnet* werden. Dies ist erforderlich, weil beim Entwurf von einer *überschlägigen* Berechnung ausgegangen wurde (s. S. 121/135). Eine genauere Tragfähigkeitsberechnung kann aber erst durchgeführt werden, wenn alle Verzahnungsdaten vorliegen.

Tabelle 3/44. Berechnungsblatt für Globoidschneckentrieb

Gegebene und gewählte Größen:

1.	Gangzahl der Schnecke	$z_1 = 5$	
2.	Zähnezahl des Schneckenrades	$z_2 = 52$	
3.	Achsmodul der Schnecke = Stirnmodul des Rades	$m_a = 8$	
4.	Steigungswinkel der Schnecke	$\gamma_{C1} = 25°$	
5.	Schrägungswinkel des Rades	$\beta_{02} = \gamma_{C1} = 25°$	
6.	Achsenwinkel	$\delta_A = 90°$	
7.	Flankenspiel	$S_n = 0,18$	
8.	Normaleingriffswinkel	$\alpha_{n0} = 20°$ (s. Tab. 3/42)	
9.	Kopfhöhe	$h_{k C1} = h_{k02} = 0,71\,m_n = 5,148$ (s. Tab. 3/42)	
10.	Gemeinsame Zahnhöhe	$h = 1,42\,m_n = 10,296$ (s. Tab. 3/42)	
11.	Gesamtzahnhöhe	$h_z = 1,57\,m_n = 11,383$ (s. Tab. 3/42)	

	Errechnete Größen:		Gleichung	Schnecke (1)	Schnecken-rad (2)
1.	Durchmesser	d_{01}, d_{02}	2/131 (A)	85,780 [2]	416,0
2.	Axialteilung, Stirnteilung	$t_{a1} = t_{s2}$	2/123	25,13274	
3.	Normalteilung	t_n	2/122	22,77800	
4.	Normalmodul	m_n	2/123	7,250464	
5.	Achsabstand	a	2/130 (A)	250,890	
6.	Zahndicke	$s_{n C1}, s_{n02}$	2/135..36	8,931	13,667
7.	Zahndickensehne	$\bar{s}_{n C1}, \bar{s}_{n02}$	2/26	8,928	13,665
8.	Höhe über Sehne	h_{C1}, h_{02}	2/25	5,106	5,056
9.	Eingriffswinkel im Achsschnitt	α_a	2/130	21°52′48″	
10.	Grundkreisdurchmesser	d_g	2/137	–	155,232
11.	Kopfkreisdurchmesser	$d_{k\,\mathrm{min}}$ [1]	2/138	96,08	426,30
12.	Fußkreisdurchmesser	$d_{f\,\mathrm{min}}$ [1]	2/139	73,31	405,53
13.	Schneckenlänge	L	3/22	148,0	–
14.	Schneckenradbreite	b	s. Text	–	68,0

Es muß sich jetzt zeigen, ob der erste detaillierte Entwurf beibehalten werden kann oder ob Korrekturen erforderlich sind. Der erfahrene Konstrukteur, der in dieser Reihenfolge vorgeht, sollte allerdings in der Lage sein, die richtigen Getriebeabmessungen – im großen gesehen – bereits beim ersten Entwurf zu treffen. Wenn die Nachrechnung ergibt, daß dieser Entwurf noch nicht ganz allen Anforderungen gerecht wird, so müßten jedoch im allgemeinen einige Korrekturen (z. B. an Profilverschiebung oder Zahnbreite) genügen, um die geforderte Tragfähigkeit zu erhalten. – Es sollte dagegen nicht erforderlich sein, infolge der Nachrechnung die ganze Konstruktion umzuwerfen und die ganze Entwurfsprozedur noch einmal zu beginnen.

Mit Hilfe der in diesem Abschnitt behandelten Berechnungsverfahren erhalten wir eine Nenntragfähigkeit des Getriebes, die größer sein muß als die tatsächlich auftretende Belastung.

---

[1] In der Hohlkehle. [2] Vgl. auch Gl. (3/20).

Bei der Überprüfung der Tragfähigkeit sollte nach folgender Regel verfahren werden:

1. Der vorliegende Entwurf wird zunächst mit Hilfe der allgemein gültigen Formeln auf *Zahnfuß-*, *Flanken-* und *Freß*festigkeit sowie eventuell auf *Erwärmung* nachgerechnet.

2. Fällt das Getriebe in den Bereich einer besonderen *Verbandsnorm* (vgl. Ausführungen auf S. 215), so ist der Entwurf auch an Hand dieser Normvorschriften zu überprüfen.

Das Getriebe ist ausreichend dimensioniert, wenn es beiden Kontrollrechnungen genügt.

3. In einzelnen Sektoren des Getriebebaues (z. B. im Automobilgetriebebau) findet man vielfach eine Entwurfsrechnung, die von der im allgemeinen Maschinenbau üblichen abweicht. Die Formeln sind meist einfacher, ihre Genauigkeit genügt aber, solange sie ausschließlich in ihrem speziellen Anwendungsbereich verwendet werden. Auf S. 252 bis 257 wird über die Bemessungspraxis, wie sie im Kraftfahrzeug-, Schiffs- und Flugzeuggetriebebau üblich ist, berichtet.

Allgemeine Formeln zur Berechnung der Tragfähigkeit. Es sind heute eine ganze Reihe von Formeln zur Bestimmung der verschiedenen Beanspruchungsgrenzen in Gebrauch. Nach sorgfältigem Studium des einschlägigen Schrifttums und auf Grund mehrjähriger Erfahrungen im Entwurf verschiedener Getriebearten hat sich der Verfasser für die nachstehend erläuterten Verfahren entschieden, da diese den Anforderungen an Genauigkeit und Einfachheit am besten entsprechen. Erläuterung und Ableitung der hier verwendeten Formeln s. Abschn. 2.2 (S. 96).

Folgende Leistungsgrenzen des im Entwurf vorliegenden Getriebes müssen kontrolliert werden:

1. Zahnfußtragfähigkeit; eine Überschreitung des zulässigen Grenzwertes würde zum Zahnbruch (meist Dauerbruch) führen.

2. Flankentragfähigkeit; eine Überschreitung des zulässigen Grenzwertes würde zu Grübchenbildung (pitting), d. h. zu einer allmählichen Zerstörung der Zahnflanken führen. Ebenso wie der Zahnfußdauerbruch sind Grübchen die Folge einer Werkstoffermüdung.

3. Freßtragfähigkeit; eine Überschreitung des zulässigen Grenzwertes würde zu Freßerscheinungen an den Zahnflanken führen. Die heute hierfür benutzten Berechnungsverfahren befriedigen allerdings durchaus noch nicht. Zur Lösung dieses Problems werden noch langwierige Untersuchungen erforderlich sein.

4. Wärmetragfähigkeit; eine Überschreitung des zulässigen Grenzwertes würde dazu führen, daß die vorgegebene maximale Betriebstemperatur überschritten würde. Dadurch verringert sich die Ölzähigkeit und die Freßgefahr nimmt zu. Übermäßige Erwärmung kann schließlich zum Anlaufen und Verbrennen der Verzahnung führen.

Wir werden nun sehen, daß die allgemeinen Berechnungsformeln keine starren Regeln darstellen, sondern vom Konstrukteur ein beträchtliches Maß *eigenen Urteils* verlangen, um alle Faktoren abzuschätzen, die die Tragfähigkeit beeinflussen. Nimmt man beispielsweise an, daß Verzahnung und Lagerung sehr genau sind und daß Antriebs- und Abtriebsmoment gleichförmig sind, so erhält man eine sehr hohe Tragfähigkeit. Gegenteilige Annahmen würden bei gleicher Getriebegröße eine erheblich geringere rechnerische Tragfähigkeit ergeben.

Bedeutung der Verbandsnormen. Auf einigen Gebieten des Getriebebaues[1] gibt es Normvorschriften für die Bestimmung der Tragfähigkeit. Diese sind zwar mitunter ziemlich konservativ, berücksichtigen aber die Erfahrungen des jeweiligen Anwendungsgebietes.

Rechnet man nach einer solchen Verbandsnorm, so kann es in besonderen Fällen vorkommen, daß man eine Nenntragfähigkeit ermittelt, die wesentlich höher ist als die tatsächlich zulässige. Dazu ist zu sagen, daß eine derartige Berechnungsnorm für Getriebequalitäten gilt, wie sie im Mittel von den Herstellerfirmen dieses Getriebesektors geliefert werden. Diese Getriebequalität umfaßt: Genauigkeit der Verzahnung, Genauigkeit der Lagerung und Qualität der Zahnradwerkstoffe. Erreicht eine Firma nun nicht diese durchschnittliche Qualität, so ist natürlich auch nicht zu erwarten, daß deren Getriebe die Tragfähigkeit sicher erreichen, die nach der Berechnungsnorm zu erwarten wäre. Umgekehrt können Getriebe überdurchschnittlicher Qualität erheblich größere Belastungen aufnehmen, als nach der jeweiligen Verbandsnorm zulässig wäre.

3.51 Gerad- und schrägverzahnte Stirnräder

Bezeichnungen Tab. 3/45.
Verzahnungsgeometrie S. 35 u. 62.
Überschlägige Tragfähigkeitsberechnung S. 123.
Grundlagen der Tragfähigkeitsberechnung S. 96.

Tabelle 3/45. Bezeichnungen zu Abschn. 3.5
Wenn andere als die hier genannten Dimensionen verwendet werden, so ist dies im Text besonders angegeben

a	mm	Achsabstand
b	mm	volle Zahnbreite
b_e	mm	wirksame Zahnbreite
b_H	mm	Breite der Abplattungsfläche
c	kg/mm²	Federkonstante
C_A	—	Anwendungsfaktor (Stoßfaktor)
C_b	—	Lastverteilungsfaktor für gerad- und schrägverzahnte Stirnräder
C_D	—	Faktor für Kegelradberechnung (berücksichtigt Ritzeldurchmesser, Umfangsgeschwindigkeitsdrehzahl und Einheitsbelastung)
c_f	—	Werkstoffkonstante (berücksichtigt Wärmeleitfähigkeit, Dichte und spez. Wärme)
C_L	—	Faktor für Einfluß der Lagerung
C_M	—	Werkstofffaktor für Flankentragfähigkeit bei Kegelrädern
C_{MB}	—	Werkstofffaktor für Fußtragfähigkeit bei Schneckentrieben
C_{MF}	—	Werkstofffaktor für Flankentragfähigkeit bei Schneckentrieben
C_s	—	Faktor für Einfluß des Schmiermittels

---

[1] Näheres s. Abschn. 3.55, S. 250.

Tabelle 3/45. (Fortsetzung)

C_i	—	Faktor für Übersetzungsverhältnis
C_v	—	Geschwindigkeits- oder dynamischer Faktor für gerad- und schrägverzahnte Stirnräder
C_y	—	Faktor für Kegelradberechnung
C_ε	—	Faktor für Überdeckungsgrad
C_ϱ	—	Kerbfaktor (Einfluß der Fußausrundung)
d_m	mm	Mittenkreisdurchmesser bei Schneckentrieben, s. Entwurf DIN 3975
F	kg/mm²	Werkstoffaktor für Schraubtriebe
i	—	Übersetzungsverhältnis $n_1/n_2 = z_2/z_1$
K_A	—	Anwendungsfaktor (Stoßfaktor) für Zahnfußtragfähigkeit bei Schneckentrieben
K_1, K_2	—	Beiwerte für übertragbare Nutzleistung bei Wärmetragfähigkeit von Stirnrädern
L_B	—	Lebensdauerfaktor bei Fußbeanspruchung
L_F	—	Lebensdauerfaktor bei Flankenbeanspruchung
m	mm	Modul (im Teilkreis)
M	mkg	Moment
N	PS	Leistung
N_B	PS	max. zulässige Betriebsleistung
N_s	PS	max. auftretende Betriebsleistung
p_C	kg/mm²	Hertzsche Pressung im Wälzpunkt
P	kg	Umfangskraft im Betriebswälzkreis
P_N	kg	Zahnnormalkraft
s	rms	Flankenrauheit
t_a	mm	Axialteilung
t_f	°F	an der Zahnflanke auftretende Blitztemperatur
t_i	°F	Temperatur des Radkörpers
v_G	m/s	Gleitgeschwindigkeit
v_T	m/s	Wälzgeschwindigkeit
Y	—	Lewis-Faktor (Formfaktor für Fußbeanspruchung – allgemein)
Y_E	—	Zahnfußformfaktor für Kraftangriff im äußeren Einzeleingriffspunkt
Y_k	—	Zahnfußformfaktor für Kraftangriff am Kopf
y_C	—	Zahnflankenformfaktor für Kraftangriff im Wälzpunkt
y_W	—	Werkstoffaktor
y_S	—	Faktor für die Zahnschräge
β	Grad	Schrägungswinkel
δ	Grad	Kreuzungswinkel bei Schraubenrädern
ε	—	Profil- oder Stirnüberdeckungsgrad
η_G	—	Wirkungsgrad des Globoidschneckentriebes
η_z	—	Wirkungsgrad des Zylinderschneckentriebes
μ	—	Reibwert
ϱ	mm	Krümmungshalbmesser
σ_z	kg/mm²	Zahnfußbiegespannung
σ_{zul}	kg/mm²	zulässige Zahnfußbiegespannung
$\sigma_{z\,grenz}$	kg/mm²	dauernd ertragbare Spannung

Indizes

0 Teilkreis
1 Ritzel (= Kleinrad)
2 Rad (= Großrad)
b Betriebswälzkreis

3.511 Zahnfußtragfähigkeit geradverzahnter Stirnräder

Wir legen unserer Berechnung eine modifizierte Form der LEWIS-Gleichung (2/151), S. 102, zugrunde, die von der reinen Biegespannung auf der Zugseite des Zahnes ausgeht. Durch Faktoren wird ferner der Einfluß der Verzahnungsfehler und der Kerbwirkung der Fußausrundung berücksichtigt. Damit beträgt die Biegezugspannung:

$$\sigma_z = \frac{P}{b_e\, m}\; \frac{C_b\, C_A}{(Y/C_\varrho)\, C_v} \leqq \sigma_{z\,\text{zul}}\,. \qquad (3/23)$$

Hierin bedeuten:

P Umfangskraft [Berechnung s. Gl. 2/142) oder (2/143), S. 96]

C_b *Faktor für ungleichmäßige Lastverteilung* über der Zahnbreite. Wenn die Zahnflanken einen Richtungsfehler aufweisen, oder wenn die Radachsen nicht genau parallel sind, so wird sich die Last nicht gleichmäßig über die Zahnbreite verteilen. Absichtliche Balligform der Verzahnung verändert ebenfalls die Lastverteilung. Tab. 3/46 gibt einige Werte für C_b bei verschiedenen Fehlern und Belastungsverhältnissen an.

b_e *wirksame Zahnbreite*. Bei genügend großem Flankenrichtungs- oder Achsparallelitätsfehler oder starker Breitenballigkeit ist die tragende Breite kleiner als die tatsächliche Radbreite. (Sind Ritzel und Rad verschieden breit, so ist bei der Bestimmung von b_e von dem kleineren Wert auszugehen.) Einige Zahlenwerte für b_e sind in Tab. 3/46 für verschiedene Belastungen, Zahnbreiten, Flankenrichtungsfehler, Balligkeiten und Einbauarten angegeben.

C_b und b_e werden berechnet, indem man die beiden in Eingriff befindlichen Zähne als eingespannte Blattfedern betrachtet. Mit vereinfachenden Annahmen erhält man

$$b_e = \sqrt{\frac{2\,P}{c\,\varDelta\beta}} \quad \text{oder} \quad b_e = b\,, \qquad (3/24)$$

(von beiden ist das kleinere einzusetzen)

$$C_b = \frac{b_e^2\, c\,\varDelta\beta}{2\,\mathrm{P}} + 1\,. \qquad (3/25)$$

Hierin bedeuten:

c Federkonstante in kg je mm Durchbiegung für 1 mm Zahnbreite. Für allgemeine Zwecke wird

$$c = 700 \ \text{kg/mm}^2$$

empfohlen.

Nach den Erfahrungen des Verfassers liegt c bei sehr steifen Radkörpern, wenn kein – das Tragbild verbreitender – Verschleiß eintritt, z. B. bei harten Stählen und guter Schmierung, in der Größenordnung von

$$c = 1400 \ \text{kg/mm}^2.$$

Tabelle 3/46. Wirksame Zahnbreite b_e und Lastverteilungsfaktor C_b für gerad- und schrägverzahnte Stirnräder aus Stahl

Zahnfehler und Einbauverhältnisse ↓	$P \to$ (kg)	50		200		500		2 500		10 000	
	$b \downarrow$ (mm)	b_e (mm)	C_b –	b_e (mm)	C_b –	b_e (mm)	C_b –	b_e (mm)	C_b –	b_e (mm)	C_b –
Gesamtfehler in Flankenrichtung und Achsparallelität: 1 μ/mm Zahnbreite (100 μ/100 mm Zahnbreite)	25	11,9	2,0	23,9	2,0	25	1,44	25	1,09	25	1,02
	100	11,9	2,0	23,9	2,0	37,8	2,0	84,5	2,0	100	1,35
	250	11,9	2,0	23,9	2,0	37,8	2,0	84,5	2,0	169	2,0
	500	11,9	2,0	23,9	2,0	37,8	2,0	84,5	2,0	169	2,0
Gesamtfehler in Flankenrichtung und Achsparallelität: 0,5 μ/mm Zahnbreite (50 μ/100 mm Zahnbreite)	25	16,9	2,0	25	1,55	25	1,22	25	1,04	25	1,01
	100	16,9	2,0	33,8	2,0	53,5	2,0	100	1,70	100	1,18
	250	16,9	2,0	33,8	2,0	53,5	2,0	119,5	2,0	240	2,0
	500	16,9	2,0	33,8	2,0	53,5	2,0	119,5	2,0	240	2,0
Gesamtfehler in Flankenrichtung und Achsparallelität: 0,27 μ/mm Zahnbreite (27 μ/100 mm Zahnbreite)	25	23	2,0	25	1,30	25	1,12	25	1,02	25	1,006
	100	23	2,0	46	2,0	73	2,0	100	1,40	100	1,01
	250	23	2,0	46	2,0	73	2,0	163	2,0	250	1,60
	500	23	2,0	46	2,0	73	2,0	163	2,0	325	2,0
Gesamtfehler in Flankenrichtung und Achsparallelität: 0,16 μ/mm Zahnbreite (16 μ/100 mm Zahnbreite)	25	25	1,70	25	1,18	25	1,07	25	1,014	25	1,004
	100	30	2,0	60	2,0	94,5	2,0	100	1,22	100	1,06
	250	30	2,0	60	2,0	94,5	2,0	211	2,0	250	1,35
	500	30	2,0	60	2,0	94,5	2,0	211	2,0	425	2,0
Zahnräder geläppt oder geschabt, um Tragen der Gesamtzahnbreite im Einbauzustand zu erreichen	b	b	1,0	b	1,0	b	1,0	b	1,0	b	1,0
Fliegendes Ritzel $b = d$	100	100	1,60	100	1,60	100	1,60	100	1,60	100	1,60
Fliegendes Ritzel $b = d/2$	50	50	1,11	50	1,11	50	1,11	50	1,11	50	1,11
Längsballige Zähne: $2/3$ der Zahnbreite tragen unter Last	b	$0,67\,b$	1,50	$0,67\,b$	1,50	$0,67\,b$	1,50	$0,67\,b$	1,50	$0,67\,b$	1,50

Bei dünnen Stegen und ebenfalls knapp bemessenen Wellen (wie z. B. in Flugzeuggetrieben) scheint eine Federkonstante

$$c = 700 \ \text{kg/mm}^2$$

gut mit Versuchserfahrungen übereinzustimmen. Wurde die Konstruktion absichtlich sehr nachgiebig gestaltet oder tritt erheblicher – das Tragbild verbreiternder Verschleiß auf – kann die Federsteifigkeit bis auf

$$c = 350 \ \text{kg/mm}^2$$

heruntergehen.

Der Winkel $\Delta\beta$ ist der Flankenrichtungsunterschied in mm je mm Zahnbreite. Bei breitenballigen Zähnen kann hierfür kein Wert angegeben werden.

Die für Winkel $\Delta\beta$ einzusetzenden Werte hängen ab von den Flankenrichtungsfehlern, zuzüglich der Achsrichtungsfehler beider Räder. Bei Getrieben des allgemeinen Maschinenbaus mittlerer Qualität findet man Abweichungen bis zu

$$\Delta\beta = 0{,}002 \ \text{mm/mm}$$

Dagegen erreicht man bei hochwertigen Schiffsgetrieben mit Schrägverzahnung ein nahezu gleichmäßiges Tragen selbst über eine Zahnbreite von 1000 mm.

Y Der Wert Y in Gl. (3/23) ist der LEWIS-Faktor (Zahnformfaktor für Fußbeanspruchung), der bereits auf Seite 102 besprochen wurde. Grundsätzlich kann dieser Wert durch Aufzeichnen des Zahnes bestimmt werden. Im allgemeinen ist dieses umständliche Verfahren aber nicht erforderlich, weil Diagramme und Tabellen von Y-Faktoren für viele Verzahnungen bereits veröffentlicht wurden [3/91], [3/96]. Für 20°-Nullverzahnung ist in Tab. 2/8, S. 102 eine Reihe von Faktoren angegeben.

C_ϱ ist der Kerbfaktor, der den Einfluß der Fußausrundung auf die Zahnfußbiegespannung berücksichtigt. Dieser Faktor kann größer oder kleiner sein als der in spannungsoptischen Versuchen ermittelte Wert C_B, der auf S. 104/105 besprochen wurde.

Für die praktische Rechnung fassen wir Y und C_ϱ zusammen zu Y/C_ϱ. Dabei unterscheiden wir zwei Fälle:

Bei ausreichend genauer Verzahnung kann man voraussetzen, daß sich die Gesamtzahnkraft auf *zwei* im Eingriff befindliche Zahnpaare verteilt. Für diesen Fall können wir also mit Kraftangriff im äußeren Einzeleingriffspunkt rechnen (vgl. Seite 103). Dem LEWIS-Faktor Y geben wir hierfür das Zeichen Y_E.

Y_E/C_ϱ *Zahnfuß-Formfaktor.* In den Tab. 3/47 bis 3/49 sind einige Erfahrungswerte dieses kombinierten Faktors angeführt, und zwar für eine 20°-V-Nullverzahnung (Tab. 3/47), die in Deutschland als Norm vorgesehene 05-Verzahnung (bei der Ritzel und Rad immer den konstanten Profilverschiebungsfaktor $x_1 = x_2 = 0{,}5$ erhalten) (Tab. 3/48) und 20°-Nullverzahnung (Tab. 3/49).

Ist der wirksame Eingriffsteilungsfehler zu groß, so muß die gesamte Umfangskraft in jeder Eingriffsstellung von *einem* Zahnpaar übertragen werden. Um die Grenze angeben zu können, bis zu der mit Lastverteilung gerechnet werden kann, wurden umfangreiche Versuche durchgeführt und Betriebserfahrungen ausgewertet.

Tabelle 3/47. Zahnfußformfaktoren Y_E/C_ϱ für Ritzel bei V-Nullverzahnung
(geradverzahnte Stirnräder); Kraftangriff im äußeren Einzeleingriffspunkt angenommen; Zahnhöhe $= 2{,}35$ m, $\alpha_0 = 20°$
Der Profilverschiebungsfaktor des Rades (x_2) ist gleich x_1, aber negativ. Der
Zahnfußformfaktor des Rades ist etwa gleich dem des Ritzels

Ritzel-Zähnezahl z_1	Kombinierter Zahnfußformfaktor $(Y_E/C_\varrho)_1$ des Ritzels					
	x_1	$z_2 = 25$	x_1	$z_2 = 50$	x_1	$z_2 = \infty$
12	$+\,0{,}35$	0,325	$+\,0{,}35$	0,325	$+\,0{,}51$	0,357
13	$+\,0{,}29$	0,325	$+\,0{,}29$	0,325	$+\,0{,}47$	0,366
14	$+\,0{,}23$	0,323	$+\,0{,}25$	0,325	$+\,0{,}43$	0,372
15	$+\,0{,}17$	0,318	$+\,0{,}23$	0,332	$+\,0{,}40$	0,376
16	$+\,0{,}12$	0,312	$+\,0{,}22$	0,337	$+\,0{,}38$	0,381
17	$+\,0{,}09$	0,305	$+\,0{,}21$	0,341	$+\,0{,}36$	0,385
18	$+\,0{,}07$	0,310	$+\,0{,}19$	0,344	$+\,0{,}35$	0,388
19	$+\,0{,}06$	0,315	$+\,0{,}18$	0,347	$+\,0{,}33$	0,392
20	$+\,0{,}05$	0,319	$+\,0{,}17$	0,350	$+\,0{,}32$	0,394
25	0	0,334	$+\,0{,}11$	0,362	$+\,0{,}26$	0,407
30	$-\,0{,}035$	0,345	$+\,0{,}08$	0,372	$+\,0{,}22$	0,417
40	$-\,0{,}08$	0,360	$+\,0{,}02$	0,387	$+\,0{,}16$	0,433

Tabelle 3/48. Zahnfußformfaktoren Y_E/C_ϱ für Ritzel bei 05-Verzahnung
(geradverzahnte Stirnräder mit $x_1 = x_2 = 0{,}5$). Kraftangriff im äußeren Einzeleingriffspunkt angenommen; Zahnhöhe $= 2{,}35$ m, $\alpha_0 = 20°$
Die Zahnfußformfaktoren des Rades sind bis $i = 3$ etwa gleich groß; darüber bis
zu 10% kleiner

Ritzel-Zähnezahl z_1	Kombinierter Zahnfußformfaktor $(Y_E/C_\varrho)_1$ des Ritzels		
	$z_2 = 25$	$z_2 = 50$	$z_2 = \infty$
12	0,340	0,345	0,355
13	0,346	0,352	0,364
14	0,351	0,357	0,372
15	0,355	0,363	0,379
16	0,358	0,368	0,385
17	0,362	0,372	0,391
18	0,365	0,376	0,396
19	0,368	0,379	0,401
20	0,370	0,383	0,406
25	0,380	0,395	0,425
30	0,388	0,405	0,439
40	0,397	0,417	0,456

Eine der besten bisher bekanntgewordenen Untersuchungen über dieses Problem
stammt von R. P. van Zandt [3/96].

Tab. 3/50 gibt die in dieser Untersuchung ermittelten wirksamen Eingriffsteilungsfehler[1] an, bis zu denen mit Lastverteilung gerechnet werden kann. Nach den
Erfahrungen des Verfassers sind diese Werte für gehärtete Zahnräder ganz brauchbar. Für Räder mit geringer Härte kann die Lastverteilung dagegen durch aus-

---

[1] Erläuterungen s. S. 221 unten.

Tabelle 3/49. *Zahnfußformfaktoren* Y_E/C_ϱ *für Ritzel mit 20°-Nullverzahnung* (geradverzahnte Stirnräder); Kraftangriff im äußeren Einzeleingriffspunkt angenommen; Zahnhöhe $= 2,35$ m

Der Zahnfußformfaktor des Rades ist (außer bei $i = 1$) stets größer als der des Ritzels

Ritzel-Zähnezahl z_1	Kombinierter Zahnfußformfaktor $(Y_E/C_\varrho)_1$ des Ritzels		
	$z_2 = 25$	$z_2 = 50$	$z_2 = \infty$
12	0,200	0,200	0,200
13	0,225	0,225	0,225
14	0,248	0,248	0,248
15	0,277	0,277	0,277
16	0,283	0,295	0,295
17	0,291	0,305	0,315
18	0,297	0,314	0,333
19	0,304	0,322	0,344
20	0,311	0,328	0,351
25	0,334	0,351	0,374
30	0,350	0,366	0,393
40	0,368	0,384	0,415

Tabelle 3/50. *Grenzen des wirksamen Eingriffsteilungsfehlers für geradverzahnte Stirnräder aus Stahl* (20°-Nullverzahnung)

Ritzel-Zähnezahl z_1	Fehler, bis zu dem Lastverteilung besteht			Fehler, bei dem keine Lastverteilung mehr besteht		
	Umfangskraft je mm Zahnbreite			Umfangskraft je mm Zahnbreite		
	10 kg	20 kg	40 kg	10 kg	20 kg	40 kg
15	$11\,\mu$	$20\,\mu$	$40\,\mu$	$17\,\mu$	$31\,\mu$	$66\,\mu$
20	$9\,\mu$	$17\,\mu$	$31\,\mu$	$17\,\mu$	$31\,\mu$	$66\,\mu$
25	$6\,\mu$	$14\,\mu$	$26\,\mu$	$17\,\mu$	$31\,\mu$	$66\,\mu$

gleichenden Verschleiß verbessert werden. Weiter ist zu beachten, daß die Werte der Tab. 3/50 für Stahl gelten. Wird ein Werkstoff mit kleinerem Elastizitätsmodul verwendet, so wäre ein größerer Fehler zulässig (umgekehrt proportional dem Verhältnis der E-Moduln größer).

Y_k/C_ϱ: Ist die Verzahnung so ungenau, daß sich die Last nicht auf die im Eingriff befindlichen Zahnpaare gleichmäßig aufteilt, muß mit Kraftangriff am Kopf gerechnet werden (maximal zulässige Fehler s. Tab. 3/50). Den LEWIS-Faktor hierfür bezeichnen wir mit Y_k. Zahlenwerte für den kombinierten Faktor Y_k/C_ϱ s. Tab. 3/51.

Unter wirksamem Eingriffsteilungsfehler verstehen wir den Unterschied der Eingriffsteilungen zweier nacheinander zum Eingriff kommender Zahnpaare von Ritzel und Rad. Wie die Eingriffsteilung gemessen werden kann, wurde auf S. 144 erläutert. Stehen Meßgeräte hierfür nicht zur Verfügung, so kann man einen Näherungswert bestimmen, indem man die zugelassenen Teilungsfehler von Ritzel und

Tabelle 3/51. Zahnfußformfaktoren Y_k/C_ϱ für Zahnräder mit Geradverzahnung

Kraftangriff am Zahnkopf angenommen; $\alpha_0 = 20°$; Gesamtzahnhöhe 2,35 m

Zähnezahl z	Profil-verschiebungsfaktor x	Zahnfußform-faktor Y_k/C_ϱ
	0	0,130
	+ 0,35	0,196
12	+ 0,50	0,212
	+ 0,51	0,213
	0	0,174
	+ 0,18	0,200
15	+ 0,40	0,220
	+ 0,50	0,226
	0	0,203
20	+ 0,32	0,227
	+ 0,50	0,237
	0	0,207
25	+ 0,26	0,234
	+ 0,50	0,247
	0	0,211
30	+ 0,22	0,241
	+ 0,50	0,258
	0	0,218
40	+ 0,17	0,257
	+ 0,50	0,275

Rad addiert und dann noch etwa $1/2$ des zugelassenen Profilfehlers hinzuzählt. Wenn also z. B. der Teilungsfehler am Ritzel und Rad je 8 μ und der Flankenformfehler 15 μ beträgt, so wäre ein wirksamer Eingriffteilungsfehler in der Größenordnung von etwa 23 μ zu erwarten.

C_v C_v in Gleichung (3/23), S. 217 ist der *Geschwindigkeits-* oder *dynamische* Faktor, der die *inneren* dynamischen Zusatzkräfte erfaßt, vgl. S. 106. Er soll die Stoßbelastung berücksichtigen, die auftritt, wenn fehlerbehaftete Verzahnungen bei hoher Geschwindigkeit gegeneinander laufen. Die Größe dieses Faktors ist nur schwer abzuschätzen. Einige früher hierfür benutzte Formeln (z. B. die BARTHsche Formel) sind an Hand von Betriebserfahrungen aufgestellt worden und können nur als Schätzung in der richtigen Richtung angesehen werden, sind also mit Vorsicht zu verwenden.

Glücklicherweise sind die dynamischen Zusatzkräfte sehr klein und konstant, wenn es sich um Präzisionszahnräder handelt. Wenn die Verzahnung so genau ist, daß alle Zähne dasselbe Tragbild zeigen, und wenn das Getriebe im Prüflauf bei Vollast und Höchstgeschwindigkeit ein gleichförmiges Geräusch erzeugt, so ist die Präzisionsqualität praktisch erreicht. Diese Präzisionsqualität ist nicht vorhanden, wenn das Tragbild von Zahn zu Zahn unterschiedlich ist, und das Getriebe mit lautem, unangenehmem Geräusch läuft. Bei Stahlrädern benötigt man im allgemeinen Einzelteilungsgenauigkeiten von 8 μ oder besser und Profilgenauigkeiten[1] von 12 μ oder darunter, um Präzisionsqualität zu erreichen. Bei nichtmetallischen Rädern können entsprechend ihren geringen E-Modulen und dem größeren Dämpfungsvermögen drei- oder viermal so große Fehler wie bei Stahlrädern zugelassen werden, ohne daß diese Fehler unruhigen Lauf verursachen.

---

[1] Definition des Profilfehlers s. S. 143.

Abb. 3/42 gibt einen Anhalt für die Wahl der dynamischen Faktoren bei drei typischen Anwendungsfällen. Für den Entwurf von Flugzeuggetrieben mit Präzisionsqualität kann Kurve 3 benutzt werden.

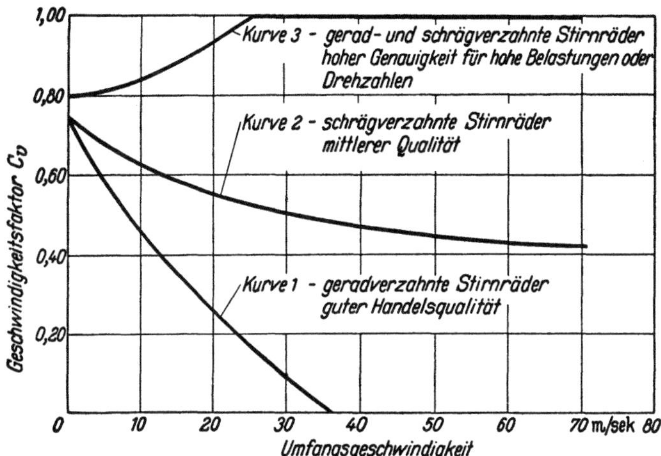

Abb. 3/42. Geschwindigkeitsfaktor für gerad- und schrägverzahnte Stirnräder

In den Fällen, wo eine genaue Erfassung der dynamischen Zusatzkräfte erforderlich ist, empfiehlt sich trotz aller Mängel die von BUCKINGHAM entwickelte Berechnungsart (s. S. 107 und 260). In Abschn. 9.4, S. 542, ist ein Beispiel nach diesem Verfahren durchgerechnet worden. Genauere Darstellung des BUCKINGHAM-Verfahrens s. [2/9]. Diese Berechnungsart kann gegebenenfalls an Stelle des oben beschriebenen Verfahrens angewendet werden.

C_A *Anwendungsfaktor.* Die mit den bisher besprochenen Faktoren berechnete Spannung gilt für Fälle, bei denen sowohl Antriebs- als auch Abtriebsdrehmoment ganz gleichmäßig sind, d. h. wenn keine „äußeren" dynamischen Zusatzkräfte (vgl. S. 106) auftreten.

Stöße, die von der Antriebs- oder Abtriebsseite in das Getriebe kommen, können durch Einführung des *Anwendungsfaktors* C_A berücksichtigt werden; Zahlenangaben hierfür s. Tab. 3/52. Die hier angeführten Werte gelten für normale Betriebssicherheit. Wenn durch einen Getriebe-

Tabelle 3/52. Anwendungsfaktor C_A
(Beispiele für die Auswahl s. Text)

Betriebsart der treibenden Maschine	Betriebsart der getriebenen Maschine		
	gleichförmig	mittlere Stöße	schwere Stöße
gleichförmig	1,00	1,25	1,75
leichte Stöße	1,10	1,35	1,80
mittlere Stöße	1,25	1,50	1,85

Diese C_A-Werte gelten für Übersetzungen ins Langsame. Für Antrieb ins Schnelle ist zu den Tafelwerten der Betrag $0,01\,i^2$ zu addieren.

schaden Menschenleben bedroht sind, oder sonst ernstlicher Schaden entsteht (z. B. Ausfall der Kraftversorgungszentrale für eine Stadt oder Havarie eines Ozeandampfers), so sind die C_A-Werte von Tab. 3/52 etwa zu verdoppeln.

Als Beispiel für gleichförmigen An- und Abtrieb kann eine gut ausgewuchtete Dampfturbine gelten, welche – über ein Getriebe – einen Generator bei konstanter Belastung antreibt. Der Fall „Antriebsmaschine mit mittleren Stößen und angetriebene Maschine mit schweren Stößen" liegt beispielsweise vor bei einem Vielzylinderkolbenmotor, der einen Gesteinbrecher antreibt.

$\sigma_{z\,\mathrm{zul}}$; die Zahnfußbiegespannung muß gleich oder kleiner als die jeweils *zulässige* Spannung sein, deren Größe von Werkstoff und erforderlicher Lebensdauer abhängt:

$$\boxed{\sigma_{z\,\mathrm{zul}} = \sigma_{z\,\mathrm{grenz}} L_B \,.} \tag{3/26}$$

$\sigma_{z\,\mathrm{grenz}}$: Unter $\sigma_{z\,\mathrm{grenz}}$ ist dabei die Spannung zu verstehen, die das Getriebe bei einer Lebensdauer von 10^8 Lastwechseln sicher überträgt. $\sigma_{z\,\mathrm{grenz}}$ ist für eine Reihe von Werkstoffen in Tab. 3/53 angeführt. Dabei ist ein Werkstoff durchschnittlicher Qualität zugrunde gelegt und angenommen, daß normale Herstellverfahren angewandt wurden.

Tabelle 3/53. Grenzwerte der Zahnfußbiegespannung

Werkstoff	Härte		Grenzspannung $\sigma_{z\,\mathrm{grenz}}$ [kg/mm²]	
	Brinell HB [kg/mm²]	Rockwell HRC [–]	Stirnräder	Kegelräder
Gußeisen	160–200		3,5	2,1
Gußeisen	210–245		4,9	2,8
Stahl ⎫	160–200		14,1	7,0
Stahl ⎬ ungehärtet oder vergütet	210–245		15,5	7,7
Stahl ⎭	320–368	33–38	22,5	10,5
Oberflächengehärteter Stahl (flammen- oder induktionsgeh.)		48–53	24,6	10,5
Einsatzgehärteter Stahl		58–63	38,7	21,1

Trägt man die Ergebnisse von Fußfestigkeitsversuchen als Spannung über der Lastwechselzahl auf, so ergibt sich allerdings ein Streubereich für die dauernd ertragbare Spannung (oder die Spannung bei 10^8 Lastwechseln), dessen Breite von einer Reihe von Einflüssen abhängt:

Gefüge des Werkstoffes,
Art des Gießverfahrens,
Art der Schmiedebehandlung,
Einzelheiten der Wärmebehandlung.

Die in Tab. 3/53 angegebenen Spannungen sind nicht die maximal erreichbaren, sondern stellen Durchschnittswerte dar.

Bei Versuchen des Verfassers mit gehärteten Flugzeuggetrieben gelang es beispielsweise, die Ritzel laufend so gleichmäßig zu fertigen, daß die bei 10^8 Lastwechseln regelmäßig ertragene Belastung einer Biegespannung von $84 \ \mathrm{kg/mm^2}$ entsprach. Dabei wurden einsatzgehärtete und auch induktionsgehärtete Stähle verwendet. Um derartige Resultate zu erzielen, sind allerdings Sonderzahnformen und besondere Härtemethoden erforderlich; mit den üblichen Verfahren sind solche Ergebnisse nicht zu erreichen. Es sind jedoch mehrere Firmen bekannt, die eigene Verfahren zur Herstellung von Verzahnungen entwickelt haben und so Zahnräder fertigen, die wesentlich höhere Tragfähigkeiten aufweisen, als nach Tab. 3/53 zulässig wäre.

L_B *Lebensdauerfaktor*; die zulässige Spannung hängt in starkem Maße von der Anzahl der Lastwechsel ab, die das Getriebe aushalten soll. Dabei ist zu berücksichtigen, daß Lastspitzen oft nur kurze Zeit

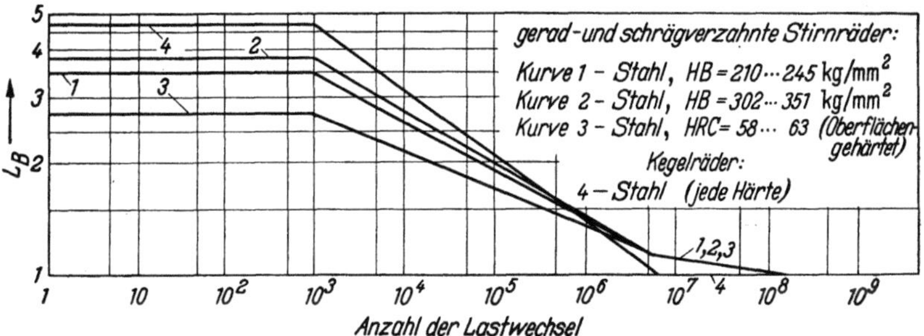

Abb. 3/43. Lebensdauerfaktor zur Berechnung der Zahnfußtragfähigkeit

wirken. Es sei auch darauf hingewiesen, daß die Größe des wirksamen Kerbfaktors von der Lastwechselzahl abhängt. Diese Einflüsse sollen durch den Lebensdauerfaktor L_B erfaßt werden. Zahlenwerte für L_B können aus Abb. 3/43 entnommen werden. Die hier dargestellten Kurven sind vom Verfasser in Dauerfestigkeitsversuchen ermittelt worden.

3.512 Zahnfußtragfähigkeit schrägverzahnter Stirnräder

Bei Schrägverzahnung kann die Zahnfußbiegespannung in ähnlicher Weise wie bei Geradverzahnung berechnet werden. Wie auf S. 104 bereits erläutert, kann hier wegen der Sprungüberdeckung kein „äußerer Einzeleingriffspunkt" definiert werden. (Bei ausreichend genauer Geradverzahnung waren wir von dieser Belastungsannahme ausgegangen – s. S. 219.)

Um aber die Lastverteilung auf mehrere Zähne zu berücksichtigen, nimmt man hierbei an, daß die durch die *Stirnüberdeckung dividierte* Gesamtkraft am Zahnkopf angreift. Der Einfluß des Schrägungswinkels auf die Tragfähigkeit wird dadurch berücksichtigt, daß statt des Moduls im Stirnschnitt der Modul im *Normal*schnitt eingeführt wird. Damit ergibt sich die Biegezugspannung bei schrägverzahnten Stirnrädern wie folgt:

$$\sigma_z = \frac{P}{b_e\,m_n}\,\frac{C_b C_A}{(Y/C_\varrho)C_v\,\varepsilon} \leqq \sigma_{z\,\text{zul}}\,.$$

(3/27)

Hierin bedeuten:

P Umfangskraft (Berechnung s. S. 96)

ε, der *Profilüberdeckungsgrad* kann aus Gl. (2/10) berechnet werden. Als Anhalt kann auch Tab. 2/10 dienen, in der einige Werte von ε für den Fall $z_2/z_1 = 100/25$ bei verschiedenen Schrägungswinkeln angegeben sind. ε-Werte für eine Verzahnung mit $\alpha_{sb} = 20°$ und $\beta_0 = 30°$ sind ferner in Tab. 3/54 zusammengestellt.

Tabelle 3/54

Zahnfußformfaktoren und Überdeckungsgrade für Stirnritzel mit Schrägverzahnung

Schrägungswinkel $\beta_0 = 30°$; Eingriffswinkel $\alpha_{sb} = \alpha_{s0} = 20°$; Kopfhöhen $h_{k01} = h_{k02} = m_n$; Eingriffswinkel $\alpha_{n0} = 17°29'42,7''$

Der Zahnfußformfaktor des Rades ist stets größer als der des Ritzels

Ritzel-Zähnezahl z_1	Stirnüberdeckungsgrad ε			Zahnfuß-formfaktor Y/C_ϱ
	$z_2 = 25$	$z_2 = 50$	$z_2 = \infty$	
15	1,37	1,43	1,52	0,185
16	1,38	1,44	1,53	0,188
17	1,39	1,45	1,53	0,190
18	1,40	1,45	1,54	0,192
19	1,41	1,46	1,55	0,195
20	1,42	1,47	1,55	0,196
22	1,43	1,48	1,56	0,199
25	1,43	1,49	1,58	0,203
30	1,45	1,51	1,59	0,207
35	1,46	1,52	1,61	0,209
40	1,47	1,53	1,62	0,212
45	1,48	1,54	1,63	0,214
50	1,49	1,55	1,63	0,214
60	1,50	1,56	1,64	0,215

Y/C_ϱ *Formfaktor;* in Tab. 3/54 ist eine Reihe von Werten für 30°-Schrägverzahnung angegeben. Die hierbei verwendeten wirksamen Kerbfaktoren beruhen auf der Erfahrung des Verfassers in Entwurf und Erprobung von Getrieben mit Schrägverzahnung. Vergleichbare Angaben für 15 oder 45° Schrägungswinkel sind im Augenblick nicht verfügbar. Man kann sich in allen Fällen jedoch dadurch helfen, daß man die Ersatzzähnezahl im Normalschnitt ($z_n = z/\cos^2\beta_g \cos\beta_0$) errechnet und hierfür den Formfaktor Y/C_ϱ für Geradverzahnung mit Kraftangriff am Zahnkopf bestimmt. Für den Herstelleingriffswinkel $\alpha_0 = 20°$ können die Y/C_ϱ-Werte aus Tab. 3/51, S. 222 entnommen werden. Zahlenwerte für $1/\cos^2 \beta_g \cos \beta_0$ s. Tab. 3/24 A, S. 189.

C_b, b_e *Faktoren für Flankenrichtungsfehler bezw. tragende Zahnbreite;* sie werden für Schrägzahnräder in der gleichen Weise bestimmt wie für geradverzahnte Stirnräder (s. S. 217).

C_v *dynamischer Faktor;* bei der Wahl kann wieder Abb. 3/42, S. 223 als Anhalt dienen. Schrägstirnräder für Flugzeuggetriebe höchster Genauigkeit und viele andere Arten von schnellaufenden Schrägstirnrädern können mit C_v-Werten nach Kurve 3 berechnet werden.

C_A, *Anwendungsfaktor* s. Tab. 3/52 und zugehörigen Text auf S. 223. Die dortigen Angaben gelten auch hier.

$\sigma_{z\,\text{zul}}$, *zulässige Zahnfußbiegespannung* s. Gl. (3/26), S. 224.

3.513 Flankentragfähigkeit (Hertzsche Pressung) geradverzahnter Stirnräder

Es gibt bis heute kein einheitliches Verfahren, mit dem alle Arten von Flankenbeanspruchung erfaßt werden könnten. Wir wollen hier unter „Flankentragfähigkeit" die Widerstandsfähigkeit gegen *Grübchenbildung* verstehen.

Ebenso wie der Zahnfußdauerbruch sind Grübchen die Folge einer Werkstoffermüdung.

Wie bereits auf Seite 109 erläutert, legen wir bei der Berechnung die HERTZsche Pressung als maßgebendes Kriterium für die Grübchenbildung zugrunde. (Nicht erfaßt wird hiermit die Freßbeanspruchung, die gesondert behandelt wird, s. S. 230.)

Wir berechnen die HERTZsche Pressung im *Wälzpunkt*, da dies nach den Erfahrungen des Verfassers der Wirklichkeit am besten entspricht. (Erläuterungen S. 113.)

In Sonderfällen, z. B. niedrigen Zähnezahlen oder großen Eingriffswinkeln, kann es zweckmäßig sein, die HERTZschen Pressungen auch an anderen Stellen der Flanke zu kontrollieren. Um die Pressung im *untersten Eingriffspunkt der Ritzelfußflanke* (Eingriffsbeginn) zu ermitteln, kann Gl. (2/177) benutzt werden, wobei allerdings $\varepsilon = 1$ und statt ϱ_{k1} hier ϱ_{k2} eingesetzt wird. Die Formel gilt dann für den Fall, daß die ganze Last durch ein Zahnradpaar aufgenommen wird[1]. Gefährlich wird die an dieser Stelle ermittelte Pressung aber im allgemeinen erst, wenn sie größer als 150% der für Kraftangriff im Wälzpunkt zulässigen Pressung ist.

Ausgehend von Gl. (2/166), S. 111, erhalten wir die HERTZsche Pressung im Wälzpunkt:

$$p_c = y_c\, y_w \sqrt{\frac{P}{b_e d_{b1}} \cdot \frac{i \pm 1}{i}} \sqrt{\frac{C_b C_A}{C_v}} \leqq p_{\text{zul}}. \tag{3/28}$$

---

[1] D. h. ohne Berücksichtigung der Lastverteilung.

Das $+$-Zeichen gilt für die Paarung zweier Stirnräder mit *Außenverzah-*
nung, das $-$-Zeichen für die Paarung eines außen- mit einem *innenver-*
zahnten Rad.

In Gl. (3/28) bedeuten ferner:

P *Umfangskraft* im Wälzkreis; Berechnung s. S. 96.

b_e, die *tragende Zahnbreite* kann nach den Angaben auf S. 217
(Zahnfußbiegespannung) berechnet werden.

y_C *Zahnformfaktor* für Kraftangriff im Wälzpunkt $y_C = \sqrt{1/\sin\alpha_b \cos\alpha_b}$;
y_C kann für eine Reihe von Eingriffswinkeln aus Tab. 2/9, S. 111 entnommen werden.

y_W *Werkstoffaktor;* für die Paarung Stahl gegen Stahl ist $y_W = 85{,}7$
$\sqrt{\text{kg/mm}^2}$; vgl. Angaben auf S. 111.

C_b, C_v; die Faktoren C_b für *Flankenrichtungsfehler* und C_v für den
Einfluß der *Umfangsgeschwindigkeit* können so bestimmt werden wie
bei der Berechnung der Zahnfußbiegespannung (s. S. 217 und 222).

C_A *Anwendungsfaktor;* grundsätzlich gilt auch bezüglich C_A das
gleiche was in Abschnitt ,,Zahnfußbeanspruchung" auf S. 223 hierüber
gesagt wurde. Vielfach sind allerdings gegen Grübchenbildung nicht so
große Sicherheiten erforderlich wie gegen Zahnbruch, weil die Folgen von
Flankenbeschädigungen nicht so schwer sind, wie die eines Zahnbruches.
Ist beispielsweise die Belastung beim Entwurf ungenau geschätzt worden
und die tatsächlich vorhandenen Sicherheitsfaktoren betragen 2 gegen
Zahnbruch und 1 (d. h. keine Sicherheit) gegen Grübchenbildung, so
würde etwa auftretende Überlast zu Grübchenbildung führen, lange bevor Zahnbruch zu befürchten ist. Dadurch würde der Benutzer gewarnt
und es können Gegenmaßnahmen getroffen werden, ehe das Getriebe
unbrauchbar würde.

Da bei Geradverzahnungen im Wälzpunkt meist nur *ein* Zahnpaar im Eingriff
ist, brauchen über die Lastverteilung keine Überlegungen angestellt zu werden,
wie es bei der Ermittlung der Zahn*fuß*beanspruchung geradverzahnter Stirnräder
nötig war.

p_{zul} *zulässige Hertzsche Pressung;* die für die Berührung im Wälzpunkt berechneten Pressungen müssen gleich oder kleiner sein als die
zulässigen Pressungen, deren Größe vom Werkstoff und erforderlicher
Lebensdauer abhängt:

$$\boxed{p_{\text{zul}} = p_{\text{grenz}}\, L_F\,.} \tag{3/29}$$

p_{grenz} *Grenzwerte* der HERTZschen Pressung; sie sind für eine Reihe
von Werkstoffen in Tab. 3/55 angeführt. Die Werte für gehärteten Stahl
dürften ziemlich genau sein. Dagegen liegen noch nicht genügend Versuche und Betriebserfahrungen vor, um alle Arten von Bronzen und

Tabelle 3/55
Grenzwerte der Hertzschen Pressung bei gerad- und schrägverzahnten Stirnrädern

| Werkstoff | Härte | | HERTZSCHE Pressung p_{grenz} [kg/mm²] |
	Brinell HB [kg/mm²]	Rockwell HRC [—]	
Phosphorbronze	—	—	24,6
Gußeisen	160–200	—	35,1
Gußeisen	210–245	—	42,2
Stahl ⎫	160–200	—	42,2
Stahl ⎬ ungehärtet oder vergütet	210–245	—	49,2
Stahl ⎭	302–351	–	70,3
Oberflächengehärteter Stahl (flammen- oder induktionsgehärtet)	—	48	112
Einsatzgehärteter Stahl	—	53	140

Gußeisensorten genau einzustufen. Die Zahlenangaben gelten für Werkstoffe mittlerer Qualität und liegen auf der sicheren Seite.

Bei besten gehärteten und mit Spezialverfahren wärmebehandelten Stählen sind HERTZsche Pressungen von über 175 kg/mm² zulässig, wenn günstige Zahnformen gewählt werden. Für Getriebe allgemeiner Verwendungszwecke auf deren Herstellung keine besondere Sorgfalt verwendet wird, sollte die zulässige Pressung allerdings niedrig genug angenommen werden, um alle Ungleichmäßigkeiten zu erfassen.

L_F *Lebensdauerfaktor;* die zulässige HERTZsche Pressung hängt ferner von der Anzahl der Lastwechsel bis zur Zerstörung der Flanken durch Grübchenbildung. Der Faktor L_F, der diesen Einfluß berücksichtigt, kann aus Tab. 3/56 entnommen werden. Die hier angeführten Werte beruhen auf der Annahme, daß kein Fressen auftritt, kein Verschleiß durch Unterbrechung der Schmiermittelzufuhr oder durch Abrieb im Schmieröl (s. hierzu S. 342 und 360).

Tabelle 3/56. Lebensdauerfaktor bei Bestimmung der Flankentragfähigkeit

Anzahl der Lastwechsel	Lebensdauerfaktor L_F
10^3	1,4
10^5	1,4
10^6	1,25
10^7	1,1
10^8	1,0
10^9	0,9

3.514 Flankentragfähigkeit (Hertzsche Pressung) schrägverzahnter Stirnräder

Aus den Gln. (2/171) und (2/172), S. 112 leiten wir folgende allgemeine Formel für die Wälzpressung im Wälzkreis ab:

$$p_C = y_C\, y_W\, y_S \sqrt{\frac{P}{b_e\, d_{b1}} \cdot \frac{i \pm 1}{i}} \sqrt{\frac{C_b\, C_A}{C_v}} \leqq p_{zul}. \qquad (3/30)$$

Das +-Zeichen gilt für Paarung zweier *außen*verzahnter, das −-Zeichen für Paarung eines außen- mit einem *innen*verzahnten Rad.

Ferner bedeuten:

P *Umfangskraft* im Wälzkreis; Berechnung s. S. 96.

y_C *Zahnformfaktor* für Kraftangriff im Wälzpunkt

$$y_C = \sqrt{1/\sin \alpha_{sb} \cos \alpha_{sb}};$$

y_C kann für eine Reihe von Eingriffswinkeln aus Tab. 2/9, S. 111 entnommen werden.

y_S *Faktor für die Zahnschräge* $y_S = \sqrt{\cos \beta_g/\varepsilon}$. Für die Paarung $z_1/z_2 = 25/100$ sind Zahlenwerte in Tab. 2/10, S. 113 angeführt.

Berechnung von β_g s. Gl. (2/43-A). Näherungsweise kann $\beta_g = \beta_0$ gesetzt werden. Berechnung der Stirnüberdeckung ε s. S. 65 und Gl. (2/10).

C_A *Anwendungsfaktor;* er kann nach den in Tab. 3/52 gegebenen Richtlinien gewählt werden. Es gelten hierzu ebenfalls die Erläuterungen über C_A von S. 223.

y_N, b_e, C_b, C_v *übrige Einflußgrößen,* sie können nach den auf S. 217 bis 228 angegebenen Verfahren bestimmt werden.

p_{zul} *zulässige Hertzsche Pressung;* sie ist nach Gl. (3/29) zu ermitteln.

3.515 Freßtragfähigkeit geradverzahnter Stirnräder

Die Bestimmung der Freßgrenze ist mit noch größeren Unsicherheiten behaftet als die Berechnung auf Zahnbruch und Grübchenbildung.

Beurteilung der Freßgefahr an Hand des Moduls. Wie die Erfahrung und auch die unten angeführten Berechnungsformeln zeigen, ist die Größe des Moduls bzw. der Teilung von großem Einfluß auf die Freßtragfähigkeit. Bei kleinerem Modul ist es fast unmöglich, Fressen zu erreichen; bei gehärteten Verzahnungen mit großem Modul stellt dagegen in vielen Fällen die Freßgefahr ein schwierigeres Problem dar als Zahnbruch oder Grübchenbildung. Tab. 3/57 kann als Richtlinie zur überschlägigen Beurteilung der Freßgefahr dienen.

Tabelle 3/57. Beurteilung der Freßgefahr an Hand des Moduls

Modul etwa [mm]	Diam. Pitch [1/″]	Möglichkeit des Auftretens von Freßerscheinungen
1,25	20	Keine
2,5	10	Kritisch nur bei hoher Geschwindigkeit oder mit sehr dünnflüssigem Schmieröl
5	5	Kritisch bei mittleren Geschwindigkeiten
10	2,5	Kritisch sogar bei niedriger Geschwindigkeit und mit zähflüssigen Schmierölen

Almen-Formel (PVT-Formel). Die erste Formel zur Bestimmung der Freßtragfähigkeit, die weite Verbreitung gefunden hat, ist die Almen-Formel (nach der amerikanischen Bezeichnungsweise auch PVT-Formel genannt). Ableitung und Erfahrungswerte sind auf S. 116 bis 117 angegeben. Sie hat sich bei der Berechnung kleiner Flugzeuggetriebe gut bewährt. Versuche, die von verschiedenen amerikanischen Firmen in den letzten sieben Jahren durchgeführt wurden, haben allerdings gezeigt, daß eine ganze Reihe von Einflüssen durch die Almen-Formel nicht genügend erfaßt werden. Wegen ihres eng begrenzten Anwendungsbereiches soll sie hier zur Nachberechnung nicht herangezogen werden.

Kelley-Formel. Am zuverlässigsten scheint noch das von Kelley 1952 [2/53] angegebene Verfahren zu sein. Insgesamt gesehen führt jedenfalls die Kelley-Formel zu Ergebnissen, die besser mit Versuchsergebnissen und Betriebserfahrungen übereinstimmen als die Almen-Formel.

Die Kelley-Formel soll hier deshalb als allgemeine Entwurfsrichtlinie benutzt werden. Mit Hilfe der vom Verfasser zur Berücksichtigung des Verzahnungsfehlereinflusses abgewandelten Formel wird eine an der Zahnflanke auftretende Blitztemperatur t_f errechnet. Diese Temperatur muß kleiner sein als ein Grenzwert (s. Tab. 3/59), wenn Fressen vermieden werden soll.

$$t_f = \left[t_i + \frac{510\, c_f\, \mu\, P\, C_b\, (v_{T1} - v_{T2})}{\cos \alpha_s\, b_e\, C_A\, C_v\, [(\sqrt{v_{T1}} + \sqrt{v_{T2}})\, \sqrt{\varrho_H/2}\,]} \right] \left[\frac{55}{55 - s} \right] \leqq t_{f\,\text{grenz}} \,. \qquad (3/31)$$

Hierin bedeuten:

t_i *Temperatur des Radkörpers;* im allgemeinen ist für t_i die Öleintrittstemperatur [°F] einzusetzen. (Grad Fahrenheit $= 9/5 \cdot$ Grad Celsius $+ 32$.)

c_f Die *Werkstoffkonstante;* c_f berücksichtigt Leitfähigkeit, Dichte und spezifische Wärme. Sie kann für reine Mineralöle mit 0,0528 angenommen werden.

μ *Reibwerte;* Die in Tab. 3/59 angegebenen Grenzwerte für die Blitztemperatur gelten für einen Reibwert $\mu = 0{,}06$. Dieser Wert ergibt brauchbare Resultate für gehärtete Stähle.

P *Umfangskraft;* (Berechnung s. S. 96) [kg].

C_b Der *Lastverteilungsfaktor* C_b, der die ungleichmäßige Lastverteilung über die Zahnbreite (durch Flankenrichtungs- und Achsrichtungsfehler) berücksichtigt, kann nach den Angaben auf S. 217 bestimmt werden.

v_T Die *Wälzgeschwindigkeiten* v_{T1} und v_{T2} sind die Absolutgeschwindigkeiten in Tangentialrichtung im jeweiligen Berührungspunkt. Nach S. 50 ist

$$v_{T1}[\text{m/s}] = \frac{\pi\, n_1\, \varrho_1}{30}\, [\text{U/min}]\,[\text{m}], \qquad (3/32)$$

$$v_{T2}\lfloor\text{m/s}\rfloor = \frac{\pi\, n_2\, \varrho_2}{30}\, [\text{U/min}]\,[\text{m}], \qquad (3/33)$$

worin ϱ der Krümmungshalbmesser im jeweiligen Eingriffspunkt ist. Nach der von KELLEY entwickelten Theorie beginnt der Freßvorgang bei einem genauen Zahnräderpaar wahrscheinlich im *inneren* Einzeleingriffspunkt des Ritzels (Abb. 2/48, S. 114). In besonderen Fällen kann dieser Punkt allerdings nahe am Teilkreis des Ritzels liegen; in diesem Fall dürfte dann meist die Freßgefahr im *äußeren* Einzeleingriffspunkt des Ritzels am größten sein (Abb. 2/42, S. 103). Daraus folgt, daß die Blitztemperatur sicherheitshalber an zwei Stellen kontrolliert werden muß.

Tab. 3/58 zeigt, wie man den Krümmungsradius an diesen beiden Stellen bestimmt.

Tabelle 3/58. Krümmungsradien der Evolventenflanken gerad- oder schrägverzahnter Stirnräder im Stirnschnitt

(Berechnung der einzelnen Größen s. Abschn. 2.1, S. 35/68)

Eingriffsstellung	Krümmungsradius der Ritzelflanke ϱ_1	Krümmungsradius der Radflanke ϱ_2
Innerer Einzeleingriffspunkt des Ritzels	$\sqrt{r_{k1}^2 - (r_{(1} \cos \alpha_{s0})^2} - m_s \pi \cos \alpha_{s0}$	$a \sin \alpha_{sb} - \varrho_1$
Äußerer Einzeleingriffspunkt des Ritzels	$a \sin \alpha_{sb} - \varrho_2$	$\sqrt{r_{k2}^2 - (r_{02} \cos \alpha_{s0})^2} - m_s \pi \cos \alpha_{s0}$

$v_{T1} - v_{T2}$ *Differenz der Wälzgeschwindigkeiten*, gleich Gleitgeschwindigkeit [m/s]. Berechnung s. a. S. 50.

b_e *Wirksame Zahnbreite* b_e [mm] s. S. 217.

C_A *Anwendungsfaktor* C_A Tab. 3/52 [—] s. S. 223.

C_v *Geschwindigkeitsfaktor* C_v [—] s. S. 222.

b_H *Breite der Abplattungsfläche* b_H [mm]; sie kann durch nachstehende Formel ermittelt werden, die von Gl. (2/156), S. 109, abgeleitet wurde. Danach gilt für Stahlräder:

$$b_H[\text{mm}] = 0{,}021 \sqrt{\frac{P\, C_b\, \varrho_1\, \varrho_2}{\cos \alpha_s\, b_e\, C_A\, C_v\, (\varrho_1 + \varrho_2)} \frac{[\text{kg}]\,[\text{mm}]\,[\text{mm}]}{[\text{mm}]\,[\text{mm}]}}\,. \qquad (3/34)$$

s *Flankenrauheit* [rms]; hierfür wird der Betrag eingesetzt, der sich nach kurzer Einlaufzeit bei niedriger Belastung eingestellt hat. Es werden etwa folgende Rauheiten erreicht:

$s = 10$ bis 20 bei besten geschabten und geschliffenen Zähnen,

$s = 25$ bis 35 bei Rädern guter Handelsqualität.

Für diesen Gesamtbereich ($s = 10$ bis 35) wurde Gl. (3/31) aufgestellt; sie gilt aber nicht mehr für s-Werte in der Nähe von 55.

Eine Rauheit $s = 10$ micro-inches rms entspricht etwa einer Rauhtiefe von $R = 1\,\mu$.

$t_{f\,\text{grenz}}$ *Grenzwert der Blitztemperatur,* einige Werte sind in Tab. 3/59 angeführt. Ebenso wie die berechneten Spannungen brauchen diese Werte nicht immer *wahre* Werte zu sein. Sie stellen nur Zahlen dar, die bei Verwendung in einer bestimmten Berechnungsweise vernünftige Ergebnisse liefern.

Tabelle 3/59
Grenzwerte der Blitztemperatur für Stirnräder mit Geradverzahnung

Schmierölart	Bezeichnung, Eigenschaften	$t_{f\,\text{grenz}}$ (°F)
Mineralöl	SAE 10	250
Mineralöl	SAE 30	375
Mineralöl	SAE 60	500
Mineralöl	SAE 90 (Getriebeöl)	600
Gefettete Öle	75 SUS bei 38 °C	330
Mineralöl	SAE 30 mit mildem EP-Zusatz	425

In Tab. 3/59 bedeutet SUS Saybolt Universal Sekunden. Die verschiedenen üblichen Zähigkeitsmaße sind in Abb. 5/1, S. 334, vergleichend gegenübergestellt.

Die angegebenen SAE-Nummern kennzeichnen bestimmte Viskositätsgruppen der SAE-Klassifikation (Society of Automotive Engineers), die auch für die Deutsche Norm (DIN 51 511-Motorenöle und DIN 51 512-Getriebeöle) übernommen wurde. Eine Übersicht über die Stufung zeigt Tab. 5/8, S. 338.

Als *gefettete* Öle bezeichnen wir die mit Fettöl (z. B. Rüböl, Leinöl oder Rizinusölderivaten) verschnittenen Mineralöle (vgl. S. 329).

E.-P.-Zusätze (von „extreme pressure" = Höchstdruck) sind öllösliche Zusätze, wie Schwefel, Chlor, Phosphor o. a., durch die die Freßlastgrenze gegenüber dem reinen Mineralöl wesentlich erhöht wird (vgl. S. 329).

Ebenso wie bei der Fuß- und Flankenbeanspruchung, kann man auch die angegebenen Freßgrenzen (Grenztemperaturen) beträchtlich überschreiten, wenn hohe Verzahnungsgenauigkeit, geringe Rauheiten und Sonderschmiermittel angewendet werden. So gelang es bei Versuchen mit Flugzeuggetrieben, durch Anwendung von Sonderzahnformen und sorgfältige Herstellung die Freßtragfähigkeit wesentlich zu steigern. Es konnte Schmieröl mit einer Zähigkeit unter SAE 10 für Belastungen verwendet werden, bei denen normalerweise die höhere Zähigkeit von SAE 20 nicht mehr ausreichte.

3.516 Freßtragfähigkeit schrägverzahnter Stirnräder

Auf dem Gebiet der kleinen Flugzeuggetriebe ist die ALMEN-Formel für schrägverzahnte Stirnräder ebenso brauchbar, wie für geradverzahnte Stirnräder. Die Berechnung kann also nach den Formeln S. 116 und 117 durchgeführt werden.

Eine Formel für einen größeren Anwendungsbereich, wie sie für Geradeverzahnung in Gl. (3/31), S. 231 existiert, gibt es für Schrägverzahnung bis heute nicht. Versuche des Verfassers aus dem Jahre 1952 haben allerdings gezeigt, daß gehärtete Schrägzahnräder sich bezüglich Freßbeanspruchung *ähnlich* wie geradverzahnte Stirnräder verhalten. Insgesamt sind jedoch die Versuche, die von verschiedenen Instituten und Firmen durchgeführt werden, noch nicht soweit gediehen, daß eine neue Berechnungsformel vorgeschlagen werden könnte.

3.517 Wärmetragfähigkeit gerad- und schrägverzahnter Stirnräder [*3/106*] [AGMA 420.02]

Bei einer vorgeschriebenen Übertemperatur eines Getriebes (üblicherweise 28 bis 29 °C; teilweise auch bis 55 °C bei einer höchsten Umgebungstemperatur von 32 °C), darf der Gesamtbetrag der Verlustleistung einen Grenzwert nicht überschreiten. Da nun Lager-, Plansch- und Ventilationsverluste mit der Drehzahl zunehmen, bleibt für die Verzahnungsverluste – d. h. damit auch für die übertragbare Nutzleistung – immer weniger, bis sie schließlich Null wird. Mit steigender Übersetzung dagegen nimmt sie zu.

Nach WELLAUER [*3/106*] muß die Leistung eines stationären Getriebes ohne Ölkühlung

$$N \leqq N_{\text{grenz}}, \qquad (3/35)$$

sein, wobei N_{grenz} wie folgt bestimmt wird:

$$N_{\text{grenz}} = K_1 K_2 \,[\text{PS}]. \qquad (3/36)$$

Hierbei ist K_1 aus Abb. 3/44 und K_2 aus Abb. 3/45 zu entnehmen. Bei *zwei*stufigen Getrieben bestimmt man K_1 und K_2 für Achsabstand und Ritzeldrehzahl der *langsamen*

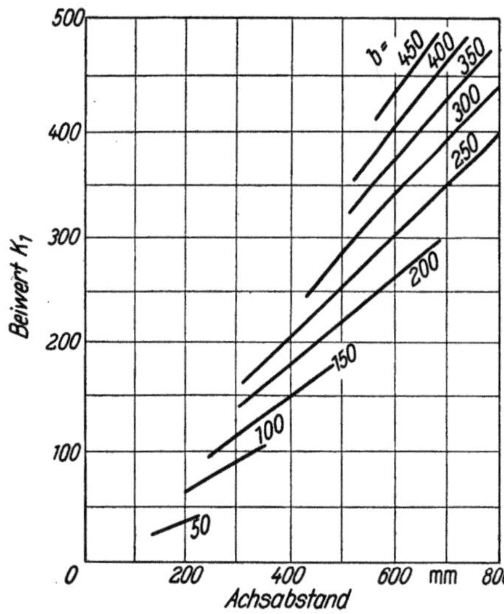

Abb. 3/44. Beiwert K_1 zur Berechnung der Wärmetragfähigkeit von Stirnrädern, abhängig von Achsabstand und Radbreite. *b* ist die Radbreite, die im Gehäuse unterzubringen ist [*3/106*]

Stufe und multipliziert die Leistung mit 0,4. Überschreitet die geforderte Getriebeleistung den Wert $K_1 K_2$, so sollte man versuchen, Planschverluste und Lagerreibung zu verringern oder die Wärmeabfuhr zu erhöhen durch einen besonderen, größeren Ölbehälter, durch einen wassergekühlten Gehäusemantel oder einen Ölkühler. Rippen außen am Gehäuse sind meist nicht so wirksam, daß sie die Kosten rechtfertigen. Ein Ventila-

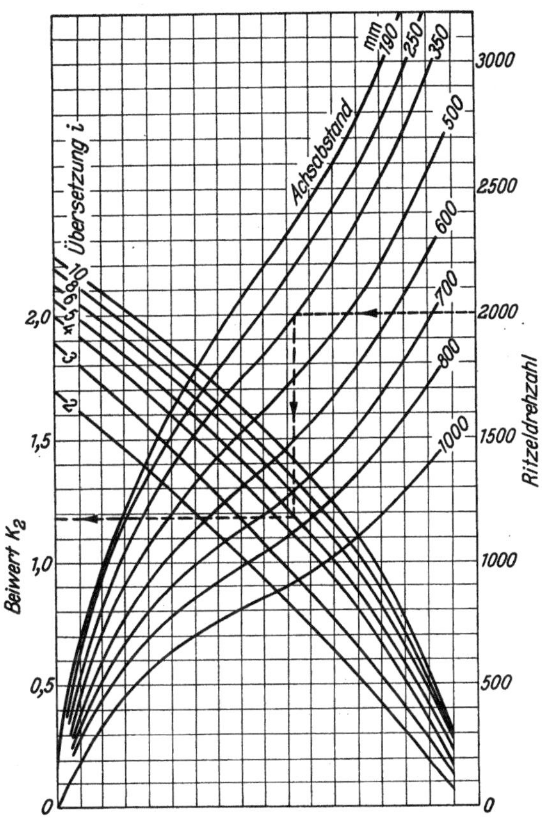

Abb. 3/45. Beiwert K_2 zur Berechnung der Wärmetragfähigkeit von Stirnrädern, abhängig von Ritzeldrehzahl, Achsabstand und Übersetzungsverhältnis [3/106]
Eingetragenes Beispiel: $n_1 = 2000$ U/min, Achsabstand 350 mm, Übersetzungsverhältnis $i = 5$; $K_2 = 1{,}17$

tor mäßiger Leistung kann dagegen den Temperaturanstieg schon um 5 — 10 °C senken. Weitere Maßnahmen zur Verbesserung der Wärmeabführung s. Abschn. 5.5, S. 339.

3.52 Kegelräder

Bezeichnungen Tab. 3/45, S. 215.
Verzahnungsgeometrie S. 75.
Überschlägige Tragfähigkeitsberechnungen S. 128.
Grundlagen der Tragfähigkeitsberechnung S. 96.

3.521 Zahnfußtragfähigkeit von Kegelrädern

Bisher gibt es kein allgemein anerkanntes Berechnungsverfahren für Kegelräder. Der Verfasser hat daher einen Teil des von COLEMAN und WELLS [3/94] veröffentlichten Materials und Gleason-Empfehlungen [2/28] zusammengefaßt und daraus eine Formel für Spiral-, Zerol- und Geradzahnkegelräder abgeleitet. Für eine schnelle, näherungsweise Lösung werden diese Angaben genügen; genauere Berechnungsmethoden sind in der oben angegebenen Literaturstelle zu finden.

Die Zahnfußbiegespannung bei Kegelrädern ist allgemein:

$$\sigma_z = \frac{0{,}445\,P}{b\,m^x}\,\frac{C_L\,C_A}{C_y} \leqq \sigma_{z\,\mathrm{zul}}\,. \tag{3/37}$$

P, die *Umfangskraft* [kg] ist nach Gl. (2/142) oder (2/143), S. 96, für den äußeren Teilkreisdurchmesser zu berechnen. Dieser Wert ist zahlenmäßig nicht gleich dem Mittelwert der Zahnbelastung, der für die Zahnmitte gilt, wo der Durchmesser kleiner ist.

x, m; der Exponent x wird mit 0,75 angenommen. In Tab. 3/66, S. 240, ist $m^{0{,}75}$ abhängig von m angegeben. Modul m wird in mm eingesetzt.

C_L; der *Einfluß der Lagerung* wird durch C_L berücksichtigt. Bei steifer beiderseitiger Lagerung von Ritzel und Rad kann $C_L = 1$ gesetzt werden. Wenn ein Rad beiderseitig und das Gegenrad fliegend gelagert ist, sollte für C_L ein Wert von 1,1 gewählt werden. Bei schlechter Lagerung ist ein Wert bis zu 1,5 einzusetzen.

b; für b wird die *volle Zahnbreite* in mm eingesetzt. Bei Kegelrädern werden Ritzel und Rad durchweg mit gleicher Zahnbreite ausgeführt.

C_y; der *Faktor C_y* faßt Kerbwirkung am Zahnfuß, Einfluß von Richtungsfehlern der Wellen, Einfluß ungleichmäßiger Lastverteilung längs der Zahnbreite, Einfluß des Kraftangriffspunktes und LEWIS -Faktor (Zahnformeinfluß) zu einer einzigen Größe zusammen. In Tab. 3/60 bis 3/62 sind eine Reihe von C_y-Faktoren für Spiral-, Zerol- und Geradzahn-Kegelräder angegeben.

Tabelle 3/60
Geometriefaktor C_y für Spiralkegelräder mit einem mittleren Spiralwinkel von 35°

Ritzelzähnezahl z_1	Geometrie-Faktor C_y		
	$z_2 = 25$	$z_2 = 50$	$z_2 = 100$
12	0,197	0,290	0,373
15	0,209	0,298	0,386
20	0,229	0,313	0,400
25	0,247	0,325	0,407
30	—	0,336	0,414
40	—	0,349	0,422

Tabelle 3/61
Geometriefaktor C_y für Zerolkegelräder sowie Coniflex[1]-geradverzahnter Kegelräder

Ritzel-Zähnezahl z_1	Geometriefaktor C_y					
	$z_2 = 25$		$z_2 = 50$		$z_2 = 100$	
	Ritzel	Rad	Ritzel	Rad	Ritzel	Rad
13	—	—	0,234	0,201	0,263	0,228
14	0,231	0,190	0,241	0,205	0,271	0,234
15	0,235	0,194	0,248	0,210	0,278	0,239
20	0,245	0,216	0,272	0,225	0,308	0,259
25	0,240	0,240	0,286	0,238	0,329	0,276
30	0,237	0,260	0,295	0,252	0,344	0,291
40	0,237	0,279	0,301	0,275	0,366	0,315

Tabelle 3/62. Geometriefaktor C_y für geradverzahnte Kegelräder

Ritzel-Zähnezahl z_1	Geometriefaktor C_y					
	$z_2 = 25$		$z_2 = 50$		$z_2 = 100$	
	Ritzel	Rad	Ritzel	Rad	Ritzel	Rad
13	—	—	0,172	0,154	0,182	0,170
14	—	—	0,175	0,156	0,188	0,173
15	0,193	0,166	0,179	0,157	0,193	0,176
20	0,199	0,180	0,193	0,169	0,212	0,190
25	0,193	0,193	0,201	0,176	0,226	0,201
30	0,188	0,204	0,206	0,183	0,237	0,210
40	0,181	0,206	0,208	0,193	0,253	0,225

C_A, *Anwendungsfaktor* s. Tab. 3/52 und zugehörige Erläuterungen auf S. 223. Die dortigen Angaben gelten auch für Kegelräder.

Der *Geschwindigkeitseinfluß* wird bei Kegelrädern im allgemeinen nicht berücksichtigt, bzw. C_v wird hier = 1 gesetzt.

$\sigma_{z\,zul}$, die *zulässige Zahnfußbiegespannung* ist mit Gl.(3/26), S. 224 zu ermitteln.

Bei Kegelrädern verzichtet man im allgemeinen von vornherein auf ein gleichmäßiges Tragen über die Zahnbreite, sondern strebt ein Tragbild im *mittleren Bereich der Zahnbreite* an. Damit erzielt man einen ähnlichen Effekt wie bei längsballigen gerad- und schrägverzahnten Stirnrädern. So hergestellte Kegelräder sind gegen kleine Einbaufehler und Wellendurchbiegungen nicht so empfindlich. Die Verringerung der tragenden Breite gegenüber den in Gl. (3/37) eingesetzten vollen Betrag und die *dynamischen Zusatzkräfte* werden dadurch berücksichtigt, daß bei Kegelrädern nur etwa halb so große Spannungen wie bei gerad- und

---

[1] Coniflex ist eine Bezeichnung der Fa. Gleason für längsballige geradverzahnte Kegelräder.

schrägverzahnten Stirnrädern zugelassen werden. Damit wird auch
berücksichtigt, daß die Zahnabmessungen am *Außen*durchmesser für die
Tragfähigkeitsberechnung benutzt werden, obwohl die Belastbarkeit
längs der Zahnbreite (infolge der kegeligen Verjüngung) verschieden ist.
Diese Berechnungsweise, die von dem bei Stirnrädern angewandten Vor-
gehen abweicht, wurde gewählt, weil dies der allgemeinen Praxis in den
USA entspricht; daß dann mit *anderen* zulässigen Spannungen als bei
Stirnrädern gerechnet werden muß, wurde in Kauf genommen.

3.522 Flankentragfähigkeit von Kegelrädern

Für Kegelräder hat sich zur Berechnung der Flankentragfähigkeit in
den USA ein Verfahren eingebürgert, das von dem bei Stirnrädern angewandten abweicht. Es handelt sich um ein von den Gleason-Werken
entwickeltes Berechnungsverfahren, das sich vielfach bewährt hat.
Nähere Einzelheiten hierüber s. *[2/28]*.

Die Formel liefert zunächst die maximal zulässige Betriebsleistung N_s,
aus der dann die zulässige Nennleistung (= Nennantriebsleistung) errechnet werden kann.

Zulässige Nennleistung:

$$\boxed{N_{\mathrm{nenn}} = N_s/C_A .}$$

(3/38)

C_A, der *Anwendungsfaktor* kann für einige Anwendungsfälle aus
Tab. 3/52, S. 223 entnommen werden.

Tabelle 3/63
Werkstoffaktor für Kegelräder, zur Bestimmung der Flankentragfähigkeit

Rad		Ritzel		Faktor C_M
Werkstoff	Härte	Werkstoff	Härte	
Gußeisen	—	Gußeisen	—	0,30
Gußeisen	—	Stahl	160–200 HB	0,30
Gußeisen	—	flammengehärteter Stahl	—	0,40
Stahl	210–245 HB	Stahl	245–280 HB	0,35
Stahl	250–300 HB	einsatzgehärteter Stahl	$\geq$ 55 HRC	0,50
flammengehärteter Stahl	$\geq$ 50 HRC	flammengehärteter Stahl	$\geq$ 50 HRC	0,50
einsatzgehärteter Stahl	$\geq$ 55 HRC	einsatzgehärteter Stahl	$\geq$ 55 HRC	1,00
einsatzgehärteter Stahl	$\geq$ 60 HRC	einsatzgehärteter Stahl	$\geq$ 60 HRC	2,00

Maximal zulässige Betriebsleistung:

$$N_s = b\,C_M\,C_i\,C_D\,C_S\,.\qquad\qquad(3/39)$$

Hierin bedeuten:

b *Zahnbreite* [mm].

C_M, *Werkstoffaktor* kann aus Tab. 3/63 entnommen werden.

C_i *Faktor* für den Einfluß des *Überdeckungsgrades;* er erfaßt die Sprungüberdeckung ε_{sp} und den Stirn- oder Profilüberdeckungsgrad ε:

$$C_i = \sqrt{0{,}4\,(\varepsilon_{sp} + \varepsilon)}\,.\qquad\qquad(3/40)$$

Für geradverzahnte und Zerolkegelräder wird ε_{sp} zu Null angenommen. Für Spiralkegelräder mit 35° Spiralwinkel können Zahlenwerte aus Tab. 3/64 entnommen werden.

Der Stirn- oder Profilüberdeckungsgrad für einige Kegelräder normaler Abmessungen ist in Tab. 3/65 angegeben.

C_D *Faktor* für Berücksichtigung der Einflüsse von

Tabelle 3/64. *Sprungüberdeckung von Spiralkegelrädern mit 35° mittlerem Spiralwinkel*

Verhältnis Zahnbreite zu Modul b/m	Sprungüberdeckung ε_{sp}
2	0,502
3	0,800
4	1,06
5	1,33
6	1,58
7	1,85
8	2,00
10	2,00

Tabelle 3/65
Stirn- oder Profilüberdeckungsgrad ε von Kegeltrieben bei 20°-Nullverzahnung

Ritzel-Zähnezahl z_1	Radzähnezahl (ungefähr) z_2	ε Spiralkegelräder (Gleason)	ε geradverzahnte oder Zerol-Kegelräder
12	60	1,19	—
15	55	1,22	1,51
20	50	1,26	1,56
30	45	1,31	1,64
40	40	1,34	1,68

Ritzeldurchmesser, Umfangsgeschwindigkeit und *Drehzahl.* Er kann aus der folgenden Gleichung berechnet werden:

$$C_D = \frac{n_1 d_{01}}{316}\sqrt[3]{\frac{d_{01}^{1,5}}{5{,}04\,(n_1 d_{01} + 49500)}}\,.\qquad\qquad(3/41)$$

n_1 ist in U/min und d_{01} (Teilkreisdurchmesser am äußeren Kegelende) in mm einzusetzen. $d_{01}^{1,5}$ kann abhängig von d_{01} aus der Tab. 3/66 entnommen werden.

Tabelle 3/66. Faktor $m^{0,75}$ für Gl. (3/37) und Faktor $d_{01}^{1,5}$ für Gl. (3/41)

m [mm]	$m^{0,75}$	d_{01} [mm]	$d_{01}^{1,5}$
1	1,0	50	354
1,5	1,36	60	465
2	1,68	70	586
2,5	1,99	80	716
3	2,28	90	854
4	2,83	100	1000
5	3,34	120	1315
6	3,83	140	1656
8	4,76	160	2024
10	5,62	180	2415
12	6,45	200	2828
15	7,62	250	3953

Der letzte Faktor in Gl. (3/39) berücksichtigt den *Einfluß des Schmiermittels.* C_S wird für Kegelräder, die durch ein Mineralöl mittlerer Viskosität geschmiert werden, mit 1,00 angenommen.

Für Teilkreisdurchmesser des Ritzels unter 50 mm kann Gl. (3/39) nicht empfohlen werden. Die Formel enthält nämlich einen Größenfaktor, welcher hauptsächlich aus Erfahrungen mit mittelgroßen Rädern entwickelt wurde. Die Abmessungen kleiner Kegelritzel bestimmt man besser nach Gl. (3/10), S. 131, wobei vernünftige K-Faktoren einzusetzen sind. Man rechnet so sicherer.

3.523 Freßtragfähigkeit von Kegelrädern

Eine Formel zur Berechnung der Freßgrenze, ähnlich Gl. (3/31), S. 231 wurde bis heute nicht entwickelt. Wenn jedoch ein Kegeltrieb nach Gln. (3/38) und (3/39) gegen Grübchenbildung ausreichend bemessen ist, so wird im allgemeinen auch die Sicherheit gegen Fressen ausreichend sein. Der Faktor C_D [s. Gl. (3/41)] hat ja die Tendenz, die zulässige Belastung zu verringern, und zwar sowohl mit zunehmendem Ritzeldurchmesser als auch mit wachsender Teilkreisgeschwindigkeit. Unter der Voraussetzung, daß Schmieröl richtiger Zähigkeit verwendet wird, bietet die Anwendung dieser Formel also auch einen gewissen Schutz gegen Fressen.

3.53 Zylindrische Schraubenräder

Bezeichnungen Tab. 3/45, S. 215.
Verzahnungsgeometrie S. 86.
Eigenschaften S. 30.

Zylindrische Schraubenräder (Schrägstirnräder mit gekreuzten Achsen) werden im allgemeinen nur auf *Flanken*beanspruchung und *Gleitgeschwindigkeit* kontrolliert. Da bekanntlich Punktberührung vorliegt (s. S. 87), kann die übertragbare Last kaum so groß werden, daß Zahnbruch zu befürchten wäre. Maßnahmen gegen Fressen werden auf S. 243 besprochen.

3.531 Flankentragfähigkeit zylindrischer Schraubenräder

Eine handliche, allgemein anwendbare Formel für Schraubenräder wurde von E. BUCKINGHAM [2/9] angegeben. Hiernach muß die Gesamtzahnkraft $P_{N\,ges}$ (statisch + dynamisch) gleich oder kleiner als eine maximal zulässige Verschleißbelastung P_{grenz} sein:

$$\boxed{P_{N\,ges} \leqq P_{grenz}\,.} \qquad (3/42)$$

Die Gesamtzahnkraft setzt sich zusammen aus der *statischen* Zahnnormalkraft, den *inneren* dynamischen Zusatzkräften und den von *außen* eingeleiteten Stoßkräften. – Die dynamischen Zusatzkräfte können ebenso wie bei Stirntrieben nach dem auf S. 106 erwähnten Verfahren von BUCKINGHAM [2/9] berechnet werden. Wenn die Räder genau verzahnt sind, wird die Gesamtzahnkraft (statisch + dynamisch) jedoch in den meisten Fällen nicht höher als das 1,5*fache* der statischen Zahnnormalkraft sein. – Die äußeren Stoßkräfte können durch einen Anwendungsfaktor C_A (Tab. 3/52, S. 223) erfaßt werden.

Die durch das statische Drehmoment verursachte Zahnnormalkraft kann näherungsweise wie folgt bestimmt werden:

$$P_N = \frac{2\,M_1}{d_{01}\cos\beta_{01}\cos\alpha_{n0}}\,. \qquad (3/43)$$

Das Drehmoment M_1 kann mit den Gln. (2/140) und (2/142), S. 96, berechnet werden; alle anderen Daten sind vom Entwurf her bekannt.

Die Gesamtzahnkraft kann mit den oben angegebenen Annahmen wie folgt bestimmt werden:

$$\boxed{P_{N\,ges} = 1,5\,P_N\,C_A\,.} \qquad (3/44)$$

Die Verschleißbelastung P_{grenz} ist nach den Angaben von BUCKINGHAM folgendermaßen zu bestimmen:

$$\boxed{P_{grenz} = A^6\,B^3\,F\,Q\,.} \qquad (3/45)$$

A, B; Die *Faktoren* A und B hängen ab vom Verhältnis der Krümmungsradien der Flanken beider Räder. Krümmungsradius des treibenden Rades im Teilkreis:

$$\varrho_{C1} = \frac{d_{01}\sin\alpha_{n0}}{2\cos^2\beta_{01}}\,,$$

Krümmungsradius des getriebenen Rades im Teilkreis: $\qquad (3/46)$

$$\varrho_{C2} = \frac{d_{02}\sin\alpha_{n0}}{2\cos^2\beta_{02}}\,.$$

Sind die Krümmungsradien ϱ_{C1} und ϱ_{C2} bekannt, so können hiermit die Konstanten A^6 und B^3 aus Tab. 3/67 entnommen werden.

Tabelle 3/67. Konstante A^6 und B^3 für Gl. (2/51)

Verhältnis der Krümmungsradien ϱ_{c2}/ϱ_{c}	A^6	B^3	$A^6\,B^3$
1,000	0,560	1,000	0,560
1,500	1,302	0,449	0,583
2,000	2,411	0,252	0,609
3,000	6,053	0,112	0,678
4,000	11,620	0,064	0,744
6,000	30,437	0,0292	0,889
10,000	106,069	0,0108	1,141

F ist ein *Werkstoffaktor*, der wie folgt zu berechnen ist:

$$F = 29{,}7662\, p_s^3 \left(\frac{1}{E_1} + \frac{1}{E_2} \right)^2. \tag{3/47}$$

Hierin ist p_s die zulässige Pressung in der Berührungsfläche und E der Elastizitätsmodul. Von BUCKINGHAM empfohlene zulässige F-Werte sind aus Tab. 3/68 zu entnehmen.

Tabelle 3/68
Werkstoffaktor und zulässige Spannung für zylindrische Schraubenräder

treibendes Rad	getriebenes Rad	zul. Pressung p_s [kg/mm²]	Werkstofffaktor F [kg/mm²]
Bei anfänglicher Punktberührung			
gehärteter Stahl	gehärteter Stahl	105	0,314
gehärteter Stahl	Phosphorbronze	58	0,120
Gußeisen	Phosphorbronze	58	0,212
Gußeisen	Gußeisen	63	0,271
Nach kurzer Einlaufzeit[1]			
gehärteter Stahl	gehärteter Stahl		0,314
gehärteter Stahl	Phosphorbronze		0,162
Gußeisen	Phosphorbronze		0,422
Gußeisen	Gußeisen		0,542
Nach gründlichem Einlaufen[1]			
gehärteter Stahl	gehärteter Stahl		0,314
gehärteter Stahl	Phosphorbronze		0,211
Gußeisen	Phosphorbronze		0,844
Gußeisen	Gußeisen		1,055

[1] F kann hierfür nicht nach Gl. (3/47) aus p_s berechnet werden.

Q ist ein *Verhältniswert*, der aus den oben ermittelten Krümmungsradien berechnet werden kann:

$$Q = \left(\frac{\varrho_{c1}\,\varrho_{c2}}{\varrho_{c1} + \varrho_{c2}}\right)^2 . \tag{3/48}$$

Es ist zu beachten, daß man die Tragfähigkeit nach Tab. 3/68 durch Einlaufen erheblich steigern kann. Eine leichte Abnutzung bei geringer Belastung bewirkt nämlich, daß sich der ursprüngliche Berührungs*punkt* zu einer Berührungs*linie* verbreitert.

3.532 Grenze der Gleitgeschwindigkeit bei zylindrischen Schraubenrädern

Als zweite Grenze ist die Gleitgeschwindigkeit zu kontrollieren, die einen bestimmten Grenzwert nicht überschreiten sollte.

$$v_G = \frac{v_1 \sin\delta}{\cos\beta_{02}} = \frac{v_2 \sin\delta}{\cos\beta_{01}} \leqq v_{G\,\text{grenz}} . \tag{3/49}$$

Berechnung der Umfangsgeschwindigkeiten v_1 und v_2 s. S. 98.

Bisher liegen nur wenig Erfahrungsangaben darüber vor, welche Gleitgeschwindigkeiten bei Schraubenrädern noch zugelassen werden können. Die Paarung *Stahl* auf *Bronze* erträgt die höchste Gleitgeschwindigkeit. Bei durchschnittlichen Werkstoffqualitäten und guter Handelsgenauigkeit kann hierbei für die Gleitgeschwindigkeit eine Grenze von etwa 30 m/s angegeben werden. Bei Paarung von Rädern aus *Spezialbronzen* mit *einsatzgehärteten* und *geschliffenen* Antriebsrädern, die der Verfasser in Flugzeug- und Dampfturbinengetrieben verwendete, wurden Gleitgeschwindigkeiten bis zu 50 m/s erreicht. Die *übrigen* in Tab. 3/68 angeführten Werkstoffkombinationen sind für normale Zwecke wahrscheinlich nur bis zu Gleitgeschwindigkeiten von 20 m/s brauchbar.

3.533 Freßtragfähigkeit zylindrischer Schraubenräder

Wenn ein Schraubentrieb nach Gl. (3/42) ausreichend bemessen ist, so ist damit noch nicht gesagt, daß auch eine ausreichende Sicherheit gegen Fressen besteht. Bei hohen Umfangsgeschwindigkeiten, ungenügender Schmierung, hohen Temperaturen oder sonstigen widrigen Umständen wird es teilweise nötig sein, eine geringere Verschleißbelastung als nach Gl. (3/45) zuzulassen, um Fressen zu vermeiden.

3.54 Schneckengetriebe

Bezeichnungen Tab. 3/45, S. 215. Verzahnungsgeometrie S. 88.
Tabellen der Tragfähigkeit S. 133 und 134. Eigenschaften S. 32.

Die in diesem Abschnitt angegebenen Beziehungen gelten für Schneckentriebe ohne Profilverschiebung.

Wie auf S. 134/35 erwähnt, wird die Leistungsgrenze von Schnecken-trieben bestimmt durch:

a) *Flankentragfähigkeit*, womit in diesem Fall die Widerstandsfähig-keit gegen Grübchenbildung und Fressen erfaßt werden soll.

b) *Zahnfußtragfähigkeit* der Schneckenradzähne, die allerdings nur bei geringen Geschwindigkeiten geprüft zu werden braucht.

c) *Wärmetragfähigkeit*, die dann kontrolliert werden muß, wenn Öl- oder Gehäusekühlung nicht ausreichen, um eine bestimmte Ölbadtempe-ratur einzuhalten.

Die von dem Getriebe zu übertragende Leistung bzw. das Dreh-moment muß unter den nachstehend errechneten Grenzwerten liegen. Unter „zu übertragendem" Drehmoment des Rades ist dabei zu ver-stehen:

$$\boxed{M_2 = i\,M_{1\,\mathrm{Nenn}} \leqq M_{2\,\mathrm{grenz}}\,.} \tag{3/50}$$

3.541 Flankentragfähigkeit von Schneckentrieben

Das größte hiernach übertragbare Drehmoment von Schnecken-getrieben mit 50 — 600 mm Achsabstand kann durch die Gln. (3/51) und (3/52) abgeschätzt werden. Da beide Gleichungen mehr aus *Erfah-rung* als durch rechnerische Ableitung entstanden, sind sie zur Berech-nung des Drehmomentes eher geeignet, als zur Ermittlung der Bean-spruchung.

Für *Zylinder*schneckentriebe beträgt das maximal übertragbare Drehmoment (in mmkg):

$$\boxed{M_{2\,\mathrm{grenz}} = 1{,}91\,d_{02}^{1,80}\,C_{MF}\,b_e\,C_{\ddot{u}}\,C_v/K_A\,.} \tag{3/51}$$

Für *Globoid*schneckentriebe:

$$\boxed{M_{2\,\mathrm{grenz}} = 0{,}49\,d_{02}^{2,22}\,C_{MF}\,b_e\,C_{\ddot{u}}\,C_v/K_A\,.} \tag{3/52}$$

Tabelle 3/69. Faktor $1{,}91\,d_{02}^{1,80}$ für Gl. (3/51) und Faktor $0{,}49\,d_{02}^{2,22}$ für Gl. (3/52)

d_{02} [mm]	$1{,}91\,d_{02}^{1,80}$	$0{,}49\,d_{02}^{2,22}$
20	420	379
40	1462	1765
60	3033	4343
80	5088	8222
100	7604	13495
125	11361	22148
150	15778	33198
200	26473	62867
250	39556	103145

Hierin bedeuten:

d_{02}, der *Teilkreisdurchmesser* des Schneckenrades, ist in mm einzusetzen. Um das Rechnen zu erleichtern, sind in Tab. 3/69 für die Ausdrücke $1{,}91\,d_{02}^{1,80}$ und $0{,}49\,d_{02}^{2,22}$ eine Reihe von Zahlen-werten abhängig von d_{02} ange-geben.

C_{MF}, der Faktor C_{MF} berück-sichtigt den Einfluß des *Werk-*

stoffes auf die Flankentragfähigkeit. Zahlenwerte für allgemeine Zwecke s. Tab. 3/70.

Tabelle 3/70. Werkstoffkonstanten für Fuß- und Flankentragfähigkeit von Schneckentrieben

Werkstoff			Anwendungs-bereich[1]	Werkstoffkonstante für		
Schnecke	Härte (Kleinst-wert)	Rad		Flanke C_{MF}	Fuß dynamisch C_{MB}	statisch C_{MB}
Stahl	53 HRC	Phosphorbronze		0,172	0,53	2,1
Stahl	35 HRC	Phosphorbronze	mittlere Geschwindigkeit	0,172	0,53	2,1
Stahl	53 HRC	Guß-Sonder-messing	niedrige Geschwindigkeit	0,35	1,18	4,9
Stahl	53 HRC	Sondermessing geschmiedet	mittlere Geschwindigkeit	0,25	0,70	2,8
Gußeisen	—	Gußeisen	niedrige Geschwindigkeit	0,28	0,39	2,1
Gußeisen	—	Phosphorbronze	mittlere Geschwindigkeit	0,21	0,53	2,1

b_e *wirksame Zahnbreite* des Rades; hierfür ist die tatsächliche Zahnbreite – in mm – einzusetzen, wenn diese kleiner ist als der Fußkreis-durchmesser der Schnecke. Anderenfalls wird der Fußkreisdurchmesser der Schnecke als wirksame Zahnbreite b_e angenommen. Bei *Zylinder*schneckentrieben wählt man die Zahnbreite meist nach Konstruktion A, Abb. 3/40, S. 209:

$$b_e \leqq \sqrt{d_{k1}^2 - d_{01}^2}\,, \tag{3/53}$$

d. h. nicht größer als die in Abb. 3/40 dargestellte Kopfkreissehne.

$C_{\ddot{u}}$ *Übersetzungsfaktor;* für *Zylinder*schneckentriebe beträgt er bei Übersetzungen über 5:1 und Durchmesser gleich oder kleiner als nach Gl. (3/19), S. 206:

$$C_{\ddot{u}} = \left(1 - \frac{1}{i}\right)^2. \tag{3/54}$$

Bei kleinen Übersetzungen ist man oft gezwungen, den Schneckendurch-messer gegenüber Gl. (3/19) zu vergrößern, damit der Steigungswinkel pro Gewindegang nicht zu groß wird [s. Gl. (2/125) und S. 207 unten]. Für *Globoid*schneckentriebe mit Übersetzungen zwischen 5:1 und 100:1 ist der Übersetzungsfaktor:

$$C_{\ddot{u}} = 0,78 - \frac{0,78}{i-1}. \tag{3/55}$$

---

[1] Erläuterung der Begriffe „mittlere" und „niedrige" Geschwindigkeit s. S. 247, Abschn. 3.542.

Für Übersetzungsverhältnisse zwischen 1 und 5 kann bei Zylinder- und Globoid-Schneckentrieben folgender Übersetzungsfaktor gewählt werden, vorausgesetzt, daß die Schnecke hinreichend vergrößert wurde [s. Text unter Gl. (3/54)]

$$C_{\ddot{u}} = \left(\frac{i}{i+1}\right)^2. \qquad (3/56)$$

C_v, der *Geschwindigkeitsfaktor* für Zylinder- und Globoid-Schneckentriebe, kann aus folgender Gleichung bestimmt werden:

$$C_v = \frac{2}{2 + v_G^{0,85}}. \qquad (3/57)$$

Die Gleitgeschwindigkeit v_G ist nach Gl. (2/133 A), S. 93, zu berechnen und in m/s einzusetzen. In Tab. 3/71 sind einige Werte für C_v abhängig von der Gleitgeschwindigkeit angegeben.

Tabelle 3/71. Geschwindigkeitsfaktor C_v für Schneckentriebe

v_G [m/sek]	$C_v = \dfrac{2}{2 + v_G^{0,85}}$	v_G [m/sek]	$C_v = \dfrac{2}{2 + v_G^{0,85}}$
0	1,000	8	0,255
0,5	0,782	10	0,220
1	0,667	15	0,167
2	0,526	20	0,136
3	0,440	30	0,100
4	0,380	40	0,080
6	0,304	50	0,067

K_A, der *Anwendungsfaktor* berücksichtigt den Einfluß von Stößen und Laufzeit, sowie Anzahl der Anläufe auf die Lebensdauer eines Schneckengetriebes. Anhaltswerte hierfür können aus Tab. 3/72 entnommen werden.

Tabelle 3/72. Anwendungsfaktor K_A für Schneckengetriebe
nach AGMA 213.02 / Sept. 52 und 214.02 / Febr. 54

a) bei Dauerbelastung

Betriebszeit	8–10 Std./Tag		24 Std./Tag	
regelmäßige Stöße	nein	ja	nein	ja
K_A	1,0	1,2	1,2	1,3

b) bei Aussetzbetrieb

Laufzeit [min] je Zeiteinheit		Mehrere Anläufe/Std.	1 Anlauf je Std.	1 Anlauf je 2 Std. oder länger
5	Stunden	0,8	—	—
10	Stunden	0,9	—	—
5	Anlauf	—	0,6	—
10	Anlauf	—	0,7	0,6
20	Anlauf	—	0,9	0,7
40	Anlauf	—	—	0,9

Die nach Gl. (3/51) und (3/52) – mit $K_A - 1$, – errechneten Grenzdrehmomente dürfen beim normalen Anfahren oder gelegentlichen Stößen um das *Doppelte* überschritten werden (d. h. 3fache Gesamtbelastung).

3.542 Grenze der Gleitgeschwindigkeit

Es ist zu beachten, daß bei allen Werkstoffpaarungen „Schneckenrad-Schnecke" bestimmte Gleitgeschwindigkeiten nicht überschritten werden dürfen, mit Ausnahme der Paarung „Schnecke aus einsatzgehärtetem Stahl" gegen „Schneckenrad aus einer mit Phosphor desoxydierten Kokillengußzinnbronze". – Die nachfolgend angeführten Geschwindigkeitsgrenzen sind nur grobe *Richtwerte*, da Verzahnungs- und Einbaugenauigkeit sowie Schmierung, Werkstoff und Belastung die zulässige Geschwindigkeit beeinflussen.

Allgemein kann man sagen, daß die Paarung „gehärteter Stahl gegen Bronze" für Gleitgeschwindigkeiten bis zu 30 m/s brauchbar ist[1]. Bei besonders hoher Genauigkeit und bestem Werkstoff kann man bis zu 50 m/s zulassen. Die Paarungen, die in Tab. 3/70 unter dem Stichwort „niedrige Geschwindigkeit" angeführt sind, arbeiten über 2 m/s nur dann sicher, wenn die Getriebe besonders sorgfältig konstruiert und mit höchster Genauigkeit hergestellt sind. Werkstoffe, die in Tab. 3/70 unter „mittlerer Geschwindigkeit" laufen, sollten oberhalb 15 m/s Gleitgeschwindigkeit mit Vorsicht angewendet werden.

3.543 Freßtragfähigkeit von Schneckentrieben

Wenn die Schneckenabmessungen den Gln. (3/51) und (3/52) entsprechen, so ist damit auch eine gewisse Sicherheit gegen Fressen gegeben, wenn das Schmieröl eine ausreichende Zähigkeit hat und die Oberfläche sorgfältig bearbeitet wurde; beide Gleichungen sind so aufgebaut, daß mit wachsenden Raddurchmessern und Gleitgeschwindigkeiten kleinere Spannungen zugelassen werden.

3.544 Zahnfußtragfähigkeit von Schneckentrieben

Im allgemeinen besteht bei Schneckentrieben nicht die Gefahr des Zahnbruches. Der Geschwindigkeitsfaktor ist so reichlich bemessen, daß er die zulässigen Beanspruchungen bei hohen Geschwindigkeiten automatisch herabdrückt. In einigen Fällen, insbesondere bei niedriger Geschwindigkeit ist es aber doch notwendig, die Zahnfußbeanspruchung des Schneckenrades zu prüfen. Als rohe Faustformel kann hier folgende Gleichung benutzt werden:

$$M_{2\,\text{grenz}} = C_{MB}\, d_{02}\, b_e\, t_a\, \frac{\varepsilon}{1,5} \Big/ K_A \, . \tag{3/58}$$

----

[1] Tab. 3/70, S. 245, 1. Zeile.

Das hieraus bestimmte maximal zulässige Raddrehmoment muß größer sein als das auftretende Drehmoment $M_2 \approx i\,M_1$ [s. Gl. (3/50), S. 244]

C_{MB}, die *Werkstoffkonstante* kann aus Tab. 3/70 entnommen werden. Die durchschnittliche Anzahl der im Eingriff befindlichen Zähne – d. h. der Überdeckungsgrad – ist ε. Für Zylinderschneckentriebe ist ε mindestens 1,5. Für Globoidschneckentriebe muß ε mit Hilfe einer Verzahnungszeichnung ermittelt werden.

d_{02}, t_a *Teilkreisdurchmesser* des Rades und *Achsteilung* der Schnecke; Berechnung s. S. 90 sowie Tab. 3/41, S. 210, und Tab. 3/44, S. 213.

b_e, die *wirksame Zahnbreite* des Rades ist bereits auf S. 245 besprochen worden.

K_A *Anwendungsfaktor*, s. Tab. 3/72.

3.545 Wärmetragfähigkeit von Schneckentrieben nach AGMA 440.02 und 441.02

Die durch die Reibung zwischen Schnecke und Rad erzeugte Wärme muß vom Gehäuse an die umgebende Luft abgegeben werden. Die Wärme-Grenzleistung ist dann erreicht, wenn sich eine vorgegebene Grenztemperatur des Ölsumpfes während des Betriebes einstellt.

Die nachstehenden, empirisch gefundenen Formeln gelten unter folgenden *Voraussetzungen*.

1. Die Übertemperatur des Ölsumpfes gegenüber der umgebenden Luft ist auf 50 °C begrenzt. Die absolute Temperatur des Ölbades darf nicht mehr als 95 °C betragen.

2. Das Gehäuse ist kastenartig ausgebildet (also nicht der Form des Getriebes folgend).

3. Die Oberfläche der Gehäuse soll betragen (Grundplatte, Flansche und Rippen nicht gerechnet) (vgl. Tab. 3/73):

bei Zylinderschneckentrieben $\quad O\,[\mathrm{mm^2}] = 115\,(a)^{1,7}$,
bei Globoidschneckentrieben $\quad O\,[\mathrm{mm^2}] = 154\,(a)^{1,7}$.

4. Schnecke in Wälzlagern, Rad in Wälz- oder Gleitlagern gelagert.

5. Bei Schneckendrehzahlen bis 2000 U/min keine Ölkühlung; oberhalb dieser Drehzahl ist im allgemeinen zusätzliche Kühlung erforderlich.

Wärmegrenzleistung bei *Zylinderschneckentrieben*:

$$N_{th}[\mathrm{PS}] = \frac{(a)^{1,7}}{52\,(102,5 - \eta_z)} \geq N_1\,. \tag{3/59}$$

für η_z ist $100 - i/2$ zu setzen, wobei η_z höchstens 0,97 betragen darf (maximal einzusetzender Wert); Achsabstand a in mm.

Wärmegrenzleistung bei *Globoid*schneckentrieben:

$$N_{th}[\text{PS}] = \frac{(a)^{1,7}}{60\,(100 - \eta_G)} \geqq N_1 \,. \tag{3/60}$$

η_G ist für diese Berechnung aus Abb. 3/46 zu entnehmen.

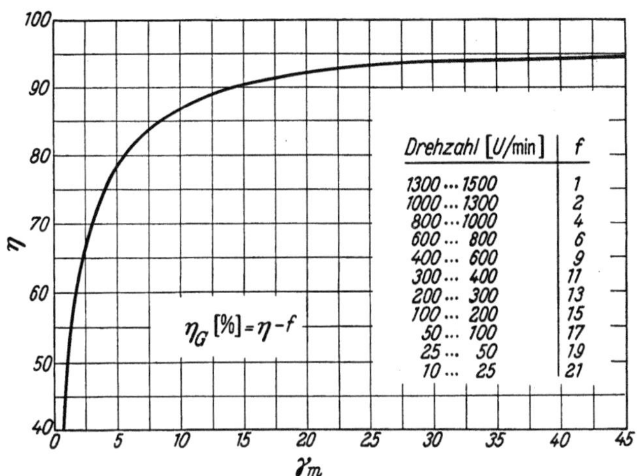

Abb. 3/46. Diagramm zur Bestimmung des Wirkungsgrades η_G von Globoidschneckengetrieben; γ_m Steigungswinkel der Schnecke, bei Schnecken ohne Profilverschiebung $= \gamma_0$ [s. Gl. (2/125)] [AGMA 441.02]

Um die Berechnung zu erleichtern, ist $a^{1,7}$ für eine Reihe von a-Werten in Tab. 3/73 angegeben.

Bei der Berechnung der Wärmetragfähigkeit werden *keine Anwendungsfaktoren* eingesetzt.

Tabelle 3/73. *Faktor $a^{1,7}$ für Gl. (3/49) und (3/50)*

a [mm]	$a^{1,7}$	a [mm]	$a^{1,7}$
50	773	350	21130
100	2512	400	26520
150	5005	500	38750
200	8160	600	52830
250	11923	700	68660
300	16260	800	86150

Zusammenfassung. Die Berechnung von Schneckentrieben auf S. 243/49 zeigt, was mit durchschnittlichen Werkstoffen und guter handelsüblicher Genauigkeit erreicht werden kann. In vielen speziellen Anwendungsfällen ist es durchaus möglich, Schneckentriebe für eine wesentlich höhere Belastung auszulegen, als die angeführten Gleichungen ergeben. Manche Konstrukteure benutzen z. B. Werkstoffaktoren, die höher sind als in Tab. 3/70 angegeben ist; z. T. werden auch Geschwindigkeitsfaktoren benutzt, die weniger stark mit der Geschwindigkeit abfallen, als sich aus der Gl. (3/57) ergibt.

Durch Wahl einer günstigen Werkstoffpaarung, hohe Fertigungsgenauigkeit, starre Lagerung, sorgfältigen Einbau, sowie Spritzschmierung und Kühlung kann die Tragfähigkeit eines Schneckentriebes also beträchtlich gesteigert werden.

Angaben über *Schmierung* und Eintauchtiefe s. Kap. 5, S. 328 f.

3.55 Amerikanische Verbandsnormen
und Bemessungspraxis einzelner Industriezweige

3.551 Verbandsnormen für die Bemessung von Getrieben

Im Gegensatz zu der vorher behandelten allgemeinen Tragfähigkeitsberechnung erlauben die Berechnungsnormen keine elastische Handhabung, sie bilden vielmehr *starre* Bemessungsvorschriften (vgl. Erläuterungen auf S. 215).

Derartige Normen werden jeweils von einer Firmengruppe aufgestellt, die gleichartige Maschinen herstellt. Diese Gruppe legt die Belastungen bzw. Spannungen fest, die sich nach den Betriebserfahrungen als sicher und konservativ erwiesen haben. Teilweise enthalten diese Normen auch Angaben und Vorschriften, die über die übliche Tragfähigkeitsberechnung weit hinausgehen:

Formeln zur Bestimmung der *Wärmetragfähigkeit* (s. z. B. S. 248), Vorschriften über *Schmierung*, *Werkstoffe*, *Lager*, *Anwendungsfaktoren* usw.

In vielen Fällen werden die Faktoren, die Tragfähigkeit und Laufeigenschaften beeinflussen, nicht genauer definiert. Ein Neuling auf einem bestimmten Sektor des Getriebebaues muß also zunächst herausfinden, wie die Getriebe bezüglich Herstellungsgenauigkeit, Werkstoff usw., beschaffen sind, die von den auf diesem Gebiet eingeführten Firmen hergestellt werden, ehe er die Berechnungsnorm sinngemäß anwenden kann.

Tab. 3/74 gibt einen allgemeinen Überblick über die Verbandsnormen, die in den USA zur Bemessung von Getrieben allgemein benutzt werden. Man sieht, daß in einigen Anwendungsgebieten eine ganze Reihe derartiger Verbandsnormen existieren.

In dieses Buch sind viele Angaben aus amerikanischen Verbandsnormen übernommen worden. Wenn der Konstrukteur einen Entwurf jedoch in Übereinstimmung mit einer bestimmten Verbandsnorm bringen will, so muß er die Originalnormschriften zugrunde legen. In einem solchen Fall muß jede einzelne Vorschrift genauestens eingehalten werden. Erst dann hat der Hersteller das Recht, das Getriebe als „Nach Norm . . ." oder „Nach Vorschrift . . ." zu bezeichnen. Normen haben hier die Bedeutung gesetzlicher Dokumente. So darf ein Hersteller das Zeichen „AGMA"[1] nur dann in seinem (auf dem Getriebe angebrachten) Firmen-

---

[1] AGMA = American Gear Manufacturers Association = Vereinigung der amerikanischen Getriebehersteller.

Tabelle 3/74. *Amerikanische Verbandsnormen über die Bemessung von Zahnradgetrieben*

Getriebeart	Allgemeiner Maschinenbau	Hohe Drehzahlen	Kraft-fahrzeuge	Flugzeug-propeller und Hilfsantriebe	Schiffs-Propeller und -Generatoren-Antriebe
Geradverzahnte Stirnräder[1]	Fußfestigkeit: AGMA 220.01 Flankenfestigkeit: AGMA 210.01 Getriebemotoren: AGMA 460.03	keine Verbandsnorm	keine Verbandsnorm	keine Verbandsnorm	keine Verbandsnorm
Schrägverzahnte Stirnräder[1]	Fußfestigkeit: AGMA 221.01 Flankenfestigkeit: AGMA 211.01 geschlossene Getriebe: AGMA 420.02 offene Getriebe für Drehöfen, Trock-ner, Mühlen, Walzwerke: AGMA 321.03 Getriebemotoren: AGMA 460.03	Getriebe: AGMA 421.03	keine Verbandsnorm	keine Verbandsnorm	keine Verbands-norm, aber Be-messungspraxis in der Industrie weitgehend fest-liegend
Kegelräder mit Gerad- und Spi-ralverzahnung[1]	Fußfestigkeit: AGMA 222.01 Flankenfestigkeit: AGMA 212.01 geschlossene Getriebe: AGMA 430.02	keine AGMA-Norm, aber Nor-men der Firma Gleason allg. an-gewendet	keine AGMA-Norm, aber Nor-men der Firma Gleason allge-mein angewendet	keine AGMA-Norm, aber Nor-men der Firma Gleason allge-mein angewendet	keine Verbandsnorm
Zylindrische Schraubenräder	keine Verbandsnorm	keine Verbandsnorm	keine Verbandsnorm	keine Verbandsnorm	keine Verbandsnorm
Zylinder-schneckentriebe	Flankentragfähigkeit: AGMA 213.02 geschlossene Getriebe: AGMA 440.02	AGMA 213.02	keine Verbandsnorm	keine Verbandsnorm	keine Verbandsnorm
Globoid-schneckentriebe	Flankentragfähigkeit: AGMA 214.02 geschlossene Getriebe: AGMA 441.02	AGMA 214.02	keine Verbandsnorm	keine Verbands-norm, aber Nor-men der Fa. Mi-chigan Tool & Co. oft angewendet	keine Verbandsnorm

[1] Außerdem: Fußfestigkeit von Gerad-, Schräg-, Pfeil- und Kegelradverzahnungen: AGMA 225.01.

schild führen, wenn die AGMA die Genehmigung hierzu erteilt hat, und wenn alle Vorschriften der AGMA-Normen eingehalten wurden. Ähnlich verhält es sich mit den Vorschriften der Klassifikationsgesellschaften für Schiffe.

3.552 Bemessungspraxis im Kraftfahrzeuggetriebebau

Bezeichnungen Tab. 3/45, S. 215.
Entwicklungstendenzen im Kraftfahrzeuggetriebebau S. 10.

Kraftfahrzeuggetriebe müssen in erster Linie *klein* und *billig* sein. Ein Zahnradschaden im Fahrzeuggetriebe hat in den meisten Fällen keine schwerwiegenden Folgen: Die Sicherheit der Fahrzeuginsassen wird hierdurch im allgemeinen nicht bedroht. Auch der z. B. durch Zahnbruch verursachte materielle Schaden ist verhältnismäßig gering im Vergleich zu dem, was derselbe Schadensfall bei Kraftwerken oder Schiffsantrieben bedeuten würde. Hieraus folgt, daß die *Zahnbeanspruchungen sehr hoch* gewählt werden können und müssen. Die Grenze ist dadurch gegeben, daß Zahnradschäden nicht so oft auftreten dürfen, daß schließlich der Ruf der betreffenden Fahrzeugtypen darunter leidet, oder daß die durch Reklamationen verursachten Kosten ins Gewicht fallen.

Der Getriebekonstrukteur hat folgende Möglichkeiten, sich die nötigen Berechnungsunterlagen zu beschaffen:

1. Da Kraftfahrzeuge in großen Stückzahlen hergestellt werden und im Betrieb sind, fällt laufend *Erfahrungsmaterial* an, das geordnet und *statistisch ausgewertet* werden kann. Von besonderem Interesse ist hierbei die Auswertung der Schadensfälle. Hiernach können Entwurfsdiagramme aufgestellt werden, die für das begrenzte Anwendungsgebiet eine durchaus brauchbare Berechnungsgrundlage bilden. Bekannt sind die Arbeiten von ALMEN und STRAUB [2/50], [3/90], die eine große Menge von Erfahrungsmaterial gesammelt und ausgewertet haben. Hierauf aufbauend konnten sie Formeln für den Entwurf von Kraftfahrzeuggetrieben aufstellen.

2. Eine weitere Informationsquelle ist das *firmeneigene Erfahrungsmaterial*. Wenn eine Firma erst einmal viele Tausende von Getrieben und Hinterachsen hergestellt und in Betrieb genommen, d. h. ausgeliefert hat, so stellt sich allmählich heraus, welche Teile schwächer und welche stärker sind, als erforderlich ist. Sind die schwachen Stellen verstärkt, so können im allgemeinen größere Belastungen zugelassen werden als ursprünglich vorgesehen war. So konnten die Kraftfahrzeugfirmen in vielen Fällen ihre Getriebe im gleichen Verhältnis verbessern wie die Motorleistung vergrößert wurde. Es gibt Fälle, wo die Motoren der Kraftfahrzeuge von heute etwa doppelt so stark sind wie vor 20 Jahren, während die Getriebe ungefähr gleich groß geblieben sind.

3. *Prüfstandversuche* mit einzelnen Radpaaren oder ganzen Getrieben dienen ebenfalls dem Ziel, Berechnungsunterlagen zu schaffen oder

Schwachstellen einer Konstruktion ausfindig zu machen. Hier kann auch in einfacher Weise untersucht werden, wie sich geplante Änderungen bezüglich Werkstoff, Konstruktion, Bearbeitungsverfahren, Zahnform usw. auf die Tragfähigkeit auswirken.

Werkstoff, Art der Beanspruchung. Zahnräder für Kraftfahrzeuggetriebe werden im allgemeinen einsatzgehärtet (Randhärte HRC $\geq$ 60), wobei verschiedene Verfahren zur Anwendung kommen. Die meiste Zeit laufen sie mit sehr niedriger Belastung; häufig haben sie während ihrer gesamten Lebensdauer weniger als 100000 Lastwechsel – bei vollem Drehmoment – auszuhalten. Innere dynamische Zusatzkräfte (durch Zahnfehler verursacht) spielen kaum eine Rolle, weil die Teile leicht, die Wellen elastisch und die Umfangsgeschwindigkeiten relativ niedrig sind. Auch Flankenrichtungsfehler sind gewöhnlich nicht gefährlich, weil die Zahnbreite der Räder durchweg gering ist; häufig werden außerdem die Zahnenden zurückgenommen, oder der Zahn wird breitenballig ausgeführt. Dadurch werden ernstere Schäden infolge Lastkonzentration an den Zahnenden vermieden.

Tragfähigkeitsberechnung. Die Grenze der Belastbarkeit wird im allgemeinen durch die *Zahnfußfestigkeit* bestimmt. Die Flankentragfähigkeit ist – bei den hier verwendeten gehärteten Stählen (s. unten) – meist weit höher als erforderlich.

Die vom AGMA-Ausschuß für Kraftfahrzeuggetriebe [3/95] entwickelte Formel zur Bestimmung der Zahnfußbiegespannung gerad- und schrägverzahnter Stirnräder lautet:

$$\sigma_{z\,(A)} = \frac{P}{b\,m_s}\;\frac{\cos\beta_0}{\cos\alpha_{s0}\;Y_k\,\varepsilon} \leqq \sigma_{z\,(A)\,\text{zul}}\,. \tag{3/61}$$

Hierin bedeuten:

P Umfangskraft, s. Gl. (2/142), S. 96; m_s *Modul* im Stirnschnitt s. S. 65; α_{s0} *Eingriffswinkel im Stirnschnitt* s. Gl. (2/49), S. 65.

Y_k, der *Zahnfußformfaktor* kann nach den Angaben von S. 101 bis 102 bestimmt werden, und zwar aus der Zahnform im Normalschnitt für Kraftangriff am Kopf. Zahlenwerte für Y_k s. Tab. 2/8, S. 103.

ε *Überdeckungsgrad*; um die Lastverteilung auf mehrere – gleichzeitig im Eingriff befindliche Zahnpaare – zu berücksichtigen, wird für Schräg- und Geradstirnräder die Profilüberdeckung ε im Nenner eingesetzt. Berechnung von ε s. S. 42; einige Zahlenwerte sind in Tab. 2/10, S. 113, angegeben.

$\sigma_{z\,(A)\,\text{zul}}$, die zulässige Spannung ist aus Abb. 3/47, S. 254 zu entnehmen, die der oben erwähnten Schrifttumstelle entstammt. Es dürfte sich hierbei wohl um die besten – bisher in den USA veröffentlichten – Entwurfsunterlagen für Kraftfahrzeuggetriebe handeln.

Wir sehen, daß Gl. (3/61) weder Kerbfaktor noch Geschwindigkeitsfaktor, Anwendungsfaktor oder Tragbildfaktor enthält, also sehr stark von den auf S. 212 bis 246 angegebenen Formeln abweicht. –

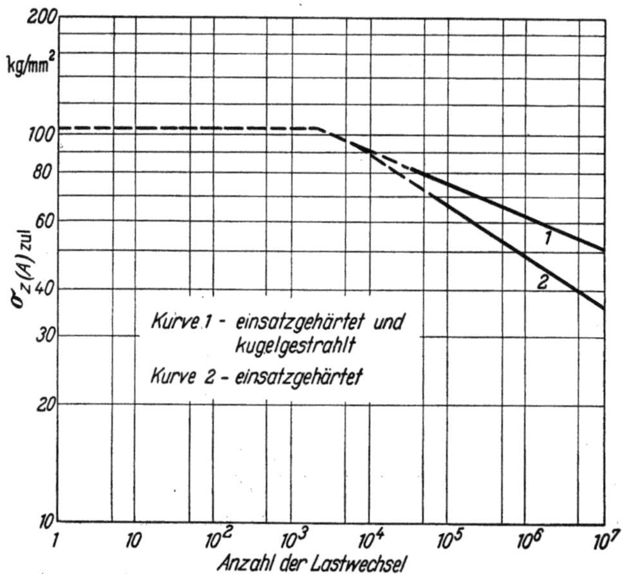

Abb. 3/47. Wöhlerlinie der zulässigen Zahnfußbiegespannung von gerad- und schrägverzahnten Stirnrädern im Kraftfahrzeuggetriebebau. Dieses Diagramm gilt nur für Gl. (3/61)

Trotzdem kommt man mit Gl. (3/61) zu vernünftigen Ergebnissen, solange sie auf Kraftfahrzeuggetriebe angewendet wird. Zahlenmäßig erhält man natürlich ganz andere Spannungswerte, als wenn man nach dem früher behandelten Verfahren – mit den genannten Einflußfaktoren – rechnet.

3.553 Bemessungspraxis im Schiffsgetriebebau

Überschlägige Tragfähigkeitsberechnung (K-Faktoren) S. 121.
Entwicklungstendenzen im Schiffsgetriebebau S. 15.

Die Hauptgetriebe großer Frachtschiffe müssen viele Jahre lang ohne Störung laufen. Dabei sind diese Getriebe oft Tage und Wochen ununterbrochen in Betrieb, und zwar bei vollem Nenndrehmoment. So muß bei der Konstruktion von einer erforderlichen Lebensdauer bis zu 10^{10} Lastwechseln – bei Vollast – ausgegangen werden. Weiter ist zu beachten, daß die Folgen eines Getriebeschadens außerordentlich ernst sein können, eine teure Ladung oder sogar Schiff und Besatzung können dadurch verloren gehen. Selbst wenn dies vermieden werden kann, sind doch Monate erforderlich, die das Schiff im Trockendock liegen muß, um das Hauptgetriebe auszuwechseln. Um einen schadhaften Radsatz aus dem Schiffsrumpf herauszubekommen, muß man unter Umständen mehrere Decks aus geschweißter Stahlkonstruktion durchschneiden.

Verzahnung, Werkstoff. Die Räder für die Hauptgetriebe großer Schiffe haben meistens *Schräg-* oder *Pfeil*verzahnung. Die Teile sind so groß, daß Einsatzhärtung bisher nur von wenigen Spezialfirmen angewendet wurde. Die Gründe hierfür sind:

1. Bei Einsatztiefen in der Größenordnung von 1 bis 1,5 mm, die bei mittleren Modulgrößen zur Erzielung optimaler Tragfähigkeit nötig sind, ist es erforderlich, den Härteverzug innerhalb weniger Zehntel Millimeter zu halten. Bereits bei 0,8 mm Verzug müßte die Einsatzschicht an einzelnen Stellen fast ganz weggeschliffen werden, während sie an anderen Stellen das Doppelte der erforderlichen Tiefe behielte. Bei Zahnrädern mit 2,5 m Durchmesser und größer mit über 0,5 m Zahnbreite sind die Verzüge aber kaum innerhalb von 0,8 mm zu halten.

2. Eine weitere Schwierigkeit besteht darin, daß sehr große und teure Härteeinrichtungen erforderlich sind.

3. Es gibt bis heute erst wenige Schleifmaschinen, auf denen derartige große Räder geschliffen werden können.

Neue Möglichkeiten für gehärtete Schiffsgetriebe dürften die Flammen- und Induktionshärtung eröffnen. Auch Nitrierhärtung ist bereits mit Erfolg angewendet worden.

In den meisten Fällen bestimmt aber heute noch die Forderung nach *Zerspanbarkeit* die maximal zulässige Härte des Zahnradwerkstoffes. Derartige Schiffsgetriebe mit mittelharter Verzahnung sind in erster Linie durch *Grübchenbildung* gefährdet. Die Zahnbruchgefahr tritt demgegenüber meist zurück.

Tragfähigkeit. Als Kennwert zur Beurteilung der Tragfähigkeit wird weitgehend der *K-Faktor* [s. Gl. (3/2)] benutzt. Während des zweiten Weltkrieges wurden Hunderte von amerikanischen Frachtschiffen des Typs C-2 und C-3[1] mit Getrieben ausgerüstet, für die ein K-Faktor von näherungsweise 0,046 kg/mm² zugrunde gelegt war. Die Schiffe hatten Dampfturbinenantrieb mit Leistungen von 6000 PS und mehr je Schraube. – Ausgehend von Verbesserungen bei der Herstellung schnelllaufender Schiffsgetriebe schlugen ZRODOWSKI und DUDLEY im Jahre 1950 dann vor, K-Faktoren von 0,084 kg/mm² (= 120 lbs/sq in) für die erste Übersetzungsstufe von Hauptgetrieben und 0,067 kg/mm² (= 95 lbs/sq in) für die zweite Übersetzungsstufe zuzulassen [3/93]. Diese Werte gelten wenn die Räder eine Brinellhärte von 160 bis 190 und die Ritzel 300 bis 350 kg/mm² aufweisen. Das erste Schiff, dessen Getriebe entsprechend diesen höheren K-Faktoren dimensioniert wurde, ist mittlerweile zwei Jahre auf den nordamerikanischen großen Seen erfolgreich im Saisoneinsatz gewesen.

---

[1] Vorgänger der Victory-Schiffe.

Im Schiffsgetriebebau ist heute eine allgemeine Tendenz zu *höheren* K-Faktoren vorhanden. Umfangreiche Versuchsarbeiten mit Rädern im Härtebereich von 300 Brinell und mit K-Faktoren im Bereich von 0,14 bis 0,28 kg/mm² (= 200 bis 400 lbs/sq in) wurden bereits durchgeführt. Um so hohe K-Faktoren an Schiffsgetrieben zulassen zu können, sind allerdings teure Vergütungsstähle erforderlich. Wenn sich aber ein Bedarf hierfür entwickelt, kann der Bau derartiger hochbelasteter Schiffsgetriebe durchaus lohnend werden. Man kommt dann zu Getriebeeinheiten, welche je kg Gewicht bis zum Vierfachen der Leistung übertragen, die während des zweiten Weltkrieges zugelassen wurde.

Wegen der großen Verantwortung, die mit dem Entwurf von Schiffsgetrieben verbunden ist, wird der K-Faktor, der als Entwurfsgrenze für die Räder benutzt werden soll, im allgemeinen vertraglich festgesetzt.

3.554 Bemessungspraxis im Flugzeuggetriebebau

Aus Gründen der *Gewichtsersparnis* muß das Leistungsgewicht von Flugzeuggetrieben (kg je PS übertragene Leistung) so niedrig wie möglich gehalten werden. Trotzdem müssen die Getriebe *absolut betriebssicher* sein, denn ein Zahnbruch im Propellergetriebe könnte den Absturz des betreffenden Flugzeugs zur Folge haben.

Der Konstrukteur steht hier also vor einer schwierigen, verantwortungsvollen Aufgabe:

Bereits eine geringe Verkleinerung von Volumen und Gewicht eines Getriebes kann ausschlaggebend dafür sein, das Triebwerk der einen Herstellerfirma dem einer anderen vorzuziehen. Andererseits kann ein einziger Getriebeschaden, der im Flugzeug auftritt, zur Folge haben, daß alle Flugzeuge, die diesen Getriebetyp verwenden, Startverbot erhalten, bis die Schadensursache geklärt bzw. bis das betroffene Getriebe ausgewechselt ist.

Entwicklung und Erprobung. Um diesen extremen Anforderungen gerecht zu werden, sind umfangreiche Entwicklungsarbeiten an allen wichtigen Einzelteilen erforderlich; hierzu gehören *Laboratoriums*- und *Prüfstandsversuche*. Bei der Bewertung der Ergebnisse dieser Untersuchungen muß allerdings mit Vorsicht verfahren werden. Wenn ein Getriebe im Stadium der Prüfstandsversuche befriedigt, so kann über seinen praktischen Wert immer noch nichts Endgültiges ausgesagt werden.

Es ist zu bedenken, daß die Qualität der Prototypen im allgemeinen besser ist als die von Getrieben aus der Großserienfertigung. In Prüfständen ist gewöhnlich auch die Schmierung besser; man wird bei einem Probegetriebe im allgemeinen auch bessere Tragbilder, d. h. gleichmäßigere Lastverteilung über die Zahnbreite, erzielen, als bei dem schlechtesten Triebwerk, das noch abgenommen wird.

Wenn die Tragfähigkeit eines Getriebes auf dem Prüfstand bestimmt worden ist, so kann also für die im Flugzeug zu verwendenden Triebwerke nur ein gewisser Prozentsatz dieser Tragfähigkeit zugelassen werden. Man muß soweit unter dem auf dem Prüfstand ermittelten Wert bleiben, daß selbst das schlechteste Getriebe in dem schlechtesten Triebwerk noch betriebssicher arbeitet.

Der nächste Schritt ist, daß die zusammengebauten Triebwerke in Motorprüfzellen eingehenden Prüfungen unterworfen werden. Haben sie hierbei befriedigt, so werden sie in Flugversuchen erprobt. Erst dann kann das Triebwerk für den Einbau in Verkehrs- oder Militärflugzeuge freigegeben werden.

Berechnung, Beanspruchung. Es gibt kein bevorzugtes oder vorgeschriebenes Verfahren zur Berechnung der Tragfähigkeit von Flugzeuggetrieben. Vielmehr sind verschiedene Formeln im Gebrauch. Wesentlich ist nur, daß die Getriebe die eben beschriebene Entwicklungs- und Prüfprozedur durchmachen müssen, wenn sie sich durchsetzen sollen.

Die HERTZsche Pressung an den Zahnflanken kann – bei Zugrundelegung der Startleistung – Werte bis zu 127 kg/mm² annehmen. Die Zahnfußbiegespannungen gehen bis auf etwa 46 kg/mm² [berechnet mit Gl. (3/23), S. 217]. Das entspricht einem K-Faktor von rund 0,70 kg/mm² (= 1000 lbs/sq in), wenn der Geschwindigkeitsfaktor mit 1 eingesetzt wird. Die rechnerische Lebensdauer eines Flugzeuggetriebes bei Vollast kann zwischen 10^6 und 10^9 Lastwechseln liegen.

Werkstoff, konstruktive Maßnahmen. Um bei so großen Belastungen und hohen Drehzahlen die geforderten Lastwechselzahlen zu erreichen, müssen an Werkstoff und Wärmebehandlung die höchsten Anforderungen gestellt werden. Dasselbe gilt für die Verzahnungsgenauigkeit und Genauigkeit der Gehäuse, um Lastkonzentration an den Zahnenden und dynamische Zusatzkräfte kleinzuhalten. Die Gehäuse und Wellen müssen – ebenfalls zur Vermeidung von Lastkonzentration – möglichst starr sein. Bei *Planetengetrieben* müssen alle Umlaufräder ihren Lastanteil übernehmen, was entweder durch Einschaltung irgend eines elastischen Zwischengliedes oder durch äußerste Genauigkeit des Planetenträgers und der Umlaufräder erreicht werden kann. Um zu verhindern, daß – durch Drehschwingungen verursachte – Stöße in das Getriebe kommen, müssen drehelastische Glieder bzw. Dämpfungselemente zwischen Motor (oder Gasturbine) und Getriebe sowie zwischen Getriebe und Propeller eingeschaltet werden.

3.6 Zusatzbelastungen
(Äußere und innere Zusatzkräfte, Lager- und Kupplungsprobleme)

In den vorhergehenden Abschnitten haben wir den Entwurf und die Berechnung von Zahnradgetrieben kennengelernt. – Ein nach diesen Richtlinien entworfenes Getriebe müßte alle Anforderungen an Trag-

fähigkeit und Laufverhalten erfüllen, wenn die Zahnradberechnung eine
exakte Wissenschaft wäre. Dies ist jedoch keineswegs der Fall; die am
Zahnrad auftretenden Beanspruchungen können vielmehr nur überschlägig und in recht unvollkommener Weise erfaßt werden. So kommt
es immer wieder vor, daß Zahnräder, die bei Zugrundelegung der Nennleistung ausreichend dimensioniert sind, im Betrieb übermäßigen Verschleiß, Zahnbrüche oder sonstige Schäden erleiden. Der Entwurf muß
sich deshalb neben den theoretischen Berechnungen auf die praktischen
Betriebserfahrungen stützen.

In den nachfolgenden Abschnitten wollen wir deshalb untersuchen,
wodurch zusätzliche Belastungen auf die Zahnräder kommen können,
die außer der (aus der Leistung ermittelten) Nutzlast von der Verzahnung
übertragen werden müssen.

3.61 Äußere Stoßkräfte, Drehschwingungen

Man legt der Berechnung der Abmessungen von Getriebe und Verzahnung im allgemeinen ein *höchstes* und ein *dauernd* zu übertragendes
Drehmoment zugrunde. Diese Werte werden meist aus der Nutzleistung
bestimmt, die das Getriebe unter verschiedenen Betriebsbedingungen
übertragen muß. Zusätzlich können jedoch kurzzeitige Drehmoment-
stöße auftreten, die die errechneten und der Dimensionierung zugrunde
liegenden Werte weit übersteigen.

So tritt beispielsweise bei Schiffsantrieben jedesmal ein Drehmomentstoß auf,
wenn ein Flügel der Schiffsschraube am Ruderschaft vorbeidreht. Das Getriebe
sitzt zwischen dieser langsam laufenden Schiffsschraube und möglicherweise einer
hochtourigen Dampfturbine, die infolge der großen kinetischen Energie ihres Läu-
fers das Bestreben hat, mit gleichförmiger Drehzahl zu laufen.

Wenn die Antriebsanlage nun eine Eigenfrequenz aufweist, die mit
der Frequenz der von der Schiffsschraube ausgehenden Stöße zusammen-
fällt, können unangenehme Drehschwingungen auftreten; und die daraus
resultierenden Zahnkräfte können schließlich Flankenschäden oder Zahnbrüche zur Folge haben.

Dasselbe Problem tritt auf, wenn Otto- oder Dieselmotoren Generatoren antreiben, wenn Turbinen als Antrieb von Kompressoren dienen
oder wenn Elektromotoren Ventilatoren treiben; viele weitere Beispiele
ließen sich anführen. Auch in diesen Fällen kann man die Drehschwingungen dadurch unter Kontrolle halten, daß man die Abmessungen der
Maschinen und Verbindungsglieder sorgfältig aufeinander abstimmt. –
Die in der Zahnradberechnung (S. 223) benutzten Anwendungsfaktoren gelten *nur* unter dieser Voraussetzung. – Im anderen Fall ist zu
erwarten, daß die von den Drehschwingungen herrührenden Stöße die
durch die Anwendungsfaktoren berücksichtigten Übermomente bei wei-

tem übersteigen. Zahnbrüche und sonstige Beschädigungen sind die notwendige Folge.

Zur *Beseitigung* von Drehschwingungen an ausgeführten Anlagen bieten sich eine ganze Reihe von Möglichkeiten an. Man kann die Eigenschwingungszahl eines Systems verändern durch Änderung der Drehsteifigkeit der Wellen und durch Änderung der Trägheitsmomente der rotierenden Massen. – Die Erregerfrequenz kann man beispielsweise dadurch verlagern, daß man an der Antriebsmaschine oder an der getriebenen Maschine die Anzahl der Schaufeln (Turbine, Schiffsschraube usw.) oder die Zylinderzahl (Motor, Kolbenverdichter usw.) verändert.

Diese allgemeinen Hinweise mögen hier genügen. Bezüglich weiterer Einzelheiten und der rechnerischen Behandlung dieser Probleme sei auf das Spezialschrifttum verwiesen.

3.62 Innere dynamische Zusatzkräfte
(Siehe hierzu auch Abschn. 2.24, S. 106, und Abschn. 3.51, S. 222)

Während wir im vorigen Abschnitt die Zusatzkräfte behandelt haben, die von außen in das Getriebe hineingeleitet werden, wollen wir uns mit den Zahnkräften beschäftigen, die infolge von Verzahnungsfehlern *im Zahneingriffsgebiet* entstehen.

Fehler der Verzahnung haben zur Folge, daß die mit An- und Abtriebswelle verbundenen Massen nicht mit gleichförmiger Winkelgeschwindigkeit rotieren können. (Auch Durchbiegungen unter Last wirken in diesem Sinne als Fehler.) Die Geschwindigkeitsänderungen ihrerseits verursachen kurzzeitig wirkende Beschleunigungskräfte, die nach deutschem Sprachgebrauch als „dynamische Zusatzkräfte" bezeichnet werden. Im amerikanischen Schrifttum versteht man dagegen unter „dynamic load" die Summe aus der von außen eingeleiteten „statischen" Kraft und der Zusatzkraft, die durch Verzahnungsfehler verursacht wird.

Wenn ein fehlerbehafteter Zahn die Eingriffszone durchläuft, tritt im allgemeinen eine Periode der Beschleunigung und eine der Verzögerung auf. Bei genügend großen Beschleunigungskräften kann es passieren, daß sich die treibenden Flanken von den getriebenen abheben und dann mit einem Stoß wieder zur Anlage kommen. In einem solchen Falle tritt die höchste Zusatzkraft beim Zusammenschlagen der vorher voneinander getrennten Flanken auf.

Bei Zahnrädern mit hohen Umfangsgeschwindigkeiten und großen umlaufenden Massen kann die kinetische Energie so groß werden, daß Verzahnungsfehler die Winkelgeschwindigkeit der Räder nicht wesentlich verändern können. Unter dieser Bedingung kann die Zusatzkraft gleich der Kraft angenommen werden, die erforderlich ist, um den Zahn um den Verzahnungsfehler durchzubiegen.

17*

Berechnung nach Buckingham. Von BUCKINGHAM stammen eine Reihe Veröffentlichungen [*2/9*], [*2/42*], in denen er für Zahnräder aller Art Verfahren zur überschlägigen Bestimmung der dynamischen Zusatzkräfte angegeben hat. Nach seinen Angaben sind ohne weiteres so ungünstige Kombinationen von Verzahnungsfehlern, Wellensteifigkeiten und Trägheitsmomenten möglich, daß die dynamischen Zusatzkräfte das 4- bis 5fache der statischen Zahnkräfte betragen. – Über praktische Erfahrungen mit den Verfahren von BUCKINGHAM s. S. 107.

Ergibt die Berechnung nach BUCKINGHAM eine dynamische Zusatzkraft von mehr als dem *doppelten* der statischen Last, so muß versucht werden, die Zusatzkräfte durch konstruktive Änderungen herabzusetzen. Dies ist möglich durch Erhöhung der Verzahnungsgenauigkeit, Verkleinerung der rotierenden Massen, Verwendung elastischerer Werkstoffe oder Änderung der Wellensteifigkeit. Der Hauptwert dieses Berechnungsverfahrens dürfte überhaupt darin bestehen, daß der Konstrukteur mit seiner Hilfe erkennen kann, welche konstruktiven Maßnahmen geeignet sind, die Zusatzkräfte zu vermindern (s. hierzu Beispiel in Abschn. 9.4, S. 539).

Neuere Berechnungsverfahren. Neuere Versuchsergebnisse über dynamische Zusatzkräfte sind 1956 von NIEMANN und RETTIG [*2/59*] veröffentlicht worden. Hier findet sich auch ein ausführliches Verzeichnis des Schrifttums über dieses Thema.

Alle diese Untersuchungen zeigen, wie schwierig es ist, die wirklich am Zahn angreifende Kraft und den ungünstigsten Kraftangriffspunkt zu bestimmen. Auch die Einflüsse von Reibung, Dämpfung und Verschleiß sind schwer im voraus zu bestimmen.

Überschlägige Berechnung mit Anwendungsfaktoren. Die einfachste Art, die dynamischen Zusatzkräfte zu berücksichtigen, besteht darin, die Anwendungs- (oder Stoß-)Faktoren so hoch zu wählen, daß sie neben den *äußeren* Stößen auch die *inneren* (dynamischen) Zahnkräfte erfassen. Dieses Vorgehen setzt allerdings voraus, daß der Konstrukteur in dem jeweiligen Anwendungsgebiet soviel Betriebserfahrung hat, daß eine einigermaßen zutreffende Schätzung möglich ist. Bei ausreichender Praxis und insbesondere durch kritische Auswertung von Schadensfällen kann man so jedoch zu einer sehr guten Annäherung an die Wirklichkeit kommen.

3.63 Unwuchten, Fundamente

Schwere Radkörper, die mit hohen Winkelgeschwindigkeiten laufen, müssen dynamisch sehr gut ausgewuchtet werden, um einen schwingungsarmen Lauf zu sichern.

Gehäuse und Fundament sollten möglichst starr sein. Man erlebt es zuweilen, daß ein Getriebe wohl sehr ruhig läuft, wenn es nach der Fertigstellung auf einem Betonfundament getestet wird; das Getriebe hatte dabei das nötige Gegengewicht; dagegen gab es Schwierigkeiten, wenn dasselbe Getriebe in der Praxis auf einer vergleichsweise nachgiebigen Unterlage montiert wurde. – Insbesondere auf Schiffen, Flugzeugen und Lokomotiven ist es schwierig, die Fundamente für die schnellaufenden Aggregate genügend steif zu gestalten. Dadurch können Schwingungen auftreten, die mit der Zeit die Verzahnungsgenauigkeit verschlechtern und infolgedessen zu einem ständigen Anwachsen der dynamischen Zusatzkräfte führen.

3.64 Lager- und Gehäuseprobleme

Ob ein Getriebe zufriedenstellend arbeitet, hängt in hohem Maße von der Ausbildung des Gehäuses, der Lagerung und von den Kupplungen ab.

Das Gehäuse hat die Aufgabe, die Lagerkräfte auf die Fundamente zu übertragen; ferner soll es das Getriebeinnere gegen Schmutz und Feuchtigkeit schützen. Es muß die Schmiereinrichtungen (Einspritzdüsen usw.) aufnehmen. Bei Tauchschmierung muß der Raum für den Ölsumpf so groß gemacht werden, daß eine Abkühlung des Schmieröls möglich ist und ein genügend großer Ölvorrat unterzubringen ist. Angaben hierzu s. Kap. 5, S. 339.

Fliegende Lagerung. Die Lagerung von Zahnrädern mit parallelen Achsen bereitet im allgemeinen keine allzu großen Schwierigkeiten im Gegensatz zu Rädern mit sich schneidenden oder sich kreuzenden Achsen (Kegeltriebe, Schneckentriebe usw.).

Besondere Überlegungen sind in allen Fällen nötig, wo Ritzel oder Rad fliegend gelagert werden müssen. Weist beispielsweise ein fliegend gelagertes Ritzel bei mittlerer Belastung ein gutes Tragbild auf, so können doch die Maximalmomente zu einem stärkeren Ausbiegen führen, so daß dann die Gesamtzahnkraft auf ein Zahnende verlagert wird. Dieses zeitweise einseitige Tragen kann schnell zu Schäden an den Zahnenden führen.

In einem derartigen Fall sollte also untersucht werden, wie sich das Tragbild bei erhöhter Last verändert. Eventuell kann es sich als notwendig erweisen, Flankenrichtung und Balligkeit so zu korrigieren, daß die ganze Umfangskraft bei geringer Belastung von einem Zahnende übertragen wird, um bei Höchstlast eine bessere Lastverteilung zu erreichen. In manchen Fällen wird diese Maßnahme zwar beim neuen Getriebe, nicht jedoch auf die Dauer Abhilfe schaffen. Lange Laufzeiten bei leichter Last (d. h. hier: bei einseitigem Tragbild) können zu einseitigem Verschleiß und damit zu einer Verbreiterung des Tragbildes führen. Wenn dann die Höchstlast auftritt, haben wir dasselbe Ergebnis wie bei einer unkorrigierten Verzahnung, nämlich einseitiges Tragen bei Höchstlast. In einer derartigen Situation hat man keine andere Wahl, als Gehäuse und Wellen umzukonstruieren und für eine weniger nachgiebige Lagerung zu sorgen.

Lagerverschleiß. Folgende Erscheinungsformen kommen hauptsächlich vor: *Gleit*lager können allmählich ihr Spiel vergrößern. Bei *Wälz*lagern können die Innenringe zu viel Spiel haben, so daß sie sich auf den Wellen bzw. die Außenringe in den Bohrungen drehen.

Ist der Verschleiß in den Lagern (Gleit- oder Wälzlagern) einer Welle ungleich, so kann diese Erscheinung dazu führen, daß sich die Zahnkraft auf eine Seite des Radpaares verlagert. Bei manchen Anordnungen kann sogar *gleiche* Abnutzung zweier Lager eine *ungleichmäßige* Lastverteilung zur Folge haben.

Wie gefährlich dieses einseitige Tragen ist, zeigt folgendes Beispiel:

Bei einer Verzahnung mit Modul 2,5 und mittlerer Härte ist ein Achsrichtungsfehler von 25 μ – bezogen auf die Zahnbreite – bereits kritisch. Durchgehärtete Zähne mit Modul 2,5 können brechen, wenn dieser Fehler 50 μ erreicht.

In Abschn. 3.51, S. 219, wurde gezeigt, wie Flanken- und Achsrichtungsfehler bei der Tragfähigkeitsberechnung berücksichtigt werden können. Es sei in diesem Zusammenhang besonders darauf hingewiesen, daß diese Fehler nicht nur aus Herstellungsfehlern (der Verzahnung und der Gehäusebohrung) bestehen, sondern, daß der Lagerverschleiß die Verlagerung vergrößern kann. Dies wird vom Konstrukteur häufig übersehen.

Ist der Lagerverschleiß gering im Vergleich zu dem Verschleiß an den Zahnflanken, so verbreitert sich das Tragbild mit zunehmender Laufzeit, die Räder „laufen sich ein".

Über den zeitlichen Ablauf von Lager- und Zahnschäden s. Abschn. 6.2, S. 347.

Die Auswirkungen von *Kupplungsschäden* werden ebenfalls in Abschn. 6.2 behandelt.

3.7 Schrifttum zu Kapitel 3

Schrifttumsstellen [2/1] bis [2/69] – d. h. Schrifttum zu Kap. 2 – s. S. 119.
Schrifttum zu Abschn. 3.1 ist in Abschn. 3.75 mit angeführt.

3.72 Genauigkeit und Flankenspiel

AGMA[1] 231.02 (Juli 56). Inspection of Coarse-Pitch Spur and Helical Gears.
AGMA 231.51 (Juli 56). Pin Measurement Tables for Involute Spur Gears (Normentwurf).

---

[1] AGMA = American Gear Manufacturers Association (Vereinigung der amerikanischen Getriebehersteller).

AGMA 232.02 (Aug. 56). Inspection of Coarse-Pitch Bevel and Hypoid Gears.

AGMA 234.01 (Aug. 56). Inspection of Coarse-Pitch Worms and Wormgears (Normentwurf).

AGMA 236.04 (Juni 56). Inspection of Fine-Pitch Gears = ASA B6.11–1956.

B. S.[1] 1807: Part 1: 1952. Gears for turbines and similar drives. Part 1: Accuracy. Weitere britische Normvorschriften s. Abschn. 3.75, S. 265.

DIN 3960 (Okt. 53). Bestimmungsgrößen und Fehler an Stirnrädern (Grundbegriffe).

DIN 3961 (Sept. 50). Toleranzen für Stirnradverzahnungen nach DIN 867 (Erläuterungen).

DIN 3962 (Nov. 52). Toleranzen für Stirnradverzahnungen nach DIN 867 – zulässige Einzelfehler.

DIN 3963 (März 53). Toleranzen für Stirnradverzahnungen nach DIN 867 – zulässige Flankenrichtungsfehler, zulässige Sammelfehler, Zahndickenabmaße.

DIN 3964 (Dez. 54). Achsabstandsabmaße.

DIN 3967 (Sept. 53). Toleranzen für Stirnradverzahnungen nach DIN 867 – zulässige Flankenrichtungsfehler, zulässige Sammelfehler, Zahnweitenabmaße.

DIN 3971 (Mai 56). Bestimmungsgrößen und Fehler an Kegelrädern (Grundbegriffe).

[3/70] BERNDT, G.: Grundlagen für die Messung von Stirnrädern mit gerader Evolventenverzahnung. Berlin/Göttingen/Heidelberg: Springer 1938.

[3/71] The Van Keuren Co.: Van Keuren Precision Measuring Tools. The Van Keuren Co., Watertown, Mass. 1945.

[3/72] DUDLEY, D. W.: Inspection of Precision Aircraft Gears. Machinery 55 (1948), Sept. S. 151–157.

[3/73] BUDNICK, A.: Die Tolerierung von Schrägstirnrädern. Werkstattstechnik und Maschinenbau 44 (1954) S. 543–546.

[3/74] RICHTER, E. H.: Bestimmungsgrößen und Fehler an Kegelrädern. Werkstattstechnik und Maschinenbau 45 (1955) S. 19–25.

[3/75] HAGEN, W.: Der Einfluß von Werkstoff, Maschine und Werkzeug auf die Oberflächengüte der Zahnflanken. Z. VDI 97 (1955) S. 3–16.

[3/76] WAGNER, E., und K. H. WEBER: Messen der Verzahnungen an großen Rädern. Z. VDI 98 (1956) S. 304–308.

[3/77] NOCH, R.: Normung, Tolerierung und Messen von Verzahnungen. Konstruktion 8 (1956) S. 406–412.

[3/78] KECK, K. F.: Zahnradpraxis Teil I: Geradzahnstirnräder, Teil II: Schrägzahnstirnräder u. Kegelräder. München: Oldenbourg 1956 u. 1958.

[3/79] TANGERMANN, E. J., und J. P. WRIGHT: The World's Most Accurate Gears. American Machinist 1956, 21. Mai, S. 129–136.

[3/80] BERGMANN, H.: Rollenmessung von Außen- und Innenverzahnung. Werkstatt und Betrieb 90 (1957) S. 175–180.

[3/81] BERNDT, G.: Messen von Stirnrädern. Betriebshütte, 5. Aufl. Berlin: Ernst 1957. – (Dort weitere Schrifttumsangaben.)

[3/82] APITZ, BUDNIK, KECK, KRUMME: Die DIN-Verzahnungstoleranzen und ihre Anwendung. Braunschweig: Vieweg 1957.

3.73 Angaben in Zeichnungen

AGMA 113.01 (Aug. 52). Reference Information; Gear Specification Drawings (Normentwurf).

---

[1] B. S. = British Standard.

DIN 37 (Febr. 60). Zeichnungen, Getriebeteile, Darstellung und Sinnbilder von
Zahnrädern (Normentwurf).

DIN 869 (März 31). Zahnräder, Richtlinien für die Bestellung von Stirnrädern
(Bl. 1); Richtlinien für die Bestellung von Kegelrädern (Bl. 2).

DIN 3966 (März 57). Verzahnungen, Angaben für Stirnräder in Zeichnungen.

3.74 Festlegung der Verzahnungsdaten

Schrifttum über Verzahnungsgeometrie s. Abschn. 2.31 (S. 119).

Britische Normen s. Abschn. 3.75 (S. 265).

Standardwerke s. Abschn. 2.31 (S. 119), 2.32 (S. 120) und 3.75 (s. unten).

AGMA 201.01 (Jan. 56). Tooth Proportions for Involute Spur Gears (Normentwurf).

AGMA 201.01A (Jan. 56). Information Sheet - Spur Gear Tooth Proportions.

AGMA 201.01B (Jan. 56). Information Sheet – Spur Gear Tooth Proportions, For-
mulas and Limitations.

AGMA 206.03 (Juli 50). Fine-Pitch Straight Bevel Gears. (Neue Ausgabe in Vorbereitung.)

AGMA 207.04 (Juni 56). 20-Degree Involute Fine-Pitch System for Spur and
Helical Gears.

AGMA 208.01 (Dez. 55). 20-Degree Straight Bevel Gear System.

AGMA 209.01 (Dez. 55). Spiral Bevel Gear System (Normentwurf).

AGMA 213.02 (Sept. 52). Surface Durability of Cylindrical Worm Gearing.

AGMA 341.01 (März 56). Design of General Industrial Coarse-Pitch Cylindrical
Wormgearing.

AGMA 374.03 (Juli 56). Design for Fine-Pitch Wormgearing

DIN 780 (Mai 39). Zahnräder, Modulreihe.

DIN 867 (Juli 27). Zahnform für Stirnräder und Kegelräder (Bezugsprofil).

DIN 868 (Apr. 29). Zahnräder, Begriffe, Bezeichnungen, Kurzzeichen.

DIN 3960 (Okt. 57). Bestimmungsgrößen und Fehler an Stirnrädern (Grundbegriffe).

DIN 3971 (Mai 56). Bestimmungsgrößen und Fehler an Kegelrädern (Grundbegriffe).

DIN 3975 (Entwurf Juli 55). Bestimmungsgrößen und Fehler an Schneckentrieben
(Grundbegriffe).

DIN 3976 (Entwurf Aug. 56). Zylinderschnecken; Abmessungen, Zuordnung von
Achsabständen, Übersetzungen und Schneckentrieben.

DIN 3992 (Entwurf 1960) Empfehlungen für die Wahl der Profilverschiebungen
bei Außenstirnrädern.

DIN 3994 (Entwurf 1959). Profilverschiebung bei geradverzahnten Stirnrädern mit
0,5-Verzahnung.

DIN 3995 (Entwurf 1959). Geradverzahnte Außen-Stirnräder mit 0,5-Verzahnung.

3.75 Tragfähigkeitsberechnung

Schrifttum über Grundlagen der Tragfähigkeitsberechnung s. Abschn. 2.32,
S. 120.

AGMA 210.01 (Dez. 46). Rating – Surface Durability of Spur Gears.

AGMA 211.01 (Juni 44). Rating – Surface Durability of Helical and Herringbone
Gears.

AGMA 212.01 (Apr. 44). Rating – Surface Durability of Straight Bevel and Spiral
Bevel Gears.

AGMA 213.02 (Sept. 52). Rating – Surface Durability of Cylindrical-Worm Gearing.

AGMA 214.02 (Feb. 54). Rating for Surface Durability of Double Enveloping-Worm Gearing.

AGMA 220.01 (Dez. 46). Rating – Strength of Spur Gear Teeth.

AGMA 221.01 (Jan. 48). Rating – Strength of Helical and Herringbone Gear Teeth.

AGMA 225.01 (Mai 58). Strength of Spur, Helical, Herringbone and Bevel Gear Teeth.

AGMA 321.03 (Juni 51). Helical and Herringbone Mill Gears.

AGMA 341.01 (März 56). Design of General Industrial Coarse-Pitch Cylindrical Wormgearing.

AGMA 374.03 (Juli 56). Design for Fine-Pitch Wormgearing.

AGMA 420.02 (Feb. 51). Helical and Herringbone Gear Speed Reducers.

AGMA 421.03 (Mai 55). Practice for High Speed Helical & Herringbone Gear Units.

AGMA 421.03 A (Juni 55). Uniform Selection Method for High Speed Gear Units.

AGMA 430.02 (Jan. 54). Practice for Spiral Bevel Gear Speed Reducers and Combination Spiral Bevel-Helical and Spiral Bevel-Herringbone Gear Speed Reducers.

AGMA 440.02 (Sept. 52). Practice for Cylindrical-Worm Gear Speed Reducers.

AGMA 441.02 (Jan. 54). Practice for Double Enveloping-Worm Gear Speed Reducers.

B. S. 235: 1951. Gears for Traction.

B. S. 436: 1940. Machine cut Gears. A. Helical and straight Spur.

B. S. 545: 1949. Bevel Gears (Machine cut).

B. S. 721: Machine cut Gears. C. Worm Gearing.

B. S. 1807: 1952. Gears for Turbines and similar Drives.

B. S. 978: 1952. Gears for Instruments and Clockwork Mechanism.

DIN 3990 (In Vorbereitung) Tragfähigkeitsberechnung von Stirnrädern.

[3/90] ALMEN, J. O., and J. C. STRAUB: Durability of Automotive Gears. Automotive Ind., 15. Sept. und 9. Okt. 1937.

[3/91] BOOKMILLER, W. H.: Charts for Calculating Root Stresses in Spur Gears. Product Eng., Februar 1948, S. 161–163.

[3/92] DUDLEY, D. W.: Estimating the Weight of Single Reduction Gear Sets. Product Eng., Mai 1950, S. 84–89.

[3/93] ZRODOWSKI, J. J., and D. W. DUDLEY: Modern Marine Gears. Trans. SNAME, Bd. 58 (1950), S. 788–814.

[3/94] COLEMAN, W.: An Improved Method for Estimating he Fatigue Life of Bevel Gears and Hypoid Gears. Trans. SAE, 1951.

[3/95] American Gear Manufacturers Association: Progress Report by Automotive Gearing Committee Sec. I, Bending Stress of Spur and Helical Gears. AGMA Pub. 101.02, Okt. 51.

[3/96] VAN ZANDT, R. P.: Beam Strength of Spur Gears – When to Use the Higher or Lower Strength Factor. Trans. SAE, 1952.

[3/97] American Gear Manufacturers Association: Standard Rating, Surface Durability of Cylindrical-Worm Gearing. AGMA Pub. 213.02, September 1952.

[3/98] American Gear Manufacturers Association Standard Practice for Cylindrical-Worm Gear Speed Reducers. AGMA Pub. 440.02, September 1952.

[3/99] BUCKINGHAM, E.: Manual of Gear Design. Machinery, New-York 1935.

[3/100] RITTER, R.: Zahnradgetriebe. Zürich: Leemann-Verlag 1950.

[3/101] THOMAS, A. K.: Die Tragfähigkeit der Zahnräder. München: Hanser Verlag 1950.

[3/102] WINTER, H.: Die tragfähigste Evolventen-Geradverzahnung. Braunschweig: Vieweg 1954.

[3/103] NIEMANN, G.: Abschnitt Zahntriebe, Hütte IIA, 28. Aufl. S. 152–192. Berlin: Ernst & Sohn 1954 (dort weiteres Schrifttum).

[3/104] NIEMANN, G., und H. WINTER: Profilverschobene Verzahnungen. Z. VDI 97 (1955) S. 185–198.

[3/105] NIEMANN, G., und H. WINTER: Abschnitt Zahnräder, Betriebshütte Bd. I, 5. Aufl., S. 563–582. Berlin: Ernst & Sohn 1957.

[3/106] WELLAUER, E. J.: Solving the Thermal Problem for Enclosed Gear Drives. Machine Design 24 (1952) Nr. 3, S. 123–127. Auszug in Z. Konstruktion 5 (1953) S. 165.

4 Zahnrad-Werkstoffe

Eine Vielzahl von Stählen, Gußeisensorten, Bronzen und Phenolharzkunststoffen (z. B. Hartgewebe) werden seit langem für die Herstellung von Zahnrädern verwendet. In den letzten Jahren haben außerdem eine Reihe neuer Werkstoffe, wie Sintereisen, Titan, Polyamide (z. B. Nylon), als Zahnradwerkstoffe Bedeutung erlangt. – Man könnte also meinen, daß es sehr schwierig ist, aus diesen vielen Möglichkeiten die richtige Auswahl zu treffen; bei näherer Betrachtung werden wir jedoch sehen, daß in einem konkreten Einzelfall meist nur wenige Werkstoffe den jeweiligen Anforderungen an Festigkeit, Bearbeitbarkeit usw. genügen.

4.1 Übersicht

Stahl hat gegenüber allen anderen Werkstoffen folgende hervorragenden Eigenschaften: Größte Tragfähigkeit pro Volumeneinheit und geringste Kosten pro Gewichtseinheit. In vielen Gebieten des Getriebebaues kommen deswegen nur einige wenige Stahlsorten als Zahnradwerkstoffe in Betracht.

Stahlguß, d. h. in Formen vergossener Stahl, wird an Stelle von geschmiedetem Stahl dort verwendet, wo Schmieden der Radform zu teuer oder zu schwierig ist (z. B. Speichenräder). Ein hochwertiger Stahlguß steht bezüglich der wichtigsten Eigenschaften einem geschmiedeten oder gewalzten Stahl nicht viel nach.

Gußeisen wurde lange Zeit wegen seiner guten Laufeigenschaften und seiner leichten Zerspanbarkeit für Zahnräder bevorzugt angewendet. Es hat weiter den Vorteil, daß die kompliziertesten Formen durch Gießen hergestellt werden können. Wegen seiner – gegenüber Stahl – geringeren Festigkeit hat der normale Grauguß heute an Bedeutung verloren. Neue Gußeisensorten finden dagegen zunehmend Eingang in den Getriebebau.

Buntmetall, insbesondere Bronze ist in den Fällen angebracht, wo hohe Gleitgeschwindigkeiten auftreten. Schneckenräder sind deshalb vielfach aus Bronze, wobei noch eine weitere Eigenschaft vorteilhaft ist: Bronze hat gute Einlaufeigenschaften, d. h. die Flankenform der Bronzeräder paßt sich der der gehärteten Stahlschnecken leicht an.

Viele Buntmetallarten sind ferner besonders widerstandsfähig gegen Korrosion. – Ein weiterer Vorteil für die spanlosen Herstellverfahren ist die gute Verformbarkeit der meisten Buntmetalle. Sie werden deshalb vielfach für das Strangpressen und Ziehen von Verzahnungen kleiner Moduln verwendet.

Titan ist ein Metall, dessen Gewinnung vorläufig noch außerordentlich teuer ist, das aber einige besondere Vorzüge hat. Seine Festigkeit ist fast so hoch wie die von Stahl, es ist sehr hitzebeständig und erheblich leichter als Stahl. Nachteilig sind seine schlechten Gleiteigenschaften; Oberflächenhärten ist schwierig. Bisher wurde es für Zahnräder nur in Sonderfällen verwendet, z. B. in Raketentriebwerken.

Phenolharzkunststoffe (Hartgewebe, Hartfaservlies) werden bevorzugt dort angewendet, wo es auf besondere Laufruhe ankommt. Seine Tragfähigkeit entspricht etwa der von normalem Gußeisen. Der E-Modul dieser Kunststoffe beträgt etwa 1/30 des E-Moduls von Stahl (d. h. sie sind 30mal so elastisch). Verzahnungsfehler führen daher bei weitem nicht zu so hohen dynamischen Zusatzkräften wie bei Stahl. Infolge der starken Durchbiegung der Zähne ergibt sich im belasteten Zustand ein höherer Überdeckungsgrad als bei Metallzahnrädern. Einige Sorten dieser Kunststoffgruppe ertragen verhältnismäßig hohe Gleitgeschwindigkeiten.

Polyamide. Das bekannteste Fabrikat dieser Kunststoffart ist Nylon, weitere Sorten s. Tab. 4/24, S. 324. Polyamidzahnräder zeichnen sich durch geräuscharmen Lauf aus, insbesondere wenn Rad und Gegenrad aus Polyamid hergestellt werden. Ein besonderer Vorzug dieses Werkstoffes ist, daß ganze Polyamidzahnräder im Spritzgußverfahren hergestellt werden können.

Nachfolgend sollen die genannten Werkstoffe nun im einzelnen besprochen werden. Insbesondere wollen wir dabei ihre *mechanischen Eigenschaften* sowie ihre *Zusammensetzung* und *Wärmebehandlung* untersuchen.

4.2 Stahl und Stahlguß

Entsprechend den unterschiedlichen Anforderungen, die an die Zahnradgetriebe der verschiedenen Anwendungsgebiete gestellt werden, sind auch eine ganze Anzahl von Stahlsorten in Gebrauch: Vom einfachen Kohlenstoffstahl bis zu hochlegierten Stählen, wobei auch die Kohlenstoffgehalte sehr unterschiedlich sind. In den nachfolgenden Abschnitten werden einige Richtlinien gegeben, die dem Konstrukteur die Auswahl erleichtern sollen.

4.21 Mechanische Eigenschaften

Unter mechanischen Eigenschaften verstehen wir die in Festigkeits-
untersuchungen ermittelten Eigenschaften, wie Zerreißfestigkeit, Dehnung, Einschnürung, Kerbzähigkeit usw. Die meisten dieser Daten – die
bekannteste ist die Zugfestigkeit σ_B – werden allerdings in statischen
Versuchen an einem Probestab ermittelt; sie können also – wie bereits
auf S. 98/99 erläutert wurde – nicht unmittelbar für die Tragfähigkeitsberechnung von Zahnrädern benutzt werden; der Kraftlinienverlauf
in einem belasteten Zahn ist ganz anders und viel komplizierter als in
einem durch Zug beanspruchten Probestab. Trotzdem sind die in Zug-
versuchen ermittelten Daten nützlich zur vergleichenden Beurteilung der
Werkstoffe.

Die für die Zahnradberechnung benötigten Festigkeitswerte selber
werden durch Versuche am Zahnrad oder durch Nachrechnen bewährter
Getriebe ermittelt.

Über den Zusammenhang zwischen Festigkeit und Härte s. nachfolgenden Abschnitt.

4.22 Härte und Härteprüfung

Das einfachste Verfahren, den Endzustand eines Maschinenteils zu
untersuchen, ist die Feststellung seiner Härte. In Tab. 4/1 sind die gebräuchlichsten Härteprüfverfahren und ihr Anwendungsbereich beschrieben. Mit Hilfe von Tab. 4/2 können die nach den verschiedenen
Prüfverfahren ermittelten Härtewerte ineinander umgerechnet werden.
Es sei allerdings darauf hingewiesen, daß die angegebenen Zusammenhänge nur im Durchschnitt gelten. Sie wurden aus einer großen Zahl von
Messungen an legierten und unlegierten Stählen ermittelt. Im Einzelfall
können sich durchaus Abweichungen ergeben; wegen der unterschiedlichen Gefüge, Kaltverformungseigenschaften und anderer Einflüsse gibt
es *keinen mathematischen Zusammenhang* zwischen den Härteskalen.
Aus diesem Grunde sollte in Zeichnungen die Härte eines Zahnrades stets
in dem Maß, d. h. für das Prüfverfahren angegeben werden, nach dem
später geprüft werden soll. Damit können Zweifel an der Deutung der
Prüfergebnisse vermieden werden.

Die einzelnen Teile des Zahnrades – Verzahnung, Zahnkranz, Steg
und Nabe – haben vielfach eine unterschiedliche Härte. Am wichtigsten für die Tragfähigkeit ist die Härte in der Verzahnung; hierfür sollte
also in der Zeichnung zumindest die Härte vorgeschrieben werden. –
Bei kleinen Zahnrädern kann die Härte direkt auf der Zahnflanke gemessen werden. Abb. 4/1 zeigt dies am Beispiel eines Zahnrades für ein
Flugzeuggetriebe.

Tabelle 4/1. Härteprüfverfahren und ihre Anwendung bei Zahnrädern

Verfahren	Prüfkörper (Eindringkörper)	Prüfbelastung	Bezeichnung (Beispiel)	Empfohlener Anwendungsbereich
Vickers	Diamantpyramide (Winkel zwischen gegenüberliegenden Flächen = 136°)	3–60 kg je nach Erfordernis (Härteschichttiefe!)	HV 30 = 750 kg/mm² (bedeutet: HV bei 30 kg Prüfkraft)	Für den gesamten Härtebereich anwendbar. Großer Prüfaufwand. Brauchbar für alle Werkstücke, die unter ein Prüfgerät zu bringen sind. Bei kleinen Prüflasten auch für die Prüfung dünner Härteschichten
Brinell	Kugel aus Stahl oder Hartmetall		[1]	Für große Zahnräder und Wellen im Härtebereich von HB = 100 bis 430 kg/mm². (Bei harter Oberflächenschicht und weichem Kern muß die Härtetiefe so groß und die Kernfestigkeit so hoch sein, daß die Härteschicht unter der Prüfbelastung nicht durchbricht.) Die Brinellhärte ist ein gutes Maß für die Bruchfestigkeit des Werkstoffes, s. Gl. (4/1) S. 274 sowie Tab. 4/2, wenn sie die mittlere Härte für das betreffende Teil wiedergibt
	Kugeldurchmesser: 10 mm (5 mm)	3000 kg (750 kg)	HB 30 = 350 kg/mm²	Bei vergütetem und geglühtem Stahl sowie GS, GT und GG
	Kugeldurchmesser: 10 mm (5 mm)	1000 kg (250 kg)	HB 10 = 220 kg/mm²	Bei GG, Leichtmetallegierungen Ms, Bz, Ni, Cu
	Kugeldurchmesser: 10 mm (5 mm)	500 kg (125 kg)	HB 5 = 120 kg/mm²	Bei Al, Mg, Zn, G-Ms
Rockwell C	Diamantkegel mit 120° Öffnungswinkel	150 kg	HRC = 58	Für Härten von HRC = 20 bis 68; bei oberflächengehärtetem Stahl nur für Härtetiefen über 0,5 mm. Zur Prüfung der Kernhärte, wenn die Prüffläche für die Brinellprüfung zu klein ist.
		62,5 kg	$HRC_{62,5}$ = 80	Wie vorher, aber bei geringeren Härtetiefen und kleinen Wanddicken. (HRC = 20 bis 68 entspricht $HRC_{62,5}$ = 58 bis 85)

[1] Wenn der Kugeldurchmesser von 10 mm und die Belastungszeit von 10 sec abweicht, ist der Kugeldurchmesser (z. B. 5 mm) und Belastungszeit (z. B. 30 s) hinzuzufügen (Beispiel HB 10/5-30 = 120 kg/mm²).

Tabelle 4/1. (Fortsetzung)

Verfahren	Prüfkörper (Eindringkörper)	Prüfbelastung	Bezeichnung (Beispiel)	Empfohlener Anwendungsbereich
Rockwell A	Diamantkegel mit 120° Öffnungswinkel	60 kg	HRA = 72	Wie $HRC_{62,5}$; für Härten von HRA = 62 bis 85. In Deutschland nicht üblich
Rockwell B	Stahlkugel mit 1/16 Zoll (= 1,5875 mm) Durchmesser	100 kg	HRB = 90	Für weichere Werkstoffe, Härten bis etwa HRB = 99 (entsprechend HV = 225 kg/mm². In Europa kaum verwendet
Super-Rockwell-prüfung a) Rockwell 30-N	Diamantkegel (Sonderausführung) mit 120° Öffnungswinkel	30 kg	HRN = 68	Schnelle und einfache Prüfung, aber größere Meßunsicherheit Für kleine Teile (Wanddicken von 0,5 bis 1,5 mm) und geringe Härtetiefen bei Oberflächenhärtung Prüfbereich: HRN = 40 bis 83
b) Rockwell 15-N	Diamantkegel (Sonderausführung) mit 120° Öffnungswinkel	15 kg	HR 15-N = 78	Niedrigste Rockwellprüflast. Zur Prüfung sehr kleiner Teile und zur Härteprüfung auf den Zahnflanken. Für Teile mit sehr dünner Härteschicht Prüfbereich: Härten von HR 15-N = 72 bis 93
c) Rockwell 30-T	Stahlkugel mit 1/16 Zoll Durchmesser	30 kg	HR 30-T = 75	Für kleine Teile aus weichen Werkstoffen
d) Rockwell 15-T	Stahlkugel mit 1/16 Zoll Durchmesser	15 kg	HR 15-T = 82	Für sehr kleine Teile aus weichen Werkstoffen und zur Prüfung dünner weicher Schichten

Tabelle 4/1. (Fortsetzung)

Verfahren	Prüfkörper (Eindringkörper)	Prüfbelastung	Bezeichnung (Beispiel)	Empfohlener Anwendungsbereich
Shore (Skleroskop)	Fallhammer mit Diamant an Stirnfläche	Fallenergie 500–2250 gmm	$H_S = 74$	Gemessen wird die Rücksprunghöhe des auf die Prüffläche fallenden Hämmerchens. Für Fälle, wo die Prüffläche nicht beschädigt werden darf. (Die Ergebnisse sind mit denen der übrigen Prüfverfahren nicht immer vergleichbar)
Schlaghärte nach Poldihütte	Stahlkugel mit 10 mm Durchmesser	Schlag mit Handhammer	$HB_P = 380 \ \mathrm{kg/mm^2}$	Für große Teile, die nicht zum Prüfgerät transportiert werden können; einfaches, billiges Gerät. Entspricht der Brinellprüfung, ist aber etwas ungenauer. Anwendungsbereich bis $HB_P \approx 450 \ \mathrm{kg/mm^2}$
Tukon-Knoop	Diamantpyramide mit rhombischer Grundfläche	500–1000 g im praktischen Bereich	$H_K = 680 \ \mathrm{kg/mm^2}$	Ein Laborationsgerät zur Mikrohärteprüfung an Werkstückquerschnitten, z. B. zur Bestimmung des Härteverlaufs im Abstand von 20 zu 20 μ von der Oberfläche aus oder zur Messung der Härte einzelner Gefügebestandteile. Die Prüfflächen müssen eben und poliert sein. Ein sehr empfindliches und genaues Verfahren, das für alle Härten verwendet wird

Tabelle 4/2. Härtevergleichstafel

(Ungefährer Zusammenhang zwischen den verschiedenen Härteskalen; genauere Angaben s. DIN 50150)

Vickers	Brinell	Rockwell						Shore (Skleroskop)	Tukon (Knoop)	Festigkeit für Stahl
HV	HB [0]	HRC [1]	$HRC_{62,5}$ [2]	HRA [3]	HRN [4]	HR 15-N [5]	H_S	H_K	σ B nach DIN 50150 [6]
kg/mm²	kg/mm²	–	–	–	–	–	–	kg/mm²	kg/mm²
1014		70	86,0	86,5	86,0	94,0			
840		65	83,1	84,0	82,0	92,0	90	840	
785		63	82,0	83,0	80,0	91,5	87	790	
711		60	80,4	81,0	77,5	90,0	81	725	
670		58	79,3	80,0	75,5	89,3	79	680	
610	553	55	77,7	78,5	73,5	88,0	74	620	193
574	528	53	76,7	77,5	71,0	87,0	71	580	185
524	489	50	75,2	76,0	68,5	85,5	67	530	168
494	465	48	74,1	74,5	66,5	84,5	64	500	159
452	432	45	72,6	73,0	64,0	83,0	61	460	150
415	404	42	71,7	71,5	61,5	81,5	56	425	140
370	368	38	69,0	69,5	57,5	79,5	51	390	126
323	323	33	66,2	67,0	53,0	76,5	45	355	111
256	256	24	61,0	62,5	45,0	71,5	37,5		87
234	234	20	58,8	60,5	41,5	69,5	34		81

Vickers	Brinell	Rockwell						Shore (Skleroskop)	Tukon (Knoop)	Festigkeit für Stahl
HV	HB [0]	HRB			HR 30-T [7]	HR 15-T [7]	H_S	H_K	σ B nach DIN 50150 [6]
200	200	93			78,0	91,0	30		69
180	180	89			75,5	89,5	28		62
150	150	80			70,0	86,5	24		51
100	100	56			54,0	79,0			35
	80 [8]	47			47,7	75,7			28
	70 [8]	34			38,5	71,5			

[0] Prüflast: 3000 kg, Kugeldurchmesser: 10 mm.
[1] Prüflast: 150 kg.   [2] Prüflast: 62,5 kg.
[3] Prüflast: 60 kg (in Deutschland nicht gebräuchlich).
[4] Prüflast: 30 kg.
[5] Prüflast: 15 kg (in Deutschland nicht gebräuchlich).

[6] Für die Umrechnung von HB in σ_B wurde kein konstanter Faktor zugrunde gelegt, da dieser sich mit dem Streckgrenzenverhältnis ändert. Hier wurden die ausgeglichenen Werte nach DIN 50150 eingesetzt.
[7] In Deutschland nicht gebräuchlich.
[8] Gültig für 500 kg Prüflast und 10 mm Kugeldurchmesser.

Abb. 4/1. Härteprüfung an einem Flugzeuggetriebezahnrad; es wird die Härte auf der Zahnflanke in der Nähe des Wälzkreises bestimmt. (Werkfoto: General Electric Co.; Lynn, Massachusetts, USA)

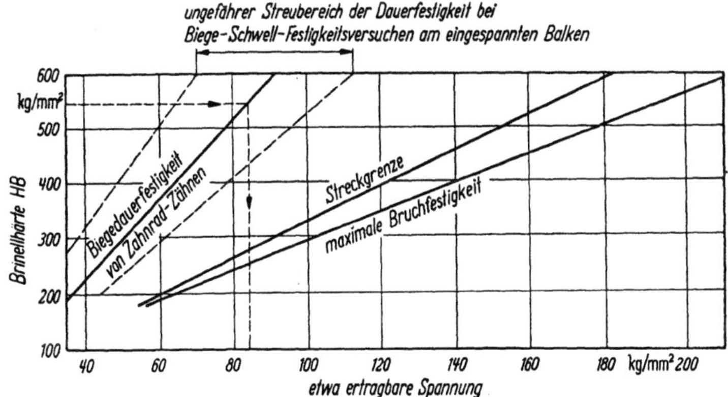

Abb. 4/2. Ungefährer Zusammenhang zwischen Brinellhärte und den Zugfestigkeitsgrenzen bei Stahl. Die Streuung der Dauerfestigkeit wird durch Unterschiede in Werkstoffzusammensetzung und Wärmebehandlung der verschiedenen Zahnradstähle verursacht

18 Dudley/Winter, Zahnräder

Aus der Brinellhärte kann – mit praktisch ausreichender Genauigkeit – die *Bruchfestigkeit* errechnet werden (vgl. auch Tab. 4/2, S. 272):

$$\sigma_B = 0{,}345 \cdot \mathrm{HB}. \tag{4/1}$$

Die Zusammenhänge zwischen der Brinellhärte und den verschiedenen *Festigkeitsgrenzen* sind überschlägig in Abb. 4/2, S. 273 dargestellt.

4.23 Für Zahnräder verwendete Stähle

Die in den USA üblicherweise für Zahnräder verwendeten Stähle und ihre Zusammensetzung sind in Tab. 4/3, S. 276 angeführt. Tab. 4/4 enthält Temperaturangaben für die verschiedenen bei diesen Stählen anwendbaren Wärmebehandlungsverfahren und Tab. 4/5 Angaben über ihre Härtbarkeit. Die hierbei verwendeten Fachausdrücke werden in Abschn. 4.25, 4.26 und 4.27 erläutert.

Die in *Deutschland* für Zahnräder bevorzugten Stähle und ihre Zusammensetzung sind in Tab. 4/6, S. 282 aufgeführt. Tab. 4/7 enthält die zugehörigen Wärmebehandlungsdaten, Tab. 4/8 Angaben über die Härtbarkeit dieser Stähle.

Zu der Bedeutung der legierten Stähle sei noch folgendes bemerkt:

Es trifft nicht zu, daß ein legierter Stahl grundsätzlich eine höhere Festigkeit hat als ein einfacher Kohlenstoffstahl. Wenn beide die gleiche Härte aufweisen und so wärmebehandelt werden, daß ihr Werkstoffgefüge das gleiche ist, dürften sie auch bezüglich ihrer Zugfestigkeit gleichwertig sein. Die Reaktion auf eine bestimmte Art der Wärmebehandlung hängt dagegen in hohem Maße von der Zusammensetzung des Stahles ab. Beispielsweise erfordern reine Kohlenstoffstähle, um das gleiche Gefüge zu erzielen, viel höhere Abschreckgeschwindigkeiten als legierte Stähle, sind also bezüglich Wärmebehandlung schwieriger zu handhaben und weisen im allgemeinen einen größeren Wärmebehandlungsverzug auf.

4.24 Für Zahnräder verwendete Stahlgußsorten

Wir verstehen unter Stahlguß jeden in Formen vergossenen Stahl; dieser wird dabei im allgemeinen in Siemens-Martin- oder Elektroöfen erschmolzen. Das *Schwindmaß* beträgt bei unlegiertem Stahlguß 2 bis 2,5% bei hochlegiertem bis 3%. Es ist deshalb wichtig, daß bei der Konstruktion Materialanhäufungen vermieden und allmähliche Übergänge vorgesehen werden. – Stahlguß füllt im Vergleich zu Gußeisen die Form schlecht aus, er muß als schwer vergießbar bezeichnet werden. Die *Wanddicke* sollte je nach Größe und Form mindestens 3 bis 5 mm betragen. – Stahlgußteile können warm und kalt verformt werden.

Unlegierter Stahlguß enthält 0,1 bis 0,6% Kohlenstoff, 0,3 bis 0,8% Mangan und 0,2 bis 0,5% Silizium. Die in Deutschland für Zahnräder gebräuchlichen Sorten sind in Tab. 4/8a, S. 286 aufgeführt; bei spezifisch höher belasteten Trieben sind die Sondergüten zu wählen.

Legierter Stahlguß. Als Legierungselemente werden vor allem Mangan, Silizium, Chrom, Nickel, Molybdän, Wolfram, Vanadin, Aluminium, Titan und Kupfer verwendet; ihr Einfluß auf die Eigenschaften des Stahlgusses ist der gleiche wie bei Stahl. Legierter Stahlguß wird durchweg vergütet, um die Wirkung der Legierungsbestandteile auszunutzen. Bisher sind legierte Stahlgußarten für Maschinenteile in Deutschland nicht genormt worden. Einige für Zahnräder gebräuchliche Sorten sind in Tab. 4/8a angeführt.

Wärmebehandlung. Die meisten Stahlgußsorten können in gleicher Weise wie Stahl wärmebehandelt werden, insbesondere Einsatzhärten wird oft angewendet.

4.25 Zweck und Grundlagen der Wärmebehandlung

Die für den Getriebebau verwendeten Stähle werden aus folgenden Gründen einer Wärmebehandlung unterworfen:

1. Um die für den jeweiligen Anwendungszweck erforderliche *Biege-* und *Verschleißfestigkeit* zu erzielen. Beide Eigenschaften hängen in hohem Maße von der gewählten Wärmebehandlung und der Sorgfalt ihrer Durchführung ab. Ein ungeeignetes Abschreckmittel oder ein Anlassen bei falscher Temperatur kann selbst bei hochwertigen Stählen dazu führen, daß das Teil für den vorgesehenen Zweck unbrauchbar wird. Die besten Ergebnisse erzielt man dadurch, daß man zunächst an Werkstoffproben mehrere Verfahren und schließlich den Einfluß verschiedener Varianten der gewählten Wärmebehandlung auf das Gefüge untersucht und danach seine Entscheidung trifft.

2. Durch geeignete Wärmebehandlung soll der Werkstoff in einen Zustand *guter Bearbeitbarkeit* gebracht werden. Geschmiedeter oder gewalzter Stahl hat vielfach eine so grobkörnige Struktur und weist infolge der unkontrollierten Abkühlung teilweise eine sehr ungleichmäßige Härte auf, daß zum Verbessern der Zerspanbarkeit eine Wärmebehandlung erforderlich ist.

Wir wollen uns nicht mit allen Einzelheiten dieses Spezialgebietes beschäftigen, sondern nur kurz die Grundbegriffe erklären, die zum Verständnis der nachfolgenden Abschnitte erforderlich sind.

Eisen-Kohlenstoff-Diagramm. Für das Verständnis der Wärmebehandlungsverfahren ist die Kenntnis des Eisen-Kohlenstoff-Diagramms unentbehrlich; ein Ausschnitt hieraus ist in Abb. 4/3 zusammen mit einer Zeittemperaturkurve dargestellt. Bei Temperaturen oberhalb der GOSE-Linie ist der Kohlenstoff vollständig in dem unmagnetischen γ-Eisen gelöst (Austenit). Bei langsamem Abkühlen entsteht hieraus nach dem

Tabelle 4/3. Zusammensetzung typischer amerikanischer Zahnradstähle
(Nach Angaben des American Iron and Steel Institute-AISI)

AISI-Nr.	Chemische Zusammensetzung in %								
	C	Mn	P [5]	S [5]	Si	Ni	Cr	Mo	Sonstige
					Vergütungsstähle				
1040	0,38–0,43	0,60–0,90	0,040	0,050					
1045	0,43–0,50	0,60–0,90	0,040	0,050					
1060	0,55–0,65	0,60–0,90	0,040	0,050					
1335	0,33–0,38	1,6–1,9	0,040	0,040	0,20–0,35				
2340	0,38–0,43	0,70–0,90	0,040	0,040	0,20–0,35	3,25–3,75			
3140	0,38–0,43	0,70–0,90	0,040	0,040	0,20–0,35	1,10–1,40	0,55–0,75		
4047	0,45–0,50	0,70–0,90	0,040	0,040	0,20–0,35			0,20–0,30	
4130	0,28–0,33	0,40–0,60	0,040	0,040	0,20–0,35		0,80–1,10	0,15–0,25	
4140 [4]	0,38–0,43	0,75–1,00	0,040	0,040	0,20–0,35		0,80–1,10	0,15–0,25	
4340 [4]	0,38–0,43	0,60–0,80	0,040	0,040	0,20–0,35	1,65–2,00	0,70–0,90	0,20–0,30	
4640	0,38–0,43	0,60–0,80	0,040	0,040	0,20–0,35	1,65–2,00		0,20–0,30	
5145	0,43–0,48	0,70–0,90	0,040	0,040	0,20–0,35		0,70–0,90		
E 52100 [1]	0,95–1,10	0,25–0,45	0,025	0,025	0,20–0,35		1,30–1,60		
6150	0,48–0,53	0,70–0,90	0,040	0,040	0,20–0,35		0,80–1,10		V 0,15 min
9840	0,38–0,43	0,70–0,90	0,040	0,040	0,20–0,35	0,85–1,15	0,70–0,90	0,20–0,30	
					Einsatzstähle				
1015	0,13–0,18	0,30–0,60	0,040	0,050					
1025	0,22–0,28	0,30–0,60	0,040	0,050					
1118	0,14–0,20	1,3–1,6	0,045	0,08–0,13					
1320	0,18–0,23	1,6–1,9	0,040	0,040	0,20–0,35				

Tabelle 4/3. (Fortsetzung)

AISI-Nr.	Chemische Zusammensetzung in %								
	C	Mn	P [5]	S [5]	Si	Ni	Cr	Mo	Sonstige
	Einsatzstähle								
2317	0,15–0,20	0,40–0,60	0,040	0,040	0,20–0,35	3,25–3,75	1,40–1,75		
E 3310 [1]	0,08–0,13	0,45–0,60	0,025	0,025	0,20–0,35	3,25–3,75	1,40–1,75		
4320	0,17–0,22	0,45–0,65	0,040	0,040	0,20–0,35	1,65–2,00	0,40–0,60	0,20–0,30	
4620	0,17–0,22	0,45–0,65	0,040	0,040	0,20–0,35	1,65–2,00		0,20–0,30	
4820	0,18–0,23	0,50–0,70	0,040	0,040	0,20–0,35	3,25–3,75		0,20–0,30	V 0,10 min
6120	0,17–0,22	0,70–0,90	0,040	0,040	0,20–0,35		0,70–0,90		V 0,10 min
8620	0,18–0,23	0,70–0,90	0,040	0,040	0,20–0,35	0,40–0,70	0,40–0,60	0,15–0,25	
E 9310 [1]	0,08–0,13	0,45–0,65	0,025	0,025	0,20–0,35	3,00–3,50	1,0–1,40	0,08–0,15	
TS 94 B 17 [2]	0,15–0,20	0,75–1,00	0,040	0,040	0,20–0,35	0,30–0,60	0,30–0,50	0,08–0,15	
	Nitrierstähle (s. a. AISI 4140 und 4340)								
Nitralloy 135 [3]	0,35	0,55	0,040	0,040	0,30		1,20	0,20	1,0 Al
Nitralloy 135, modified	0,41	0,55	0,040	0,040	0,30		1,60	0,35	1,0 Al
Nitralloy N	0,23	0,55	0,040	0,040	0,30	3,0	1,15	0,25	1,0 Al

[1] Der Buchstabe E vor der Kennummer weist darauf hin, daß der Stahl im Elektroofen erschmolzen wird.
[2] TS bedeutet, daß es sich um eine Vornorm handelt. Wenn zwischen der zweiten und dritten Ziffer der Kennzahl ein B steht, so enthält der Stahl einen Borzusatz von mindestens 0,0005%.
[3] Nitralloy ist ein Markenname der Nitralloy Co.; New York., N. Y., USA.
[4] Auch als Nitrierstahl geeignet.
[5] Maximalwerte.

Durchschreiten gewisser Zwischenzustände (zwischen den Linien GOSE und PSK) bei etwa 720 °C je nach dem Kohlenstoffgehalt ein Gemenge von Ferrit und Perlit oder Perlit und Zementit; bei 0,9% C erhält man reinen Perlit (Abb. 4/3), dessen Gefüge an seinem feinen streifigen Aussehen zu erkennen ist.

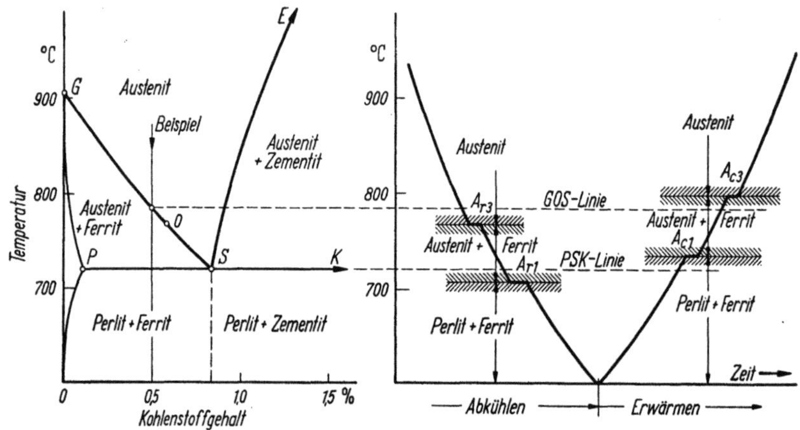

Abb. 4/3. Eisen–Kohlenstoffdiagramm und Beispiel einer Abkühl- und Erhitzungskurve bei Stahl mit 0,5% Kohlenstoffgehalt. (Bezeichnung der Haltepunkte: A von franz. arrêt = Halt, r von refroidissement = Abkühlung, c von chauffage = Erhitzung)

Abkühl- und Erhitzungskurve. Trägt man den eben geschilderten Abkühlvorgang über der Zeit auf und ebenso den umgekehrten Vorgang, d. h. das Erhitzen, so ergibt sich etwa der in Abb. 4/3 rechts dargestellte Verlauf. Man erkennt, daß die Haltepunkte (auch Umwandlungspunkte genannt) beim Erwärmen (A_{c1} und A_{c3}) etwas höher als beim Abkühlen (A_{r1} und A_{r3}) liegen. A_{c3} und A_{r3} werden als obere, A_{c1} und A_{r1} als untere Umwandlungspunkte bezeichnet.

Härten – kritische Abkühlgeschwindigkeit. Kühlt man den Stahl von einer Temperatur oberhalb des oberen Umwandlungspunktes genügend rasch ab, so kann die Umwandlung in der Perlit- und Zwischen-

---

Anmerkungen zu Tab. 4/4

[1] Die untere Temperatur für Normalglühen wurde ermittelt aus Ac$_3$ + 20 bis 30 °C (Ac$_3$ aus Timken Practical Data for Metallurgists Januar 1956).

[2] Der Buchstabe E vor der Kennummer weist darauf hin, daß der Stahl im Elektroofen erschmolzen wird.

[3] Die untere Härtetemperatur für Kernhärtung wurde ermittelt aus Ac$_3$ + 10 °C.

[4] Niedrigere Temperatur für Karbonitrieren.

[5] TS bedeutet, daß es sich um eine Vornorm handelt. Wenn zwischen der zweiten und dritten Ziffer der Kennzahl ein B steht, so enthält der Stahl einen Borzusatz von mindestens 0,0005%.

[6] Nitralloy ist eine Markenbezeichnung der Nitralloy Co.; New York, N.Y., USA.

Tabelle 4/4. Wärmebehandlungstemperaturen [°C] für die amerikanischen Zahnrad-stähle nach Tab. 4/3

Vergütungsstähle

AISI-Nr.	Normal-glühen [1]	Glühen mit geregelter Abkühlung für gute Zerspanbarkeit	Härten [3]	Anlassen	Ms-Temperatur (Martensit-punkt)
1040	850–880	790	830–860	530–650	—
1045	840–870	790	820–860	530–650	—
1060	820–850	760–820	800–830	530–650	290
1335	830–880	820–870	810–840	530–650	338
2340	760–810	760–820	770–800	530–670	290
3140	790–840	790–850	790–820	530–670	310
4047	790–840	830–860	790–820	530–670	—
4130	830–880	790–850	820–850	530–670	363
4140	820–870	790–850	820–850	530–670	313
4340	800–850	590–660	800–830	530–670	285
4640	790–840	790–850	790–820	530–670	318
5145	810–860	790–850	810–840	530–670	—
E 52 100 [2]	810–860	730–790	810–840	530–670	252
6150	820–870	850–900	820–850	530–670	285
9840	850–900	800–930	850–880	530–670	302

Einsatzstähle

AISI-Nr.	Normal-glühen [1]	Glühen mit geregelter Abkühlung für gute Zerspanbarkeit	Einsetzen	Härten Kern-härtung [3]	Härten Rand-härtung	Ent-spannen	Ms-Tem-peratur (Marten-sitpunkt)
1015	890–920	—	900–930	890–920	770–800	150–180	—
1025	880–910	—	820–930 [4]	860–890	770–800	160–180	—
1118	880–910	780	900–930	840–870	790–820	160–180	—
1320	860–900	860–920	900–930	840–870	790–820	160–180	393
2317	810–840	860	900–930	800–830	780–810	160–180	385
E 3310 [2]	800–850	860	900–930	790–820	780–810	160–180	346
4320	820–870	860	900–930	810–840	790–820	160–180	382
4620	820–870	860	900–930	810–840	790–820	160–180	290
4820	800–850	860	900–930	800–830	780–810	160–180	363
6120	860–910	870	900–930	850–880	820–850	160–180	405
8620	850–900	860	900–930	840–870	810–840	160–180	396
E 9310 [2]	830–880	860	900–930	820–850	790–820	160–180	345
TS94 B17 [5]	870–920	870	900–930	860–890	820–850	160–180	400

Nitrierstähle

AISI-Nr.	Weich-glühen	Normal-glühen [1]	Härten	Anlassen	Nitrieren [4]	Ms-Temperatur (Martensit-punkt)
4340	600–660	800–850	800–830	580–650	510–530	285
4140	620–680	810–860	810–840	580–650	510–530	313
Nitralloy 135 [6]				675	510–530	—
Nitralloy 135, modified				675	510–530	—
Nitralloy N				540	510–530	—

stufe, d. h. die Ausscheidung des Kohlenstoffes (in Form von Zementit)
unterdrückt werden. Bei einer zwischen 200 und 400 °C liegenden Temperatur (unterschiedlich nach der Stahlzusammensetzung!), die als Ms-
Punkt bezeichnet wird, beginnt sich dann das außerordentlich harte *Martensitgefüge* zu bilden. Die hierbei erreichbare Härte ist um so größer,
je höher der Kohlenstoffgehalt ist.

Die niedrigste Abkühlgeschwindigkeit, die mindestens erforderlich ist,
um diesen Effekt der Martensitbildung zu erzielen, wird als „kritische
Abkühlgeschwindigkeit" bezeichnet. Für die hauptsächlich verwendeten
Zahnradstähle ist sie in Tab. 4/5 und 4/8 angegeben. Reine *Kohlenstoffstähle* erfordern die höchsten Abkühlgeschwindigkeiten. Hieraus folgt,
daß Werkstücke aus Kohlenstoffstahl mit einer Dicke von über 15 mm
nur an den Oberflächen härten. Im Kern kann die kritische Abkühlgeschwindigkeit auch bei Abschrecken mit Wasser nicht erzielt werden. –
Durch *Legierungszusätze*, wie Ni, Cr, Mn, Si usw., kann jedoch die kritische Abkühlgeschwindigkeit herabgesetzt und damit das Durchhärte-
vermögen verbessert werden. Man kommt hierbei vielfach mit Öl als
Abschreckmittel aus. Bei einer Reihe hochlegierter Werkzeugstähle läßt
sich sogar durch Abkühlen in ruhender Luft eine relativ hohe Härte erzielen.

Bei sehr dicken Teilen muß allerdings trotz allem vielfach mit drasti-
schen Mitteln abgeschreckt werden, wenn voll durchgehärtet werden soll.
Dies bringt andererseits die Gefahr mit sich, daß Härterisse entstehen. –
Diese Grenzen müssen bereits bei der Konstruktion berücksichtigt werden.

Arbeitet man mit kleineren als den kritischen Abkühlgeschwindigkeiten, so entstehen weniger harte, aber zähere Gefüge, wie *Troostit*,
Sorbit usw. (Abschrecktroostit usw.).

Härtbarkeit. Um festzustellen, mit welcher Einhärtung bei Anwendung eines milden Abschreckmittels zu rechnen ist, schreckt man Proben
der in Frage kommenden Stähle nur an einer Stirnfläche ab und trägt die

---

Anmerkungen zu Tab. 4/5

[1] Geschätzte Werte.

[2] Diese Daten gelten etwa für die Mittelwerte der in Tab. 4/3 angeführten
Legierungsbestandteile.

[3] Nitralloy ist ein Markenname der Nitralloy Co.; New York, N. Y., USA.

[4] Durchmesser eines Rundstabes, der noch durchhärtet (im Kern 90% Martensit).

[5] Abschreckmittel, mit dem gerade noch die kritische Abkühlgeschwindigkeit
erzielt wird.

[6] Die Oberflächenhärte nach dem Nitrieren ist stark von dem Nitrierverfahren
abhängig.

[7] Je nach gewünschter Festigkeit; einstellbar durch die Anlaßtemperatur beim
Vergüten.

[8] Werte sollen am Fertigstück möglichst nicht unterschritten werden.

Tabelle 4/5
Angaben über die Härtbarkeit der amerikanischen Zahnradstähle nach Tab. 4/3
(Wenn nicht anders bemerkt, gelten die Angaben für die Kleinstwerte der in
Tab. 4/3 angeführten Legierungsbestandteile

AISI-Nr.	Härte, wenn das Gefüge aus 90% Martensit besteht	Kritische Abkühlgeschwindigkeit bei 705°C (für 100% Martensit)	Kritischer Durchmesser [4]	Übliches Abschreckmittel [5]
	HRC	°C/s	mm	
	Vergütungsstähle			
1040	49	215	30	Wasser
1045	50,5	222 [1]	12,5 [2]	Wasser
1060	54	69 [1]	30,5 [2]	Wasser
1335	46	108	25,5	Wasser
2340	49	69	15,0	Öl
3140	49	69	15,0	Öl
4047	52	108	25,5	Wasser
4130	44	169	18,0	Wasser
4140	49	31	25,5	Öl
4340	49	5,5	71,0	Öl
5145	51	69	15,0	Öl
E 52100	60	16,7	33,0	Öl
6150	53	43	20,5	Öl
9840	49			
	Einsatzstähle			
	Mindest-Kernhärte [8]			
1015	22	222 [2]	12,5 [2]	Wasser
1025	27	222 [2]	12,5 [2]	Wasser
1118	33	222 [2]	12,5 [2]	Wasser
1320	35	169	18,0	Wasser
2317	30	83	12,5	Öl
E 3310	25 (30)	1,7 (11,7)	76,0 (43)	Öl
4320	35	108	10,0	Öl
4620	35	169	5,0	Öl
4820	38	43	20,5	Öl
6120	38	2,8	96,5	Öl
8620	38	140	20,5	Wasser
TS 94 B 17	35	31	25,4	Öl
	Nitrierstähle			
	nach dem Nitrieren Rand / Kern [7]			
4340	48–53 [6] / 27–33	5,5	71,0	Öl
4140	50–55 [6] / 27–33	31	25,5	Öl
Nitralloy 135 [3]	65–70 [6] / 30–34			
Nitralloy 135, modified	65–70 [6] / 32–36			
Nitralloy N	65–70 [6] / 40–44			

Tabelle 4/6. Zusammensetzung der hauptsächlich verwendeten deutschen Zahnradstähle
(Bevorzugte Marken fettgedruckt)

DIN Blatt Nr.	Markenbezeichnung	(alt)	Chemische Zusammensetzung in %								
			C	Mn	P	S	Si	Ni	Cr	Mo	Sonstige
			Maschinenbaustähle								
1611	St 42.11		≈ 0,25	—	0,06	0,06		—	—	—	—
	St 50.11		≈ 0,35	—	0,06	0,06	P + S zusammen nicht mehr als 0,10 %	—	—	—	—
	St 60.11		≈ 0,45	—	0,06	0,06		—	—	—	—
	St 70.11		≈ 0,60	—	0,06	0,06		—	—	—	—
			Vergütungsstähle								
17200	C 45 (Ck 45) [2,5]	StC 45.61	0,42–0,50	0,50–0,80	0,045	0,045	0,15–0,35	—	—	—	—
	C 60 (Ck 60) [3]	StC 60.61	0,57–0,65	0,50–0,80	0,045	0,045	0,15–0,35	—	—	—	—
	37 MnSi 5 [5,6]	VMS 135	0,33–0,41	1,10–1,40	0,035	0,035	1,10–1,40	—	—	—	—
	34 Cr 4	VC 135	0,30–0,37	0,50–0,80	0,035	0,035	0,15–0,35	—	0,90–1,20	—	—
	34 CrMo 4 [5]	VCMo 135	0,30–0,37	0,50–0,80	0,035	0,035	0,15–0,35	< 0,60	0,90–1,20	0,15–0,25	—
	42 CrMo 4 [5]	VCMo 140	0,38–0,45	0,50–0,80	0,035	0,035	0,15–0,35	< 0,60	0,90–1,20	0,15–0,25	—
	34 CrNiMo 6		0,30–0,38	0,40–0,70	0,035	0,035	0,15–0,35	1,40–1,70	1,40–1,70	0,15–0,25	—
Werkstoff Blatt Nr. 550/56	38 MnSi 4		0,34–0,42	0,90–1,20	—	—	0,70–0,90	—	—	—	—
	46 MnSi 4		0,42–0,50	0,90–1,20	—	—	0,70–0,90	—	—	—	—
			Einsatzstähle								
17210	C 15 (Ck 15) [4]	StC 16.61	0,12–0,18	0,25–0,50	0,045	0,045	0,15–0,35	—	—	—	—
	16 MnCr 5	EC 80	0,14–0,19	1,00–1,30	0,035	0,035	0,15–0,35	—	0,80–1,10	—	—
	20 MnCr 5	EC 100	0,17–0,22	1,10–1,40	0,035	0,035	0,15–0,35	—	1,00–1,30	—	—
	15 CrNi 6		0,12–0,17	0,40–0,60	0,035	0,035	0,15–0,35	1,40–1,70	1,40–1,70	—	—
	18 CrNi 8		0,15–0,20	0,40–0,60	0,035	0,035	0,15–0,35	1,80–2,10	1,80–2,10	—	—
	41 Cr 4 [1,5]		0,38–0,44	0,50–0,80	0,035	0,035	0,15–0,35	—	0,90–1,20	—	—
			Nitrierstähle (s. auch 37 MnSi 5)								
	29 CrV 9		≈ 0,29	0,50–0,70	0,035	0,035	0,15–0,35	—	2,3	—	V: 0,17
	34 CrAl 6		0,30–0,38	0,50–0,70	0,035	0,035	0,15–0,35	—	1,30–1,50	—	Al: 1,0–1,2
	30 CrMoV 9		0,26–0,34	0,40–0,70	0,035	0,035	0,15–0,35	< 0,60	2,30–2,70	0,15–0,25	V: 0,1–0,2
	33 CrAlNi 7		0,30–0,37	0,40–0,60	0,035	0,035	0,15–0,35	0,90–1,10	1,60–1,80	—	Al: 1,0–1,2
	50 CrV 4		0,47–0,55	0,80–1,10	0,035	0,035	0,15–0,35	—	0,90–1,20	—	V: 0,07–0,12

[1] Für Härtung aus dem Zyanbad.
[2] Qualitätsstahl; Edelstahl Ck 45 hat P u. S höchstens je 0,035 %.
[3] Qualitätsstahl; Edelstahl Ck 60 hat P u. S höchstens je 0,035 %.
[4] Qualitätsstahl; Edelstahl Ck 15 hat P u. S höchstens je 0,035 %.
[5] Auch als Flammen- und Indikationshärtestähle geeignet.
[6] Auch als Nitrierstahl geeignet.

Tabelle 4/7. Wärmebehandlungstemperaturen [°C] für die deutschen Zahnradstähle aus Tab. 4/6

Vergütungsstähle*

DIN-Nr.	DIN-Bezeichnung	G Weichglühen	N Normalglühen	V Härten	Anlassen	Ms-Temperatur
	C 45 (Ck 45) [1]	650–700	840–870	830–860 [3]	530–670	350 [5]
	C 60 (Ck 45) [1]	650–700	820–850	810–840 [3]	530–670	293 [6]
	37 MnSi 5 [1]	680–720	860–890	840–860 [3]	530–670	330 [5]
	34 Cr 4	680–720	850–880	830–850 [3]	530–670	360 [5]
17200	34 CrMo 4 [1]	680–720	850–880	830–850 [3]	530–670	385 [5]
	42 CrMo 4 [1]	680–720	850–880	830–850 [3]	530–670	360 [5]
	34 CrNiMo 6	650–700	850–880	830–850 [4]	530–670	343 [6]
	38 MnSi 4	680–720 [7]	850–880 [7]	830–860 [3, 7]	530–670 [7]	342 [6]
	46 MnSi 4	670–720 [7]	840–870 [7]	830–860 [3, 7]	530–670 [7]	318 [6]

Einsatzstähle**

DIN-Nr.	DIN-Bezeichnung	G Weichglühen	N Normalglühen	Einsetzen	Kernhärtung	E Randhärtg. bzw. Einfachhärtung	Entspannen	Ms-Temperatur
	C 15 (CK 15) [1]	650–700	890–920	850–880 P [2] / 900–930 S [2]	890–920	770–800	150–175	440 [6]
	16 MnCr 5	650–700	850–880		840–870	810–840	160–200	400 [5]
17210	20 MnCr 5	650–700	850–880	870–900 P [2] / 900–930 S [2]	840–870	810–840	160–200	376 [6]
	15 CrNi 6	650–700	850–880		840–870	800–830	160–200	440 [5]
	18 CrNi 8	650–700	850–880		840–870	800–820	160–200	450 [5]
	41 Cr 4 [1]	680–720	850–880	840–860	780–810	—	160–200	355 [5]

Nitrierstähle

DIN-Nr.	DIN-Bezeichnung	G Weichglühen	N Normalglühen	V Härten	Anlassen vor dem Nitrieren	Nitrieren	Ms-Temperatur
	29 CrV 9	650–700	870–900	860–890	580–630	500–530	340 [6]
	34 CrAl 6	650–700	890–920	≈ 880–910 in Öl	580–650	500–530	345 [6]
17210	30 CrMoV 9	650–700	870–900	870–900 in Öl oder Wasser	550–670	500–530	330 [6]
	33 CrAlNi 7	650–700	850–880	840–870 in Öl	610–660	500–530	327 [6]
	50 CrV 4	680–720	850–880	830–860 in Öl	530–670	500–530	290 [6]

[1] Siehe Fußnoten in Tab. 4/6.
[2] P = in Pulver; S = in Salzbädern.
[3] Bei Abschrecken in Öl; bei Abschrecken in Wasser 10 °C niedriger.
[4] Nur Abschrecken in Öl.
[5] Ms-Werte (Beginn der Martensitbildung) [4/145].
[6] Ms-Werte berechnet nach der alten Formel von NEHRENBERG:
$$Ms\ [°C] = 500 - 300\ C - 33\ Mn - 22\ Cr - 17\ Ni - 11\ Si - 11\ Mo.$$
[7] Geschätzte Werte.
* Die Behandlungstemperaturen sind im wesentlichen DIN 17200 Tab. 4 entnommen.
** Die Behandlungstemperaturen sind im wesentlichen DIN 17210 Tab. 5 entnommen.

Tabelle 4/8. Angaben über Festigkeitseigenschaften und Härtbarkeit der deutschen Zahnradstähle aus Tab. 4/6

Vergütungsstähle

DIN-Nr.	DIN-Bezeichnung	G [1] weichgeglüht max. σ_B [kg/mm²]	N normalgeglüht σ_B [kg/mm²]	V vergütet [1] bis 16 mm Ø σ_B [kg/mm²]	min δ_5 [%]	16 bis 40 mm Ø σ_B [kg/mm²]	min δ_5 [%]	40 bis 100 mm Ø σ_B [kg/mm²]	min δ_5 [%]	max. erreichbare Abschreckhärte [2] HRC	Abschreckhärte bei 90% Martensit [3] HRC	Kritische Abkühlgeschwindig. bei 704 °C [°C/s][9]	Kritischer Ø H=2 Wasser H=0,4 Öl [mm][10]	übliches Abschreckmittel [1]
17200	C 45 (Ck 45)	70	60–72	75– 90	14	65– 80	16	60– 72	18	61–64	51–54	50	15	Wasser (Öl)
	C 60 (Ck 60)	84	70–85	85–105	12	75– 90	14	70– 85	15	65–66	56–58	40	20	Wasser (Öl)
	37 MnSi 5	75	—	100–120	11	90–105	12	80– 95	14	58–62	47–50	16	41	Öl (Wasser)
	34 Cr 4	75	—	100–120	11	90–105	12	80– 95	14	56–60	45–48	7,5	60	Öl (Wasser)
	34 CrMo 4	75	—	100–120	11	90–105	12	80– 95	14	56–60	45–48	7,2	62	Öl
	42 CrMo 4	75	—	110–130	10	100–120	11	90–105	12	60–63	40–52	6	68	Öl
				16–40 mm Ø		*40–100 mm Ø*		*100–250 mm Ø*						
Werkstoffblatt550	34 CrNiMo 6	81	—	110–130	10	100–120	11	80–100	13	56–60	45–48	2,2	> 150	Öl
	38 MnSi 4 [3]	—	60–75	nur für große Werkstücke				60– 75	15	59–61	48–51			Öl (Wasser)
	46 MnSi 4 [3]	—	65–80					70– 85 [13]	12	61–64	51–53			Öl

Einsatzstähle [5]

DIN-Nr.	DIN-Bezeichnung	G [5] weichgeglüht max. σ_B [kg/mm²]	BF [5] geglüht auf günstigste Festigkeit zur Zerspanung σ_B [kg/mm²]	BG [5] geglüht auf günstigstes Gefüge zur Zerspanung σ_B [kg/mm²]	E nach Einsatzhärtung im Kern σ_B [kg/mm²]	δ_5 [%]	Kerbschlagzähigk. (DVM)	Festigkeitsannahme bei verschiedenen Querschnitten [5] Dicke 10 mm σ_B [kg/mm²]	Dicke 30 mm σ_B [kg/mm²]	Dicke 60 mm σ_B [kg/mm²]	Kritische Abkühlgeschwindig. bei 704 °C [°C/s]	Kritischer Ø H=2 Wasser H=0,4 Öl [mm]	Übliches Abschreckmittel [1]
17210	C 15 (Ck 15)	49	—	—	50– 65	16	8	58– 81	50– 64	—	—[11]	—[11]	Wasser (Öl)
	16 MnCr 5	71	53–71	49–64	80–110	10	5	90–120	80–110	—	18	35	Öl
	20 MnCr 5	75	58–75	52–69	100–130	8	4	110–140	100–130	—	6	68	Öl
	15 CrNi 6	75	58–75	52–69	90–120	9	7	100–130	90–120	—	3,4	90	Öl
	18 CrNi 8	81	64–81	58–75	120–145	7	5	130–160	115–145	105–135	2,2 [12]	150 [12]	Öl
	41 Cr 4 [5a]	75	—	—	140–190	—	—	165–190	155–180	—	7,5	60	Öl

Tabelle 4/8. (Fortsetzung)

Nitrierstähle

		G weichgeglüht Brinellfestigkeit max. σ_B [kg/mm²]	geeignet für Ø [mm]	V⁶ vergütet σ_B [kg/mm²]	δ_5[%] mind.	übliche Festigkeit nach dem Nitrieren [7] σ_B [kg/mm²]	Oberflächenhärte nach dem Nitrieren [8] HRC	max. erreichbare Abschreckhärte [2] (ohne Nitrieren) HRC	Abschreckhärte bei 90% Martensit [3] (ohne Nitrieren) HRC	Kritische Abkühlgeschwindigkeit bei 704 °C [°C/s]	Kritischer Ø H = 2 Wass. H = 0,4 Öl [mm]	Übliches Abschreckmittel [1]
Stahl-Eisen-Werkstoffblatt 850–47	29 CrV 9									2,2	135	Öl (Wasser)
	34 CrAl 16	81	bis 80 Ø bis 80 Ø	80–100 100–115	12 11	80–100	67	56–60	45–48	16	40	Öl (Wasser)
	31 CrMoV 9	81	80–100	90–105	13	90–105	62	54–59	43–47	2,2	> 150	Öl
	33 CrAlNi 7	81	100–250 40–100	80–100 100–120	14 11	90–105	67	56–60	45–48			Öl
DIN 17200	50 CrV 4	80	100–250	80–100	13	90–105	56	64–65	53–55	6,2	63	Öl

[1] Nach DIN 17200.
[2] Nach BURNS, MOORE und ARCHER; gilt auch als Anhalt für Induktions- oder Brennhärtung.
[3] Nach HODGE und OREHOSKI.
[4] Für große Räder und Bandagen.
[5] Nach DIN 17210; [5a] Wird nur für Zyanbadhärtung und Karbonitrieren benutzt bei kleineren Zahnrädern.
[6] Festigkeitseigenschaften der ersten 4 Nitrierstähle. Stahl-Eisen-Prüfblatt 850-47; die Festigkeitswerte des letzten Stahles 50 CrV 4 wurden DIN 1667 entnommen.
[7] Die Kernfestigkeit von Zahnrädern aus Nitrierstahl wird in der Regel durch die Zerspanungsmöglichkeit begrenzt. Bei großen Werkstücken geht man häufig auf die unteren Werte.
[8] Die Angaben über die Oberflächenhärte nach dem Nitrieren sind Richtwerte, sie können durch das angewendete Nitrierverfahren verändert werden.
[9] Entnommen aus [4/119] Seite 917 Bild 17.
[10] Durchmesser eines Rundstabes, der noch durchhärtet (im Kern 50% Martensit); H = Abschreckintensität entnommen aus [4/131] Seite 15 Abb. 4.
[11] 50% Martensit wird nicht erreicht.
[12] Geschätzte Werte.
[13] von 100–500 Ø

Tabelle 4/8a. *Einige deutsche Stahlgußsorten, die für Zahnräder verwendet werden*

DIN-Blatt Nr. (Stahlgußart)		Marke	Durchschnittliche Zusammensetzung in %						Mechanische Eigenschaften			
			C	Mn	Si	Cr	Mo	Sonstige	Bruchfestg. σ_B mind. [kg/mm²]	Streckgrenze σ_s mind. [kg/mm²]	Dehnung δ_5 mind. [%]	Einschnürg. mind. [%]
			Unlegierter Stahlguß									
1681	Normalgüte	GS–52	≈ 35	—	—	—	—	—	52	—	12	—
		GS–60	≈ 45	—	—	—	—	—	60	—	8	—
	Sondergüte	GS–52, 1 und 3	≈ 35	—	—	—	—	—	52	25	18	—
		GS–52, 2 und 5	≈ 35	—	—	—	—	—	52	25	18	17
		GS–60, 1	≈ 45	—	—	—	—	—	60	36	15	—
Harter Stahlguß		GS–65	≈ 55	—	—	—	—	—	65	—	6	—
			Legierter Stahlguß für Vergütung									
nicht genormt		VMN	0,5 / 0,3	1,5	0,4	—	—	—	80 / 70	55 / 50	18 / 20	45 / 55
		V Mn Si	0,3	1,3	1,0	—	—	—	70	40	20	55
		V Cr	0,35 / 0,5	0,7	0,4	1,1	—	—	80 / 85	40 / 60	15 / 14	50 / 35
		V Si	0,45	0,6	1,5	—	—	—	75	50	20	45
		V Cr Mn	0,4	1,1	0,6	1,1	—	—	100	70	11	45
		V Cr V	0,5	0,7	0,4	1,1	—	V:0,2	105	80	9	40
		V Cr Mo	0,37 / 0,4	0,7	0,4	1,1 / 1,7	— / 0,2	—	95 / 125	70 / 100	12 / 10	50 / 45
		V Cr Ni	0,35	0,6	0,4	1,3	—	Ni:4,5	125	100	12	50
			Legierter Stahlguß für Einsatzhärtung									
		E Cr	0,16	0,5	—	0,75	—	—	80	55	15	
		E Cr Mn	0,20	1,3	—	1,3	—	—	130	90	7	
		E Cr Mo	0,15 / 0,18	0,8 / 1,1	0,4 / —	1,2 / 1,3	0,3 / —	—	100 / 130	70 / 100	10 / 7	
		E Cr Ni	0,15	0,5	—	1,2	—	Ni:4,5	130	100	10	

erzielte Härte über dem Abstand von der abgeschreckten Stirnfläche auf. Für einige amerikanische Zahnradstähle sind derartige Stirnabschreckkurven in Abb. 4/4 dargestellt. Stirnabschreckkurven einer Reihe deutscher Stähle sind in [4/145] angeführt. Sie sind für den Konstrukteur ein

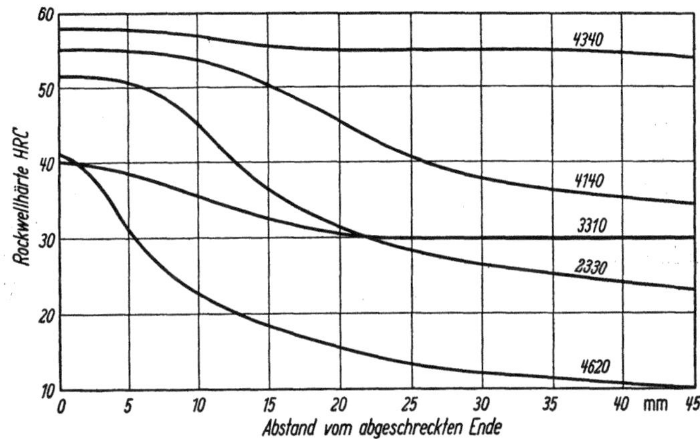

Abb. 4/4. Stirnabschreckkurven (JOMINY-Test) einiger amerikanischer Stähle (nach Angabe der Bethlehem Steel Co., USA)

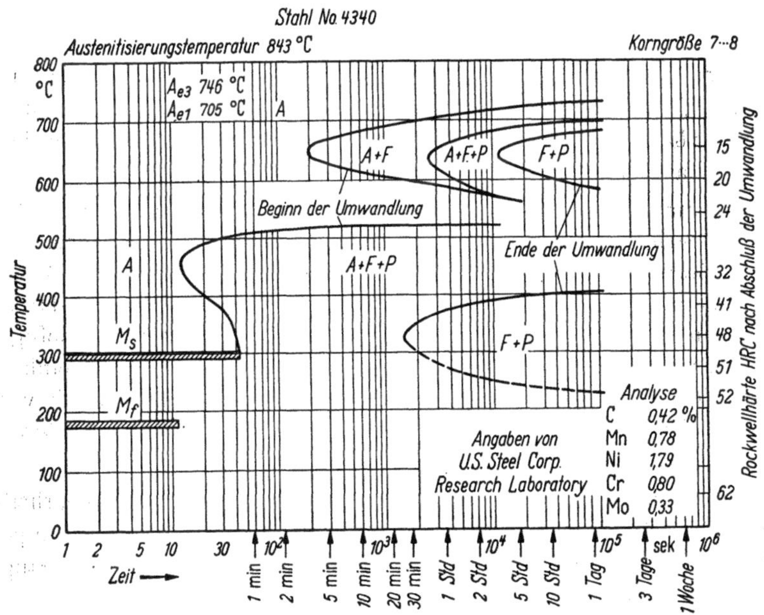

Abb. 4/5. Zeit-Temperatur-Umwandlungsschaubild des Stahles AISI 4340 (nach Angabe der International Nickel Co., USA)
A Bereich des Austenits, *F* Bereich der Ferritbildung, *P* Bereich der Perlitbildung, M_s Beginn der Martensitbildung, M_f Ende der Martensitbildung

wichtiges Hilfsmittel bei der Auswahl des Stahles. – Durch einfache Umrechnung kann man jedem Stirnabstand einen Durchmesser zuordnen, so daß in etwa vorausgesagt werden kann, welche Festigkeit am Werkstück zu erwarten ist.

ZTU-Diagramme. Wird ein Stahl von einer Temperatur oberhalb A_{c3} (Austenit) schnell auf eine bestimmte Temperatur zwischen A_{r1} und Martensitpunkt abgekühlt und dann bei Konstanthaltung dieser Temperatur längere Zeit geglüht *(Zwischenstufenvergüten)*, so bildet sich nach einer gewissen Anlaufzeit aus dem Austenit Ferrit und Perlit. Trägt man Beginn und Ende dieser Umwandlungen bei verschiedenen Temperaturen auf, so erhält man Zeit-Temperatur-Umwandlungs-(ZTU)-Diagramme. Ein Beispiel ist in Abb. 4/5 gezeigt; ZTU-Diagramme für weitere Stähle s. [*4/145*]. Diese Diagramme sind neben dem Eisenkohlenstoff-Diagramm das wichtigste Hilfsmittel bei der Festlegung des Wärmebehandlungsverfahrens.

4.26 Durchgreifende Wärmebehandlung

Wir wollen in diesem Abschnitt die Verfahren behandeln, die eine mehr oder minder gleichmäßige Beeinflussung des ganzen Werkstückquerschnittes zum Ziel haben. Die überwiegend auf die Oberfläche wirkenden Wärmebehandlungsverfahren werden in Abschn. 4.27 besprochen.

Wärmebehandlungsdaten einer Reihe typischer Zahnradstähle sind in Tab. 4/4 und 4/7 zusammengestellt. Die angegebenen Zahlen müssen dabei als Mittelwerte angesehen werden, von denen durchaus abgewichen werden kann, wenn praktische Erfahrungen vorliegen.

1. Normalglühen besteht in einem Erwärmen auf eine Temperatur wenig oberhalb des oberen Umwandlungspunktes A_{c3} (bei überperlitischen Stählen oberhalb des unteren Umwandlungspunktes A_{c1}) mit nachfolgendem Abkühlen in ruhender Atmosphäre. Man erreicht damit, daß sich die vom Walzen, Schmieden usw. herrührenden Gefügeungleichmäßigkeiten ausgleichen; es stellt sich ein einheitliches feinkörniges Gefüge ein. Die spanabhebende Bearbeitung wird dadurch verbessert; ferner erreicht man, daß sich die Werkstücke bei späterem Härten weniger stark verziehen.

2. Glühen mit geregelter Abkühlung für gute zerspanende Bearbeitbarkeit. Hierbei wird – ebenso wie beim Normalglühen – auf eine Temperatur oberhalb des oberen Umwandlungspunktes erwärmt und dann langsam abgekühlt (entweder durch kontrolliertes Absenken der Ofentemperatur oder durch Abkühlen von Ofen und Charge bei geschlossenen Türen). Man erhält so ein perlitisches bzw. perlitisch-ferritisches Gefüge, das beim Bearbeiten eine saubere Oberfläche ergibt.

3. Weichglühen ist ein Glühen bei einer Temperatur direkt unterhalb des unteren Umwandlungspunktes A_{c1} (in manchen Fällen auch knapp oberhalb A_{c1} oder Pendeln um A_{c1}) mit nachfolgendem, langsamem Abkühlen. Wie der Name sagt, erzielt man damit die niedrigst mögliche Härte. Für bessere Zerspanung wird das Weichglühen nur bei Stählen mit C-Gehalten über 0,5% C angewendet.

4. Glühen auf körnigen Perlit ist ein unterbrochenes Glühen. Von einer Temperatur oberhalb des unteren Umwandlungspunktes A_1 läßt man zunächst bis unterhalb dieses Umwandlungspunktes abkühlen; diese Temperatur wird längere Zeit gehalten und dann beliebig weiter abgekühlt. Man erzielt damit eine vollständige Umwandlung in kugeligen Perlit, der sich bei hochkohlenstoffhaltigen bzw. hochlegierten Stählen besonders gut bearbeiten läßt.

5. Vergüten. Der Härtevorgang wurde bereits auf S. 278 f. beschrieben. Das durch Abschrecken entstandene Martensitgefüge ist außerordentlich hart und spröde. Um die Zähigkeit zu erhöhen, werden deshalb die meisten Werkstücke nach dem Abschrecken angelassen, d. h. auf eine Temperatur unterhalb des unteren Umwandlungspunktes erwärmt und danach langsam abgekühlt. Je nach der Höhe der Anlaßtemperatur ist mit der Erhöhung der Zähigkeit eine mehr oder minder starke Verringerung der Härte verbunden.

6. Spannungsfreiglühen. Soll die durch Abschrecken erzielte Härte im wesentlichen erhalten bleiben, so schließt man doch meist einen Glühvorgang bei niedriger Temperatur (etwa 120 bis 180 °C) an, um die inneren Spannungen abzubauen. Der Prozeß wird insbesondere nach dem Oberflächenhärten angewendet.

4.27 Oberflächenhärteverfahren

Durch Einsatz-, Nitrier-, Induktions- oder Flammenhärten ist es möglich, dem Zahn eine harte Oberfläche zu geben, wohingegen der Kern des Zahnes relativ weich und zäh bleibt. Der übrige Radkörper kann in die Oberflächenhärtung einbezogen werden oder im ganzen ungehärtet bleiben, je nachdem es die Umstände erfordern.

Die harte Oberfläche gibt dem Zahnrad eine hohe Widerstandsfähigkeit gegen Grübchenbildung und Verschleiß. Auch die Biegefestigkeit wird durch Oberflächenhärtung erhöht; besonders vorteilhaft ist, daß infolge des unterschiedlichen Werkstoffgefüges von Rand und Kern in der harten Oberflächenschicht eine *Druckvorspannung* entsteht. Dadurch werden die bei Biegebeanspruchung am Rand auftretenden Zugspannungen (die den Bruch verursachen) vermindert.

4.271 Einsatzhärtung

Verfahren, Vor- und Nachteile. Einsatzhärten ist das älteste und wahrscheinlich verbreitetste Zahnradhärteverfahren. Man verwendet hierbei Stähle mit niedrigem Kohlenstoffgehalt (0,1 bis 0,3% C). Die verzahnten Radkörper werden in einer kohlenstoffhaltigen (gasförmigen, festen oder flüssigen[1]) Umgebung über den oberen Umwandlungspunkt erwärmt und bei konstanter Temperatur geglüht. Während des Glühprozesses reichert sich die Oberflächenschicht mit Kohlenstoff an und infolgedessen kann sie beim Abschrecken eine höhere Härte annehmen als der kohlenstoffarme Kern.

Außer den oben erwähnten Vorteilen, nämlich der hohen Flanken- und Fußfestigkeit einsatzgehärteter Zahnräder, hat das Verfahren auch einige Nachteile: Infolge der Druckvorspannung in der Randzone besteht die Tendenz, daß sich der Pressungswinkel leicht erhöht und der Schrägungswinkel verkleinert (die Schraubenlinie streckt sich etwas). Bohrungen neigen beim Einsatzhärten zum Schrumpfen, beim Radkörper entsteht leicht ein axialer und radialer Schlag, der Kopfkreiszylinder neigt dazu, konisch zu werden. – Teilweise kann man die dadurch entstehenden Verzahnungsfehler in Kauf nehmen; wo es auf hohe Genauigkeit ankommt, muß nach dem Härten geschliffen werden. Um den Verzug herabzudrücken, ist es bei manchen Radformen ratsam, mit Härtepressen zu arbeiten.

Aufkohlen der Randzone. Bei unkontrolliertem Aufkohlen kann man, je nach Stahlart, bis auf eine Konzentration von 1,2% Kohlenstoff in der Randzone kommen. Um eine günstige Kombination von Festigkeit und Zähigkeit zu erhalten, sollte die Konzentration jedoch 1% nicht überschreiten; am günstigsten sind 0,8 bis 0,9%. Beim Gasaufkohlen kann man die Kohlenstoffkonzentration dadurch kontrollieren, daß man den Kohlenstoffgehalt des umgebenden Gases überwacht.

Tiefe und Zusammensetzung der Randschicht hängen davon ab, wieviel Kohlenstoff in den Stahl hineindiffundiert; *Einsatzzeit* und *-tempe-*

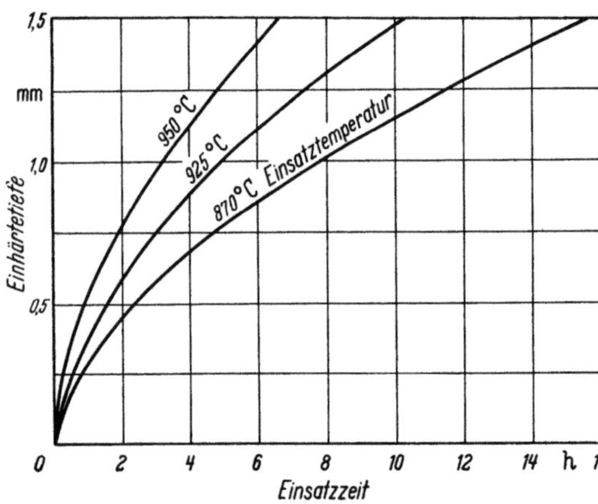

Abb. 4/6. Erforderliche Einsatzzeiten und -temperaturen zur Erzielung verschiedener Einsatztiefen bei Gasaufkohlung

---

[1] Zyanbadhärtung.

ratur sind deshalb auch die Hauptfaktoren, die die Einsatztiefe bestimmen. Demgegenüber spielt die Zusammensetzung des Stahles keine große Rolle für das Aufkohlen der Randzone.

In Abb. 4/6 ist der Einfluß von Einsatzzeit und Temperatur auf die Einsatztiefe (beim Gasaufkohlen) dargestellt.

Um größte Tragfähigkeit zu erzielen, muß die Einsatztiefe in einem bestimmten Verhältnis zur Zahndicke gewählt werden. Empfehlungen hierzu sind in Tab. 4/9 zusammengestellt. Die Daten gelten für die *fertige* Verzahnung. Falls nach dem Härten geschliffen wird, muß also auf eine um die Schleifzugabe höhere Tiefe eingesetzt werden.

Tabelle 4/9
Empfohlene Härtetiefe an der fertigbearbeiteten Verzahnung bei Einsatzhärtung

Modul [mm]	Diametral Pitch [1/"]	Härtetiefe [mm]
≈ 1,25	20	0,25–0,50
≈ 1,6	16	0,30–0,60
≈ 2,5	10	0,50–0,90
≈ 3,25	8	0,60–1,0
≈ 4,25	6	0,75–1,3
≈ 6,5	4	1,0–1,5

Wärmebehandlung nach dem Aufkohlen. Wenn der Aufkohlungsprozeß beendet ist, muß eine Wärmebehandlung angeschlossen werden, die die gewünschten Eigenschaften von Oberfläche und Kern ergibt. Die wichtigsten Verfahren sind in Abb. 4/7 dargestellt und in der zugehörigen Beschreibung erläutert.

Für hochbeanspruchte Getriebe wird Verfahren C bevorzugt, weil man hiermit sowohl eine harte Oberfläche als auch einen tragfähigen Kern erzielt.

Direktes Abschrecken aus der Einsatzhitze (Einfachhärtung, Verfahren E) hat den Vorteil, daß der Härteverzug auf ein Minimum herabgesetzt wird. Bei einer Reihe hochbeanspruchter Zahnradgetriebe wurden hiermit bereits zufriedenstellende Ergebnisse erzielt. Trotzdem sollte dieses Kurzverfahren serienmäßig erst dann angewendet werden, wenn ein geeigneter Stahl zur Verfügung steht und wenn Versuche gezeigt haben, daß so gehärtete Zahnräder allen im Betrieb auftretenden Belastungen gewachsen sind.

Einsatzstähle, Härte von Rand und Kern. Die üblicherweise angewendeten Stähle sind in den Tab. 4/3 (amerikanische) und 4/6 (deutsche) aufgeführt.

Für Zahnräder von Flugzeuggetrieben werden in den USA von den meisten Konstrukteuren Stähle vom Typ AISI 3310 bevorzugt (Abb. 4/8). Ferner kommt hierfür AISI 9310 – ein Nickel-Chrom-Molybdän-Stahl – in Frage, der dem Typ AMS 6260[1] sehr ähnlich ist. Ni-, Cr–Ni- sowie Ni–Mo-Stähle werden in den USA bevorzugt für Schiffs-, Traktoren- und Lokomotivgetriebe verwendet.

---

[1] AMS bedeutet „Aircraft Material Specification".

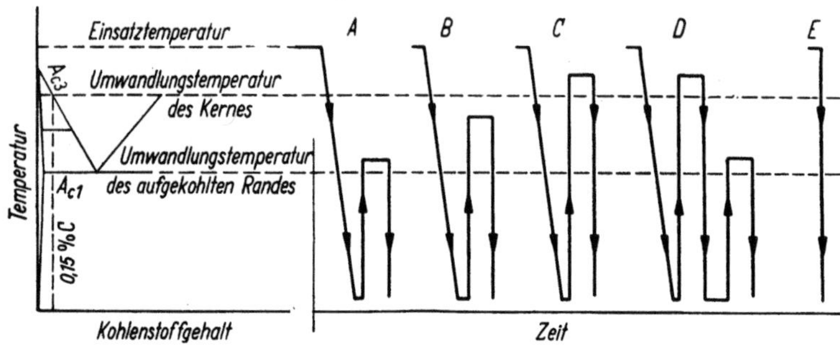

Verfahren	Rand	Kern
A (Bevorzugt angewendet bei feinkörnigen Stahlarten)	Rückgefeint; überschüssige Karbide werden nicht aufgelöst	Nicht rückgefeint; weich und bearbeitbar
B (Bevorzugt angewendet bei feinkörnigen Stahlarten)	Gefüge leicht vergröbert; überschüssige Karbide werden zum Teil aufgelöst	Teilweise rückgefeint; fester und zäher als bei A
C (Bevorzugt angewendet bei feinkörnigen Stahlarten)	Gefüge etwas vergröbert; Auflösung überschüssiger Karbide begünstigt; bei hochlegierten Stählen verbleibt leicht Austenit im Gefüge	Rückgefeint; maximale Kernfestigkeit und -härte. Bessere Kombination von Festigkeit und Dehnbarkeit als bei B
D (Beste Wärmebehandlung für grobkörnige Stahlarten)	Rückgefeint; Auflösung überschüssiger Karbide begünstigt; Gefahr, daß Austenit im Gefüge verbleibt, verringert	Rückgefeint; weich und bearbeitbar; maximale Zähigkeit und Stoßfestigkeit
E (Nur für feinkörnige Stahlarten angewendet)	Nicht rückgefeint und überschüssige Karbide aufgelöst; Austenit verbleibt im Gefüge; Verzüge stark verringert	Nicht rückgefeint, aber gehärtet

Abb. 4/7. Darstellung verschiedener – anschließend an das Aufkohlen durchgeführter – Wärmebehandlungsverfahren und der damit erzielten Eigenschaften von Rand und Kern (nach Angabe der International Nickel Co., USA)

Bei kleineren Zahnrädern hat man vielfach mit schwach legierten oder einfachen Kohlenstoffstählen eine hervorragende Tragfähigkeit erzielt.

Hochbeanspruchte Zahnräder sollten an der Oberfläche eine Härte von mehr als 55 HRC und eine Kernhärte von HRC = 33 bis 42 aufweisen. Ein noch härterer Kern ist zu spröde und hat eine geringere

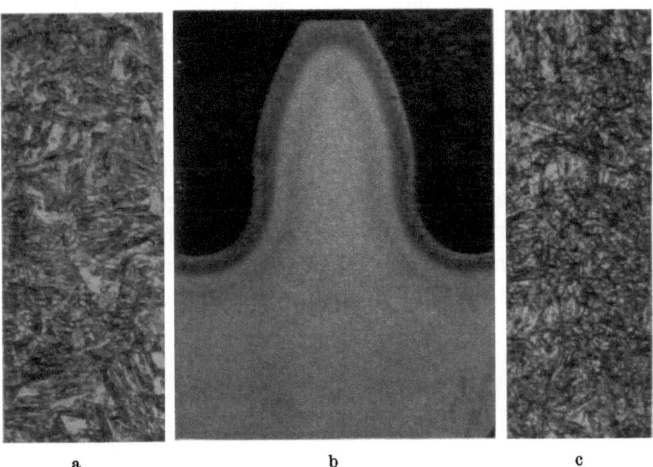

Abb. 4/8 a—c. Einsatzgehärtetes Zahnrad eines Flugzeuggetriebes. a) Kerngefüge, 400fach; b) Übersicht, 4fach; c) Randgefüge, 400fach

Druckvorspannung der Randzone zur Folge, die aus einem geringen Volumenunterschied von Kern- und Randgefüge resultiert. Ein zu weicher Kern hat andererseits wieder nicht die Tragfähigkeit, die der harten Randzone entspricht.

4.272 Nitrierhärtung

Man unterscheidet zwischen Gasnitrieren und Badnitrieren, das in der letzten Zeit eine große Bedeutung erlangt hat.

a) Gasnitrieren

Verfahren. Läßt man an Stelle von Kohlenstoff atomaren Stickstoff, der sich durch Zersetzung von Ammoniak bildet, in die Werkstückoberfläche diffundieren (Aufsticken), so entstehen hier Nitride, die eine sehr harte, dünne Randschicht bilden. Die Eindringgeschwindigkeit des Stickstoffes ist allerdings wesentlich geringer als

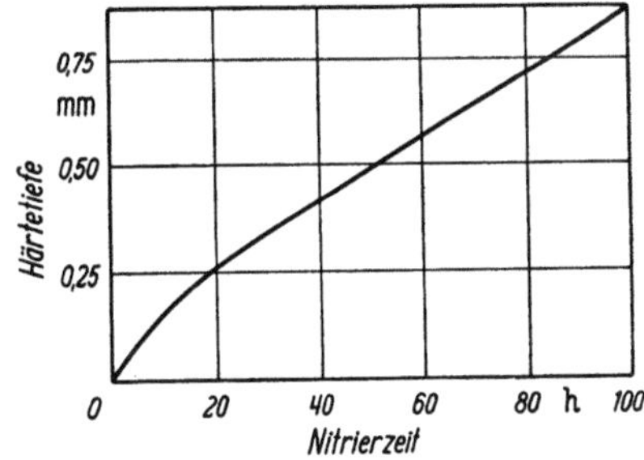

Abb. 4/9. Nitrierzeiten zur Erzielung verschiedener Nitriertiefen

die des Kohlenstoffes, so daß zum Nitrierhärten eine längere Zeit benötigt wird. Abb. 4/9 zeigt den Zusammenhang zwischen Nitrierzeit und Einhärtetiefe.

Die blanken, fertig bearbeiteten Teile werden in einem gasdichten Ofenraum unter Ammoniakatmosphäre bei Temperaturen zwischen 500 und 540 °C geglüht. Bei dem heute bevorzugten Verfahren hat das Ammoniak in den ersten Stunden einen Dissoziationsgrad von 30%, den man dann anschließend auf 85% ansteigen läßt. Bei dem zuerst angewandten niedrigen Dissoziationsgrad entsteht zunächst eine etwa 0,05 mm dicke, spröde Schicht, die übermäßig mit Nitriden angereichert ist; sie wird als „weiße Schicht" bezeichnet, da sie im Schliffbild weiß erscheint. Der am Schluß des Nitrierprozesses angewendete höhere Dissoziationsgrad gestattet es den überschüssigen Nitriden der Randzone, in die tiefer liegenden Schichten hineinzudiffundieren, so daß schließlich nur Spuren einer weißen Schicht zurückbleiben.

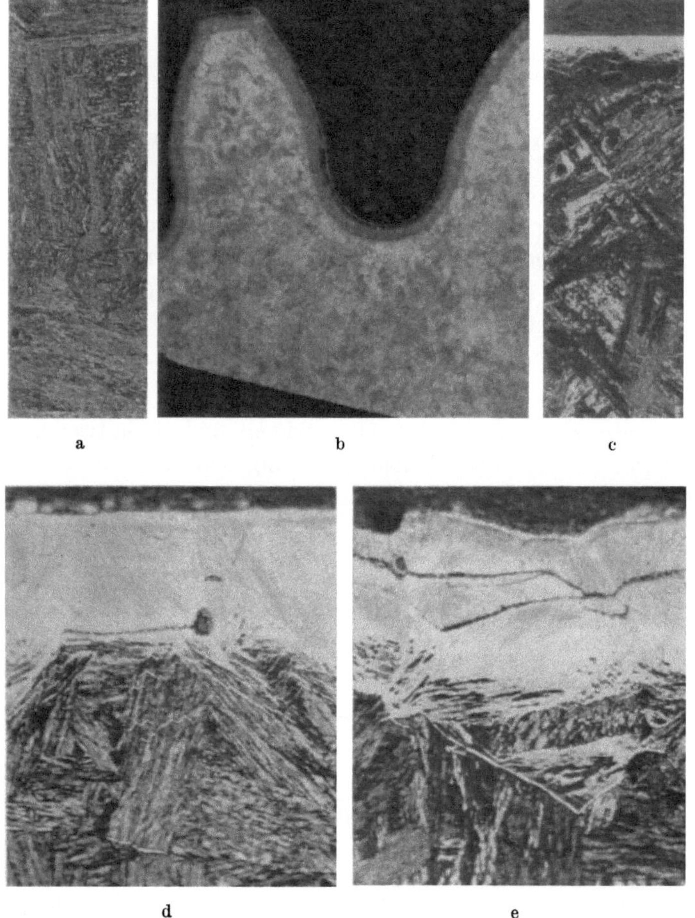

Abb. 4/10 a–e. Verschiedene Gefüge in einem nitrierten Zahnrad. a) Kerngefüge, 200fach; b) nitrierter Zahn (Übersicht) mit dünner weißer Schicht, 4fach; c) Randzone mit einer weißen Schicht von 5 bis 10 μ Dicke, 200fach; d) Randzone mit dicker weißer Schicht von 35 bis 50 μ Dicke, 400fach; e) dicke weiße Schicht nach Lauf mit hoher Belastung, 400fach

Abb. 4/10 zeigt eine Gegenüberstellung der Randzonen, wie sie sich nach zwei verschiedenen Nitrierverfahren ausbilden.

Wegen der geringen Nitriertemperatur entstehen beim Nitrieren keine inneren Spannungen, etwa vorhandene können jedoch ausgelöst werden, was dann zu Verformungen führt. Um dies zu vermeiden, müssen alle inneren Spannungen durch die vorhergehende Wärmebehandlung beseitigt werden. Man erzielt die besten Ergebnisse, wenn die Teile zunächst nur geschruppt und dann vergütet werden. Die Anlaßtemperatur wird dabei meist zwischen 540 und 700 °C gewählt. Anschließend kann das Teil fertig bearbeitet und so vor dem Nitrieren spannungsfrei geglüht werden.

Vor- und Nachteile, Härteverzug. Wegen des geringen Verzuges ist das Nitrierhärten für so komplizierte Teile wie Zahnräder besonders geeignet: Die Radkörper können im Zustand mittlerer Härte fertigverzahnt und der Schleifprozeß kann damit eingespart werden. Insbesondere Teile mit dünner Wandstärke, die beim Abschrecken reißen würden, können durch Nitrieren auf volle Härte gebracht werden.

Infolge der Nitridbildung wächst das Volumen der Randzone gegenüber dem Kerngefüge, so daß an der Oberfläche – wie beim Einsatzhärten – eine Zone der Druckvorspannung entsteht. Wie auf S. 289 gezeigt wurde, wird die Biegefestigkeit der Zähne damit erhöht. – Die Druckvorspannung in der Randzone bewirkt, daß die Abmessungen in allen Richtungen leicht zunehmen. So kann man bei Stirnrädern eine schwache Vergrößerung von Kopfkreis- und Teilkreisdurchmesser feststellen; beispielsweise betrug bei einem 12zähnigen Stirnrad mit leichtem Radkörper die Zunahme des Kopfkreisdurchmessers 0,12 mm und die Zunahme des Prüfmaßes über Rollen 0,20 mm. – Entgegen der Wirkung beim Einsatzhärten besteht beim Nitrieren die Tendenz, daß der Pressungswinkel *abnimmt*. Der Fußkreisdurchmesser bleibt im allgemeinen unverändert, vorausgesetzt, daß alle inneren Spannungen vor dem Nitrieren beseitigt wurden.

Die Volumenzunahme der mit Nitriden angereicherten Randzone führt dazu, daß sich an scharfen Ecken und Kanten ein grobkörniges, sprödes Gefüge bildet; alle derartigen Stellen sollten deshalb vor dem Nitrieren sorgfältig abgerundet werden.

Wichtig ist ferner, daß die Flächen, die nitriert werden sollen, keine entkohlten Stellen enthalten; an diesen Stellen bildet sich nur eine dünne und spröde Härteschicht, welche die Dauerfestigkeit herabsetzt.

Nitrierstähle, erreichbare Härte. Fast alle Stahlsorten absorbieren Stickstoff, jedoch erhält man brauchbare Nitrierschichten nur bei Stählen, die einen merklichen Legierungsanteil von Aluminium, Chrom oder Molybdän aufweisen. Weitere Zusätze, wie Nickel und Vanadin, mögen erforderlich sein, um die Wärmebehandlungseigenschaften der Nitrierstähle zu verbessern. Die in den USA üblicherweise zum Nitrierhärten verwendeten Stähle sind in Tab. 4/3, S. 277, die deutschen Nitrierstähle in Tab. 4/6, S. 283 angeführt.

In den Tab. 4/4 und 4/7 ist angegeben, welche Wärmebehandlungstemperaturen (vor dem Nitrieren) und welche Nitriertemperaturen zweckmäßig sind. In den Tab. 4/5 und 4/8 sind ferner die erreichbaren Härten angeführt. Man erkennt hieraus, daß die Nitrierschicht bei aluminiumhaltigen Stählen härter – und damit auch spröder – ist als die aufgekohlte Randschicht bei Einsatzhärtung.

b) Badnitrieren

Verfahren. Die blanken, fertig bearbeiteten Werkstücke werden etwa 90 bis 120 min in einem Salzbad geglüht, das als wirksamen Bestandteil Kaliumzyanat enthält. Bei der Badtemperatur von 550 bis 570° C zerfällt dieser Stoff und es entstehen Stickstoff und Kohlenstoff, die an der Oberfläche Eisenkarbid und Eisennitrid bilden; die äußere Schicht („Verbindungszone" oder „weiße Schicht") ist 5 bis 15 μ dick und hat je nach Werkstoff eine Vickershärte von 400 bis 600 kg/mm². Der Stickstoff diffundiert tiefer in das Werkstück hinein und bildet hier Eisen- und Sondernitride; diese „Diffusionszone", deren Härte mehr oder weniger schnell auf die Kernhärte abfällt, erreicht eine Dicke von 0,2 bis 0,5 mm. Nach dem Nitrieren läßt man die Teile an Luft abkühlen. Bei höheren Beanspruchungen erhöht man zweckmäßigerweise die Kernfestigkeit vor dem Nitrieren durch Vergüten. Die Anlaßtemperatur sollte dabei etwa 50° über der Nitriertemperatur liegen, um Verzüge durch das nachfolgende Nitrieren zu vermeiden. – Dem Badnitrieren ähnlich ist das *Sulf-Inuz-Verfahren*. Das Nitrierbad gibt hierbei außer Stickstoff und Kohlenstoff auch Schwefel ab, das ebenfalls auf die Werkstückoberfläche einwirkt.

Vor- und Nachteile. Härteverzug. Die Wärmebehandlungszeiten sind wesentlich kürzer als beim Gasnitrieren; das Verfahren arbeitet praktisch verzugsfrei. Trotz der geringeren Härte erreicht man höhere Zahnfußtragfähigkeiten als bei allen übrigen Härteverfahren. Bezüglich des Verschleißverhaltens sind badnitrierte und einsatzgehärtete Zahnräder etwa gleichwertig; die durch Badnitrieren erreichbare Freßtragfähigkeit ist höher als die einsatzgehärteter Zahnräder. – Die Grübchentragfähigkeit beträgt dagegen nur etwa 50 bis 60 % dessen, was mit dem herkömmlichen Härteverfahren erreicht wird.

Werkstoffe. Nahezu alle unlegierten und legierten Vergütungs- und Einsatzstähle, sowie Nitrierstähle und Gußeisen eignen sich zum Badnitrieren.

4.273 Induktionshärtung

Allgemeines, Verfahren. Fließt durch eine Spule ein Wechselstrom, so wird dadurch in der Umgebung der Drähte ein magnetisches Wechselfeld erzeugt. Bringt man in dieses Feld einen Metallkörper, so wirkt dieser wie eine kurzgeschlossene, aus einer Windung bestehende Sekundärspule eines Transformates, in der sehr hohe Ströme – sogenannte Wirbelströme – fließen; wie in einem Heizwiderstand setzen sie sich in Wärme um. Von besonderer Wichtigkeit für die Anwendung der induktiven Erwärmung ist die Eigenschaft des Wechselstroms, an der Oberfläche des Leiters zu fließen, so daß Stromwärme nur nahe der Oberfläche erzeugt wird. Die tiefer liegenden Schichten werden nur durch Wärmeleitung aufgeheizt. Dieser sogenannte Hauteffekt ist um so ausgeprägter, je höher die Frequenz des Wechselfeldes ist. Zur Härtung von Zahnrädern mit kleinen Moduln (d. h. geringer Einhärtetiefe) benötigt man deshalb sehr hohe Frequenzen; bei großen Moduln relativ niedrige Frequenzen. Empfehlungen für die Wahl der Frequenz s. Tab. 4/10.

Tabelle 4/10. Für Induktionshärtung (Umlaufhärtung) von Zahnrädern empfohlene Frequenzen

Modul [mm]	Diametral Pitch [1/'']	Frequenz [1/s]
≈ 0,8	32	500 000–1 000 000
≈ 2,5	10	300 000– 500 000
≈ 5	5	10 000– 300 000
≈ 10	2,5	6 000– 10 000

Zur Erzeugung der Wechselspannung werden in erster Linie umlaufende Generatoren (Motorgeneratoren) und Röhrengeneratoren, früher auch Funkenstreckengeneratoren, angewendet. Die hiermit erreichbaren Leistungen und Frequenzen sind in Tab. 4/11 angeführt.

Tabelle 4/11. Leistung von Generatoren für Induktionshärtung

Bauart	Leistung [kW]	Frequenz [1/s]
Motorgenerator	5–1000	5 000– 12 000
Funkenstreckengenerator	2– 15	10 000– 300 000
Röhrengeneratoren	2– 100	300 000–1 000 000

Da Radkörper und Kern der Zähne während der induktiven Erwärmung kalt bleiben, wirken sie einem Verziehen entgegen und verhindern es weitgehend. Der kalte Kern wirkt auch den Ausdehnungstendenzen der erhitzten Randzone entgegen, die damit eine Art Stauchprozeß erleidet (bei langsamem Abkühlen würden Zugspannungen im Rand auftreten). Das beim Abschrecken in der Randzone auftretende Martensitgefüge ist andererseits aber bekanntlich mit einer Volumenzunahme verbunden, was zu Druckvorspannungen im Rand führt. – Es ist nun entscheidend für den Erfolg dieses Härteverfahrens, den Aufheiz- und Abschreckprozeß so zu führen, daß Druckvorspannungen in gewünschter Höhe in der Randzone verbleiben. Bei fehlerhafter Härtetechnik können die inneren Spannungen so groß werden, daß die Zahnräder durch Risse zerstört werden. Einige Zahnradfirmen konnten für bestimmte Getriebetypen Härteverfahren entwickeln, die es ermöglichen, durch Induktionshärten tragfähigere Zahnräder als durch Einsatz- oder Nitrierhärtung herzustel-

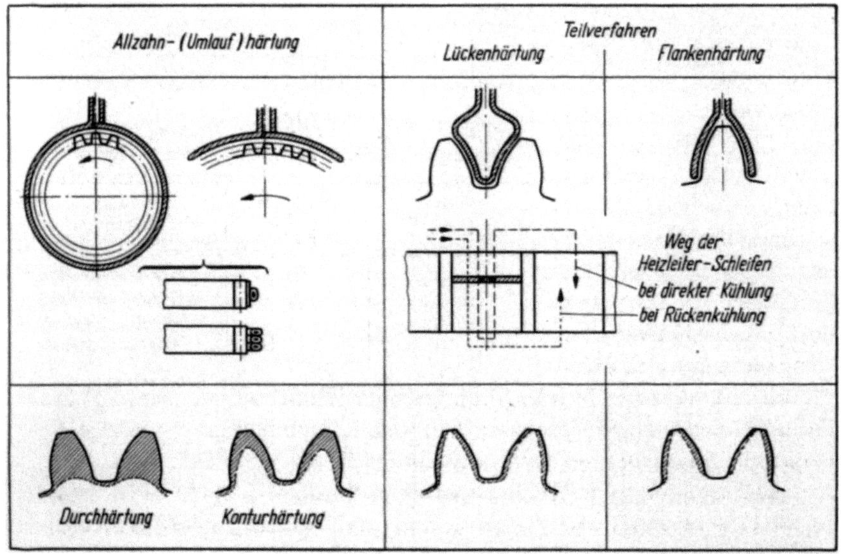

Abb. 4/11. Verfahren zur induktiven Härtung von Zähnen

len. – Anderen Firmen wiederum ist es trotz vieler Versuche nicht gelungen, die Induktionshärtung zu einem vollwertigen Härteverfahren zu entwickeln.

Wenn deshalb für eine bestimmte Zahnradart erstmals induktive Härtung vorgesehen wird, sollten genügend Versuche zur Entwicklung einer geeigneten Härtetechnik durchgeführt werden.

Bei Zahnrädern unterscheiden wir zwei verschiedene Induktionshärteverfahren (Abb. 4/11):

a) Allzahnhärtung. Hierbei wird der ganze Zahnkranz auf einmal erhitzt und dann abgeschreckt (Abb. 4/12). Das Verfahren hat sich in Deutschland im Gegensatz zu den USA bisher nicht durchgesetzt, weil man sehr hohe Generatorleistungen benötigt und Induktionsspule sowie sonstige Härteeinrichtungen genau auf eine Radgröße abgestimmt sein müssen, was sich nur bei entsprechend *großen Stückzahlen* lohnt.

Der Einhärteverlauf, der beim Allzahnhärten erreicht werden kann, hängt von einer Reihe von Einflußgrößen ab: Stahllegierung, Generatorleistung pro Quadratzentimeter Zahnoberfläche, Heizzeit, Frequenz und Modul. Abb. 4/13 zeigt zwei Beispiele für den Einhärteverlauf bei spezifisch hochbelasteten Zahnrädern.

Die Höhe der jeweils erforderlichen Generatorleistung ist sehr schwer abzuschätzen. Sie hängt ab vom Wirkungsgrad der Induktionsspule (auch Heizleiter genannt), der Vorwärmtemperatur und der Vorwärm-

Abb. 4/12. Hochfrequenzgenerator und Abschreckvorrichtung zum induktiven Härten von Zahnrädern. (Werkfoto: General Electric Co.; Lynn, Massachusetts, USA)

Abb. 4/13. Einhärteverlauf an Zahnrädern, die nach dem Umlaufverfahren induktiv gehärtet wurden. a) Ritzel mit Modul 2; b) Ritzel mit Modul 10

zeit. Vorwärmzeit und -temperatur müssen so gewählt werden, daß kein zu großer Verzug auftritt (vgl. S. 303 unten!). Für einige Radgrößen und Moduln sind in Tab. 4/12 die Generatorleistungen, wie sie bei serienmäßigem Härten angewendet wurden, angeführt. Hierbei handelt es sich allerdings um mehr oder minder zufällige Beispiele, von denen nicht ohne weiteres auf andere Einzelfälle geschlossen werden kann. Man erkennt aber immerhin, daß beim Allzahnhärten durchweg relativ hohe Generatorleistungen erforderlich sind. Gewisse Radgrößen können nach diesem Verfahren überhaupt nicht gehärtet werden, da bis heute die entsprechend leistungsfähigen Anlagen nicht zur Verfügung stehen.

Tabelle 4/12. Für die Induktionshärtung (Umlaufhärtung) von Stirnrädern erforderliche Leistungen und Heizzeiten

| Radgröße | | Modul | Diametral Pitch | Leistung | Ungefähre Heizzeit |
Durchmesser [mm]	Breite [mm]	[mm]	[1/″]	[kW]	[s]
12,5	12,5	≈ 1,25	20	25	5
50	6,3	≈ 2,5	10	25	10
50	25	≈ 2,5	10	25	50
25	6,3	≈ 1,25	20	50	4
25	19	≈ 1,25	20	50	15
125	6,3	≈ 2,5	10	50	5
125	19	≈ 2,5	10	50	7
150	125	≈ 8,5	3	100	90
250	25	≈ 2,5	10	100	12
150	50	≈ 3,2	8	700	6
150	125	≈ 8,5	3	700	20
760	125	≈ 8,5	3	700	130

Das Zahnprofil ändert sich bei sachgemäßem Induktionshärten kaum, jedoch kann der Außendurchmesser leicht konisch werden; teilweise tritt Verzug als axialer Schlag und radiale Ausbeulungen des Zahnkranzes in Erscheinung, insbesondere in der Nähe von Stegen oder Bohrungen im Radkörper. Durch konstruktive Maßnahmen – insbesondere durch starre Ausbildung des Zahnkranzes – und durch Wahl des geeignetsten Aufheiz- und Abschreckprozesses (Ausprobieren!) läßt sich der Härteverzug weitgehend beherrschen.

b) Induktive Härtung nach dem Teilverfahren (Abb. 4/11). Hierbei wird stets nur *eine* Zahnlücke oder *ein* Zahn gehärtet; dann wird das Rad um eine Teilung weitergedreht und dasselbe wiederholt. So wird nach und nach schließlich der ganze Umfang gehärtet.

Bei dem *Lücken*härteverfahren durchläuft der Heizleiter eine Zahnlücke und härtet dabei die Flanken zweier benachbarter Zähne, wobei auch der Zahngrund mitgehärtet wird. Der Nachteil dieses Verfahrens besteht darin, daß die Zähne stets einseitig aufgeheizt und abgeschreckt werden, was zu einseitigen Verziehungen führen kann.

Bei der *Flanken*härtung umfaßt der Heizleiter einen Zahn und härtet beide Flanken gleichzeitig. Es ist dabei im allgemeinen nicht möglich, den Zahngrund mitzuhärten. Die Zahnfußfestigkeit wird also nicht erhöht; um eine Verringerung der Fußfestigkeit zu vermeiden, muß der Auslauf der Härtezone weit genug vom Fuß entfernt sein.

Ein besonderes Kühlen ist in vielen Fällen nicht erforderlich; der kalt bleibende Kern und der Radkörper entziehen der aufgeheizten Randzone sehr schnell die Wärme und üben damit eine Abschreckwirkung aus. Teilweise läßt man auch dem Heizleiter eine Brause folgen, die die erwärmten Flanken besprüht oder spritzt eine Kühlflüssigkeit auf die Rückflanken (bei Lückenhärtung).

Die Teilverfahren haben den großen Vorzug, daß man mit kleinen Generatorleistungen auskommt und daß Zahnräder bis zu den größten Abmessungen so gehärtet werden können. Ihre Leistungsfähigkeit ist natürlich weit geringer als die des Allzahnhärteverfahrens.

c) Stähle für induktionsgehärtete Zahnräder. Es können hierbei sowohl gewöhnliche Kohlenstoffstähle als auch legierte Stähle verwendet werden; der Kohlenstoffgehalt wird im allgemeinen etwa 0,4 bis 0,5% betragen. Die geeigneten deutschen Stahlsorten, die geeigneten Wärmebehandlungstemperaturen und die erreichbaren Eigenschaften sind in Tab. 4/6 bis 4/8 angeführt. Wenn sehr kurze Aufheizzeiten vorgesehen sind, muß eine Legierung gewählt werden, deren Gefüge sich in dieser Zeit vollkommen in Austenit umwandeln kann. – Wie aus Tab. 4/12 zu ersehen ist, kommt man beim Allzahnhärten und Verzahnungen mit kleinen Moduln teilweise mit 4 s Heizzeit aus, innerhalb der die Härteschicht auf den oberen Umwandlungspunkt erwärmt werden muß. Bei Einzelzahnhärtung im Vorschubverfahren sind diese Zeiten noch wesentlich geringer. Um die notwendige Lösungszeit zu verkürzen, werden in der Regel die Härtetemperaturen um über 100 °C heraufgesetzt. Ein Kornwachstum durch zu hohe Temperatur ist nicht zu befürchten, da die Einwirkungszeiten zu kurz sind.

4.274 Flammenhärtung

Verfahren – allgemein. Bei diesem Verfahren, das man auch als Brennhärtung bezeichnet, wird die zum Aufheizen der Oberfläche benötigte Wärme durch Verbrennen eines Gases (z. B. Azetylen, Propan, Leuchtgas) erzeugt. Man erreicht damit ähnliche Wirkungen, wie beim Induktionshärten; in manchen Fällen ist es allerdings nicht möglich, große Wärmemengen so kurzzeitig aufzubringen, daß Oberflächenhärtung erreicht wird; die Zähne härten dann durch.

Um die Härtetemperatur genau einhalten zu können, sind elektronische Steuerungen entwickelt worden, die das Brenngas in dem Augenblick abschalten, in dem das zu härtende Teil die erwünschte Temperatur überschritten hat.

Wie beim Induktionshärten unterscheidet man auch hier zwischen Allzahn- und Teilverfahren.

Allzahnhärtung. Das langsam rotierende Rad wird durch mehrere auf dem Umfang verteilte Brenner aufgeheizt und anschließend in Wasser, Emulsion oder Öl abgeschreckt. Dieses Verfahren wird hauptsächlich für Zahnräder bis Modul 5 verwendet, wobei die Zähne im allgemeinen durchgehärtet werden. Abb. 4/14 zeigt Beispiele von Verzahnungen, die nach diesem Verfahren gehärtet wurden.

Flammenhärtung nach dem Teilverfahren. Hierbei wird stets nur ein Zahn oder eine Zahnlücke gehärtet; dann wird das Rad um eine Teilung weitergedreht und dasselbe wiederholt usf. Das Verfahren kommt hauptsächlich für Zahnräder über Modul 5 in Frage.

Bei Beidflankenhärtung heizen Brenner, die über die Breite des Rades vorgeschoben werden, beide Flanken eines Zahnes gleichzeitig auf; dadurch ist der Verzug sehr gering. Dem Brenner folgt unmittelbar eine Abschreckbrause. Nachteilig ist, daß bei diesem Verfahren der Zahngrund nicht mitgehärtet wird; es ist also hauptsächlich für die Fälle geeignet, wo es auf hohe Verschleißfestigkeit ankommt.

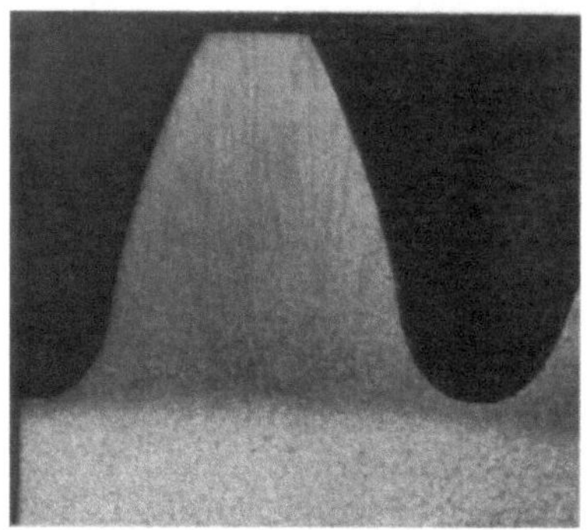

a

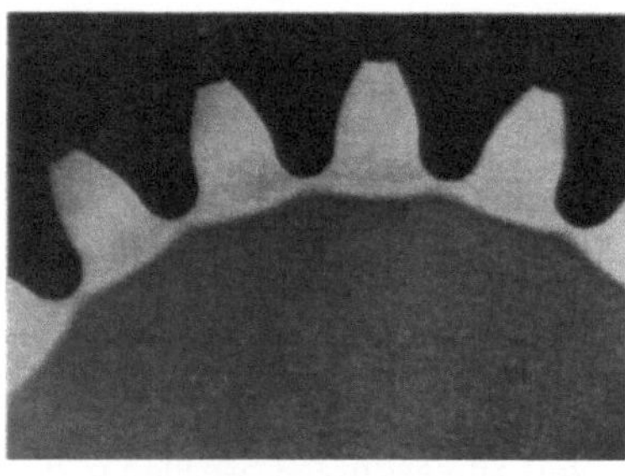

b

Abb. 4/14 a u. b. Schliffbild von Zähnen, die nach dem Umlaufverfahren flammengehärtet wurden. a) Modul 4,25; b) Modul 1,25

Bei der Zahnlückenhärtung ist es dagegen möglich, den Zahngrund mitzuhärten, so daß man auf die gleiche Biegefestigkeit wie bei einsatzgehärteten Rädern kommen kann. Der Brenner heizt gleichzeitig beide Flanken und den Zahngrund einer Lücke. Die Form des Brenners muß sorgfältig der Zahnlückenform angepaßt werden. Das Verfahren dürfte etwa ab Modul 8 günstig sein.

Stähle für flammengehärtete Zahnräder. Es können die gleichen Stähle wie bei Induktionshärtung (s. S. 301) verwendet werden.

4.275 Kombinierte Härteverfahren

Außer den – in den vorhergehenden Abschnitten beschriebenen – Verfahren sind in den letzten Jahren eine Reihe kombinierter Härteverfahren entwickelt worden. Man behandelt dabei ein Rad nach zwei oder mehr Verfahren und erzielt so Ergebnisse, die bei Anwendung nur einer Behandlungsart nicht zu erreichen sind.

Einsatzhärtung – Doppelhärtung. Wie auf S. 291 bereits gezeigt, erzielt man hiermit eine harte und verschleißfeste Einsatzschicht sowie einen zähen Kern hoher Festigkeit (S. 292, Verfahren D). Der Nachteil dieses Verfahrens besteht in dem erhöhten Zeitaufwand und der Gefahr stärkerer Härteverzüge.

Einsatz- und Induktionshärtung. Hierbei geht man normalerweise in folgender Reihenfolge vor:

> Einsetzen (Aufkohlen),
> Abschrecken aus der Einsatztemperatur,
> Anlassen auf mittlere Härte,

Die Verzahnung kann dann durch Schaben oder leichtes Schleifen (Egalisieren) fertig bearbeitet werden. Dann folgt als letzter Wärmebehandlungsprozeß das Induktionshärten.

Mit dieser Behandlung wird Ofenzeit gespart und das Induktionshärten geht vergleichsweise sehr schnell. Der Härteverzug wird reduziert, da der Zahnkranz nach dem Fertigbearbeiten nicht sehr hoch und nur kurzzeitig erhitzt wird. Bei legierten Stählen besteht allerdings erhöhte Rißgefahr; hierbei muß deshalb besonders vorsichtig abgeschreckt werden.

Einsatz- und Nitrierhärtung (Karbonitrieren). Beide Verfahren können kombiniert werden, indem man Salzbäder (oder Gase) verwendet, die sowohl Kohlenstoff als auch Stickstoff abgeben.

Die Glühtemperatur braucht dabei nicht so hoch zu sein wie beim Aufkohlen und man benötigt weniger Zeit als beim Nitrieren (Aufsticken), um eine bestimmte Einhärtetiefe zu erzielen. Auch bezüglich der erreichbaren Oberflächenhärte rangiert das kombinierte Verfahren zwischen Einsatz- und Nitrierhärtung (bei letzterem aluminiumhaltige Stähle zugrundegelegt). Zahnfußdauerfestigkeit und Widerstandsfähigkeit gegen Grübchenbildung liegen im allgemeinen unter den Werten, die durch reine Einsatzhärtung zu erreichen sind. Bei PKW-Getrieben, in denen die höchsten Beanspruchungen nur kurzzeitig und relativ selten auftreten, haben sich Zahnräder, die nach kombinierten Verfahren gehärtet wurden, einsatzgehärteten Rädern als gleichwertig erwiesen. Im Nutzfahrzeugbau und bei Hinterachstrieben wird Karbonitrieren dagegen kaum angewendet. Auch bei Flugzeuggetrieben, die die meiste Zeit unter Vollast laufen, hat sich das kombinierte Härteverfahren bisher nicht durchsetzen können.

Induktionshärtung mit Vorwärmen. Um Heizzeit und -leistung bei dem eigentlichen Härteprozeß zu sparen, kann man die Räder im Ofen oder mit Netzfrequenz vorwärmen. Zum Härten arbeitet man teilweise gleichzeitig mit Hoch- und Mittelfrequenz. Durch dieses Verfahren kann auch der Verzug vermindert werden.

Zwischenstufenvergüten ist ein Verfahren mit verringerter Abkühlgeschwindigkeit. Wie bereits auf S. 288 erläutert, wird hierbei das austenitische Gefüge in einem Warmbad (Salzbad) auf eine Temperatur zwischen A_{r1} und Martensitpunkt abgekühlt und solange bei dieser Temperatur gehalten bis die Umwandlung des Gefüges beendet ist. Dann kann beliebig abgekühlt werden. Bei Stählen mit höheren Legierungsanteilen ist hierzu eine längere Haltezeit erforderlich; Anlassen ist unnötig.

Durch Zwischenstufenvergüten kann man die gleiche Härte erreichen wie durch normales Abschrecken mit nachfolgendem Anlassen auf mittlere Temperatur; das Gefüge ist allerdings anders; man erreicht trotz gleicher Härte einen geringeren Härteverzug und – bei Härten über 50 HRC – auch eine bessere Zähigkeit.

Warmbadhärtung ist – wie schon der Name sagt – ein Verfahren, bei dem ebenfalls in einem Warmbad abgekühlt wird; dabei geht man auf eine Temperatur knapp unterhalb des Martensitpunktes und hält diese Temperatur solange bis das Teil gerade die Badtemperatur angenommen hat. Das Gefüge bleibt solange austenitisch. Dann wird das Teil an der Luft auf Raumtemperatur abgekühlt; dabei entsteht kubischer Martensit mit geringeren Spannungen und Verzügen als bei normalem Abschreckhärten (tetragonaler Martensit). Als Warmbad werden Schmelzen aus Salpetersalzgemischen benutzt, deren Schmelzpunkt bei 140 bis 160 °C liegt. Nach dem Warmbadhärten kann in üblicher Weise auf die gewünschte Härte angelassen werden. Auch wenn die volle Härte beibehalten werden soll, ist es zweckmäßig, das Teil zu entspannen, um die inneren Spannungen zu vermindern und das Gefüge zu verbessern.

Beide zuletzt beschriebenen Verfahren sind bei Teilen mit geringer Wandstärke mit Erfolg angewendet worden; sie sind auch für größere Wandstärken geeignet, wenn höher legierte Stähle benutzt werden. Beide Verfahren haben den Nachteil, daß die Abkühlzeiten relativ lang sind. Bei der Warmbadhärtung und allgemein bei Verwendung von Salzschmelzen sind verzugskorrigierende Härteverfahren, wie Form- oder Pressenhärtung, nicht möglich.

4.3 Gußeisen

Gußeisen war lange Zeit einer der wichtigsten Zahnradwerkstoffe und gewinnt infolge der Vorzüge neuer Erschmelzungsverfahren heute wieder an Bedeutung.

Es unterscheidet sich von Stahl sowohl in seiner Zusammensetzung als auch in seinem Gefüge. Sein Kohlenstoffgehalt liegt normalerweise zwischen 2,5 und 4%, wohingegen die für den Getriebebau verwendeten Stähle weniger als 1% C enthalten. Der Kohlenstoff tritt im Gußeisen vorzugsweise in graphitischem Zustand (z. B. Graphitblättchen) auf, zu einem kleinen Teil aber auch in gebundener bzw. perlitischer Form. Stähle enthalten den Kohlenstoff dagegen meistens in gebundener Form.

Menge, Form und Größe der Graphiteinschlüsse sind bestimmend für die charakteristischen Eigenschaften der verschiedenen Gußeisensorten. Der weiche Graphit verringert Zähigkeit, Festigkeit, Elastizität und Schlagfestigkeit des Gußeisens, ist aber auf der anderen Seite verantwortlich für die Eigenschaft des Gußeisens Schwingungen und Geräusche in besonders hohem Maße zu dämpfen. Die guten Notlaufeigenschaften des Gußeisens sind ebenfalls auf den Graphitgehalt zurückzuführen.

Von besonderer Bedeutung für Zahnräder sind *Grauguß* und der erst in letzter Zeit entwickelte *Sphärolithguß*, die beide nachstehend gesondert besprochen werden. – Die legierten Graugußsorten, die bevorzugt für Zahnräder verwendet werden, reichen in ihrer Festigkeit an die Stähle geringer Härte heran. Sphärolitguß kann die Festigkeit von vergütetem Stahl erreichen.

4.31 Grauguß

Zusammensetzung und Eigenschaften. Grauguß besteht aus einer ferritischen oder perlitischen Grundmasse, in die Graphit in lamellarer Form eingebettet ist. Abb. 4/15 zeigt das charakteristische Gefüge des Graugusses im Vergleich mit anderen Gußeisensorten. Die Formgebung erfolgt nur durch Gießen und spanabhebende Bearbeitung, nicht aber durch Warm- oder Kaltverformung.

Die Graphitlamellen bewirken bei Belastung eine dauernde Umlenkung des Kraftflusses, was sich als eine Art innerer Kerbwirkung äußert. Infolgedessen ist Grauguß gegen *äußere* Kerben ziemlich *unempfindlich*.

Während das Gußeisen in der Form abkühlt, spielen sich Gefügeumwandlungen ab, die denen ähnlich sind, die bei der Wärmebehandlung von Stahl auftreten. Tatsächlich kann auch das Abkühlen in der Form als eine Art Wärmebehandlung angesehen werden. Die meisten Graugußsorten erhalten keine weitere Wärmebehandlung.

Größe und Verteilung der Graphitlamellen hängen ab von *Zusammensetzung*, *Wanddicke* und verschiedenen Varianten der Gießtechnik. Die Grundmasse verhält sich wie Stahl und daher bestimmt deren Zusammensetzung bei gegebenen Abkühlbedingungen die Höhe der Härte. Bei geringen Wanddicken besteht die Tendenz, daß der Werkstoff „weiß", d. h. zu Hartguß wird. In diesem Falle ist der gesamte Kohlenstoff im Eisenkarbid (Zementit) gebunden. Hartguß ist sehr schwer zu zerspanen und sehr schlagempfindlich. Dieser Neigung zum Weißwerden kann man

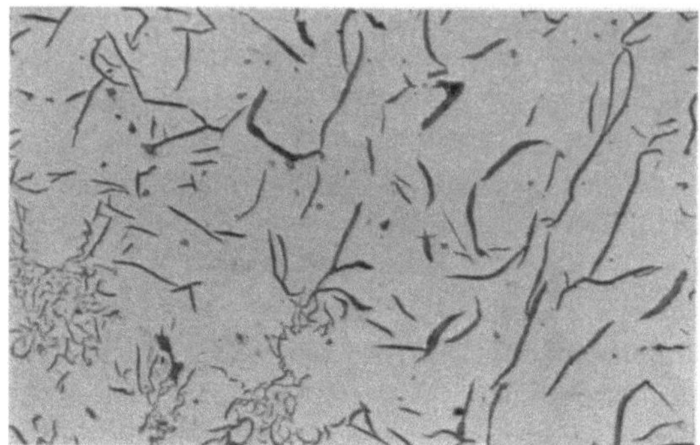

a

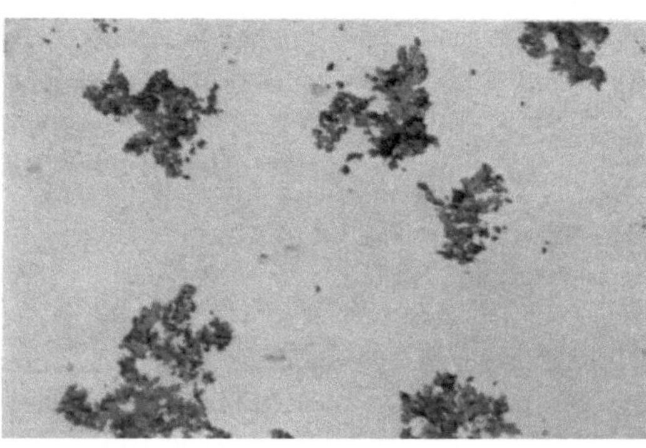

b

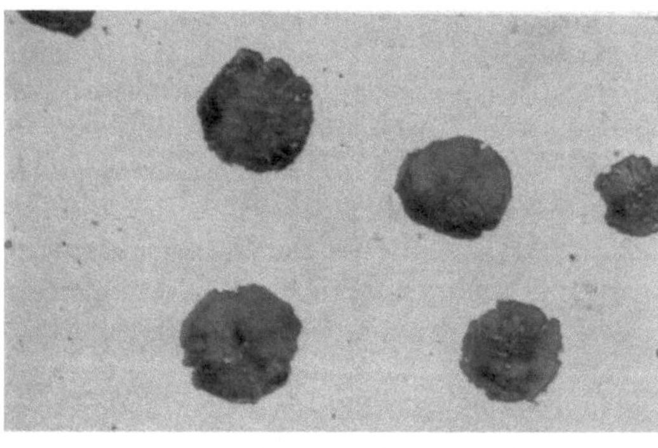

c

Abb. 4/15a-c. Vergleich der Gefüge verschiedener Gußeisenarten (Schliffe ungeätzt, 210fach vergrößert). Die dunklen Teilchen sind Graphiteinlagerungen. a) Grauguß; b) Temperguß; c) Sphärolithguß

durch größere Kohlenstoff- und Siliziumzusätze, sowie durch Nickel- und Kupferzugaben entgegenwirken; man erhält damit auch bei dünnen Wänden ein zerspanbares Gefüge.

Bei großen Wanddicken besteht die Gefahr, daß sich sehr große Graphitlamellen bilden, wenn Kohlenstoff und Silizium die einzigen Legierungsbestandteile sind. Deshalb arbeitet man bei dickwandigen Gußstücken mit Zuschlägen von Nickeleisen, wodurch diesem Übel abgeholfen wird.

Um eine hohe *Verschleißfestigkeit* zu erzielen, ist eine perlitische Grundmasse erwünscht, deren Entstehung durch Zusätze von Stahl, Nickel, Molybdän, Chrom und Kupfer erleichtert wird. Die Umwandlung zum Perlit kann sich dabei während des Abkühlens in der Form oder bei einer nachfolgenden Wärmebehandlung vollziehen.

Der *Elastizitätsmodul* des Graugusses hängt von seiner Festigkeit ab und beträgt – je nach Güte – etwa ein bis zwei Drittel des E-Moduls von Stahl. Für Zahnräder ist dieser niedrige

E-Modul ein Vorteil, da hierdurch die HERTZsche Pressung herabgesetzt wird; auch verteilt sich dadurch die Gesamtumfangskraft besser auf die im Eingriff befindlichen Zähne.

Grauguß ist außerordentlich *spröde*; er sollte deshalb nicht für Zahnräder verwendet werden, die starken Stößen ausgesetzt sind.

AGMA[1]- und DIN-Normen für Grauguß. In der AGMA-Norm 242.02 werden 6 Graugußsorten unterschiedlicher Zugfestigkeit angeführt. Zusammensetzung und Herstellverfahren sind dagegen nicht vorgeschrieben. Es heißt lediglich, daß ein in der Industrie anerkanntes Herstellverfahren anzuwenden ist und daß die Zusammensetzung – falls erforderlich – zwischen Hersteller und Abnehmer zu vereinbaren ist. Tab. 4/13 gibt die Mindestforderungen an Festigkeit und Härte der erwähnten 6 Graugußklassen an. Als maßgebende Wanddicke ist im allgemeinen die Dicke des verzahnten Teils des Rades anzunehmen. Die Norm AGMA 242,02 enthält zusätzlich noch Angaben über das Spannungsfreiglühen von Gußeisenteilen und Prüfstababmessungen.

Tabelle 4/13. Klassifizierung des Graugusses nach AGMA 242.02

	Maßgebende Wanddicke [mm]		bis 12,7	über 12,7–25,4	über 25,4–50,8
	Zug- oder Biege-Prüfstab	Durchmesser [mm]	22,225	30,480	50,800
		Stützweite [mm]	304,8	457,2	609,6
Klasse-Nr.	Mindest-Zugfestigkeit σ_{zB}	Mindest-Härte des verzahnten Teils H_B	Bruchlast bei Belastung in Mitte Stützweite		
	[kg/mm²]	[kg/mm²]	[kg]	[kg]	[kg]
20	14,1	—	408	816	2722
30	21,1	175	521	998	3447
35	24,6	185	578	1089	3765
40	28,1	200	635	1179	4128
50	35,2	215	760	1361	4672
60	42,2	220	873	1542	5670

Zur Ergänzung von Tab. 4/13 sind in Tab. 4/14 für eine Reihe von amerikanischen Graugußlegierungen die Zusammensetzungen angegeben.

In Tab. 4/15 sind die Festigkeitsangaben für die in *Deutschland* verwendeten Graugußsorten nach DIN 1691 zusammengefaßt.

Meehanite[2]. Mit diesem Namen wird eine Graugußart bezeichnet, die

---

[1] AGMA = American Gear Manufacturers Association (Vereinigung der amerikanischen Getriebehersteller).

[2] Eingetragene Schutzmarke der Firma Meehanite Metals Corp. Arbeitsgemeinschaft der deutschen Meehanite-Gießereien, Stuttgart N, Birkenwaldstr. 122.

Tabelle 4/14. Angaben über amerikanische legierte Graugußsorten, die den AGMA-Anforderungen entsprechen

Klasse Nr.	Ungefähre chemische Zusammensetzung in %			Mindest-Elastizitäts-modul [kg/mm²]
	Nickel	Molybdän	Chrom	
30	0,5–1,0	beliebig	0,2–0,4	$0,98 \cdot 10^4$
40	1,0–2,0	beliebig	0,3–0,5	$1,1 \cdot 10^4$
50	1,5–2,0	0,3–0,4	beliebig	$1,3 \cdot 10^4$
60	2,0–2,5	0,4–0,5	0,20 max.	$1,4 \cdot 10^4$
70	2,5–3,0	0,5–0,6	0,20 max.	$1,6 \cdot 10^4$
80	3,0–3,5	0,6–0,7	0,20 max.	$1,7 \cdot 10^4$

Tabelle 4/15. Normaler, hochwertiger und Sondergrauguß nach DIN 1691; für Zahnräder geeignete Sorten

(Angaben über Proben für Zug- und Biegeversuch sowie Durchbiegung s. DIN 1691 oder [4/147])

Güteklassen	Marken-bezeich-nung	Maßgebende Wanddicke des Gußstückes über – bis	Rohguß-⌀ oder -dicke der Probe für Zugversuch	Zugfestigkeit σ_{zB} mind.	Biegefestigkeit σ_{bB} mind.
		[mm]	[mm]	[kg/mm²]	[kg/mm²]
Normaler Grauguß	GG–18	4– 8	13	22	38
		8–15	20	20	36
		15–30	30	18	34
		30–50	45	15	30
Hochwertiger Grauguß	GG–22	4– 8	13	26	44
		8–15	20	24	42
		15–30	30	22	40
		30–50	45	19	36
	GG–26	8–15	20	28	48
		15–30	30	26	46
		30–50	45	23	42
Sonder-Grauguß	GG–30	15–30	30	30	48
		30–50	45	25 (Richtwert)	45 (Richtwert)

nach einem besonderen Verfahren von Lizenzfirmen der Meehanite Metals Co. in sehr gleichmäßiger Qualität hergestellt wird. Der Unterschied gegenüber dem gewöhnlichen Grauguß besteht darin, daß bei Meehanite sehr kleine Graphitlamellen gleichmäßig in der Grundmasse verteilt sind, wobei diese perlitisch oder sorbitisch sein kann. Es werden verschiedene Meehanitsorten erschmolzen, die sich bezüglich Festigkeit, Härte und E-Modul unterscheiden (vgl. Tab. 4/16); alle haben jedoch mit den normalen Graugußsorten gemeinsam, daß sie keine wahrnehmbare Dehnbarkeit aufweisen. Meehanite hat sich bei allen Anwendungen als ausgezeichneter Zahnradwerkstoff erwiesen, außer bei Stoßbeanspruchung. Immerhin ist Meehanite auch in dieser Beziehung dem normalen Grauguß überlegen.

Tabelle 4/16
Eigenschaften der für Zahnräder verwendeten Meehanite-Gußeisensorten

Meehanite Type	Mindest-Zugfestigkeit σ_{zB}	Mindest-härte HB (im Guß-zustand)	Elastizitäts-modul E	Schwingungs-festigkeit (Wechsel-festigkeit)	Biegefestigkeit	
					maximale Biegekraft	Durchbiegung
	[kg/mm²]	[kg/mm²]	[kg/mm²]	[kg/mm²]	[kg]	[mm]
GM	38,7	217	$1{,}55 \cdot 10^4$	17,6	1500–1680	7,1–8,6
GA	35,2	207	$1{,}41 \cdot 10^4$	15,5	1410–1630	7,1–8,6
GB	31,6	196	$1{,}27 \cdot 10^4$	13,4	1360–1540	7,1–8,6
GC	28,1	192	$1{,}20 \cdot 10^4$	12,3	1320–1490	6,6–8,6
GD	24,6	183	$1{,}02 \cdot 10^4$	10,6	1180–1360	5,6–8,6
GE	21,1	174	$0{,}84 \cdot 10^4$	9,6	910–1180	5,1–8,6

Bemerkungen: Die mechanischen Eigenschaften gelten für einen Normprüfstab von 30,48 mm Durchmesser. Die Stützweite bei der Biegeprüfung beträgt 457,2 mm. Die angegebenen Daten zeigen, was bei einer Wandstärke von etwa 25,4 mm erreicht werden kann.

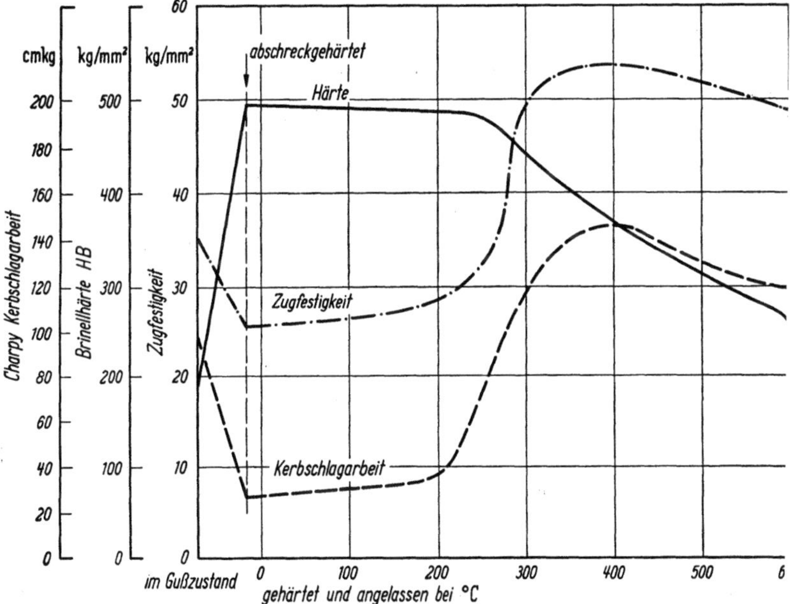

Abb. 4/16. Einfluß der Härtetemperatur auf die Eigenschaften von Meehanite Type GA (nach Angabe der Meehanite Metals Co., USA)

Durch Wärmebehandlung können Härte und Festigkeit beeinfluß werden. Abb. 4/16 zeigt als Beispiel die Zusammenhänge für Meehanit Typ GA.

4.32 Dehnbares Gußeisen

Temperguß. Bis zum Jahre 1948 war Temperguß die einzige Art Gußeisen, die eine nennenswerte Zähigkeit aufwies. Nach der Definition des Normblattes DIN 1692 „wird Temperguß aus weiß erstarrendem Gußeisen (vgl. S. 305) gegossen und danach durch bestimmte Glühverfahren entkohlt oder in seiner Kohlenstofform so umgewandelt, daß er zäh, hämmerbar, leicht zerspanbar und in beschränktem Maße schmiedbar wird". Wie in Abb. 4/15b, S. 306 gezeigt ist, ballen sich die Graphitlamellen während des Glühens zu Haufen feiner Klümpchen zusammen. Trotz seiner im Vergleich zu Grauguß besseren Dehnbarkeit, sowie plastischen und elastischen Verformbarkeit wird Temperguß nur selten für Zahnräder verwendet. Der Grund dafür ist seine geringere Verschleißfestigkeit; außerdem dürfen die Werkstücke bei weißem Temperguß nur eine relativ geringe Wanddicke aufweisen.

Sphärolithguß. Hierbei hat der in die Grundmasse eingebettete Graphit kugelförmige Gestalt (Abb. 4/15c). Die Herstellung dieser Art Gußeisen wurde erstmals im Jahre 1948 bekanntgegeben; dem Gußeisen wurden damit ganz neue Anwendungsmöglichkeiten eröffnet.

Sphärolithguß kann aus Grauguß mit niedrigem Phosphorgehalt durch Beimischen von Magnesium oder anderen ähnlich wirkenden Zugaben hergestellt werden. Er hat eine Zugfestigkeit von 42 bis 125 kg/mm^2; seine Fließgrenze liegt zwischen 32 und 105 kg/mm^2; Dehnungen bis zu maximal 25% sind bei den weichen Sorten möglich. Der E-Modul beträgt etwa $1{,}7 \cdot 10^4$ kg/mm^2. In der ASTM-Norm[1] A 339–51 T sind heute zwei Sphärolithgußsorten aufgeführt, deren Hauptdaten in Tab. 4/17 wiedergegeben sind.

Tabelle 4/17. *Sphärolithguß nach ASTM-Norm*

Art (Bezeichnung)	Normaler Verwendungszustand	Zugfestigkeit σ_u [kg/mm^2]	Fließgrenze σ_s [kg/mm^2]	Dehnung δ [%]
80–60–03	im Gußzustand	56,2	42,2	3,0
60–45–10	geglüht	42,2	31,6	10,0

Aus Tab. 4/18 ist zu ersehen, welche Eigenschaften durch Wärmebehandlung von Sphärolithguß erreicht werden können.

Sphärolithguß kann mit sehr hohem Kohlenstoffgehalt hergestellt werden, ohne daß sich Zementit bildet; d. h. es kann trotzdem stark graphithaltig sein. Daraus folgt, daß sowohl Bearbeitbarkeit als auch Verschleißfestigkeit hervorragend sind. Wegen der glücklichen Vereini-

---

[1] ASTM = American Society for Testing Materials.

Tabelle 4/18. Eigenschaften von wärmebehandeltem Sphärolithguß

Wärmebehandlung	Zug-festigkeit σ_B	Streck-grenze σ_S	Dehnung δ
	[kg/mm²]	[kg/mm²]	[%]
Normalgeglüht und angelassen: an Luft abgekühlt von 870 °C	95,5	62,8	7,0
an Luft abgekühlt von 870 °C und angelassen auf 650 °C	97,0	66,8	8,0
In Öl abgeschreckt und angelassen: abgeschreckt von 840 °C und angelassen auf 480 °C	107,3	95,8	9,0
abgeschreckt von 840 °C und angelassen auf 650 °C	71,1	59,1	10,0

Zusammensetzung (Nominalwerte) in %; Gesamtkohlenstoff: 3,50; Silizium: 2,30; Mangan: 0,35; Phosphor: 0,05; Schwefel: 0,01; Nickel: 1,25; Magnesium: 0,06.

gung von Festigkeit, Zähigkeit, Verschleiß- und Ermüdungsfestigkeit sowie der Möglichkeit, Wärmebehandlungen durchführen zu können, ist Sphärolithguß für den Getriebekonstrukteur von beträchtlichem Interesse.

Es ist zwar noch zu früh, um ein abschließendes Urteil über diesen neuen Werkstoff und die damit eröffneten Möglichkeiten geben zu können, schon heute wird er jedoch in vielen Fällen angewendet, wo früher durchgehärtete Kohlenstoff- und Legierungsstähle, flammengehärtete Stähle, Grauguß oder Bronze verwendet wurden.

4.4 Sintermetalle

In den letzten Jahren hat die Pulvermetallurgie als Herstellverfahren für einige Anwendungsgebiete große Bedeutung erlangt. Gesinterte Zahnräder halten heute bezüglich Festigkeit und Herstellkosten durchaus einem Vergleich mit anders hergestellten Zahnrädern stand, wenn die entsprechenden Stückzahlen vorliegen. Dementsprechend sind bereits Millionen von Sintermetallzahnrädern (in erster Linie Sintereisen) in billigen Geräten, wie Waschmaschinen, Küchenmaschinen usw., in Gebrauch. Beschreibung des Herstellverfahrens s. S. 444.

Die gebräuchlichsten Grundwerkstoffe für gesinterte Zahnräder sind *Eisen-* und *Messingpulver.* Ohne weitere Zusätze sind die Werkstücke allerdings ziemlich porös. Das ist für die Schmierung ein Vorteil (Notlaufeigenschaften), für die Festigkeit aber ein Nachteil. Zahnräder aus reinem Sintereisen oder -messing sind nur dort geeignet, wo geringe Kräfte zu übertragen sind, z. B. für Uhren, kleine Geräte und Spielzeuge. Die Festigkeit kann jedoch erhöht werden, indem man die Preßlinge mit Kupfer imprägniert. Dabei geht man wie folgt vor: Eine kleine Kupferscheibe wird auf das Sintereisenzahnrad gelegt und das ganze dann in einer Schutzgasatmosphäre erhitzt. Das Kupfer wird dabei von dem porösen Sintereisen aufgesaugt; es füllt die Hohlräume aus und gibt dem Werkstoff damit ein dichteres Gefüge. Häufig wird auch dem Eisenpulver ein geringer Prozentsatz Kupferpulver zugesetzt.

Allgemein anerkannte Normen für die Zusammensetzung von Sintermetallteilen sind noch nicht herausgegeben worden. Einige Sintermetallarten, wie sie in den USA für Zahnräder verwendet werden, sowie deren Zusammensetzung und Festigkeit sind in Tab. 4/19 angeführt.

Tabelle 4/19. Typische, für Zahnräder verwendete amerikanische Sintermetalle

Type	Zugfestigkeit σ_B [kg/mm²]		Dehnung δ [%]	
	Nur gesintert	Mit Kupfer imprägniert	Nur gesintert	Mit Kupfer imprägniert
Legierung A (Eisen; 7,5% Kupfer)	24,6	49,2	0,8	1,0
Legierung B (Eisen; 1% Kupfer)	24,6	59,8	0,8	1,0
Legierung C (Eisen)	14,1	42,2	15	20
Legierung D (80% Eisen; 20% Kupfer)	21,1	—	20	—
Hochfeste Sorte (1% Kohlenstoff, 17% Kupfer, Rest Eisen)	—	59,8	—	1,0

Sinterzahnräder übertragen mittlere Belastungen bis zu relativ großen Umfangsgeschwindigkeiten. Sie weisen eine beträchtliche Verschleißfestigkeit auf und können notfalls mit wenig Schmiermittel laufen (s. oben!).

4.5 Buntmetalle

Außer Bronze sind u. a. Kupfer, Zink, Aluminium, Magnesium in den verschiedensten Kombinationen als Zahnradwerkstoffe im Gebrauch. Bronze dürfte jedoch diejenige Nichteisenlegierung sein, die als Zahnradwerkstoff die größte Bedeutung hat. Wie unten gezeigt wird, sind ferner einige Rotguß- und Sondermessingarten für den Getriebebau von Interesse.

4.51 Eigenschaften der Buntmetalle – allgemein

Eine ganze Anzahl von Bronze-, Rotguß- und Messingarten haben sich als Zahnradwerkstoffe eingeführt, und zwar insbesondere wegen ihrer Eigenschaft, hohe Gleitbeanspruchungen zu ertragen.

Wie Gußeisen lassen sich auch Buntmetalle leicht in den schwierigsten Formen gießen; manche Buntmetallarten können bereits als vorgeformte Teile (Knetlegierung) bezogen werden. Da Buntmetall jedoch im allgemeinen teurer ist als Gußeisen, wird es immer nur für Sonderzwecke gewählt werden.

Die Ansicht, daß Buntmetall grundsätzlich bei hohen Gleitbeanspruchungen, wie sie bei Schneckentrieben auftreten, dem Gußeisen überlegen ist, trifft allerdings nicht zu. Die besten Zinnbronzen dürften zwar eine höhere Tragfähigkeit bei Gleitbeanspruchung haben als die besten Gußeisensorten; auf der anderen Seite haben Untersuchungen gezeigt, daß einige Buntmetallarten gewissen Gußeisensorten unterlegen sind.

Auch bei kleinen Gleitgeschwindigkeiten wird Buntmetall mit Erfolg verwendet; so z. B. für Frässpindel- und Teil-Schneckenräder in Wälzfräsmaschinen, die relativ langsam laufen. Es zeigte sich hierbei, daß Bronzeräder – im Gegensatz zu Gußeisenrädern – im ganzen Drehzahlbereich ohne Freßgefahr arbeiteten.

Die Tragfähigkeit der Buntmetalle bei gleitender Beanspruchung scheint auf der Tatsache zu beruhen, daß sich das Gefüge dieses Werkstoffes aus zwei Anteilen – einem harten, tragfähigen (δ- oder ε-Kristalle) und

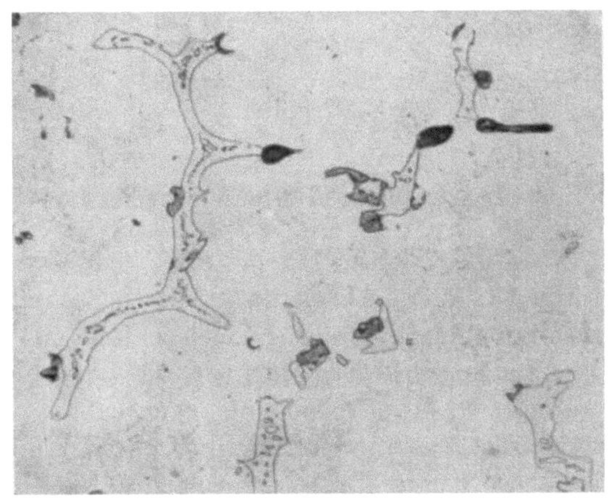

a

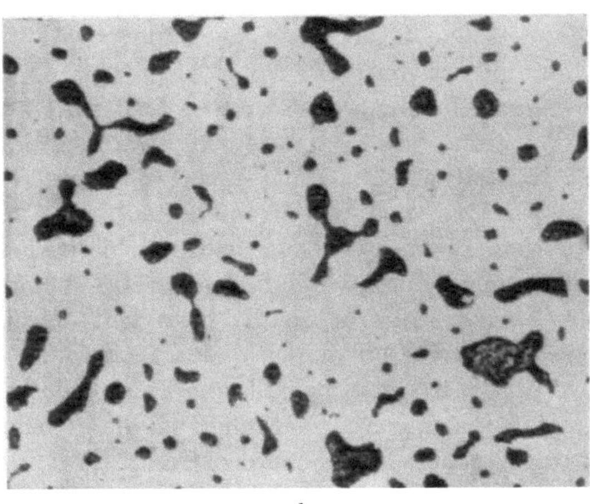

b

Abb. 4/17 a u. b. Schliffbilder zweier typischer Bronzen auf Zinnbasis für Schneckenräder (beide 250fach vergrößert). a) Phosphorbronze, geätzt; die hellen Gebilde sind δ-Kristalle; b) Bleibronze, nicht geätzt

einem weichen, nachgiebigen Grundstoff (α-Kristalle) – zusammensetzt (vgl. Abb. 4/17). – Die Bronzelauffläche muß sich zunächst einlaufen, ehe sie ihre volle Tragfähigkeit erreicht.

Man kann sich diesen Vorgang folgendermaßen vorstellen: Die harten Gefügeanteile werden zunächst in die weiche Grundmasse eingedrückt, wobei diese aus-
weicht. Dadurch kommen tiefer liegende harte Anteile zum Tragen. Die Last wird
so auf die sich ausrichtenden harten Gefügeanteile verteilt, die in der Lage sind, der
Reibbeanspruchung der Gegenfläche zu widerstehen.

Für Zinn–Bronze, Aluminiumbronze und Sondermessing kann nach
folgender Formel aus der Brinellhärte die *Bruchfestigkeit* näherungsweise
ermittel werden:

$$\text{Kaltverformt:} \quad \sigma_B = 0{,}40\,\mathrm{H\,B} \; \left.\right\}$$
$$\text{Geglüht:} \qquad \sigma_B = 0{,}55\,\mathrm{H\,B} \; \left.\right\} \qquad\qquad (4/2)$$

4.52 Bronze-, Rotguß- und Sondermessingsorten für den Getriebebau

Wie die Begriffe „Stahl“ und „Gußeisen“ umfaßt „Bronze“ eine
ganze Familie von Legierungen, deren Zusammensetzungen und Eigenschaften in einem großen Bereich schwanken.

Grundsätzlich bezeichnen wir die Legierungen als Bronze, die mindestens 60% Kupfer und einen oder mehrere weitere Legierungszusätze
aufweisen. Dieser zweite Anteil darf jedoch nicht überwiegend aus Zink
bestehen; Kupfer–Zink-Legierungen werden bekanntlich „Messing“ genannt. Es gibt jedoch auch Grenzfälle, wo neben Zinn auch Zink oder
Zink zusammen mit anderen Legierungszusätzen verwendet wird (s. Sondermessing); Legierungen des Kupfers mit Zinn und Zink werden als
Rotguß bezeichnet.

Normale Zinnbronze ist eine Legierung aus etwa 90% Kupfer und
10% Zinn (SnBz 10) mit dem oben erwähnten zweiphasigen Gefüge
(α-Kristall als Grundmasse und δ- oder ε-Kristalle eingelagert). Die
besten Trag- und Gleiteigenschaften erhält man, wenn die harten und
weichen Bestandteile sehr fein und gleichmäßig verteilt sind, was im
allgemeinen durch sorgfältige Wasserkühlung der Kokille erreicht wird.

Zinkzusätze erhöhen die Festigkeit der Kupfer–Zinn-Bronzen; die
Gleiteigenschaften werden dadurch allerdings etwas verschlechtert.

Nickel steigert ebenfalls die Festigkeit, es erhöht ferner die Härte
und übt einen günstigen Einfluß auf die Gleichmäßigkeit des Gefüges aus.

Bleibronze. Hierbei wird der normalen Zinnbronze Blei beigemischt.
Das Blei verbindet sich dabei *nicht* mit dem Grundmetall, sondern bleibt
isoliert im Guß verteilt und verhält sich wie ein festes Schmiermittel,
ähnlich wie Graphit in Gußeisen. Blei ist weich und macht deshalb die
Bronze nachgiebiger, setzt aber auch seine Tragfähigkeit herab; es verbessert die Bearbeitbarkeit und ermöglicht ein schnelleres Einlaufen mit
dem Gegenstück.

Phosphorbronze. Durch die Berührung der Schmelze mit der umgebenden Luft besteht die Gefahr, daß sich Kupfer- und Zinnoxyde

bilden. Weitere derartige Oxyde und Verunreinigungen kommen durch die bereits oxydierten Oberflächen in die Schmelze. Besonders ungünstig wirken sich die sehr harten Zinnoxydkristalle aus; sie wirken in den Gleitflächen wie Schmirgel und können die aufeinander gleitenden Oberflächen zerstören.

Durch Zusatz von Phosphor (meist in Form von Phosphorkupfer) kann man nun die Bronze „desoxydieren" und damit die beschriebenen Erscheinungen vermeiden. Derartige Bronzen sind für Zahn- und Schneckenräder besonders geeignet.

Die Bezeichnung „Phosphorbronze" besagt also, daß es sich um eine mit Phosphor desoxydierte Bronze handelt.

Aluminiumbronzen sind in ihrem Gefügeaufbau verwickelter als die Kupfer-Zinn-Bronzen und haben nicht so gute Gleit- und Einlaufeigenschaften. Bereits im gegossenen Zustand weisen sie jedoch eine hohe Festigkeit auf, die durch Wärmebehandlung noch erhöht werden kann. Aluminiumbronzen werden vielfach dort verwendet, wo die Gleitgeschwindigkeiten gering sind.

Sondermessinge (früher z.T. Stahlbronzen oder Manganbronzen genannt) haben einen hohen Zinkgehalt mit kleineren Anteilen Mangan, Eisen, Aluminium und z.T. Silizium. Ihre Festigkeit übertrifft die der Zinnbronzen bei weitem; bei hohem Mangangehalt erreicht man Zugfestigkeiten bis zu 180 kg/mm². Die Paarung eines Schneckenrades aus diesem Werkstoff mit einer Stahlschnecke von HB 300 kg/mm² oder darüber ergibt bei geringen Gleitgeschwindigkeiten das tragfähigste Schneckengetriebe, das überhaupt hergestellt werden kann, wenn man von der Paarung Stahl gegen Stahl absieht. – Sondermessinge können auch als Schmiedestücke oder in Form kalt gezogener oder gepreßter Stangen bezogen werden. Diese sogenannten Knetlegierungen enthalten im allgemeinen weniger Legierungsanteile und ihre Festigkeit ist geringer als die der hochmanganhaltigen Gußsondermessinge; sie haben jedoch überraschend gute Gleiteigenschaften. Man hat bereits gute Erfolge mit Schneckenrädern aus Knetsondermessing erzielt, bei denen Gleitgeschwindigkeiten bis zu 50 m/s auftraten. Knetsondermessinge eignen sich auch für solche Fälle, wo Gleitgeschwindigkeiten in Verbindung mit hohen Flächenpressungen auftreten.

Siliziumbronzen sind in Form gegossener und geschmiedeter Stangen auf dem Markt. Bei Gußbronze erhöht ein Siliziumzusatz die Festigkeit nur mäßig; durch Kaltverformung (Ziehen, Schmieden) erzielt man dagegen eine Verfestigung, die sich in einer beträchtlichen Erhöhung von Härte und Festigkeit äußert. – Ferner wird die Gießbarkeit durch Silizium günstig beeinflußt.

Siliziumbronzen sind bisher für Zahnräder allerdings nur in begrenztem Umfange angewendet worden (s. Tab. 4/20).

Tabelle 4/20. Bronzen und Sondermessinge für Zahnräder und typische Beispiele für jede Legierung

Legierung	Zusammensetzung	Zugfestigkeit, Fließ- und Elastizitätsgrenze $\sigma_B, \sigma_S, \sigma_E$	Härte HB (bei 500 kg Prüflast)	Verwendung
	[%]	[kg/mm²]	[kg/mm²]	
Zinnbronze (mit Zink desoxydiert)	Cu 88; Sn 10; Zn 2	σ_B: 32,3 σ_S: 13,4 σ_E: 8,4	65	Stirn-, Kegel- und Schneckenräder
Phosphorbronze (Kokillenguß)	Cu 89; Sn 10; Pb 0,25	σ_B: 35,2 σ_S: 15,5	85	Schneckenräder mittlerer Gleitgeschwindigkeit
Nickel-Phosphorbronze (Kokillenguß)	Cu 88; Sn 10,5; Ni 1,5; Pb 0,2	σ_B: 38,7 σ_S: 19,7	90	Schneckenräder mittlerer Gleitgeschwindigkeit
Blei-Phosphorbronze (Sandguß)	Cu 87,5; Sn 11; Pb 1,5	σ_B: 35,2 σ_S: 15,5	75	Schneckenräder hoher Gleitgeschwindigkeit
Aluminiumbronze (Sandguß)	Cu 89; Al 10; Fe 1	σ_B: 45,7 σ_S: 19,0 σ_E: 14,1	120	Stirn- und Kegelräder, Schneckenräder niedriger Gleitgeschwindigkeit
Aluminiumbronze (wärmebehandelt)	wie oben	σ_B: 66,8 σ_S: 42,2 σ_E: 35,2	210	Langsam laufende, hochbelastete Zahn- und Schneckenräder
Sondermessing (Sandguß)	Cu 64; Zn 23; Fe 2,75; Mn 3,75; Al 6,75	σ_B: 77,3 σ_S: 49,2 σ_E: 36,6	236	Langsam laufende, hochbelastete Zahn- und Schneckenräder
Sondermessing (geschmiedet)	Cu 58; Zn 37,5; Al 1,5; Mn 2,5; Si 0,5	σ_B: 52,7 σ_S: 28,1	135	Mittlere Belastungen, kleine schnellaufende Räder
Siliziumbronze (Sandguß)	Cu 95; Si 4; Mn 1	σ_B: 31,6 σ_S: 14,1	80	Schnellaufende Räder mittlerer Belastung

In Tab. 4/20 sind Zusammensetzung, Zugfestigkeit und Verwendungszweck für je ein Beispiel der oben beschriebenen Legierungsarten angegeben. Natürlich gibt es außerdem noch eine große Anzahl von Bronzen, Sondermessingen und Rotgußarten, die jedoch in der Zusammensetzung meist nur wenig von den in Tab. 4/20 aufgeführten Legierungen abweichen. Die in der Tabelle angegebenen Festigkeits- und Härtewerte sind Mittelwerte und es sei darauf hingewiesen, daß die Eigenschaften in einem ziemlich großen Bereich streuen können; eine Rolle spielen hierbei die Größe des Werkstückes, die Abkühlgeschwindigkeit des Gusses und die Qualität der Legierung.

4.53 Genormte Bronze-, Sondermessing- und Rotgußsorten

In der AGMA-Norm 243.01 (Juni 54) sind zur Verwendung für Schneckenräder fünf Bronzesorten angeführt, deren Zusammensetzung vorgeschrieben ist (s. Tab. 4/21).

Tabelle 4/21. Gußbronze für Zahnräder nach AGMA-Norm

| Klasse | Sorte | Zusammensetzung in % | | | | | | | Härte HB [1] [kg/mm²] |
		Kupfer	Zinn	Nickel	Blei	Zink max.	Phosphor max.	Verunreinigungen max.	
1	Nickel-Zinn-bronze	Rest	9,75bis 10,75	1,25bis 1,75	—	—	0,03	0,25	70
1 c	Nickelbronze (Kokillenguß)	Rest	10,75	1,75	—	—	0,03	0,25	80
2	Zinnbronze	Rest	10–12	—	—	2	0,03	0,25	70
2 c	Zinnbronze (Kokillenguß)	Rest	10–12	—	—	2	0,03	0,25	70
3	Bleibronze	Rest	9–11	—	1–2	—	0,03	—	keine Vorschrift

Bevorzugt wird in den USA die Klasse 1c angewendet, gefolgt von Klasse 2c. Beide Werkstoffe werden im allgemeinen für serienmäßig hergestellte Getriebe benutzt, wo es sich lohnt, in ihren Abmessungen genormte Schleudergußringe herzustellen.

Für alle anderen Schneckengetriebe des allgemeinen Maschinenbaues werden im wesentlichen die Klassen 1 und 2 gewählt.

Klasse 3 wird nur bei sehr hohen Umfangsgeschwindigkeiten verwendet.

In der erwähnten AGMA-Norm wird darauf hingewiesen, daß auch Aluminium- und Siliziumbronzen in zunehmendem Maße verwendet

---

[1] Um die Härte des verzahnten Teils zu bestimmen, wird die Brinellhärte an der Seite des Zahnkranzes gemessen. Prüflast: 500 kg.

werden, und zwar insbesondere für langsam laufende, hochbelastete Schneckenräder. Zusammensetzung und Wärmebehandlung sind jedoch noch nicht soweit vereinheitlicht, als daß eine Normung heute schon möglich wäre.

Außer der AGMA haben noch viele andere amerikanische Organisationen Normen für Bronzen aufgestellt, die teilweise voneinander abweichen. Einige dieser Organisationen sind: US Navy Department, Naval Aircraft Factory, US Air Corps, Society of Automotive Engineers (SAE) und die American Society for Testing Materials (ASTM). Keine dieser Normen wird von allen Bronzeverbrauchern anerkannt.

Der Hersteller muß damit rechnen, daß mitunter in Aufträgen eine Bronzesorte vorgeschrieben wird, die für den betreffenden Anwendungsfall ungeeignet ist. In solchen Fällen sollte man dem Besteller einen Gegenvorschlag unterbreiten und sich die Genehmigung holen, die richtige Bronzesorte in den Auftrag einzusetzen.

In den DIN-Normen sind eine große Zahl von Bronze-, Sondermessing- und Rotgußsorten für die verschiedensten Verwendungszwecke festgelegt. In Tab. 4/22 haben wir einige der für Zahnrad- und Schneckengetriebe geeigneten Legierungen und deren Eigenschaften zusammengestellt.

4.6 Druckgußlegierungen für Zahnräder

Für das Druck- oder Spritzgußverfahren (vgl. S. 442) wurden eine Anzahl Sonderlegierungen entwickelt. Wichtig ist hierbei, daß das Material einen niedrigen Schmelzpunkt hat und gut gießbar ist.

In den USA sind Zinklegierungen des Typs SAE 903 sehr beliebt; diese Legierung enthält außer Zink etwa 4% Aluminium und etwa 0,04% Magnesium. Sie schmilzt bei etwa 370 %C und hat eine Zugfestigkeit von etwa 28 kg/mm².

Von den Aluminiumlegierungen hat sich besonders die mit 10% Silizium und 0,5% Magnesium für die Herstellung von Zahnrädern bewährt. Spritzgußlegierungen auf Aluminiumbasis haben etwa die gleiche Festigkeit wie die erwähnten Zinklegierungen; sie wiegen jedoch nur etwa 40% hiervon; ihr Schmelzpunkt liegt bei etwa 600 °C.

Angaben über die in *Deutschland* eingeführten Spritzgußlegierungen s. [*4/147*].

4.7 Nichtmetallische Werkstoffe

Holz. In früheren Jahrhunderten wurden Zahnräder häufig aus Holz hergestellt. Auch findet man in älteren Triebwerken von Wasserrädern und Wasserturbinen noch Zahnräder mit gußeisernen Radkränzen, in die Zähne aus Weißbuchenholz eingesetzt sind. – In unverarbeiteter Form ist Holz als Zahnradwerkstoff jedoch heute bedeutungslos

Tabelle 4/22. *Kupferlegierungen für Zahnräder nach DIN-Norm*

Benennung DIN-Blatt	Kurzzeichen	Zusammensetzung [%]	Mechanische Eigenschaften [1]				Verwendung
			Festigkeit σ_{zB} mind. [kg/mm²]	Streckgrenze $\sigma_{0,2}$ mind. [kg/mm²]	Dehnung δ_5 mind. [%]	Härte HB mind. [kg/mm²]	
Guß-Sondermessing DIN 1709	G-SoMs 57 F 60	Cu 54–64; Al + Si + Sn + Mn + Fe bis 7,5 Zn Rest	60–70	25–30	15–20	140–160	s. Tab. 4/20
Sondermessing DIN 17661	SoMs 64 (geschmiedet)	Cu 64; Al + Mn + Fe + Si + Sn; Zn Rest	80	—	10 [2]	—	s. Tab. 4/20
Guß-Zinnbronze DIN 1705	G-SnBz 14	Cu 85–87 Sn 13–15	20–25	14–17	3–5	85–115	Schneckenradkränze
	G-SnBz 12	Cu 87–89 Sn 11,6–13	24–28	13–16	8–10	80–95	Hochbeanspruchte Schnecken- und Schraubenräder
	GZ-SnBz 12 (Schleuderguß)	wie vorher	28–32	15–17	8–15	95–110	Schnellaufende Schneckenräder f. Kfz. und Schlepperantriebe
Rotguß DIN 1705	Rg 10	Cu 85–87 Sn 9–11 Zn ≈ 4	20–28	12–14	10–18	65–90	Schneckenräder mit niedrigen Gleitge-schwindigkeiten
	GZ-Rg 10 (Schleuderguß)		27–30	16–17	8–10	85–95	
Guß-Ni-Al-Bronze DIN 1714	G-NiAlBz F 50	Al 8–12 Fe 2–6 Cu Rest	50–60	20–25	15–25	130–150	Schnecken, Schnecken-räder, Stirn- und Kegelräder
	G-NiAlBz F 60		60–70	28–35	10–20	150–180	
Al-Mehrstoffbronze DIN 1714	AlMBz (geschmiedet)	Cu 72–94 Fe + Ni + Mn + Si bis 15	65	—	8	160	Zahnkränze Schneckenräder

[1] Kleinere Werte sind Mindestwerte, größere Durchschnittswerte, die als Berechnungsgrundlage dienen.   [2] Dehnung δ_{10}.

Rohhaut. Noch Anfang dieses Jahrhunderts wurden vielfach ganze Zahnräder oder auch nur die Zähne aus Büffelrohhaut oder Leder hergestellt. Stücke imprägnierter Rohhaut wurden unter hohem Druck und unter Verwendung eines besonderen Bindemittels zusammengepreßt. Dieser Rohhautkörper konnte dann wie ein normaler Stahlrohling bearbeitet werden. Um bei Belastung ein Ausweichen des Werkstoffes zu verhindern, waren seitliche Scheiben aus Stahl oder Bronze erforderlich.

Fabroil. In den USA kamen um das Jahr 1900 herum erstmals Zahnräder aus Textilfasern in den Handel. Die ersten Räder bestanden aus Schichten von Segeltuch, die mit Hilfe von seitlich angeordneten und miteinander verschraubten Platten zusammengepreßt wurden. Später wurden statt des Segeltuches ungewebte Fasern verwendet und die Radkörper wurden mit Öl imprägniert. – Derartige Zahnräder waren unter der Handelsbezeichnung „Fabroil" auf dem Markt.

Phenolharz-Hartgewebe usw. Große Bedeutung haben die Kunststoffe auf Phenol- und Kresolharzbasis erlangt. Diese sogenannten Phenoplaste dienen dazu, die Gewebeschichten oder andere Füllstoffe zu einer festen Masse zu verbinden. Hierbei benötigt man infolgedessen auch keine metallischen Seitenscheiben, wie dies bei Fabroil und Rohhaut der Fall war. Verwendet man als Füllstoff einen relativ lose verfilzten Faserstoff, so kann man die Zahnräder mit fertiger Verzahnung in einem Preßvorgang herstellen. Manche derartige Stoffe – z. B. Bakelit – können für die Herstellung von Zahnrädern im Spritzgußverfahren benutzt werden. Die Festigkeit derartiger Zahnräder ist zwar geringer als bei Verwendung von Phenolharz-Hartgewebe, sie können jedoch bei großen Stückzahlen billig hergestellt werden.

Polyamide. Seit einigen Jahren haben verschiedene Polyamidsorten (z. B. Nylon) als Zahnradwerkstoff Bedeutung erlangt. Sie eignen sich besonders für die Verarbeitung im Spritzgußverfahren. Polyamidzahnräder laufen besonders ruhig und sind unempfindlich gegen mechanische Verunreinigungen.

Gummiartige Werkstoffe (z. B. Vulkolan der Firma Bayer, Leverkusen) werden seit kurzem ebenfalls für Zahnräder verwendet. Eigenschaften und Anwendungsbereich ähneln denen der Polyamidzahnräder.

4.71 Duroplast-Schichtstoffe

Wir unterscheiden bei den Kunststoffen zwei große Gruppen: Die härtbaren Kunststoffe oder *Duroplaste* und die nichthärtbaren Kunststoffe oder *Thermoplaste*. Die Duroplaste erfahren im letzten Teil ihrer Herstellung eine chemische Umwandlung, durch die das Erzeugnis bei der Preßtemperatur aushärtet, d. h. starr und unlöslich wird. Das Hartwerden der Thermoplaste ist dagegen ein rein physikalischer, umkehrbarer Vorgang, d. h. feste Teile können durch Erwärmen wieder in den flüssigen Zustand überführt werden (wichtig für Spritzgußverfahren!).

Herstellung der Duroplast-Schichtstoffe. Als Füllstoff verwendet man Pappe, Asbest, Baumwollgewebe oder -geflecht, Holzschichten, Nylon- oder Glasfasergewebe. Als Binde-mittel kommen verschiedene Duroplaste, z. B. Phenol- oder Kresolharze, Melamine oder Sili-cone in Frage. Am weitesten ver-breitet sind heute wohl die mit Baumwollgewebe verarbeiteten Phenolharze, die unter der Be-zeichnung „Hartgewebe" im Han-del sind (Abb. 4/18).

Die als Füllstoff vorgesehenen Ge-webe- oder Papierbahnen bzw. Holz-schichten werden zunächst mit dem flüssigen Bindemittel getränkt und dann getrocknet. Dann werden die Bahnen zerschnitten, übereinander-geschichtet und bei Temperaturen von 130 bis 175 °C und Drücken zwischen 70 und 175 kg/cm^2 zu Platten gepreßt. Zahnräder, die aus derartigen Platten hergestellt werden, haben über den

Abb. 4/18. Hartgewebezahnrad mit Stahlnabe. Zustand nach einem Prüflauf mit 40 m/s Umfangs-geschwindigkeit. (Werkfoto: General Electric Co.; Lynn, Massachusets, USA)

Umfang gesehen eine unterschiedliche Festigkeit je nach der Stellung der Zähne zur Faserrichtung des Werkstoffes. Man kann allerdings – um gleiche Festigkeit für alle Zähne zu erzielen – die Stoffbahnen mit wechselnder, sternförmig versetz-ter Faserrichtung übereinander legen; besonders wichtig ist dies bei Holzschichten. Die Herstellung wird allerdings damit verteuert. Innerhalb des oben beschriebenen Herstellungsvorgangs gibt es viele Variationen, die die unterschiedlichen Festig-keitswerte der verschiedenen Firmenerzeugnisse[1] bedingen.

In den USA ist die NEMA[2]-Norm für Duroplast-Schichtstoffe allge-mein anerkannt.

Die Veröffentlichung [4/124] dieser Gesellschaft verzeichnet u. a. eine Anzahl von Hartgewebesorten, von denen die Qualitäten C und L viel-fach für Zahnräder verwendet werden; Tab. 4/23 zeigt hierfür die wich-tigsten mechanischen und physikalischen Eigenschaften (weitere An-gaben s. [4/124], S. 42 und 43). Zum Vergleich sind dieselben An-gaben auch für zwei deutsche Hartgewebesorten angeführt.

---

[1] Markennamen deutscher Phenolharzhartgewebe für Zahnräder: Biratex, Cambric, Canvass, Carta-Textil, Dessavia, Durcoton, Dytron, Ferrozell, Harex, Linax, Novotext, Nyhatex, Plastatex, Resitex, Ruwatex, Textil-Neolit, Turbax, Unitex.

[2] NEMA (National Electrical Manufacturers Association) = Nationale Ver-einigung der Elektroindustrie.

Tabelle 4/23
Eigenschaften einiger amerikanischer und deutscher Phenolharz-Hartgewebe

		Amerikanische NEMA und ASTM Klasse		Deutsche [1] Hartgewebe Klasse	
		C	L	G (grob)	F (fein)
Zugfestigkeit σ_B:					
in Längsrichtung	kg/mm²	7,9	9,8	5,0	9,0
in Diagonalrichtung	kg/mm²	6,7	7,0	5,0	9,0
Elastizitätsmodul E bei Zug:					
in Längsrichtung	kg/mm²	700	840	750	830
in Diagonalrichtung	kg/mm²	630	630	750	830
Härte		103 [2]	105 [2]	25–30 [3]	25–30 [3]
spezifisches Gewicht	kg/dm³	1,36	1,35	1,36	1,36

Eigenschaften der Zahnräder aus Phenolharz-Schichtstoffen. Alle nichtmetallischen Zahnräder haben den Vorzug, daß sie sehr *ruhig* laufen, selbst wenn sie mit einem Stahlzahnrad zusammenarbeiten. Schwingungen werden durch Kunststoffzahnräder in hohem Maße *gedämpft*. Das spezifische Gewicht des Kunststoffes ist etwa ein Fünftel bis ein Sechstel so groß wie das von Stahl.

Die *Zahnfußfestigkeit* von Kunststoffzahnrädern beträgt etwa ein Zehntel bis ein Dreizehntel der Fußfestigkeit von Stahlrädern. Trotzdem ist es in manchen Fällen möglich, an Stelle von Zahnrädern aus Gußeisen oder Stahl geringer Härte Kunststoffräder gleicher Größe zu verwenden. Wenn Stahl- und Kunststoffzahnräder mit der gleichen Verzahnungsgenauigkeit hergestellt werden, so wirken sich die gleichen Fehler bei Stahl doch viel ungünstiger aus. Stahlzähne biegen sich bei gleicher Last viel weniger durch als Kunststoffzähne, so daß kleine Fehler bei Stahlzahnrädern bereits erhebliche dynamische Zusatzkräfte verursachen können. Kunststoffzähne biegen sich bei gleicher Last etwa 30mal so stark durch wie Stahlzähne. Außer einer Verringerung der dynamischen Zusatzkraft folgt hieraus, daß sich die Gesamtumfangskraft gut auf die im Eingriff befindlichen Zähne verteilt; der tatsächliche Überdeckungsgrad wird infolgedessen vergrößert, die Belastung pro Zahn verringert.

Kunststoffzahnräder haben sich bereits unter den verschiedensten Schmierungsverhältnissen bewährt. Im allgemeinen benötigt die Paarung Stahlritzel gegen Kunststoffrad *weniger Schmiermittel* als die Paarung zweier Stahlräder. Bei entsprechend niedrigen Belastungen kommt man auch ohne Schmierung aus [*4/133*]. In verschiedenen Anwendungsgebieten hat sich für die Paarung Kunststoffrad gegen Kunststoffrad Wasser als ausreichendes Schmiermittel erwiesen.

[1] Die Werte gelten für Resitex, weitere deutsche Marken s. Fußnote S. 321.
[2] Rockwellhärte M (1/4″ Kugeldurchmesser, 100 kg Prüflast).
[3] Brinellhärte.

Die oben als Vorzug erwähnte große Elastizität der Kunststoffzähne hat allerdings auch ihre *Nachteile*. Die Zähne des getriebenen Rades neigen dazu, die Zahnflanken des treibenden Rades an der Stelle der ersten Zahnberührung auszuschaben. Ist das treibende Rad aus Stahl, so besteht kaum Gefahr, da die Härte des getriebenen Kunststoffrades nicht ausreicht, um an der Stahlflanke des treibenden Rades Schabestellen zu erzeugen. Wenn das Kunststoffrad treibt, kann man sich dadurch helfen, daß man dem treibenden Rad eine große positive und dem getriebenen Rad eine gleich große negative Profilverschiebung gibt, so daß das letztere nur eine kleine oder gar keine Kopfhöhe hat.

Auswahl von Gegenwerkstoff und Gewebeart. Höchste Tragfähigkeit erzielt man, wenn die Kunststoffräder mit Stahl- oder Gußeisenrädern gepaart werden. Die Verschleißfestigkeit ist am größten, wenn das Metallrad eine Härte von mindestens $HB = 300$ kg/mm² hat. Bei Phenolharz-Hartgewebe richtet sich die Auswahl der Gewebeart nach der Größe des Moduls:

Bei Modul 1,5 und darüber wählt man zweckmäßigerweise Leinen mit einem Gewicht von 0,50 kg/m² dichtgewebt,

bei Modul 1 bis 1,5 Leinen mit 0,22 kg/m²,

noch feinere Moduln erfordern feinen Batist mit einem Gewicht von etwa 0,10 kg/m².

Anwendungsgebiete. Zahnräder aus den oben besprochenen Schichtstoffen haben sich ein breites Anwendungsgebiet erobert. Als typische Beispiele seien genannt: Kompressoren, Nockenwellenantriebe, Maschinen der Schuhindustrie, elektrische Uhren, Haushaltmaschinen, Flaschenabfüllmaschinen, Rechenmaschinen. Bei Paarung mit einem genauen Gegenrad können Gleitgeschwindigkeiten bis zu 15 m/s zugelassen werden.

Zahnräder aus Hartfaservlies und Preßholz. Durch Verwendung eines filzartig, d. h. strukturlos aufgebauten Faserverbandes als Füllstoff, der mit dem Bindemittel getränkt wird, erhält man einen Werkstoff mit relativ homogenem Gefüge, der als Hartfaservlies bezeichnet wird. Bezüglich Verschleißfestigkeit dürfte er den Hartgeweben etwa gleichwertig sein; die Fußfestigkeit ist im Mittel etwas geringer.

Benutzt man an Stelle von Gewebe Buchenholzfurnier, so erhält man sogenanntes Preßholz, das sich durch seine besonders hohe Fußfestigkeit auszeichnet.

4.72 Polyamide

Neben den besprochenen „klassischen" Kunststoffen gewinnen die Polyamide – bekannteste Markenbezeichnung: Nylon – als Zahnradwerkstoff an Bedeutung (Abb. 4/19). Auf Grund ihrer Zusammensetzung kann man sie als künstliche Eiweißstoffe ansprechen.

Eigenschaften. Polyamide sind thermoplastische Werkstoffe, sie eignen sich also besonders für die Zahnradherstellung im Spritzgußverfahren. Man kann sie aber auch in Platten oder Stangen gießen, die dann durch spanabhebende Verfahren weiterbearbeitet werden können; auf diese Weise erhält man genauere Verzahnungen. Das Spritzgießen *fertiger* Zahnräder ist andererseits bei großen Stückzahlen besonders wirtschaftlich.

Die in den USA gebräuchlichste Polyamidsorte ist das Nylon FM – 10001 von du Pont. In Tab. 4/24 sind seine an Probestäben ermittelten Eigenschaften angeführt und denen einiger europäischer Polyamidsorten gegenübergestellt.

Wie aus Tab. 4/24 zu ersehen ist, haben die Polyamide fast die gleiche statische Festigkeit wie Phenolharz-Hartgewebe. Als Zahnradwerkstoff ist es den Hartgeweben bezüglich Tragfähigkeit allerdings unterlegen.

Abb. 4/19. Nylonzahnrad nach einem Prüflauf mit 40 m/s Umfangsgeschwindigkeit und hoher Last (K-Faktor doppelt so groß wie in Tab. 3/4, S. 129 für Nylon angegeben). (Werkfoto: General Electric Co.)

Tabelle 4/24. Eigenschaften einiger amerikanischer, deutscher und niederländischer Polyamide für Zahnräder

		Amerikanisch Nylon FM 10001	Deutsch [9] Aeternamid A	Niederländisch Akulon M 2
Zugfestigkeit σ_B:				
bei − 57 °C	kg/mm²	11,0	11,0	12,5
bei 25 °C	kg/mm²	7,0	7,3	6,0
bei 77 °C	kg/mm²	5,3	5,3	5,2
Elastizitätsmodul E:	kg/mm²	280 [1]	170 [2]	60 [3]
Härte	−	118 [4]	7,20 [5]	86 [4, 6]
spezifisches Gewicht	kg/dm³	1,14	1,13	1,14
Schwindung	%	1,5	1,2 [7]	2,24 [8]

[1] Bei 25 °C.
[2] Ermittelt nach 4 Monaten Normalklimalagerung (N 65 DIN 50010).
[3] Bei 25 °C und 3,5% Feuchtigkeitsgehalt.
[4] Rockwellhärte R (1/2″ Kugeldurchmesser, 60 kg Prüflast).
[5] Kugeldruckhärte HB in kg/mm², ermittelt nach 4 Monaten Normalklimalagerung (nach DIN 57302).
[6] Bei 25 °C und 2% Feuchtigkeitsgehalt.
[7] Ermittelt an Barren von 120 × 10 × 15 mm in kaltem Zustand (Formtemperatur 80 °C).
[8] Ermittelt an Barren von 5″ × 1/2″ × 1/2″ direkt nach dem Abkühlen.
[9] Weitere deutsche Marken: Ultramid, Trogamid.

Es ist außerordentlich elastisch: Wie Tab. 4/24 zeigt, verformt es sich bei gleicher Last etwa 75mal so stark wie Stahl.

Ein besonderer Vorzug der Polyamidzahnräder besteht darin, daß sie mit sehr wenig Schmierung auskommen. Kleine Getriebe mit Polyamidzahnrädern laufen bei hohen Drehzahlen und leichter Belastung teilweise ganz ohne Schmiermittel. Dies ist in solchen Fällen von Bedeutung, wo das Schmiermittel zu Verschmutzungen führen würde (z. B. Textilmaschinen). Polyamide absorbieren Wasser und quellen dabei; dieser Tatsache muß durch entsprechende Wahl von Kopf- und Flankenspiel Rechnung getragen werden.

Anwendungsgebiet. Polyamidzahnräder haben sich in einer ganzen Reihe von Anwendungsfällen bewährt. Als Beispiele seien genannt: Filmkameras, Haushaltsgeräte, Uhrwerke, Textilmaschinen.

Versuche des Autors mit Nylonzahnrädern, die bei einer Umfangsgeschwindigkeit von 40 m/s durchgeführt wurden, zeigten ein zufriedenstellendes Verhalten bis zu Belastungen, wie sie von Stahlrädern geringer Härte übertragen werden. Das Beispiel zeigt, daß Polyamid bei sorgfältiger Getriebekonstruktion und -herstellung ein geeigneter Baustoff sein kann.

4.73 Polyurethane

Dieser in Deutschland entwickelte gummiartige Werkstoff wird in verschiedenen Härten hergestellt. Für Zahnräder werden hauptsächlich die härteren Sorten verwendet (z. B. Vulkollan 30 von Bayer Leverkusen). Die Haupteigenschaften von Vulkollan 30 bei Raumtemperatur sind: Zugfestigkeit: $2,70 kg/mm^2$, Bruchdehnung: 450%, Shorehärte A: 94.

Polyurethane können wie Polyamide im Spritzgußverfahren verarbeitet werden. Im Gegensatz zu den Polyamiden absorbieren sie jedoch kaum Wasser.

Polyurethan-Zahnräder haben sich dort bewährt, wo die spezifischen Belastungen gering sind und wo es auf Laufruhe, gute Notlaufeigenschaften sowie Unempfindlichkeit gegen mechanische Verunreinigungen ankommt – auch Kettenräder für Motorräder sind bereits aus diesem Werkstoff gefertigt worden. Angaben über die Tragfähigkeitsberechnung von Polyurethanzahnrädern s. [*4/153*].

4.8 Schrifttum zu Kapitel 4

AGMA[1] 241.01 (Jun. 54). Gear Materials-Steel.
AGMA 242.02 (Sept. 46). Cast Iron Gear Blanks.
AGMA 243.01 (Jun. 54). Cast Bronze Gear Blanks.
DIN 17100 (Okt. 57). Allgemeine Baustähle.

---

[1] AGMA = American Gear Manufacturers Association (Vereinigung der amerikanischen Getriebehersteller).

DIN 17 210 (Jan. 59). Einsatzstähle.

DIN 17 200 (Dez. 51). Vergütungsstähle.

DIN 1681 (März 42 × ×). Stahlguß.

DIN 1691 (Nov. 49 ×). Grauguß.

DIN 17 661 (Feb. 58). Sondermessing-Knetlegierung.

DIN 1714 (Feb. 36 ×). Aluminiumbronze-Knetlegierung.

DIN 1705 (Dez. 53). Guß Zinnbronze, Rotguß.

DIN 1714/1 (Dez. 53). Guß-Mehrstoffbronze.

[4/111] The Nitralloy Corp.: Nitralloy and the Nitriding Process. The Nitralloy Corp., New York 1943.

[4/112] EAGEN, T. E.: When and How to Use Gray Iron. Foundry, Aug. 1948.

[4/113] Meehanite Metals Corp.: Handbook of Meehanite Metals. Meehanite Metal Corp., New Rochelle, N. Y. 1948.

[4/114] Carnegie Illinois Steel Co.: U.S.S. Carilloy Steels. Carnegie Illinois Steel Co., Pittsburgh, Pa. 1948.

[4/115] Bethlehem Steel Co.: Modern Steels and Their Properties. Handbook 268, Bethlehem Steel Co., Bethlehem, Pa. 1949.

[4/116] The International Nickel Co., Inc.: Nickel Alloy Steels. The International Nickel Co., Inc., New York 1949.

[4/117] National Broach and Machine Co.: Modern Methods of Gear Manufacture. 3d ed., National Broach and Machine Co., Detroit, Mich. 1950.

[4/118] WALL, C.: Nylon in Bearings and Gears. Product Eng., Juli 1950.

[4/119] SCHOTTKY, H.: Die Abschreckhärtbarkeit von Stählen und ihre Prüfung. Stahl und Eisen, Bd. 70 (1950) Nr. 21.

[4/120] BÜHLER, H.: Stähle für Oberflächenhärtung. Werkstatt und Betrieb, 1950, S. 406–408.

[4/121] GROSS, M. R.: Untersuchungen von Werkstoffen für Marinegetriebe. Proc. American Society f. Testing Materials, Bd. 51 (1951) S. 701.

[4/122] LYNCH, SNODGRASS and WOODSON: Powder Metallurgy. Annual AGMA meeting, Juni 1951.

[4/123] ARCHER, R. S., I. Z. BRIGGS und C. M. LOEB: Molybdän, Stähle, Gußeisen, Legierungen. Climax Molybdenum Co., Zürich 1950.

[4/124] National Electrical Manufacturers Association: Standards for Laminated Thermosetting Products. NEMA Pub. LPI – 1951, Sept., 1951.

[4/125] AISI[1]: Constructional Alloy Steels Chemical Composition Limits. American Iron and Steel Institute, New York, Mar. 25, 1952.

[4/126] GAGNEBIN, A. P.: Ductile Iron – Its Significance to the Foundry Industry. Foundry, Juni 1952.

[4/127] Werkstoffhandbuch Stahl und Eisen. Düsseldorf 1953.

[4/128] Werkstoffhandbuch Nichteisenmetalle. Berlin 1938.

[4/129] RETTIG, H., und H. WINTER: Zahnräder aus nichtmetallischen Werkstoffen. Der Maschinenmarkt, Sept. 1953, Nr. 78, S. 16–23.

[4/130] RETTIG, H., und H. WINTER: Erhöhung der Tragfähigkeit von Zahnrädern durch Härtung. Industrie-Rundschau, Dez. 1953, S. 55–64.

[4/131] WYSS, U.: Auswertungsmöglichkeiten der Härtbarkeitsprüfung nach der Stirnabschreckmethode. Härterei-Technische Mitteilungen 6 (1953) Nr. 2. Industrieblatt.

[4/132] Archiv für das Eisenhüttenwesen. Fachberichte 24. Bd. (1953). Düsseldorf.

[4/133] Zahnräder – Zahnradgetriebe (Kunstoffzahnräder, Härteverfahren). Braunschweig 1954.

---

[1] AISI = American Iron and Steel Institute (Amerikanisches Institut für Eisen und Stahl).

[4/134] WINTER, H., und H. RETTIG: Induktionshärtung – insbesondere bei Zahnrädern. Der Maschinenmarkt, Sept., 1954, Nr. 70–71, S. 73–81.

[4/135] RETTIG, H.: Gußeisen als Zahnradwerkstoff. Industrieblatt, Bd. 55 (1955), Nr. 12, S. 569–572.

[4/136] HENSE, V. E., und D. P. BUSWELL: Werkstoffe und Wärmebehandlung in der Fabrikation von Zahnrädern für Kraftfahrzeuggetriebe. General Motors Engng. J., Bd. 2 (1955), Nr. 5, S. 2–10.

[4/137] BRUGGER, H.: Laufversuche an gehärteten Zahnrädern als Grundlage für ihre Bemessung. ATZ Bd. 57 (1955), Nr. 5, S. 127–132.

[4/138] GRÖNEGRESS, H. W.: Das Brennhärten von Zahnrädern. Schweizer Maschinenmarkt, 1955, Nr. 30, S. 1–12.

[4/139] Stahl-Eisen-Werkstoffblatt 550–556. Verein Deutscher Eisenhüttenleute (VDEh), Düsseldorf 1956.

[4/140] N. N.: High Strengh Alloy Steel Powder Metal Parts. Product Engineering, Bd. 26 (1955), Nr. 3, S. 133–138.

[4/141] MAYLAHN, K.: Kunststoffe im Zahnradbau. VDI-Z., Bd. 98 (1956), Nr. 8, S. 348.

[4/142] N. N.: Load-carrying capacity of spur-gear teeth hob cut from molded du Pont „Zytel" 101. Product Engineering, Aug. 1956, S. 363.

[4/143] MASCHMEYER, A. H.: Wear Life of Aluminium Gears. Product Engineering, Sept. 1956, S. 160–162.

[4/144] N. N.: Expensive steels make cheap gears. Product Engineering, Okt. 1956, S. 380.

[4/145] WEWER, F., A. ROSE, W. PETER, W. STRASSBURG und L. RADEMACHER: Atlas zur Wärmebehandlung der Stähle. Düsseldorf 1950–54.

[4/146] ROSE, A., und L. RADEMACHER: Einfluß der Randentkohlung bei der Stirnabschreck-Härtbarkeitsprüfung von Stählen. Stahl und Eisen Bd. 76 (1956), Nr. 21.

[4/147] AK. Verein Hütte: Betriebshütte. Bd. I., Berlin 1957.

[4/148] MARTIN, L. D.: Gestaltung gespritzter Nylon-Zahnräder. Konstruktion, Bd. 9 (1957), Nr. 1, S. 38.

[4/149] HÖHNE, E.: Induktionshärtung mit Hochfrequenz. VDI-Z., Bd. 99 (1957) S. 507–510.

[4/150] OVERKOTT, F.: Umlaufhärtung von Zahnrädern. Werkstatt und Betrieb, Bd. 90 (1957), Nr. 8, S. 501–507.

[4/151] MÜLLER, J.: Nitrieren und Sulf-Inuzieren von Zahnrädern. Das Industrieblatt, Juni 1957, S. 261–264.

[4/152] FINNERN, B.: Das „Weichnitrieren", ein Verfahren zur Erhöhung des Verschleißwiderstandes von Bauteilen im Fahrzeugbau. Das Industrieblatt, Juni 1957, HT 40 – HT 44.

[4/153] KITTNER, R. H., und K. A. PIGOTT: Cast Urethane Rubber. Product Engineering, Sept., 1957, S. 68–71.

[4/154] KIESSLER, H.: Derzeitige Luftfahrtstähle und ihre Wärmebehandlung. Schweizer Archiv für angewandte Wissenschaft und Technik Bd. 23 (1957) 9, S. 304–310.

[4/155] WELLINGER, K.: Metallische Werkstoffe. VDI-Z., Bd. 99 (1957), S. 1343–1346. Dort zahlreiche Schrifttumsstellen.

[4/156] Deutsche Firmenschriften: Krupp-Sonderstähle für Nitrierhärtung, Deutsche Edelstahlwerke – Nitrierstähle. Deutsche Edelstahlwerke – Baustähle für den Fahrzeug-, Motoren- und Maschinenbau.

[4/157] FRANK, K.: Taschenbuch der Härteprüfung metallischer Werkstoffe. Füssen 1956.

[*4/158*] Niemann, G. und Rettig, H.: Weichnitrierte Zahnräder. VDI-Z. 102 (1960), S. 193/202.
[*4/159*] Müller, I.: Das Weichnitrieren und das Sulf-Inuzieren, zwei neuere Verfahren zum Behandeln verzahnter Bauteile. VDI-Z. 100 (1958), S. 235/239.

5 Schmierung

Ob ein Getriebe zufriedenstellend arbeitet, hängt in hohem Maße vom Schmiermittel und von der Art der Schmiermittelzuführung ab. Bis zu einem gewissen Grade können auch Mängel in der Konstruktion oder Herstellung durch besondere schmiertechnische Maßnahmen ausgeglichen werden.

Bei der Bemessung der Schmiervorrichtungen und der Auswahl des Schmiermittels sollte man sich möglichst an bewährte Ausführungen ähnlicher Getriebe anlehnen, denn auf einem so schwierigen Gebiet, wie es die Schmierung von Getrieben darstellt, ist Erfahrung der beste Lehrmeister. Bei völligen Neukonstruktionen sollte die Schmierung vor der Freigabe des Getriebes ausgiebig erprobt werden.

5.1 Anforderungen an Schmiermittel und Schmiersystem

1. Die *Zähigkeit* des Schmiermittels sollte so groß sein, daß sich nach Möglichkeit ein tragfähiger Schmierfilm zwischen den zusammenarbeitenden Zahnflanken ausbilden kann.

2. Bei höheren spezifischen Belastungen wird sich jedoch oft kein zusammenhängender Schmierfilm zwischen den Zahnflanken bilden können. Es stellt sich der Zustand der Mischreibung ein, in dem sich die Zahnflanken teilweise direkt berühren (vgl. Abb. 6/11, S. 361). Für diesen Fall muß das Schmiermittel eine ausreichende Schmierfähigkeit (oiliness) besitzen, um die Reibung zwischen den miteinander im Eingriff befindlichen Zahnflanken auf ein zulässiges Maß herabzusetzen und damit übermäßige Erwärmung und zu hohen Verschleiß zu vermeiden. Noch wichtiger ist aber ein gutes *Druckaufnahmevermögen*, um Fressen zu verhindern.

3. Die bei der Kraftübertragung entstehende Reibungswärme muß durch das Schmiermittel möglichst schnell abgeleitet werden. Zu starkes Planschen und Hochpumpen des Schmiermittels ist zu vermeiden.

4. Das Schmiersystem muß so beschaffen sein, daß etwaige Korrosions- oder Verschleißrückstände sich nicht auf den Zahnflanken absetzen können, sondern weggespült werden.

5. Die Einspritzdüsen müssen so angeordnet werden und die Zähigkeit des Schmiermittels muß so gering sein, daß die gesamten Zahnflanken – bevor sie zum Eingriff kommen – mit Öl benetzt werden.

6. Es müssen Maßnahmen vorgesehen werden, die – soweit wie möglich – verhindern, daß das Schmiermittel durch Staub, Sand, Metallabrieb, Schlamm oder Säuren verschmutzt wird.

5.2 Getriebeschmiermittel

Fette. Als noch Zahnräder aus Holz allgemein verwendet wurden, benutzte man in erster Linie tierische Fette als Schmiermittel.

Heute werden vorwiegend die aus Metallseifen und Mineralölen bestehenden stabileren Schmierfette verwendet und auch diese nur für solche kleineren und leicht belasteten Getriebe, bei denen eine regelmäßige Nachschmierung nicht möglich ist und wo eine vollkommene Abdichtung der Gehäuse auf die Dauer nicht gewährleistet werden kann.

Bei offen laufenden Zahnrädern erreicht man einen Schutz gegen Verschleiß und Korrosion durch die sog. Haftschmieren, die meistens mittels Pinsel aufgetragen werden.

Reine Mineralöle. Wir verstehen hierunter Erdölraffinate oder Sonderraffinate, denen keinerlei Wirkstoffe zugesetzt sind, die die Druckaufnahmefähigkeit erhöhen könnten. Eine höhere Schmierfilmfestigkeit läßt sich bei ihnen im wesentlichen nur durch Wahl einer höheren Viskosität erreichen, womit der hydrodynamische Traganteil erhöht wird.

Gefettete Öle. Als „Gefettete Öle" bezeichnen wir Mineralöle, die mit organischen Fettölen (z. B. Rüböl, Leinöl, tierischem Fett oder Rizinusölderivaten) oder Fettsäuren verschnitten sind. Diese Stoffe haften besser an den Zahnflanken als reine Mineralöle und ergeben damit eine bessere Druckfestigkeit. Unter bestimmten Bedingungen können die (in den genannten Zusätzen enthaltenen) organischen Fettsäuren mit dem Metall chemisch reagieren; auf der Metalloberfläche entsteht dadurch eine Metallseife, die als Schmierstoff geringer Scherfestigkeit wirkt. Bis zu einer gewissen Belastung bzw. Temperatur wirken die gefetteten Öle also ähnlich wie die nachstehend genannten Hochdruckschmiermittel.

Hochdruckgetriebeöle (mild wirkende EP-Öle). Nach dem deutschen Sprachgebrauch versteht man hierunter Mineralöle, denen organische Schwefel-, Chlor- oder Phosphorverbindungen zugesetzt sind; diese Zusätze werden auch als „Additives" bezeichnet. Bei hohen Temperaturen – d. h. bei hohen Reibleistungen – bilden die genannten Zusätze auf den Zahnflanken hauchdünne Metallsalzschichten, deren Schmelzpunkt bis zu 1000 °C betragen kann. Diese Schichten wirken ebenso wie die oben genannten Metallseifen (die bei Verwendung gefetteter Öle entstehen

können) als feste Schmierstoffe, die eine metallische Berührung der Zahnflanken verhindern, sind jedoch erheblich tragfähiger. Der Reibwert wird
dadurch herabgesetzt und die Freßgefahr verringert.

Das Kennzeichnende der Hochdruckgetriebeöle ist, daß mild wirkende Zusätze verwendet werden. Korrosion der Buntmetallteile oder
Hart- und Brüchigwerden der Dichtungen sind bei den bewährten Sorten
nicht zu befürchten.

Hypoidöle (stark wirkende EP-Öle). Wo sehr hohe spezifische Zahnbelastungen zusammen mit hohen Gleitgeschwindigkeiten auftreten,
sind Hypoidöle, d. h. Mineralöle mit stark wirkenden Zusätzen erforderlich. Ihre Zusammensetzung und Wirkungsweise ist im Prinzip die
gleiche, wie die der Hochdruckgetriebeöle. Es ist stets zu prüfen, ob die
Zusätze keine zu starke Korrosion verursachen und die Dichtungen in
nicht zulässigem Maße verhärten oder brüchig machen. – Die stark freß-
verhindernden Eigenschaften dieser Schmiermittel haben die Betriebs-
fähigkeit von achsversetzten Kegeltrieben überhaupt erst ermöglicht.

Wissenschaftliche Untersuchungen haben gezeigt, daß neben den oben besprochenen Schmiermitteln auch andere Stoffe zur Schmierung von Zahnradgetrieben geeignet sind. Wieder andere Stoffe, die wie Schmiermittel aussehen und
auch die erforderliche Zähigkeit aufweisen, sind schlecht oder überhaupt nicht als
Getriebeschmiermittel brauchbar.

In Tab. 5/1 sind eine Reihe von Flüssigkeiten angeführt, die zur
Schmierung von Zahnrädern geeignet sind. Überwiegend wird jedoch
Mineralöl und Hochdruckgetriebeöl verwendet (s. nächsten Abschnitt).

Tabelle 5/1. Zur Getriebeschmierung verwendete Flüssigkeiten

Flüssigkeit	Schmier-fähigkeit (oiliness)	Anwendungsgebiet
Mineralöl	gut	Alle Getriebearten außer bei ungewöhnlichen Temperaturverhältnissen
gefettetes Öl[2]	gut	Flugzeuggetriebe und Getriebe für militärische Zwecke bei großen Temperaturunterschieden
EP-Öl[1]	gut	Alle Getriebearten bei höheren spezifischen Belastungen und Gleitgeschwindigkeiten
Polyglykol	gut	Gewisse Bronzeräder. Stahlzahnräder bei sehr hohen Temperaturen
Silikon	schlecht	Sonderfälle bei extremen Temperaturverhältnissen, niedrige Belastung
Wasser	sehr schlecht	Gewisse nichtmetallische Zahnräder
Phosphate	gut	Hydraulische Einrichtungen von Flugzeugen

[1] Mineralöle mit Extreme-Pressure-Zusätzen (Getriebeöl, Hypoidöl).
[2] Als „gefettete Öle" bezeichnen wir die mit Fettöl (z. B. Rüböl, Leinöl oder
Rizinusölderivaten) verschnittenen Mineralöle.

5.3 Auswahl von Schmiermitteln für Industriegetriebe

Empfehlungen für die Wahl der geeigneten Ölsorten für die verschiedenen Anwendungsgebiete sind in der AGMA[1]-Norm 250.02 enthalten, aus der das Wichtigste hier wiedergegeben werden soll.

In dieser Norm werden die Öle nach ihrer Viskosität klassifiziert (Tab. 5/2), die in SAYBOLT-Sekunden (Abkürzung SUS) angegeben wird. Abb. 5/1, S. 334 gibt den Zusammenhang mit anderen üblichen Zähigkeitsmaßen an. Welches Öl zweckmäßigerweise für die verschiedenen Anwendungsgebiete verwendet werden sollte, ist aus Tab. 5/3 bis 5/6 zu entnehmen. Damit ist allerdings noch nichts über die Frage „Reines Mineralöl oder Hochdruckgetriebeöl'' ausgesagt. Empfehlungen hierzu werden nachfolgend unter Punkt 2 mitgeteilt.

Tabelle 5/2. *Viskositätsbereich verschiedener AGMA-Schmiermittel*

AGMA-Schmiermittel	Viskositätsbereich in SUS	
	bei 38,4 °C (= 100 °F)	bei 98,9 °C (= 210 °F)
1	180– 240	—
2	280– 360	—
3	490– 700	—
4	700–1000	—
5	—	80– 105
6	—	105– 125
7	—	125– 150
7 comp [2]	—	125– 150
8	—	150– 190
8 comp [2]	—	150– 190
8A comp [2]	—	190– 250
9	—	350– 550
10	—	900–1200
11	—	1800–2500

Bei der Wahl des Schmieröls nach Tab. 5/3 bis 5/6 ist folgendes zu beachten:

1. Die AGMA-Empfehlungen gelten für Zahnräder, die nach der Wärmebehandlung verzahnt oder geschliffen wurden. Bei Zahnrädern die nach dem Härten nicht mehr bearbeitet wurden, ist ein Schmiermittel der nächst höheren AGMA-Nummer zu wählen.

2. Nach den AGMA-Empfehlungen sollen für Getriebe im allgemeinen reine Mineralöle verwendet werden. (Lediglich für Schneckengetriebe empfiehlt die AGMA-Norm Zusätze von 3 bis 10% säurefreien Talgs oder eines ähnlichen tierischen Fetts.)

In der europäischen Industrie werden dagegen in großem Maße *Hochdruckgetriebeöle* (EP-Öle) verwendet. Diese haben die reinen Mineralöle und die gefetteten Öle aus vielen Anwendungsgebieten verdrängt. Auch in den USA geht die Entwicklung in dieser Richtung.

---

[1] AGMA = American Gear Manufacturers Association (= Vereinigung der amerikanischen Getriebehersteller).

[2] Mit einem Zusatz von 3 bis 10% säurefreien Talgs oder einem anderen geeigneten tierischen Fett.

*Tabelle 5/3. Empfohlene Schmiermittel für geschlossene Getriebe aller Art, außer
Schneckengetrieben* [AGMA 250.02]

Getriebeart	Größe des Getriebes (Achsabstand der langsamen Stufe)	AGMA-Nr. bei Umgebungstemperatur von	
		− 9,4 bis 15,6 °C	10 bis 52 °C
Stirnradgetriebe (einstufig)	bis 200 mm	2	3
	über 200 mm bis 500 mm	2	4
	über 500 mm	3	4
Stirnradgetriebe (zweistufig)	bis 200 mm	2	3
	über 200 mm bis 500 mm	3	4
	über 500 mm	3	4
Stirnradgetriebe (dreistufig)	bis 200 mm	2	3
	über 200 mm bis 500 mm	3	4
	über 500 mm	4	5
Planetengetriebe	Außendurchmesser des Gehäuses		
	bis 400 mm	2	3
	über 400 mm	3	4
Kegelgetriebe mit Gerad- oder Spiral- verzahnung	Äußere Teilkegellänge		
	bis 300 mm	2	4
	über 300 mm	3	5
Getriebemotoren	alle Größen	2	4
Getriebe mit hohen Drehzahlen[1]	alle Größen	1	2

Als grobe Faustregel kann man angeben, daß für gehärtete Zahnräder
mit HERTZschen Pressungen unter $p = 80$ kg/mm² (im Wälzkreis gerechnet) Mineralöl, bei höheren Pressungen Hochdruckgetriebeöl (EP-Öl)
verwendet werden sollte. Bei sorgfältig eingelaufenen gehärteten Zahnrädern kann man bis $p \approx 100$ kg/mm² Mineralöl vorsehen.

Bei ungehärteten Zahnrädern sind bereits oberhalb $p \approx 40$ kg/mm²
(nach sorgfältigem Einlaufen oberhalb 60 kg/mm²) Hochdruckgetriebeöle
vorzuziehen. – Die Wahl hängt im Einzelfall natürlich auch von der Art
der Verzahnung (Modul, Gleitanteil), der Umfangsgeschwindigkeit usw.
ab (vgl. Abschn. 2.26, S. 115).

Auch für *Schnecken*getriebe verwendet man in der europäischen
Industrie überwiegend und in den USA weitgehend Hochdruckgetriebeöle (EP-Öle) statt der von der AGMA empfohlenen gefetteten Öle.

3. Die in Tab. 5/2 angeführten Schmieröle können auch für nichtmetallische Zahnräder verwendet werden, wenn die physikalischen Eigenschaften dieser Stoffe dies zulassen. Wenn keine Schmierung zulässig ist,
darf nur entsprechend niedrig belastet werden.

---

[1] Für Drehzahlen über 3600 U/min oder Umfangsgeschwindigkeiten über 20 m/s
kann es zweckmäßig sein, je nach den Betriebsverhältnissen eine AGMA-Nr. höher
oder niedriger zu wählen.

Tabelle 5/4. Empfohlene Schmiermittel für geschlossene Schneckengetriebe [AGMA 250.02]

Getriebeart	Achsabstand	Schnecken-drehzahl bis [U/min]	AGMA-Nr. bei Umgebungstemperatur		Schnecken-drehzahl[2] über [U/min]	AGMA-Nr. bei Umgebungstemperatur	
			$-9,4^1$–15,6 °C	10–52 °C		$-9,4^1$–15,6 °C	10–52 °C
Zylinderschnecke Globoidschnecke	bis 150 mm	700	7 comp (7)[3] 8 comp (8)[3]	8 comp (8)[3] 8A comp (8)[3]	700	7 comp (7)[3] 8 comp (8)[3]	8 comp (8)[3] 8 comp (8)[3]
Zylinderschnecke Globoidschnecke	über 150 bis 300 mm	450	7 comp (7)[3] 8 comp (8)[3]	8 comp (8)[3] 8A comp (8)[3]	450	7 comp (7)[3] 8 comp (8)[3]	7 comp (7)[3] 8 comp (8)[3]
Zylinderschnecke Globoidschnecke	über 300 bis 450 mm	300	7 comp (7)[3] 8 comp (8)[3]	8 comp (8)[3] 8A comp (8)[3]	300	7 comp (7)[3] 8 comp (8)[3]	7 comp (7)[3] 8 comp (8)[3]
Zylinderschnecke Globoidschnecke	über 450 bis 600 mm	250	7 comp (7)[3] 8 comp (8)[3]	8 comp (8)[3] 8A comp (8)[3]	250	7 comp (7)[3] 8 comp (8)[3]	7 comp (7)[3] 8 comp (8)[3]
Zylinderschnecke Globoidschnecke	über 600 mm	200	7 comp (7)[3] 8 comp (8)[3]	8 comp (8)[3] 8A comp (8)[3]	200	7 comp (7)[3] 8 comp (8)[3]	7 comp (7)[3] 8 comp (8)[3]

[1] Die Stockpunkttemperatur sollte unter der kleinsten vorkommenden Außentemperatur liegen.

[2] Bei Schneckengetrieben mit Schneckendrehzahlen über 2000 U/min oder 10 m/s Umfangsgeschwindigkeit erfordert die Gleitgeschwindigkeit evtl. Einspritzschmierung.

Bei Einspritzschmierung kann im allgemeinen ein Schmiermittel geringerer Zähigkeit – als in obiger Tab. empfohlen – verwendet werden.

[3] Die AGMA empfiehlt für geschlossene Schneckengetriebe nur gefettete Öle. In der europäischen Industrie ist dies nicht allgemein üblich. Man bevorzugt vielmehr mild legierte Getriebeöle. Hierfür gelten die in Klammern angeführten Viskositätsklassen. In Tab. 5/7 sind demnach die E. P.-Öle dieser Klassen zu wählen.

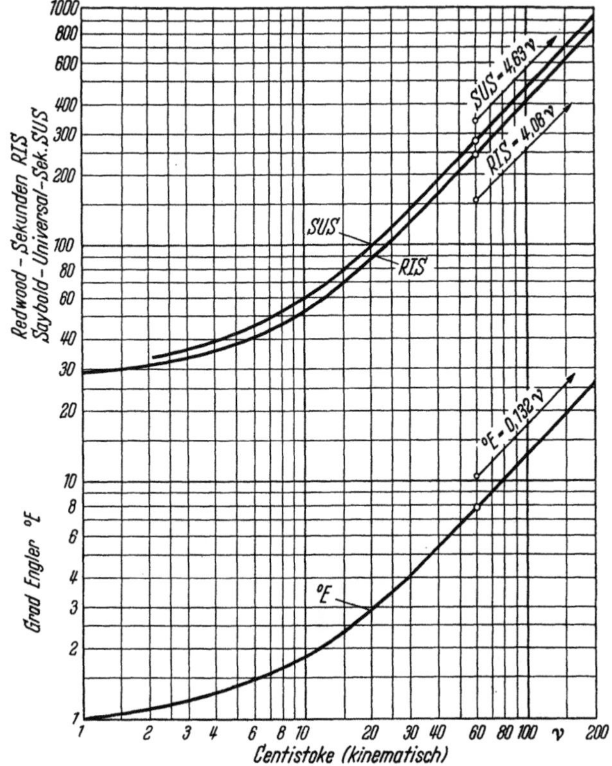

Abb. 5/1. Zusammenhang zwischen verschiedenen Zähigkeitsmaßen

Tabelle 5/5

Empfohlene Schmiermittel für offene Getriebe aller Art außer Schneckengetrieben

Schmierverfahren	AGMA-Nr. bei Umgebungstemperatur		
	− 17,8 bis 4 °C	5° bis 38 °C	32 bis 49 °C
Ölwanne	4	5	6
Auftragen mit Bürste oder Spachtel (heiß)	10	10	11
Auftragen mit Bürste oder Spachtel (kalt)	6	8	10
Handöler	4	6	8

Tabelle 5/6. Empfohlene Schmiermittel für offene Schneckengetriebe

Schmierverfahren	AGMA-Nr. bei Umgebungstemperatur		
	− 17,8 bis 4 °C	5° bis 38 °C	39 bis 66 °C
Auftragen mit Bürste oder Spachtel (heiß oder kalt)	6	8	10

4. Bei sehr ungünstigen Verhältnissen, z. B. bei Getrieben, die in besonders feuchter, chemischer oder staubiger Atmosphäre arbeiten müssen, sollte man sich von einer bekannten Ölfirma beraten lassen.

Um dem Leser einen Anhalt zu geben, welche – auf dem europäischen Markt erhältlichen Schmiermittel – den angegebenen AGMA-Zähigkeitsklassen entsprechen, haben wir in Tab. 5/7 die Sortenbezeichnungen einer Reihe von Schmierölen angeführt.

In vielen Fällen ist es nicht möglich, die Vorschriften der AGMA-Norm zu befolgen. So hat das Öl in vielen Fällen außer der Verzahnung noch verschiedene andere Teile eines Aggregates zu schmieren, was unter Umständen dazu zwingen kann, ein Öl zu wählen, das für das Getriebe nicht das geeignetste ist.

Weiter müssen z. B. Flugzeuge mit Gasturbinentriebwerken in der Lage sein, unter arktischen Bedingungen zu starten. Aus diesem Grund muß für das Getriebe ein viel dünneres Öl verwendet werden, als bei normaler Betriebstemperatur zweckmäßig wäre. Schmieröle geringer Zähigkeit machen aber eine höhere Verzahnungsgenauigkeit und eine bessere Oberflächenbeschaffenheit erforderlich als bei zäheren Ölen nötig wäre. Auch Profilverschiebungen zur Angleichung der Gleitgeschwindigkeiten am Kopf von Ritzel und Rad sind dann von Bedeutung, noch wichtiger aber ist es, das Zahnprofil am Kopf zurückzunehmen, um den Eingriffsstoß zu verringern (vgl. Abschn. 9.2, S. 521). Wird dagegen zäheres Öl als normal verwendet, so erhöhen sich die Planschverluste und es entsteht die Gefahr, daß sich das Öl nicht über die gesamte Breite der zum Eingriff kommenden Zahnflanken verteilt. Auch die Reibungsverluste werden größer und damit wachsen die Anforderungen an das Kühlsystem.

5.4 Auswahl von Schmiermitteln für Kraftfahrzeuggetriebe

Bei den Schmiermitteln für Kraftfahrzeuge hat sich weitgehend die Klassifizierung der SAE[1] eingeführt, die auch in die DIN-Normen übernommen wurde. Hiernach sind außer den Motorenschmierölen auch die Getriebeöle zur einfacheren Kennzeichnung in *Zähigkeit*sklassen eingeteilt (Tab. 5/8, S. 338). Über die Steilheit der Zähigkeitstemperaturkurve (= Viskositätsindex) besteht keine Vorschrift. Deswegen kann man die Tabellenwerte nicht ohne weiteres auf 50 °C umrechnen. Hierfür werden die Zähigkeiten (= Viskositäten) im Handel aber meist angegeben[2].

Für die Getriebe von Lastkraftwagen, Ackerschleppern und Zugmaschinen werden überwiegend SAE 90 Öle, teilweise auch SAE 140 Öle verwendet.

---

[1] SAE = Society of Automotive Engineers.

[2] Für 50 °C entspricht SAE 75 etwa $3{,}0 \div 4{,}0$ °E, SAE 80 etwa $7 \div 10$ °E, SAE 90 etwa $12 \div 25$ °E, SAE 140 über etwa 30 °E (nach Bussien).

Tabelle 5/7. Sortenbezeichnungen der Getriebe-Schmieröle,

AGMA-Nr.		BP Benzin und Petroleum AG.	Deutsche Gasolin-Nitag AG.	Deutsche Shell AG.
1	M[1]	BP ENERGOL TH 100-HB	Vitam DH	Vitrea Oel 31
	E[2]	BP ENERGOL GR 100-EP	Spezialöl TU 508	Donax T 6
2	M[1]	BP ENERGOL CS 125 BP ENERGOL TH 125-HB	Vitam EH	Vitrea Oel 33
	E[2]	BP ENERGOL GR 125-EP BP ENERGOL TH 125-EP	Spezialöl TU 518	Macoma Oel 33
3	M[1]	BP ENERGOL CS 200	Vitam GH	Vitrea Oel 41
	E[2]	BP ENERGOL GR 200-EP	Spezialöl TU 528	Macoma Oel 39
4	M[1]	BP ENERGOL CS 250	Vitam HH	Vitrea Oel 69
	E[2]	BP ENERGOL GR 200-EP	Spezialöl TU 548 Spezialöl BMB 15	Macoma Oel 68
5	M[1]	BP ENERGOL CS 300	Vitam IH	Vitrea Oel 72
	E[2]	BP ENERGOL GR 425-EP	Spezialöl TU 558	Macoma Oel 72
6	M[1]	BP ENERGOL CS 425	Spezialöl FK SS	Vitrea Oel 75
	E[2]	BP ENERGOL GR 300-EP	–	Macoma Oel 75
7	M[1]	BP ENERGOL CS 550	Spezialöl HFK	Vitrea Oel 75
	E[2]	–	Spezialöl BMB 35	Macoma Oel 76
7 comp[3]		BP ENERGOL DC 850-C	Spezialöl CJAC	Fiona Oel J 78
8	M[1]	BP ENERGOL DC 850	Spezialöl HFK	Vitrea Oel 79
	E[2]	BP ENERGOL GR 700-EP	Spezialöl BMB 35	Macoma Oel 82
8 comp[3]		–	Spezialöl DAFC	Fiona Oel J 78
8A comp[3]		–	Spezialöl DDAC	Nassa Oel J 85
9	M[1]	BP ENERGOL BL 450-2	Spezialöl DDA	Cardium Compound C
	E[2]	–	–	Macoma Oel 96
10		BP ENERGOL BL 1500-2	Sinit III	Cardium Compound D
11		–	Sinit V	Cardium Compound F

[1] M Mineralöl ohne EP-Zusätze.
[2] E Hochdruck-Getriebeöl, d. h. Mineralöl mit EP-Zusätzen.
[3] comp. Mineralöl mit einem Zusatz von 3 bis 10% tierischen Fetts.

die den AGMA-Zähigkeitsklassen entsprechen

ESSO AG.	Mobil Oil AG.	BV-ARAL	VEEDOL GmbH
TERESSO 47	D.T.E. Oil Medium	BV-OEL HTX	VEEDOL Atline 10
TERESSO EP-47	–	BV-OEL P 2150	–
TERESSO 52	D.T.E. Heavy Medium	BV-OEL HTY	VEEDOL Atline 20
PEN-O-LED EP-1 TERESSO EP-52	Compound AA	BV-OEL P 2151	–
TERESSO 65 ESSTIC 65	D.T.E. Extra Heavy	BV-OEL HKZ	VEEDOL Atline 30
PEN-O-LED EP-2	Compound BB	BV-OEL CG	VEEDOL Anbury 68
TERESSO 85	D.T.E. Oil BB	BV-OEL HKB	VEEDOL Atline 40
TERESSO EP-85	Compound BB	BV-OEL HLB	VEEDOL Multigear 80
TERESSO 100	D.T.E. Oil BB	BV-OEL HKP 100	VEEDOL Atline 50
PEN-O-LED EP-3	Compound DD	BV-OEL HLL	VEEDOL Multigear 90
TERESSO 120	D.T.E. Oil AA	BV-OEL HKP 200	VEEDOL Atline 60
PEN-O-LED EP-4	Compound EE	BV-OEL GW	VEEDOL Multigear 140
TERESSO 140	D.T.E. Oil AA	BV-OEL HKP 300	VEEDOL Avalon 90
PEN-O-LED EP-5	Compound FF	BV-OEL AR 200	–
CYLANTO TK-150 CYLANTO T -135	–	–	VEEDOL Atwater 83
CANTHUS 150	D.T.E. Oil HH	BV-OEL extra 700	VEEDOL Anbury 94
PEN-O-LED EP-6	Compound GG	BV-OEL DG	–
CYLANTO TK-150	–	–	VEEDOL Atwater 87
CYLANTO TK-220	EXTRA HECLA Super Cylinder Oil	–	VEEDOL Atwater 93
SURETT 310	DORCIA Nr. 4	BV-OEL extra 800	–
–	–	BV-OEL DGH	–
SURETT 15	DORCIA Nr. 20	BV-Produkt FZ 12	–
SURETT 30	DORCIA Nr. 150	BV-Produkt FZ 15	–

Tabelle 5/8. SAE-Viskositätsklassen für Kraftfahrzeuggetriebeöle (DIN 51512) und Motorenschmieröle (DIN 51511)

SAE-Viskositäts-klasse	Viskosität[1] bei							
	−17,8 °C, (0 °F)				98,9 °C, (210 °F)			
	mindestens		höchstens		mindestens		höchstens	
	cSt	°E	cSt	°E	cSt	°E	cSt	°E
75	—	—	3257	430	4,18	1,33	—	—
80	3257[2]	430[2]	21716	2867	4,18	1,33	—	—
90					14,24	2,25	25,0[3]	3,47[3]
140					25,0	3,47	42,7	5,71
250					42,7	5,71	—	—
5 W	—	—	869	115	3,86	1,30	—	—
10 W	1307[4]	172[4]	2614	344	3,86	1,30	—	—
20 W	2614[5]	344[5]	10458	1376	3,86	1,30	—	—
20					5,73	1,46	9,62	1,80
30					9,62	1,80	12,94	2,12
40					12,94	2,12	16,77	2,52
50					16,77	2,52	22,68	3,19

Bei PKW-Getrieben herrschen die Zähigkeitsklassen SAE 80 und 90 vor, teilweise – insbesondere für den Sommer – wird auch SAE 140 eingesetzt.

Für Motorräder und Kleinwagen werden in erster Linie SAE 80 und 90 Öle, teilweise auch die entsprechenden Motorenschmieröle verwendet.

Der Zähigkeitsgrad SAE 75 ist für solche Fälle vorgesehen, wo extrem niedrige Temperaturen auftreten.

Schmieröle der Gruppe SAE 250 sind für so hohe Temperaturen vorgesehen, wo SAE 140 zu dünn ist, also auch nur für Extremfälle.

Bei von Hand betätigten Schaltgetrieben sollte die Zähigkeit bei Betriebstemperatur 100000 SUS nicht überschreiten, was insbesondere bei SAE 80 Ölen zu beachten ist. Erfahrungen mit Achstrieben haben gezeigt, daß bei Schmiermitteln mit Zähigkeiten über 750000 SUS (bei Starttemperatur) die Zahnradbewegungen während des Starts bzw. des Warmlaufens in unerwünschter Weise gehemmt werden; dies ist bei SAE 90 und 140 Ölen zu beachten.

---

[1] Die entsprechenden, in Saybolt-Sekunden angegebenen Werte, wurden dem SAE-Handbuch 1957 der Society of Automotive Engineers, Inc., New York, entnommen.

[2] Die Mindestviskosität bei − 17,8 °C (0 °F) entfällt als Grenzwert, wenn die Viskosität bei 98,9 °C nicht unter 6,66 cSt (1,536 °E) liegt.

[3] Die Höchstviskosität bei 98,9 °C (210 °F) entfällt als Grenzwert, wenn die Viskosität bei − 17,8 °C nicht über 162900 cSt (21500 °E) liegt.

[4] Die Mindestviskosität bei − 17,8 °C entfällt als Grenzwert, wenn die Viskosität bei 98,9 °C über 4,18 cSt (1,33 °E) liegt.

[5] Die Mindestviskosität entfällt als Grenzwert, wenn die Viskosität bei 98,9 °C über 5,73 cSt (1,46 °E) liegt.

Automatische Getriebe, hydraulische Systeme u. a. erfordern meist Sonderschmiermittel.

Auch für die Auswahl des Schmiermittels für Kraftfahrzeuggetriebe sind neben der Zähigkeit noch weitere Eigenschaften von Bedeutung: Da die Zahnflanken dieser Getriebe durchweg spezifisch hoch belastet sind, werden meist Hochdruckgetriebeöle, d. h. Mineralöle mit mildwirkenden E. P.-Zusätzen verwendet, in den Achstrieben mit achsversetzten Kegelrädern im allgemeinen sogar Hypoidöle. Wirkungsweise und Eigenschaften dieser Höchstdruckschmiermittel s. S. 330.

Bei der Auswahl des Schmiermittels ist ferner zu beachten, daß es gleichmäßig verteilt und nicht in Laufspuren über die Flanken läuft. Besonders bei hochbelasteten Getrieben, die freßgefährdet sind, ist dies wichtig. Das Schmiermittel sollte ferner auch bei längerer Lagerung seine Eigenschaften nicht verändern. Besonders bei hohen Temperaturen ist es wichtig, daß das Öl nicht zu stark oxydiert.

5.5 Wärmeabführung – Tauchschmierung und Einspritzschmierung

Die beim Zahneingriff entstehende Reibungswärme muß durch das Schmieröl abgeführt werden. Die Schmieröltemperatur darf nicht zu hoch werden, weil mit zunehmender Temperatur die Zähigkeit abnimmt und das Öl schneller altert. Da Wärmeabführung nur bei Verwendung von Öl (nicht bei Fett) möglich ist, sind *öldichte* Gehäuse erforderlich.

Bei den vielen kleineren Getrieben, die ohne Ölkühler arbeiten, muß die *ganze* Reibungswärme durch das Gehäuse abgestrahlt bzw. abgeleitet werden. In manchen Fällen ist dabei die übertragbare Leistung durch die zulässige Betriebstemperatur begrenzt. Die rechnerische Bestimmung dieser Leistungsgrenze wurde auf S. 234 und 248 gezeigt.

Um die Wärmeabführung an die umgebende Luft zu verbessern, werden die Getriebegehäuse vielfach mit Kühlrippen versehen.

Damit eine Überhitzung vermieden wird, ist zu beachten, daß die Getriebekästen nicht zu stark durch Staub oder Asche verschmutzt werden, da diese Schmutzschichten stark isolierend wirken. Bei Verwendung von Ölkühlern ist von Zeit zu Zeit zu prüfen, ob die Leitungen nicht verschmutzt sind, da dies ebenfalls zu mangelhafter Kühlung führt.

Bei der Dimensionierung der Getriebe ist darauf zu achten, daß das Öl nicht im Gehäuse hochgepumpt wird. Die Gehäusewände müssen soweit von den Zahnrädern entfernt sein, daß das Öl von den umlaufenden Zähnen freikommen kann.

Steigen Achsabstand und Teilkreisgeschwindigkeit über die in Abb.5/2 gegebenen Werte, so sollte man den in den Ölsumpf eintauchenden Teil der Radoberfläche (der dem Planschverlust proportional ist) dadurch verringern, daß man entweder die Ölbehältertiefe vergrößert und den

Ölspiegel senkt oder besser den unteren Teil des Rades durch ein – mit Löchern versehenes – Blech teilweise vom Ölsumpf abschließt. Durch die Löcher kann nur soviel Öl wie nötig zum Rad. (Dabei ist noch nachzuprüfen, ob bei der Ölzähigkeit, Raddrehzahl, Zähnezahl und dem bis zum Eingriff zu durchlaufenden Winkel noch genügend Öl auf dem Zahn bleibt.)

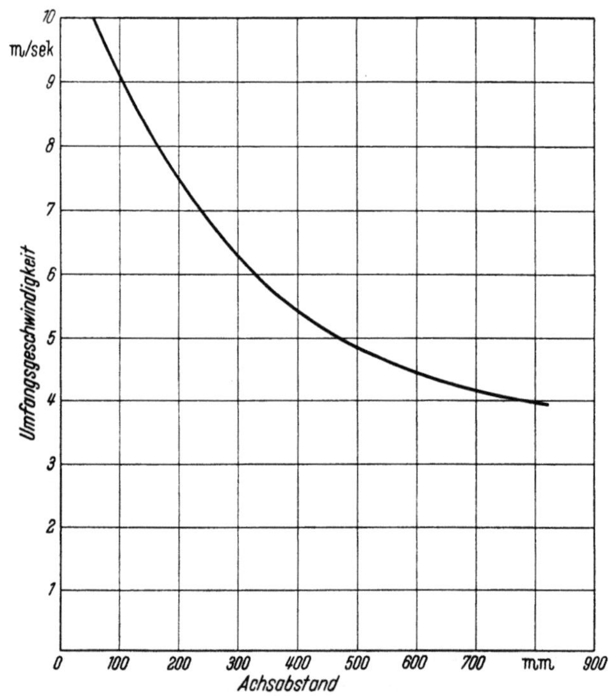

Abb. 5/2. Rechts oberhalb der dargestellten Grenze ist der Einbau eines Bleches zu empfehlen (s. Text), um die Planschverluste zu verringern [5/167]

Bei Tauchschmierung kann Reibungswärme nur in begrenztem Umfange abgeführt werden. Ferner wächst mit zunehmender Umfangsgeschwindigkeit die Gefahr, daß das Öl zum Schäumen kommt und daß zuviel Öl abgeschleudert wird bis der betreffende Zahn zum Eingriff kommt; maßgebend hierfür ist die Zentrifugalkraft. Ausgehend von diesem Gesichtspunkt wurde die in Abb. 5/3 angegebene Grenze zwischen Tauchschmierung und Einspritzschmierung ermittelt.

Eintauchtiefe: Die unteren Rad- bzw. Schneckenzähne sollten gerade eintauchen; eine größere Eintauchtiefe führt zu unnötigen Planschverlusten und begünstigt das Schäumen des Öls.

Einspritzschmierung. Es ist bis heute nicht möglich, allgemein gültige Bemessungsregeln für das Schmiersystem zu formulieren, da wir noch zu wenig über die einzelnen Einflüsse wissen.

Als allgemeine Faustregel kann man angeben, daß für 400 PS vom Ritzel auf das Rad übertragene Leistung etwa 3,8 l/min in den Eingriff gespritzt werden müssen, um die Reibungswärme abzuführen. Dabei ist vorausgesetzt, daß die Wärme im wesentlichen durch den Ölkühler abgeführt wird und daß demgegenüber die direkte Kühlung durch Wärmestrahlung und Wärmeleitung vernachlässigbar ist. Bei großen Getrieben, die Leistungen von einigen Tausend PS übertragen ist die durch Strah-

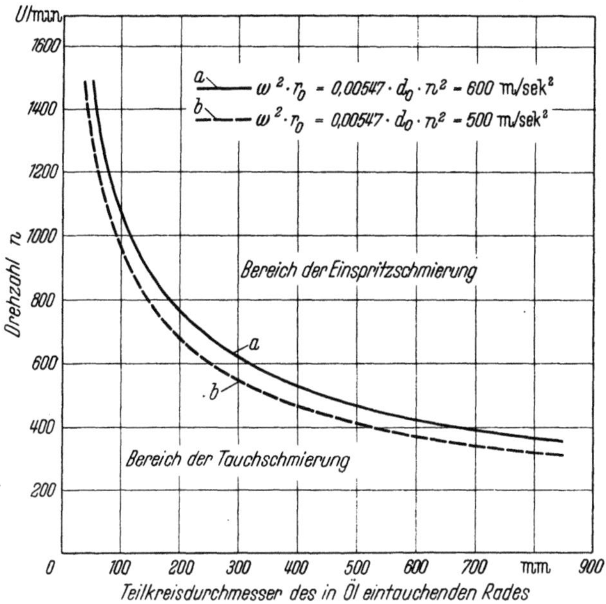

Abb. 5/3. Abgrenzung der Tauch- und Umlaufschmierung bei Stirn- und Kegelradgetrieben. a Grenze bei Rauhtiefe der Zahnflanken bis 5 μ; b Grenze bei Rauhtiefe über 5 μ [5/177]

lung und Leistung abgeführte Wärmemenge allerdings so groß, daß man mit einer wesentlich kleineren Einspritzmenge als 3,8 l/min je 400 PS auskommt.

Wichtig ist die richtige Ausbildung und Anordnung der Einspritzdüsen – insbesondere bei hohen Umfangsgeschwindigkeiten. Das Öl muß so eingespritzt werden, daß die Zahnflanken auf der ganzenBreite benetzt werden; es muß außerdem eine gewisse Zeit auf den Flanken haften, ehe es abgeschleudert wird.

Teilweise findet man die Meinung, daß es besser sei, das Öl auf die *aus dem Eingriff kommenden* Zähne zu spritzen, um die erwärmten Flanken sofort zu kühlen. Bei sorgfältiger Wahl von Düsenform und Öldruck kann man jedoch im allgemeinen auch dann eine ausreichende Kühlung erzielen, wenn man auf die *in den Eingriff einlaufende Seite* spritzt. Auf jeden Fall sollte man die Schmierung bei voller Drehzahl erproben. Bei hohen Umfangsgeschwindigkeiten wird das letztgenannte Einspritzverfahren meist bevorzugt, weil dann mit größerer Sicherheit angenommen werden kann, daß die Flanken ausreichend mit Öl benetzt sind, wenn sie zum Eingriff kommen.

5.6 Sauberhaltung des Schmiermittels

Beim Einlaufen eines Getriebes werden die vorstehenden Teile der mehr oder minder rauhen Zahnflanken abgetragen, die Flanken glätten sich. Infolge dieses – an sich erwünschten – Vorgangs gelangen Metallteilchen ins Schmiermittel, die dann als Läppmittel zu wirken beginnen. Eine weitere Verschmutzung des Schmiermittels wird durch Passungsrost (vgl. Abschn. 6.7, S. 362) und von außen eindringenden Staub und Schmutz verursacht.

Damit fortschreitender Verschleiß verhütet wird, müssen die Getriebe deshalb so gut wie möglich abgedichtet werden. Um den durch das Einlaufen der Getriebe entstandenen Abrieb zu beseitigen, schreibt die AGMA-Norm 250.02 für Industriegetriebe vor, daß die erste Schmierölfüllung nach zwei Wochen Laufzeit gefiltert oder durch neues Öl ersetzt wird; der Getriebekasten soll dabei mit dünnerem Öl ausgespült werden. Später sollte das Öl alle 2500 Betriebsstunden, zumindest aber jedes halbe Jahr gewechselt werden. Bei besonders ungünstigen Betriebszuständen (hohe Temperaturen, starke Temperaturschwankungen, sehr feuchte oder chemische Atmosphäre usw.) kann es notwendig sein, diese Zeit auf ein bis drei Monate herabzusetzen.

5.7 Schrifttum zu Kapitel 5

Siehe auch Schrifttum zu Kap. 6 (Zahnradschäden), S. 364

AGMA 250.02 (Dez. 55). Lubrication of Industrial Enclosed Gearing.

AGMA 254.01 (Dez. 55). Information Sheet – Basic Information on Lubricating Oils.

AGMA 254.04 (Dez. 55). Information Sheet – Data on Extreme Pressure Lubricants.

DIN 51511 (Apr. 55). SAE-Viskositätsklassen für Motoren-Schmieröle.

DIN 51512 (Apr. 55). SAE-Viskositätsklassen für Kraftfahrzeug-Getriebeöle.

DIN 51509 (Jan. 56). Normal-Schmieröle für Getriebeschmierung, Richtlinien für die Verwendung.

[5/160] RICHARDZ, F.: Lubrication of Indirect Gear Drives. Lubrication Eng. 4, Febr. 1948, S. 25–27.

[5/161] COLLINS, L. J.: Developments in Gear Design and Their Lubrication Requirements. ASTM Tech. Pub. 92, 1949, S. 9–13.

[5/162] BLOK, H.: Getriebeschmierstoff – ein Getriebebaustoff. Fachtagung Zahnradforschung 1950. Braunschweig: Vieweg 1950.

[5/163] BLOK, H.: Gear wear as related to viscosity of oil. Mechanical Wear, Cleveland, Ohio, 1950. (Herausgeber: BURWFLL).

[5/164] BOROSOFF, V. N., J. B. ACCINELLI and A. G. CATTANEO: The Effect of Oil Viscosity on the Power-transmitting Capacity of Spur Gears. Trans. ASME 73, Juli 1951, S. 687–696.

[5/165] LANE, T. B., and J. R. HUGHES: A Practical Application of the Flash Temperature Hypothesis to Gear Lubrication. World Petroleum Congr. Proc. Sec. VII, E. J. Brill Ltd., Leiden 1951, S. 320–327.

[5/166] PORITSKY, H.: Lubrication of Gear Teeth, Including the Effect of Elastic Displacements. Lubrication Eng. 8 (1952), S. 252.

[5/167] WELLAUER, E. J.: Solving the Thermal Problem for Enclosed Gear Drives. Machine Design, März 1952, S. 123–127.

[5/168] HUTT, E. T.: Lubrication and the Load-Carrying Capacity of Gears. Lubrication Engineering, Aug. 1952, S. 180.

[5/169] RETTIG, H. und H. WINTER: Schmierprobleme bei Hochleistungstrieben. Industrierundschau, Febr. 1953, S. 27–32.

[5/170] HUGHES, J. R.: Mechanical Testing of Gear Lubricants. Engineering, Febr. 1953, S. 200–205.

[5/171] BASSETT, W. B. und F. F. MUSGRAVE: Die Prüfung von Hochdruck-Getriebeschmierstoffen. Erdöl und Kohle Bd. 6 (1953), Sept., S. 547–550.

[5/172] SAE-Handbook 1957. Society of Automotive Engineers Inc., New-York 1954.

[5/173] NIEMANN, G. und H. RETTIG: Der FZG-Zahnradkurztest zur Prüfung von Getriebeölen. Erdöl und Kohle Bd. 7 (1954) S. 640–642.

[5/174] Mineralöl Zentralverband e. V.: Sammlung von Schmierstoff-Empfehlungen. Hamburg 1955.

[5/175] NIEMANN, G.: Schmierfilmbildung, Verlustleistung und Schadensgrenzen bei Zahnrädern mit Evolventenverzahnung. VDI-Z. 97 (1955), Nr. 10, S. 305–308.

[5/176] KYROPOULOS, S.: Schmierung von Zahnradgetrieben. Machine Design Bd. 27 (1955), Nr. 11, S. 156–161.

[5/177] BEUERLEIN, P.: Schmiertechnik, in Kröners Taschenbuch der Maschinentechnik. Stuttgart: Kröner-Verlag 1956.

[5/178] BOTSTIBER and KINGSTON: Lubrication of High Capacity Gear Drives. Product Engineering, Mai 1956, S. 173.

[5/179] KÜHNEL, R.: Fragen der Schmierung bei großen Getrieben. VDI-Z. 98 (1956), Nr. 8, S. 318.

6 Zahnradschäden

Der Konstrukteur und Berechner von Getrieben muß in der Lage sein, die verschiedenen Arten von Zahnradschäden zu erkennen und zu beurteilen, um geeignete Abhilfemaßnahmen ergreifen zu können. Nachfolgend werden deshalb Zahnbruch, Grübchenbildung, Fressen und Gleitverschleiß ausführlich behandelt.

6.1 Bezeichnung und Definition der verschiedenen Schadensarten

In den USA sind die Bezeichnungen für Zahnradschäden vereinheitlicht und in der AGMA[1]-Norm 110.02/1951 verbindlich festgelegt worden.

Abb. 6/1a. Normaler Verschleiß
Verschleiß (wear) ist ein allgemeiner Begriff, der die Abtragung von Werkstoff umfaßt, die beim Gleiten zweier Körper aufeinander auftritt. Ferner gehört hierzu die Abtragung von Werkstoff infolge Einwirkung von Verunreinigungen im Schmiermittel durch Läppen oder Kratzen
Normaler Verschleiß (normal wear) (Abb. 6/1a) ist die Abtragung von Metall von der Zahnflanke, die bei dem unvermeidlichen Reiben der Zahnflanken aufeinander auftritt, solange das Ausmaß dieses Verschleißes die ordnungsgemäße Funktion des Zahnrades während der erforderlichen Lebensdauer nicht beeinträchtigt

Abb. 6/1b. Einlaufgrübchen
Einlaufgrübchen (Initial Pitting) können auftreten bei Inbetriebnahme eines neuen Zahnradpaares. Sie entstehen im allgemeinen nur solange, bis örtlich begrenzte Oberflächenerhöhungen abgetragen worden sind, so daß eine genügend große Berührungsfläche vorhanden ist, um die Last ohne weitere Oberflächenbeschädigung zu tragen. Diese Art der Grübchenbildung ist nicht unbedingt gefährlich, sie wirkt korrigierend und kommt zum Stillstand

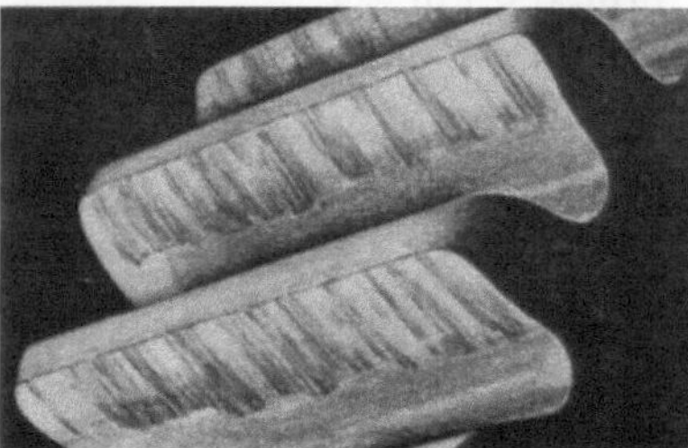

Abb. 6/1c. Fortschreitende Grübchenbildung
Fortschreitende Grübchenbildung (Destructive Pitting) entwickelt sich weiter auch nachdem anfängliche Oberflächenerhöhungen abgetragen sind. Der Umfang dieser Grübchenbildung nimmt oft bei längerer Betriebszeit in einem solchen Maße zu, daß die übrig bleibende, nicht beschädigte Fläche die Belastung nicht mehr tragen kann, so daß bei weiterem Betrieb eine schnelle Zerstörung der Zahnflanken (Zerquetschen) eintreten kann

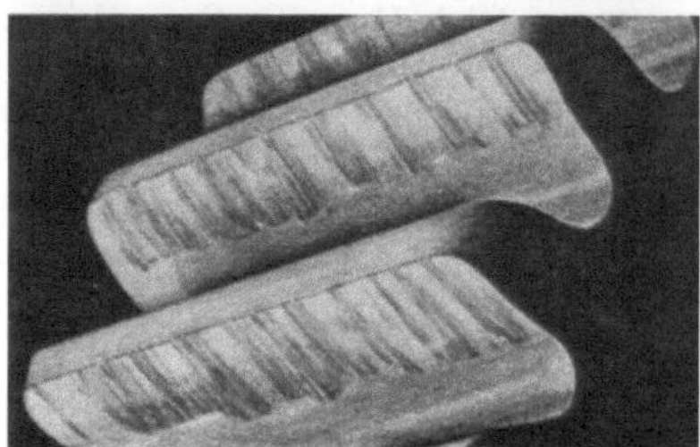

Abb. 6/1d. Schleifverschleiß
Schleifverschleiß (Abrasive Wear) wird verursacht durch kleinste Teile, die im Öl mitgeführt oder in den Zahnflanken eingebettet sind. Die Teilchen können von den Zähnen oder Lagern stammen, von nicht vollständig entferntem Schleifstaub, Sand oder Spänen von Gußstücken oder anderen Unreinheiten im Öl oder aus der umgebenden Luft

Abb. 6/1a–d. Verschleiß und Grübchenbildung; Definitionen nach AGMA

---

[1] AGMA = American Gear Manufacturers Association (Vereinigung der Amerikanischen Getriebehersteller).

Dadurch wird die Verständigung erleichtert, Mißverständnisse und Unklarheiten können vermieden werden.

Abb. 6/2a. Leichtes Fressen
Leichtes Fressen (Slight Scoring) ist ein leichterer Flankenschaden nach Art einer Schweißbeschädigung mit kleinen Vertiefungen und Kratzern in Richtung der Gleitbewegung, ausgehend von einem Flächenteil, der gleichzeitig hohe Oberflächenpressung und hohe Gleitgeschwindigkeit erfährt, gewöhnlich nahe Zahnkopf und Zahnfuß. In der AGMA-Norm wurde der Ausdruck scoring gewählt, weil er treffender ist als scuffing (Fressen), seizing (Fressen), galling (durch Reibung abnutzen, Passungsrost). Im älteren amerikanischen und englischen Schrifttum finden sich auch die letzteren Ausdrücke

Abb. 6/2b. Verbrennen
Verbrennen (Burning) äußert sich in Verfärbung und Verringerung der Härte infolge hoher Temperatur, verursacht durch übermäßig starke Reibung infolge Überlastung, zu hoher Geschwindigkeit, zu kleinen Flankenspiels oder falscher Schmierung

Abb. 6/2c. Walz- und Stoßverformung
Walzverformung (Rolling) ist eine Art plastisches Fließen infolge hoher, gleichbleibender Belastung und Gleitbewegung
Stoßverformung (Peening) ist ein plastisches Fließen, verursacht durch örtliche Stöße oder ungleiche hohe Belastungen

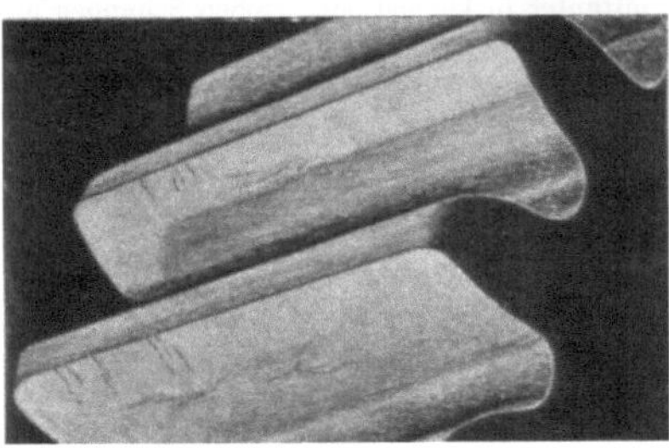

Abb. 6/2d. Spannungsrisse
Spannungsrisse (Cracking) entstehen aus Restspannungen in härtbaren Werkstoffen bei fehlerhafter Fertigung oder Wärmebehandlung. Mitunter ist ein zu weicher Kern die Ursache oder irgend eine andere Folge falscher Wärmebehandlung. Spanbildung und Abblätterungen können aus derartigen Spannungsrissen entstehen, d. h. Teile des Zahnes können ausbrechen

Abb. 6/2a–d. Fressen, Verbrennen, Verformung, Spannungsrisse; Definition dieser Begriffe nach AGMA

Die Abb. 6/1 bis 6/3 zeigen die wichtigsten Arten von Zahnschäden, wie sie in der erwähnten AGMA-Norm angeführt sind. Auch die in den Abbildungsunterschriften angegebenen Definitionen stimmen mit denen

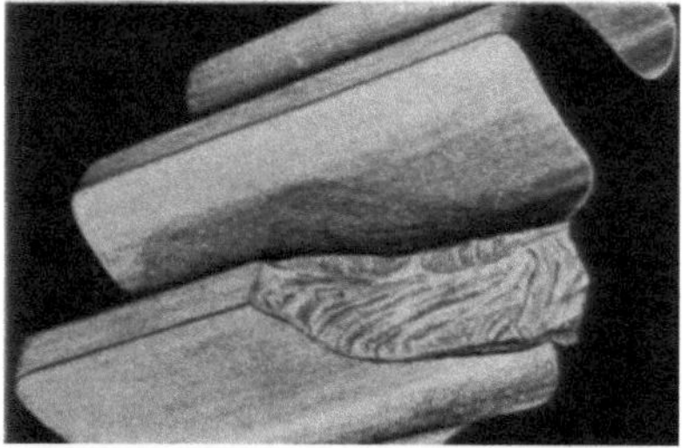

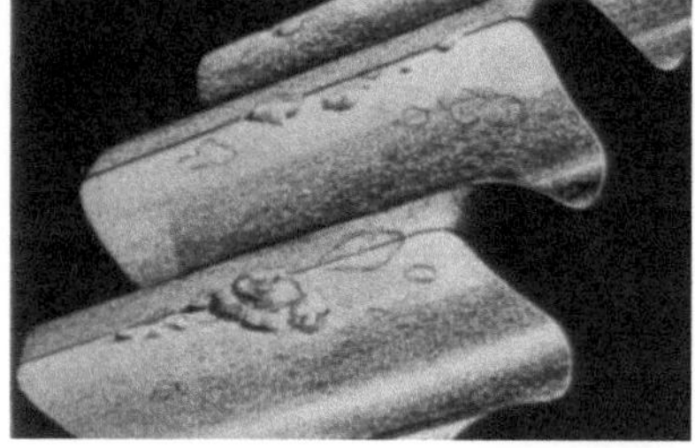

Abb. 6/3a. Ermüdungsbruch
Ermüdungsbruch (Fatigue Breakage) tritt auf als Folge oft wiederholter Lastwechsel, wenn die Belastung höher als die dauernd ertragbare und kleiner als die statische Bruchlast (vgl. Abb. 6/3b) ist. Ausgehend von einem kleinen Riß schreitet der Bruch langsam fort bis ein Teil des Zahnes oder der ganze Zahn ausbricht. Verfärbungen und Reibmarken sind am Bruch-Querschnitt sichtbar. Häufig sind Ermüdungsbrüche an einer Anzahl von Rastlinien zu erkennen, die etwa konzentrisch um einen Punkt verlaufen, von dem der Anbruch ausging. Diese Fläche hat eine feinere Struktur als die restliche Gewaltbruchfläche

Abb. 6/3b. Gewaltbruch
Gewaltbruch (Overload Breakage) tritt ein als unmittelbare Folge nicht vorhergesehener Stoßüberlastungen. Diese können z. B. durch Verklemmen mit anderen Maschinenteilen entstehen und sind meist nicht die Folge von Fehlern in Entwurf, Betrieb oder Herstellung der Räder

Abb. 6/3c. Verschleiß durch Eingriffsstörungen
Verschleiß durch Eingriffsstörungen (Interference) ist eine Beschädigung infolge übermäßig hoher Pressung auf begrenzter Fläche, verursacht durch falschen Zahneingriff, beispielsweise übermäßig hohe Pressung zwischen Kopfkante eines Zahnes und Zahnfußausrundung am Gegenzahn, was lokale Schleifstellen oder Schabemarken zur Folge hat. – Derartige Zustände können auf Fehler bei Entwurf oder Herstellung zurückzuführen sein. Weitere Ursachen können sein: Zu kleiner Achsabstand im Gehäuse oder starke Verformung der Zähne

Abb. 6/3d. Absplittern
Absplittern (Spalling) ist eine Art ausgedehnter Oberflächenermüdung, bei der ein erheblicher Teil der Flanke unter der Oberfläche anreißt und mitunter in kleinen oder großen Schuppen abblättert. Dieser Schaden scheint nur an einsatzgehärteten Zahnrädern aufzutreten. Die Absplitterungen können – ähnlich wie bei Grübchenbildung – von einem Riß ausgehen, brauchen ihren Ursprung aber nicht in der Übergangsschicht zwischen Rand und Kern zu haben

Abb. 6/3a–d. Zahnbruch, Verschleiß durch falschen Eingriff, Absplittern; Definition dieser Begriffe nach AGMA

der AGMA-Norm überein. Diese Norm enthält darüber hinaus Angaben über weitere, seltener auftretende Schadensarten, auf deren Erläuterung hier jedoch aus Platzmangel verzichtet werden soll.

Flankenschäden. In der AGMA-Norm werden 18 verschiedene Arten von Schäden, die an den Zahnflanken auftreten können, angeführt. Die

hauptsächlichsten sind in den Abb. 6/1, 6/2 und 6/3 c und d dargestellt
und erläutert.

Zahnbruch. Hierbei unterscheiden wir zwei Schadensarten, die in
Abb. 6/3 a und b gezeigt werden.

6.2 Zusammenhang zwischen verschiedenen Schadensarten

Vielfach kann man an einem Zahnrad mehrere Schadensarten nebeneinander feststellen. Oft ist es dann schwierig zu erkennen, welcher
Schaden zuerst auftrat und eventuell die Ursache für das Auftreten der
weiteren Schadensarten (Folgeschäden) bildete. Es ist wichtig, die Zusammenhänge richtig zu erkennen, um eine zutreffende Analyse des
Schadensfalles geben zu können. Siehe hierzu insbesondere Abschn. 6.8,
S. 362.

Lagerschäden. In diesem Zusammenhang sei darauf verwiesen, daß
auch Lagerverschleiß und Zahnschäden in engem Zusammenhang miteinander stehen können (vgl. hierzu Abschn. 3.64, S. 261).

Bei einem Getriebeschaden werden – neben der Verzahnung – vielfach auch die Lager beschädigt oder zerstört. Der Zahnradfachmann muß
dann festzustellen versuchen, von welcher Stelle der Schadensablauf
seinen Ausgang nahm, denn es ist unwahrscheinlich, daß die Beschädigungen gleichzeitig und unabhängig voneinander an beiden Stellen auftraten. Insbesondere ist zu prüfen, ob ungleichmäßiger Lagerverschleiß
zu einseitigem Tragen führte oder ob die Lager infolge des Zahnbruches
überlastet wurden bzw. ob Metallsplitter der zerstörten Zähne in die
Lager geraten sind.

Kupplungsschäden. Fehlerhafte oder beschädigte Kupplungen können
zu zusätzlichen Zahnbelastungen führen.

Wenn eine zweifach gelagerte Welle – wie sie durchweg in Getrieben
vorkommen – mit einer ebenfalls zweifach gelagerten Welle der An- oder
Abtriebsmaschine verbunden werden soll, so benötigt man hierfür eine
Ausgleichkupplung. Man kann wohl nur in den seltensten Fällen erwarten, daß vier Lager so genau fluchten, daß eine starre Kupplung verwendet werden könnte. Hierzu kommt, daß sich die miteinander verbundenen
Aggregate verschieden stark erwärmen, so daß ihre Ausdehnung unterschiedlich ist.

Die Ausgleichkupplung ist deshalb das normale Verbindungselement
zwischen Dampfturbinen, Elektromotoren, Generatoren, Pumpen, sowie
vielen anderen Maschinen und den Zahnradgetrieben.

Kupplungsschäden sind vielfach äußerlich nicht zu erkennen. Z.B.
kann eine elastische Kupplung so festgeklemmt sein, daß sie völlig
unelastisch ist. Die Folge ist möglicherweise, daß die Kupplung radial
aus ihrer natürlichen Lage gezwungen wird. Ein derartiges Festklemmen

kann ferner zu einer axialen Verschiebung der Welle führen, was bei
Pfeil-, Kegel- und Schneckenrädern zu einseitigen Zahnbelastungen führt.
Bei gerad- und schrägverzahnten Stirnrädern können axiale Verschiebungen zur Folge haben, daß sich die Zahnbreiten von Rad und Ritzel
nicht mehr voll überdecken; möglicherweise bildet sich hierdurch nach
längerer Laufzeit eine Stufe in den Zahnflanken.

Große schnellaufende Kupplungen neigen vielfach zu starken Drehschwingungen, die ihrerseits zu Zahnschäden führen können (vgl.
Abschn. 3.61, S. 258).

6.3 Zahnbruch

Wie bereits in den vorstehenden Abbildungen gezeigt, unterscheiden
wir einen Ermüdungsbruch und einen Gewaltbruch, deren Kennzeichen
und Ursachen nun behandelt werden sollen.

Ermüdungsbruch. Die Bruchfläche eines infolge Werkstoffermüdung
gebrochenen Zahnes weist zwei unterschiedlich aussehende Bruchzonen

auf, die *glatte* Ermüdungs- (oder Dauer-)bruch-
fläche und die *zerklüftete* Gewalt- oder (Rest-)-
bruchfläche (Abb. 6/4); das Aussehen der letzteren soll im nächsten Abschnitt (Gewaltbruch)
näher behandelt werden. Der Ermüdungsbruch
schreitet solange langsam fort, bis der restliche,
unzerstörte Fußquerschnitt die Zahnkraft nicht
mehr übertragen kann. Die Restfläche reißt dann
schlagartig auf, der Zahn bricht ab.

Das langsame Fortschreiten des Ermüdungs-
bruches hat anscheinend zur Folge, daß auch ein
zäher Werkstoff wie ein spröder Stoff bricht.

Vielfach ist auch der Ausgangspunkt des
Bruches deutlich zu erkennen, um den Rastlinien
konzentrisch verlaufen (Abb. 6/5). Bei genauer
Betrachtung wird man an diesem Ausgangspunkt
häufig einen Materialfehler, einen Riß, eine
scharfe Kerbe oder einen Fremdkörper finden;
dieser Fehler ist dann sehr wahrscheinlich für den
Schaden in erster Linie verantwortlich. Das Zu-

Abb. 6/4. Ermüdungsbruch
und Gewaltbruch. Man sieht,
daß zwei Zähne durch Dauer-
beanspruchung brachen (Ermüdungsbruch), während die
übrigen infolge des nachfolgenden Stoßes (Gewaltbruch)
zerstört wurden

standekommen der Rastlinien kann man sich dadurch erklären, daß der
Bruch in gewissen Zeitabschnitten (d. h. bei bestimmten Belastungen)
fortschreitet und in anderen Zeitabschnitten (bei geringer Belastung oder
Entlastung) nicht fortschreitet.

Während der Zeit, in der der Ermüdungsbruch sich ausbreitet, wird
der bereits entstandene Riß bei Belastung, d. h. beim Durchlauf durch
das Eingriffsgebiet jedesmal geöffnet und Öl hineingedrückt. Hinter dem

Eingriffsgebiet wird das eingedrungene Öl jedesmal wieder heraus-
gepreßt. – Die leichte Bewegung des Zahnes führt in Verbindung mit dem
eingedrungenen Öl vielfach zu Reibkorrosion in der Rißfläche. Da das
Ausmaß der Reibkorrosion von der
Dauer der Reibwirkung abhängt,
kann aus der Größe des roten Flecks
in einer Ermüdungsbruchfläche
überschlägig auf die Zeit der Entstehung des Bruchs geschlossen
werden. Bei Vorliegen eines Ermü-
dungsbruches müssen die nicht gebrochenen Zähne genau untersucht
werden. Häufig wird man dann rote
Flecken finden, die aus dem Öl bestehen, das aus den nahezu un-
sichtbaren Rissen in anderen Zähnen heraussickert. Diese Merkmale
zeigen an, daß bereits weitere
Zähne angerissen sind.

Abb. 6/5. Ermüdungsbruch. Die Ausgangsstelle
des Zahnbruches und die charakteristischen
Rastlinien sind zu erkennen

Gewaltbruch. Wenn ein Radzahn infolge plötzlichen Stoßes
oder durch statische Überlastung bricht, so hat die Bruchfläche im allgemeinen ein zerklüftetes, faseriges Aussehen. Auch bei vollständig durchgehärtetem Zahnfuß ähnelt die Bruchfläche der Reißfläche von Kunst-
harzhartgewebe, aus der die Fasern hervorstehen.

Wenn an einem Rad verschiedene aufeinanderfolgende Zähne gebrochen sind, so kann man im allgemeinen annehmen, daß der Vorgang
folgendermaßen abgelaufen ist: Zunächst brachen ein oder zwei Zähne
infolge *Werkstoffermüdung* (s. oben). Das Getriebe lief weiter und durch
den Stoß, den die Zähne des Gegenrades beim Überspringen der so entstandenen Lücke verursachten, brachen weitere Zähne, und zwar durch
Gewaltbruch. Manchmal kommt es auch vor, daß der als erster ausgebrochene Zahn in den Eingriff gerät, was Beschädigungen weiterer Zähne
z. T. auch ein Blockieren des Getriebes zur Folge hat. Die Bruchflächen
der ausgebrochenen Zähne weisen demgemäß meist ein ganz unterschiedliches Bruchgefüge auf, so daß es in einem solchen Fall dann leicht
möglich ist, den zuerst ausgebrochenen Zahn zu bestimmen.

Für einen Gewaltbruch ist etwa *zwei-* bis *viermal* soviel Kraft erforderlich, wie man benötigt, um bei größerer Lastwechselzahl den Ermüdungsbruch eines Zahnes zustande zu bringen; die Spuren dieser großen
Belastungen werden deshalb im allgemeinen auch auf der Zahnoberfläche
zu sehen sein. Alle Zähne des Rades sollten daher darauf untersucht
werden, ob sie oder nur einige Zähne Zeichen schwerer Flankenbean-

spruchung aufweisen. Aus diesen Merkmalen – plastische Verformung, Verquetschungen, Abplattungen o. ä. – kann dann vielfach auf die Art, in der die schwere Überlast auf das Rad einwirkte, geschlossen werden.

Ausgangsstelle des Zahnbruches. Zahnbrüche beginnen meistens in der Zahnfußausrundung, denn ein freitragender Balken ist an seiner Basis immer am stärksten gefährdet. Die hier außerdem auftretende – je nach der Güte der Fußausrundung verschieden große – Kerbwirkung wirkt zudem spannungserhöhend. Wenn deshalb die Zahnbrüche von einer anderen Stelle ausgehen, so kann immer angenommen werden, daß etwas Ungewöhnliches im Spiel ist: Manchmal ist die Grübchenbildung am Wälzkreis so stark, daß der Zahn von hier ausreißt und bricht (Abb. 6/6). Zuweilen sind Schrumpfspannungen (vom Aufbringen der Radbandagen) oder Restspannungen von der Wärmebehandlung her die Ursache für einen Bruch, der von der Lückenmitte zwischen zwei Zähnen aus-

Abb. 6/6. Zahnbruch infolge Grübchenbildung am Wälzkreis. Der Bruch ist von der Grübchenzone ausgegangen

geht. Bei einsatzgehärteten Zähnen mit zu tiefer Einsatzschicht oder zu weichem Kern hat man schon beobachtet, daß die Zähne vom Teilkreis an aufwärts zerfallen. Das ganze obere Teil des Zahnes bricht dabei ab wie eine Kappe.

Wenn ein Zahn auf unregelmäßige und – wie es scheint – unerklärliche Weise bricht, so kann eine Untersuchung des Grobgefüges oft eine Klärung herbeiführen. Zu beachten ist, daß Fehler beim Schmieden zu Schwächeadern führen können, deren Verlauf dann die Ermüdungsrisse folgen.

Zahnräder, die so genau gefertigt und eingebaut werden, daß sie gleichmäßig über die Breite tragen, brechen bei Dauerversuchen normalerweise von Mitte Zahnbreite aus, insbesondere wenn die Zahnenden richtig gestaltet sind. – Bricht dagegen nur ein Ende aus (Zahneckbruch), so ist es das Nächstliegende, das Rad zunächst auf Flankenrichtungsfehler (oder Achsparallelitätsfehler) hin zu untersuchen. Das Tragbild wird in den meisten dieser Fälle erkennen lassen, daß die ganze Last nur auf einer Seite des Zahnes übertragen wurde. – Aber auch Kerben, die bei ungeschicktem Feilen (zum Entgraten der Zahnenden) am Zahnfuß entstehen können, sind Gefahrenstellen, von denen ein Zahneckbruch ausgehen kann.

Das Ausbrechen einzelner Stellen am Zahnkopf ist vielfach auf zufällige – unbeachtet gebliebene – Beschädigungen bei Montage oder Transport zurückzuführen. Wenn ein ungehärtetes Zahnrad zu Boden fällt oder von einem Kranhaken angestoßen wird, so entstehen insbesondere am Zahnkopf leicht Vertiefungen (Schläge), was zur Folge hat, daß das verdrängte Material über die theoretische Zahnflanke vorsteht. Wird dieser vorstehende Buckel nicht sorgfältig abgeschabt, so entsteht hierdurch bei laufendem Getriebe eine schwere Überlastung des betreffenden Zahnes. Es handelt sich um einen Irrglauben, wenn man annimmt, daß sich derartige Schläge, die durch unachtsame Behandlung entstehen, bei Zahnrädern geringer Härte rasch abschleifen. Dies ist leider sehr oft nicht der Fall. Es sind sogar Fälle bekannt, wo an Stahlrädern mit einer Brinellhärte von $HB = 200$ kg/mm² und Modul 8,5 Zähne brachen, wenn die vorstehende Beule nur einen Durchmesser von 1,5 mm hatte. Bereits eine nur um 0,02 mm über die Flanke vorstehende Stelle führt oft zu nicht ertragbaren zusätzlichen Zahnfußspannungen.

Bedeutung des Verschleißes für die Zahnfußbeanspruchung. Ausgebrochene Radzähne sollten stets auf ihre Abnutzung kontrolliert werden. Wenn hierbei erheblicher Verschleiß festgestellt wird, so besteht der Verdacht, daß dieser Verschleiß die eigentliche Ursache für den Bruch bildet. Bei gehärteten, *geradverzahnten* Stirnrädern hoher Genauigkeit kann bereits ein Verschleiß von 0,02 mm genügen, um die Spannungen im Zahnfuß zu verdoppeln. *Schrägstirnräder* können dagegen infolge ihrer Sprungüberdeckung und der Tendenz zu gleichmäßiger Abnutzung mehr Verschleiß ertragen als Geradstirnräder. Es gibt Fälle, wo bei schrägverzahnten Stirnrädern eine Schicht von 0,8 mm von der Flanke abgetragen war, ohne daß die Zahnfußspannung unzulässig anstieg.

Besonders gefährlich ist der Verschleiß bei einsatzgehärteten Geradstirnrädern. Einmal wächst die Zahnfußspannung infolge der oben geschilderten dynamischen Kraftwirkungen; ferner geht die Abnutzung ganz auf Kosten der gehärteten Oberflächenschicht, die die Belastung in erster Linie aufzunehmen hat.

6.4 Grübchenbildung

Grübchenbildung (pitting) ist ebenso wie Dauerbruch (Ermüdungsbruch) ein Ermüdungsschaden. Zur Entstehung von Grübchen ist deshalb immer eine Mindestzahl von Überrollungen erforderlich: Es ist fast unmöglich, mit weniger als 10 000 Eingriffen Grübchen zu erzeugen. Werden noch größere Belastungen aufgebracht als die, die bereits bei 10 000 bis 20 000 Eingriffen zu Grübchenbildung führen, so hat dies im allgemeinen ein Auswalzen und Zerhämmern der Zahnflanken zur Folge, nicht aber frühere Grübchenbildung.

Wo treten Grübchen auf? Grübchen können an verschiedenen Stellen der Zahnflanke auftreten. Bei schrägverzahnten Ritzeln mittlerer Härte mit 20 oder mehr Zähnen zeigt sich häufig Grübchenbildung entlang der Wälzkreisflankenlinie. Auch am Großrad können Grübchen entstehen; wenn es jedoch die gleiche Härte aufweist wie das Ritzel und in gleicher

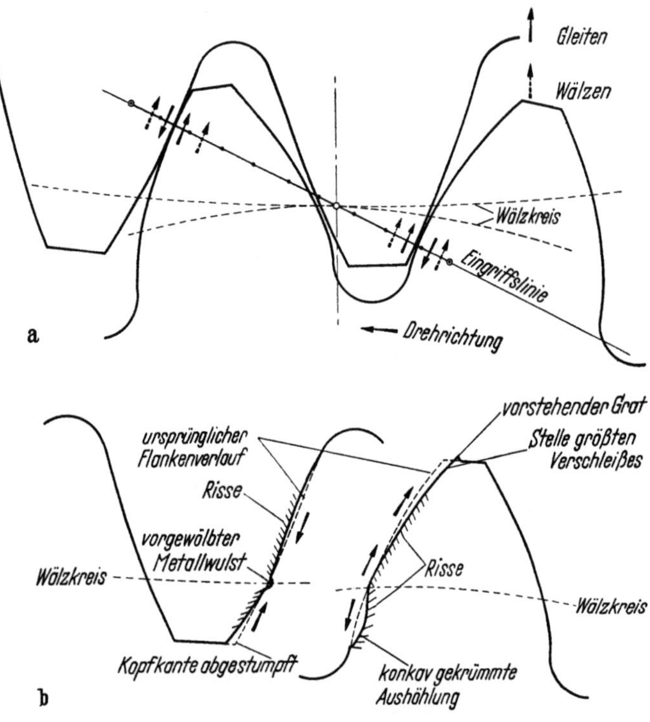

Abb. 6/7 a u. b. Auswirkungen des Gleitens auf Flankenform und Rißbildung. a) Richtung der Gleit- und Wälzbewegungen; Zahnform in neuem Zustand. b) Typische Änderung der Flankenform und Rißbildung nach gewisser Laufzeit; man beachte die Übereinstimmung der Richtungen von Gleit- geschwindigkeit und Rissen

Weise wärmebehandelt wurde, so werden die Grübchen sehr wahrschein- lich zuerst am Ritzel und – wenn überhaupt – erst später am Rad auftreten.

Für die Tatsache, daß die Ritzel stärker zu Grübchenbildung neigen als die Räder, dürften folgende Gründe in erster Linie verantwortlich sein:

1. Das Ritzel ist normalerweise das *Antriebs*rad. Die Gleitbewegung ist beim treibenden Rad vom Wälzkreis weg und beim getriebenen Rad zum Wälzkreis hin gerichtet. Infolgedessen besteht – wie Abb. 6/7 zeigt, beim treibenden Rad die Tendenz, Werkstoff vom Wälzkreis weg – zum Fuß und zum Kopf hin – zu schieben. Da am Wälzkreis selber die Gleit- geschwindigkeit Null ist, bleibt die Zone um den Wälzkreis unverändert

stehen. Die vom Wälzkreis weggerichtete Gleitbewegung bewirkt aber
eine Streckung der Oberflächenschicht um die Wälzkreisflankenlinie. –
Beim getriebenen Rad, wo die Gleitbewegung auf den Wälzkreis zuge-
richtet ist, besteht dagegen die Tendenz, die Oberflächenschicht zum
Wälzkreis hin zu schieben.

Die durch diese Schiebebewegungen beanspruchte Oberfläche neigt
bei hoher Belastung zur Bildung von Rissen, die – ausgehend von der
Oberfläche – beim treibenden Rad zum Wälzkreis hin, beim getriebenen
vom Wälzkreis weg gerichtet sind (vgl. Abb. 6/7 b). Beim treibenden Rad
besteht dann die Gefahr, daß sich die entgegengesetzt gerichteten Risse
in Wälzkreisnähe treffen, was zu Ausbrüchen an der Oberfläche (Grübchen) führen kann. Beim getriebenen Rad besteht dagegen diese Gefahr
nicht (Abb. 6/7 b).

Wenn das Großrad das Ritzel treibt, d. h. bei *Übersetzung ins Schnelle*,
treten am Großrad die ungünstigeren Gleitverhältnisse auf; infolgedessen
müßten in diesem Falle die Grübchen zuerst am Großrad auftreten.

Entsprechende Versuche, die der Verfasser an Schrägstirnrädern mittlerer Härte mit der Übersetzung 4:1 ins Schnelle durchführte, zeigten
auch tatsächlich, daß das Großrad als erstes Grübchenschäden aufwies.
Beide Versuchsräder, die in Abb. 9/7, S. 529, wiedergegeben sind, waren
hierbei aus dem gleichen Werkstoff hergestellt.

2. Das Ritzel hat stets eine *größere* Lastwechselzahl als das Großrad,
so daß es – von diesem Gesichtspunkt aus – stets stärker gefährdet ist
als das Großrad. Das vorher erwähnte Versuchsergebnis zeigt jedoch,
daß der Einfluß der Gleitrichtung durchaus überwiegen kann.

3. Der Eingriffsbereich eines Radpaares mit üblicher Verzahnung
besteht aus einem Einzeleingriffsgebiet, in dem nur ein Zahnpaar in Eingriff ist und damit die gesamte Umfangskraft überträgt und je einem
Doppeleingriffsgebiet an Zahnkopf und Zahnfuß. Im Doppeleingriffsgebiet verteilt sich die Umfangskraft auf zwei im Eingriff befindliche Zahnpaare. Das Einzeleingriffsgebiet liegt beiderseits des Wälzkreises und umfaßt etwa je ein Drittel von Kopf- und Fußhöhe.

Die größte rechnerische HERTZsche Pressung tritt meist im untersten
Punkt des Einzeleingriffsgebietes am Fuß des Ritzels auf. Wir nennen
diesen den Punkt „inneren Einzeleingriffspunkt des Ritzels" (vgl. Abb.
2/48, S. 114). Ist die hierfür ermittelte HERTZsche Pressung wesentlich
größer als die im Wälzkreis, so wird Grübchenbildung wahrscheinlich zuerst im inneren Einzeleingriffspunkt des Ritzels auftreten. Wie vorher
gezeigt, sind die Gleitverhältnisse hier nicht so ungünstig wie im Wälz-
kreisgebiet. Insgesamt ist deshalb in den meisten Fällen die Zone um
die Wälzkreisflankenlinie am stärksten gefährdet, es sei denn, der
Unterschied der Pressungen im Wälzpunkt und im inneren Einzeleingriffspunkt ist beträchtlich.

Die HERTZsche Pressung, die an der Berührungsstelle zweier gewölbter Körper auftritt, ist stets in beiden Körpern gleich groß. – Der innere
Einzeleingriffspunkt des Ritzels kommt aber in Berührung mit einem
Punkt der Kopfflanke (äußerer Einzeleingriffspunkt) des Großrades. Demnach tritt in diesem Punkt des Großrades ebenfalls die rechnerisch größte
HERTZsche Pressung auf. Trotzdem ist die Neigung zur Grübchenbildung
am Kopf des Rades weit geringer als an der entsprechenden Stelle am
Fuß des Ritzels. WAY [6/190] und eine Reihe anderer Fachleute erklären
das wie folgt: In die Risse, deren Entstehung oben beschrieben wurde,
dringt zunächst Öl ein. Am Zahnfuß von Ritzel und Rad, d. h. im Gebiet
negativen Schlupfes, bewegt sich der Eingriff in Richtung von der Öffnung
der Risse zu deren Ende, d. h. die Öffnung wird durch die Berührung mit
der Gegenflanke geschlossen und das eingeschlossene zusammengepreßte
Öl versucht, den darüberliegenden Flankenteil herauszusprengen. Am
Zahnkopf, d. h. im Gebiet positiven Schlupfes bewegt sich dagegen der
Eingriff von den Enden der Risse in Richtung auf deren Öffnung (vgl.
Abb. 6/7 b), so daß das eingedrungene Öl herausgequetscht wird.

Versuche des Verfassers mit Rollen bestätigen, daß Oberflächenschäden bei negativem Schlupf eher auftraten als bei positivem Schlupf. Wie
in Abb. 6/7, S. 352 gezeigt wurde, sind bei negativem Schlupf Gleitgeschwindigkeit und Wälzgeschwindigkeit entgegengesetzt gerichtet, bei
positivem Schlupf dagegen gleichgerichtet (vgl. Abb. 6/7 a).

4. Bei Ritzeln mit kleiner Zähnezahl ist noch eine weitere Stelle der
Zahnflanke – nämlich der Punkt des *Eingriffsbeginnes am Zahnfuß* –
besonders gefährdet. Am Grundkreis ist der Krümmungsradius der Zahnflanke bekanntlich Null. Dies bedeutet, daß die HERTZsche Pressung
unendlich groß wird, wenn diese Stelle zum Eingriff kommt, selbst
wenn man berücksichtigt, daß sich hier die Gesamtkraft auf zwei Zahnpaare verteilt. – Bei hohen Belastungen wird deshalb die Flanke in
Grundkreisnähe schnell durch Grübchenbildung und plastische Verformung zerstört. Dabei wird solange Material abgehoben oder weggequetscht bis dieser kritische Bereich an der Kraftübertragung nicht
mehr teilnimmt.

Bei Ritzeln niedriger bis mittlerer Härte[1] werden dadurch die übermäßigen Spannungen abgebaut, so daß der Schaden nicht weiter fortschreitet. Bei gehärteten Zahnrädern können diese Beschädigungen jedoch ernstere Schäden nach sich ziehen. Die entstandenen Grübchen und
feinen Risse können leicht die Ausgangsstelle für einen Ermüdungsbruch
bilden, zumal dieses Gebiet in der Nähe des sowieso bezüglich Zahnbruch
gefährdeten Zahnfußquerschnittes liegen.

Wenn ein Getriebe sehr hoch beansprucht wird oder bei fehlerhafter
Verzahnung, können Grübchen überall auf den belasteten Flanken

---

[1] Bis etwa HB = 340 kg/mm².

auftreten, sogar auf den Kopfflanken des getriebenen Großrades (Abb. 6/8).

Erscheinungsformen und Ursachen der Grübchenbildung. In allen oben besprochenen Fällen kann es sich um „Einlaufgrübchenbildung" oder um „fortschreitende Grübchenbildung" handeln. Grübchen der

Abb. 6/8. Grübchenbildung über die ganze Zahnflanke, verursacht durch sehr hohe Belastung

ersteren Art sind im allgemeinen sehr klein: Bei Zahnrädern mittlerer Härte[1] mit Modul 2,5 werden sie etwa einen Durchmesser von maximal 0,4 mm haben; bei Rädern mit Modul 5 kann man als maximalen Durchmesser 0,8 mm angeben. Grübchen der anderen Art (fortschreitende Grübchenbildung) sind dagegen meist wesentlich größer. Genauere Beschreibung beider Erscheinungsformen s. Abb. 6/1b und 6/1c, S. 344.

Vielfach kann man feststellen, daß bei Getrieben die Grübchenschäden aufweisen, auch die *Schmierung* unzureichend ist. Beim Auftreten von Grübchen ist deshalb Ölzähigkeit, Sauberkeit des Öls und Flankenrauheit zu prüfen, denn zu dünnes Öl und zu große Oberflächenrauheit erschweren die Bildung eines Schmierfilms und erhöhen die Reibkraft; in Öl mitgeführter Abrieb kann andererseits zu starkem Verschleiß und damit Flankenformfehlern führen. Dies wiederum kann sich in einer Erhöhung der HERTZschen Pressungen auswirken.

Wenn verschiedene derartige Einflüsse zusammentreffen, können Grübchen bereits bei viel geringeren Belastungen auftreten als normalerweise zu erwarten wäre.

Bei der Untersuchung eines Zahnrades, das Grübchenschäden aufweist, ist es immer empfehlenswert, die Zahndicke und die Flankenform genau zu prüfen. Die Prüfergebnisse können dann mit denen verglichen werden, die an demselben Rad in neuem Zustand ermittelt werden.

---

[1] HB $\approx$ 260 bis 340 kg/mm².

Stellt man dabei einen starken Flankenverschleiß fest, so müssen Schmiermittel und Schmiereinrichtungen überprüft werden, denn es muß dann angenommen werden, daß die Grübchen in erster Linie durch Schmierungsmängel verursacht wurden (vgl. hierzu Kap. 5, S. 328).

6.5 Fressen

Fressen ist wie Grübchenbildung ein Flankenschaden, dessen Entstehung in starkem Maße durch die Schmierung bedingt ist. Die einzelnen Schadensstellen, eine Art von Rissen und Kratzern in Richtung der Gleitgeschwindigkeit werden als „Fresser" bezeichnet (Abb. 6/9). Eine genaue Definition dieser Schadensart findet sich bei Abb. 6/2a, S. 345.

Abb. 6/9
Typische Freßerscheinungen

Im Gegensatz zu den Ermüdungsschäden (Dauerbruch und Grübchenbildung), die erst nach einer gewissen Laufzeit auftreten, zeigen sich Freßerscheinungen – wenn überhaupt – sobald das neue Getriebe das erste Mal unter voller Last und mit höchster Drehzahl läuft.

Erscheinungsformen des Fressens. Im Sprachgebrauch und auch nach der AGMA-Definition unterscheidet man zwei Arten des Fressens: „leichtes" und „schweres" Fressen. In Anlehnung an die für die Grübchenbildung gewählte Bezeichnungsweise sollte man besser sagen „Einlauffressen" und „fortschreitendes Fressen", denn hierdurch sind die beiden Erscheinungsformen bereits definiert.

Leichtes Fressen kommt zum Stillstand, sobald das vorstehende Material verschlissen ist. Schweres Fressen schreitet fort, bis soviel Material von der Zahnflanke abgetragen ist, daß die Zähne schließlich brechen.

Beim Auftreten von Fressern ist zunächst schwer zu entscheiden, ob es sich um Einlauffressen oder fortschreitendes Fressen handelt! Wenn die befallenen Stellen eine ganz fein aufgerauhte, wie geätzt aussehende Oberfläche geringer Rauhtiefe aufweisen, handelt es sich wahrscheinlich um Einlauffresser. Fortschreitendes Fressen muß dagegen vermutet werden, wenn die Freßstellen sehr rauh und von groben Rissen durchzogen sind.

Ort des Freßbeginns. Bei Geradverzahnung sind vier Stellen der Zahnflanke im Hinblick auf Freßschäden besonders gefährdet. Es sind dies:

1. die Stelle des *Eingriffsbeginns am Fuß des Ritzels,* in der sich der innerste Punkt der aktiven Ritzelflanke und der äußerste Punkt der Radflanke berühren.

2. der *innere Einzeleingriffspunkt des Ritzels*, d. h. der innerste Punkt der Ritzelflanke, in dem nur ein Zahnpaar die Umfangskraft überträgt. Dieser Punkt steht im Eingriff mit dem äußeren Einzeleingriffspunkt des Rades (vgl. Abb. 2/42, S. 103).

3. der *äußere Einzeleingriffspunkt des Ritzels*, d. h. der äußerste Punkt der Ritzelflanke, in dem nur ein Zahnpaar die Umfangskraft überträgt. Dieser Punkt steht im Eingriff mit dem inneren Einzeleingriffspunkt des Rades (vgl. Abb. 2/48, S. 114).

4. die Stelle des *Eingriffsendes am Kopf des Ritzels*; d. h. der Punkt, in dem sich der äußerste Punkt der Ritzelflanke und der innerste Punkt der aktiven Radflanke berühren.

Bei Stirnrädern mit Schrägverzahnung, wo infolge der Sprungüberdeckung meist mehr als zwei Zähne im Eingriff sind, bestehen kritische Einzeleingriffsstellungen (entsprechend den oben angeführten Punkten 2 und 3) nicht. – Außer Zahnkopf und Zahnfuß (vgl. obige Punkte 1 und 4) können hierbei zwei andere dazwischen liegende Gebiete besonders gefährdet sein: Wenn die Zahnkopfkanten abgerundet oder die Profile am Kopf zurückgelegt wurden, treten die ersten Freßerscheinungen häufig dort auf, wo

5. die Flankenprofile an Ritzel oder Rad beginnen, hinter die Evolvente zurückzutreten.

Wenn das Fressen einmal begonnen hat, breitet es sich meist nach kurzer Zeit über den gesamten Bereich vom Wälzkreis bis zum Kopf und vom Wälzkreis zum Fuß hin aus. Um die Wälzkreisflankenlinie herum bleibt ein schmaler Grat unbeschädigt stehen, der jedoch bald durch Grübchen zerstört wird, wenn das betroffene Getriebe weiter in Betrieb bleibt.

Infolge dieser schnellen Ausbreitung der Freßschäden ist es bei normalen Getrieben meist nicht möglich, ihre Ursache und ihren Ausgangspunkt nachträglich festzustellen.

Für *Untersuchungen* auf Laufprüfständen kann man jedoch ohne weiteres die Abmessungen der Prüfräder und die Laufzeiten so wählen, daß eine Analyse der Freßschäden möglich wird. – Will man beispielsweise den Einfluß von Zahnfehlern auf die Freßneigung untersuchen, so wählt man zweckmäßigerweise für das Prüfradpaar ein *ganzzahliges* Übersetzungsverhältnis. Dann kommt nämlich jeder Zahn des Großrades stets nur mit ein und demselben Zahn des Ritzels in Eingriff. Haben dagegen die Zähnezahlen von Ritzel und Rad keinen gemeinsamen Teiler, was man bei Getrieben im allgemeinen anstreben wird, so kommt jeder Radzahn nacheinander mit jedem Ritzelzahn zum Eingriff. Dadurch ist es sehr schwierig, die Wirkung einzelner Zahnfehler zu untersuchen.

Ursachen der Freßschäden

1. Einfluß des Schmiermittels. Das Entstehen der vorher beschriebenen Freßerscheinungen erklärt man sich als Folge des Zusammenbruchs des Schmierfilms. Dadurch gleiten metallisch reine Flächen mit hohem Druck aufeinander, was zu kurzzeitigen Verschweißungen der Zahnflanken führt. Diese Verschweißungen werden sofort wieder getrennt, was – infolge des Aufeinandergleitens zu den bekannten Freßzonen führt. – Schmiermittel hoher Viskosität bilden einen tragfähigeren Schmierfilm und bieten daher einen besseren Schutz gegen Fressen als dünnere Öle. – Ein besonders wirksames Mittel gegen Fressen bilden die Hochdruckschmiermittel, deren Wirkungsweise auf S. 329 beschrieben ist. – Maßnahmen zur Beseitigung von Freßschäden s. unten; Auswahl der Schmiermittel s. Kap. 5, S. 331.

2. Einfluß der Verzahnungsabmessungen. Obgleich Fressen ein Schmierungsschaden ist, darf in vielen Fällen nicht ausschließlich das Schmiermittel dafür verantwortlich gemacht werden. Wenn die Verzahnungsdaten ungünstig gewählt und Flankenrauheit und Verzahnungsungenauigkeiten zu groß sind, ist das beste Schmiermittel nicht in der Lage, diese Mängel auszugleichen.

Beim Entwurf ist zu beachten, daß die HERTzschen Pressungen nicht zu groß werden (vgl. Angaben auf S. 332!); hohe Gleitgeschwindigkeiten an den Kopf- und Fußeingriffspunkten müssen vermieden werden. Hinweise für die zweckmäßige Wahl von Modul und Profilverschiebung s. S. 171/180 u. 230. Sehr wirkungsvoll ist es auch, das Profil am Zahnkopf zurückzulegen (vgl. Hinweis auf S. 335).

Wie bereits an Hand von Gl. (3/31), S. 231, gezeigt wurde, steigt mit zunehmender Flankenrauheit auch die Freßgefahr; ebenso wirken sich Welligkeiten der Zahnflanken, sowie Flankenform- und Teilungsfehler ungünstig auf die Freßfestigkeit eines Radpaares aus.

3. Einfluß des Werkstoffes. Die Freßneigung hängt anscheinend in starkem Maße von der Verwandtschaft der beiden miteinander gepaarten Metalle ab. So erwies es sich in vielen Fällen als zweckmäßig, das Ritzel härter zu machen als das Rad und für beide unterschiedliche Stahlsorten zu wählen. Beispielsweise erträgt die Paarung eines einsatzgehärteten Ritzels mit einem Rad mittlerer Härte eine höhere Belastung, ohne daß Fressen eintritt, als eine Paarung zweier Räder aus gleichem Stahl mittlerer Härte. – Allgemein sind Stähle großer Härte widerstandsfähiger gegen Fressen als Stähle mittlerer Härte, die wiederum weichen Stählen überlegen sind.

Maßnahmen zur Beseitigung und Verhütung von Freßschäden. Wenn Freßschäden früh genug erkannt werden, d. h. dann, wenn sie noch nicht zu weit fortgeschritten sind, so kann man die Räder durch Nacharbeiten wieder voll verwendungsfähig machen. Die Freßstellen müssen zunächst mit einem Schabestein oder feinem Schmirgelpapier bearbeitet werden, um die ursprünglich vorhandene Flankenglätte möglichst wieder herzustellen. Bei der erneuten Inbetriebnahme sollte dann ein Schmiermittel verwendet werden, das in der Lage ist, einen tragfähigen Schmierfilm zu bilden, z. B. ein Öl höherer Zähigkeit oder ein Öl mit Hochdruckzusätzen (s. oben).

Die Schmiereinrichtung muß so beschaffen sein, daß auch alle Gebiete der Zahnflanke mit Öl benetzt sind, ehe sie zum Eingriff kommen. In einigen Fällen konnte festgestellt werden, daß sich das Schmieröl infolge zu großer Zähigkeit nicht über die ganze Flanke ausbreitete; dann kann durch ein *dünneres* Schmieröl Abhilfe geschaffen werden. Vielfach sind Änderungen der Einspritzdüsenform oder des gesamten Schmiersystems nötig, um dem Freßproblem begegnen zu können.

Fressen kann oft dadurch vermieden werden, daß man das Getriebe sorgfältig einlaufen läßt. Es empfiehlt sich, das neue Getriebe solange mit leichter Belastung und niedriger Geschwindigkeit laufen zu lassen, bis die Zahnflanken geglättet sind. Diese Maßnahme ist besonders wirkungsvoll bei Stählen geringer Härte und bei der Paarung Bronze gegen Stahl. Auch die Flankengüte gehärteter Zahnräder kann durch Einlaufen verbessert werden, allerdings bei weitem nicht in dem Maße wie bei ungehärteten Rädern. In Versuchen mit Rädern einer Brinellhärte von $HB = 200 \text{ kg/mm}^2$ konnte beispielsweise in einigen Fällen durch sorgfältiges Einlaufen eine Verringerung der Rauhtiefe von $3\,\mu$ auf $1\,\mu$ erreicht werden; durch Verfestigung der Oberflächenschicht erhöhte sich gleichzeitig die Oberflächenhärte auf $HB = 250 \text{ kg/mm}^2$. Es leuchtet ein, daß derartige Veränderungen die Widerstandsfähigkeit gegen Fressen beträchtlich erhöhen.

6.6 Verschleiß

Nach dem deutschen Sprachgebrauch versteht man unter „Verschleiß" die Beschädigung von Oberflächen durch Dauergebrauch. Demnach wären alle Flankenschäden, wie Grübchenbildung, Fressen, Abnutzung durch Verunreinigungen usw., als verschiedene Verschleißarten anzusehen. Auch in der AGMA-Norm 110.02 wird nicht klargestellt, ob die Bezeichnung „Verschleiß" (wear) in diesem umfassenden Sinne benutzt werden soll. – Wir möchten jedoch den Begriff enger fassen und wollen Flankenschäden nur dann als Verschleiß bezeichnen, wenn beim Gebrauch eine mehr oder minder gleichmäßige Oberflächenschicht abgetragen wird. Von Zahnradfachleuten wird hierfür vielfach auch der Begriff „Gleitverschleiß" benutzt. Andere Schadensarten, die in Vertiefungen oder Kratzern an der Oberfläche bestehen, werden besser direkt als „Grübchen" oder „Fresser" bezeichnet.

Bei sauberem Schmiermittel entsteht Verschleiß dann, wenn die Relativgeschwindigkeiten zwischen den Flanken so gering oder das Schmieröl so dünn ist, daß sich kein zusammenhängender Ölfilm aufbauen kann (Abb. 6/10). Die in Form von Verschleiß je Million Lastwechsel abgetragene Werkstoffmenge ist mitunter recht beträchtlich. Dies kann jedoch in vielen Fällen in Kauf genommen werden, wenn nämlich die Verschleißmenge je Stunde infolge niedriger Drehzahl klein und damit die Lebensdauer in Stunden ausreichend ist.

Abb. 6/10. Zahnrad mit Verschleißerscheinungen. Die rechte Flankenseite zeigt Verschleiß infolge zu dünnen Öls und zu hoher Belastung. Beachte das vollständige Fehlen von Fressern und Grübchen

Der Verschleiß kann außer durch Schmiermittel höherer Zähigkeit auch durch einen Ölzusatz verringert werden, der dem Schmiermittel eine bessere Haftfähigkeit verleiht. Ferner kann man als allgemeine Regel angeben, daß zunehmende Oberflächenrauheit auch verstärkten Verschleiß nach sich zieht. Allerdings ist auch wiederholt festgestellt worden, daß eine zu glatte Oberfläche sich stärker abnutzt, was man sich dadurch erklären kann, daß sich sehr glatte Oberflächen sehr schlecht benetzen lassen.

Wenn Schmutz, Sand, Schleifstaub, Oxyde oder sonstige Fremdkörper im Schmiermittel enthalten sind, muß bei allen Geschwindigkeiten mit Verschleiß gerechnet werden, das man als eine Art „Läppen“ bezeichnen kann. Schutzmaßnahmen, die es gestatten, das Schmiermittel sauber zu halten, sind deshalb so wichtig. Bei stationären Getrieben – wie z. B. Kraftwerksgetrieben – ist es meist ohne weiteres möglich, die erforderlichen Filter unterzubringen. Im allgemeinen sind die gesamten Kraftwerksaggregate auch gegen Wind, Wetter und Schmutz geschützt. Bei Hebezeugen und Fahrzeugen ist es aus Raum- und Gewichtsgründen meist sehr viel schwieriger, derartige Schutzmaßnahmen vorzusehen. Das ist mit ein Grund dafür, daß bei derartigen Getrieben durchweg stärkerer Verschleiß beobachtet wird.

Zersetzung des Schmieröls. Wenn das Schmieröl sehr hohen Temperaturen ausgesetzt wird, bildet sich – schneller als im Normalfall – Säure und Ölschlamm. Diese Gefahr ist besonders groß bei Motor-Triebwerken, wo das Schmieröl durch die hohen Zylindertemperaturen stark aufgeheizt wird. Derartiges verbrauchtes Öl erfüllt zwar für viele Teile des Triebwerks noch durchaus seinen Zweck, bei HERTZschen Pressungen um 140 kg/mm² kann jedoch keine starke Zersetzung oder Verschmutzung zugelassen werden. Dementsprechend wird in solchen Fällen ein häufiger Ölwechsel nötig sein (vgl. Abschn. 5.6, S. 342).

Prüfung des Verschleißverhaltens. Um zu prüfen, ob von den Flanken eines — in sauberem Schmiermittel laufenden — Zahnrades durch Verschleiß Werkstoff abgetragen wird, kann man wie folgt vorgehen:

1. Man ermittelt das Verlustdrehmoment (bzw. die Verlustleistung) bei normaler, konstanter Belastung über einen möglichst großen Geschwindigkeitsbereich. Trägt man die Ergebnisse auf, so ergibt sich vielfach eine Kurve ähnlich der in Abb. 6/11. In dem Gebiet der Mischreibung (links) wird ein Teil der Kraft direkt durch metallische Berührung übertragen. Liegt die Betriebsdrehzahl des Getriebes in diesem Bereich, muß also mit Verschleiß gerechnet werden.

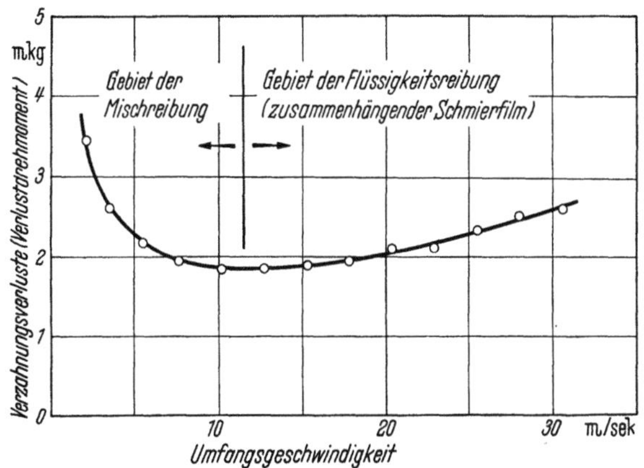

Abb. 6/11. Verlustdrehmoment, abhängig von der Umfangsgeschwindigkeit bei einem Versuch mit konstantem Drehmoment. Die HERTZsche Pressung im Wälzpunkt betrug 158 kg/mm². Schmiermittel: Dünnes Flugzeuggetriebeöl

2. Messung des Verschleißes. Man mißt hierbei die Zahndicke in gewissen Zeitabständen. Der Verfasser hatte die Möglichkeit, ein Präzisionsgetriebe auf Verschleißverhalten zu untersuchen. Nach 20 Millionen Umdrehungen bei einer Umfangsgeschwindigkeit von 30 m/s wurde eine Zahndickenabnahme von weniger als 3 μ festgestellt. Anschließend ließ man das Getriebe bei gleicher Belastung mit einer verringerten Umfangsgeschwindigkeit von 5 m/s weitere 5 Millionen Umdrehungen laufen. Die erneute Messung ergab eine Zahndickenabnahme von 12 μ, woraus zu schließen ist, daß der erste Betriebspunkt im Gebiet der Flüssigkeitsreibung und der zweite im Gebiet der Mischreibung lag.

Bei schnellaufenden Schiffs- und Kraftwerksgetrieben ist der Verschleiß vielfach so gering, daß Bearbeitungsriefen auf den Zahnflanken, die nur wenige μ tief sind, selbst nach mehreren Betriebsjahren noch zu sehen sind. Dagegen kann man bei relativ langsam laufenden Getrieben, wie beispielsweise in Güterzuglokomotiven oder Hebezeugen nicht selten bereits nach 6 Monaten Betrieb einen Verschleiß von 0,8 mm feststellen.

Natürlich sind diese Tatsachen zum Teil darauf zurückzuführen, daß die schnellaufenden Getriebe meist auch geringer belastet sind und im Vergleich zu den Fahrzeug- und Hebezeuggetrieben mit sauberem Schmieröl laufen.

Es kann jedoch als Tatsache angenommen werden, daß sorgfältig konstruierte und gefertigte, schnellaufende Getriebe wegen der besseren Schmierdruckbildung auch gleich guten, langsam laufenden Getrieben in bezug auf Verschleißverhalten überlegen sind.

6.7 Reibkorrosion (Passungsrost)

Wenn zwei metallische Flächen mit großer Kraft aufeinander gepreßt werden und dabei kurze vibrierende Bewegungen ausführen, so bildet sich vielfach ein braunroter Abrieb, den wir als Passungsrost bezeichnen. Man findet diese Erscheinung in erster Linie in Wälzlagersitzen, Naben-Wellen-Verbindungen usw.; sie tritt gelegentlich jedoch auch an Zahnflanken auf. Insbesondere solche Getriebe, die längere Zeit unter Last stillstehen und dabei Vibrationen ausgesetzt sind, sind gefährdet. Im Zusammenwirken von Schmieröl, Feuchtigkeit und Sauerstoff kann sich dann längs der jeweiligen Berührungslinie auf den Zahnflanken eine tiefe Kerbe bilden.

In solchen Fällen muß man dafür sorgen, daß etwaige, durch Reibkorrosion entstandene Oxyde möglichst schnell durch das Schmieröl weggespült werden (vgl. Abschn. 5.6 – „Sauberhaltung des Schmiermittels", S. 342).

6.8 Grenzen der Schadensgebiete

Beobachtet man in einem beliebigen Anwendungsgebiet die Schadensfälle an Getrieben und die äußeren Bedingungen, unter denen sie auftraten, so zeigt sich, daß diese in den meisten Fällen in ein gewisses Schema eingeordnet werden können.

In Abb. 6/12 sind für ein Beispiel die verschiedenen Schadensgrenzen abhängig von Drehmoment und Umfangsgeschwindigkeit dargestellt. – Der gesamte Betriebsbereich läßt sich in fünf Hauptgebiete unterteilen:

Im Bereich 1 reicht die Umfangsgeschwindigkeit nicht aus, um einen tragfähigen Schmierfilm zu bilden. Infolge metallischer Berührung der Zahnflanken tritt *Verschleiß* auf.

Bereich 2. Im unteren Teil dieses Bereiches liegen ideale Betriebsbedingungen vor. Die Umfangsgeschwindigkeit ist so groß, daß sich ein tragfähiger Schmierfilm bilden kann. Wird ferner dafür Sorge getragen, daß ein säurefreies Schmieröl verwendet wird und daß kein Abrieb oder Schmutz in das Öl gelangt, so ist zu erwarten, daß die Zahnflanken des

Getriebes selbst nach langer Laufzeit keinen meßbaren Verschleiß aufweisen.

Bereich 3. Hier ist die Geschwindigkeit so groß, daß sich bei der ursprünglich vorhandenen Ölzähigkeit zunächst ein Schmierfilm bilden kann. Die großen Relativgeschwindigkeiten führen jedoch im Berührungs-

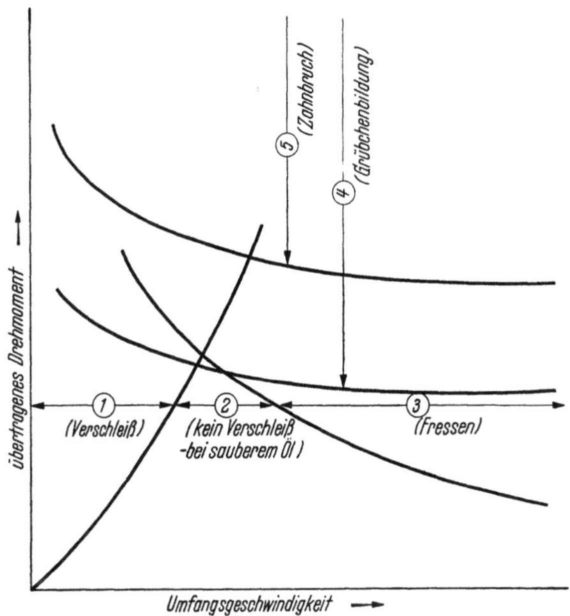

Abb. 6/12. Die Grenzen der verschiedenen Schadensgebiete

Bereich 1 zu schwache Schmierdruckbildung infolge zu geringer Relativgeschwindigkeit
Bereich 2 Entstehung eines Schmierfilms möglich
Bereich 3 Schmierfilm bricht zusammen wegen zu hoher Reibungstemperatur
Bereich 4 Grenze der Grübchenbildung ist abhängig von der Laufzeit
Bereich 5 Belastung, bei der Zahnbruch eintritt, ist abhängig von der Laufzeit

gebiet zu so starken Temperaturerhöhungen und damit zu einer Verminderung der Ölzähigkeit, daß der Schmierfilm zumindest teilweise zusammenbricht. Die Folgen sind die vorn beschriebenen *Freßerscheinungen*.

Bereich 4. In diesem Betriebsbereich des Getriebes kann *Grübchenbildung* auftreten. Da es sich hierbei um einen Ermüdungsschaden handelt, verschiebt sich diese Schadensgrenze mit zunehmender Laufzeit in das Gebiet niedriger Drehmomente und Geschwindigkeiten. Auch ungünstige Schmierverhältnisse haben diese Wirkung, was folgendermaßen zu erklären ist: Die Zahnflanken verschleißen – wie vorher bereits erläutert – besonders an Kopf und Fuß, so daß eine Zone um die Wälzkreisflankenlinie über die übrige Flanke vorsteht. Dieses Gebiet, das bezüglich Grübchenbildung besonders gefährdet ist, wird infolgedessen überlastet. Der Verschleiß hat außerdem zur Folge, daß der Reibwert an den betroffenen Stellen größer wird; größere Reibkraft bewirkt aber, daß sich leichter die Risse bilden, aus denen dann Grübchen entstehen können.

Bereich 5. *Zahnbruch* ist hier die maßgebende Leistungsgrenze. Da auch Zahnbruch – im Falle des Dauerbruchs – ein Ermüdungsschaden ist, verschiebt sich auch die Grenze dieses Bereiches mit zunehmender Laufzeit zu niedrigeren Drehmomenten hin. In gleichem Sinne wirkt sich Verschleiß der Zahnflanken aus. Die durch ungleichmäßigen Verschleiß entstehenden Zahnfehler haben zur Folge, daß die dynamischen Zahnkräfte und damit auch die Zahnfußbeanspruchungen zunehmen. Verschleiß am Zahnfuß schwächt weiterhin den Zahnfußquerschnitt und die entstehenden Kerben und Riefen erhöhen die Kerbspannungen in diesem Gebiet.

Diese Übersicht hat gezeigt, daß das Auftreten *einer* Schadensart häufig zu einer erhöhten Anfälligkeit gegenüber einer *anderen* Schadensart führt.

So weist ein zerstörtes Getriebe häufig eine ganze Reihe von Schadensarten gleichzeitig auf: Verschleiß durch Abrieb oder Schmutz, Grübchenbildung, Fressen, plastische Verformung, Gratbildung und Zahnbruch (Abb. 6/13). In solchen Fällen ist es dann sehr schwierig, den Schaden (und seine Ursache) zu ermitteln, der den verhängnisvollen Kreislauf eröffnete.

Abb. 6/13. Ein Beispiel vollständiger Zerstörung eines Zahnrades durch Fressen, Grübchenbildung und Zahnbruch, die nacheinander auftraten

6.9 Schrifttum zu Kapitel 6

AGMA 110.02 (Dez. 51). Gear Tooth Wear and Failure.

[*6/190*] WAY, ST.: How to Reduce Surface Fatigue. Machine Design Bd. 11 (März 1939), S. 42–45.

[*6/191*] McFARLAND, F. R.: Tooth Deflection and Scuffing in Design of Highly Loaded Gears. Product Eng. 18, Febr. 1947, S. 141–145.

[*6/192*] RYDER, E. A.: A Gear and Lubricant Tester – Measures Tooth Strength or Surface Effects. ASTM Bull. 148, Okt. 1947, S. 69–73.

[*6/193*] ALMEN, J. O.: Surface Deterioration of Gear Teeth. In „Mechanical Wear". Siehe [*6/195*].

[*6/194*] MONK, I.: Marine Propulsion Gear Testing at the Naval Boiler and Turbine Laboratory. Trans. ASME, 71 (22) 1949, S. 487–499.

[*6/195*] BLOK, H.: Gear Wear as Related to Viscosity of Oil. In „Mechanical Wear". (Herausgeber: Burwell), Cleveland, Ohio 1950.

[*6/196*] CAMERON, A.: Theorie der Zahnradschmierung und Grübchenbildung. „Zahnräder, Zahnradgetriebe." Braunschweig 1955.

[*6/197*] NIEMANN, G.: Schmierfilmbildung, Verlustleistung und Schadensgrenzen bei Zahnrädern mit Evolventenverzahnung. Z. VDI 97 (1955) S. 305–308.

[6/198] WINTER, H.: Zahnraduntersuchungen im Verspannungsprüfstand. Industrieblatt 55 (1955), S. 433–437.
[6/199] ARCHER, S.: Some Teething Troubles in Post-war Reduction Gears. The Institute of Marine Engineers 1956, S. 21–45.
[6/200] KNOOP, E.: Getriebeschäden, ihre Ursache und ihre Beeinflussung durch den Schmierstoff. Z. Erdöl und Kohle Bd. 10 (1957), S. 238–242.

7 Zahnradherstellung

Auch der Getriebekonstrukteur und -berechner muß sich einen Überblick über die vielen Verfahren und Maschinen verschaffen, die für die Herstellung von Zahnrädern benutzt werden. Schon beim Entwurf von Getrieben ist zu berücksichtigen, daß Größe und geometrische Form von Rad und Ritzel im Fertigungsbereich mindestens einer Werkzeugmaschine liegen müssen. Kommt es weiter darauf an, die niedrigsten Herstellkosten zu erzielen, so müssen Größe, Form und Material der Zahnräder besonders sorgfältig gewählt werden, damit das wirtschaftlichste Herstellverfahren angewendet werden kann. Der Zweck dieses Kapitels ist es, dem Konstrukteur die hierzu erforderlichen Kenntnisse zu vermitteln. Der Inhalt umfaßt demgemäß:

1. Übersicht über alle gebräuchlichen Verfahren der Zahnradfertigung.

2. Abmessungen, Arbeitsweise und Anwendungsbereich der heute auf dem Markt befindlichen Werkzeugmaschinen.

3. Begrenzungen bezüglich Radform und -abmessungen für jedes Herstellverfahren. Dem Konstrukteur soll damit in groben Zügen gezeigt werden, was bei den verschiedenen Verfahren möglich ist.

4. Schließlich wird besprochen, welche Fertigungszeiten und Geschwindigkeiten mit den verschiedenen Herstellverfahren erreicht werden können. Diese Angaben müssen allerdings mit Vorsicht benutzt werden, da sie nicht in allen Fällen zutreffen und sich mit fortschreitender Entwicklung auch ändern können.

Das Thema „Zahnradherstellung" ist so umfassend, daß mehrere Bücher erforderlich wären, um alle Zusammenhänge erschöpfend darzustellen. In einem Kapitel können daher nur die hauptsächlichen Gesichtspunkte und Daten wiedergegeben werden. Diejenigen Leser, die sich genauer und vollständiger über dieses Gebiet informieren wollen, seien auf das – auf S. 448 angeführte – Schrifttum verwiesen.

Abb. 7/1 zeigt eine Zusammenstellung aller Verfahren, die für die Erzeugung von Verzahnungen in Frage kommen. Die Verfahren, die bezüglich ihres Arbeitsprinzips übereinstimmen, wurden dabei in Gruppen zusammengefaßt.

Die Darstellung vermittelt einen Eindruck der großen Anzahl der heute für die Herstellung von Zahnrädern verwendeten Verfahren.

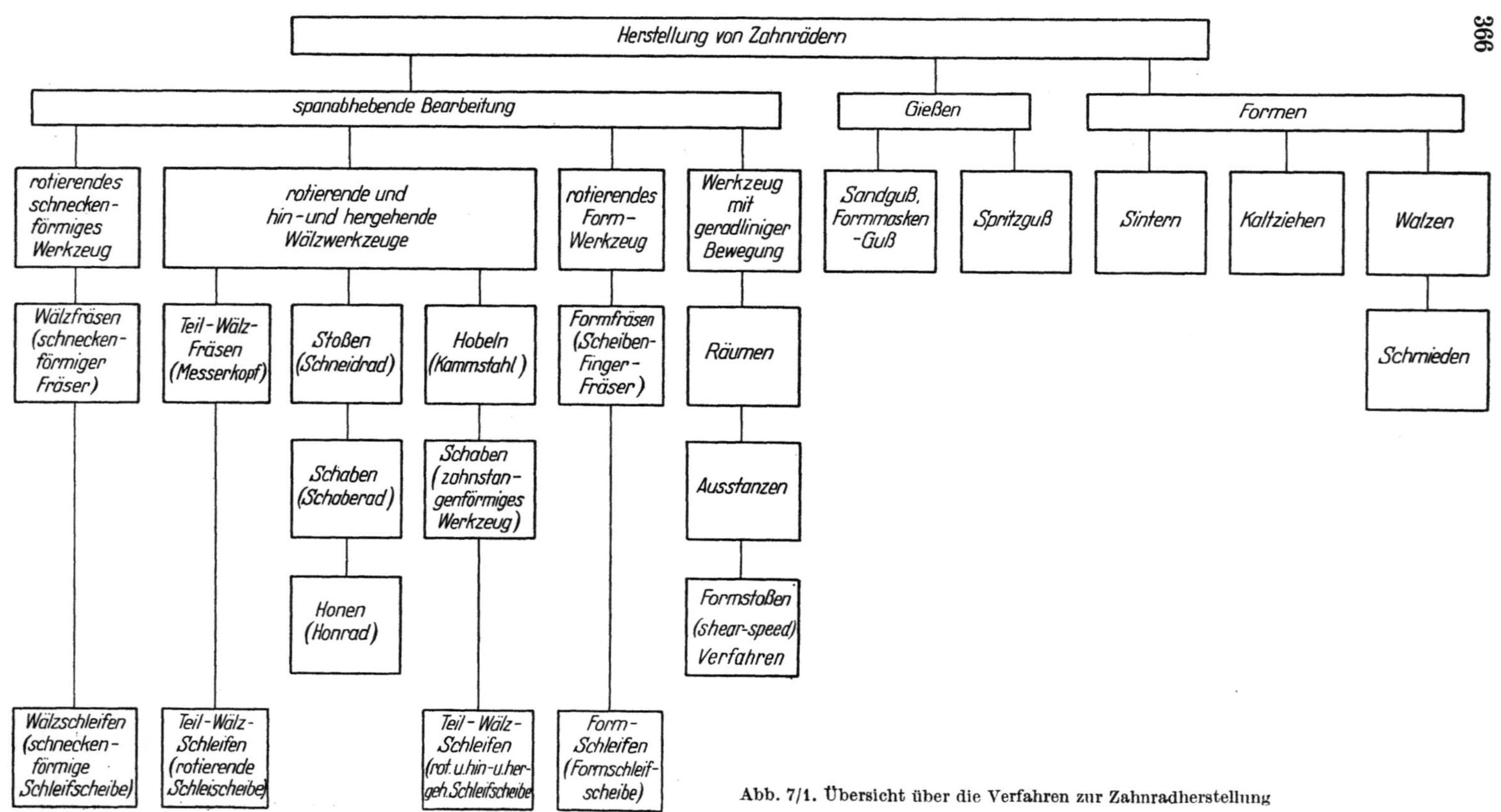

Abb. 7/1. Übersicht über die Verfahren zur Zahnradherstellung

7.1 Verzahnen

Unter dem Begriff „Verzahnen" wollen wir die Herstellverfahren zusammenfassen, bei denen mit Schneiden versehene Werkzeuge von einem Rohling Werkstoff abheben und nach der Bearbeitung einen verzahnten Radkörper hinterlassen. Man kann vier grundsätzlich verschiedene nach diesem Prinzip arbeitende Verfahren unterscheiden:

1. *Schneckenförmiges* Schneidwerkzeug: Bei der Herstellung wälzen sich Werkzeug und Werkstück wie zwei Schraubenräder aufeinander ab. Der Herstellprozeß läuft also kontinuierlich ab. Das Werkzeug wird als *Wälzfräser*, das Verfahren als *Wälzfräsen* bezeichnet.

2. *Zahnrad-* und *zahnstangen*förmiges Werkzeug; im ersten Falle wälzen sich Werkzeug und Werkstück beim Verzahnen wie Ritzel und Rad, im zweiten Fall (Wälzhobeln) wie Zahnstange und Zahnrad aufeinander ab. Das Werkzeug vollführt dabei eine hin- und hergehende Bewegung. Beim Wälzhobeln ist außerdem meist ein Teilvorgang nötig. Bei Verwendung eines zahnradförmigen Werkzeugs spricht man von „Wälzstoßen", bei zahnstangenförmigem Werkzeug von „Wälzhobeln".

3. *Wälzfräsen mit rotierendem Messerkopf.* Die Zahnflanken und die Bewegung des unter 2. genannten Zahnstangenwerkzeugs (bei Kegelrädern des ideellen Planrades) werden hierbei von den Schneiden des Messerkopfes nachgebildet. Wie bei 2. führen Werkstück und Messerkopf eine Wälzbewegung aus. Hinzu kommt bei einigen Verfahren eine Teilbewegung.

4. *Formfräser*, scheibenartiges oder fingerförmiges Werkzeug; hierbei hat das rotierende Werkzeug im Achsschnitt das Profil der Zahnlücke (bei Schrägverzahnung kleiner Unterschied!). Nachdem eine Zahnlücke erzeugt ist, wird das Werkstück um eine Teilung weitergedreht und die nächste Zahnlücke bearbeitet. Entsprechend ihrer Form werden die Werkzeuge als Scheibenfräser (Abb. 7/13, S. 386) und Fingerfräser (Abb. 7/14) bezeichnet.

5. Als fünfte Gruppe können alle die Verfahren zusammengefaßt werden, bei denen *sämtliche* Zähne auf dem Umfang *gleichzeitig* erzeugt werden. Man verwendet entweder *ein* Werkzeug, das dann die genaue Form der Zahnlücken hat (Räumen, Stanzen) oder *eine Reihe* auf dem Umfang angeordneter Werkzeuge, deren jedes die Form einer Zahnlücke hat (Shear-speed-Verfahren).

7.1.1 Wälzfräsen

1. Werkzeug. Der Wälzfräser ist im Prinzip eine Evolventenschnecke, deren Schneckengänge durch Spannuten unterbrochen sind (vgl. Abb. 7/2 und 7/6). Genauere Beschreibung und Berechnung von Wälzfräsern

s. Abschn. 8.1, S. 451. Werkzeug und Werkstück wirken wie zylindrische Schraubenräder (s. S. 30) zusammen, und durch die zwangsweise Steuerung der beiden Teile arbeiten die Schneidkanten des Wälzfräsers aus dem Radkörper das gewünschte Evolventenprofil heraus.

Nach der Anzahl der Axialteilungen je Ganghöhe unterscheidet man *ein-* und *mehr*gängige Wälzfräser. – Früher wurden in der Regel eingängige Fräser zum Schlichten und ein- oder zweigängige zum Schruppen verwendet, weil man mit eingängigen Fräsern die beste Oberflächenbeschaffenheit und Verzahnungsgenauigkeit erhält. Heute geht man jedoch in zunehmendem Maße dazu über, mehrgängige Fräser wegen ihrer höheren Leistungsfähigkeit sowohl zum Vor- als auch zum Fertigverzahnen einzusetzen. Eine Faustregel besagt, daß bis Verzahnungsqualität 8 eingängige, bei den Qualitäten über 8 auch zweigängige Wälzfräser zum Fertigverzahnen verwendet werden können. – Es kommt jedoch auch auf die Werkradzähnezahl an; bei großen Zähnezahlen können Wälzfräser mit fünf und sogar sieben Gängen eingesetzt werden. Zu beachten ist dabei, daß Radzähnezahl und Gangzahl des Wälzfräsers keinen gemeinsamen Teiler haben (s. auch Erläuterungen auf S. 171). Man erzielt die besten Ergebnisse, wenn – bei normaler Spannutenzahl – ungefähr *30 Zähne auf einen Fräsergang* kommen. Dies bedeutet beispielsweise, daß ein fünfgängiger Wälzfräser nicht verwendet wird, wenn das zu schneidende Rad weniger als 151 Zähne hat. Für Zahnräder mäßiger Genauigkeit kann man bis zu 15 Zähnen pro Gang heruntergehen.

Bei der Verwendung mehrgängiger Wälzfräser muß im Zusammenhang mit der Wälzfräsmaschine folgendes berücksichtigt werden: Beträgt die kleinste, auf dieser Maschine herstellbare Zähnezahl 8, so können mit einem zweigängigen Fräser nur Zähnezahlen ab 16 und mit einem dreigängigen Fräser nur Zähnezahlen ab 24 erzeugt werden.

Wenn die Zahnräder nach dem Fräsen geschabt oder geläppt werden sollen, so ist wohl die beim Fräsen erzielte Formgenauigkeit, nicht aber die Oberflächenbeschaffenheit von Bedeutung.

2. Vorschubarten. Beim Wälzfräsen gerader und schräger Stirnräder wird der Fräser über die Breite des Rades, d. h. in Axialrichtung des Rades vorgeschoben. Wie aus Abb. 7/2 zu ersehen ist, erhält man hierbei einen verhältnismäßig großen Anschnittweg, d. h. Fräsweg vom ersten Anschneiden des Werkstückes bis zum vollen Schnitt. Insbesondere bei schmalen Rädern, bei Schrägverzahnung (s. Abb. 7/2 b), großer Zahnhöhe, sowie großem Fräserdurchmesser kann der Anteil des Anschnittweges am Gesamtfräsweg beträchtlich sein. – Eine außerordentliche Ersparnis an Anschnittweg und damit Fräszeit erbringt das *Tauchlängsfräsen*. Hierbei wird der Wälzfräser zunächst mit Radialvorschub auf volle Zahntiefe vorgeschoben und dann mit Längsvorschub fertiggefräst (s. Abb. 7/3). Nachteilig ist beim Tauchlängsfräsen die – gegenüber dem normalen Längsfräsen – höhere Beanspruchung, d. h. geringere Standzeit des Wälzfräsers.

Bei den genannten Vorschubarten wird der Fräser über die Breite ungleichmäßig abgenutzt: In der Mitte des Schnittbereichs tauchen die

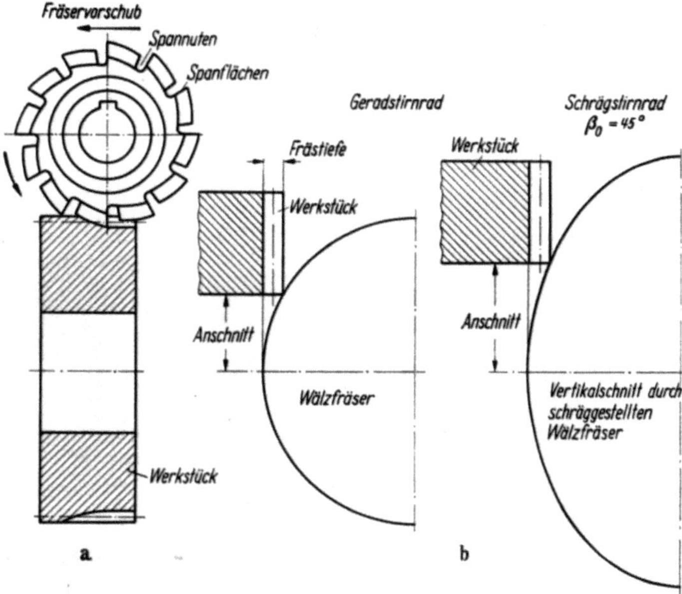

Abb. 7/2 a u. b. Längsfräsen (Längsvorschub) bei Gerad- und Schräg-Stirnrädern

Fräserzähne am tiefsten in den Radkörper ein, während die Schneiden zu beiden Seiten dieses Bereichs teilweise an dem Arbeitsprozeß gar nicht teilnehmen. Die Fräsmaschinen haben deshalb Vorrichtungen, die eine Verschiebung des Fräsers in Längsrichtung und damit eine bessere Ausnutzung gestatten. Die meisten modernen Maschinen

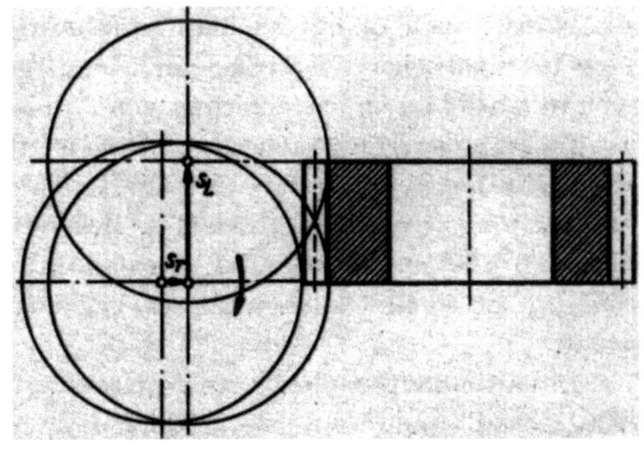

Abb. 7/3. Verkürzung des Anschnittweges durch Tauchlängsfräsen, bei Gerad- und Schräg-Stirnrädern; zuerst Tauchvorschub, dann Längsvorschub

haben Vorrichtungen, die diese tangentiale Fräserverschiebung nach jedem gefrästen Werkstück automatisch vornehmen. Die Lebensdauer der Wälzfräser kann damit um 50 bis 70% erhöht werden.

Erteilt man dem Wälzfräser gleichzeitig mit dem Längsvorschub einen kontinuierlichen, tangentialen Vorschub (vorher stufenweise nach jedem Werkstück!), so kommt man zu dem sog. *Diagonal*wälzfräsen. Außer einer gleichmäßigen Fräserabnutzung kann man u. U. hiermit eine höhere Verzahnungsgenauigkeit als beim reinen Längs- oder Tauchlängsfräsen erreichen.

Bei der Herstellung von *Schneckenrädern* läuft der Wälzfräser entweder in Tangentialrichtung an dem Radkörper entlang oder radial in den Radkörper hinein (Abb. 7/5); Erläuterungen hierzu s. Abschn. 8.21, S. 469.

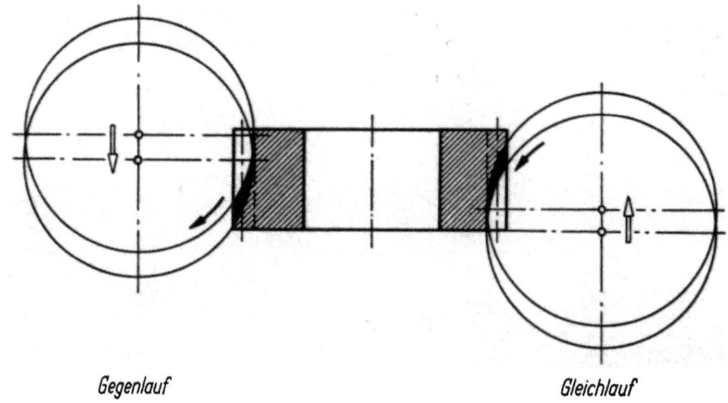

Abb. 7/4. Spanbildung beim Wälzfräsen im Gegenlauf (links) und Gleichlauf (rechts)

3. Gleichlauf, Gegenlauf. Während früher nach dem Gegenlauffräsverfahren gearbeitet wurde, arbeiten die meisten modernen Wälzfräsmaschinen nach dem Gleichlaufverfahren (Abb. 7/4). Hierdurch wurde eine beträchtliche Steigerung der Schnittgeschwindigkeit möglich, was sich in einer Leistungssteigerung von 25 bis 60% gegenüber dem Gegenlauffräsen auswirkt. Auch die Zahnflanken werden sauberer, insbesondere bei zähen Werkstoffen, die zum Reißen neigen; die Maschine arbeitet ruhiger und wird weniger belastet. Besondere Vorrichtungen sorgen dafür, daß das Werkstück nicht in den Fräser hineingezogen wird, eine Gefahr, die beim Gleichlauffräsen gegenüber dem Gegenlauffräsen besteht.

4. Anwendungsgebiet. Das Wälzfräsverfahren kann zum Verzahnen von Gerad- und Schrägstirnrädern mit Außenverzahnung sowie zum Verzahnen von Schnecken und Schneckenrädern angewendet werden. Innenverzahnung kann dagegen nicht durch Wälzfräsen erzeugt werden. Bei gleichem Modul im Normalschnitt kann man mit einem Fräser beliebige Schrägungswinkel herstellen.

Das Verfahren hat besondere Vorteile beim Verzahnen von Rädern mit sehr großen Zahnbreiten oder Getriebewellen, bei denen der verzahnte Teil auf einer langen Welle sitzt. Es ist mit diesem Verfahren möglich, außerordentlich große Teilgenauigkeiten zu erreichen. Schnelllaufende Zahnräder für Schiffahrt und Industrie mit Umfangsgeschwin-

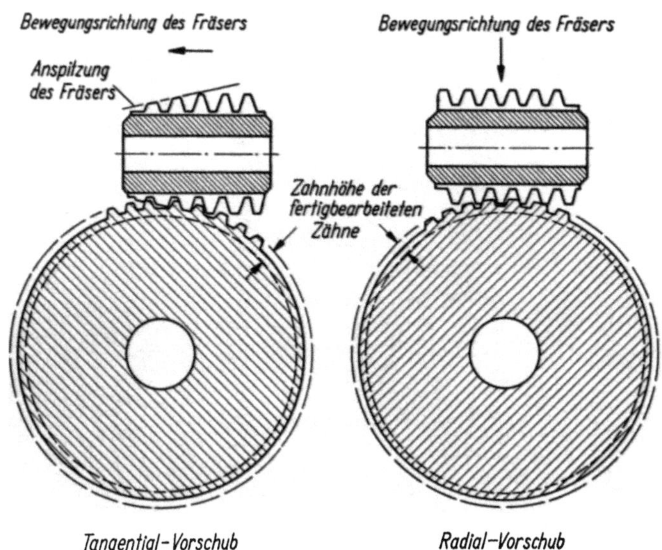

Abb. 7/5. Wälzfräsen von Schneckenradverzahnungen. Links: Tangentialvorschub; rechts: Radialvorschub

digkeiten von 18 bis 130 m/s und Durchmesser bis 5 m werden vielfach durch Wälzfräsen fertigverzahnt.

Zahnräder, deren Verzahnung durch Wälzfräsen erzeugt werden sollen, sind jedoch bezüglich ihrer konstruktiven Gestaltung gewissen Einschränkungen unterworfen:

Der Wälzfräser braucht einen gewissen Auslaufweg am Ende des Schnittes (vgl. Abb. 7/2 und 7/3). Wenn die Verzahnung zu nahe an

Tabelle 7/1. Für den Auslauf des Wälzfräsers erforderliche Nutbreite

Modul im Normalschnitt m_n [mm]	Diametral Pitch im Normalschnitt DP_n [1/'']	Wälzfräserdurchmesser [mm]	Nutbreite [mm] bei Schrägungswinkel β_0		
			15°	30°	45°
≈ 1,25	20	48	16	19	19
≈ 1,5	16	64	22	25	25
≈ 2,5	10	76	32	38	38
≈ 3,25	8	76	35	48	48
≈ 4,25	6	89	44	51	57
≈ 6,5	4	102	57	70	83
≈ 8,5	3	114	73	89	105

einer Wellenschulter oder einem anderen Hindernis liegt, wird es unter Umständen unmöglich, das Teil mit einem Wälzfräser zu verzahnen. Ebenso muß bei Doppelschrägverzahnung zwischen den Schrägungshälften eine

Abb. 7/6a. Wälzfräsen eines Schrägstirnrades für ein Fahrzeuggetriebe

Abb. 7/6b. Einzelheiten aus Abb. 7/6a

Ringnut für das Auslaufen des Fräsers vorgesehen werden. Wie die erforderliche Nutbreite berechnet wird, ist auf S. 462 angegeben. Kommt es nicht darauf an, die Ringnut zwischen den Schrägungshälften so klein wie möglich zu halten, so können die in Tab. 7/1 angeführten Werte verwendet werden.

5. Wälzfräsmaschinen (Abb. 7/6). Es sind heute Wälzfräsmaschinen für Zahnräder aller Größen auf dem Markt: Maschinen für kleinste Rad-

durchmesser von 1,5 mm, andererseits für Raddurchmesser von 5 m und
mehr. Große Doppelschräg-Stirnräder werden oft auf Maschinen mit
zwei Frässpindeln verzahnt. Die Frässchlitten sind hierbei um 180°

Abb. 7/7. Wälzfräsen eines Doppelschrägstirnrades mit 4,2 m Durchmesser auf einer Doppelständer-
wälzfräsmaschine. (Werkfoto: General Electric Co.; Lynn, Massachusetts, USA)

gegeneinander versetzt; man kann damit beide Schrägungsrichtungen
gleichzeitig schneiden (Abb. 7/7).

Bei den meisten kleineren Wälzfräsmaschinen wird der Radkörper
zum Verzahnen zwischen Spitzen aufgenommen. Wellen, auf die eine
Verzahnung unmittelbar aufgeschnitten werden soll, sind hierfür besonders geeignet. Lose Radkörper müssen erst auf einen Dorn aufgenommen
werden, der dann zwischen die Spitzen der Maschine eingespannt wird. –
Bei großen Wälzfräsmaschinen kann der Radkörper dagegen vielfach
nicht zwischen Spitzen aufgenommen werden; er wird hier am Zahnkranz auf dem Drehtisch festgespannt (Abb. 7/8). Diese Art der Aufspannung setzt voraus, daß die Spannflächen am Radkörper zur Bohrung
laufen.

6. Fräszeiten und -geschwindigkeiten. Man kann die Verzahnung
eines Rades in einem Arbeitsgang fräsen, indem man den Fräser auf

volle Zahntiefe einstellt und über die Breite des Rades durchlaufen läßt. Wo höhere Genauigkeiten erforderlich sind, ist es jedoch üblich, einen Schrupp- und einen Schlichtschnitt vorzusehen. Beim Schruppen (oder Vorfräsen) wird dann nicht auf Fertigmaß gefräst, sondern die Zahn-

Abb. 7/8. Wälzfräsen eines Geradstirnrades, Modul $m = 10$ mm. (Werkfoto: Gould & Eberhardt Co.; Irvington, New Jersey, USA)

dicke bleibt je nach der Größe des Moduls um 0,25 bis 1 mm dicker. Diese Restschicht wird dann beim Schlichten (oder Fertigfräsen) entfernt.

Die unmittelbare Fräszeit ($=$ Hauptzeit t_h) kann bei normalem *Längs*fräsen nach folgender Formel berechnet werden:

$$t_h\,[\text{min}] = \frac{\text{Fräsweg [mm]} \times \text{Zähnezahl des Rades}}{\text{Fräsergangzahl} \times \text{Vorschub [mm/U]} \times \text{Fräserdrehzahl [U/min]}}\,.$$

$$(7/1)$$

Unter *Fräsweg* ist dabei die Summe von Zahnbreite und Anschnittweg zu verstehen. Der Anschnittweg kann gleich der Breite der Ringnut gesetzt werden, deren Bestimmung vorher besprochen wurde (s. Tab. 7/1).

Für das *Tauchlängs*fräsen lautet die Fräszeitgleichung:

$$t_h\,[\text{min}] = \frac{\text{Zähnezahl des Rades}}{\text{Fräserdrehzahl} \times \text{Fräsergangzahl}} \times$$
$$\times \left(\frac{\text{Frästiefe}}{\text{Tauchvorschub}} + \frac{\text{Fräsweg}}{\text{Längsvorschub}} \right)\,. \qquad (7/2)$$

Für den *Fräsweg* ist hierbei nur wenig mehr als die Zahnbreite einzusetzen, da nur ein kleiner Überlauf erforderlich ist.

Die zulässigen Größen von *Vorschub* und *Fräserdrehzahl* hängen von einer ganzen Reihe von Größen ab:

> Bearbeitbarkeit des Werkstoffes,
> geforderte Verzahnungsgenauigkeit,
> Größe des zu schneidenden Rades und
> Starrheit der Fräsmaschine.

Tabelle 7/2. Wälzfräservorschübe und -drehzahlen

Die Werte gelten für den amerikanischen Stahl AISI B 1112, dessen Zerspanbarkeit = 100% gesetzt wurde

Wälzfräser-durchmesser [mm]	Vorschub [mm/U]				Fräserdrehzahl [U/min]		
	Fertigfräsen 1 gängig	Schruppen 1 gängig	Schruppen 2 gängig	Schruppen 3 gängig	sicher	normal	hoch
25	0,51	1,20	0,90	0,63	590	870	1150
50	0,82	1,65	1,20	0,84	270	370	490
75	1,10	2,05	1,30	1,00	150	210	270
100	1,33	2,35	1,75	1,18	105	150	200
125	1,52	2,60	1,90	1,30	80	115	150
150	1,66	2,80	2,10	1,40	65	95	125
200	1,78	3,00	2,30	1,52	50	70	95

Tab. 7/2 gibt drei Gruppen von zulässigen Vorschüben und Fräserdrehzahlen an. Die unter der Rubrik „Sicher" angeführten Drehzahlen sind dann einzusetzen, wenn höchste Genauigkeit verlangt wird. Die Höchstdrehzahlen sind etwa die maximal zulässigen, die nur erreicht werden können, wenn Maschine und Wälzfräser besonders sorgfältig ausgewählt und aufeinander abgestimmt sind und wenn es ferner nicht in erster Linie auf die Genauigkeit der zu erzeugenden Verzahnung ankommt.

Die Daten in Tab. 7/2 gelten für den Längsvorschub (Vorschub in Axialrichtung des Rades). Für den *Tauchvorschub* kann man etwa 75% hiervon zulassen.

Tabelle 7/3. Im Vergleich zu Tabelle 7/2 zulässige Fräserdrehzahlen für Stähle abweichender Härte

Werkstoff	Brinellhärte [kg/mm²]	Prozentual zulässige Fräserdrehzahl [%]
Stahl	350	32
	300	40
	200	56
Gußeisen	175	85

Den Werten von Tab. 7/2 liegt ein Stahl geringer Härte mit 100% Zerspanbarkeit zugrunde. (Erläuterung s. Tab. 7/2.) Bei abweichender Härte des Werkstoffes muß die Fräsgeschwindigkeit etwa auf den in Tab. 7/3 angegebenen Prozentsatz reduziert werden. Diese Tabelle gilt für Wälzfräsmaschinen zum Verzahnen von Teilen robuster Konstruktion, die gut in den Arbeitsbereich der Maschine passen. In vielen Fällen müssen allerdings Vorschub und Fräserdrehzahl auf etwa 60% dieser Werte reduziert werden, um die Abnutzung des Fräsers infolge von Maschinenschwingungen in erträglichen Grenzen zu halten.

7.1.2 Wälzstoßen

1. Arbeitsweise. Das Werkzeug ähnelt hierbei einem gerad- oder schrägverzahnten Stirnrad, an dessen Stirnseite (im Bereich der Verzahnung) Schneidkanten angeschliffen sind. Während des Verzahnens wälzen Schneidrad und Werkrad wie Ritzel und Rad aufeinander ab. Gleichzeitig mit diesem Wälzvorgang führt das Schneidrad eine – in Axialrichtung – hin- und hergehende Stoßbewegung aus. Während des Vorlaufes schneidet das Werkzeug, während des Rücklaufs ist es unbelastet und wird dabei vom Werkstück abgehoben (oder das Werkstück wird abgehoben). Außer der Wälz- und der Schneidbewegung wird dem Schneidrad während des Arbeitsablaufs eine Vorschubbewegung in Radialrichtung des Werkrades erteilt, so daß die Schneidradverzahnung immer tiefer in das Werkstück eintaucht, bis die vorgeschriebene Zahnhöhe erreicht ist. Bei Zahnsegmenten kann das Schneidrad bereits zu Beginn des Verzahnens auf volle Tiefe eingestellt werden, da es sich hierbei seitlich in die Verzahnung einwälzt. Beim Verzahnen von Schrägstirnrädern führt das Schneidrad eine schraubenförmige Schneidbewegung aus.

Abmessungen und Berechnung der Schneidräder s. Kapitel 8/3, S. 473.

2. Anwendungsgebiet. Das Wälzstoßverfahren ist zum Verzahnen von Gerad- und Schrägstirnrädern geeignet, und zwar sowohl bei Außen- als auch bei Innenverzahnung. Wälzstoßen ist überhaupt das *einzige* Wälzverfahren, mit dem Innenverzahnung erzeugt werden kann. Ferner kann die Verzahnung von Planrädern durch Wälzstoßen hergestellt werden – vgl. Erläuterungen auf S. 84.

Bei Schrägstirnrädern darf der Schrägungswinkel bis 45° betragen; für jeden Modul und jeden Schrägungswinkel ist ein besonderes Schneidrad erforderlich. Der Arbeitsbereich dieses Verfahrens umfaßt Zahnräder von etwa 1,5 mm bis über 2,5 m Durchmesser.

Ein besonderer Vorteil des Wälzstoßens liegt darin, daß das Schneidrad nur einen *kleinen Auslaufweg* am Ende des Schneidweges benötigt. Deshalb darf die zu stoßende Verzahnung ohne weiteres dicht an einem Bund oder Ansatz liegen, deren Durchmesser größer ist, als der der Verzahnung. Auch Stufenzahnräder können mit Schneidrädern verzahnt werden, nicht jedoch mit Wälzfräsern. Bei Anwendung des Wälzstoßens für das Verzahnen von Doppelschräg-Stirnrädern braucht zwischen den beiden Verzahnungshälften nur eine sehr schmale Ringnut vorgesehen zu werden. Es ist sogar möglich, mit einer bestimmten Schneidradform einen durchgehenden Pfeilzahn – ohne Ringnut zwischen den Verzahnungshälften – herzustellen (die „echte" Pfeilverzahnung).

Die Nut für den Auslauf des Schneidrades sollte mindestens so tief sein wie die zu stoßenden Zahnlücken. Richtwerte für die Breite der Nut sind aus Tab. 7/4 zu entnehmen.

Tabelle 7/4. Für Schneidräder erforderliche Breite der Auslaufnut

Modul m [mm]	Diametral Pitch [1/"]	Breite der Auslaufnut [mm] bei Schrägungswinkel β		
		0°	15°	23°
≈ 1,0	24	4,8	6,0	6,5
≈ 1,8	14	5,2	6,3	6,9
≈ 2,5	10	5,4	6,6	7,3
≈ 4,25	6	6,2	7,5	8,2
≈ 6,5	4	7,1	8,7	9,5

Das Wälzstoßen ist insbesondere für Teile mit kleinen Zahnbreiten wirtschaftlich. Während beim normalen Längswälzfräsen ein gewisser Anlauf- und Auslaufweg für den Fräser benötigt wird, ist der zusätzliche Weg beim Stoßen minimal. So entsteht z. B. bei einem Zahnrad mit Modul 2,5 und 12 mm Zahnbreite beim Längswälzfräsen ein zusätzlicher Weg von etwa 32 mm; beim Stoßen beträgt dieser zusätzliche Weg dagegen nur etwa 5,5 mm. Bei diesem Beispiel würde also der Wälzfräser einen Vorschubweg zurücklegen müssen, der doppelt so groß ist, wie der Hub des Stoßrades. Dieser Vorteil fällt bei breiteren Rädern und dort, wo mehrere Räder zusammengespannt werden können, natürlich weniger ins Gewicht. – Es können jedoch auch verhältnismäßig große Zahnbreiten gestoßen werden. Im Mittel sind bei Anwendung des Wälzstoßens allerdings keine so großen Zahnbreiten zulässig wie beim Wälzfräsen. So können z. B. auf einer 36-Zoll-Standard-Wälzfräsmaschine Räder bis 600 mm Breite, auf einer entsprechenden, viel verwendeten Wälzstoßmaschine nur maximal 125 mm breite Räder verzahnt werden.

3. Schraubenführung. Zur Erzeugung der Schraubenbewegung des Stoßrades beim Verzahnen schrägverzahnter Stirnräder wird in die Maschine eine Schraubenführung eingesetzt, deren Steigung und Steigungsrichtung der des Schneidrades entsprechen muß. Mit einer Schraubenführung lassen sich jedoch verschiedene Schrägungswinkel schneiden, wenn Schneidräder unterschiedlicher Zähnezahl verwendet werden. Es gilt nämlich

$$\sin \beta_{0w} = \frac{z_w\, m_n\, \pi}{H}\,. \tag{7/3}$$

Hierin ist β_{0w} der Schrägungswinkel des Schneidrades im Teilkreis (der gleich β_0 des Werkrades ist), z_w die Schneidradzähnezahl, m_n der Modul im Normalschnitt und H die Steigung der Schraubenführung. — Diese Zusammenhänge sollte der Konstrukteur schon beim Festlegen der

Abb. 7/9. Wälzstoßen eines Stufenzahnrades für Kraftfahrzeuggetriebe auf einer Vielspindelmaschine. (Werkfoto: Fellows Gear Shaper Co.; Springfield, Vermont, USA)

Schrägungswinkel berücksichtigen, um mit möglichst wenigen, bzw. den vorhandenen Schraubenführungen auszukommen.

Mit Zusatzeinrichtungen bzw. Sondermaschinen können auch Zahnstangen erzeugt werden. Das Hinterstoßen von Verzahnungen ist dadurch möglich, daß man den Schneidspindelträger schräg stellt.

Mit besonderen Schneidrädern können alle wälzfähigen Verzahnungen (z. B. geradflankige Keilprofile, Sperrklinkenräder u. ä.) erzeugt werden.

4. **Wälzstoßmaschinen.** Abb. 7/9 zeigt eine Vielspindelmaschine, die aus einzelnen Stoßmaschineneinheiten zusammengesetzt ist. Eine dieser

Abb. 7/10. Vergrößerter Ausschnitt aus Bild 7/9

Stoßmaschineneinheiten ist in Abb. 7/10 vergrößert dargestellt. In Abb. 7/11 ist eine Doppelständerstoßmaschine wiedergegeben, die für das Verzahnen von Stirnrädern mit Innenverzahnung besonders geeignet ist.

Beim Stoßen ist es schwierig, die Werkstücke so fest zwischen Spitzen einzuspannen, wie dies bei der stoßartigen Beanspruchung erforderlich ist. Die Radkörper werden deshalb am besten auf dem Drehtisch festgeklemmt oder in einem Spannfutter gehalten. Verzahnungen an langen Schäften oder Wellen können aus diesem Grunde vielfach nicht auf Wälzstoßmaschinen bearbeitet werden.

Abb. 7/11. Wälzstoßen eines Zahnkranzes mit Innenverzahnung.
(Werkfoto: Fellows Gear Shaper)

5. Stoßzeiten und -geschwindigkeiten. Die zum Stoßen eines Zahnrades benötigte Zeit (Hauptzeit) kann nach folgender Formel abgeschätzt werden:

$$t_h\,[\text{min}] = \frac{\text{Zähnezahl des Werkrades} \times \text{Anzahl d. Hübe pro Umdr. d. Schneidrades [1/U]} \times \text{Anzahl der Arbeitsgänge}}{\text{Zähnezahl des Schneidrades} \times \text{Hubzahl pro Minute [1/min]}}$$

$$(7/4)$$

Beim Stoßen von Verzahnungen mit größeren Moduln ist es notwendig, mehrere Schrupp- und Schlichtarbeitsgänge vorzusehen. Tab. 7/5 enthält eine Reihe von in den USA üblichen Größen von Schneidrädern und die hierbei angewendete *Anzahl der Arbeitsgänge* beim Wälzstoßen von Zahnrädern mit einer Brinellhärte von etwa 200 kg/mm².

Tabelle 7/5. In den USA übliche Schneidradgröße und Anzahl der Arbeitsgänge

Modul m	Diametral Pitch	Schneidraddurchmesser	Anzahl der Arbeitsgänge	
[mm]	[1/'']	[mm]	Schruppen	Schlichten
≈ 1,25	20	51	1	1
		76	1	1
≈ 2,5	10	76	2	1
		102	2	1
≈ 4,25	6	102	3	1
≈ 6,5	4	102	3	2
		152	3	2

In Tab. 7/6 sind einige Angaben über die *Anzahl der Hübe pro Schneidradumdrehung* zusammengestellt. Es handelt sich dabei um Durchschnittswerte, die für das Verzahnen von Zahnrädern guter Han-

Tabelle 7/6. Anzahl der Hübe je Umdrehung des Schneidrades

Schneidraddaten			Anzahl der Hübe					
Modul	Diametral-Pitch	Zähnezahl	Schruppen			Schlichten		
			bei Werkstückszähnezahl			bei Werkstückszähnezahl		
[mm]	[1/'']	z_w	$z = 12$	$z = 35$	$z = 100$	$z = 12$	$z = 35$	$z = 100$
≈ 1,25	20	20	600	400	300	600	400	300
		40	800	550	400	800	550	400
≈ 2,5	10	30	800	500	300	1000	700	500
		40	1000	700	400	1300	900	700
≈ 4,25	6	18	800	500	300	1000	700	500
		24	1100	700	400	1300	900	700
≈ 6,5	4	16	1000	800	500	1200	900	600

delsqualität eingesetzt werden können. Die Maße der Wechselräder und Riemenscheiben einer Reihe von Stoßmaschinentypen werden es allerdings meist nicht gestatten, genau die in der Tabelle angeführten Werte zu verwenden. Der Einfluß der Hubzahl pro Umdrehung ist im allgemeinen ohne besondere Bedeutung. Oft wird das Schruppen und das Schlichten mit der gleichen Hubzahl durchgeführt.

Die zulässige *Hubzahl pro Minute* hängt von der Zahnbreite, der Härte des zu schneidenden Werkstoffes, der geforderten Verzahnungsqualität und der gewünschten Lebensdauer des

Tabelle 7/7. Zulässige Zahl der Hübe je Minute beim Wälzstoßen

Gültig für Stahl mit $HB \approx 200\ \mathrm{kg/mm^2}$ und Schnittgeschwindigkeit 18 m/min

Radbreite [mm]	Hubzahl [1/min]
12	600
25	350
75	110
200	40

Schneidrades ab. Für durchschnittliche Verhältnisse und beim Verzahnen von Stahl mit einer Brinellhärte von etwa 200 kg/mm² kann mit den in Tab. 7/7 angegebenen Hubzahlen pro Minute gearbeitet werden. Die Tabellenwerte sind für eine Schnittgeschwindigkeit von 18 m/min errechnet worden. Legierungsstähle der Härtegruppe HB = 250 bis 300 kg/mm² werden demgegenüber gewöhnlich mit 12 bis 15 m/min und Stähle unter HB = 200 kg/mm² mit 21 bis 26 m/min gestoßen.

7.1.3 Wälzhobeln

1. Arbeitsweise. Als Werkzeug dient hierbei eine Art Gerad- oder Schrägzahnstange – der Hobelkamm –, an dessen Stirnflächen Schneidkanten angeschliffen sind. Beim Verzahnen wälzen sich das Zahnstangenwerkzeug und das zu erzeugende Rad aufeinander ab, wobei die Drehbewegung des Rades der Tangentialbewegung des Hobelkamms entspricht. Während des Wälzvorganges führt der Hobelkamm eine hin- und hergehende Bewegung in Richtung der Zähne aus. Wenn so 1, 2 oder 3 Zähne erzeugt sind, wird das Rad um 1 bis 3 Teilungen weitergedreht und der Vorgang beginnt von neuem. Bei kleinen Radabmessungen und langen Hobelkämmen ist es möglich, sämtliche Zahnlücken in einem Arbeitsgang zu erzeugen, so daß der durch das Teilen entstehende Zeitverlust vermieden wird. – Beim Arbeitsbeginn wird der Radkörper seitlich in den Hobelkamm eingewälzt, so daß keine radiale Vorschubbewegung erforderlich ist.

2. Anwendungsgebiet. Das Wälzhobeln kann zum Verzahnen von Gerad- und Schrägstirnrädern mit Außenverzahnung, jedoch *nicht* für Innenverzahnung verwendet werden. Der große Vorteil des Verfahrens liegt darin, daß der Hobelkamm relativ billig und einfach herzustellen und zu schärfen ist. Die Zahnflanken des Hobelkamms sind ebene Flächen, so daß zum Bearbeiten nur eine Flächenschleifmaschine erforderlich ist, die ein genaues Teilen ermöglicht. Ähnlich wie beim Wälzstoßen ist auch beim Hobeln nur eine schmale Auslaufnut erforderlich.

Das Verfahren wird angewendet für die Herstellung von Stirnrädern in der Größe von 10 mm bis 5 m Durchmesser und Moduln von 1 bis 30 mm und darüber. Es ist möglich, Werkstoffe bis zu 140 kg/mm² Festigkeit durch Wälzhobeln zu verzahnen.

3. Wälzhobelmaschinen (Abb. 7/12). Hersteller dieser Maschinen sind die Firmen Maag und Sunderland. Die Maschinen sind so gebaut, daß die Werkstücke sowohl zwischen Spitzen aufgenommen als auch auf dem Drehtisch festgeklemmt werden können. Am günstigsten sind aber solche Teile, die eine zur Bohrung laufende stirnseitige Auflagefläche aufweisen; damit ist eine unmittelbare Aufspannung auf dem Drehtisch oder eine Einspannung in eine einfache Vorrichtung möglich. Die Auflagefläche soll möglichst weit außen am Radkörper angeordnet sein. Um Getriebewellen wälzhobeln zu können, haben die Tische einen Durchlaß, der das freie Wellenende aufnehmen kann. Dieses Wellenende wird durch eine Spannzange gefaßt und der Radkörper damit auf den Drehtisch gepreßt. – Wegen der stoßartigen Belastung bei jedem Schnitt vermeidet man nach Möglichkeit die Aufnahme zwischen Spitzen.

Abb. 7/12. Wälzhobeln eines Schrägstirnrades. (Werkfoto: Maag-Zahnräder AG.; Zürich, Schweiz)

4. Hobelzeiten und -geschwindigkeiten. Die Zeit (Hauptzeit), die zum Verzahnen eines Rades auf einer Hobelmaschine erforderlich ist, kann mit Hilfe folgender Formel überschlägig errechnet werden:

$$t_h\,[\text{min}] = \text{Zähnezahl des Rades} \times \left(\frac{\text{Teilzeit [min]}}{\text{Anzahl der Zähne pro Teilung}} + \frac{\text{Anzahl der Hübe pro Zahn}}{\text{Anzahl der Hübe pro Minute [1/min]}}\right) \times \text{Anzahl der Arbeitsgänge.} \tag{7/5}$$

Die *Teilzeit* (d. h. die für das Weiterteilen benötigte Zeit) schwankt zwischen etwa 0,06 Minuten bei kleinen Maschinen und etwa 0,12 Minuten bei großen.

Anzahl der Zähne pro Teilung: Die Maschinen teilen im allgemeinen beim Schlichten einmal pro Zahn, beim Schruppen von Modul 4 und darunter können Räder mit 30 und mehr Zähnen um jeweils 2 oder mehr Zähne weitergeteilt werden, je nach dem Raddurchmesser und den auf der Maschine vorgesehenen Kontrollvorrichtungen.

Die zu wählende *Anzahl der Hübe pro Zahn* hängt von der Zähnezahl, dem Modul und dem Werkstoff des zu verzahnenden Rades ab. Wie beim Wälzfräsen und -stoßen wird die Evolvente ja durch einen Polygonzug eingehüllt, wobei jeder Hub eine schmale Fläche erzeugt. Je geringer die Hubzahl, d. h. die Zahl der Hüllschnitte, um so größer sind infolgedessen die Zahnformfehler an dem betreffenden Zahn. Aus der größeren Höhe des Evolventenprofils bei großem Modul folgt, daß hierbei mehr Hübe pro Zahn erforderlich sind, als bei kleinem Modul, wenn eine gleich gute Oberfläche erreicht werden soll. Bei Verzahnungen mit kleinem Modul wird nur wenig Material zerspant; man kann deshalb beim Schruppen kleiner Moduln eine kleinere Hubzahl anwenden als beim Schlichten. Bei Verzahnungen mit großen Moduln sind dagegen umgekehrt beim Schruppen mehr Hübe pro Zahn erforderlich als beim Schlichten. Tab. 7/8 zeigt einige durchschnittliche Werte aus der amerikanischen Praxis. Wie ohne weiteres einzusehen ist, sind mehr Hübe erforderlich, wenn höchste Verzahnungsgenauigkeit gefordert ist, während man für normale Handelsqualitäten mit weniger Hüben pro Zahn auskommt.

Tabelle 7/8. Anzahl der Hübe je Zahn beim Wälzhobeln
(Durchschnittswerte nach amerikanischer Praxis) für gut zerspanbare Werkstoffe
mit HB $\approx$ 200 kg/mm²

Zähnezahl des Werkstückes	Anzahl der Hübe je Zahn					
	Schruppen bei Modul m [mm]			Schlichten bei Modul m [mm]		
	2,5	4,25	12,5	2,5	4,25	12,5
15	22	40	120	25	30	60
20	20	35	100	22	25	40
30	16	30	80	18	22	30
50	12	20	60	14	20	25
80	9	14	40	12	18	20

Die *Anzahl der Hübe pro Minute* wird sowohl von der Größe der Hobelmaschine als auch von der Zahnbreite begrenzt. Im allgemeinen ermöglichen die kleinen Maschinen eine schnellere Stoßbewegung (d. h. größere Hubzahlen pro Minute) als die großen Maschinen. Wegen der höheren Schnittdauer vermindert sich die zulässige Hubzahl pro Minute mit zunehmender Zahnbreite. Insgesamt kann man sagen, daß für das Wälzhobeln etwa die gleichen Schnittgeschwindigkeiten zugelassen werden können wie in Tab. 7/10 für das Formfräsen angegeben sind. Die Zahl der Schnitte richtet sich nach der gewünschten Genauigkeit und der Größe der Zähne.

In Tab. 7/9 sind Werte für *Anzahl der Hübe pro Minute* und *Anzahl der Arbeitsgänge* zusammengestellt, die für normale Verhältnisse zutreffen. Die Tabellenwerte wurden nach Erfahrungen mit allgemein üblichen Hobelmaschinen errechnet, sie passen also nicht für alle auf dem Markt befindlichen Maschinen, und es empfiehlt sich daher, nach Möglichkeit die in der Betriebsanleitung der jeweils benutzten Maschine angegebenen Daten zu verwenden.

Tabelle 7/9. Anzahl der Arbeitsgänge und Hübe je Minute beim Wälzhobeln für gut zerspanbare Werkstoffe mit $HB \approx 200$ kg/mm²

Modul [mm]	Diametral Pitch [1/"]	Teilkreisdurchmesser [mm]	Anzahl der Arbeitsgänge				Anzahl der Hübe pro Minute bei Radbreite b [mm]:			
			Schruppen		Schlichten					
			Handelsqualität	Genauigkeitsverz.	Handelsqualität	Genauigkeitsverz.	25	100	200	400
$\approx 1,5$	16	100	1	1	1	1	480			
$\approx 2,5$	10	100	1	1	1	2	210			
		200	1	1	1	2	210			
$\approx 4,25$	6	200	1	1	1	2	210			
		1000	1	1	1	2	60	35–25	20–15	
$\approx 12,5$	2	1000	2	2	1	2	60	35–25	20–15	
		2500	2	2	1	2	25	25–20	20–15	12–7

Die Daten in Tab. 7/8 und 7/9 gelten für Werkstoffe mit einer Brinellhärte von etwa HB = 200 kg/mm². Als gute Faustregel, die es erlaubt, von einer für derartige Werkstoffe berechneten Schruppzeit auf die Zeit zu schließen, die für ein Rad höherer Härte HB_x benötigt wird, kann man nach RITTER (Maag) angeben:

$$t_{hx} = t_h \left(\frac{HB_x}{200}\right)^2 . \tag{7/5a}$$

Die Schruppzeit für einen Werkstoff mit $\sigma_B = 100$ kg/mm² ist z. B. etwa doppelt so groß wie bei $\sigma_B = 60$ bis 70 kg/mm².

Die Schlichtzeit nimmt wesentlich weniger stark mit der Härte zu als Gl. (7/5a) angibt.

7.1.4 Formfräsen

1. Arbeitsweise. Als Werkzeuge dienen hierbei *Scheiben*fräser (Abb. 7/13) und *Finger*fräser (Abb. 7/14), deren Achsschnittform der Zahn-

Abb. 7/13. Formfräsen dreier gleichartiger Stirnräder mit Scheibenfräser
(Werkfoto: Gould & Eberhardt)

lückenform entpricht. Während der rotierende Fräser in Richtung der Zahnflanken vorgeschoben wird, steht das Werkstück bei Geradverzahnung still, bei der Herstellung von Schrägverzahnung führt es eine Drehbewegung aus, die von Vorschub und Schrägungswinkel abhängt. Nach Fertigstellung einer Zahnlücke wird der Fräser zurückgezogen und das Rad um einen Zahn weitergeteilt. – Der Fräser muß genau auf die Mittelebene der Zahnlücke und auf die richtige Zahntiefe eingestellt werden, weil andernfalls eine fehlerhafte Zahnform entsteht.

Abmessungen und Berechnung der Formfräser s. Abschn. 8.5, S. 496 und 8.6, S. 498.

2. Anwendungsgebiet. Formfräsen kann angewendet werden zum Verzahnen von Gerad- und Schrägstirnrädern und Schnecken. Auch Kegelradverzahnungen werden teilweise mit diesem Verfahren erzeugt; da hierbei allerdings größere Abweichungen von der theoretisch richtigen Zahnform in Kauf genommen werden müssen, wird es in erster Linie zum Vorverzahnen eingesetzt.

Durch Formfräsen können Zahnräder mit 5 m Durchmesser und darüber verzahnt werden, wobei für Moduln über 35 mm statt Scheibenfräser meist Fingerfräser verwendet werden. Schrägstirnräder für Walzwerksantriebe werden bei Moduln von 30 bis 60 mm oft

Abb. 7/14. Formfräsen eines Schrägstirnrades mit großem Modul auf einer Wälzfräsmaschine mit Sondereinrichtung für Fingerfräser
(Werkfoto: Gould & Eberhardt)

mittels Fingerfräsern verzahnt. – Selbst größte Zahnbreiten können durch Formfräsen bearbeitet werden, ebenso Verzahnungen auf langen Wellen.

Je nach dem Durchmesser des verwendeten Fräsers muß auf beiden Seiten der Verzahnung eine Nut für An- und Auslauf des Fräsers vorgesehen werden.

Ein Vorteil dieses Verfahrens liegt darin, daß hierbei sowohl die Maschinen als auch die Werkzeuge bei weitem nicht so teuer sind wie Wälzfräs-, Stoß- und Hobelmaschinen und deren Werkzeuge. Andererseits benötigt man theoretisch für jeden Modul, jede Zähnezahl und jede Profilverschiebung einen anderen Fräser (vgl. Erläuterungen auf S. 496), auch die erzielte Genauigkeit ist vielfach nicht ausreichend. Deshalb werden Verzahnungen höherer Genauigkeit meist nur durch Formfräsen vorbearbeitet und dann durch ein Wälzverfahren fertigverzahnt oder nach dem Formfräsen gehärtet und dann geschliffen.

3. Formfräsmaschinen. Normale Universalfräsmaschinen, die mit einem Teilkopf ausgerüstet sind, können auch zum Formfräsen von Geradverzahnungen verwendet werden. Nach Fertigstellung einer Lücke wird die Maschine hierbei von Hand zur nächsten Lücke weitergeteilt. – Es sind jedoch auch eine Reihe von Typen spezieller Zahnformfräsmaschinen auf dem Markt; sie werden vielfach als „Teilfräsmaschinen" bezeichnet und sind meist mit einer automatischen Teilvorrichtung ausgerüstet. Bei manchen Typen wird das Werkstück zwischen Spitzen aufgenommen, bei anderen wird es auf dem Drehtisch oder in einer Vorrichtung festgespannt.

Bei den Maschinen zum Formfräsen von Schnecken und Schrägstirnrädern wird der Fräser in die Zahnrichtung gestellt und das Werkstück macht, wie bei Gewindefräsmaschinen, außer der Längsbewegung eine Drehbewegung.

4. Fräszeiten und -geschwindigkeiten. Ebenso wie bei den vorher besprochenen Verfahren kann man auch hier die Verzahnung in einem Arbeitsgang fertigstellen; insbesondere bei höheren Genauigkeiten und großen Moduln wird man jedoch einen Schrupp- und einen Schlichtschnitt vorsehen. Beim Schlichten wird dann nur ein dünner Span abgenommen.

Die Zeit für einen Frässchnitt (Hauptzeit) kann nach folgender Formel errechnet werden:

$$t_h\,[\text{min}] = \text{Zähnezahl} \times \left[\text{Teilzeit je Zahn}\,[\text{min}] + \left(\frac{\text{Zahnbreite}\,[\text{m}] + \text{Auslaufweg}\,[\text{m}]}{\text{Vorschub}\,[\text{m/min}]} \right) \right] . \tag{7/6}$$

Die *Teilzeit* beträgt bei automatisch teilenden Maschinen 0,04 bis 0,08 Minuten pro Zahn. Teilen von Hand dauert wesentlich länger.

Der *Auslaufweg* beim Fräsen eines Geradzahnstirnrades mit Scheibenfräser beträgt:

$$S_{\ddot u}\,[\mathrm{m}] = 2\sqrt{\text{Frästiefe}[\mathrm{m}] \times (\text{Fräserdurchmesser}[\mathrm{m}] - \text{Frästiefe}[\mathrm{m}])}. \quad (7/7)$$

Der *Vorschub* wird im allgemeinen zwischen 0,012 und 0,5 m/min gewählt. Er kann nach folgender Formel errechnet werden:

$$\text{Vorschub}\,[\mathrm{m/min}] = \frac{\text{Fräserdrehzahl}\,[\mathrm{U/min}] \times \text{Zähnezahl des Fräsers}}{\text{Vorschub pro Zahn}}. \quad (7/8)$$

Die *Fräserdrehzahl* richtet sich nach den Schnittgeschwindigkeiten, die für Werkzeuge aus Hochleistungsstahl bei den verschiedenen zu bearbeitenden Werkstoffen zugelassen werden können. In Tab. 7/10 sind für eine Reihe von Werkstoffen die möglichen Schnittgeschwindigkeiten angegeben. Die unter „sicher" angeführten Werte gelten dort, wo eine lange Lebensdauer des Schneidwerkzeugs erwünscht ist und wo größte Verzahnungsgenauigkeit und Oberflächengüte verlangt werden. Die hohen Geschwindigkeiten sind nur dort einzusetzen, wo eine sehr starre Maschine und ein robuster Fräser bis zu den Grenzen beansprucht werden.

Tabelle 7/10. Schnittgeschwindigkeiten bei verschiedenen Werkstoffen

Werkstoff	Brinell-Härte [kg/mm²]	Schnittgeschwindigkeiten [m/min]		
		sicher	normal	hoch
Stahl	350	7,5	11	15
	300	11	14	21
	200	17	26	37
Gußeisen	250	14	18	27
	175	23	30	45
Bronze	90 (500 kg)	45	85	120
Hartgewebe	—	110	170	210

In besonderen Fällen werden für die Herstellung von Zahnrädern statt der üblichen Fräser aus Hochleistungsstahl Fräser mit Hartmetallschneiden verwendet. Hierfür sind beträchtlich höhere Schnittgeschwindigkeiten zulässig, sofern die Maschine starr genug gebaut ist und über eine ausreichende Antriebsleistung verfügt.

Mit der Schnittgeschwindigkeit kann dann die Drehzahl des Fräsers wie folgt bestimmt werden:

$$\text{Fräserdrehzahl}\,[\mathrm{U/min}] = \frac{\text{Schnittgeschwindigkeit}\,[\mathrm{m/min}]}{3,14 \times \text{Außendurchmesser des Fräsers}\,[\mathrm{m}]}. \quad (7/9)$$

Der *Vorschub pro Zahn* hängt von der erwünschten Oberflächengüte und von der Bearbeitbarkeit des Materials ab. Einige typische Werte sind in Tab. 7/11 angegeben.

Tabelle 7/11. Vorschub je Zahn bei verschiedenen Werkstoffen

Vorschub je Zahn [mm]		Bereich
Stahl	Gußeisen, Bronze, Kunststoff	
0,05	0,10	sicher
0,08	0,15	normal
0,13	0,25	hohe Schnittge-schwindigkeit

7.1.5 Räumen von Verzahnungen

1. Arbeitsweise. Beim Räumen wird das Werkzeug – meist eine Räum-nadel – in Achsrichtung geradlinig (bei Geradverzahnung) oder schrauben-förmig (bei Schrägverzahnung) durch das Werkstück gezogen. Die Räum-nadel ist mit einer Anzahl hintereinander liegender Schneiden besetzt, von denen jede um die Größe der Spandicke gegenüber der vorhergehen-den vorsteht, so daß die letzten Schneiden das Profil der zu erzeugenden Zahnlücken besitzen.

2. Anwendungsbereich. Stirnräder mit gerader oder schräger Innen-verzahnung können mit einer Räumnadel in einem Arbeitsgang fertig-verzahnt werden, vorausgesetzt, daß die Verzahnung nicht in einem Sackloch sitzt und die Zahnbreiten und -höhen nicht zu groß sind (Abb. 7/15). Bedingt durch die gegenwärtig zur Verfügung stehenden Räummaschinen und Einrichtungen für die Herstellung von Räumnadeln ist die Größe der so zu fertigenden Räder allerdings ziemlich eng begrenzt. Vorzugsweise werden nach diesem Verfahren Räder mit 6 bis 80 mm Durchmesser verzahnt. Es wurden jedoch auch schon Zahnräder bis zu 200 mm Durchmesser serienmäßig durch Räumen in einem Arbeitsgang hergestellt. Räumnadeln dieser Größe sind allerdings außerordentlich teuer, denn es ist sehr schwierig, eine Stange Hochleistungsstahl von 200 mm Durchmesser und über 2 m Länge so zu schmieden, zu härten und zu schleifen, daß eine Rockwell-Härte von HRC $= 62$ oder mehr und eine Formgenauigkeit von 5 bis 8 μ erreicht wird.

Große Innenzahnräder werden aus diesem Grunde vielfach mit einer „Teil"-Räumnadel verzahnt. Hiermit kann bei einem Arbeitsgang nur eine gewisse Anzahl der Zahnlücken geräumt werden. Nach dem Weiter-teilen wird dann der anschließende Teil des Radumfangs verzahnt und so in mehreren Arbeitsgängen die ganze Verzahnung erzeugt. Mit diesem Verfahren wurden Raddurchmesser bis zu 1,5 m geräumt.

Auch Zahnstangen und Radsegmente können durch dieses Räumver-fahren hergestellt werden, und zwar bei Gerad- und Schrägverzahnung.

Das Verfahren ist außerordentlich leistungsfähig. – Da für jeden Rad-durchmesser und jede Zahnform eine besondere, sehr teure Räumnadel

erforderlich ist, lohnt sich seine Anwendung allerdings nur bei großen
Stückzahlen.

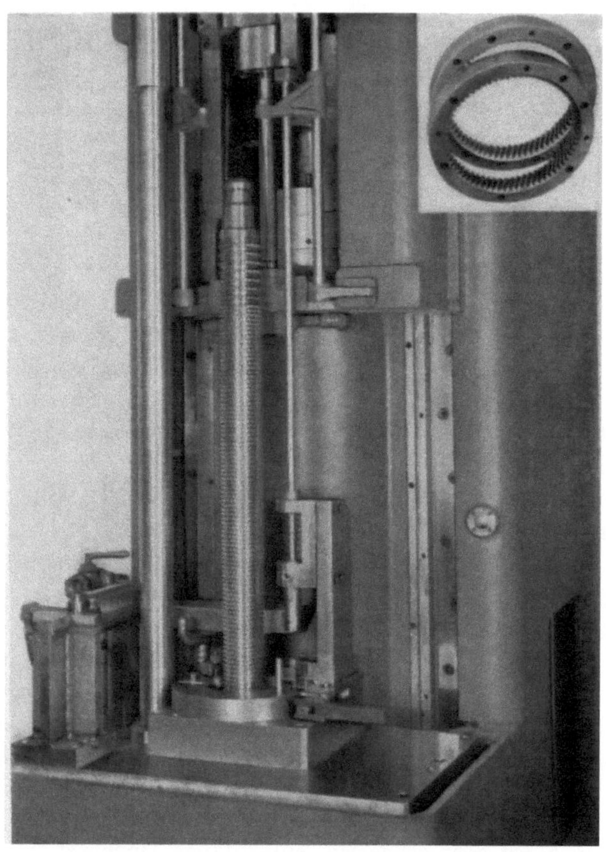

Abb. 7/15. Räumen eines Stirnrades mit schräger Innenverzahnung. (Werkfoto: Colonial Broach Co.,
Detroit, Michigan, USA)

3. Räumwerkzeuge. Eine Räumnadel enthält im Mittelstück den mit
den Schneiden besetzten Teil (bestehend aus einem Schrupp-, einem
Schlicht- und einem Kalibrierteil). Vor dem Schneidteil befindet sich eine
zylindrische Führung, die das Werkstück zentriert und hinter dem
Schneidteil eine fertig profilierte Führung, die das Werkstück beim Ver-
lassen der letzten Schneiden führt. Beiderseits der Führungsteile liegen
Schaft (zur Aufnahme in dem Zugorgan der Maschine) und Endstück
(zum Halten und Zubringen der Räumnadel). Die Länge des Schneidteils
hängt von Zahnhöhe, Zahnbreite und Zerspanbarkeit des Werkstoffes ab.
Tab. 7/12 enthält einige Angaben über übliche Räumnadelabmessungen.

Tabelle 7/12. Übliche Längen von Räumnadeln

Gesamt-zahnhöhe des Rades	Zahnbreite	Räumnadellänge [mm]			
		gut zerspanbares Material		zähes Material	
[mm]	[mm]	Schneidteil	Gesamtlänge	Schneidteil	Gesamtlänge
6,35	50	2150	2550		
5,1	25	900	1300	1900	2300
2,5	25	500	900	760	1140
1,25	12	150	250	250	500

4. Arbeitszeiten und -geschwindigkeiten. Die Gesamtzeit für das Räumen einer Verzahnung in einem einzigen Arbeitsgang beträgt:

$$\text{Räumzeit [min]} = \frac{\text{Länge des Arbeitshubes [m]}}{\text{Schnittgeschwindigkeit [m/min]}} + {} \\ + \frac{\text{Länge des Arbeitshubes [m]}}{\text{Rücklaufgeschwindigkeit [m/min]}} + \text{Spannzeit [min]}. \tag{7/9}$$

Die *Schnittgeschwindigkeit*, die beim Räumen zugelassen werden kann, hängt von dem zu bearbeitenden Werkstoff und der gewünschten Oberflächengüte ab. Tab. 7/13 zeigt einige typische Werte üblicher Räumgeschwindigkeiten.

Nach dem Arbeitshub wird die Räumnadel so schnell wie möglich zurückgezogen. Die *Rücklaufgeschwindigkeit* beträgt etwa 9 bis 11 m/min.

Die *Spannzeit*, d. h. die Zeit für das Einlegen und Herausnehmen des Werkstücks ist bei serienmäßiger Arbeit mit etwa 0,07 bis 0,12 min anzusetzen.

Die *Länge des Arbeitshubes* ist größer als der Schneidteil der Räumnadel, aber meist kleiner als die Gesamtlänge (vgl. Tab. 7/12).

Tabelle 7/13. Übliche Räumgeschwindigkeit beim Arbeitshub

Werkstoff	Brinell-härte [kg/mm²]	Schnittgeschwindigkeit [m/min]		
		sicher	normal	hoch
Stahl	350	1,2	3,0	4,9
	300	2,4	4,9	6,1
	200	4,9	6,7	9,1
Gußeisen	250	4,3	6,1	7,3
	175	5,5	7,3	9,1
Bronze	90	5,5	7,3	9,1

7.1.6 Ausstanzen

1. Arbeitsweise und Werkzeuge (Abb. 7/16). Bei diesem Verfahren wird das ganze Zahnrad mit fertiger Verzahnung im Bruchteil einer

Sekunde aus Blech ausgestanzt. Der Schnittstempel hat das Profil eines
außenverzahnten Stirnrades. Das Blech wird zwischen diesem Stempel
und einer Schnittplatte eingelegt, in der das Profil des Schnittstempels
ausgespart ist (Matrize). Beim Niedergehen des Schnittstempels wird also

Abb. 7/16. Zahnradstanzwerkzeug; der Maßstab im Vordergrund zeigt die Länge in Zoll

ein Stirnrad mit Außenverzahnung ausgeschnitten bzw. das Blech wird
mit dem Profil einer Innenverzahnung versehen. Die Radbohrung kann
in gleicher Weise ausgestanzt werden.

Das ausgestanzte Teil steckt zunächst in der Schnittplatte und muß
durch einen Auswerfer herausgestoßen werden, der ähnlich wie der
Schnittstempel geformt ist.

Die Betätigung des Auswerfers sowie das Zurückziehen des Schnittstempels wird bei vielen Konstruktionen durch Federkräfte bewirkt;
beim Niedergehen des Schnittstempels werden die betreffenden Federn
zusammengedrückt.

Durch die Scherwirkung wird das Blech an den Schnittkanten leicht
verformt, so daß derartige Zahnräder trotz ihrer geringen Breite nicht
über die ganze Zahnbreite tragen. Um diesen Mangel zu beheben, kann
man die Räder nachprägen. Hierbei wird das Rad so stark in eine form-
treue Matrize eingepreßt, daß das Material zum Fließen kommt und die
Form vollständig ausfüllt. – Man benutzt zum Nacharbeiten auch ein
dem Schaben ähnliches Verfahren. Das normale Schaben mit gekreuzten
Achsen, wie es auf S. 431 f. beschrieben ist, kann hier nicht angewendet
werden, da sich die dünnen Radscheiben zu leicht verbiegen.

2. Anwendungsgebiet. Ausstanzen ist zweifellos das schnellste Verzahnungsverfahren und bei großen Stückzahlen auch das billigste. Gestanzte Räder haben allerdings im allgemeinen nicht die Genauigkeit gefräster oder gestoßener Räder; außerdem ist das Verfahren nur bei kleinen Zahnbreiten anwendbar (im allgemeinen 0,4 bis 1,3 mm Blechdicke). Die Zahnbreite (= Blechdicke) sollte dabei nicht größer sein als zwei Drittel der Zahnhöhe oder etwa 1,5 × Modul. – Mit den heute in Gebrauch befindlichen Einrichtungen können Raddurchmesser von etwa 6 bis 25 mm gestanzt werden. – Wie vorn bereits erwähnt, kann man sowohl Außen- als auch Innenverzahnungen mit diesem Verfahren herstellen. –

Die verzahnte Scheibe kann auf eine Nabe aufgepreßt oder die Nabe kann eingenietet bzw. mit der Zahnscheibe verschraubt werden. – Da gestanzte Räder oft mit sehr viel breiteren Ritzeln gepaart werden, ist es meist unnötig, das gestanzte Rad genau an einer bestimmten Stelle der Welle zu befestigen.

Zum Ausstanzen sind nur verhältnismäßig weiche Metalle geeignet. Sehr beliebt ist Messing; auch Bronze-, Aluminium- und Stahlblech werden verwendet.

3. Arbeitsgeschwindigkeiten und Stanzkräfte. Die Stanzgeschwindigkeit, die man zulassen kann, hängt von der Blechdicke und dessen Härte, sowie von der geforderten Lebensdauer der Stanzwerkzeuge und der erforderlichen Verzahnungsgenauigkeit ab. Einige Angaben über die übliche Arbeitsgeschwindigkeit von Ausstanzmaschinen sind in Tab. 7/14 zusammengestellt.

Tabelle 7/14. Übliche Arbeitsgeschwindigkeiten beim Ausstanzen

Werkstoff	Brinellhärte [kg/mm²]	Blechdicke [mm]	Anzahl der Schnitte je min (= Stückzahl/min)
Messing	60	0,5 2	300 250
Aluminium	–	0,5 2	300 250
Stahl	150	0,5 2	150 100

Die zum Stanzen erforderliche Stempelkraft hängt in erster Linie von der Größe des zu stanzenden Querschnittes ab. Grob überschlägig kann man rechnen, daß die Stempelkraft der Presse wenigstens doppelt so groß sein muß wie die Kraft, die sich aus dem Produkt von Stanzquerschnitt und größter Scherfestigkeit des Werkstoffes ergibt. Beispielsweise hat ein Rad von 25 mm Durchmesser und 0,8 mm Dicke eine Scherfläche (= Mantelfläche) von etwa $2,5 \times \pi \times 25 \text{ mm} \times 0,8 \text{ mm}$

157 mm². Bei Stahl mit einer Scherfestigkeit von 42 kg/mm² wäre demnach eine Presse von etwa 15 t Stempelkraft zum Stanzen des Rades erforderlich. Eine höhere Preßkraft wäre nötig, wenn gleichzeitig eine große Radbohrung ausgestanzt werden soll. Auf dem Markte findet man heute Pressen aller Größen bis zu maximal 2000 Tonnen Preßkraft.

7.1.7 Shear-Speed-Verfahren (Formstoßen)

1. Arbeitsweise. Seit langem bekannt ist das Formstoßen mit einem Formstahl. Bei diesem Verfahren, das auf jeder – mit einem Teilapparat

Abb. 7/17. Shear-Speed Maschine bei der Herstellung von Kraftfahrzeugzahnrädern. (Werkfoto: Michigan Tool Co.; Detroit, Michigan, USA)

ausgerüsteten – Stoßmaschine durchgeführt werden kann, hat der Stahl die Form der Zahnlücke. Wenn eine Lücke fertig gestoßen ist, wird um einen Zahn weiter geteilt und die nächste Lücke kann gestoßen werden.

Das amerikanische Shear-Speed[1]-Verfahren (Abb. 7/17) unterscheidet sich hiervon dadurch, daß alle Lücken gleichzeitig gestoßen werden, d. h. der Messerkopf der Maschine enthält soviel Formstoßmesser wie das Zahnrad Lücken hat. Während des Stoßens – und zwar vor jedem Abwärtsstoß – werden die Messer in radialer Richtung zuerst um etwa 0,2 mm je Hub und gegen Ende der Bearbeitung um 0,005 mm vorgeschoben. Beim letzten Arbeitshub ähnelt der Messerkopf einem Innenzahnkranz, dessen Lückenprofil genau gleich dem zu erzeugenden Zahnprofil ist.

2. Anwendungsgebiet. Mit den heute gebauten Shear-Speed-Maschinen können Geradstirnräder von 25 bis 250 mm Durchmesser, Modul 2 bis 4,25 mm und Radbreiten bis 120 mm verzahnt werden. – Das Verfahren ist außerordentlich leistungsfähig; die Ausbringung einer Maschine kann 60 bis 100 Räder pro Stunde erreichen. Da für jeden Raddurchmesser, jeden Modul und jede Zahnform ein anderer Satz von Stoßmessern erforderlich ist und der Werkzeugwechsel mehr Zeit erfordert als bei anderen Maschinen, ist das Verfahren allerdings nur für große Stückzahlen wirtschaftlich.

3. Spannvorrichtungen. Um die hohen Schnittdrücke aufzunehmen, sind kräftige Spannvorrichtungen erforderlich; Aufnahme zwischen Spitzen ist nur in Sonderfällen möglich. Die hohe Leistungsfähigkeit der Maschine kann nur ausgenutzt werden, wenn man die Spannzeiten für die Werkstücke auf ein Minimum herabdrückt. Aus diesem Grunde werden durchweg hydraulische Spannvorrichtungen verwendet, die es gestatten, die Werkstücke in wenigen Sekunden zu wechseln.

Tabelle 7/15. Verzahnungszeit beim Shear-Speed-Verfahren

Gültig für Zahnräder aus Stahl mit einer Gesamtzahnhöhe von 2,25 × Modul

Modul [mm]	Zeit [s] bei Zahnbreite [mm]				
	13	25	38	50	63
2	19	25	36	46	56
2,5	23	30	43	55	68
3,25	29	38	55	70	86
4,25	35	46	66	85	105

4. Arbeitsgeschwindigkeit. Einige Angaben über die zum Verzahnen nach dem Shear-Speed-Verfahren benötigten Zeiten sind in Tab. 7/15 zusammengestellt.

Die Tafelwerte (Hauptzeiten t_h) sind nach folgender Formel errechnet worden:

$$t_h[s] = [(4 \times \text{Gesamtzahnhöhe [mm]}) + 2{,}5] \times \left[\frac{\text{Zahnbreite [mm]}}{25} + 0{,}2\right].$$

$$(7/10)$$

Wenn der Zahlenwert der letzten Klammer kleiner ist als 0,9 so ist hierfür der konstante Betrag 0,9 einzusetzen.

---

[1] Eingetragenes Warenzeichen der Michigan Tool Company, Detroit.

7.1.8 Wälzhobeln von Geradzahnkegelrädern

1. Arbeitsweise. Bei diesem Verfahren geht man von der Wälzbewegung zwischen einem (ideellen) geradflankigen Planrad (= Kegelrad
mit 90° Teilkegelwinkel) und dem zu erzeugenden Kegelrad aus. Zwei
Flanken dieses ideellen Planrades sind beim Herstellprozeß durch geradflankige Hobelmeißel ersetzt, die während des Abwälzens eine
dauernde Stoßbewegung ausführen (Abb. 7/18). Dabei erzeugt einer der

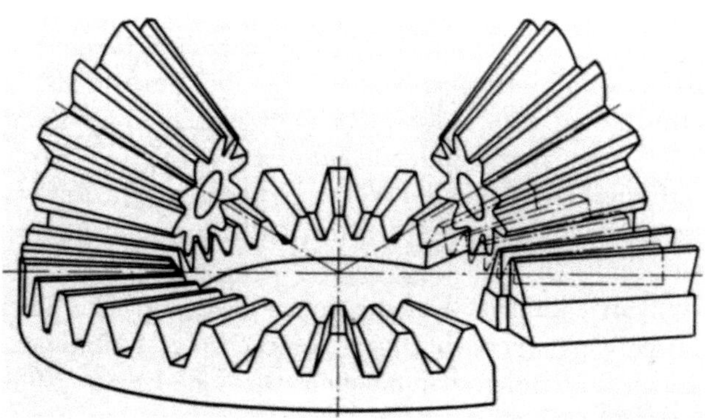

Abb. 7/18. Prinzip des Zweimeißelwälzhobels. Links: Das zu erzeugende Kegelrad wälzt mit Planrad.
Rechts: Zwei Flanken dieses Planrades sind durch hin- und hergehende Hobelmeißel ersetzt [7/229]

beiden Meißel die Linksflanke, der andere die Rechtsflanke eines Zahnes.
Nach Fertigstellung eines Zahnes wird der Abwälzvorgang unterbrochen,
der Radkörper wird um eine Zahnteilung weiter geteilt und der nächste
Zahn in gleicher Weise erzeugt. Nach diesem Prinzip (Zweimeißelwälzhobeln) arbeiten die Maschinen von Gleason und Heidenreich & Harbeck.

Das Einmeißelwälzhobeln (Reinecker), bei dem die Kegelradverzahnung in drei Arbeitsgängen – Schruppen, Schlichten der Linksflanke,
Schlichten der Rechtsflanke – jeweils mit einem Hobelmeißel erzeugt
wird, ist heute praktisch ohne Bedeutung.

Auch beim Zweimeißelwälzhobeln wird über etwa Modul 1 ein
Schrupp- und ein Schlichtschnitt vorgesehen. Die Maschinen können
zum Schruppen ohne Wälzung, d. h. als reine Formstoßmaschinen
arbeiten. Für höhere Stückzahlen und Durchmesser bis 350 mm wurde
eine besondere *Schrupp*maschine auf den Markt gebracht. Die Schnitt-
leistungen sind hierbei höher und die Wälzhobelmaschinen, die dann
nur das Fertigverzahnen besorgen, werden geschont. Für Verzahnungen
unter Modul, 1 die in einem Arbeitsgang fertigverzahnt werden, verwendet man vielfach Hobelmeißel, die zwei hintereinander liegende Schneiden haben, so daß die erste Schneide schruppt und die zweite schlichtet
(„Duplete“-Werkzeuge von Gleason).

2. Anwendungsbereich, Maschinen. Mit den heute auf dem Markt befindlichen Wälzhobelmaschinen können Kegelräder von 4 bis 1600 mm Durchmesser und Moduln von 0,25 bis 30 verzahnt werden[1]. Die neuen Maschinen dieses Typs haben Vorrichtungen, mit denen man schwach breitenballige Zähne herstellen kann (Abb. 7/19). Die Hobelmeißel bewegen sich nicht geradlinig auf die Mitte des ideellen Plankegelrades zu, sondern sie werden mit Hilfe von Nocken oder Leisten auf schwach gekrümmten Bögen geführt. So verzahnte Kegelräder sind unempfindlicher gegen Einbaufehler und Verformung unter Last, da die Zahnenden nicht so leicht zum Tragen kommen.

Die Radkörper werden beim Verzahnen von der Werkstückspindel der Verzahnmaschine

Abb. 7/19. Herstellung von Kegelrädern mit längsballigen Zähnen. Man erkennt die beiden hin- und hergehenden Hobelmeißel, die sich auf einer gekrümmten Bahn bewegen (Gleason-Coniflex-Verzahnung). (Werkfoto: Gleason Works; Rochester, New York, USA)

freitragend gehalten. Bei der Konstruktion der Kegelräder muß bereits sorgfältig darauf geachtet werden, daß die Form des Radkörpers sich zur Befestigung auf der Kegelradstoßmaschine eignet. Aus diesem Grunde sollte das Kegelrad nach Möglichkeit nicht fest mit der Welle verbunden, sondern auf die Welle aufzuschieben sein. Dann ist die Welle während des Verzahnens nicht im Wege.

3. Arbeitsgeschwindigkeit. Wegen der komplizierten Zusammenhänge beim Kegelradverzahnen ist es schwierig, eine allgemein gültige Formel zur Berechnung der Hobelzeiten anzugeben. Aus diesem Grunde sind in Tab. 7/16 die Verzahnungszeiten für verschiedene Kegelradgrößen zusammengestellt. Die Tabellenwerte, die für den Gleason-Wälzhobler Nr. 14 ermittelt wurden, gelten für Stahlräder mit einer Brinellhärte von etwa 250 kg/mm².

---

[1] Bei Raddurchmessern über 1 m und Moduln über 20 werden die Schnittkräfte sehr groß. Deshalb verwendet man für diesen Bereich vielfach Hobelmaschinen, die nach dem *Schablonenverfahren* arbeiten. Die Hobelstähle werden hierbei — ähnlich wie beim Kopierdrehen — durch eine große Profilschablone gesteuert.

Tabelle 7/16. Verzahnungszeit beim Wälzhobeln von Geradzahnkegelrädern
Gültig für Stahl mit HB = 250 kg/mm² und Gleasonwälzhobler Nr. 14

Zähnezahl	Teilkegel-winkel [°]	Modul [mm]	Diametral Pitch [1/″]	Breite [mm]	Zeit [min]	
					Schruppen	Schlichten
12	8,5	≈ 1	24	9,5	1,1	1,1
20	22	≈ 1	24	6,4	1,7	1,4
30	45	≈ 1	24	3,2	2,6	2,1
50	68	≈ 1	24	6,4	4,3	3,5
80	81,5	≈ 1	24	9,5	3,4 DI[1]	6,8
12	8,5	≈ 2,5	10	25	3,1	3,1
20	22	≈ 2,5	10	19	4,5	4,5
30	45	≈ 2,5	10	9,5	5,9	6,8
50	68	≈ 2,5	10	19	11,3	11,3
80	81,5	≈ 2,5	10	25	10,3 DI[1]	20,7
12	8,5	≈ 6,35	4	64	14,4	10,0
20	22	≈ 6,35	4	51	20,0	14,0
30	45	≈ 6,35	4	38,1	21,0	16,1
50	68	≈ 6,35	4	51	50,0	35,0
80	81,5	≈ 6,35	4	64	96,0	66,6

7.1.9 Teilwälzfräsen von Geradzahnkegelrädern

1. Arbeitsweise. Bei diesem von den Firmen Gleason, Klingelnberg und Heidenreich & Harbeck angewendeten Verfahren erzeugen zwei

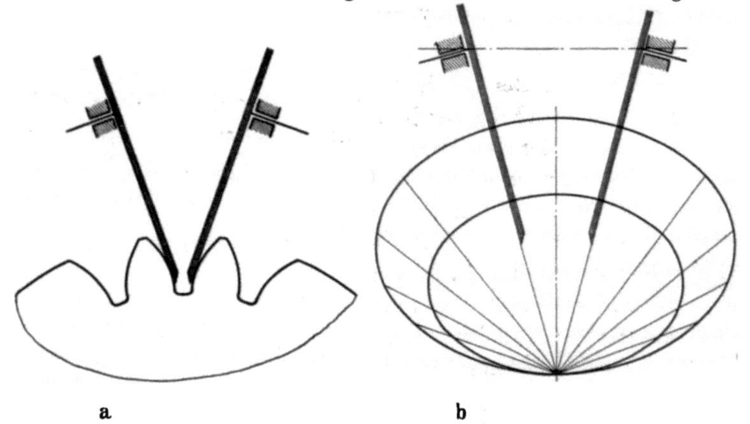

Abb. 7/20 a u. b. Prinzip des Teilwälzfräsens von Kegelrädern. a) Stellung der Messerköpfe *M* in Richtung der Zahnhöhe; b) Stellung der Messerköpfe in Richtung der Zahnbreite, entsprechend der Verjüngung der Zahnlücke zur Kegelspitze

Messerköpfe die Verzahnung. Die eingesetzten Messer haben geradflankige Schneiden und verkörpern somit einen Zahn des geradflankigen Planrades. Wie Abb. 7/20a zeigt, stehen die Messerköpfe in Richtung

---

[1] DI = double index. Bei diesem Verfahren, das man für relativ flache Kegelräder mit Modul 6,35 und kleiner anwenden kann, werden zwei Zahnlücken gleichzeitig geschruppt.

der Zahnhöhe um den Flankenwinkel (= doppeltem Eingriffswinkel) zueinander geneigt, während sich ihre Einstellung in der Richtung der
Zahnlänge aus der Flankenrichtung zweier gegenüberliegender Zahnflanken ergibt (Abb. 7/20 b). Beim Klingelnberg-Verfahren wird das Rad
seitlich in den – durch die Schneiden gebildeten – Zahn des ideellen Planrades eingewälzt. Hierbei und bei dem nachfolgenden Wälzvorgang wird
die theoretische Zahnform durch die geradlinigen Hüllschnitte eingehüllt.

Die Gleason- und die Heidenreich-Wälz-
fräsautomaten arbeiten dagegen zunächst die Lücke durch einen geraden
Einstechvorschub vor und wälzen erst
dann die Zahnform aus. Wenn eine
Zahnlücke fertiggestellt ist – man benötigt dafür ein einmaliges Hin- und
Herwälzen -- wird um einen Zahn weitergeteilt und der Vorgang beginnt von
neuem. Wegen des großen Durchmessers
der Messerköpfe (230 bis 600 mm) und
der kleinen Zahnbreiten (s. unten) ver-
zichtete man auf einen Längsvorschub.
Die Zahnlücken sind in Mitte Zahnbreite also etwas tiefer als an den Enden (Abb. 7/21).

2. **Anwendungsbereich.** Wie beim
Wälzhobeln kann mit einem Messersatz
jeder beliebige (auch nicht genormte)
Modul zwischen zwei Grenzwerten geschnitten werden (z. B. von $m = 3$ bis
6 mm). Ebenso kann man die Messer-

Abb. 7/21. Teilwälzfräsen von Kegelrä-
dern; links die beiden großen rotierenden
Messerköpfe. (Werkfoto: Klingelnberg,
Remscheid)

köpfe je nach Bedarf auf unterschiedliche Eingriffswinkel einstellen. Die
Werkzeuge sind sehr einfach; man kann sie auf einer normalen Rund-
schleifmaschine schleifen. Wegen des fehlenden Breitenvorschubes ist die
Zahnbreite begrenzt. Die Messer werden meist so geschliffen, daß die
Schnittkanten aller Messer eines Messerkopfes nicht in einer Ebene liegen, sondern einen schwach geneigten Kegel bilden. Dadurch ist die erzeugte Verzahnung schwach *längsballig*, so daß kleine Einbaufehler und
Verlagerungen von Ritzel oder Rad nicht zu dem gefährlichen Kantentragen führen können.

Auf den heute zur Verfügung stehenden Maschinen können Kegelräder mit Raddurchmessern bis 400 mm, Moduln von 1,6 bis 10 und Zahnbreiten bis 60 mm für Übersetzungen bis zu $i = 10$ hergestellt werden.

3. **Arbeitsgeschwindigkeit.** Die Zerspanungsarbeit wird bei diesem
Verfahren auf eine große Anzahl von Schneiden verteilt. Nach dem

Schnittvorgang und der damit verbundenen Erwärmung können sich
die Messer eine vergleichsweise lange Zeit abkühlen. Dadurch sind
Schnittgeschwindigkeiten bis zu 80 m/min möglich.

Beim Klingelnberg-Verfahren werden Verzahnungen mit Zahnhöhen
bis etwa 10 mm meist aus dem Vollen fertigverzahnt; bei größeren Zahnhöhen arbeitet man zweckmäßigerweise mit einem Schrupp- und einem
Schlichtschnitt. – Bei den Gleason- und Heidenreich-Verfahren entfällt
diese Unterteilung, da dem Wälzen in allen Fällen eine Einstechphase
vorangeht (s. vorn).

In Tab. 7/17 sind für verschiedene Radabmessungen die *Fräszeiten
je Zahn* zusammengestellt.

*Tabelle 7/17. Verzahnungszeit beim Teilwälzfräsen von Geradzahn-Kegelrädern aus
Werkstoff 16 Mn Cr 5*
(Gültig für Klingelnberg BF 201 A)

Modul [mm]	Zahnhöhe [mm]	Zähnezahl [–]	Zahnbreite [mm]	Fräszeit je Zahn in s (Einschl. Teilen zum nächsten Zahn)	
				Schruppen	Schlichten
3	6,5	11	15	—	5,6
		22	15	—	5,8
		25	20	—	7,8
4	8,7	13	20	—	7
		14	20	—	6,5
		22	20	—	5,3
		29	20	—	5,8
5,5	12	14	27	11,2	6,3
		23	27	12,2	5,0
6,5	13	11	30	11,2	6,3
	14,1	15	28	12,2	8,5
	13	20	30	14,2	5,8

Die Klingelnberg-Maschine hat zwei Aufspannstationen; während
auf der einen Station gefräst wird, kann auf der anderen umgespannt
werden.

7.1.10 Verzahnen von Geradzahnkegelrädern nach dem Revacycle-Verfahren

Bei diesem von Gleason entwickelten Verfahren arbeitet ein großer
waagerecht liegender Messerkopf eine Zahnlücke nach der anderen aus.
Die nacheinander zum Schnitt kommenden Schrupp- und Schlichtmesser
nehmen, wie bei einer Räumnadel, in der Höhe zu und erzeugen allmählich das Endprofil. Der Messerkopf wird währenddessen ein kurzes Stück
längs des Zahnes verschoben. Wie Abb. 7/22 zeigt, ist nach dem letzten

Schlichtmesser ein kurzer Bereich des Messerkopfes nicht mit Messern bestückt. Wenn dieser Teil des Umfangs über den Radkörper läuft, wird das Kegelrad um einen Zahn weitergeteilt; der Messerkopf läuft also kontinuierlich um. – Die erzeugte Verzahnung ist längsballig.

Abb. 7/22. Revacyclemaschine zur Herstellung von Geradzahnkegelrädern. (Werkfoto: Gleason Works)

Das Revacycle-Verfahren wird angewendet bis zu 15 mm Zahnhöhe, 250 mm Raddurchmesser und 32 mm Zahnbreite. Es ist heute wohl das leistungsfähigste Verzahnungsverfahren für Geradzahnkegelräder; für das Verzahnen einer Lücke werden etwa $2^1/_2$ bis $3^1/_2$ Sekunden benötigt. Da für jeden Einzelfall ein besonderer Messersatz erforderlich ist, kommt es allerdings nur für sehr große Serien in Frage, insbesondere für Automobil- und Landmaschinengetriebe.

7.1.11 Verzahnen von Kegelrädern mit Spiralverzahnung

Um Kantentragen im Betriebszustand zu vermeiden, müssen Tellerrad und Ritzel so geschnitten werden, daß sich die Zahnflanken nur im mittleren Bereich der Zahnbreite berühren. Diese Aufgabe wird dadurch erschwert, daß sich die Lage des Tragbildes durch die Wärmebehandlung

in nicht vorhersehbarer Weise verändert. Um diese Härteverzüge auszugleichen sind durchweg Korrekturen der ursprünglich ermittelten
Maschineneinstellungen erforderlich. Bei allen Herstellverfahren sind
deshalb Schneidversuche und Probeläufe zur endgültigen Bestimmung
der Einstelldaten erforderlich.

7.1.11.1 Gleason-Verfahren

1. Arbeitsweise. Bei diesem amerikanischen Verfahren wird ein Messerkopf verwendet, der auf einem Kreis angeordnete Messer trägt
(Abb. 7/23). Wenn der Messerkopf rotiert, bilden die Messerschneiden die

Abb. 7/23. Verzahnen eines Kegelritzels mit Bogenverzahnung nach dem Gleasonverfahren.
(Werkfoto: Gleason Works)

Flanken des ideellen Planrades. Dieses Planrad und das zu erzeugende
Kegelrad wälzen während der Erzeugung der Verzahnung aufeinander
ab. Das ideelle Planrad, d. h. der Messerkopfträger, dreht sich langsam,
während der Werkstückträger still steht; damit die Abwälzbewegung
zustande kommt, dreht sich das zu erzeugende Kegelrad auf dem Werkstückträger. – Wenn eine Zahnlücke fertiggestellt ist, wird um eine Zahnteilung weitergeteilt und die nächste Zahnlücke wird in gleicher Weise
erzeugt. Es handelt sich also um ein *Wälzteil*verfahren. Für spezielle
Anwendungsgebiete wurden eine Reihe von Abarten dieses Herstellverfahrens entwickelt (Duplex-. Unitool-, Versacut- usw.).

Bei großen Stückzahlen werden die Tellerräder, wie z. B. das in
Tab. 7/18 angeführte 80zähnige Rad, *ohne Wälzung* – d. h. im reinen Formfräsverfahren – verzahnt (Formateverzahnung). Das zugehörige Ritzel

wird nach einem etwas abweichenden Wälzverfahren hergestellt. Der Messerkopf ist dabei so eingestellt, daß die Messerschneiden eine Zahnflanke des Tellerrades darstellen, an der das Ritzel abgewälzt wird. – Auch die Formateverzahnung kann durch unterschiedliche Arbeitsverfahren erzeugt werden (Single-Cycle, Cyclex, Helixform usw.), deren jedes für einen bestimmten Arbeitsbereich entwickelt wurde.

Kennzeichnend für die Gleason-Verzahnung ist, daß sich die Zähne zur Kegelspitze hin verjüngen, d. h. die Drehlinge haben dieselben Abmessungen wie bei geradverzahnten Kegelrädern. Der gleiche Messerkopf kann für rechts- und linksgängige Verzahnungen verwendet werden.

2. Anwendungsgebiet. Mit den heute von der Fa. Gleason gebauten Maschinen des oben beschriebenen Typs können Spiral- und Zerolkegelräder sowie achsversetzte Kegelräder von 5 bis 970 mm Durchmesser und (Stirn-) Moduln von 0,5 bis 17 mm verzahnt werden. – Für größere spiralverzahnte Kegelräder – bis etwa 2,5 m Durchmesser -- wurde von Gleason ein Einmeißelwälzhobler entwickelt.

Ursprünglich waren die von Gleason entwickelten Arbeitsmethoden darauf abgestellt, die für ein bestimmtes Gebiet erforderliche Qualität der Verzahnung mit der kürzesten Schneidzeit zu erzeugen. Man findet deshalb Gleason-Maschinen in vielen Betrieben für Massenfertigung, insbesondere in der Automobilindustrie. Die einzelnen Arbeitsgänge werden hierbei meist auf eine Gruppe von Maschinen verteilt, wobei jede auf einen Teilarbeitsprozeß eingestellt wird. Neuerdings wurden von Gleason aber auch Arbeitsverfahren entwickelt, die es gestatten, kleinere Stückzahlen (auf einer Maschine) wirtschaftlich zu fertigen. Die Berechnung der Einstelldaten ist umständlich, die Einstellung der Maschinen auf das gewünschte Tragbild setzt Erfahrungen voraus.

3. Arbeitszeit und -geschwindigkeit. Die Zeit, die zum Verzahnen von Spiral- oder Zerolkegelrädern auf Gleason-Maschinen etwa benötigt wird, kann nach Tab. 7/18 geschätzt werden. Wenn die Zahnbreite geringer ist als die Tabellenwerte, kann eine etwas kürzere Verzahnungszeit angenommen werden, sie verringert sich jedoch nicht proportional der Abnahme der Zahnbreite. Wenn sehr große Genauigkeit gefordert wird, muß eine etwas längere Verzahnungszeit veranschlagt werden. Bei diesen Zeiten ist das Einstellen der Maschine für die Erzeugung des gewünschten Zahnprofils nicht berücksichtigt. Die angegebene Zeit ist vielmehr die pro Stück benötigte Zeit, wenn bereits einige richtige Kegelräder (d. h. solche Räder, die mit dem Gegenrad das gewünschte Tragbild ergeben) hergestellt worden sind. Auch die für das Ein- und Ausspannen benötigte Zeit ist in den Tabellenwerten nicht enthalten.

Bei einem Arbeitsverfahren – das vielfach für Ritzel angewendet wird – ist es üblich, zunächst die eine Flankenseite (z. B. Linksflanken) und dann die andere (Rechtsflanken) fertigzuverzahnen; daher die Angabe „je Seite" in Tabelle 7/18. Bei der Herstellung der Räder mit Modul 8,5 mm, 30, 50 und 80 Zähnen muß jedes zweite Messer aus dem

26*

Tabelle 7/18
Durchschnittszeiten für das Fräsen von Spiral-Kegelrädern nach dem Gleasonverfahren
(Reine Verzahnungszeit)

Gleason-maschine Nr.	Modul [mm]	Diametral-Pitch [1/″]	Zähne-zahl [−]	Teilkegel-winkel [°]	Zahnbreite [mm]	Fräszeit je Rad [min]	
						Schruppen	Schlichten (bzw. Fertigfräsen)
7 A	≈ 1	24	12	8,5	9,5	—	(2,4)
			20	22	6,35	—	(4,0)
			30	45	3,2	—	(5,0)
			50	68	6,35	—	(10,0)
			80	81,5	9,5	—	(16,0)
16[1]	$\approx 4{,}25$	6	12	8,5	41,3	4,6	5,0 je Seite
			20	22	38,1	6,3	17,4 je Seite
			30	45	31,8	8,4	9,6
			50	68	38,1	15,8	18,4
			80	81,5	41,3	16,4	28,4
26	$\approx 8{,}5$	3	12	8,5	82,6	18,6	15,6 je Seite
			20	22	82,6	31,0	26,0 je Seite
			30	45	82,6	39,0	39,0
			50	68	82,6	65,0	65,0
			80	81,5	82,6	46,7 (Formate)	104,0

Schlichtmesserkopf entfernt werden, damit nicht gleichzeitig zwei Messer in der Zahnbreite von 83 mm schneiden. So kommen die längeren Schlichtzeiten zustande.

7.1.11.2 Oerlikon-Spiromatic-Verfahren

1. Arbeitsweise. Bei diesem Verfahren der Schweizer Firma Oerlikon dient als Werkzeug ein Messerkopf mit eingesetzten Messern, der mit dem Werkzeug von Gleason eine gewisse Ähnlichkeit hat. Die Messer sind jedoch nicht auf einem Kreis angeordnet, sondern jede – aus drei Messern bestehende – Messergruppe liegt auf einer anderen Spirale. Jede Messergruppe besteht aus einem Vorschneider, der die Zahnlücke schruppt, einem Messer, das die konvexe Flanke fertigschneidet und einem Messer, das die konkave Seite fertigschneidet. Der Messerkopf wälzt mit dem Kreis K_M ohne Gleiten auf dem Kreis K_P des ideellen Planrades ab (Abb. 7/24). Die Messer bewegen sich dadurch auf Schleifen-Epizykloiden. Wie aus Abb. 7/24 zu ersehen ist, bildet Messergruppe 1 die Zahnlücke *I*, Messergruppe 2 die Zahnlücke *II* usw. des ideellen Planrades nach. Die Schneiden der rotierenden Messer verkörpern die Flanken dieses Planrades, das seinerseits mit dem zu schneidenden Kegelrad kämmt; d. h. auch das Kegelrad führt eine Drehbewegung aus

---

[1] Bei Verwendung der neueren Type 106 verringern sich die angegebenen Fräszeiten auf etwa das 0,7fache.

(Abb. 7/25). Der Messerkopfachse wird außerdem eine sehr langsame Drehbewegung um die Planradachse erteilt. Dadurch tauchen die Messer allmählich in den Kegelradkörper ein (Vorschub). – Der gesamte Verzahnungsvorgang läuft *kontinuierlich* (d. h. ohne Teilen) ab. Für das

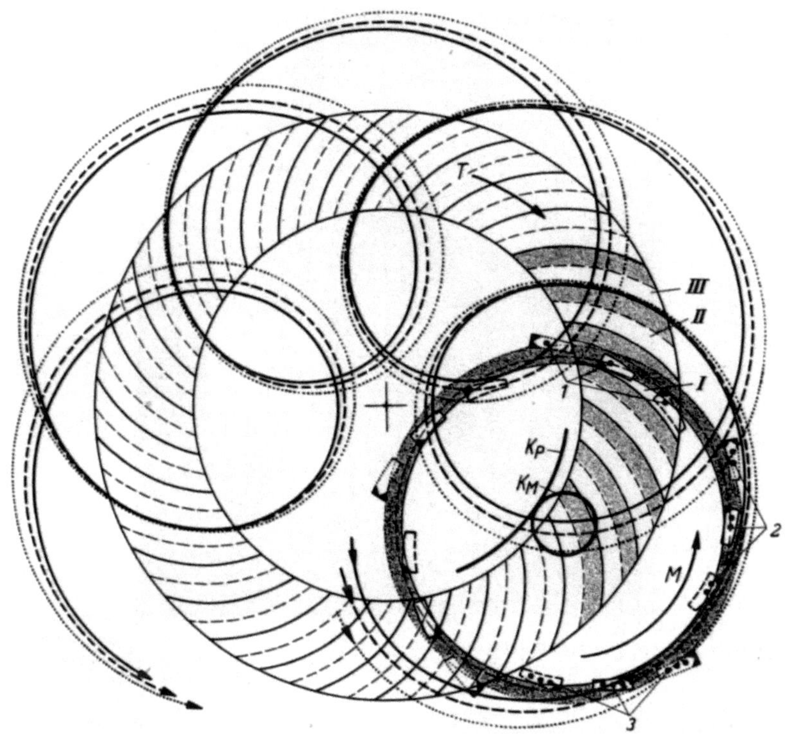

Abb. 7/24. Prinzip des Oerlikon-Spiromatik-Verfahrens. *T* Drehrichtung des ideellen Planrades, *W* des Messerkopfes. Die Kreise K_M (des Messerkopfes) und K_p des Planrades wälzen ohne Gleiten aufeinander ab [*7/225*]

Verzahnen von Ritzel und Tellerrad benötigt man einen Messerkopf mit links- und einen mit rechtssteigender Spirale. – Zum Schneiden von Tellerrädern wurde ein neues Verfahren entwickelt, bei dem der Verzahnungsprozeß in eine Einstech- und eine Abwälzphase unterteilt wird (Schruppen ohne Abwälzen, Schlichten mit Abwälzen).

Im Gegensatz zur Gleason-Verzahnung sind die Zähne über die Breite des Kegelrades gleich hoch. Die Verzahnung wird vom Hersteller als Oerlikon-Eloidverzahnung[1] bezeichnet.

---

[1] Eingetragenes Warenzeichen der Firma Werkzeugmaschinenfabrik Oerlikon Bührle & Co., Zürich-Oerlikon, Schweiz. „Spiromatic" ist der Name der Maschine.

2. Anwendungsgebiet. Mit den von der Firma Oerlikon gebauten Maschinen können Spiralkegelräder und achsversetzte Kegelräder bis zu 540 mm Teilkreisdurchmesser und Moduln (im Stirnschnitt) von 2,75 bis 13,6 mm verzahnt werden.

Abb. 7/25. Verzahnen eines Spiralkegelritzels nach dem Oerlikon-Spiromatik-Verfahren. Eingezeichnet das ideelle Planrad P. W Drehrichtungen von Kegelritzel und Planrad [7/225]

Die Berechnung von Kegeltrieb und Maschineneinstellung ist einfach. Hiermit kann die Maschine auf die gewünschte Lage und Größe des Tragbildes eingestellt werden.

Da normalerweise in einer Aufspannung und ohne Änderung der Maschineneinstellung fertigverzahnt wird, ist das Verfahren für kleine Stückzahlen besonders geeignet; es kann aber auch für die Serienfertigung wirtschaftlich eingesetzt werden (Schruppen mit Einstechverfahren).

3. Arbeitsgeschwindigkeit. Die Tellerräder werden meist aus dem Vollen fertigverzahnt (Schruppen im Einstechverfahren s. oben), ebenso die Kegelritzel ohne und mit kleinen Achsversetzungen. Lediglich bei großen Achsversetzungen wird das Ritzel im ersten Arbeitsgang vorverzahnt und in einem zweiten fertigverzahnt. Die Zeit zum Verzahnen von Kegelrädern für Kraftfahrzeughinterachsen kann nach folgender Faustregel geschätzt werden: Fräszeit für das Tellerrad in Minuten gleich etwa 4/100 des Außendurchmessers in Millimeter. Für das Kegelritzel werden ungefähr zwei Drittel bis drei Viertel dieser Zeit benötigt.

7.1.11.3 Klingelnberg-Verfahren

1. Arbeitsweise. Zum Erzeugen der Verzahnung wird ein kegeliger Wälzfräser mit Schneckenverzahnung verwendet (Abb. 7/26). Dabei hüllen die Schneiden des rotierenden Fräsers die Flanken des rotierenden ideellen Planrades ein; das zu erzeugende Kegelrad dreht sich so um seine Achse, als wenn es mit dem ideellen Planrad in Eingriff wäre. Zusätzlich führt der Werkzeugträger um die Mitte des Planrades eine langsame Schwenkbewegung aus (Vorschub), so daß der Fräser – aus Stellung 1 kommend – allmählich in den zu verzahnenden Radkörper eintaucht (Stellung 2) und wieder heraus wandert (Stellung 3); die Herstellung läuft also *kontinuierlich* – d. h. ohne Teilen – ab.

Man verwendet im allgemeinen drei Maschinentypen: Eine zum Schruppen der Tellerräder, eine zum Schlichten der Tellerräder und die dritte zum Verzahnen der Ritzel.

Die Zähne haben in

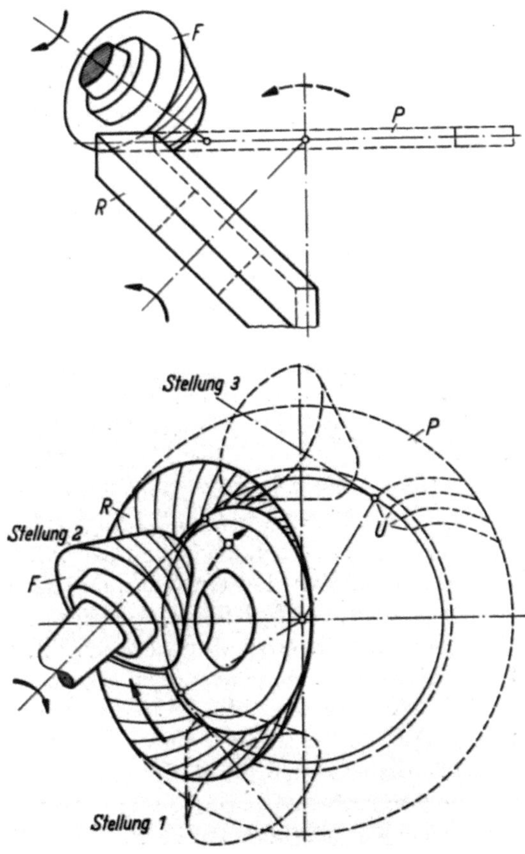

Abb. 7/26. Prinzip des Klingelnberg-Palloidverfahrens. *P* ideelles Planrad, *R* Werkstück, *F* Fräse *U* Ursprungspunkte der Evolventen (Flankenlinien des Planrades). (Zeichnung: Klingelnberg)

Höhen- und Breitenrichtung angenäherte Evolventenform; die nach diesem Verfahren erzeugte Verzahnung trägt den Namen „Palloid-Verzahnung"[1]. Die Zahnhöhe ist über die ganze Zahnbreite nahezu konstant, wobei allerdings die Fuß- und Kopfkegel zum theoretischen Teilkegel nicht parallel sind. – Man benötigt rechts- und linksgängige Fräser.

2. Anwendungsgebiet. Mit den heute existierenden Maschinentypen können Kegelräder und achsversetzte Kegelräder bis zu einem maxi-

---

[1] Eingetragenes Warenzeichen der Firma Klingelnberg, Remscheid.

malen Außendurchmesser von 540 mm mit Normalmoduln von 1 bis
8 mm und Zähnezahlen von 4 bis 135 verzahnt werden; Übersetzungen
von 1 bis 15 sind möglich. Durch eine Zusatzbewegung des Fräsers kann
eine Längsballigkeit der Verzahnung erzeugt werden.

Das Klingelnberg-Verfahren kann für kleinere Stückzahlen und auch für größere
Serien wirtschaftlich eingesetzt werden. Wenn es auf hohe Produktionsleistung ankommt, verwendet man zum Schruppen besondere (mehrgängige) Fräser. Die
Maschinen können relativ einfach und schnell auf das gewünschte Tragbild eingestellt werden.

7.2 Verzahnungsschleifen

Verzahnungsschleifen wird im allgemeinen als Fertigbearbeitungs-
prozeß bei gehärteten Zahnrädern angewendet. Der Fertigungsgang
läuft dabei wie folgt ab: Der Radkörper wird zunächst mit einem der
vorher besprochenen Verfahren verzahnt und dann gehärtet; hierbei
tritt vielfach so großer Härteverzug auf, daß in vielen Anwendungsgebieten eine Nachbearbeitung erforderlich ist.

Wenn die gehärteten Teile eine Brinellhärte über 350 kg/mm² (entsprechend HRC = 38) haben, ist ein Fertigverzahnen mit den vorher
besprochenen Verfahren jedoch sehr schwierig und bei einer Brinellhärte
von 600 kg/mm² (entsprechend HRC = 60) unmöglich. Als Nachbearbei-
tungsprozeß kommt in diesen Fällen meist nur Schleifen in Frage.

In einigen Fällen werden allerdings auch Räder mittlerer Härte, die
eigentlich durch Verzahnen fertigbearbeitet werden könnten, geschliffen.
Die Gründe hierfür sind entweder, daß man die Kosten für teure Verzahnwerkzeuge, wie Wälzfräser, Schneidräder, Kammstähle oder Schaberäder sparen will, oder aber es geschieht, um eine gewünschte Ober-
flächenglätte bzw. einen bestimmten Genauigkeitsgrad zu erzielen.

Bei Zahnrädern mit kleinen Moduln kann es unter Umständen zweckmäßig sein, die Verzahnung aus dem Vollen zu schleifen. So ist z. B. die
ganze Werkstoffmenge, die bei der Herstellung einer Zahnlücke mit Modul
0,8 mm zerspant wird, geringer als die Werkstoffmenge, die beim Fertigschleifen einer vorverzahnten Zahnlücke bei Modul 4,25 abgehoben wird.
und zwar bei gleicher Zahnbreite.

Wie in Abb. 7/1, S. 366 gezeigt ist, haben die meisten Verzahnungsverfahren bezüglich der Arbeitsweise ein Gegenstück in einem Schleifverfahren:

Dem Formfräsen entspricht das *Formschleifen* (ZF-Minerva, Schaudt,
Orcutt, Gear Grinding),

   dem Wälzfräsen das *Wälzschleifen mit Schleifschnecke* (Reishauer,
Matrix, Sheffield),

   dem Teilwälzfräsen das *Teilwälzschleifen* (Lees-Bradner),

   dem Wälzhobeln entspricht das *Teilwälzschleifen* (Maag, Pratt &
Whitney, Orcutt, Niles, Kolb), wobei die Schleifscheiben im Prinzip die
gleiche Bewegung ausführen wie der Hobelkamm.

In den nachfolgenden Abschnitten wird auch die Ermittlung der *Schleifzeit* behandelt. Da es sich hierbei um ein vielschichtiges Problem handelt, seien einige Bemerkungen vorausgeschickt:

Die zum Schleifen eines Zahnrades benötigte Zeit hängt in starkem Maße von der Härte der Schleifscheibe, der angestrebten Verzahnungsgenauigkeit sowie von der Zähigkeit und der Härte des zu schleifenden Materials ab. So erfordern z. B. Zahnräder mittlerer Härte aus durchgehärtetem Stahl eine kürzere Schleifzeit als einsatzgehärtete Räder mit einer Rockwellhärte um HRC = 60. Selbstverständlich ist die Schleifzeit um so kürzer, je weniger Material (Schleifzugabe) durch Schleifen abzutragen ist. – Diese Zusammenhänge machen es verständlich, daß die Angaben in Tab. 7/21 bis 7/34 nur als Richtwerte betrachtet werden können. In einzelnen Fällen sind erhebliche Abweichungen – nach oben oder unten – zu erwarten.

Zahnprofile, die von der reinen Evolventenform *abweichen* (insbesondere Kopf- und Fußrücknahme) erlangen wachsende Bedeutung. Man erreicht dies entweder durch entsprechendes Abrichten der Schleifscheibe oder durch Steuerung der Kinematik der Schleifsupporte. – Viele neuere Maschinen sind ferner mit Einrichtungen ausgestattet, die das Schleifen längsballiger Verzahnungen gestatten.

7.21 Formschleifen

1. Arbeitsweise. Das Verfahren ähnelt dem Formfräsen mit Scheibenfräser (vgl. Erläuterungen auf S. 385). An die Stelle des Scheibenfräsers

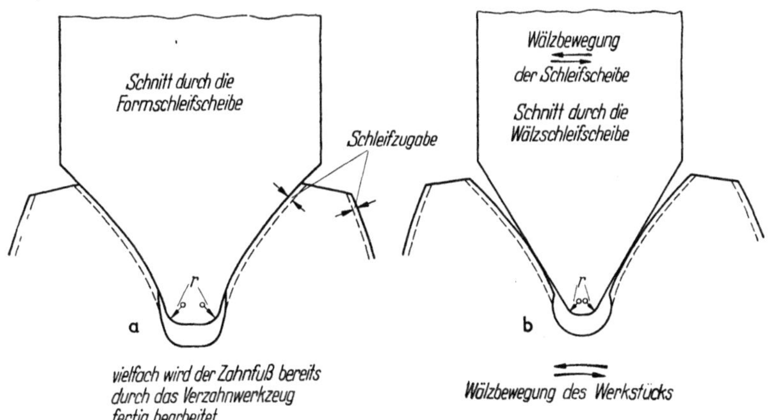

Abb. 7/27 a u. b. Gegenüberstellung Formschleifen – Wälzschleifen
a) Formschleifen: Keine Wälzbewegung, jede Zähnezahl und Profilverschiebung erfordert anderes Scheibenprofil; b) Wälzschleifen: Erzeugungsgerade und Herstellungswälzkreis wälzen aufeinander ab, immer gerades Scheibenprofil

tritt die – sehr viel schneller umlaufende – Formschleifscheibe. Die rotierende Schleifscheibe wird langsam über die Breite des Zahnrades vorgeschoben; wenn eine Lücke fertiggeschliffen ist, wird um eine Teilung weiter geteilt und die nächste Lücke in gleicher Weise geschliffen. – Abb. 7/27 zeigt eine Gegenüberstellung zwischen Formschleifen und Wälzschleifen, aus dem die Unterschiede in Schleifscheibenform und Bewegungsablauf zu erkennen sind.

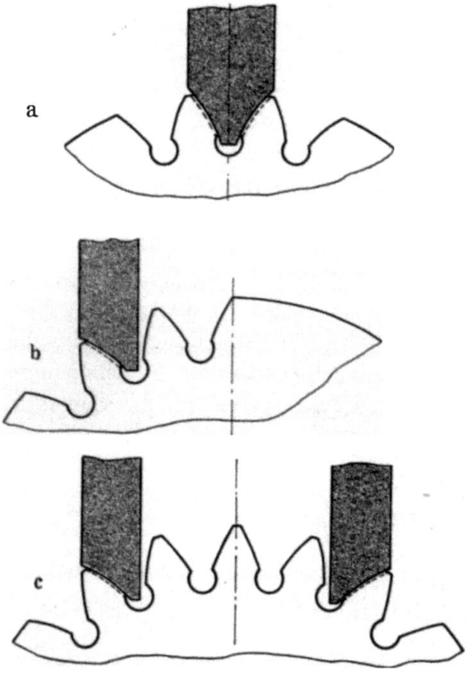

Außer der in Abb. 7/27 und 7/28a gezeigten *Zwei*flankenschleifscheibe, deren Vorteil das gegenseitige Abstützen des Schleifdrucks ist, werden auch *Ein*flankenscheiben angewendet (Abb. 7/28 b und c). Der Schnittdruck ist hierbei mehr radial zur Scheibenachse gerichtet und die Schleifscheibe nutzt sich gleichmäßiger ab. Wird nur mit einer seitlich versetzten Scheibe gearbeitet, so muß das Zahnrad, nachdem eine Flankenseite aller Zähne fertiggeschliffen ist, umgedreht werden, um die andere Seite bearbeiten zu können. Deswegen verwendet man neuerdings zwei seitlich versetzte

Abb. 7/28a–c. Formschleifen. a) Zweiflankenscheibe; b) eine Einflankenscheibe; c) zwei Einflankenscheiben

Scheiben, die aber sehr genaue Einstellung und sehr gleichmäßiges Abziehen erfordern; dieses letztere Verfahren wird wegen der bei Schrägverzahnung erforderlichen seitlichen Versetzung der Scheiben im allgemeinen nur für Geradverzahnung angewendet.

Bezüglich des Arbeitsablaufes unterscheidet man zwei Möglichkeiten (Abb. 7/29). Bei den älteren Maschinen (Einzyklusmaschinen) fährt die Schleifscheibe mit *einer* Tiefeneinstellung über die Zahnbreite hin und zurück; dann wird weitergeteilt und die nächste Zahnlücke mit derselben Tiefeneinstellung geschliffen. Man stellt nur einmal pro Werkstückumdrehung zu (d. h. tiefer). Bei den neueren Maschinen (Mehrzyklusmaschinen) erfolgt der Vorschub – beim Schruppen – nach *jedem* Hub, so wird jede Lücke vollständig fertiggeschruppt und dann erst weitergeteilt. Dadurch wird Teilzeit eingespart. – Bezeichnet man den Weg der Schleifscheibe bei konstanter Zustellung in einer Zahnlücke als „Durchgang“, so besteht bei dem erstgenannten Verfahren ein Durchgang aus zwei Hüben (hin- und zurück) und bei dem letzteren Verfahren aus einem Hub (vgl. Abb. 7/29 b rechts).

Beim Formschleifen besteht Linienberührung zwischen Schleifscheibe und Zahnflanke. Wegen der starken Wärmeentwicklung beim Schleifen

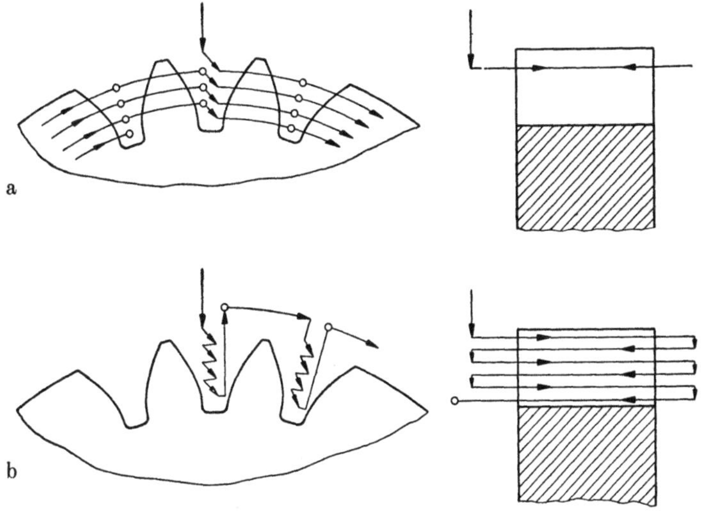

Abb. 7/29 a u. b. Arbeitsablauf beim Formschleifen. a) älteres Verfahren, Teilen nach jedem Durchgang; b) neueres Verfahren, Teilen wenn Zahnlücke fertiggeschliffen

ist intensive Kühlung erforderlich. – Das Werkstück wird im allgemeinen zwischen Spitzen aufgenommen.

2. Anwendungsgebiet. Formschleifen kann für gerad- und schrägverzahnte Stirnräder mit Außenverzahnung (Abb. 7/30 und 7/31) von 12 mm bis 1,8 m Durchmesser angewendet werden. Auch Innenverzahnung von 90 bis 760 mm Durchmesser (bei Schrägverzahnung: 250 bis 600 mm Durchmesser) kann nach diesem Verfahren geschliffen werden (Abb. 7/32).

Bei der Konstruktion der Zahnräder ist zu beachten, daß auf beiden Seiten der Verzahnung Platz für den Auslauf der Schleifscheibe vorgesehen wird.

Wenn Unterschnitt durch Formschleifen erzeugt werden soll, um beispielsweise falschen Eingriff mit dem Gegenrad zu vermeiden, so muß man mit seitlich versetzten Scheiben (vgl. Abb. 7/28 b und c) einstechen.

3. Schleifzeit. Die zum Schleifen eines Zahnrades erforderliche Zeit hängt von der zu schleifenden Zahnbreite, der Arbeitsweise der Maschine,

Abb. 7/30. Formschleifen eines Geradstirnrades mit Modul 10. (Werkfoto: Gear Grinding Machine Co.; Detroit, Michigan, USA)

Abb. 7/31. Formschleifen zweier zusammengespannter Schrägstirnräder. (Werkfoto: National Broach & Machine Co.; Detroit, Michigan, USA)

Abb. 7/32. Formschleifen eines innenverzahnten Stirnrades. (Werkfoto: Gear Grinding)

dem Rad- sowie dem Schleifscheibenwerkstoff und der Schleifgeschwindigkeit ab. Die Gesamtzeit setzt sich aus 3 Teilen zusammen:

Schruppzeit,
Schlichtzeit,
Zeit für das Abziehen der Schleifscheibe.

Außerdem müssen noch einige Nebenzeiten für das Einspannen, Ausspannen und Messen des Werkstücks berücksichtigt werden.

Die zum Schruppen oder zum Schlichten im Formschleifverfahren benötigte Zeit kann nach Gl. (7/11) überschlägig bestimmt werden:

$$\text{Schleifzeit [min]} = \frac{\text{Zähnezahl} \times \text{Zahl der Arbeitsgänge}}{\text{Durchgänge pro Minute [1/min]}} \, . \qquad (7/11)$$

Die *Zahl der Arbeitsgänge* ist abhängig von der Größe der Schleifzugabe und der pro Arbeitsgang abgehobenen Werkstoffmenge:

Zahl der Arbeitsgänge =

$$= \frac{\text{Schleifzugabe } [\mu]}{1/2 \text{ der im Mittel pro Arbeitsgang abgehobenen Zugabe } [\mu]} \, . \qquad (7/12)$$

In dieser Gleichung bezieht sich die Angabe „Schleifzugabe" auf die Zahndicke. Die „im Mittel abgehobene Zugabe" ist das Maß, das von der Zahndicke abgeschliffen würde, wenn die Schleifscheibe auf beiden Seiten schleifen würde. Der mit Gl. (7/12) errechnete Wert ist die maximal erforderliche Zahl der Arbeitsgänge; die Mindestzahl der Arbeitsgänge ist genau die Hälfte davon. Im Durchschnitt kann man etwa mit dem Mittelwert zwischen beiden – also etwa drei Viertel des Wertes von Gl. (7/12) rechnen. Der ungünstigste Fall liegt dann vor, wenn der Verzug so groß ist, daß an einem Zahn des Rades die ganze Schleifzugabe auf einer Seite des Zahnes abgeschliffen werden muß. Wenn das Rad noch schlechter ist, so läßt es sich nicht sauberschleifen, ist also Ausschuß. – Angaben über die normalerweise erforderliche Schleifzugabe s. Tab. 7/21.

Tabelle 7/21. Normalerweise benötigte Schleifzugabe

Modul [mm]	Diametral-Pitch [1/″]	Schleifzugabe [mm]			
		geringer Härteverzug		großer Härteverzug	
		in der Zahndicke	im Prüfmaß über Rollen	in der Zahndicke	im Prüfmaß über Rollen
≈ 1,5	16	0,13	0,30	0,25	0,65
≈ 2,5	10	0,20	0,50	0,38	0,95
≈ 4,25	6	0,30	0,75	0,65	1,60
≈ 8,5	3	0,65	1,65	1,15	2,70
≈ 12,5	2	1,15	2,85	1,90	4,80

Insgesamt muß soviel Werkstoff durch Schleifen abgehoben werden, daß sowohl die nach dem Verzahnen noch vorhandenen Ungenauigkeiten als auch die durch Härteverzug entstandenen Formänderungen beseitigt sind. Dabei ist zu berücksichtigen, daß große Räder mit dünnen Rippen sich stärker verziehen als kleine Räder kompakter Bauart. Durch die Verwendung von Härtemasken kann der Härteverzug erheblich eingeschränkt werden. Mit Vorsicht und Geschick bei der Wärmebehandlung läßt sich der Härteverzug in annehmbaren Grenzen halten.

Angaben über die Größe der Zugabe (bezogen auf die Zahndicke), die beim Formschleifen im Mittel pro Arbeitsgang abgehoben wird, sind in Tab. 7/22 zusammengestellt. Beim Schruppen schleift man im allgemeinen soviel Material pro Arbeitsgang herunter, wie dies ohne ein Verbrennen des Werkstücks möglich ist. Die Schruppzustellung hört dann auf, wenn die noch abzuarbeitende Zugabe (bezogen auf die Zahndicke) etwa 50 μ beträgt. Dann beginnen die Schlichtschliffe. Beim Schlichten wird nur wenig Material abgehoben und – wie Tab. 7/22 zeigt – beim letzten Arbeitsgang ein äußerst geringer Betrag (man läßt die Scheibe nur „ausfeuern"), um so eine hohe Genauigkeit und Oberflächengüte zu erzielen.

Tabelle 7/22
Beim Formschleifen in einem Arbeitsgang abgetragene Schleifzugabe [mm]
(Bezogen auf die Zahndicke)

| Modul [mm] | Diametral-Pitch [1/''] | Schrupp-Schleifen | | | | Schlicht-Schleifen |
| | | Nur Zahnflanken | | Zahnflanken und Fußausrundung | | |
		HRC = 45	HRC = 60	HRC = 45	HRC = 60	
≈ 2,5	10	0,050	0,038	0,038	0,025	0,013
≈ 4,25	6	0,050	0,038	0,038	0,025	0,013
≈ 8,5	3	0,063	0,050	0,050	0,038	0,013
≈ 12,5	2	0,076	0,063	0,063	0,038	0,020

Übliche Werte für die Anzahl der *Durchgänge pro Minute* beim Formschleifen sind in Tab. 7/23 zusammengestellt. Die Tabellenwerte gelten für eine Schleifscheibe mit 300 mm Durchmesser für die Mehrzyklusmaschine und eine Schleifscheibe mit 150 mm Durchmesser für die Einzyklusmaschine. Ferner wurde ein Modul von 2,5 mm angenommen. Größere Moduln erfordern etwas längere Schleifzeiten, weil die Totwege länger sind (Rücklauf der Schleifscheibe vor dem Teilen). Als Schruppgeschwindigkeit wurden für die Mehrzyklusmaschine 15 m/min (die neuesten Maschinen erreichen 21 m/min) und als Schlichtgeschwindigkeit 9 m/min angenommen. Bei der Einzyklusmaschine wurde eine Schruppgeschwindigkeit von 9 m/min und eine Schlichtgeschwindigkeit von 6 m/min zugrunde gelegt. (Gemeint sind stets Tischgeschwindigkeiten.)

Tabelle 7/23. Üblicherweise angewendete Anzahl der Durchgänge je Minute

| Breite der Verzahnung [mm] | Mehrzyklusmaschine | | Einzyklusmaschine | |
	Schruppen, Durchgänge je Minute	Schlichten, Durchgänge je Minute	Schruppen, Durchgänge je Minute	Schlichten, Durchgänge je Minute
20	125	18	26	19
50	100	16	23	16
100	75	14	18	13
150	60	12	15	10
200	50	10	13	9

Die Schleifscheibe muß – mit Ausnahme sehr kleiner Zahnräder – während der Herstellung eines Zahnrades mehrfach abgezogen werden Folgende Hauptfaktoren sind maßgebend für die Anzahl der Abzüge pro Rad: Radzähnezahl, Schleifscheibendurchmesser, Zahnbreite, Härte von Werkrad und Schleifscheibe und geforderte Genauigkeit. – Einige Angaben über die im Mittel etwa erforderliche Anzahl Schleifscheibenabzüge und die für das Abziehen benötigte Zeit sind in Tab. 7/24 zusammengefaßt. Dabei wurde ein Werkstoff mit einer Rockwellhärte von etwa

HRC = 60 und mittlere Genauigkeit angenommen. Als Zahnbreite wurde $b = 12 \times$ Modul zugrunde gelegt.

Tabelle 7/24. Angaben über das Abrichten von Formschleifscheiben

Zahnradabmessungen			Schleif-scheiben-durchmesser	Anzahl der Abzüge pro Rad	Zeit für einmaliges Abziehen
Zähnezahl	Modul [mm]	Diametral-Pitch [1/"]	[mm]		[min]
75	≈ 2,5	10	150	5	0,75
20	≈ 2,5	10	150	2	0,75
75	≈ 4,25	6	300	6	1,00
20	≈ 4,25	6	300	2	1,00
75	≈ 8,5	3	300	8	1,75
20	≈ 8,5	3	300	3	1,75

7.22 Wälzschleifen mit Schleifscheibe (*Teilwälzschleifen*)

1. Arbeitsweise. Das Arbeitsprinzip des Teilwälzschleifens ist bereits in Abb. 7/27 dargestellt worden. Alle unter diesen Sammelbegriff fallenden Verfahren haben gemeinsam, daß die Schleifscheiben Flanken einer ideellen Zahnstange verkörpern, die mit dem zu erzeugenden Rad abwälzt. Die Schleifscheibe führt also relativ zum Werkstück drei Hauptbewegungen aus (vgl. Abb. 7/34):

Eine Drehbewegung um ihre Achse,

eine Bewegung tangential zum Werkstück, wobei dieses sich dreht (Wälzbewegung) und

eine Hubbewegung über die Zahnbreite, die der Stoßrichtung des Hobelkamms beim Wälzhobeln entspricht.

Dadurch, daß während des langsamen Breitenvorschubs laufend abgewälzt oder während der langsamen Wälzbewegung sehr viele Längshübe ausgeführt werden, wird die Evolventenfläche des Radzahnes erzeugt, d. h. durch viele Hüllschnitte sehr genau angenähert. – Bei *einem* Schleifverfahren (LEES-BRADNER), das mit einer sehr großen Schleifscheibe (Durchmesser 500 mm) arbeitet, entfällt der Längshub. Das Arbeitsprinzip entspricht also dem des Teilwälzfräsens (vgl. S. 398); wie dort bereits gezeigt, ist die Anwendung auf bestimmte Radbreiten (LEES-BRADNER $b \leqq 40$ mm) beschränkt, weil die Verzahnung infolge des endlichen Schleifscheibendurchmessers an den Seiten nicht so tief ausgeschliffen wird, wie in Mitte Zahnbreite (s. Abb. 7/33e).

Die verschiedenen heute angewendeten Verfahren des Wälzschleifens mit Schleifscheibe sind in Abb. 7/33 schematisch gegenübergestellt. Sie sind durch folgende Merkmale gekennzeichnet:

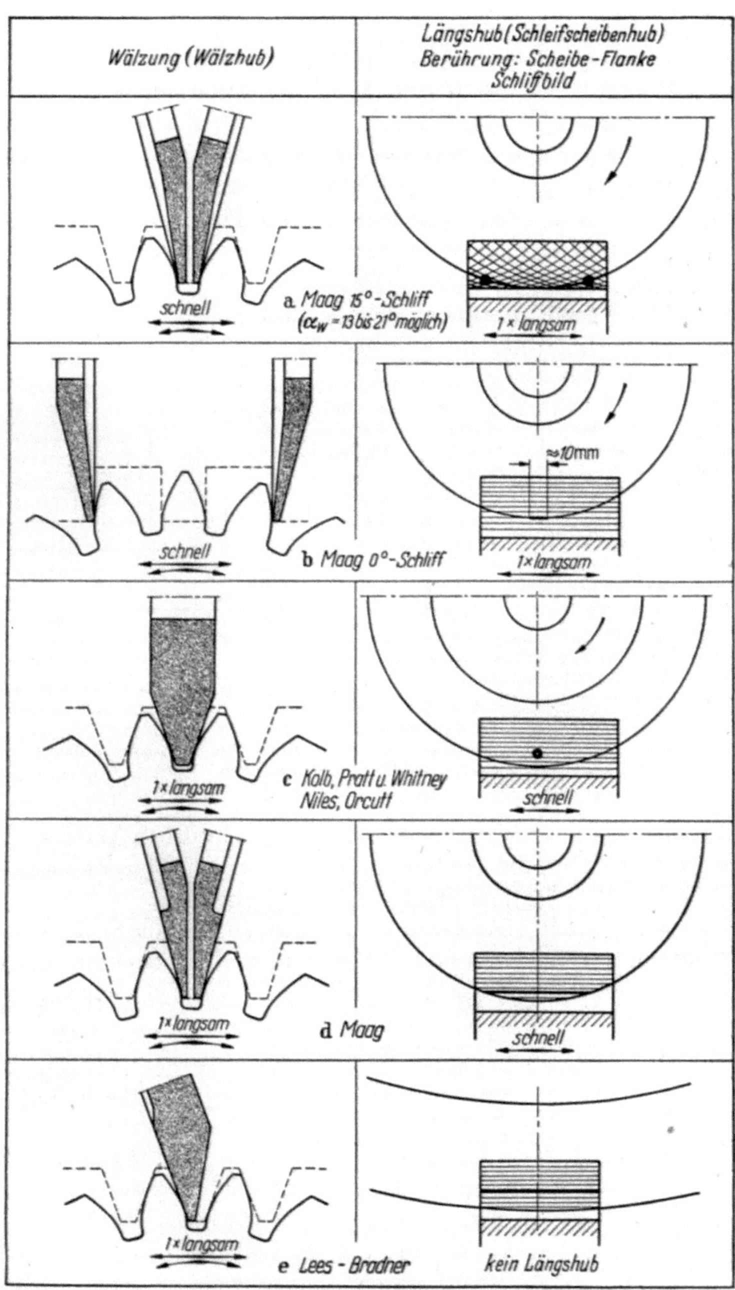

Abb. 7/33. Vergleich der Teilwälzschleifverfahren

Verfahren a: Nur der schmale Rand der Scheibe schleift; dadurch haben wir theoretisch Berührung in zwei Punkten und erhalten das bekannte Kreuzschliffmuster auf der Flanke.

Verfahren b: Die Schleifscheiben berühren die Flanken in einer kurzen Sehne (theoretisch in einem Punkt) am untersten Rand der Schleifscheibe; es ergibt sich das Bild des Glattschliffs. Vorteil gegenüber *a*: Kürzerer Wälzhub und Längshub, wegen Berührung in kurzer Linie größere Vorschübe möglich; Nachteil: Ausgeprägter Absatz am Fuß des Zahnes (vermeidbar durch Verwendung von Protuberanzfräsern zum Vorverzahnen).

Verfahren c: Punktberührung, Glattschliff.

Verfahren d und e: Linienberührung, Glattschliff.

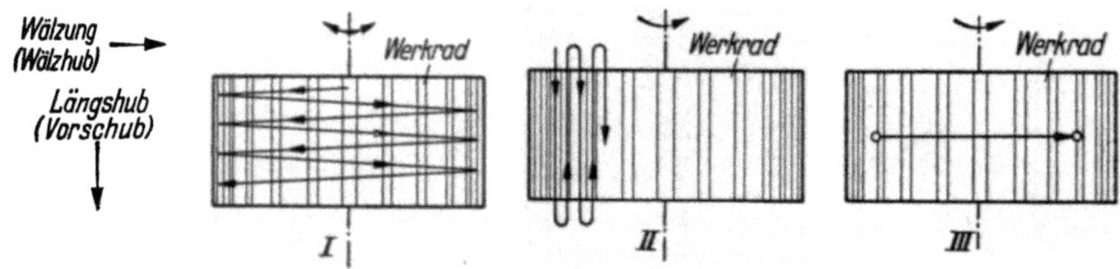

Wälzung (Wälzhub)	schnell	langsam	langsam
Längshub (Vorschub)	langsam	schnell	ohne
Verfahren	Maag HSS, Pratt & Whitney	Maag SHS, Kolb, Niles, Pratt & Whitney, Orcutt	Lees – Bradner

Abb. 7/34. Überlagerung von Wälzbewegung und Längshub (Vorschub) beim Wälzschleifen mit Schleifscheibe (Teilwälzschleifen)

In Abb. 7/34 wird gezeigt, wie bei den verschiedenen Verfahren die Wälz- und die Längshubbewegung überlagert werden. Eine Maschine des Typs c (nach Abb. 7/33) ist in Abb. 7/35 wiedergegeben.

Um eine Evolventenfläche erzeugen zu können, muß die Schleifscheibe im Achsschnitt geradflankig sein (Abb. 7/33 c, d, e), oder die Schleifkanten der Scheibe müssen in einer Flankenebene der Bezugszahnstange liegen (Abb. 7/33 a, b). Nichtevolventische Zahnprofile lassen sich im allgemeinen nicht gut im Wälzverfahren schleifen. Dagegen können auf den meisten Maschinen Kopf- und Fußrücknahmen, teilweise auch längsballige Verzahnungen geschliffen werden.

2. Anwendungsgebiet. Die meisten nach dem Wälzverfahren arbeitenden Schleifmaschinen sind nur für gerade und schräge Außenverzahnung geeignet. Die heute in den USA gebauten Maschinen ermöglichen es, Raddurchmesser von 12 bis 760 mm zu schleifen; auf der größten Maschinentype der Fa. Maag, Zürich, können dagegen Räder bis 3,6 m Durchmesser geschliffen werden.

Bei der Konstruktion der Radkörper ist zu beachten, daß auf beiden Seiten der Verzahnung Raum für den Auslauf der Schleifscheibe vorgesehen wird.

Bei kleineren Maschinen wird das Werkstück im allgemeinen zwischen Spitzen aufgenommen, während große Maschinen meist Aufspannvor-

Abb. 7/35. Teilwälzschleifen eines Geradstirnrades nach Verfahren II, Abb. 7/34.
(Werkfoto: Pratt & Whitney Co., Hartford, Connecticut, USA)

richtungen erfordern. Die stirnseitige Auflagefläche des Rades wird dabei auf der Vorrichtung oder auf dem Drehtisch festgeklemmt. Bei größeren Rädern muß also eine zur Bohrung laufende Rundlaufkontrollfläche vorgesehen werden.

3. Schleifzeit. Die zum Teilwälzschleifen erforderliche Zeit setzt sich im wesentlichen aus den gleichen Elementen zusammen, die im Abschnitt „Formschleifen" bereits besprochen wurden.

Für das Schruppen bzw. Schlichten nach Verfahren II (Abb. 7/34) kann die Schleifzeit mit folgender Formel berechnet werden:

$$t_h\,[\text{min}] = \text{Zähnezahl des Rades} \times \text{Zahl der Arbeitsgänge} \left(\text{Teilzeit [min]} + \frac{\text{Anzahl der Längshübe pro Zahn}}{\text{Anzahl der Längshübe pro min [1/min]}}\right). \tag{7/13}$$

Die *Zahl der Arbeitsgänge* ist auch für das Wälzschleifen nach Gl. (7/12), S. 413 zu bestimmen. Pro Arbeitsgang kann jedoch mehr Werkstoff abgehoben werden als beim Formschleifen. Angaben hierüber, die für Gl. (7/12) zu verwenden sind, enthält Tab. 7/25. Die pro Arbeitsgang erforderliche Zeit ist beim Wälzschleifen größer, da pro Arbeitsgang eine ganze Anzahl von Längshüben (Verfahren II) bzw. eine ganze Anzahl von Wälzungen (Verfahren I) erforderlichist (s. Abb. 7/34).

Tabelle 7/25. Beim Wälzschleifen in einem Arbeitsgang abgetragene Schleifzugabe [mm]
(bezogen auf die Zahndicke)

| Modul | Diametral-Pitch | Schrupp-Schleifen | | | | Schlicht-Schleifen |
| | | Nur Zahnflanken | | Zahnflanken und Fußausrundung | | |
[mm]	[1/″]	HRC = 45	HRC = 60	HRC = 45	HRC = 60	
≈ 2,5	10	0,13	0,08	0,08	0,04	0,013
≈ 4,25	6	0,15	0,08	0,08	0,04	0,013
≈ 12,5	2	0,23	0,10	0,10	0,06	0,020

Die *Anzahl der Hübe je Zahn* und *je Minute* hängt von der Bauart und Größe der Maschine ab, ferner von Zähnezahl und Radbreite. In Tab. 7/26 sind einige übliche Werte zusammengestellt, die für das Verfahren II nach Abb. 7/34 gelten.

Tabelle 7/26. Übliche Werte für Anzahl der Längshübe je Zahn und je Minute
Gültig für Verfahren II nach Abb. 7/34

| Modul | Dia-metral-Pitch | Anzahl der Längshübe je Zahn | | | | Anzahl der Längshübe je min bei Radbreite b | | |
| | | Schrupp-schleifen bei Zähnezahl | | Schlicht-schleifen bei Zähnezahl | | | | |
[mm]	[1/″]	$z = 15$	$z = 75$	$z = 15$	$z = 75$	50 mm	100 mm	150 mm
≈ 2,5	10	30	14	40	20	200	135	90
≈ 4,25	6	35	17	55	28	200	135	90
≈ 8,5	3	40	20	65	35	150	100	65
≈ 12,5	2	45	25	70	50	60	45	30

Bei Verfahren I nach Abb. 7/34 ist in Gl. (7/13) statt „Anzahl der Hübe" jeweils „Anzahl der Wälzungen" einzusetzen. Richtwerte hierfür sind in Tab. 7/27 enthalten. Die *Anzahl der Wälzungen je Zahn* kann wie folgt errechnet werden:

$$\text{Anzahl der Wälzungen je Zahn} = \frac{\text{Schleifscheibenhub}}{\text{Vorschub je Wälzung}} \qquad (7/14)$$

Angaben über Schleifscheibenhub und Vorschub je Wälzung s. ebenfalls Tab. 7/27.

Tabelle 7/27. Angaben zur Ermittlung der Schleifzeit
für Schleifmaschinen des Typs I nach Abb. 7/34. (Ermittelt für Maag HSS–10, max.
$d_k = 150$ mm und Maag HSS–30, max. $d_k = 300$ mm)

Schleifzugabe je Flanke [mm]	Modul [mm]	Schleifscheibenhub [mm] bei Radbreite b [mm]				Anzahl der Wälzungen je min					Qualität nach DIN
		$b=50$ [mm]	$b=100$ [mm]	$b=150$ [mm]	$b=200$ [mm]	$z=15$	$z=30$	$z=45$	$z=60$	$z=75$	
0,06	1,5	120	220	320	420	—	300	340	360	420	2.–5.
0,08	2	125	225	325	425	300	360	400	380	360	je nach
0,12	3	130	230	330	430	340	380	340	260	220	Vorschub
0,15	5	135	235	335	435	360	260	240	220	—	und Anzahl der
0,17	7	140	240	340	440	320	240	200	—	—	Schlichtarbeitsgänge
0,20	10	145	245	345	445	260	200	—	—	—	

Vorschub je Wälzung beim Schruppen: 3–5 mm; beim Schlichten: 1–2 mm
Faustregel: Zeit für Schruppen und Schlichten: $t_{(su+si)} = 10$ s je Zahn bei $b = 10$ mm

Die *Teilzeit* liegt bei etwa 0,04 bis 0,06 min und hängt von Bauart und
Größe der Maschine ab. Die Schleifzugabe ist vom Schleifverfahren
unabhängig, kann also ebenfalls aus Tab. 7/21, S. 414 entnommen werden
(vgl. auch Angaben in Tab. 7/27).

Die zum *Abrichten* der Schleifscheibe erforderliche Zeit kann nach
Tab. 7/28 geschätzt werden. Bei den Verfahren *a* und *b* nach Abb. 7/33
wird der Verschleiß durch automatisches Nachstellen während des
Schleifens ausgeglichen. Bei den neueren Maschinen dieses Typs kann —
während des Schleifprozesses – automatisch abgerichtet werden.

Tabelle 7/28
Häufigkeit und Dauer des Abrichtens von Schleifscheiben beim Teilwälzschleifen

Zahnraddurchmesser [mm]	Schleifscheibendurchmesser [mm]	Anzahl der Abzüge je geschliffenes Rad		Dauer eines einmaligen Abrichtens [min]
		HRC = 45	HRC = 60	
760	500	4	5	2,5
460	300	3	4	1
300	300	3	3	1
150	300	2	3	0,75
50	300	2	2	0,75

7.23 Wälzschleifen mit Schleifschnecke

1. Arbeitsweise. Dieses Verfahren entspricht genau dem Wälzfräsen;
an die Stelle des schneckenförmigen Fräsers tritt eine schnellaufende
schneckenförmige Schleifscheibe mit 200 bis 400 mm Durchmesser.
Genau betrachtet ist die – durchweg eingängige – Schleifschnecke ein
schrägverzahntes Stirnrad mit sehr großem Schrägungswinkel, und der

Wälzvorgang zwischen Schleifschnecke und Werkstück vollzieht sich wie bei zylindrischen Schraubenrädern.

Durch axiales Verschieben der Schleifscheibe erreicht man, daß die ganze Breite der Schleifschnecke ausgenutzt wird: Wenn eine Stelle abgenützt ist, wird axial verschoben, so daß ein anderer Teil der Schleifschnecke zum Eingriff kommt. Dies ist einer der Gründe dafür, daß bei diesem Verfahren nur in verhältnismäßig großen Zeitabständen abgerichtet werden muß.

2. Maschinen. Der Aufbau dieser Maschinen ist dem der Wälzfräsmaschinen sehr ähnlich. Die Maschinen sind zwar kompliziert, und die Herstellerfirmen mußten erhebliche Schwierigkeiten bei ihrer Entwicklung überwinden, das Verfahren dürfte jedoch wegen der damit erreichbaren Genauigkeit und Produktionsleistung in der Zahnradfertigung zukünftig eine bedeutende Rolle spielen. Fast alle Maschinen dieser Art, die bis heute verkauft wurden, stammen von den Firmen Reishauer AG., Zürich (Schweiz), Matrix Coventry Gauge & Tool Co., Coventry (England) und Sheffield (USA). Wahrscheinlich werden jedoch in nicht allzu ferner Zeit einige weitere Fabrikate auf den Markt kommen. Mindestens drei Firmen in den USA bauen bereits Maschinen dieses Typs für den eigenen Bedarf; eine dieser Firmen bringt bereits seit über 20 Jahren Zahnräder auf den Markt, die auf solchen Maschinen hergestellt wurden.

3. Anwendungsgebiet. Nach diesem Verfahren können gerad- und schrägverzahnte Stirnräder mit Außenverzahnung, jedoch keine Innenverzahnungen geschliffen werden (s. Abb. 7/36). Mit den Maschinen der obengenannten Firmen kann man Räder von 10 bis 700 mm Durchmesser und bis 280 mm Breite schleifen. Der Modulbereich umfaßt $m = 0{,}5$ bis 7 mm; mit einer besonderen Abziehvorrichtung können Moduln bis zu $m = 0{,}25$ mm herunter geschliffen werden. Größtzulässiger Schrägungswinkel ist 45°. Bei Moduln unter 0,8 mm kann man die Verzahnung unmittelbar aus dem vollen schleifen, gröbere Moduln müssen durch Fräsen oder Hobeln usw. vorverzahnt werden.

Bei der Konstruktion der Radkörper, die nach diesem Verfahren geschliffen werden sollen, muß Raum für den Auslauf der Schleifschnecke vorgesehen werden (vgl. Tab. 7/29).

4. Schleifzeit. Ähnlich wie beim Wälzfräsen können wir rechnen:

$$t_h\,[\text{min}] = \frac{\text{Zähnezahl des Rades} \times (\text{Radbreite [mm]} + \text{Auslaufweg [mm]}) \times \text{Zahl der Arbeitsgänge}}{\text{Gangzahl} \times \text{Vorschub [mm/U]} \times \text{Drehzahl der Schleifschnecke [U/min]}}.$$

$$(7/15)$$

Angaben über den erforderlichen *Auslaufweg* der Schleifschnecke siehe Tab. 7/29.

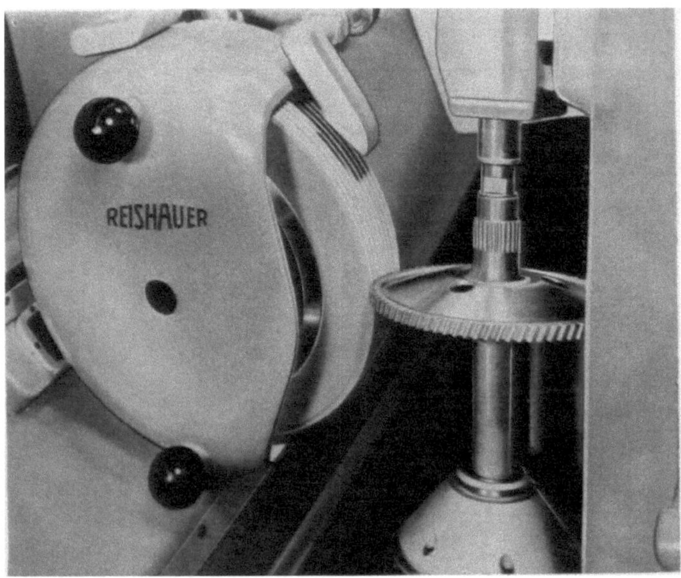

Abb. 7/36. Schleifen eines Schrägstirnrades mit Schleifschnecke. (Werkfoto: Sier-Bath Gear-Pump Co., Inc.; North Bergen, New Jersey, USA)

Tabelle 7/29. Anzahl der geschliffenen Räder je Schleifscheiben-Abzug und erforderlicher Auslauf (Gl. 7/15) für eine Schleifschnecke mit 330 mm Durchmesser

Modul	Diametral-Pitch	Breite	Schrägungs-winkel β_0	Zahnräder je Abzug bei Zähnezahl		Auslauf-weg
[mm]	[1/″]	[mm]	[°]	$z = 25$	$z = 75$	[mm]
$\approx 1,5$	16	10	0	200	100	6,5
		25	30	100	50	9,5
$\approx 2,5$	10	13	0	100	50	6,5
		50	30	40	20	16
$\approx 4,25$	6	20	0	20	10	6,5
		100	30	5	2	25

Die *Zahl der Arbeitsgänge* kann wieder mit Gl. (7/12), S. 413 errechnet werden; bezüglich der Schleifzugabe sei auf Tab. 7/21, S. 414 verwiesen. Die im Mittel bei durchschnittlichem Vorschub pro Arbeitsgang abgehobene Zugabe ist aus Tab. 7/30 zu ersehen. Wie auch bei den anderen Schleifverfahren hört man mit dem Schruppschleifen dann auf, wenn die Zugabe – bezogen auf die Zahndicke – noch etwa 0,05 mm beträgt, dann wird mit dem Schlichten begonnen, wobei der letzte Schlichtschliff fast kein Material mehr abhebt, man läßt die Scheibe nur „ausfeuern". Je nach der geforderten Genauigkeit werden zwei oder mehr Schlichtschliffe vorgesehen.

Tabelle 7/30. Übliche Werte für Vorschub und je Arbeitsgang abgetragene Schleif-
zugabe (bezogen auf die Zahndicke) bei Verwendung einer Schleifschnecke mit 330 mm
Durchmesser

Modul	Diametral-Pitch	Vorschub je Werkstücksumdrehung [mm]		Je Arbeitsgang abgetragene Schleifzugabe [mm]	
[mm]	[1/″]	Schruppen	Schlichten	Schruppen	Schlichten
≈ 1,5	16	1,8	0,6	0,058	0,010
≈ 2,5	10	1,8	0,6	0,050	0,013
≈ 4,25	6	1,8	0,6	0,040	0,013

Die *Gangzahl* der Schleifschnecken ist durchweg = 1.

Die üblicherweise angewendeten *Vorschübe* sind in Tab. 7/30 zusammengestellt. Die Drehzahl der *Schleifschnecke* beträgt je nach Bauart 1600 bis 1900 U/min.

Zum Abrichten der Schleifschnecke ist der Schleifprozeß zu unterbrechen, weil die Drehzahl der Schleifschnecke stark herabgesetzt werden muß. Meist können jedoch mehrere Räder fertiggeschliffen werden, ehe ein Abrichten erforderlich wird. Tab. 7/29 zeigt, wieviel Zahnräder zwischen zwei Abrichtvorgängen geschliffen werden können. – Auf
der kleinen Reishauer-Maschine dauert das Abrichten mittels Diamanten
etwa 20 min. Bei der größeren Type derselben Firma muß die Schleifschnecke zum Abrichten ausgebaut werden. Man richtet sie auf einer
besonderen Abrichtmaschine ab.

7.24 Teilwälzschleifen gerad- und schrägverzahnter Kegelräder

7.241 Maag-Kegelradschleifmaschine KS-42

1. Arbeitsweise. Als Werkzeug dienen zwei tellerförmige Schleifschei-
ben mit 220 mm Durchmesser, die (wie bei den Maag-Schleifmaschinen
Typ a nach Abb. 7/33) nur mit dem Schleifscheibenrand schleifen. Die
Scheiben können auf Eingriffswinkel von $14^1/_2$ bis 26° eingestellt werden
(Abb. 3/37). Die Schleifspindeln sind auf zwei Stößeln montiert, die sich
wechselweise zur Kegelspitze hin- und von dieser wegbewegen. Die
Kanten der Schleifscheiben bilden dabei die Zahnflanken des ideellen
Planradzahnes nach. Das verzahnte Kegelrad wird auf dem ideellen Planrad abgewälzt, indem der Werkstücksträger eine Schwenkbewegung um
die Kegelspitze ausführt. Und damit dabei der Wälzkegel ohne Gleiten
auf der Planebene abrollt, wird dem Werkstück eine zusätzliche – von
der Schwenkbewegung abgeleitete – Drehbewegung erteilt. Ist ein Kegel-
radzahn an den Schleifscheiben vorbeigewälzt, so wird das Kegelrad um
einen Zahn weitergeteilt. Dabei steht die eine Schleifscheibe vorn, die
andere hinten außerhalb der Verzahnung. Die Schleifscheiben werden
während des Schleifens automatisch nachgestellt, um den Verschleiß
auszugleichen.

2. Anwendungsgebiet. Mit der obengenannten Maschine können gerad- und schrägverzahnte Kegelräder bis zu Teilkreisdurchmessern von 420 mm (bei $i = 8$) bzw. 300 mm (bei $i = 1$) von Modul $m_n = 2,5$ bis 8, bei 12 bis 100 mm Zahnbreite, mit 10 bis 120 Zähnen geschliffen werden. Der Teilkegelwinkel darf 7 bis 90° und der Schrägungswinkel

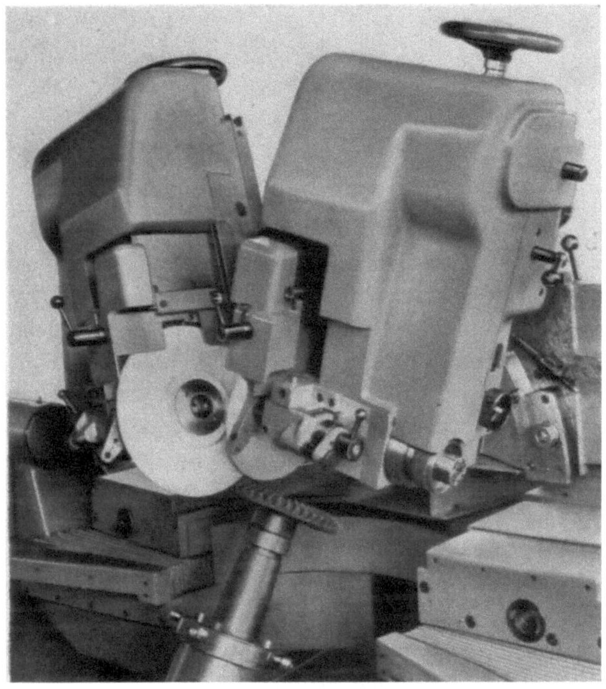

Abb. 7/37. Schleifen eines Geradzahnkegelrades.
(Werkfoto: Maag-Zahnräder AG., Zürich)

maximal 30° betragen. Man erreicht die gleichen Profil- und Teilgenauigkeiten wie beim Maag-Teilwälzschleifen von Stirnrädern, kann also Toleranzen einhalten, die DIN-Qualität 3 bis 4 (DIN 3962) entsprechen. Auch Kopf- und Fußrücknahme sowie eine geringe Längsballigkeit der Zähne können geschliffen werden.

3. Schleifzeit. Normalerweise werden die Kegelräder in drei Schrupp-, einem Feinschrupp- und einem Schlichtarbeitsgang geschliffen. Die Anzahl der Schruppschliffe hängt im Einzelfall jedoch vom Härteverzug des Rades und der gewünschten Genauigkeit ab. Für einige Beispiele sind die in der Praxis ermittelten Schleifzeiten in Tab. 7/31 zusammengestellt.

Tabelle 7/31. Schleifzeiten für Geradzahn-Kegelräder auf Maag KS-42
(reine Schleifzeit für einige ausgeführte Beispiele)

Zähne-zahl	Teil-kegel-winkel [°]	Modul [mm]	Breite [mm]	Schleif-zuggabe je Flanke [mm]	Schleifzeit je Rad [min]		
					Schruppen	Vor-schlichten	Schlichten
19	42	3,2	20	0,12	36	—	20
26	58	3,2	20	0,12	52	—	25
16	25	4	35	0,15	27	—	18
27	47	5,8	60	0,20	32	18	30
42	30	5,8	60	0,20	60	20	45
63	71	5,8	60	0,20	100	30	60

Faustregel: Schleifzeit für Schruppen und Schlichten: $t_{(Su+St)} = 3$ min je Zahn

7.242 Kegelradschleifmaschinen nach dem Tauchverfahren

Das Arbeitsverfahren ähnelt dem in Abschn. 7.19, S. 398 beschriebenen Teilwälzfräsen. Der Bewegungsablauf ist im Prinzip der gleiche; an die Stelle der Messerköpfe sind schnellaufende Schleifscheiben (Durchmesser 70 bis 390 mm) getreten. Im Gegensatz zu den vorher besprochenen Maag-Kegelradschleifverfahren führen die Schleifscheiben also keine Hin- und Herbewegung, sondern außer dem Eintauchen und der Drehbewegung nur eine Wälzbewegung aus. Die Zahnflanken werden dadurch in Mitte Zahnbreite etwas tiefer ausgeschliffen als an den Zahnenden. Längsballigkeit der Zähne kann in einfacher Weise erzeugt werden; man zieht zu diesem Zweck die Schleifscheiben nicht eben ab, sondern so, daß die Schleiffläche einen schwach geneigten Innenkegel bildet.

Nach diesem Verfahren arbeiten die Maschinen von Gleason und Heidenreich & Harbeck, mit denen man Geradzahnkegelräder folgender Abmessungen schleifen kann: Teilkreisdurchmesser bis 400 mm, Moduln von 0,5 bis 10, Zahnbreiten bis 50 mm.

7.25 Teilwälzschleifen bogenverzahnter Kegelräder (*Gleason-Verfahren*)

1. Arbeitsweise. Bis heute hat nur die Firma Gleason Maschinen zum Schleifen bogenverzahnter Kegelräder auf den Markt gebracht; diese Maschinen arbeiten nach dem gleichen Prinzip wie die auf S. 402 beschriebenen Kegelradfräsmaschinen von Gleason. An die Stelle des Messerkopfes tritt eine schnellaufende topfförmige Schleifscheibe (Abb. 7/38). Die Flanken der Scheibe verkörpern die beiden Flanken eines Zahnes des ideellen Planrades. Dieses ideelle Planrad wälzt mit dem zu schleifenden Kegelrad ebenso wie bei dem Gleason-Kegelradfräsverfahren ab. Es handelt sich also um ein Wälzteilverfahren, bei dem die Schleifscheibe die Drehbewegung um ihre Achse, eine Schwenkbewegung um die Planradachse und das Werkstück eine Teilbewegung ausführt.

Auch Formateverzahnung kann geschliffen werden. Der Arbeitsablauf ist im Prinzip derselbe, wie auf S. 402 für das Fräsen beschrieben wurde, dabei tritt lediglich an die Stelle des Messerkopfes die schnelllaufende Schleifscheibe.

Abb. 7/38. Schleifen eines Zerolkegelrades auf Gleason-Schleifautomat Nr. 27.
(Werkfoto: Gleason-Works)

2. Anwendungsgebiet. Die Firma Gleason baut vier Maschinentypen, mit denen Spiral-, Zerol- und achsversetzte Kegelräder geschliffen werden können:

Nr. 7 für Ritzel und Tellerräder nach Wälzverfahren oder Formateverfahren bei Moduln unter 6 mm, bis zu 220 mm Durchmesser.

Nr. 18 nur für Tellerräder bis 610 mm nach dem Formateverfahren; größter Modul 12,7 mm.

Nr. 27 für Ritzel und Tellerräder bis zu 860 mm Durchmesser nach dem Wälzverfahren sowie für Ritzel, deren Tellerräder auf der Formatemaschine Nr. 18 geschliffen werden; größter Modul 12,7 mm.

Nr. 137 für Ritzel und Tellerräder ähnlicher Abmessungen wie bei Nr. 27, aber bis Modul 17 mm; besonders geeignet für kleine Teilkegelwinkel.

Sollen Kegelräder geschliffen werden, so muß schon beim Entwurf darauf geachtet werden, daß die Teile im Arbeitsbereich einer dieser Maschinen liegen. Nur bei sehr großen Stückzahlen lohnt sich die Entwicklung einer Sondermaschine. – Derartige Spezialkegelradschleifmaschinen für die Massenherstellung eines bestimmten Radsatzes sind jedoch ebenfalls schon mehrfach ausgeführt worden.

Beim Schleifen bogenverzahnter Kegelräder sind so viele Besonderheiten zu beachten, daß es zweckmäßig ist, wenn der Konstrukteur schon nach dem ersten Entwurf mit dem Maschinenhersteller Verbindung aufnimmt, um sich mit diesem abzustimmen.

3. Schleifzeit. Die erwähnten Komplikationen, die beim Kegelradschleifen auftreten, machen es schwierig, eine allgemein gültige Formel für die Schleifzeit aufzustellen. – Als Anhalt wurden deshalb in Tab. 7/32

Tabelle 7/32. Durchschnittliche Schleifzeit für Spiral-Kegelräder auf der Gleason-Hypoidschleifmaschine Nr. 27

Zähne-zahl	Teil-kegel-winkel [°]	Modul [mm]	Dia-metral-Pitch [1/″]	Breite [mm]	Anzahl der Arbeits-gänge	Anzahl d. Schleif-scheiben-abzüge	Zeit je Zahn [s]	Gesamtzeit [min]
12	8,5	$\approx 4{,}25$	6	41	4	1	2,7	2,7 je Seite[1]
20	22	$\approx 4{,}25$	6	38	6	2	2,7	6,4 je Seite[1]
30	45	$\approx 4{,}25$	6	32	7	2	2,7	10,5
50	68	$\approx 4{,}25$	6	38	8	2	2,7	19,0
80	81,5	$\approx 4{,}25$	6	41	9	3	2,7	33,9
12	8,5	$\approx 8{,}5$	3	83	4	1	4,5	4,1 je Seite[1]
20	22	$\approx 8{,}5$	3	83	6	2	4,5	10,0 je Seite[1]
30	45	$\approx 8{,}5$	3	83	7	2	4,5	16,7
50	68	$\approx 8{,}5$	3	83	8	2	4,5	31,0
80	81,5	$\approx 8{,}5$	3	83	9	3	4,5	55,0

Schleifzeiten für Kegelräder verschiedener Abmessungen zusammengestellt. Diese Werte gelten unter der Voraussetzung, daß kein übermäßiger Härteverzug vorliegt und eine mittlere Verzahnungsgenauigkeit erforderlich ist. Die in Tab. 7/32 angegebene Gesamtzeit pro Stück schließt die Zeit für das automatisch ablaufende Schleifscheibenabrichten ein. Diese beträgt etwa 30 Sekunden pro Abzug. Die Tabellenwerte gelten für die Gleason-Hypoidschleifmaschine Nr. 27. Einige Richtwerte für Schleifzugaben sind in Tab. 7/33 zusammengestellt.

Tabelle 7/33. Richtwerte für Schleifzugaben bei Gleason-Spiralkegelrädern nach [7/232]

Modul [mm]	Zugabe je Flanke [mm]	Zugabe im Zahngrund [mm]
$< 2{,}5$	0,075–0,10	0,075
$> 2{,}5$	0,10 –0,125	0,075

7.26 Schleifen von Schnecken

1. Arbeitsweise. Zylinderschnecken werden meist auf Maschinen geschliffen, die nach dem Prinzip der Gewindeschleifmaschinen arbeiten (Abb. 7/39). Die Schleifscheibe wird hierbei im mittleren Steigungswinkel

---

[1] Erläuterungen s. S. 403 unten.

zur Schnecke angestellt (Abb. 2/36c, S. 89); Drehzahl und Axialvorschub der Schnecke werden dann (durch Wechselräder) so aufeinander abgestimmt, daß die Schleifscheibe stets über Mitte Zahnlücke steht. –

Abb. 7/39. Schleifen einer genauen Teilschnecke. (Werkfoto: Jones & Lamson, Machine Co., Springfield, Vermont, USA)

Es handelt sich also um ein Formschleifen, das dem Formschleifen von Schrägstirnrädern ähnelt.

Berechnung des Schleifscheibenprofils s. Abschn. 8.6, S. 498, Übersicht über die üblichen Zahnformen s. Abschn. 2.18, S. 88.

2. Anwendungsgebiet, Maschinen. Schnecken werden im allgemeinen durch Fräsen vorverzahnt, dann gehärtet und geschliffen. Bei einem Achsmodul unter 1,5 mm kann die Verzahnung auch aus dem vollen geschliffen werden. Die heute vorhandenen Schleifmaschinen gestatten das Schleifen von Schneckenverzahnungen bis Achsmodul 10 mm, wobei – je nach Bauart – Steigungswinkel bis 30 oder 50° zulässig sind. Größtzulässiger Außendurchmesser ist etwa 300 mm. Beim Entwurf von Schnecken, die geschliffen werden sollen, muß Platz für den Auslauf der verhältnismäßig großen Schleifscheibe vorgesehen werden. Viel verwendet wird eine Schleifscheibengröße mit 500 mm Durchmesser.

3. Schleifzeit. Die für das Schleifen von Schneckenverzahnungen benötigte Zeit kann nach folgender Formel überschlagen werden:

$$t_h\,[\text{min}] \quad \frac{\text{Zahl der Gänge}}{\text{Zahl der Gänge pro Arbeitsgang}} \times$$
$$\times \left(\text{Teilzeit}\,[\text{min}] + \frac{\text{Ganglänge}\,[\text{mm}]}{\text{Vorschubgeschwindigkeit}\,[\text{mm/min}]}\right) \times \qquad (7/16)$$
$$\times\ \text{Zahl der Arbeitsgänge}\,.$$

Die *Teilzeit* ist mit etwa 0,1 bis 0,5 Minuten anzusetzen.

Die abgewickelte *Länge eines Schneckenganges* beträgt:

$$\text{Ganglänge}\,[\text{mm}] = \frac{3{,}14 \text{ mittl. Schneckendurchmesser}\,[\text{mm}]}{\text{cosinus des mittl. Steigungswinkels}} \times \left.\vphantom{\frac{\frac{a}{b}}{\frac{a}{b}}}\right\}$$
$$\times \frac{\text{Schneckenlänge}\,[\text{mm}]}{\text{Steigung}\,[\text{mm}]\ (= \text{Ganghöhe})}\,. \qquad (7/17)$$

Bei Schnecken mit kleinen Moduln und Steigungswinkeln ist es zuweilen möglich, Schleifscheiben mit zwei oder drei Profilen zu verwenden und damit alle Schneckengänge auf einmal zu schleifen. In Gl. (7/16) wird dann der Bruch „Zahl der Gänge/Zahl der Gänge pro Arbeitsgang" gleich 1, was eine große Zeitersparnis bedeutet.

Die erforderliche *Zahl der Arbeitsgänge* hängt von Modul und Schleifzugabe ab. Tab. 7/34 enthält hierfür und für die *Vorschubgeschwindigkeiten* einige gängige Anhaltswerte. Die Angaben basieren auf folgenden Schleifzugaben (bezogen auf die Zahndicke):

$$0{,}25 \text{ mm bei Achsmodul } 4 \text{ mm,}$$
$$0{,}6\ \ \text{mm bei Achsmodul } 10 \text{ mm.}$$

Tabelle 7/34. Übliche Werte für Zahl der Arbeitsgänge und Vorschubgeschwindigkeit beim Schneckenschleifen

Achsmodul [mm]	Zahl der Arbeitsgänge		Vorschubgeschwindigkeit [mm/min] bei Schleifscheibendurchmesser von	
	Schruppen	Schlichten	250 mm	500 mm
2	2	1	640	1000
4	3	1	510	890
6	4	1	380	760
8	5	2	300	640
10	7	2	250	510

7.3 Verzahnungsschaben und -Honen

Schaben ist ein Verfahren zur Verbesserung der Oberfläche und der Genauigkeit von ungehärteten Zahnrädern. Man muß allerdings einschränken, daß ein schlechtes Rad durch Schaben nicht gut, wohl aber ein gutes durch Schaben besser wird. Während beim Verzahnen und Schleifen die Bewegungen von Werkstück und Werkzeug zwangsläufig (z. B. durch Wechselräder) miteinander gekoppelt sind, wird beim Schaben im allgemeinen nur *ein* Teil angetrieben und das andere durch den Zahneingriff mitgenommen. Hieraus folgt, daß der Schabeprozeß in erster Linie die Oberflächenrauheit verringert. Wenn Werkstück und Schaberad richtig aufeinander abgestimmt sind, können auch Form- und Einzelteilgenauigkeit sowie Rundlauf erheblich verbessert werden, der Summenteilfehler wird jedoch kaum beeinflußt. Bei Rädern mit kleinen Zahnbreiten kann man außerdem den Flankenrichtungsfehler durch Schaben vermindern, nicht aber bei breiten Rädern, die mit einem schmalen Schaberad bearbeitet werden. Neue Entwicklungen mit „geführten Schaberädern" – Werkzeug- und Werkstückdrehung sind hierbei zwangsläufig gekoppelt – ermöglichen eine Korrektur der Flankenrichtung bis zu Radbreiten von 500 mm. Bezüglich der Art der Werkstoffabnahme ähnelt das Schaben den Verzahnungsprozessen, es ist also ebenfalls auf Werkstoffhärten beschränkt, die eine Zerspanung zulassen. Es macht im allgemeinen keine Schwierigkeiten, Räder bis zu Brinellhärten von 350 kg/mm² (entspricht einer Rockwellhärte von HRC = 38) zu schaben; allerdings wurden auch schon Räder bis zu HB = 450 kg/mm² (entspricht HRC = 47) mit gutem Erfolg verzahnt und geschabt. Bei den höheren Härtegraden nutzen sich die Werkzeuge sehr rasch ab, und man muß besondere Arbeitsverfahren und Schneidöle anwenden. Auch das Schaberad muß hierfür besonders hart sein.

Das Schaben wird stets nach dem Verzahnen, d. h. wenn gehärtet wird, vor dem Härten durchgeführt. Da demnach kein Härteverzug zu beseitigen ist, wird nur eine kleine Schabezugabe benötigt. Der Zeitaufwand zum Schaben ist deshalb im allgemeinen sehr viel geringer als beim Schleifen. – Wenn nach dem Schaben gehärtet wird, müssen alle Maßnahmen getroffen werden, den Härteverzug auf ein Minimum zu beschränken oder so unter Kontrolle zu halten, daß der Verzug gleichmäßig erfolgt. Der zu erwartende Verzug kann dann durch Vorkorrigieren beim Schaben berücksichtigt werden.

Es gibt heute zwei Schabeverfahren, das Schaben mit Schaberad und das Schaben mit Kammstahl, die überwiegend angewendet werden. Das Schaben mit Schabeschnecke hat demgegenüber bis heute keine größere Bedeutung erlangt.

Honen ist ein erst in letzter Zeit bekanntgewordenes Verfahren. Der Arbeitsablauf ist hierbei – kinematisch gesehen – der gleiche wie beim Schaben, jedoch wird *nach dem Härten* gehont. Beschreibung s. Abschn. 7.33, S. 441.

7.31 Schaben mit Schaberad

1. Arbeitsweise, Werkzeug. Das Schaberad gleicht in seinen Hauptabmessungen einem gerad- oder schrägverzahnten Stirnrad. Es ist auf eine hohe Verzahnungsgenauigkeit geschliffen und besteht aus Werk-

Abb. 7/40. Schaberadverzahnung.
(Werkfoto: Zahnradfabrik Friedrichshafen)

zeugstahl. Die Zahnflanken sind mit feinen, in Richtung der Zahnhöhe verlaufenden Nuten versehen (Abb. 7/40). Der Querschnitt der Nuten ist rechteckig, so daß auf der Zahnflanke zahlreiche scharfe Schneiden bestehen. Die Normalmoduln von Schaberad und Werkrad müssen übereinstimmen, die Schrägungswinkel dürfen jedoch *nicht* gleich groß sein. Schaberad und Werkrad wirken dadurch wie zylindrische Schraubenräder (vgl. S. 30) zusammen. Der Kreuzungswinkel von Schaberadachse und Werkstückachse sollte etwa 5 bis 15° betragen, d. h. ein geradverzahntes Stirnrad müßte mit einem Schaberad von etwa 10° Schrägungswinkel bearbeitet werden.

Wie bereits auf S. 86/87 erläutert, tritt bei Schraubenrädern außer der Gleitung in Zahnhöhenrichtung eine Gleitung in Längsrichtung des Zahnes auf; die Gleitgeschwindigkeit in Längsrichtung ist um so größer, je größer der Kreuzungswinkel ist. Da die oben erwähnten Schneiden des Schaberades senkrecht zu dieser letztgenannten Geschwindigkeitskomponente stehen, schaben sie beim Zusammenlaufen von Schaberad und Werkstück feine Späne von der Werk-

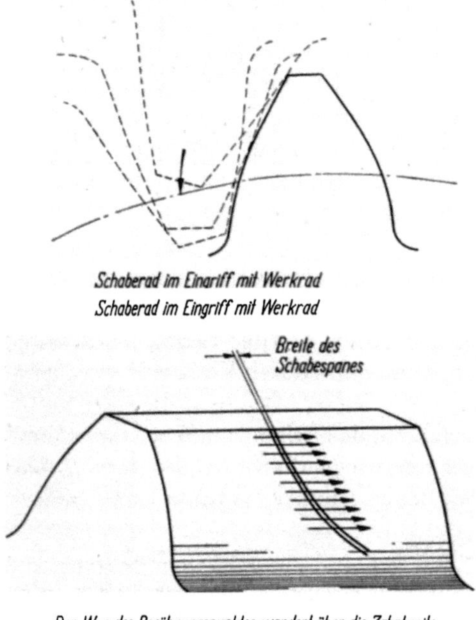

Der Weg des Berührungspunktes wandert über die Zahnbreite, wobei ein Span nach dem anderen abgeschabt wird.

Abb. 7/41. Arbeitsweise eines Schaberades

stückflanke ab (s. Abb. 7/41). Beide Räder arbeiten hierbei kontinuierlich zusammen (d. h. keine Teilbewegung erforderlich). Zur Erzeugung einer Schnittkraft werden beide radial ineinander gedrückt. Kleine Werkräder werden vom Schaberad angetrieben, während beim Schaben großer Werkräder meist das Werkrad treibt.

Die Zähne von Schaberad und Werkstück berühren sich infolge des radialen Ineinanderdrückens an Vor- und Rückflanke gleichzeitig. Je nach Überdeckungsgrad sind meist auch mehrere Zahnpaare gleichzeitig im Eingriff; dadurch entsteht eine gewisse Ausgleichswirkung, so daß auch beim Schleifen des Schaberades entstandene leichte Teilungsfehler überdeckt werden. Dies ist mit ein Grund für die durch Schaben erzielbare hohe Verzahnungsgenauigkeit.

Bekanntlich berühren sich die Zahnflanken zweier Schraubenräder – und damit auch die von Schaberad und Werkstück – in einem Punkt, der während des Eingriffes zweier Zähne schräg über die Zahnflanke wandert. Das Schaberad schabt dementsprechend einen haardünnen Span von der Werkstückflanke. Die Berührungszone liegt in der Nähe des Kreuzungspunktes der Achsen (s. Abb. 7/42). Durch die Vorschubbewegung von Schaberad oder Werkstück wird diese Eingriffszone über die ganze Zahnbreite verschoben. Hierfür sind folgende Verfahren in Gebrauch (Abb. 7/42):

a) Längsschaben. Wie aus Abb. 7/42a zu ersehen ist, wird hierbei das Werkstück in Achsrichtung verschoben. Der Nachteil dieses Verfahrens ist der verhältnismäßig große Verschiebeweg. Vorteilhaft ist, daß das Schaberad beliebig schmal sein kann. So sind bei Verwendung eines Schaberades von 25 mm Breite schon Zahnräder bis 500 mm Breite mit durchaus befriedigendem Ergebnis geschabt worden.

b) Diagonalschaben. Wie aus Abb. 7/42b zu ersehen ist, wird hierbei die Werkstückachse um den Diagonalwinkel γ aus der Bewegungsrichtung des Werkstückes verdreht. Der Kreuzungspunkt K durchläuft wieder die ganze Werkstückbreite, gleichzeitig aber auch die ganze Schaberadbreite. Die Ausnutzung des Schaberades ist also günstiger als beim Längsschaben und der Verschiebeweg ist kürzer. Die maximale Größe des Diagonalwinkels γ hängt von Werkradbreite b, Schaberadbreite b_s und Kreuzungswinkel δ ab, und ist bestimmt durch:

$$\tan \gamma = \frac{b_s \sin \delta}{b - b_s \cos \delta} .\qquad (7/18)$$

c) Querschaben. Abb. 7/42c zeigt, daß die Werkradachse hierbei quer zur Bewegungsrichtung des Werkrades steht, es handelt sich also um einen Sonderfall des Diagonalschabens ($\gamma = 90°$). Der Verschiebeweg ist noch kleiner als bei dem letztgenannten Verfahren. Der Kreuzungspunkt durchläuft wieder die ganze Breite von Werkrad und Schaberad. Die Breite des Schaberades muß hierbei größer sein als die des Werkrades:

$$b_s \geqq \frac{b}{\cos \delta} .\qquad (7/19)$$

Zum Schaben von *Innen*verzahnungen wird auch ein Schabeverfahren angewendet, das von den beschriebenen Verfahren grundsätzlich abweicht. Das Schneidrad führt hierbei während des Abwälzens eine hin- und hergehende Bewegung aus, arbeitet also wie ein Schneidrad.

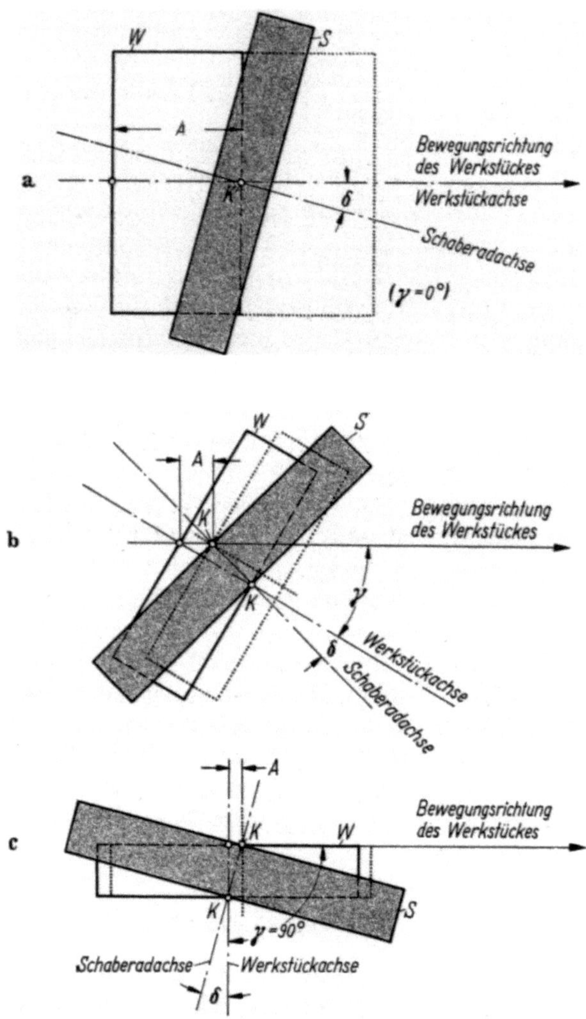

Abb. 7/42a–c. Schabeverfahren. a) Längsschaben; b) Diagonalschaben; c) Querschaben. *S* Schaberad, *W* Werkrad, *A* Verschiebeweg, *δ* Achskreuzungswinkel, *γ* Diagonalwinkel

2. Anwendungsgebiet. Man kann Stirnräder mit Gerad- und Schrägverzahnung schaben, und zwar sowohl Außen- als auch Innenverzahnung.

Mit den heute im Handel befindlichen Maschinen, die nach dem Prinzip des Längsschabens arbeiten, können Zahnräder bis zu 5 m Durch-

messer und 1,5 m Breite geschabt werden (Abb. 7/43 und 7/44). Diagonal-
und Querschabmaschinen existieren für Räder bis max. 600 mm Durchmesser und 100 mm Breite.

Bei der Konstruktion von Zahnrädern, die geschabt werden sollen,
muß Platz für den Auslauf des Schaberades vorgesehen werden. Allgemeine Angaben über die erforderliche Breite dieser Auslaufnut sind
schwer möglich, weil das Schaberad in einem Winkel zum Werkstück steht und beide sich – theoretisch – in einem Punkt berühren. Zum Vorverzahnen (vor dem Schaben) sollte nach Möglichkeit ein *Pro-tuberanz*werkzeug ver-wendet werden, d. h. ein Wälzfräser oder Schneidrad usw., deren Zahnköpfe einen nasen-artigen Vorsprung auf-weisen (s. S. 464); dieser Vorsprung erzeugt am Zahnfuß des Werkstücks einen leichten Unter-

Abb. 7/43. Schaben eines Ritzels für ein Meßinstrument.
(Werkfoto: Fellows Gear Shaper)

schnitt. Der Kopf des Schaberades kann sich dadurch im Zahngrund
frei bewegen. Andernfalls wird die Kopfkante des Schaberades in das
Material am Fuß des Werkrades hineingedrückt, was leicht zu Beschädigungen des Schaberades führen kann.

Man kann nur solche Zahnräder schaben, die beim Zusammenarbeiten mit dem Schaberad einen ausreichenden Überdeckungsgrad
haben. Da das Schaberad entweder das Werkstück treibt oder von ihm
getrieben wird, müssen die Zähne so bemessen sein, daß sie eine gewisse
Leistung mit gleichförmiger Bewegung übertragen können. Wegen
mangelnder Überdeckung kann z. B. ein Keilwellenprofil (Evolventenprofil) mit 60° Flankenwinkel (d. h. 30° Eingriffswinkel) und einer aktiven
Zahnhöhe von etwa $1 \times$ Modul im allgemeinen nicht geschabt werden.
Als allgemeine Regel kann man angeben, daß der Eingriffswinkel im
Bereich zwischen 14,5 und 25° liegen und die Zahnhöhe wenigstens 75%
der normalen Zahnhöhe betragen muß; dann ergeben sich im allgemeinen
befriedigende Eingriffsverhältnisse. Das Kopfspiel muß mindestens $0,3\,m_n$
betragen, um zum Vorverzahnen (vor dem Schaben) ein Protuberanzwerkzeug verwenden zu können.

28*

Geradverzahnte Ritzel mit kleinen Zähnezahlen sind besonders schwierig zu schaben. Bei Zähnezahlen von 10 und darunter wird das Schaben überhaupt problematisch, und es sind besondere Maßnahmen erforderlich, um hierbei noch eine gute Evolvente zu erzielen. Auch bei

Abb. 7/44. Schaben eines großen Schiffsgetrieberades auf einer Doppelspindelmaschine mit zwangsläufig geführten Schaberädern. (Werkfoto: General Electric)

Innenverzahnungen mit weniger als 40 Zähnen müssen die Schaberäder besonders ausgewählt werden. Bei innenverzahnten Rädern mit 25 Zähnen und darunter ist es schließlich unmöglich, ein Schaberad im Innenraum unterzubringen, mit dem nach dem Schraubenradprinzip (gekreuzten Achsen) geschabt werden kann.

3. Schabezeit. Die zum *Längsschaben* eines Rades erforderliche Zeit kann wie folgt ermittelt werden:

$$t_h\,[\mathrm{min}] = \frac{\dfrac{0{,}00314 \times \text{Teilkreisdurchmesser des Rades [mm]}}{\text{Schabegeschwindigkeit [m/min]}} \times}{\dfrac{(\text{Zahnbreite} + \text{Totweg})\,[\text{mm}] \times \text{Anzahl der Arbeitsgänge}}{\text{Vorschub [mm/U]}}}\,. \qquad (7/20)$$

Der *Totweg* kann beim Schaben etwa mit der $1^1/_2$fachen Schaberadbreite angenommen werden. *Zahnbreite* und *Teilkreisdurchmesser* in obiger Gleichung sind die des zu schabenden Rades. Die erforderliche *Anzahl der Arbeitsgänge* richtet sich nach der auf dem Rad belassenen Schabezugabe und dem Anteil, der pro Arbeitsgang abgeschabt wird. Manchmal sind zusätzliche Arbeitsgänge zur Korrektur des Schrägungswinkels erforderlich. Die Zugabe, die insgesamt durch Schaben zerspant werden kann, ist ziemlich eng begrenzt. Beim Vorverzahnen mit Protuberanzfräser (vor dem Schaben) soll aus Festigkeitsrücksichten nur ein kleiner Unterschnitt erzeugt werden. Wenn nun beim Schaben zuviel Material abgehoben wird, nämlich mehr als durch die vorher erzeugte Unterschnittiefe gegeben ist, so entsteht am Fuß des Werkrades eine Kerbe und der Schaberadkopf stößt in der Schabezugabe am Zahnfuß auf. – Tab. 7/35 enthält einige Angaben über die Zugabe (bezogen auf die Zahndicke), die für das Schaben auf den Werkstückflanken belassen werden kann.

Tabelle 7/35. Größe der Schabezugabe
(Gesamtbetrag, der durch Schaben abgehoben wird)

Modul [mm]	Diametral-Pitch [1/″]	Zugabe, bezogen auf die Zahndicke	
		Kleinstwert (hohe Genauigkeit) [mm]	Größtwert (Handelsgenauigkeit) [mm]
≈ 1,5	16	0,025	0,050
≈ 2,5	10	0,038	0,075
≈ 4,25	6	0,050	0,100
≈ 12,5	2	0,075	0,1500

Der pro Arbeitsgang abgehobene Anteil der Gesamtzugabe und die Größe des *Vorschubes* sind bis zu einem gewissen Grad von der Größe des zu schabenden Zahnrades und sehr weitgehend von der gewünschten Verzahnungsqualität und Oberflächengüte abhängig. Tab. 7/36 bringt einige Zahlenwerte, die für überschlägige Berechnungen verwendet werden können.

Die *Schabegeschwindigkeit* (d. h. Umfangsgeschwindigkeit des Schaberades) schwankt zwischen etwa 75 und 180 m/min. Kleine Zahnräder aus Stahl mit einer Brinellhärte von etwa HB = 250 kg/mm² werden im allgemeinen mit 120 bis 150 m/min geschabt, je nach der Zerspanbarkeit des Materials. Für große Räder im Durchmesserbereich von 0,9 bis 2,5 m werden durchweg Schabegeschwindigkeiten von 90 bis

Tabelle 7/36. Je Arbeitsgang beim Schaben abgehobener Betrag, Breitenvorschub

Werkstück-durch-messer [mm]	Verzahnungsqualität	Je Arbeitsgang abgeschabter Betrag (bezogen auf die Zahndicke) [mm]		Breitenvorschub [mm/U]	
		Schruppen	Schlichten	Schruppen	Schlichten
150	Genauigkeitsverzahnung	0,018	0,008	0,38	0,15
150	Handelsqualität	0,038	0,018	0,50	0,50
600	Genauigkeitsverzahnung	0,018	0,008	0,38	0,20
600	Handelsqualität	0,038	0,018	0,63	0,63
2400	Genauigkeitsverzahnung	0,018	0,008	0,38	0,25
2400	Handelsqualität	0,030	0,013	0,63	0,38

120 m/min gewählt. Härtere Teile (bis $HB = 350$ kg/mm²) können im allgemeinen nur mit geringerer Geschwindigkeit – etwa 75 bis 90 m/min – geschabt werden.

Die für das *Diagonalschaben* oder das *Querschaben* benötigte Zeit kann wie folgt ermittelt werden:

$$t_h[s] = \text{Zeit pro Arbeitsgang } [s] \times \text{Anzahl der Arbeitsgänge.} \qquad (7/21)$$

Die *pro Arbeitsgang benötigte Zeit* hängt in erster Linie vom Werkstückdurchmesser und der geforderten Verzahnungsgenauigkeit ab. In Tab. 7/37 sind für verschiedene Diagonalwinkel einige übliche Werte zusammengestellt.

Tabelle 7/37. Pro Arbeitsgang beim Schaben erforderliche Zeit in Sekunden für Diagonal- und Querschaben; Schaberadbreite 25 mm

Werkstück-durchmesser [mm]	Diagonalwinkel $\gamma = 90°$ (Querschaben)		Diagonalwinkel $\gamma = 60°$ (Diagonalschaben)		Diagonalwinkel $\gamma = 30°$ (Diagonalschaben)	
	Handelsqualität	Genauigkeitverzahnung	Handelsqualität	Genauigkeitverzahnung	Handelsqualität	Genauigkeitverzahnung
75	28	40	32	45	36	50
150	45	65	50	70	54	75
300	57	85	63	90	68	95
450	70	100	76	105	82	120
600	85	125	91	130	97	140

Die erforderliche *Anzahl der Arbeitsgänge* folgt aus der Schabezugabe und dem pro Arbeitsgang abgehobenen Anteil; beide Einflüsse wurden vorher bereits behandelt.

7.32 Schaben mit Schabezahnstange

1. Arbeitsweise, Werkzeug. Bei diesem Verfahren wird als Werkzeug – an Stelle des Schaberades – eine Zahnstange benutzt, deren Flanken in gleicher Weise wie beim Schaberad (vgl. Abb. 7/40) mit Schneidkanten versehen sind. Man kann diese Zahnstange als Schaberad mit unendlich großem Durchmesser betrachten, dessen Achse senkrecht zur geradlinigen Bewegung der Zahnstange gerichtet ist. Schabezahnstange und zu schabendes Rad wälzen sich mit gekreuzten Achsen, d. h. wie zwei zylindrische Schraubenräder aufeinander ab. Dadurch kommt wieder außer der Gleitung in Richtung der Zahnhöhe eine Gleitung in Zahnlängsrichtung zustande, die zum Schaben ausgenutzt wird.

Während das Werkstück mit der hin- und hergehenden Schabezahnstange abwälzt, wird es quer zur Bewegungsrichtung der Schabezahnstange bewegt, um so eine gleichmäßige Abnutzung der Schabezahnstange zu erreichen: Nach jedem Hub der Schabezahnstange wird das Werkstück in Richtung seiner Achse um ein kleines Stück vorgeschoben.

Abb. 7/45 a. Schaben von PKW-Zahnrädern mit Schabezahnstange

2. Anwendungsgebiet. Nach diesem Verfahren können gerad- und schrägverzahnte Stirnräder mit Außenverzahnung geschabt werden, und zwar – auf den heute existierenden Maschinen – bis zu 200 mm Durch-

messer und 50 mm Breite (Abb. 7/45). Das Verfahren eignet sich nicht
zum Schaben großer Teile, da die schnell hin- und hergehende Schabezahnstange eine dauernde schnelle Drehrichtungsumkehr der mitgenom-
menen Werkstücke erfordert. Die Schabezahnstangen sind relativ teuer;

Abb. 7/45 b. Einzelheiten aus Abb. 7/45 a

sie müssen breiter sein als die Zahnbreite des zu schabenden Zahnrades,
ihre Länge muß größer sein als der Umfang des Zahnrades. – Der Vorzug
dieses Verfahrens ist seine sehr große Schnelligkeit, ferner kann eine sehr
große Anzahl Teile geschabt werden, ehe der Schabekamm geschärft
werden muß. Bei großen Stückzahlen ist das Schaben mit Schabezahnstangen sehr wirtschaftlich.

Tabelle 7/38
Durchschnittlich benötigte Schabezeiten beim Schaben mit Schabezahnstange

Zahnrad-durch-messer [mm]	Schabezeit [s] bei Modul [mm] bzw. (Diametral-Pitch [1/″])				
	$\approx 1,5$ (16)	≈ 2 (12)	$\approx 2,5$ (10)	$\approx 3,25$ (8)	$\approx 4,25$ (6)
25	75	72	69	65	60
50	73	70	67	63	58
75	70	67	64	60	55
100	65	62	59	55	50
150	58	55	52	48	43
200	45	42	39	35	30

3. Schabezeit. Die Zeit, die zum Fertigschaben von Zahnrädern aus Stahl benötigt wird, kann nach den Angaben in Tab. 7/38 abgeschätzt werden. Die Tabellenwerte stellen Durchschnittszeiten dar, die für mäßige Schabezugaben und ein Material relativ guter Zerspanbarkeit ermittelt wurden. Bei abweichenden Bedingungen oder besonderen Anforderungen an die Verzahnungsqualität sind entsprechende Zu- oder Abschläge zu machen.

7.33 Honen von Verzahnungen

1. Arbeitsweise, Werkzeug. Als Werkzeug wird ein Stirnrad benutzt, dessen Zahnkranz aus relativ hartem Kunststoff besteht, der mit einem Schleifmittel imprägniert ist. Seine Verzahnung muß sehr genau sein. – Wie beim Schaben arbeiten auch hier Werkzeug und Werkstück als zylindrische Schraubenräder zusammen (Abb. 7/46). Das Werkzeug treibt das Werkrad mit hoher Geschwindigkeit an, während das letztere eine Hin- und Herbewegung längs seiner Achse ausführt. Es wird nacheinander in beiden Drehrichtungen angetrieben. Ein Kühlmittel, das auch den Abtransport der Abriebteilchen übernimmt, wird in den Zahneingriff gespritzt.

2. Anwendungsgebiet. Honen wird als letzter Arbeitsgang bei der Herstellung gehärteter Zahnräder angewendet.

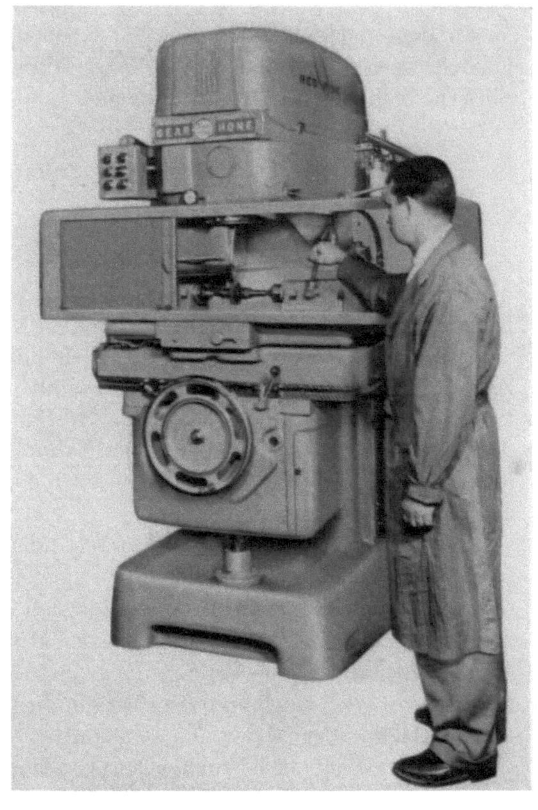

Abb. 7/46. Zahnradhonmaschine. (Werkfoto: National Broach & Machine Co.; Detroit, Michigan, USA)

Mit den heute zur Verfügung stehenden Maschinen können gerad- und schrägverzahnte Stirnräder bis 320 mm Durchmesser und Modul 1,25 bis 6,5 mm bei Radbreiten bis 150 mm bearbeitet werden. Es können damit kleinere Flankenform-, Teilungs-, Flankenrichtungs- und Rundlauffehler beseitigt werden. Besonders geeignet ist das Verfahren zum Glätten von Schlägen. Maximal kann eine Schicht von 50 μ (gemessen über Kugeln) abgetragen werden; die erreichte Oberflächenrauheit liegt in der Größenordnung von 0,7 μ. Ein Vorzug des Honens gegenüber dem Schleifen besteht darin, daß während des Arbeitsprozesses kaum Temperaturerhöhungen an der Zahnflanke auftreten.

3. Fertigungszeit. Für Zahnräder von PKW-Getrieben hat sich ein Honen von weniger als 1 Minute als ausreichend erwiesen, um die für diese Getriebeart erforderliche Laufruhe zu erreichen.

7.4 Spanlose Herstellung von Zahnrädern

In dem nachfolgenden Abschnitt sollen alle Herstellverfahren behandelt werden, bei denen kein Material abgehoben wird, also: Gießen, Sintern, Ziehen, Pressen und Walzen.

7.41 Gießen von Zahnrädern

Auch die Radkörper von Zahnrädern, deren Verzahnung gefräst, gestoßen oder nach einem der übrigen, oben besprochenem Verfahren erzeugt wird, werden teilweise gegossen; hier sollen jedoch speziell die Verfahren behandelt werden, die es gestatten, auch die Verzahnung fertig zu gießen.

1. Sandguß. Noch Anfang dieses Jahrhunderts war es allgemein üblich, Zahnräder im Sandgußverfahren herzustellen. Abgesehen von Schwindmaß und Aushebeschräge hatte das Holzmodell dabei genau die Form des Zahnrades. Derartige gegossene Zahnräder waren der Normalfall, gehobelte oder gefräste Zahnräder wurden dagegen schlechthin als „Präzisionszahnräder" bezeichnet.

Heute wird der Sandguß zur Herstellung von Zahnrädern nur noch selten verwendet. Man findet derartige Zahnräder noch bei Landmaschinen, Schürvorrichtungen an Öfen und einigen von Hand zu bedienenden Geräten. Die zum Ausheben des Modells erforderliche Schräge, sowie Schwindung und Verzug, die beim Abkühlen unvermeidlich auftreten, bedingen jedoch, daß die Verzahnungen derartiger Gußeisen- oder Gußstahlzahnräder relativ ungenau sind.

2. Spritzgießen (oder Druckgießen) von Metallzahnrädern. Wenn kleine Zahnräder oder Radteile in großen Stückzahlen hergestellt werden sollen, so kommt das Spritzgußverfahren in Frage. Hierbei wird das flüssige Metall unter hohem Druck in eine genau gearbeitete Stahlform gespritzt, die als Dauerform immer wieder benutzt wird (Ausbringezahl je Form bis über 1 000 000 Stück).

Als Spritzwerkstoffe werden Zink-, Aluminium-, Magnesium-, und Kupferlegierungen verwendet. Es ist der größte Nachteil dieses Verfahrens, daß nur Metalle mit niedrigem Schmelzpunkt verwendet werden können, die also auch nur eine geringe Härte und damit geringe Belastbarkeit aufweisen.

Vorteilhaft ist dagegen, daß die aus der Form entnommenen Druckgußteile eine Verzahnungsgenauigkeit haben, wie sie etwa beim normalen Verzahnen erreicht wird; Voraussetzung ist jedoch, daß die Radform gußgerecht gestaltet ist, so daß kein unregelmäßiger Verzug auftritt (z. B. sind Speichenräder ungünstig). Die Oberflächen der Spritzgußteile sind glatt und sauber. Auch komplizierte Radformen, deren Bearbeitung mittels eines Zerspanungsverfahrens sehr teuer käme, können durch Spritzgießen billig gefertigt werden (vgl. S. 3).

Heute werden Zahnräder bis zu 150 mm Durchmesser mit Modul 0,5 bis 2,5 mm durch Spritzgießen hergestellt. Es können jedoch ohne weiteres auch Räder mit größeren oder kleineren Abmessungen nach diesem Verfahren gefertigt werden, wenn die hierfür erforderlichen Einrichtungen vorhanden sind.

3. Spritzgießen (oder Druckgießen) von Kunststoffen. Der Herstellvorgang ist der gleiche, der im vorigen Abschnitt für die Metallzahnräder beschrieben wurde. Das Kunststoffrohmaterial wird in einem Zylinder auf eine Temperatur von etwa 200 bis 300 °C erhitzt und dann mit einem Druck von etwa 1400 kg/cm² in die Stahlform gespritzt.

Mit den heute benutzten Spritzgußmaschinen können Teile von 30 g bis 9 kg in einem Arbeitsgang hergestellt werden. Eine Maschine mit einer Kapazität von 230 g pro „Schuß" fertigt etwa 100 Teile pro Stunde i „Schuß" bedeutet hierbei 1 Füllung. Die Formen sind dabei so ausgebildet, daß bei größeren Radabmessungen mit jeder Füllung 1 Zahnrad gegossen wird, bei kleineren Radabmessungen aber auch ein Dutzend oder mehr. Die Stahlform enthält in diesem Fall – durch Kanäle verbunden – Hohlräume entsprechend der Anzahl der mit einer Füllung zu gießenden Zahnräder.

Die Genauigkeit der durch Spritzgießen erzeugten Teile hängt von der Art des verwendeten Kunststoffes ab. Insbesondere Polyamide (z. B. Nylon) sind wegen ihres scharfen Schmelzpunktes zum Spritzgießen geeignet. Sie nehmen allerdings Wasser und Öl auf, quellen und verziehen sich dabei. – Auch Polyurethane können im Spritzguß verarbeitet werden; sie nehmen weniger Feuchtigkeit auf als die Polyamide (vgl. Kapitel „Werkstoffe", S. 323 und 325).

4. „Lost-wax"-Formmaskenverfahren (**Modellausschmelzverfahren**). Ausgangspunkt der Fertigung ist bei diesem Verfahren die Meisterform oder Formmaske aus Keramik. Diese Form wird mit einem Material niedrigen Schmelzpunktes (Blei-Zinn-Wismutlegierung, Wachs oder bestimmte Kunststoffarten) gefüllt; nach dem Erstarren hat man damit ein Modell, das – abgesehen von der Schwindung – genau gleich dem zu fertigenden Teil ist. Dieses Modell wird zur Herstellung der endgültigen Gußform verwendet, indem man es in hitzebeständigen Werkstoff einbettet. Das Ganze wird dann so stark erhitzt, daß das Modell schmilzt und ausläuft. In die hohle Form kann dann der Gußwerkstoff eingefüllt werden.

Dieses Verfahren wurde für die Herstellung von Zahnrädern bisher nur in beschränktem Maße angewendet. Seine Bedeutung liegt darin, daß hierbei so harte Gußwerkstoffe verwendet werden können, daß die Verzahnung nicht mehr durch Schneidwerkzeuge zu bearbeiten wäre. Auch bei bearbeitbarem Material ist das Verfahren dann nützlich, wenn der Radkörper eine so komplizierte Form hat, daß eine spanabhebende Bearbeitung schwierig oder unwirtschaftlich ist. Als Gußwerkstoffe werden heute verschiedene Stahlsorten, Bronzen und Aluminiumlegierungen benutzt.

5. Formmaskenverfahren nach Croning. Hierbei wird ein normales Modell, das dem zu fertigenden Teil (abgesehen von der Schwindung) gleicht, in ein Sand-Kunstharzgemisch eingeformt. Die dadurch entstandene sehr genaue Gußform wird gebrannt und ist dann so porös, daß die beim Gießen entstehenden Gase frei abziehen können. Verglichen mit Sandguß erhält man wesentlich glattere Oberflächen. Potentiell steht damit ein weiteres Gußverfahren für die Herstellung von Zahnrädern zur Verfügung.

7.42 Herstellung von Sinterzahnrädern

1. Herstellverfahren, Werkzeuge. Man benötigt bei diesem Verfahren Formen, die das genaue Gegenstück des herzustellenden Zahnrades bilden; z. B. hat die Preßform für ein Außenstirnrad eine Innenverzahnung, deren *Lücken*form der *Zahn*form des zu erzeugenden Stirnrades gleicht. – In diese Preßform wird eine genau abgemessene Menge Metallpulver gefüllt. Ein Druckstempel, der die Kontur des zu erzeugenden Rades hat und damit genau in die Sinterform paßt, preßt das Pulver zu einem Brikett. Der erforderliche Preßdruck beträgt etwa 4700 kg/cm², so daß für die Herstellung größerer Räder Preßkräfte bis zu 30 t benötigt werden. Nach dem Pressen wird die Form abgezogen und das Brikett (Formstück) in einem Ofen bei 1300 bis 1700 °C (fast Schmelztemperatur) gesintert.

Die Preßwerkzeuge – Formen und Stempel – müssen eine spiegelglatte Oberfläche aufweisen, die durch Läppen erzeugt wird, um die Wandreibung niedrig zu halten.

Der gesamte Herstellungsvorgang läuft vollautomatisch ab. Das Bedienungspersonal hat lediglich die Preßform zu füllen, die gepreßten

Formstücke zu transportieren sowie die fertigen Räder zu prüfen und weiterzuleiten. Die Öfen, in denen gesintert wird, sind mit einer Durchlaufeinrichtung versehen.

2. Anwendungsbereich. Mit den heute zur Verfügung stehenden Maschinen können Gerad- und Schrägstirnräder von 5 bis 90 mm Durchmesser hergestellt werden, wobei der Schrägungswinkel nicht größer als 15° sein sollte. Der Modul kann 0,8 bis 4,25 mm, die Zahnbreite 2,5 bis 40 mm betragen. Zahnräder geringerer Breite sind schwer aus der Preßform herauszubringen. Bei Zahnbreiten über 25 mm können andererseits Schwierigkeiten durch den Druckverlust infolge zu großer Wandreibung auftreten.

Der Vorteil des Verfahrens besteht darin, daß das ganze Zahnrad in *einem* Arbeitsgang hergestellt wird. Auch Keilnuten, Vielnutprofile, Kurbelarme und andere vorspringende Teile können in demselben Arbeitsgang hergestellt werden. Man kann ferner unterschiedliche Metalle für ein Formstück verwenden. Auf diese Weise kann man z. B. eine Radseite mit einer Kupplungsfläche aus Bronze versehen.

Die Verzahnungsgenauigkeit gesinterter Räder entspricht etwa der gefräster Räder mittlerer Qualität. Die Oberfläche ist dagegen wesentlich glatter. Auch Rohlinge aller Art können ohne weiteres durch Sintern hergestellt werden, die dann nach dem Sintern zu verzahnen wären. Hierfür besteht jedoch kein besonderer Anreiz, denn es ist der größte Vorzug dieses Herstellverfahrens, daß die Kosten für das Verzahnen entfallen.

3. Arbeitszeit, Kosten. Die Preßzeit beträgt, je nach Radgröße und -form, 2 bis 15 Sekunden. Im allgemeinen ist nur *ein* solcher Preßvorgang je Rad erforderlich. Die Werkstoffkosten sind relativ groß (0,8 bis 8 DM pro kg Sinterpulver) und auch die benötigten Werkzeuge sind sehr teuer. Eine wirtschaftliche Fertigung gesinterter Zahnräder ist deshalb nur möglich, wenn die Stückzahlen groß genug sind. Je nach dem, ob es sich um einfache oder schwierige Radformen handelt, sind die Werkzeugkosten mit etwa 20000 bis 50000 Formstücken amortisiert. – Bei entsprechenden Stückzahlen können gesinterte Zahnräder billiger hergestellt werden, als andersartig gefertigte Räder vergleichbarer Festigkeit und Qualität.

7.43 Strangpressen und Kaltziehen von Zahnrädern

1. Herstellverfahren. Beim *Strangpressen* wird das Preßgut, ein auf Preßtemperatur erwärmter Bolzen, mittels eines Druckstempels durch die Öffnung der Matrize gedrückt. Diese Öffnung hat die Form eines Zahnrades mit Innenverzahnung. Es entsteht also eine Stange mit der entsprechenden Außenverzahnung. Nur weiche Nichteisenmetalle, wie Messing, Aluminium und Bronze, eignen sich zum Strangpressen.

Beim *Kaltziehen* wird ein Draht durch eine profilierte Düse gezogen. Man erhält ebenfalls Stangen mit dem Profil einer Außenverzahnung. Zum Ziehen eignet sich unlegierter Stahl, rostfreier Stahl und eine ganze Reihe anderer Metalle.

Von diesen profilierten Stangen werden in Drehautomaten die gewünschten Ritzelbreiten heruntergeschnitten. Soll das Ritzel Lagerzapfen erhalten, so wird ein entsprechend breiteres Teil abgetrennt und die Verzahnung wird auf beiden Seiten der gewünschten Breite abgedreht (Abb. 7/47). Ebenso kann man die Ritzelscheiben bohren und auf eine Welle aufstecken.

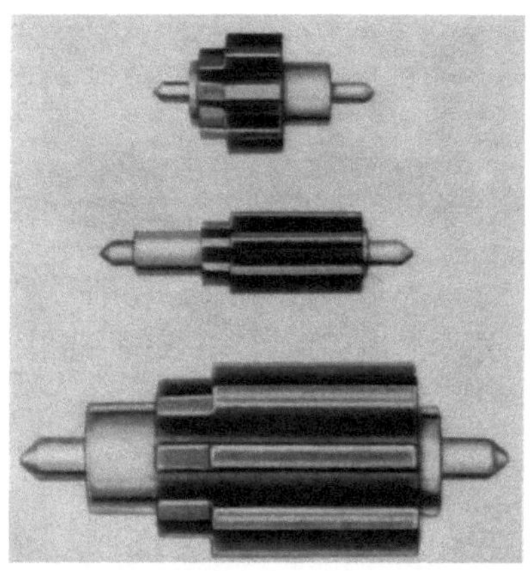

Abb. 7/47. Ritzel mit kleinen Moduln aus kaltgezogenem, profiliertem Stangenmaterial. Auf Automaten werden die Teile von der Stange abgestochen und die Wellenansätze gedreht. (Werkfoto: Rathbone Co.; Palmer, Massachusetts, USA)

2. Anwendungsbereich. Die profilierten Stangen (Geradverzahnung) werden in Längen bis zu 10 m hergestellt, wobei mit den heutigen Mitteln Teilkreisdurchmesser von etwa 3 bis 25 mm möglich sind. Die Zähnezahl soll nicht kleiner als etwa 15 und nicht höher als etwa 24 sein, der Modul kann zwischen $m = 0,25$ und 1 mm liegen. Als Eingriffswinkel sollte mindestens 20° gewählt werden, wobei man so viel Profilverschiebung vorsehen muß, daß kein Unterschnitt auftritt. Alle scharfen Ecken sind zu vermeiden, Zahnfußausrundung und Zahnkopf sollen deshalb halbkreisförmig ausgebildet werden.

Innerhalb dieser Grenzen kann man mit diesen Verfahren schnell und billig Ritzel hoher Festigkeit herstellen. Wenn die profilierte Stange vorliegt, benötigt man zum Fertigstellen eines Ritzels 2 bis 12 Sekunden, je nach der Art der angedrehten Lagerzapfen.

7.44 Kaltwalzen von Schneckenverzahnungen

1. Herstellverfahren. Bei diesem Verfahren preßt man eine Walzrolle mit großer Kraft gegen den Schneckenrohling und rollt sie in Richtung der Zahnlücken ab. Dadurch wird Werkstoff verdrängt (Zahnlücken) und zu den Zähnen hochgewalzt. Nach dem Walzvorgang springt der Werkstoff etwas zurück, was bei der Formgebung der Walzrollen zu berücksichtigen ist.

2. Anwendungsbereich. Das Verfahren ist außerordentlich leistungsfähig und ergibt sehr glatte, kaltverfestigte Oberflächen, die den beim

Kaltziehen entstehenden Oberflächen ähneln. Ein Werkstoff mit einer Brinellhärte $HB = 180\ kg/mm^2$ wird durch den Kaltwalzvorgang auf etwa $HB = 260\ kg/mm^2$ verfestigt. Die Rauhtiefe der verfestigten Oberfläche liegt etwa zwischen 10 und 30 Mircroinches rms (entsprechend $R \approx 1$ bis $3\ \mu$).

Um ein Verformen des Schneckenkörpers durch die Walzkraft zu vermeiden, darf die Zahnhöhe höchstens ein Sechstel des Außendurchmessers betragen. Der Normaleingriffswinkel sollte 20° oder größer sein. Wie beim Kaltwalzen müssen Zahnfuß und Zahnkopf gute Abrundungen aufweisen. Der Steigungswinkel soll 25° nicht übersteigen.

Angaben über die zum Kaltwalzen von Schneckenverzahnungen benötigte Zeit sind in Tab. 7/39 enthalten.

Tabelle 7/39. Für das Kaltwalzen von Schneckenverzahnungen benötigte Zeit

Teilkreis-durchmesser [mm]	Achsmodul [mm]	Schnecken-Länge [mm]	Stückzahl pro min	
			Handbediente Maschine	Automat
6,5	0,4	9,5	48	100
9,5	0,6	13	48	130
13	0,8	19	48	150

7.45 Warmpressen von Verzahnungen

1. Herstellverfahren. Der Fertigungsablauf ist in Abb. 7/48 schematisch dargestellt. Der von der Stange geschnittene Rohling wird im Ofen unter Schutzgas auf die Schmiedetemperatur von 1150 °C erwärmt und in einem Gesenk geschlagen, das als Gegenstück der zu erzeugenden Radform ausgebildet ist. Die Gesenke müssen insbesondere in der Verzahnung sehr genau sein.

Die Rohlinge werden meist vorgedreht, um eine saubere Oberfläche zu schaffen und damit Zunderbildung beim Warmpressen weitgehend zu vermeiden. Aus demselben Grunde wird der Rohling –

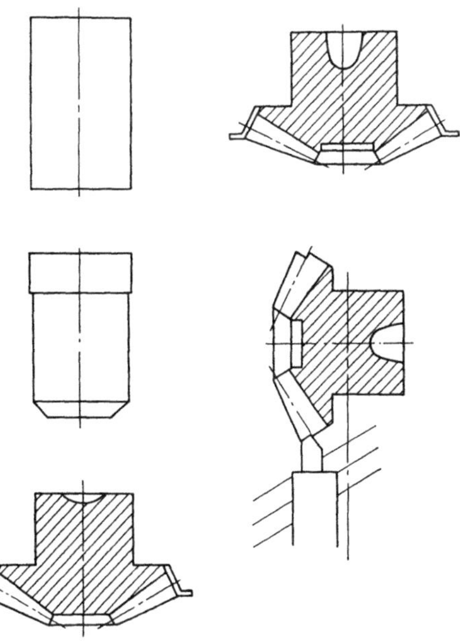

Abb. 7/48. Beispiel für den Fertigungsablauf beim Warmpressen eines Kegelrades [7/235]

wie erwähnt – unter *Schutzgas* erwärmt. Für das Einschlagen der Rohlinge werden normale Schmiedepressen verwendet.

2. Anwendungsbereich. Nach diesem Verfahren können gerade Stirnräder sowie Kegelräder und Planräder mit Gerad- oder Bogenverzahnung erzeugt werden. Besonders wirtschaftlich ist das Verfahren, wenn keine spanende Nacharbeit erforderlich ist, so auch bei Radkörpern mit Klauen, Aussparungen, Kurvenstücken, die man in einem Arbeitsgang mit der Verzahnung schmiedet und deren Herstellung durch ein Zerspanungsverfahren oft nur schwer möglich ist. Auch Schmieden höhen- und breitenballiger Verzahnungen ist ohne weiteres möglich. Warmgepreßte Stirnräder haben eine Verzahnungsgenauigkeit, die etwa Qualität 7 bis 10 (Einzelfehler) bzw. 9 bis 12 (Wälzfehler) entspricht. Durch nachträgliches Schaben kann Qualität 5 bis 7 erreicht werden, wobei Schabezugaben von etwa 30 bis 40 μ erforderlich sein dürften. Die Rauheit der Flanken beträgt nach dem Pressen etwa $R = 10$ bis $25\,\mu$. Für das Warmpressen eignen sich alle üblichen Einsatz- und Vergütungsstähle.

3. Wirtschaftlichkeit. Wegen der teuren Gesenke lohnt sich das Verfahren nur bei Stückzahlen oberhalb etwa 500 Stück. Gegenüber den herkömmlichen Verfahren konnten – je nach der Art des Werkstückes – Kosteneinsparungen von etwa 10 bis 30% erzielt werden. Die Lebensdauer eines Gesenks dürfte nach den heutigen Erfahrungen bei etwa 4000 Preßstücken liegen. Darüber wird die Verzahnung zu ungenau.

7.5 Schrifttum zu Kapitel 7

[7/211] Michigan Tool Co.: Gears, Cutting Finishing Checking. Michigan Tool Co., Detroit, Mich. 1945.

[7/212] DUDLEY, D. W.: How to Grind Medium-Pitch Gears. Am. Machinist, 10. März 1949, S. 94–97.

[7/213] Metal Cutting Tool Institute: Metal Cutting Tool Handbook. New York 1949.

[7/214] National Broach and Machine Co.: Modern Methods of Gear Manufacture. 3d ed., Detroit, Mich. 1950.

[7/215] RATHBONE, E. H.: Cold-drawn Pinions. Product Eng., Dezember 1950.

[7/216] ZUMSTEIN, F. R.: New Plastic Material for Non-metallic Gears. Annual AGMA meeting, Juni 1951.

[7/217] ZUMSTEIN, F. R.: Molded Plastic Gears. Am. Machinist, 20. Aug. 1951.

[7/218] SININ, M. W.: Zahnradbearbeitungsmaschinen. Berlin 1952.

[7/219] KRUMME, W.: Praktische Verzahnungstechnik. München 1952.

[7/220] BOTSTIBER, D. W., und L. KINGSTON: High Capacity Gearing. Machine Design, Dez. 1952, S. 129–164.

[7/221] ZRODOWSKI, J. J., und A. D. F. MONCRIEFF: Advanced Precision Shaving Techniques Applied to High Speed Marine Gears. Trans. SNAME (61) 1953.

[7/222] GROSSMANN, W. D.: Zahnradfeinbearbeitung I, Zahnflankenschleifen (Schriftenreihe Feinbearbeitung). Stuttgart 1954.

[7/223] SCHICHT, H., und H. MÜLLER: Zahnflankenläppen und Zahngrundläppen (Schriftenreihe Feinbearbeitung). Stuttgart 1954.

[7/224] ROGG, O.: Beitrag zur Frage des Zahnflankenschabens. Z. VDI 98 (1956), S. 311–318.

[7/225] ROCHAT, F.: Die Verzahnungsmaschinen für Kegelräder. Werkzeugmaschinenfabrik Oerlikon Bührle & Co., Zürich 1956.

[7/226] KÄMPF, P., und H. KREISEL: Berechnung und Herstellung von Zahnrädern. Leipzig 1956.

[7/227] SPEYER, K.: Mittel zur Leistungssteigerung beim Stirnrad-Wälzfräsen. Industrie-Rundschau 1956, S. 34/39.

[7/228] BUDNICK, A.: Abschnitte „Stirn- und Schneckenradbearbeitung" und „Maschinen zur Stirnradbearbeitung" in Betriebshütte, Bd. I. Berlin 1957.

[7/229] POHL, F.: Abschnitt „Kegelradbearbeitung" und „Maschinen für Kegelradbearbeitung" in Betriebshütte, Bd. I. Berlin 1957.

[7/230] SARGENT, E. H. G.: Wax Models for Use in the Investment-Casting Process. Foundry Trade Journal 103 (1957) 2129, S. 123–131.

[7/231] ZAPF, G.: Gesinterte Formteile (Schriftenreihe Feinbearbeitung). Stuttgart 1957.

[7/232] KECK, K. F.: Geschliffene Kegelräder im Werkzeugmaschinenbau. Werkstatt und Betrieb 90 (1957), S. 57–60.

[7/233] RIPPIN, G., und H. THENNER: Das Zahnflankenschaben. Fertigungstechnik 7 (1957), S. 526–530 und 569–572.

[7/234] MÉTRAL, A. R.: La Machine-Outil, Band V: Usinage des Denture et Filets. Paris 1957.

[7/235] GLAUBITZ, H.: Das spanlose Formen von Verzahnungen, insbesondere das Warmpressen. Z. VDI 99 (1957), S. 1209–1215.

[7/236] KIRSTEN, F. Broaching Internal Helical Gears. Machinery NY, Jan. 1958, S. 134–137.

[7/237] BUDNICK, A.: Diagonal-Wälzfräsen. Werkstattstechnik und Maschinenbau Bd. 48 (1958), S. 31–37.

8 Entwurf und Berechnung von Verzahnwerkzeugen

Das Entwerfen von Verzahnwerkzeugen fällt nicht unbedingt in den Aufgabenbereich des Getriebekonstrukteurs und -berechners; im allgemeinen ist dies die Aufgabe der Firmen, die sich auf die Herstellung derartiger Werkzeuge spezialisiert haben. Viele Normalausführungen von Verzahnwerkzeugen sind außerdem von nationalen Normverbänden und überbetrieblichen Vereinigungen genormt worden.

Der Getriebekonstrukteur bzw. -berechner muß sich aber doch oft mit der Auslegung der Werkzeuge befassen:

So kann es beispielsweise vorkommen, daß man für eine Sonderverzahnung nicht mit den genormten Werkzeugen auskommt. Bei der Berechnung der Verzahnwerkzeuge zeigt es sich ferner in manchen Fällen, daß Radform oder Verzahnung – wenn irgend möglich – geändert werden sollten, um die Herstellung der Werkzeuge zu vereinfachen.

In vielen Fällen besteht die Aufgabe des Verzahnungsberechners darin, Werkzeugart und -größe so zu wählen, daß eine Verzahnung mit den geforderten Eigenschaften erzeugt werden kann.

Ein weiteres Problem, dem sich der Zahnradberechner oft gegenübersieht, besteht darin, zu entscheiden, ob bereits vorhandene Werkzeuge für eine Neukonstruktion verwendet werden können, oder nicht.

Tabelle 8/0. Bezeichnungen zu Abschnitt 8

a	[mm]	Achsabstand	h_w	[mm]	Höhe eines Flankenpunktes vom Wälzkreis aus gemessen
b_N	[mm]	Nutbreite bei Doppelschräg-Verzahnung	l_0	[mm]	Zahnlücke im Teilkreis
c	[mm]	Schabezugabe	m	[mm]	Modul
C	—	$\cos \alpha_0 / \cos \alpha_y$	n	[U/min]	Drehzahl
d_{0r}	[mm]	Teil- bzw. Wälzkreisdurchmesser am Werkrad	p	[mm]	Protuberanz
d_{Ay}	[mm]	gegebener Durchmesser an Rad A	r_g	[mm]	Grundkreisradius
			s_0	[mm]	Zahndicke im Teilkreis
d_{By}	[mm]	gesuchter Durchmesser an Rad B, der d_{Ay} zugeordnet ist	t_0	[mm]	Teilkreisteilung
			x	—	Profilverschiebungsfaktor
d_f	[mm]	Fußkreisdurchmesser			
d_F	[mm]	Formkreisdurchmesser	z	—	Zähnezahl oder Gangzahl
d_k	[mmm]	Kopfkreisdurchmesser			
d_p	[mm]	Durchmesser des größten Unterschnitts	α_b	[°]	Betriebseingriffswinkel
			α_{Ay}	[°]	Pressungswinkel bei d_{Ay}
			α_p	[°]	Protuberanzwinkel
d_w	[mm]	Herstellwälzkreis-Durchmesser am Schneidrad	α_s	[°]	Stirneingriffswinkel
			α_w	[°]	Herstelleingriffswinkel
d_u	[mm]	kleinster Schabedurchmesser am Werkrad	β_b	[°]	Schrägungswinkel im Betriebswälzkreis
d_z	[mm]	beliebiger Durchmesser am Werkrad	γ	[°]	Steigungswinkel
			ζ	[°]	Flankenhinterschliffwinkel
E	—	ev α_y — ev α_0			
H_f	[mm]	Steigung oder Ganghöhe	η	[°]	Brustanschliffwinkel
h_s	[mm]	Schnittiefe eines gekürzten Fräserzahnes	ϑ	[°]	Kopfhinterschliffwinkel
			θ	—	halber Zahnlückenwinkel
h_z	[mm]	Gesamte Zahn- bzw. Schnittiefe	ψ	—	halber Zahnwinkel

In diesem Kapitel soll gezeigt werden, wie derartige Probleme der Werkzeugauslegung, wie sie immer wieder an den Getriebekonstrukteur herantreten, behandelt werden können. Selbstverständlich kann nicht das ganze Gebiet der Verzahnwerkzeuge erschöpfend dargestellt werden. Insbesondere wollen wir uns auf die Verzahnwerkzeuge für Stirnräder, Schnecken und Schneckenräder beschränken. Die Werkzeuge für die Herstellung bogenverzahnter Kegelräder müssen in allen Fällen nach den Richtlinien der Werkzeugmaschinenhersteller (Gleason, Klingelnberg, Oerlikon) gewählt werden. Ganz allgemein sei dem Getriebeberechner jedoch empfohlen, bei der Auslegung der Verzahnwerkzeuge die Mitwirkung von Spezialfirmen in Anspruch zu nehmen, wo dies irgend möglich ist.

8.1 Wälzfräser für Stirnräder

Man kann sich den Wälzfräser aus einer Zylinderschnecke entstanden denken. Die Spanflächen erzeugt man durch Einfräsen von Spannuten, die die Schneckengänge unterbrechen; diese Spannuten verlaufen par-

Abb. 8/1 a u. b. Wälzfräser. a) mit Quernut; b) mit Längsnut. (Werkfoto: Klingelnberg, Remscheid)

allel zur Fräserachse oder senkrecht zu den Gängen. Um eine bessere Schneidwirkung zu ermöglichen, sind die so entstandenen Zahnstollen von der Spanfläche aus hinterarbeitet, d. h. die linken und rechten Zahnflanken sowie die Kopfflanken weichen – zunehmend mit dem Abstand von der Spanfläche – hinter die ursprüngliche Zylinderschneckenverzahnung zurück. Die Ausgangsverzahnung, die die Schneiden aller Spanflächen enthält, wird als „Hüllschraube" bezeichnet. Aus Abb. 8/1 sind die erwähnten typischen Merkmale zu erkennen.

Betrachtet man die so entstandene Verzahnung im Stirnschnitt (Abb. 8/2), so stellen sich die Spanflächen als Geraden dar, die entweder die Fräserachse schneiden oder um den Abstand u dahinter verlaufen; in letzterem Fall erhält man einen positiven Spanwinkel, der eine geringere Antriebsleistung erfordert und daher bei Schruppfräsern häufig verwendet wird. Fertigfräser haben einen Spanwinkel von 0°, d. h., u ist hier Null, weil man so eine höhere Verzahnungsgenauigkeit erzielt.

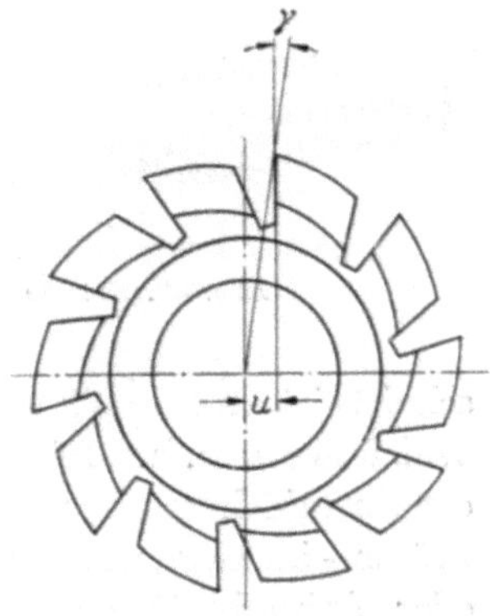

Abb. 8/2. Wälzfräser mit positivem Spanwinkel γ [DIN 8000]

8.11 Zahnform und Bestimmungsgrößen

Wenn Zahnräder mit *Evolventen*verzahnung erzeugt werden sollen, muß die Hüllschraube des Wälzfräsers eine *Evolventen*schnecke sein, d. h., ein Schrägstirnrad mit großem Schrägungswinkel. Ihr Stirnschnittprofil ist also eine Evolvente (Abb. 8/3). Im Normalschnitt und im Achs-

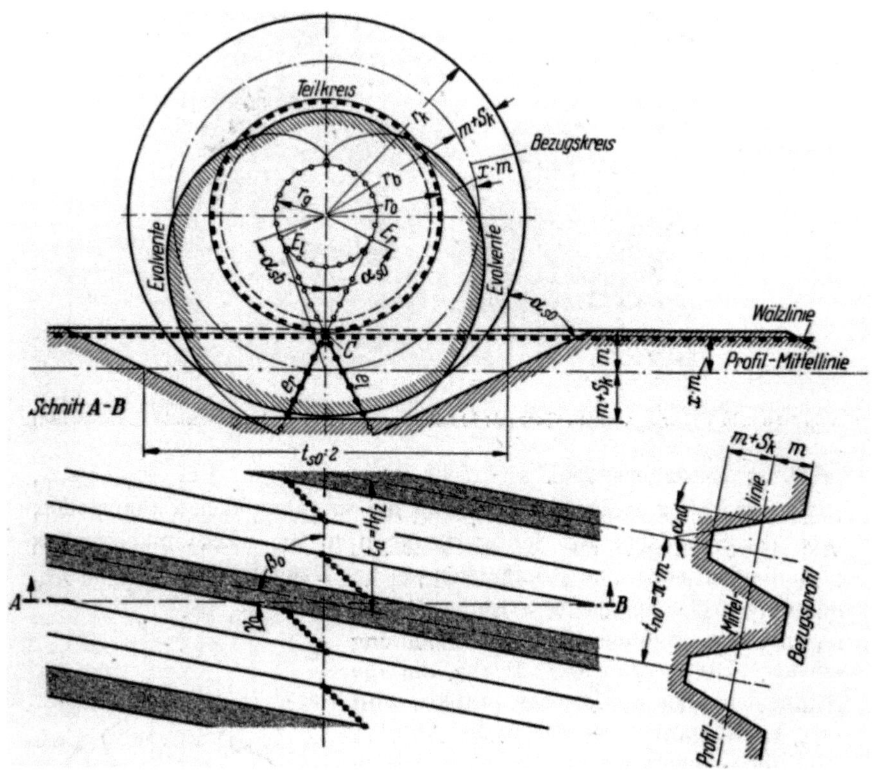

Abb. 8/3. Wälzfräser im Eingriff mit der Planverzahnung [DIN 8000]

schnitt ist das Profil schwach konvex. Insbesondere bei eingängigen Wälzfräsern, d. h. kleinerem Steigungswinkel, erscheinen die Flanken der Spanflächen aber fast gerade. – In den USA werden daher derartige Fräser – im Gegensatz zur deutschen Praxis – oft mit einem im Normal- oder Achsschnitt geradflankigen Profil ausgeführt. Lediglich mehrgängige Fräser mit großen Moduln werden als Evolventenschnecke geschliffen. – Wie die Profilabweichungen berechnet werden können, die bei Verwendung eines geradflankigen Fräsers entstehen, wird in [*8/270*] gezeigt.

Für die Bestimmungsgrößen des Wälzfräsers gelten nach Abb. 8/3 folgende Beziehungen [*8/267*]:

Der Eingriffswinkel im Normalschnitt auf dem Teilzylinder α_{n0} ist gleich dem Eingriffswinkel des Bezugsprofils.

Der Eingriffswinkel im Stirnschnitt auf den Teilzylinder α_{s0} ergibt sich aus

$$\tan \alpha_{s0} = \tan \alpha_{n0}/\sin \gamma_0 , \tag{8/1}$$

Teilzylinderdurchmesser
$$d_0 = \frac{z\,m}{\sin \gamma_0} , \tag{8/2}$$

hierin ist m der genormte Modul und z die Zähnezahl (oder Gangzahl) des Fräsers. Der Bezugszylinder ist der Zylinder, der die Mittellinie des Bezugsprofils tangiert. Sein Durchmesser ist

$$d_b = d_0 + 2\,xm = d_k - 2\,m - 2\,S_k . \tag{8/3}$$

Bezugszylinder und Teilzylinder fallen zusammen, wenn der Wälzfräser, d. h. seine Hüllschraube ohne Profilverschiebung ausgeführt werden (vgl. Abb. 8/3). Praktisch wählt man d_0 nur wenig kleiner als d_b. Hieraus ergibt sich der Steigungswinkel γ_0. Der Stirneingriffswinkel auf dem Bezugszylinder α_{sb} ist zu ermitteln aus

$$\cos \alpha_{sb} = \cos \alpha_{s0}\, d_0/d_b , \tag{8/4}$$

Grundzylinderdurchmesser
$$d_g = d_0 \cos \alpha_{s0} , \tag{8/5}$$

Grundsteigungswinkel γ_g aus $\cos \gamma_g = \cos \alpha_{n0} \cos \gamma_0 .$ $\tag{8/6}$

Teilung auf dem Teilzylinder im Normalschnitt

$$t_{n0} = \pi\,m , \tag{8/7}$$

Achsteilung
$$t_a = t_{n0}/\cos \gamma_0 . \tag{8/8}$$

Die Steigung oder Ganghöhe des Fräsers ist der Abstand des Durchstoßpunktes einer Parallelen zur Fräserachse durch die Rechts- oder Linksflanken desselben Fräserganges

$$H_f = z\,t_a = \pi\,d_0 \tan \gamma_0 = \pi\,d_g \tan \gamma_g . \tag{8/9}$$

Bezugsprofil. In DIN 3972 sind vier Bezugsprofile von Wälzfräsern genormt. Bezugsprofil I und II gelten für Fertigfräser, III für Vorfräser zum Fertigschleifen oder -schaben und IV für Vorfräser zum Fertigfräsen. Schruppfräser (Bezugsprofil III und IV) haben höhere und (am Zahnkopf) dünnere Zähne, schneiden also etwas tiefer als Fertigfräser, so daß bei der Fertigbearbeitung nur die Flanken zu bearbeiten sind. Ebenso wie bei dem Bezugsprofil für Verzahnungen (DIN 867) ist der Eingriffswinkel 20°. Die Flanken sind gerade. – Protuberanz und Kopfkantenbrecher sind bisher nicht genormt; vgl. hierzu auch Abschn. 8.17, S. 464.

Gangrichtung. Entsprechend der Sprachregelung bei Schrägstirnrädern wird ein Wälzfräser als „rechtsgängig" oder „rechtssteigend" bezeichnet, wenn bei Aufstellung des Fräsers auf eine Stirnfläche die Gänge nach rechts steigen. Steigen die Gänge bei gleicher Aufstellung nach links, so wird der Fräser sinngemäß „linksgängig" oder „linkssteigend" genannt [DIN 8000].

Schneiden- und Flankenbezeichnung. Die beim Blick auf eine Spanfläche rechts von der Zahnmitte liegende Schneide (Flanke) wird als Rechtsschneide (Rechtsflanke) bezeichnet. Sinngemäß sind die Linksschneiden und -flanken definiert.

Bezeichnung der Fräserseiten. Die Fräserstirnseite, die in die gleiche Richtung weist wie die Rechtsflanken wollen wir als „rechte" Seite und die entgegengesetzte Seite als „linke" Seite bezeichnen. Wie Abb. 8/7, S. 461 zeigt, ist bei rechtsgängigen Fräsern stets die linke Seite mit der Auslaufseite und die rechte Seite mit der Einlaufseite identisch. Bei linksgängigen Fräsern ist dagegen die rechte Seite die Auslaufseite und die linke die Einlaufseite.

8.12 Beziehungen zwischen Wälzfräser und Werkrad

Maßgebend für die Herstellung eines Zahnrades ist die Drehbewegung der Hüllschraube, deren Flanken ja die Schneidkanten der Spanflächen enthalten. Beim Verzahnen arbeiten Hüllschraube und Werkrad wie zwei zylindrische Schraubenräder zusammen. Beim Fräsen von Geradstirnrädern muß deshalb die Fräserachse um den Steigungswinkel γ_0 (häufig „Einstellwinkel" genannt) gegen die Stirnebene des Werkrades geneigt eingestellt werden.

Schrägstirnräder mit *rechts*steigender Verzahnung werden im allgemeinen mit *rechts*steigenden Wälzfräsern verzahnt, um den Kreuzungswinkel beider Achsen möglichst klein zu halten (kleinerer Anschnittweg) und um zu vermeiden, daß die Werkradverzahnung in die des Fräsers „hineingezogen" wird. Die Achse des Fräsers muß also um den Winkel $\beta_{0r}-\gamma_0$ gegen die Stirnebene des Rades geneigt sein. (β_{0r} ist dabei der Schrägungswinkel des Rades.)

Wie bei den Schraubenrädern besteht zwischen den Drehzahlen n_w des Fräsers und denen des Werkrades n_r folgende Beziehung:

$$\frac{n_w}{n_r} = \frac{z_r}{z_w} . \qquad (8/10)$$

Hierin sind z_w und z_r die Zähnezahlen; z_w des Fräsers wird auch als Gangzahl bezeichnet.

Zugeordnete Flankenpunkte von Wälzfräser und Werkrad. Für die Auslegung von Sonderwerkzeugen (z. B. Protuberanzfräser) ist die Berechnung der zugeordneten Flankenpunkte von Wälzfräser und Werkrad nützlich. Unter „zugeordneten Flankenpunkten" wollen wir solche Punkte auf der Geraden (Fräserbezugsprofil) und der Evolvente (Werkrad) verstehen, die sich beim Abwälzen berühren.

Für die Berechnung eines Flankenpunktes am Werkrad aus den Fräserdaten gilt:

$$d_z = 2 \sqrt{\left(\frac{d_0}{2} - h_w\right)^2 + \left(\frac{h_w}{\tan\alpha_w}\right)^2} . \qquad (8/11)$$

Für die Berechnung eines Flankenpunktes am Wälzfräser aus den Raddaten gilt:

$$h_w = \sin\alpha_w \left[\frac{d_s}{2}\sin\alpha_w - \sqrt{\left(\frac{d_z}{2}\right)^2 - \left(\frac{d_0}{2}\cos\alpha_w\right)^2}\,\right]. \qquad (8/12)$$

Hierin bedeuten:

d_z gesuchter oder gegebener Durchmesser am Rad;

d_0 Durchmesser des Herstellwälzkreises am Rad;

h_w Höhe des – gesuchten oder gegebenen – Flankenpunktes von der Wälzgeraden aus gemessen. h_w ist positiv einzusetzen, bzw. ergibt sich positiv, wenn es in Richtung auf den Radmittelpunkt gemessen wird und negativ, wenn es in Richtung vom Mittelpunkt weg gemessen wird;

α_w Herstelleingriffwinkel.

Aus den Formeln ist zu erkennen, daß das Fräserprofil wie eine Zahnstange behandelt wird, die im Stirnschnitt der Werkradverzahnung geradflankig ist. Diese Näherung ist in den meisten Fällen zulässig. – Es sei betont, daß beide Gleichungen nur für den Fall gelten, daß zwei auf Flankengerade bzw. Evolvente liegende Punkte – entsprechend dem Grundgesetz der Verzahnung – miteinander in Eingriff kommen. Punkte einer Unterschnittkurve werden beispielsweise hiermit nicht erfaßt.

8.13 Wälzfräser — Größen und Bauformen

Einteilige und mehrteilige Wälzfräser. Wie der Name besagt, bestehen die einteiligen oder „Starr"fräser aus einem Stück. Bei den mehrteiligen oder „Stollen"fräsern wird ein Grundkörper verwendet, in den die Zahnstollen eingesetzt werden. Für die Befestigung der Zahnstollen gibt es eine ganze Anzahl von Konstruktionen; Abb. 8/4 zeigt ein Beispiel. Wenn die Zahnstollen durch mehrmaliges Nachschleifen verbraucht

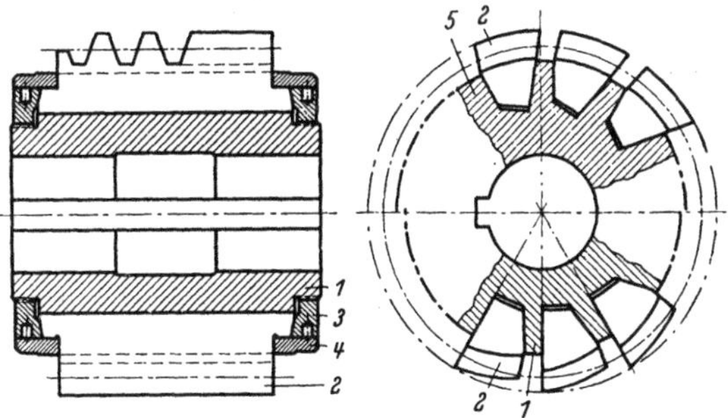

Abb. 8/4. Wälzfräser mit eingesetzten Schneidstollen [8/268].
Oben: Schneidstollen 2 im Vorrichtungsgrundkörper 5;
unten: Schneidstollen 2 (gekippt) im Arbeitsgrundkörper 1;
3 Gewinderinge; 4 Schrumpfkappen

sind, kann man sie bei manchen Konstruktionen durch neue ersetzen; der Grundkörper kann also mehrfach verwendet werden. Ein weiterer Vorteil der mehrteiligen Fräser besteht in der einfachen und genauen Herstellung des Hinterschliffs:

Zunächst wird in einem Vorrichtungsgrundkörper die Hüllschraube geschliffen; erst in ihren Arbeitsgrundkörpern werden dann die Zahnstollen um einen kleinen Winkel nach hinten gekippt. Dadurch treten die geschliffenen Flanken um einen kleinen Betrag hinter die Flanken der Hüllschraube zurück, und die erforderlichen Schnittwinkel entstehen. Zum Fräsen genauer Verzahnungen werden meist die mehrteiligen Wälzfräser verwendet, die teurer sind als die einteiligen.

Auch bezüglich Schnittleistung sind Stollenfräser den Starrfräsern im allgemeinen überlegen, was darauf zurückzuführen sein dürfte, daß die einzelnen Stollen besser durchgeschmiedet und wärmebehandelt werden können.

Ein- und mehrgängige Wälzfräser. Vor- und Nachteile sowie Anwendungsbereich von Fräsern unterschiedlicher Gangzahl s. Abschn. 7.11, S. 368.

Bohrungen und Fräsdorne. Wälzfräser werden mit zylindrischen oder konischen Bohrungen oder mit dem Fräsdorn in einem Stück ausgeführt.

Die normale Bauform, die am meisten verwendet wird, ist die mit zylindrischer Bohrung. Im Vergleich hierzu erfordern Fräser mit koni-

Tabelle 8/1. In den USA übliche Hauptabmessungen von Wälzfräsern

Modul $\approx$	Diametral-Pitch	Gangzahl	Bohrungs-durch-messer	Kopfkreis-durch-messer	Länge	Längsnut-maße
mm	^{1}/Zoll	—	mm	mm	mm	mm
0,25	100	1	19,05	34,93	15,88	—
0,80	32	1	19,05	38,10	28,58	3,18 × 1,59
1,25	20	1	19,05	47,63	47,63	3,18 × 1,59
1,50	16	1	31,75	63,50	63,50	6,35 × 3,18
2,0	12	1	31,75	69,85	69,85	6,35 × 3,18
2,5	10	1	31,75	76,20	76,20	6,35 × 3,18
		2	31,75	88,90	76,20	6,35 × 3,18
		3	31,75	95,25	76,20	6,35 × 3,18
3,25	8	1	31,75	76,20	76,20	6,35 × 3,18
		2	31,75	95,25	76,20	6,35 × 3,18
		3	31,75	101,60	76,20	6,35 × 3,18
4,25	6	1	31,75	88,90	88,90	6,35 × 3,18
		2	38,10	114,30	88,90	9,52 × 4,76
		3	38,10	127,00	88,90	9,52 × 4,76
5,0	5	1	31,75	88,90	88,90	6,35 × 3,18
		2	38,10	114,30	88,90	9,52 × 4,76
		3	38,10	127,00	88,90	9,52 × 4,76
6,25	4	1	31,75	101,60	101,60	6,35 × 3,18
		2	38,10	127,00	101,60	9,52 × 4,76
		3	38,10	139,70	101,60	9,52 × 4,76
13	2	1	38,10	146,05	203,20	9,52 × 4,76
		2	38,10	165,10	203,20	9,52 × 4,76
25	1	1 oder 2	63,50	273,05	381,00	15,88 × 7,94

scher Bohrung eine größere Wanddicke. Einige Firmen bevorzugen konische Bohrungen, weil der Konus eine starrere Lagerung ermöglicht. – Der Fräser wird durch Reibungsschluß an den Stirnflächen (axiales Verspannen) und durch Formschluß (Paßfeder mit Längsnut oder seitlichem Mitnehmer mit Quernut s. Abb. 8/1) mitgenommen.

Die Längsnut hat den Nachteil, daß der Fräskörper einseitig geschwächt wird, was insbesondere bei Starrfräsern kleiner Durchmesser eine Rolle spielen kann. Außerdem wird das Schleifen einer formgenauen Bohrung erschwert. – Die seitliche Mitnahme durch die Quernut kann andererseits bei langen Fräsern zu einem Verdrehen des Fräserkörpers führen.

Fräser mit festem Dorn sind sehr teuer. Man benötigt sie für solche Fälle, wo der Fußkreisdurchmesser des Fräsers so klein ist, daß keine Bohrung mehr möglich ist. Derartige Fräser können erforderlich sein, wenn der Fräserauslauf oder die Nutbreite zwischen den beiden Schrägungsrichtungen bei Pfeilverzahnung begrenzt ist. Auch für die Herstellung von Schneckenrädern werden häufig Fräser mit kleinen Durchmessern benötigt; wie auf S. 472 erläutert wird, muß der Schneckenradfräser ziemlich genau die gleichen Abmessungen haben wie die Schnecke, für die ja vielfach kleine Durchmesser verwendet werden.

Abmessungen. In Tab. 8/1 sind die in den USA allgemein gebräuchlichen Größen von Wälzfräsern mit zylindrischer Bohrung zusammen-

Tabelle 8/2. Hauptabmessungen der Wälzfräser für Stirnräder nach DIN 8002 (Jan. 55)

Modul	Gangzahl	Bohrungsdurchmesser	Kopfkreisdurchmesser	Gesamtlänge	
				bei Längsnut	bei Quernut
mm	–	mm	mm	mm	mm
1–1,25	1 oder 2	22	50	31	44
1,5–1,75	1 oder 2	22	56	38	51
2	1 oder 2	27	63	46	60
2,25–2,75	1 oder 2	27	70	56	70
3–3,5	1 oder 2	32	80	69	85
3,75–4,5	1 oder 2	32	90	78	94
5–5,5	1 oder 2	32	100	88	104
6–7	1 oder 2	40	110	108	126
8–9	1 oder 2	40	125	138	156
10	1 oder 2	40	140	170	188
11	1 oder 2	50	160	180	200
12	1 oder 2	50	170	195	215
13	1 oder 2	50	180	210	230
14	1 oder 2	50	190	225	245
15	1 oder 2	60	200	235	258
16	1 oder 2	60	210	248	271
18	1 oder 2	60	230	270	293
20	1 oder 2	60	250	296	319

gestellt. Als Vergleich dazu sind in Tab. 8/2 die in DIN 8002 genormten Wälzfräserabmessungen angeführt. Wird eine konische Bohrung verwendet, so muß diese – bei gleichem Außendurchmesser – kleiner sein als die in Tab. 8/1 angeführte zylindrische Bohrung. Zum Erzeugen besonders genauer Verzahnungen und bei hohen Fräsleistungen müssen Fräser und Dorn besonders starr sein. Man wählt deshalb in solchen Fällen oft für die Fräser und Dorne größere Durchmesser als in Tab. 8/1 angegeben ist.

Hat hiernach beispielsweise ein Fräser mit Modul 2,5 üblicherweise eine Bohrung von 31,75 mm und einen Außendurchmesser von 76,2 mm, so dürfte – bei hohen Genauigkeitsanforderungen – für denselben Modul ein Fräser mit etwa 100 mm Durchmesser und 45 mm Bohrung zweckmäßig sein.

Wälzfräser mit Protuberanz s. S. 464.
Wälzfräser mit Kopfkantenbrecher s. S. 469.

8.14 Wälzfräsertoleranzen

Wie eingangs dieses Kapitels gezeigt wurde, entsteht die Wälzfräserform aus der Durchdringung der Spannutenschraube und des Körpers,

Tabelle 8/3. Wälzfräser-Toleranzen für Steigungs- (bzw. Achsteilungs-)fehler, Flankenformfehler und Zahndickenfehler nach amerikanischer Praxis

Fehlerart	Gangzahl	Güteklasse	Toleranzen in μ[1] bei Diametral Pitch (Modul)				
			16 ($\approx$ 1,6)	10 ($\approx$ 2,5)	5 ($\approx$ 5,1)	3 ($\approx$ 8,5)	1 ($\approx$ 25,4)
Achsteilung (bei eingängigen Fräsern = Steigung oder Ganghöhe)	1, 2 und 3	A	10	13	15	25	64
		B	18	18	23	43	89
		C	25	23	28	56	114
		D	46	51	64	102	152
Flankenformfehler des aktiven Fräserzahnprofils, (das die Evolvente erzeugt)	1	A	5	5	5	8	25
		B	8	8	10	13	41
		C	8	8	10	25	64
		D	15	20	30	76	203
	2	A	5	5	8	13	30
		B	8	8	13	18	46
		C	8	8	13	28	69
		D	18	20	30	76	203
	3	A	5	8	8	13	38
		B	8	10	13	18	51
		C	8	10	13	28	69
		D	18	20	30	76	203
Zahndickenfehler (nur Minusabweichungen zulässig)	1, 2 und 3	A	− 25	− 25	− 25	− 38	− 76
		B	− 25	− 25	− 25	− 38	− 76
		C	− 38	− 38	− 38	− 51	− 89
		D	− 51	− 51	− 51	− 76	− 102

[1] $1\mu = 0,001$ mm

der durch die Hinterarbeitungsflächen gebildet wird. Beide Körper können mit Fehlern behaftet sein. Es sei hier auf das DIN-Blatt 8000 verwiesen, in dem auch die Wälzfräserfehler behandelt werden. Von den etwa 20 Fehlerarten dürften folgende 3 für den Fräserbenutzer die wichtigsten sein:

Achsteilungsfehler (oder Steigungsfehler bei eingängigen Wälzfräsern), Flankenformfehler, Zahndickenfehler.

Fehler der Achsteilung oder der Steigung (= Ganghöhe) und der Flankenform des Frässers (Schneidkante) beeinflussen beide unmittelbar die Zahnformgenauigkeit des zu erzeugenden Zahnrades, während Zahndickenfehler ebenfalls Zahndickenfehler am Zahnrad verursachen. – Die darüber hinaus angegebenen Fräserfehler beeinflussen die Genauigkeit der Zahnräder nur mittelbar.

Für die drei Fehlerarten sind in Tab. 8/3 die in den USA üblichen Toleranzen für mehrere Güteklassen angeführt.

Tabelle 8/4. Im Entwurf DIN 3968 vorgeschlagene Toleranzen eingängiger Wälzfräser für Fräsersteigung, Form der Schneidkante und Zahndicke

Fehlerart	Güteklasse	Toleranzen in μ [1] bei Modul								
		über 0,63–1	über 1–1,6	über 1,6–2,5	über 2,5–4	über 4–6,3	über 6,3–10	über 10–16	über 16–25	über 25–40
Fräsersteigung in Gangrichtung zwischen beliebigen Schneidkanten	AA	6	6	6	8	10	12	nicht festgelegt		
	A	10	11	12	14	16	20	25	32	40
	B	20	22	25	28	32	40	50	63	80
	C	40	45	50	56	63	80	100	125	160
	D	80	90	100	112	125	160	200	250	320
Form der Schneidkante	AA	6	6	6	8	10	12	nicht festgelegt		
	A	10	11	12	14	16	20	25	32	40
	B	20	22	25	28	32	40	50	63	80
	C	40	45	50	56	63	80	100	125	160
	D	nicht festgelegt								
Zahndicke auf dem Bezugszylinder	AA	– 16	– 16	– 16	– 20	– 25	– 32	nicht festgelegt		
	A	– 25	– 28	– 32	– 36	– 40	– 50	– 63	– 80	– 100
	B	– 50	– 56	– 63	– 71	– 80	– 10	– 125	– 160	– 200
	C	– 100	– 112	– 125	– 140	– 160	– 200	– 250	– 320	– 400
	D	– 100	– 112	– 125	– 140	– 160	– 200	– 250	– 320	– 400

[1] $1\mu = 0{,}001$ mm

Tab. 8/4 zeigt zum Vergleich die im DIN-Entwurf 3968 vorgeschlagenen Wälzfrässertoleranzen für die gleichen drei Fehlerarten.

8.15 Wälzfräser mit Anspitzung für Gerad- und Schrägstirnräder

Für die Herstellung von Schrägstirnrädern mit Schrägungswinkeln oberhalb etwa 30° benötigt man Wälzfräser mit kegeliger oder kugeliger Anspitzung. Abb. 8/6 zeigt einen derartigen Fräser. Auch für kleinere Schrägungswinkel einschließlich Geradverzahnung ist eine Anspitzung zweckmäßig, wenn Räder mit großen Zähnezahlen – etwa über $z = 150$ – verzahnt werden sollen. Wie aus Abb. 8/7 zu ersehen ist, erreicht man damit, daß die zuerst zum Schnitt kommenden Fräserzähne nicht sofort auf volle Tiefe schneiden; man vermeidet also eine übermäßige Abnützung dieser Zähne. Außerdem erhält man bei normalem Längsfräsen einen kürzeren Anschnittweg.

Abb. 8/6. Mehrgängiger Wälzfräser für die Herstellung eines Schrägstirnrades mit 250 Zähnen und 35° Schrägungswinkel; links konische Anspitzung. (Werkfoto: General Electric Co., Lynn, Massachusetts, USA)

Bei Wälzfräsern für die Herstellung von *Schrägstirnrädern* gelten nach Abb. 8/7 folgende Regeln für die Lage der Anspitzung (vorausgesetzt ist hierbei, daß der Schrägungswinkel des Rades größer ist als der Steigungswinkel des Fräsers):

Für Gegenlauffräsen:
Rechtsgängiger Fräser – Anspitzung an der linken Seite (Auslaufseite).
Linksgängiger Fräser – Anspitzung an der rechten Seite (Auslaufseite).

Für Gleichlauffräsen:
Rechtsgängiger Fräser – Anspitzung an der rechten Seite (Einlaufseite).
Linksgängiger Fräser – Anspitzung an der linken Seite (Einlaufseite).

Bei Wälzfräsern für die Herstellung von *Geradstirnrädern* gelten dagegen – was ebenfalls nach Abb. 8/7 unmittelbar einzusehen ist – folgende Regeln:

Für Gegenlauffräsen:
Rechtsgängiger Fräser – Anspitzung an der rechten Seite (Einlaufseite).
Linksgängiger Fräser – Anspitzung an der linken Seite (Einlaufseite).

Für Gleichlauffräsen:
Rechtsgängiger Fräser – Anspitzung an der linken Seite (Auslaufseite).
Linksgängiger Fräser – Anspitzung an der rechten Seite (Auslaufseite).

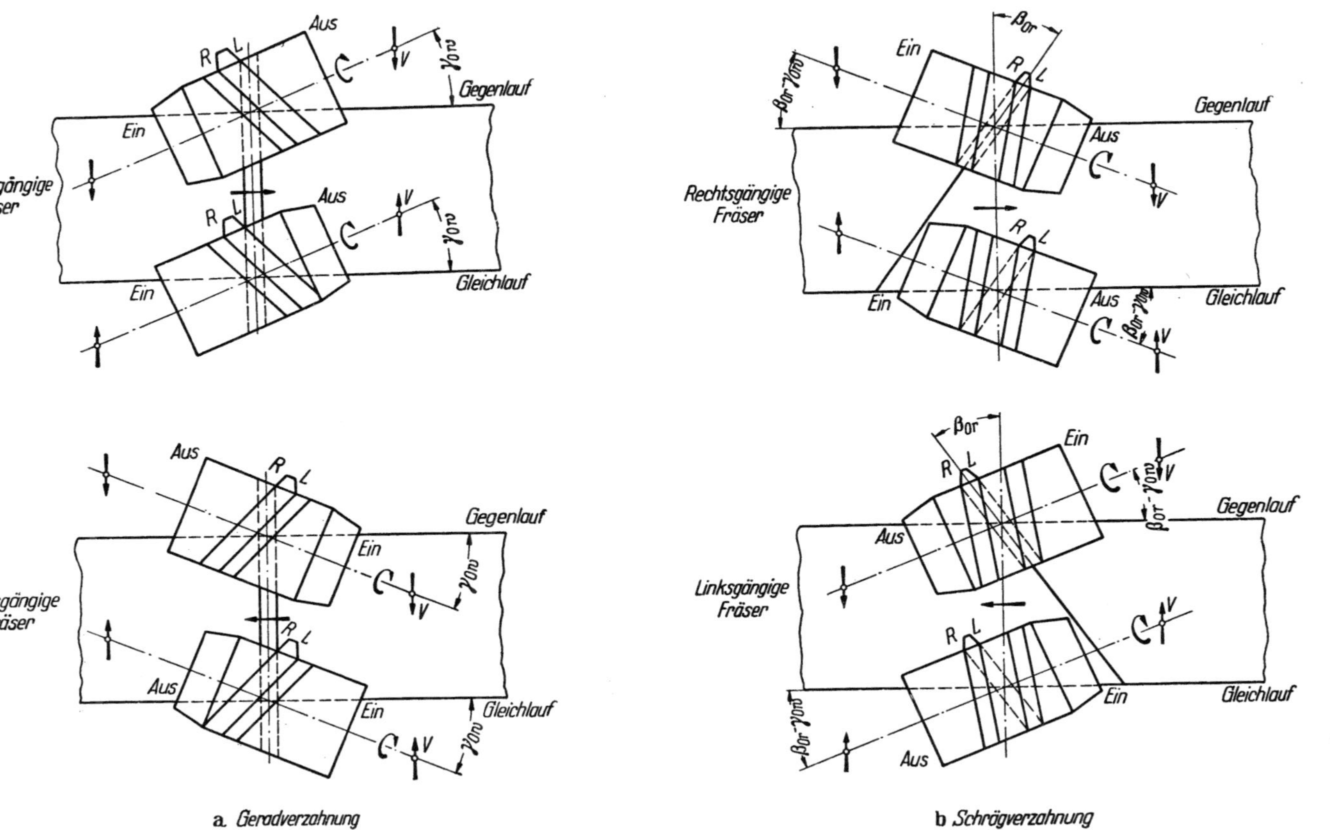

Abb. 8/7 a u. b. Lage der Anspitzung am Wälzfräser. *R* Rechtsflanke; *L* Linksflanke; *V* Vorschubrichtung; *Ein* Einlaufseite des Fräsers; *Aus* Auslaufseite

Bei kleinen Zähnezahlen des Rades ist eine Anspitzung unnötig, weil die Zähne an beiden Enden des Fräsers – infolge der starken Radkrümmung – entweder gar nicht am Schnitt teilnehmen oder aber nur am Kopf schneiden.

Angaben über die Länge des angespitzten Teils finden sich u. a. in DIN 8002. Siehe hierzu auch S. 464.

8.16 Anspitzung des Wälzfräsers
für Stirnräder mit Doppelschrägverzahnung – Einfluß der Nutbreite

Die Breite der Nut zwischen den beiden Schrägen einer Doppelschrägverzahnung und die Abmessungen des Wälzfräsers – insbesondere die Anspitzung – müssen aufeinander abgestimmt sein. Für Fälle, bei denen es nicht darauf ankommt, die Nutbreite so klein wie möglich zu halten, sind in Tab. 7/1, S. 371, Richtwerte angegeben.

Zunächst soll gezeigt werden, wie man die Nutbreite berechnen kann, wenn der Wälzfräser gegeben ist. Da die genaue Berechnung ziemlich umständlich ist, wollen wir eine Näherungsformel benutzen, deren Fehler jedoch in normalen Fällen innerhalb $\pm 5\%$ liegen dürfte.

Die Mindestnutbreite $b_{N\,\mathrm{min}}$ beträgt hiernach:

$$b_{N\,\mathrm{min}} = \sqrt{h_s(d_{kw} - h_s)}\cos(\beta_{0\,r} - \gamma_{0\,w})$$
$$+ \frac{n_1\,'_{n0}\sin(\beta_{0\,r} - \gamma_{0\,w})}{\cos\gamma_{0\,w}} + \frac{h_{kf}\sin(\beta_{0\,r} - \gamma_{0\,w})}{\tan\alpha_{n0}}. \qquad (8/13)$$

Hierin bedeuten:

h_s Schnittiefe ($=$ von dem betrachteten Fräserzahn erzeugte Zahnhöhe);

h_z Gesamtschnittiefe $=$ Gesamtzahnhöhe des Werkrades;

d_{kw} Kopfkreisdurchmesser des Fräsers an dem jeweils schneidenden Zahn;

$\beta_{0\,r}$ Schrägungswinkel des Rades;

$\gamma_{0\,w}$ Steigungswinkel des Wälzfräsers [zu bestimmen nach Gl.(8/2), S.453];

n_1 Entfernung des betrachteten Fräserzahnes von der Fräsermitte in „Anzahl der Teilungen";

t_{n0} Teilung im Normalschnitt;

h_{kf} Das Größere von „Kopfhöhe des Rades h_{k0}" oder „Fußhöhe minus Kopfspiel des Rades ($h_{f0} - S_k$).

In Abb. 8/8 ist schematisch dargestellt, wie Gl. (8/13) entstanden ist:

Der Fräser muß so weit in die Nut zwischen den beiden Schrägen vorgeschoben werden, bis er aus der gerade erzeugten Schräge (Pfeilhälfte) austritt, d. h. bis diese Verzahnung fertiggefräst ist. Die Mindestnutbreite ergibt sich dann aus der Forderung, daß weder der erste ungekürzte Zahn noch einer der verkürzten Zähne der kegelförmigen Anspitzung die benachbarte Pfeilhälfte anschneiden darf.

Im allgemeinen wird der Fräser $1^1/_2$ Teilungen vom ersten vollen Zahn entfernt zentriert. Für den ersten Rechnungsgang wird man also $n_1 = 1{,}5$ wählen. Da der Zahn hier seine volle Höhe hat, so ist $h_s = h_z$, und für d_{kw} ist der ungekürzte Kopfkreisdurchmesser des zylindrischen Teils einzusetzen.

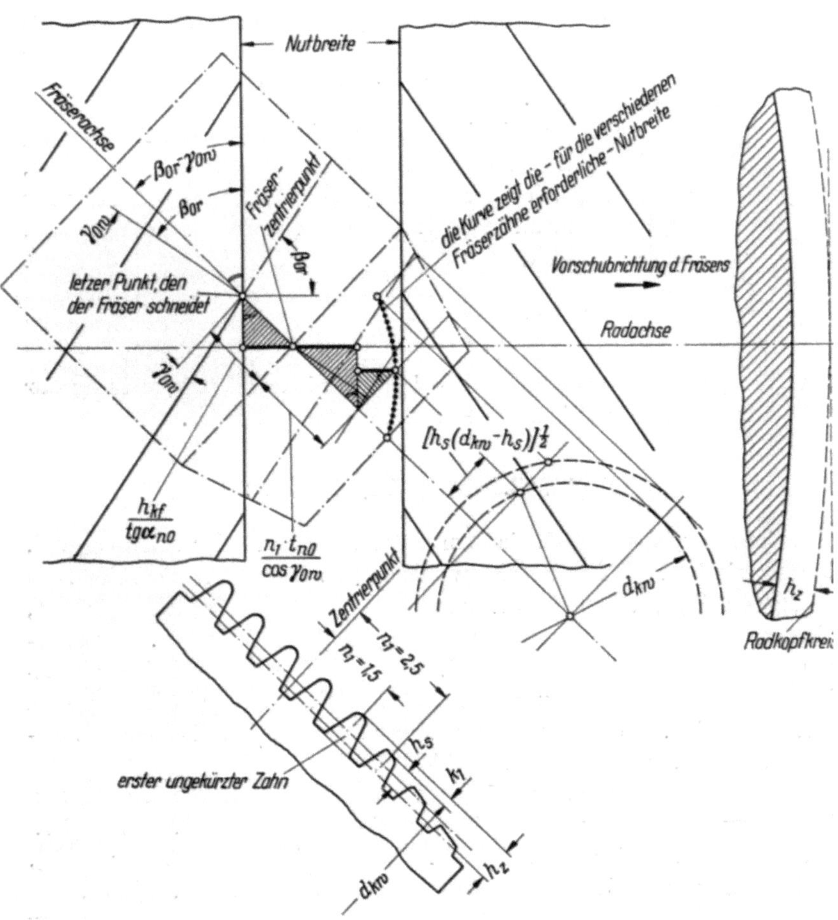

Abb. 8/8. Bestimmen der erforderlichen Breite der Ringnut zwischen den beiden Schrägen einer Doppelschrägverzahnung. Strichpunktiert ist die am Rad aufliegende Seite des Fräsers dargestellt

Nachdem die erforderliche Nutbreite für den ersten ungekürzten Zahn bestimmt wurde, wird geprüft, ob einer der verkürzten Zähne eine größere Nutbreite erfordert. Wie Abb. 8/8 zeigt, ist im vorliegenden Beispiel für den ersten verkürzten Zahn $n_1 = 2{,}5$ einzusetzen und für die Schnittiefe ($=$ erzeugte Zahnhöhe) der Wert $h_z - k_1$. In dieser Weise kann man für eine Reihe gekürzter Zähne die Berechnung nach Gl. (8/13) durchführen.

Die ermittelten Werte können dann, wie in Abb. 8/8 dargestellt werden. Maßgebend für die Festlegung der Nutbreite ist dann der größte für $b_{N\,\mathrm{min}}$ gefundene Wert.

Gl. (8/13) berücksichtigt die Krümmung des Zahnrades nicht, sie wurde vielmehr abgeleitet mit der Annahme, daß eine Zahnplatte ($z = \infty$) erzeugt wird. Die Seitenansicht rechts in Abb. 8/8 zeigt, daß die nicht über dem Zentrierpunkt liegenden Fräserzähne etwas höher sein könnten als Gl. (8/13) ergibt. Wir haben also eine zusätzliche Sicherheit.

Entwurf eines Fräsers mit Anspitzung. Man wählt die Anspitzung zweckmäßigerweise so, daß die gekürzten Zähne eine Nutbreite ergeben, die entweder gerade gleich oder etwas größer als der Wert ist, der für den ersten ungekürzten Zahn berechnet wurde. Dadurch erreicht man, daß der angespitzte Teil des Fräsers wirklich am Schnitt teilnimmt. Wenn die gekürzten Zähne dagegen so kurz sind, daß sie eine geringere Nutbreite erfordern als der erste ungekürzte Zahn, so werden sie zwar an den Flanken der Radzähne Material abheben, aber nicht so tief schneiden, wie dies im Hinblick auf eine gleichmäßige Verteilung der Zerspanungsleistung auf alle Fräserzähne erwünscht wäre.

8.17 Wälzfräser mit Protuberanz

Stirnräder, deren Zahnflanken man schleifen oder schaben will, werden vielfach mit Protuberanzwerkzeugen verzahnt. Wie die Abb. 8/9 und 8/10 zeigen, haben diese Werkzeuge an den Zahnköpfen Vorsprünge, die über die geraden Flanken des Bezugsprofils hinausragen. Damit erzeugt man einen kleinen Unterschnitt am Zahnfuß und bei der nachfolgenden Fertigbearbeitung gehen Schleifscheibe oder Schaberad im Zahngrund frei. Sie werden dadurch geschont und Schleif- oder Schabekerben im Zahngrund werden vermieden.

Berechnungsformeln. Nachfolgend wird ein einfaches Näherungsverfahren zur Berechnung von Protuberanzfräsern angegeben. Das Verfahren ist brauchbar für $R_1 < A$ (d. h. die überwiegende Zahl der Fälle). Berechnung für $R_1 > A$ s. [*8/274*]. Genaues Verfahren s. [*8/273*].

Formkreisdurchmesser (= Durchmesser des Unterschnittbeginns) der Fertigverzahnung:

$$d_{Ff} = 2\sqrt{\left(\frac{d_{gr}}{2}\,\genfrac{}{}{0pt}{}{+}{(-)}\,v\right)^2 + u^2}\,. \qquad (8/13\,\mathrm{A})$$

Man rechnet:

$$R_1 = \frac{h_{kw} - \varrho_{kw} - x\,m}{\sin\alpha_w} + \varrho_{kw}\,, \qquad (8/13\,\mathrm{B})$$

$$A = \overline{CN} = \frac{d_{gr}}{2}\tan\alpha_w\,, \qquad (8/13\,\mathrm{C})$$

$$R_2 = A\,(\overline{+})\,(R_1 - p + c)\,, \tag{8/13 D}$$

$$v = +\,\sqrt{R_2^2 - u^2}\,; \quad u = \frac{A^2 + R_2^2 - R_1^2}{2\,A}\,. \tag{8/13 E}$$

Bezeichnungen s. Tab. 8/0 S. 450 sowie Abb. 8/10 und 8/11. Die eingeklammerten Vorzeichen gelten nur für Innenverzahnungen, s. Abschn.
8.34, S. 483 (Herstellung mit Schneidrad. Für die Berechnung des Form-

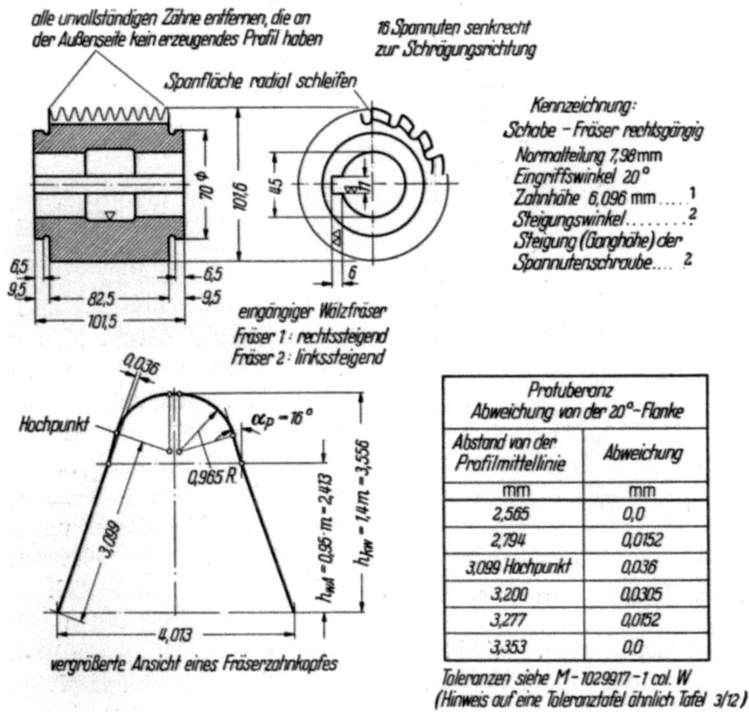

Protuberanz Abweichung von der 20°-Flanke	
Abstand von der Profilmittellinie	Abweichung
mm	mm
2,565	0,0
2,794	0,0152
3,099 Hochpunkt	0,036
3,200	0,0305
3,277	0,0152
3,353	0,0

Toleranzen siehe M–1029977–1 col. W
(Hinweis auf eine Toleranztafel ähnlich Tafel 3/12)

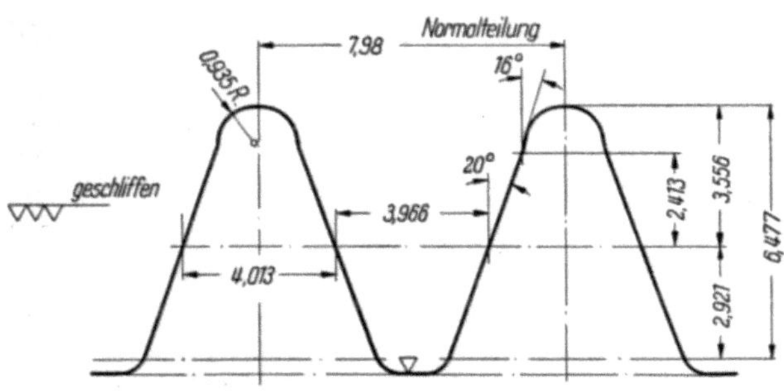

Abb. 8/9. Konstruktionszeichnung eines Schabewälzfräsers mit Protuberanz nach amerikanischer
Praxis. Hinweiszahlen: [1] des Werkstücks; [2] Zahlenwerte werden eingeschlagen

kreisdurchmessers der *Vor*verzahnung gelten dieselben Formeln, wobei $c = 0$ zu setzen ist.

Die Einzelheiten der Bemessung eines Wälzfräsers können am besten an Hand eines Ausführungsbeispiels erläutert werden. – Wir nehmen an, daß ein Schabefräser[1] zum Verzahnen von Rad *und* Ritzel eines Getriebes entworfen werden soll.

Werkraddaten. Die zu erzeugenden Räder sind für eine Umfangsgeschwindigkeit bis zu 50 m/s und Belastungen bis zu 360 kg/cm Zahnbreite vorgesehen; (diese Angaben sind für die erforderliche Genauigkeit des Fräsers von Interesse). Die weiteren Werkraddaten sind in Tab. 8/5 angeführt. – Damit die Kopfkanten des Schaberades im Fuß des Werkrades freigehen, soll ein Protuberanzfräser gewählt werden, der die Zahnflanke am Zahnfuß des Rades freischneidet.

Gewählter Fräser. Man geht zweckmäßigerweise so vor, daß man die Fräserabmessungen zunächst einmal nach Erfahrung festlegt und prüft dann, ob die vorgeschriebenen Werkradabmessungen hiermit erzeugt werden können. Diese Nachrechnung zeigt, ob die ursprünglich angenommenen Fräserdaten korrigiert werden müssen. – Abb. 8/9 enthält die zunächst gewählten Abmessungen des Fräsers. Die Zähne des Fräsers sind am Zahnkopf nahezu halbkreisförmig abgerundet; die Zahnkopfhöhe beträgt 1,4 × Modul; die Werkradzähne haben eine Gesamthöhe von 2,55 × Modul (Hochverzahnung).

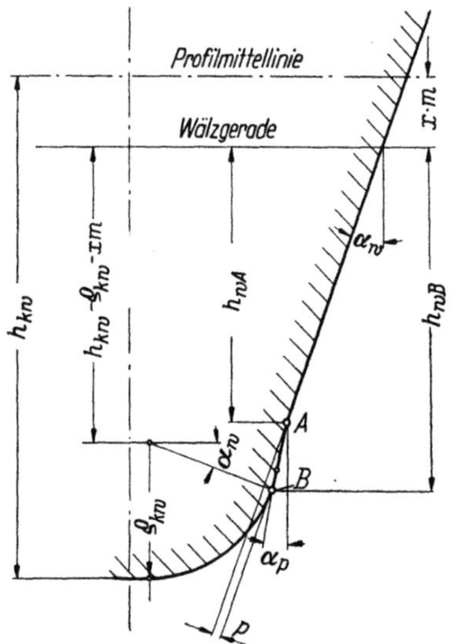

Abb. 8/10. Bezeichnungen am Protuberanzfräser

Wie aus der untersten Figur in Abb. 8/9 zu ersehen ist, wurde die Fräserzahndicke – auf der Profilmittellinie – hier etwas größer gewählt als die Lücke, um am Werkrad ein Flankenspiel zu erzeugen. In *Deutschland* [DIN 3972] ist es dagegen üblich, Zahndicke und Lücke bei Fertigfräsern gleich groß und bei Vorfräsern die Zahndicke zur Berücksichtigung der Schleif- oder Schabezugabe kleiner als die Lücke auszuführen. Das gewünschte Flankenspiel erreicht man dann dadurch, daß der Fräser etwas tiefer zugestellt wird, als die theoretischen Daten besagen.

---

[1] Fräser zum Verzahnen eines Rades, das anschließend geschabt wird.

Der Vorsprung über die Flankenlinie am Zahnkopf des Fräsers – auch Protuberanz genannt – wurde, wie aus Abb. 8/9 zu ersehen ist, 0,036 mm hoch gewählt.

Erzeugte Verzahnung (Kontrollrechnung). Es soll nun untersucht werden, welche Verzahnungen der gewählte Fräser an Ritzel und Rad erzeugt. Die Berechnung ist in Tab. 8/5 zusammengefaßt.

Der Fräser erzeugt die in Zeile 22 angegebenen Formkreisdurchmesser d_{Fv}, d. h. hier endet der Unterschnitt der gefrästen Verzahnung. Nach dem Schaben, d. h. nach dem Abtragen der Schabezugabe von $c = 0,03$ mm ergeben sich die in Zeile 16 angegebenen Formkreisdurchmesser d_{Ff}. Ein Zahlenvergleich zeigt, daß d_{Ff} des Rades unterhalb des in Zeile 8 angeführten Maximalwertes liegt, d. h. die Radverzahnung genügt den Anforderungen. d_{Ff} des Ritzels ist dagegen um etwa 0,2 mm größer als der zugelassene Maximalwert von Zeile 8.

Will man die damit verbundene, geringfügige Verringerung des Überdeckungsgrades nicht in Kauf nehmen, so muß die Berechnung mit geänderten Fräsermaßen (kleinere Protuberanz- oder kleinere Werkzeugkopfhöhe) wiederholt oder eine etwas größere Schabezugabe gewählt werden.

Abb. 8/11. Bestimmung des Durchmessers bei Unterschnittbeginn (Formkreisdurchmesser) der Fertigverzahnung d_{Ff} bei Herstellung mit Protuberanzfräser

Die Größe der Protuberanz wird im wesentlichen durch die Wahl des Protuberanzwinkels α_p bestimmt. Im vorliegenden Fall wurde $\alpha_p = 16°$ gewählt; bei einem Fräser Modul 6,35 mit einer Protuberanzhöhe von 0,05 mm wäre ein Protuberanzwinkel von etwa 18° vorzusehen (Abb. 8/10).

Der Knickpunkt A, an dem die 16°-Flanke in die 20°-Flanke übergeht (vgl. Abb. 8/10) muß so gewählt werden, daß durch die Übergangsgerade keine Teile der Fertigevolvente weggeschnitten werden, d. h. d_z nach Gl. (8/11) muß kleiner sein als d_{Ff}; für h_w ist dabei die Höhe bis

Tabelle 8/5. Berechnung der Formkreisdurchmesser d_F eines geradverzahnten Stirnradpaares nach dem Fräsen und Schaben

(Schabe-Protuberanz-Fräser und gegebene Fräserdaten s. Abb. 8/9, S. 465)

	Raddaten		Ritzel	Rad	errechnet nach
1.	Zähnezahl	z	29	56	
2.	Modul	m	2,54	2,54	
3.	Eingriffswinkel	$\alpha_0 = \alpha_w$	20°	20°	
4.	Profilverschiebungsfaktor	x	0	0	
5.	Teilkreisdurchmesser	d_0	73,66	142,24	Gl. (2/17)
6.	Kopfkreisdurchmesser	d_k	79,50	148,10	Gl. (2/20)
7.	Grenzkreisdurchmesser	d_l	69,95	138,10	Gl. (2/40)
8.	Formkreisdurchmesser der Fertigverzahnung	$d_{F\,f\,max}$	69,85	138,00	Gl. (2/43)[1]

Berechnung von d_{pr} (Durchmesser des größten Unterschnitts am Werkstück)[2]

	Raddaten		Ritzel	Rad	errechnet nach
9.	Abstand	h_{wB}	2,921	2,921	siehe Abb. 8/10
10.	Durchmesser	d_{pr}	69,69	137,34	Gl. (8/11)[5]

Berechnung der Formkreisdurchmesser d_{Ff} (Schnittpunkt mit der Fertigevolvente)

	Raddaten		Ritzel	Rad	errechnet nach
11.	Radius	R_1	8,540	8,540	Gl. (8/13 B)
12.	Strecke $\overline{CN} = A$		12,597	24,324	Gl. (8/13 C)[6]
13.	Radius	R_2	4,062	15,790	Gl. (8/13 D)[3]
14.	Hilfswert	u	4,058	15,788	Gl. (8/13 E)
15.	Hilfswert	v	0,1756	0,249	Gl. (8/13 E)
16.	Formkreisdurchmesser	d_{Ff}	70,04 (zu groß s. Text!)	137,83	Gl. (8/13 A)[6]

Berechnung der Formkreisdurchmesser d_{Fv} (Schnittpunkt mit der Vorverzahnungsevolvente)

	Raddaten		Ritzel	Rad	errechnet nach
17.	Radius	R_1	8,540	8,540	Gl. (8/13 B)
18.	Strecke $\overline{CN} = A$		12,597	24,324	Gl. (8/13 C)[6]
19.	Radius	R_2	4,092	15,820	Gl. (8/13 D)[4]
20.	Hilfswert	u	4,068	15,807	Gl. (8/13 E)
21.	Hilfswert	v	0,4433	0,6281	Gl. (8/13 E)
22.	Formkreisdurchmesser	d_{Fv}	70,57	138,57	Gl. (8/13 A)[6]

Berechnung von d_z mit $h_w = h_{wA}$ (siehe Abb. 8/10)

	Raddaten		Ritzel	Rad	errechnet nach
23.	zugeordneter Durchmesser	d_z	70,10	138,05	Gl. (8/11)

---

[1] mit $\Delta d_l = 0,05 \cdot$ Modul
[2] ist die Schabezugabe c gleich der Protuberanz, dann wird $d_{Ff} = d_p$
[3] mit Schabezugabe $c = 0,03$
[4] mit Schabezugabe $c = 0$
[5] mit $d_z = d_{pr}$ und $h_w = h_{wB}$
[6] d_{gr} nach 2/16

zum Knick – h_{wA} – einzusetzen (vgl. Tab. 8/5, Zeile 23). Man sieht, die Forderung ist für das vorliegende Beispiel erfüllt.

Mit dem gewählten Fräser wird eine Zahndicke im Teilkreis von $1{,}5616\,m$ $= 3{,}966$ mm erzeugt. Diese Dicke und auch die erzeugte Zahnhöhe von $2{,}4\,m$ ergibt sich auch bei nachgeschliffenem Fräser und ist auch unabhängig von der Zähnezahl des erzeugten Rades. (In diesem Zusammenhang sei darauf hingewiesen, daß sich bei Schneidrädern dagegen die erzeugte Zahnhöhe und -dicke im allgemeinen mit dem Nachschleifen ändert; beide hängen hier außerdem von der Zähnezahl des Werkrades ab.)

8.18 Wälzfräser mit Kopfkantenbrecher

Durch Anbringen eines Flankenknickes (mit etwa 45° Eingriffswinkel) am Zahnfuß der Fräserzähne kann am Werkrad ein Kopfkantenbruch erzeugt werden. Die Zahnköpfe sind dadurch weniger empfindlich gegen Stöße bei Transport oder Montage. Die Lage dieser Kopfkante hängt sehr stark von der Zähnezahl und Profilverschiebung des erzeugten Rades ab; ein Fräser mit Kopfkantenbrecher kann deshalb meist nicht für Rad und Gegenrad verwendet werden. Berechnung s. [*8/273*].

8.2 Wälzfräser für Schneckenräder
(*von Zylinderschneckengetrieben*)

Schneckenräder und Stirnräder können auf den gleichen Maschinen gefräst werden. Es ist sogar möglich, die gleichen Fräser zu verwenden – vorausgesetzt, daß die Schnecke den gleichen Durchmesser und das gleiche Zahnprofil wie der Fräser hat. Im allgemeinen werden allerdings für das Verzahnen von Schneckenrädern Spezialfräser verwendet.

Aber auch hierfür gilt stets die Grundbedingung, daß die Abmessungen von Wälzfräser und Schnecke – abgesehen von den Abweichungen zur Erzielung eines bestimmten Kopf- und Flankenspiels – ziemlich genau übereinstimmen müssen (Näheres s. unten).

8.21 Fräservorschub

Schneckenräder mit Steigungswinkeln unter etwa 8°, also insbesondere solche, die mit eingängigen Schnecken kämmen, können im allgemeinen mit *Radial*vorschub des Fräsers verzahnt werden. Bei größeren Steigungswinkeln besteht die Gefahr, daß hierbei Flankenteile des Schneckenrades zerstört werden. – Außerdem erzeugen die Fräserschneiden bei Radialvorschub – ebenso wie beim Stirnradwälzfräsen einen Polygonzug, der das theoretische Profil einhüllt. Die Einhüllung ist um so schlechter, je kleiner der Fräserdurchmesser und je größer die Gangzahl des Wälzfräsers ist, d. h., je kleiner die Anzahl der Spannuten und damit der Spanflächen ist. – Der Vorteil des Radialfräsens liegt in der höheren Leistungsfähigkeit.

Schneckenräder, die mit mehrgängigen Schnecken zusammenarbeiten, erfordern deshalb meist Fräser mit *tangentialem* Vorschub. Wir verstehen darunter, daß der Fräser während des Verzahnens langsam in Tangentialrichtung des Schneckenrades (d. h. in Richtung der Fräserachse) vorgeschoben wird. Die Wirkung dieses Vorschubes ist, daß sich die Zentrierstellung des Fräsers während des Verzahnens ständig ändert, d. h. die Fräserschneiden nehmen in bezug auf das Schneckenrad dauernd verschiedene Stellungen ein. Die Schneidwirkung ist dadurch so, als ob der Fräser eine fast unendlich große Anzahl von Schneidkanten hätte. (Bei der Herstellung von Stirnrädern erzielt man eine ähnliche Wirkung mit dem auf S. 370 beschriebenen Diagonalwälzfräsen).

Mit einem kombinierten *Radial-Tangential*-Verfahren kann man die Vorzüge beider Vorschubarten ausnutzen.

8.22 Schneckenradwälzfräser mit Anspitzung

Abb. 8/12 zeigt einen Wälzfräser beim Verzahnen eines Schneckenrades (für einen Zylinderschneckentrieb). Auffällig ist der lange kegel-

Abb. 8/12. Schneckenradwälzfräser beim Verzahnen eines Schneckenrades mit Tangentialvorschub. (Werkfoto: General Electric)

förmige Teil des Fräsers – die Anspitzung. Hiermit erreicht man, daß alle Zähne des Fräsers gleichmäßig an der Zerspanungsarbeit teilnehmen. Bei Tangentialvorschub sind zu Beginn des Schnittes nur die verkürzten

Zähne im Eingriff mit dem Werkstück und zum Schluß nur die ungekürzten Zähne des zylindrischen Fräserteils. Welches der beiden Enden des Fräsers angespitzt wird, hängt von der gewählten Vorschubrichtung ab. Im allgemeinen legt man folgende Regel zugrunde (Erklärung der Bezeichnungsweise s. S. 453/54).

Rechtsgängiger Fräser an der rechten Seite angespitzt.

Linksgängiger Fräser an der linken Seite angespitzt.

Es gibt dagegen keine einfache und allgemeingültige Richtlinie für die Wahl des Kegelwinkels der Fräseranspitzung. Vielfach macht man die Länge der Anspitzung etwa *dreimal* so groß wie die Höhe der ungekürzten Fräserzähne und verkürzt die vordersten Zähne auf ungefähr ein *Viertel* ihrer ursprünglichen Höhe.

8.23 Schneckenradwälzfräser mit einem oder wenigen Schneidzähnen

Die eben beschriebenen Wälzfräser sind leistungsfähige, aber ziemlich teure Werkzeuge. Wenn keine großen Anforderungen an die Produktions-

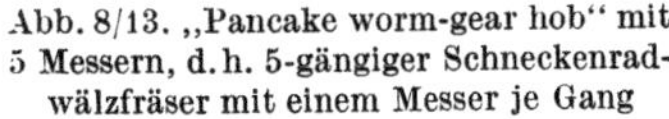

Abb. 8/13. „Pancake worm-gear hob" mit 5 Messern, d. h. 5-gängiger Schneckenradwälzfräser mit einem Messer je Gang

Abb. 8/14. Mehrgängiger Schneckenradwälzfräser mit nur einem ausgeführten Gang. (Werkfoto: Pfauter, Ludwigsburg)

leistung gestellt werden, insbesondere bei kleinen Stückzahlen, verwendet man deshalb vielfach einfachere Fräser, die mit sehr langsamem Tangentialvorschub arbeiten. An erster Stelle ist hier das *Schlagmesser* zu nennen, das aus einem Dorn und einem Formmesser besteht. Dieses Formmesser hat das Profil des Schneckenganges und stellt gewissermaßen einen Wälzfräser mit nur einem Zahn dar. Das Verfahren hat sich bei Verwendung von Formmessern aus Hartmetall gut bewährt: die Standzeit von Schnellstahlmessern reicht dagegen häufig nicht aus, um ein Schneckenrad fertig zu verzahnen.

Auf Grund dieser Erfahrung wurde ein Fräser entwickelt, der für *jeden* Schneckengang *ein* Formmesser hat; Abb. 8/13 zeigt einen derartigen Fräser.

Da ein mehrgängiger Wälzfräser schwer mit der erforderlichen Teilgenauigkeit herzustellen ist, verwendet man statt dessen auch Fräser mit nur *einem* Gang; die übrigen werden weggelassen (Abb. 8/14). Diese Fräserbauart kann jedoch nur angewendet werden, wenn Schneckengangzahl und Schneckenradzähnezahl keinen gemeinsamen Teiler haben (dasselbe gilt für das Schlagmesser!). Nur dann kommt jeder Gang der Schnecke bzw. des Wälzfräsers nacheinander mit allen Schneckenradzähnen in Eingriff.

8.24 Größe der Schneckenradwälzfräser

Der Kopfkreisdurchmesser eines Schneckenradfräsers muß um das doppelte Kopfspiel größer sein als der Kopfkreisdurchmesser der Schnecke und die Zahndicke des Fräsers um das Flankenspiel größer als die Zahndicke der Schnecke. Bezugskreisdurchmesser von Schnecke und Fräser – gleich welcher Art – sollen etwa übereinstimmen. Da nun aber alle Fräserdurchmesser durch das Nachschärfen kleiner werden, muß ein neuer Schneckenradfräser etwas größer sein als theoretisch richtig wäre, d. h., er hat im Neuzustand eine zusätzliche positive Profilverschiebung. Die Größe dieses Übermaßes ist bis jetzt in keiner Norm festgelegt worden.

Ein Fräser ohne jedes Übermaß würde zwar einwandfreie Schneckenräder erzeugen, solange er neu ist; er würde aber durch einmaliges Schärfen unbrauchbar werden. Oder aber man hält den Achsabstand beim Fräsen konstant und nimmt es in Kauf, daß der Fräser nach jedem Scharfschliff kürzere und dickere Zähne erzeugt. Dieses Verfahren ist aber nur dort anwendbar, wo zueinander passende Schnecken und Schneckenräder hergestellt werden, nicht jedoch in den Fällen, wo Austauschbarkeit verlangt wird, d. h., wo jede Schnecke und jedes Schneckenrad in Größe und Qualität gleich sein muß.

Fräser mit Übermaß. Die Wahl des Fräserübermaßes erfordert einen Kompromiß zwischen Genauigkeit und Lebensdauer des Fräsers. Je größer das Übermaß ist, um so öfter kann der Fräser geschärft werden, bevor er unbrauchbar wird – um so größer ist aber auch der Fehler im Schneckenrad bei Verwendung des neuen Fräsers. Als unbrauchbar wird ein Fräser im allgemeinen dann angesehen, wenn sein Bezugskreisdurchmesser *kleiner* ist als der der Schnecke. Untermaß ist bezüglich des damit erzeugten Flankenverlaufs am Schneckenrad wesentlich schädlicher als Übermaß: Ein Schneckenrad, das mit größerem Fräserdurchmesser (als

Teilkreisdurchmesser der Schnecke) erzeugt wurde, ergibt balliges Tragen; bei kleinerem Fräserdurchmesser tragen die Kanten.

Wir können uns hier nicht mit der genauen Berechnung der Auswirkungen von Fräserübermaßen beschäftigen, da dies zu kompliziert ist, um im Rahmen dieses Buches behandelt zu werden. Für allgemeine Fälle, wo es darauf ankommt, schnell einen Überschlagwert zu bestimmen, kann jedoch Gl. (8/14) als brauchbare Richtlinie angesehen werden:

$$\text{Fräserübermaß} = d_{bw} - d_{01} = d_{01}(0{,}030 - 0{,}028\tan\gamma_0)\frac{15{,}2}{t_a + 7{,}6}. \quad (8/14)$$

Hierin bedeuten:

d_{bw} Bezugskreisdurchmesser des Fräsers in mm (s. Gl. 8/3 und Abb. 8/3);

d_{01} Teilkreisdurchmesser der Schnecke in mm;

γ_0 Steigungswinkel der Schnecke;

t_a Axialteilung (Axialteilung der Schnecke und des Fräsers sind gleich groß) in mm.

Man erhält eine recht hohe Genauigkeit des Schneckenrades, wenn das Übermaß den mit Gl. (8/14) errechneten Wert nicht übersteigt. Wird dieser dagegen überschritten, so bewegt sich die erzielte Genauigkeit wahrscheinlich noch im Rahmen üblicher Handelsqualitäten, die zwar für viele Anwendungszwecke noch ausreichen dürfte, nicht jedoch für Präzisionsgetriebe.

8.25 Zahnform der Schneckenradwälzfräser

Wie bei den Stirnradwälzfräsern kann auch hier eine Hüllschraube definiert werden, die die Schneiden aller Fräserzähne enthält. Die Profilform dieser Hüllschraube muß dieselbe sein wie die der Schnecke, die später mit dem erzeugten Schneckenrad zusammenarbeiten soll. Praktisch ausgeführte Flankenformen s. Abschn. 2.18, S. 88.

8.3 Schneidräder

Schneidräder sind die für das Wälzstoßen verwendeten Werkzeuge. Arbeitsweise sowie Anwendungsbereich und Grundlagen dieses Verfahrens sind in Abschn. 7.12, S. 376 beschrieben worden.

8.31 Schneidradarten, Größen und Abmessungen

Schneidradarten. Für die Herstellung von Außenverzahnungen sowie Innenverzahnungen mit großen Zähnezahlen werden im allgemeinen *Scheiben*schneidräder verwendet (Abb. 8/15).

Für Innenverzahnungen mit kleinen Zähnezahlen benötigt man oft so kleine Schneidräder, daß die Scheibenform nicht mehr verwendbar ist. Am kleinsten bauen die *Schaft*schneidräder (Abb. 8/18).

Zwischen diesen beiden Typen liegen die *Glocken-* und *Hals*schneidräder (Abb. 8/16 und 8/17). Wo es die Werkradabmessungen zulassen, sollten Glockenschneidrädern den Halsschneidrädern und bei den Schaftschneidrädern Kegelschäfte den Zylinderschäften vorgezogen werden.

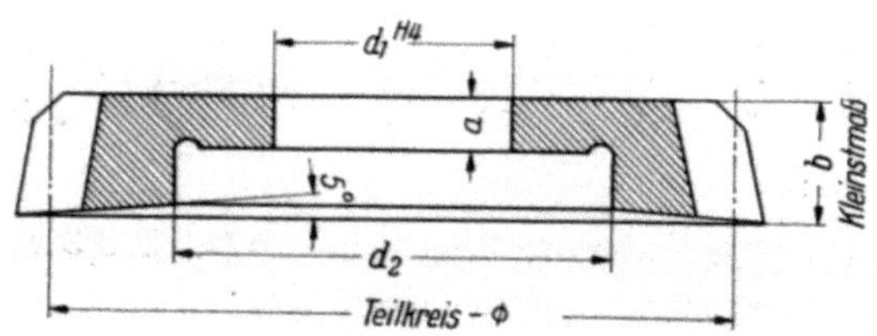

Abb. 8/15. Scheibenschneidrad [DIN 1825]

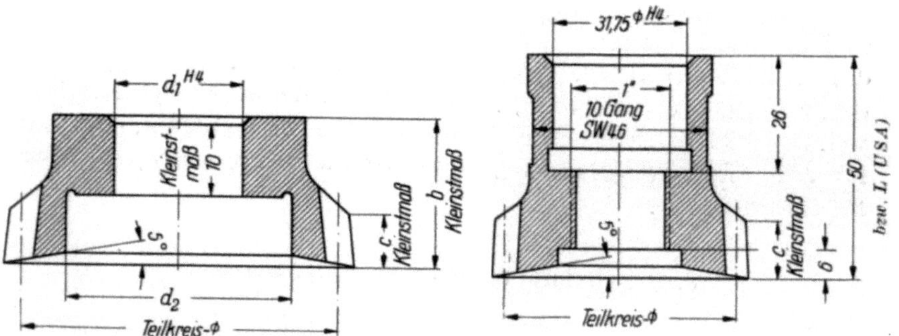

Abb. 8/16. Glockenschneidrad [DIN 1826]   Abb. 8/17. Halsschneidrad [DIN 1827]

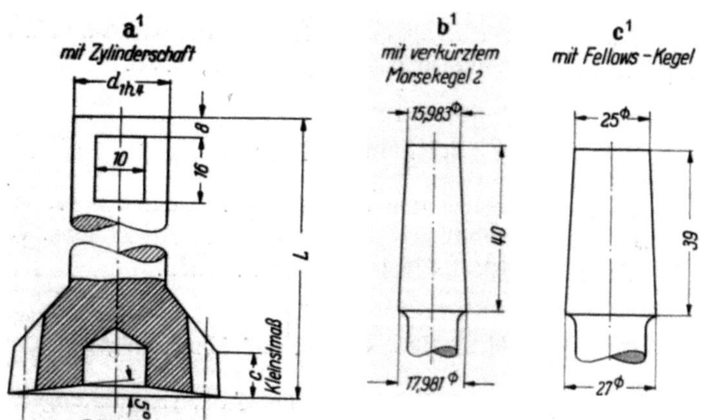

Abb. 8/18 a–c. Schaftschneidrad [DIN 1828]; [1] nur DIN 1828

In den USA werden durchweg nur 3 Schneidradarten: Scheiben- (= disk-type), Hals- (= hub-type) und Schaftschneidräder (= shank-type) verwendet.

Bezüglich der Bearbeitungsstufe des Werkrades unterscheidet man: *Fertig*schneidräder[1], mit denen die fertige Verzahnung erzeugt wird, und *Schrupp*schneidräder, die für die Fertigbearbeitung auf den Werkradflanken eine Schlicht- bzw. Schleif- oder Schabezugabe stehen lassen (*Schleif-* und *Schabe*schneidräder). Schruppschneidräder haben im allgemeinen höhere Zähne als Fertigschneidräder, so daß sie den Zahnfuß frei arbeiten.

Schneidradgrößen. In den USA gibt es keine offizielle Norm für die Abmessungen von Schneidrädern. Praktisch haben sich jedoch die amerikanischen Schneidradhersteller auf Vorzugsreihen für die verschiedenen Schneidradarten geeinigt, in die sich im großen und ganzen alle Firmentypen einfügen. In Tab. 8/6 sind für die in den USA hauptsächlich verwendeten Schneidradgrößen die Hauptabmessungen angegeben. Tab. 8/7 zeigt demgegenüber die in Deutschland (DIN 1825 bis 1828) genormten Schneidradabmessungen. Tab. 8/8 zeigt, welche maximalen Schneidradzähnezahlen bei gegebener Zähnezahl von Innenverzahnungen verwendet werden können.

Tabelle 8/6. In den USA übliche Abmessungen von Schneidrädern[2]

Modul $\approx$	Diametral-Pitch	Teilkreis-durchmesser	Abmessungen in mm				
mm	$1/''$	mm	b	d_1	d_2	a	Kegel
Scheiben-Schneidräder							
5–2,5	5–10	76,20	22,23	31,75	52,39	6,35	
5–1,8	5–14	76,20	17,46	31,75	52,39	6,35	
1,6–0,53	16–48	76,20	12,70	31,75	52,39	6,35	
1,4–1,06	18–24	76,20	14,29	31,75	52,39	6,35	
6,3–2,5	4–10	101,60	22,23	31,75	65,09	9,53	
6,3–2,5	4–10	101,60	22,23	44,45	65,09	9,53	
10,2–9,2	2,5–2,75	152,4–177,8	31,75	69,85	104,80	19,05	
Hals-Schneidräder			c		L		
5–1,6	5–16	50,80	17,46		54,0		
1,4–1,06	18–24	50,80	14,29		(max.		
0,98–0,53	26–48	50,80	11,11		66,7)		
Schaft-Schneidräder			c	d_3	L		
3,6–2,5	7–10	38,10	17,46	26,99	66,7		1:19,197
2,3–1,6	11–16	30,16	14,29	17,78	(max.		1:19,948
1,4–0,53	18–48	25,40	11,11	17,78	101,6)		1:19,948

[1] Genauigkeit s. S. 478
[2] Bedeutung der Buchstaben s. Abb. 8/15 bis 8/18

Tabelle 8/7. Hauptabmessungen der Schneidräder nach DIN 1825 bis 1828 (Febr. 41)

Modul	Teilkreis-durchmesser	Abmessungen in mm[1]				
		b Kleinstmaß	d_1	d_2	a	c Kleinstmaß
Scheiben-Schneidräder						
1–1,5	75	16 und 18 [2]	31,75	50	7	
1,75–2,5	75	20	31,75	50	8	
2,75–3,5	75	22	31,75	50	8,5	
3,75–4,5	75	24	31,75	50	9	
1–2,5	100	18 und 20 [3]		63	9,5	$= b$
2,75–5,5	100	22 und 24 [4]	31,75	63	10	
6–6,5	100	25	oder	63	11	
7–8	100	26	44,45	63	12	
Glocken-Schneidräder					Kleinstm.	
1–2,75	75	40	31,75	50	10	10
3–4,5	75	40	31,75	50	10	11
1–2,75	100	40		63	10	10
3–4,5	100	40 und 45 [5]	31,75	63	10	11
5–6,5	100	45	oder	63	10	12
7–8	100	45	44,45	63	10	14
Hals-Schneidräder						
1–2,25	50–56,25					10
2,5–3	62,5–63					12
Schaft-Schneidräder						
0,8–1,25	20		14			8
0,8–1,75	25–30		18			8
2–4	28–48		18			10

Tabelle 8/8. Maximale Schneidrad-Zähnezahl beim Stoßen von Innenverzahnungen

Maximale Schneidrad-zähnezahl	Zähnezahl des innenverzahnten Rades		
	20°-Stumpf-verzahnung [6]	20°-normale Zahnhöhe	$14\tfrac{1}{2}$°-normale Zahnhöhe
10	22	24	32
12	26	29	38
14	29	32	43
18	34	39	49
22	39	44	54
26	45	49	60

[1] Bedeutung der Buchstaben s. Abb. 8/15 bis 8/18
[2] $m = 1$; $b = 16$ mm; darüber $b = 18$ mm
[3] m bis 1,5; $b = 18$ mm; darüber $b = 20$ mm
[4] m bis 3,5; $b = 22$ mm; darüber $b = 24$ mm
[5] m bis 3,75; $b = 40$ mm; darüber $= 45$ mm
[6] Aktive Zahnhöhe $= 1,6$ m

Flankenform. Beim Wälzstoßen kämmen Schneidrad und herzustellendes Werkrad wie Ritzel und Rad zusammen. In der Projektion auf die Stirnschnittebene muß die Flankenform des Schneidrades also eine Evolvente sein (s. Abb. 8/19). Bei kleinen Schneidradzähnezahlen liegt

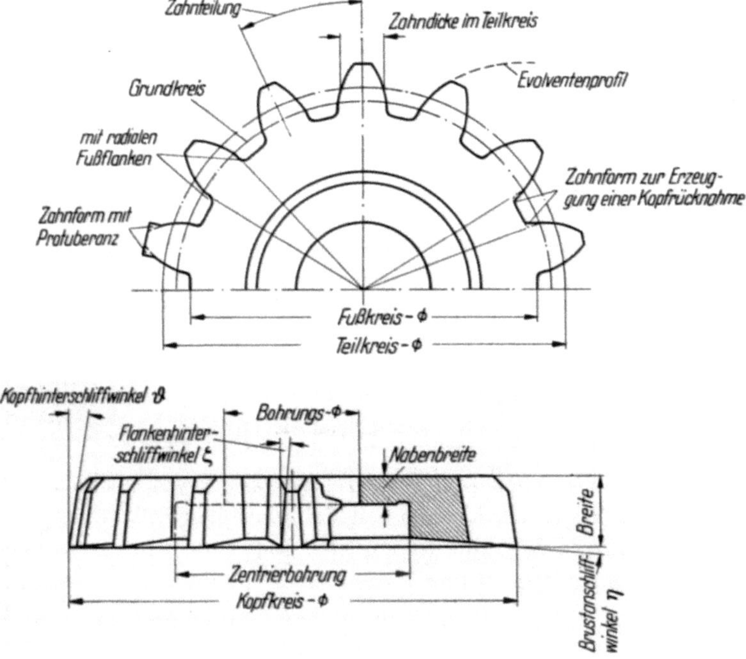

Abb. 8/19. Einzelheiten eines Scheibenschneidrades. (Zeichnung: Illinois Tool Works; Chicago, Illinois)

allerdings der Grundkreis oft außerhalb des Fußkreises. In diesem Falle kann man das Zahnprofil innerhalb des Grundkreises mit radialer Flanke ausführen oder den Zahnfuß ausrunden. Die ausgerundete Fußflanke wird vielfach dazu benutzt, die Kopfkanten der erzeugten Zähne zu brechen. Soll am Werkrad bewußt ein Unterschnitt erzeugt werden (der erwünscht sein kann, wenn nach dem Stoßen geschabt oder geschliffen wird), so gibt man dem Schneidrad am Kopf einen Vorsprung (über die Evolvente hinaus), der als Protuberanz oder Schnaube bezeichnet wird. Die Spanflächen sind unter dem Brustanschliffwinkel gegen die Stirnschnittebene geneigt (s. S. 478). Prüft man also die Flankenform des Schneidrades hinter den Schneidkanten in einem Stirnschnitt, so muß diese von der Projektionsevolvente abweichen. Meßtechnisch kann man diesen Unterschied dadurch erfassen, daß man am Evolventenprüfgerät einen etwas kleineren Grundkreisdurchmesser einstellt, als der Projektionsevolvente entspricht. Meist gibt der Schneidradhersteller diesen korrigierten Grundkreisdurchmesser, der den Brustanschliffwinkel berücksichtigt, auf dem Schneidrad an.

Schnittwinkel (Abb. 8/19). Um an der Stirnfläche des Schneidrades eine Schnittwirkung zu ermöglichen, wird das Schneidrad mit einem Brustanschliffwinkel η von 5° ausgeführt, der dem Spanwinkel am Drehstahl entspricht. Bei Schrupprädern wählt man η oft 10° groß. Der Flankenhinterschliffwinkel ζ ist etwa 2° und der Kopfhinterschliffwinkel ϑ bei 20° Eingriffswinkel ungefähr 1,5mal so groß wie ζ. Flanken- und Kopfhinterschliffwinkel müssen dabei so aufeinander abgestimmt sein, daß die Verzahnung des Schneidrades in jedem Stirnschnitt (d. h. nach jedem Nachschleifen) das richtige Zahnprofil hat[1]. – Grundkreis und Teilkreis sind in jedem Stirnschnitt gleich groß. Das Hinterschleifen von Flanke und Kopf hat zur Folge, daß mit zunehmender Schneidradabnützung zunächst die vom Grundkreis entfernten (große Profilverschiebung) und dann die näher gelegenen Evolventenabschnitte (kleine Profilverschiebung) benutzt werden.

8.32 Schneidradtoleranzen

An die Genauigkeit von Fertigschneidrädern werden höhere Anforderungen als an die der übrigen Schneidradarten gestellt. Die Toleranzen für Fertigschneidräder sind in den USA bisher nicht in einer Norm festgelegt worden, jedoch stimmen die hierfür existierenden Firmennormen weitgehend überein. Tab. 8/9 zeigt, welche Toleranzen bei Fertigschneid-

Tabelle 8/9. Toleranzen in μ für Präzisions-Schneidräder nach amerikanischer Praxis[2]

Fehler und Abmaße [3]	Für Schneidradgröße (Teilkreisdurchmesser)	
	bis 101,6 (4″)	über 101,6 (4″)
Profilfehler	± 2,5	± 3,5
Einzelteilfehler	5	8
Gesamtteilfehler	13	25
Rundlauffehler im Teilkreis	13	18
Zahndickenabmaße:		
Modul 5,35–10,2 (Diametral Pitch 4,75–2,5)	− 50···0	− 50···0
Modul 1,34–5,08 (Diametral Pitch 19–5)	− 25···0	− 25···0
Modul 0,53–1,27 (Diametral Pitch 48–20)	− 13···0	−
Brustwinkelfehler [4]	13	13
Stirnschlag der Spanflächen	13	13

---

[1] Näherungsformel s. DIN 1829. Vgl. auch S. 479 unten
[2] $1\,\mu = 0,001$ mm
[3] Definitionen s. S. 139 f
[4] mit Meßuhr gemessen

rädern eingehalten werden sollten, die für die Herstellung von Zahnrädern hoher Genauigkeit verwendet werden. Die deutschen Toleranzvorschriften des DIN-Blattes E 1829, sind in Tab. 8/10 auszugsweise wiedergegeben.

Tabelle 8/10
Toleranzen für Schneidräder mit geraden Zähnen nach DIN E 1829 (Febr 41)

Fehlerart [2]	Toleranzen in μ [1]			
Flankenformfehler bis $m = 4$	4			
m über 4 bis 8	5			
Einzelteilfehler und Teilungssprung				
bis $m = 4$	3			
m über 4 bis 8	4			
	Teilkreisdurchmesser			
	bis 60		über 60	
Rundlauffehler, Gesamtteilfehler				
bis $m = 4$	12		15	
m über 4 bis 8	15		18	
	Teilkkreisdurchmesser			
	25	50	75	100
Grundkreisfehler $m = 1$ und 1,25	$\pm$ 20	$\pm$ 40	$\pm$ 60	$\pm$ 80
$m = 1,5$ und 1,75	$\pm$ 15	$\pm$ 30	$\pm$ 45	$\pm$ 60
$m = 2$	$\pm$ 13	$\pm$ 25	$\pm$ 38	$\pm$ 50
$m = 2,25–2,75$	$\pm$ 10	$\pm$ 20	$\pm$ 30	$\pm$ 40
$m = 3–3,75$	–	$\pm$ 15	$\pm$ 23	$\pm$ 30
$m = 4–5$	–	–	$\pm$ 19	$\pm$ 25
$m = 5,5–8$	–	–	$\pm$ 15	$\pm$ 20

8.33 Beziehungen zwischen Schneidrad und Werkrad

Erzeugte Zahnhöhe. Wie vorher erwähnt, ändert sich das Zahnprofil des Schneidrades mit jedem Scharfschleifen (andere Profilverschiebung). Infolgedessen erzeugt ein Schneidrad während seiner Lebensdauer im allgemeinen nicht die gleiche Zahnhöhe. Wenn das Schneidrad allerdings stets nur zum Erzeugen derselben Verzahnung (gleiche Zähnezahl und Profilverschiebung) verwendet werden soll, so kann man Kopf- und Flankenhinterschliffwinkel so aufeinander abstimmen, daß während der gesamten Lebensdauer des Schneidrades die gleiche Zahnhöhe und Zahndicke gestoßen wird.

Die erzeugte Zahnhöhe schwankt jedoch, wenn Zahnräder *unterschiedlicher* Zähnezahl mit einem Schneidrad hergestellt werden. Zu ganz beträchtlichen Abweichungen in der erzeugten Zahnhöhe kann man kom-

---

[1] $1\,\mu = 0,001$ mm [2] Definitionen s. S. 139f

men, wenn ein für die Herstellung von Außenverzahnungen ausgelegtes Schneidrad zum Verzahnen von Innenzahnrädern (gleicher Zahndicke) verwendet wird.

Wenn der Konstrukteur also nicht von vornherein übersehen kann, welche Zähnezahlen mit einem bestimmten Schneidrad hergestellt werden sollen, so sollte er nach Möglichkeit den Kopfhinterschliffwinkel groß genug wählen. Er erreicht damit, daß mit diesem Schneidrad dann im allgemeinen etwas größere Zahnhöhen erzeugt werden. Man kann wohl annehmen, daß die Nachteile einer etwas größeren Zahnhöhe (d. h. größeres Kopfspiel) in den meisten Fällen weniger ins Gewicht fallen, als die Gefahren einer zu geringen Zahnhöhe.

Bei Großserienfertigung dürfte es durchweg zweckmäßig sein, das Schneidrad für eine bestimmte Werkradverzahnung auszulegen, um sich damit die eingangs erwähnten Vorteile zu sichern.

Der Herstelleingriffswinkel α_w ändert sich mit jedem Scharfschliff des Schneidrades, da hiermit eine Verzahnung mit veränderter Profilverschiebung entsteht. Nur während eines bestimmten Schneidradzustandes können die Teilkreise von Schneidrad und Werkrad aufeinander wälzen und nur dann ist α_w gleich dem Eingriffswinkel des Bezugsprofils α_0. Es liegt beim Berechner, den Herstelleingriffswinkel α_w im Neuzustand größer oder kleiner als α_0 zu wählen; im letzteren Fall kann der Zustand $\alpha_w = \alpha_0$ allerdings nicht eintreten. Bei kleinen Schneidradzähnezahlen kann es erforderlich werden, den Herstelleingriffswinkel sehr groß zu wählen, um Eingiffsstörungen am Schneidradfuß zu vermeiden. Die kleinste Fußausrundung am Werkrad ergibt sich, wenn der Herstelleingriffswinkel etwa gleich dem Pressungswinkel am Fuß des Werkrades gewählt wird; entsprechend erhält man eine große Fußausrundung, wenn α_w möglichst groß, also etwa gleich dem Pressungswinkel am Kopf des Werkrades ist.

Die Gln. (8/15) bis (8/18) zeigen, wie Zahndicke s_{0w} und Kopfkreisdurchmesser d_{kw} des Schneidrades sich mit dem Herstelleingriffswinkel α_w ändern müssen, um stets dasselbe Werkradprofil zu erzeugen.

Beim Stoßen von *Außen*verzahnungen:

$$s_{0w} = (t_{0w} - s_{0r}) + E(d_{0w} + d_{0r}), \tag{8/15}$$

$$d_{kw} = C(d_{0w} + d_{0r}) - d_{fr}. \tag{8/16}$$

Beim Stoßen von *Innen*verzahnungen:

$$s_{0w} = (t_{0w} - s_{0r}) - E(d_{0r} - d_{0w}), \tag{8/17}$$

$$d_{kw} = d_{fr} - C(d_{0r} - d_{0w}). \tag{8/18}$$

Hierin bedeuten:

t_{0w} Teilkreisteilung des Schneidrades $= m \cdot \pi$;

s_{0r} Zahndicke des Werkrades im Teilkreis [nach Gl. (2/24), S. 51 bzw. (2/56 A), S. 67];

$E = \mathrm{ev}\,\alpha_w - \mathrm{ev}\,\alpha_0$ (s. Tab. 8/12, S. 488/91);

d_{0w}, d_{0r} Teilkreisdurchmesser des Schneidrades, des Werkrades;

m Modul;

x_r Profilverschiebungsfaktor des Rades;

α_0 Pressungswinkel am Teilkreis (s. Abb. 2/3, S. 38 und Fußnote S. 41);

z_w, z_r Zähnezahl des Schneidrades, des Werkrades;

$C = \cos\alpha_0/\cos\alpha_w$ (s. Tab. 8/12, S. 488/91);

d_{fr} Fußkreisdurchmesser des Werkrades.

Zugeordnete Flankenpunkte von Schneidrad und Werkrad. Wenn Sonderformen eines Zahnrades erzeugt werden sollen – z. B. ein ganz bestimmter Unterschnitt – kann man folgendermaßen vorgehen: Ausgehend von dem gegebenen Punkt auf der Evolventenflanke des Werkrades A berechnet man den zugeordneten Punkt auf der Evolvente des Schneidrades B. Die Beziehung zwischen beiden folgt aus der Bedingung, daß sie beim Abwälzen miteinander in Eingriff kommen: Hiernach gilt für die Paarung von Schneidrad mit *außen*verzahntem Werkrad (oder allgemeiner Paarung zweier Außenstirnräder) (s. Abb. 8/20 a, S. 482):

$$d_{By} = \sqrt{n^2 + o^2}\,, \tag{8/19}$$

$$n = d_{Ay}\sin\left(\alpha_w - \alpha_{Ay}\right), \tag{8/20}$$

$$o = C\left(d_{0B} + d_{0A}\right) - d_{Ay}\cos\left(\alpha_w - \alpha_{Ay}\right), \tag{8/21}$$

$$\cos\alpha_{Ay} = \frac{d_{0A}\cos\alpha_0}{d_{Ay}}\,. \tag{8/22}$$

Für die Paarung von Schneidrad mit *innen*verzahntem Werkrad (oder allgemeinen Paarung von Außen- mit Innenstirnrad) gilt:

$$d_{By} = \sqrt{n^2 + o^2}\,, \tag{8/23}$$

$$o = d_{Ay}\cos\left(\alpha_{Ay} - \alpha_w\right) - C\left(d_{0\,\mathrm{innenverz}} - d_{0\,\mathrm{außenverz}}\right). \tag{8/24}$$

n und α_{Ay} s. Gl. 8/20 und Gl. 8/22.

Hierin bedeuten:

d_{By} gesuchter Durchmesser auf Rad B, der d_{Ay} zugeordnet ist;

d_{Ay} gegebener Durchmesser auf Rad A;

α_{Ay} Pressungswinkel bei d_{Ay} (vgl. Abb. 2/3, S. 38 und Fußnote S. 41);

α_w Betriebseingriffswinkel bei Herstellung;

z_A, z_B Zähnezahl des Rades A, des Rades B;

C $\cos\alpha_0/\cos\alpha_w$ (s. Tab. 8/12, S. 488/91);

n, o rechtwinklige Koordinaten des gesuchten Punktes auf dem Rad B.

Mit Hilfe dieser Formeln kann man beispielsweise feststellen, ob ein bereits vorhandenes Schneidrad für die Herstellung eines Zahnrades

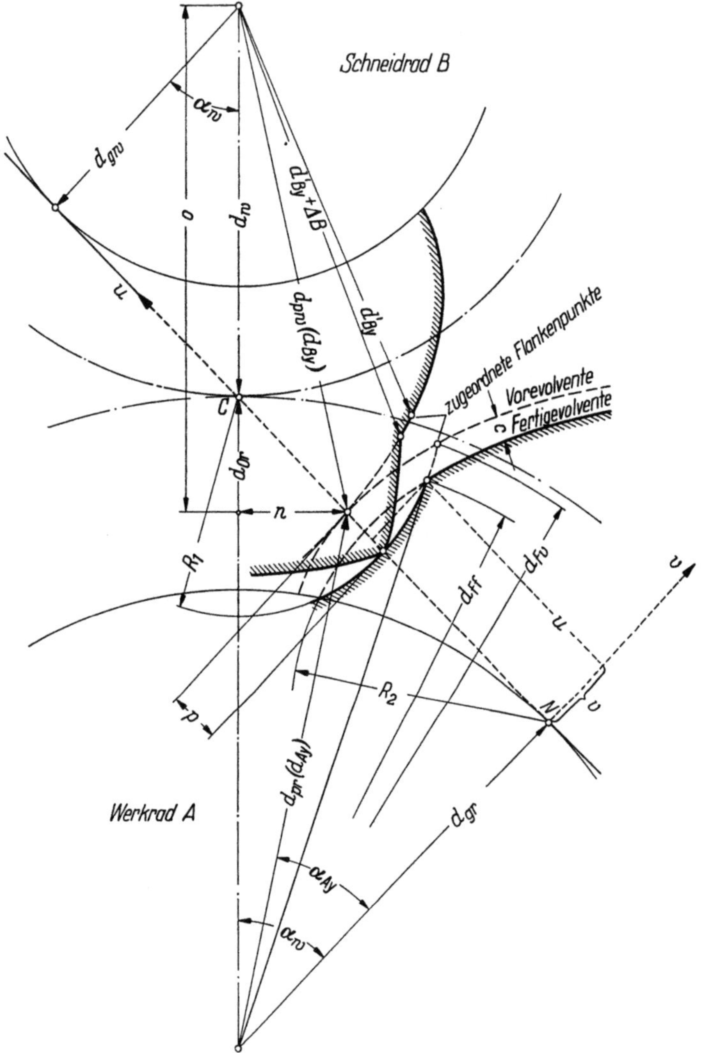

Abb. 8/20a. Bestimmung der Formkreisdurchmesser d_{Ff} und d_{Fv} am Werkrad sowie der Durchmesser der größten Protuberanz d_{pw} (d_{By}) und des Protuberanzbeginns d'_{By} des Schneidrades

benutzt werden kann, für dessen Verzahnung es ursprünglich nicht berechnet war.

Man kann auch umgekehrt vorgehen, von einem Punkt auf der Evolvente des Schneidrades ausgehen und den zugeordneten Punkt auf der Flanke des Werkrades bestimmen. In diesem Fall ist Rad A das Schneidrad und B das Werkrad. Beispielsweise kann man den Außendurchmesser des Schneidrades als Ausgangspunkt nehmen; die Gleichung liefert dann als zugeordneten Punkt die Stelle, an der die Evolvente des Werkrades in die Fußausrundung übergeht.

Es sei noch darauf hingewiesen, daß die Gln. (8/19) bis (8/24) nur für den normalen Fall gelten, daß zwei auf den Evolventen liegende Punkte ordnungsgemäß miteinander in Eingriff kommen. Der Fall, daß der Kopf eines Evolventenzahnes am Gegenrad Unterschnitt erzeugt, wird hiermit nicht erfaßt.

Aus dem dargelegten Rechnungsgang ist zu ersehen, daß die Schneidräder ebenso wie normale Stirnräder mit Evolventenverzahnung behandelt werden, obwohl an der Stirnfläche ein Brustwinkel von 5 oder $10°$ angeschliffen ist. Tatsächlich ist jedoch – wie bereits erläutert – die Projektion der Schneidkanten auf eine Stirnschnittebene maßgebend für den Verzahnungsvorgang und tatsächlich werden die Schneidräder so ausgeführt, daß diese Projektion das theoretisch richtige Evolventenprofil aufweist.

8.34 Schneidräder mit Protuberanz

Wenn eine Verzahnung fertiggeschabt oder geschliffen werden soll, ist es zweckmäßig, beim Verzahnen zunächst einen gewissen Unterschnitt zu erzeugen. Schaberad bzw. Schleifscheibe gehen dadurch im Zahngrund frei und werden geschont. Ferner werden scharfe Kerben im Zahngrund vermieden. Zur Erzeugung des Unterschnitts kann man sogenannte Protuberanzschneidräder verwenden, die am Zahnkopf Vorsprünge aufweisen, welche über die Evolventenflanke vorstehen.

Berechnungsformeln. Der Formkreisdurchmesser (= Durchmesser des Unterschnittbeginns) kann mit dem auf S. 464 erwähnten Näherungsverfahren aus Gl. (8/13 A) errechnet werden.

A, R_2, u und v sind mit Gl. (8/13 C) bis (8/13 E) zu ermitteln. R_1 ist aus Gl. (8/24 A) zu bestimmen:

$$R_1 = \frac{d_{gw}}{2}\left[\sqrt{\left(\frac{d_{pw}}{d_{gw}}\right)^2 - 1} - \tan\alpha_w\right] + p. \qquad (8/24\,\mathrm{A})$$

Bei Innenverzahnung gelten die in Gl. (8/13 A) und (8/13 D) eingeklammerten Vorzeichen. Bezeichnungen s. S. 450 und Abb. 8/20 a. An einem Beispiel soll gezeigt werden, wie man beim Entwurf eines Protuberanzschneidrades vorgeht.

Werkraddaten. Vorgeschrieben sei der kleinstzulässige (Innenverzahnung!) Formkreismesser d_F (359,41 mm), der Fußkreisdurchmesser d_f (362,25 mm) und der Durchmesser d_{pr} des größten – durch die Schneidradprotuberanz erzeugten – Unterschnitts (360,83 mm). Die Stelle des größten Unterschnitts soll in diesem Falle also etwa in der Mitte zwischen dem Beginn des aktiven Profils (Formkreisdurchmesser) und dem Fußkreisdurchmesser liegen; die Unterschnittiefe am Durchmesser d_{pr} soll 0,050 mm betragen. Alle diese Maße des Werkrades müssen während der ganzen Lebensdauer des Schneidrades, also auch nach beliebig häufigem Scharfschleifen in gleicher Größe erzeugt werden. – Die weiteren Werkraddaten sind in Tab. 8/11, S. 486 angegeben.

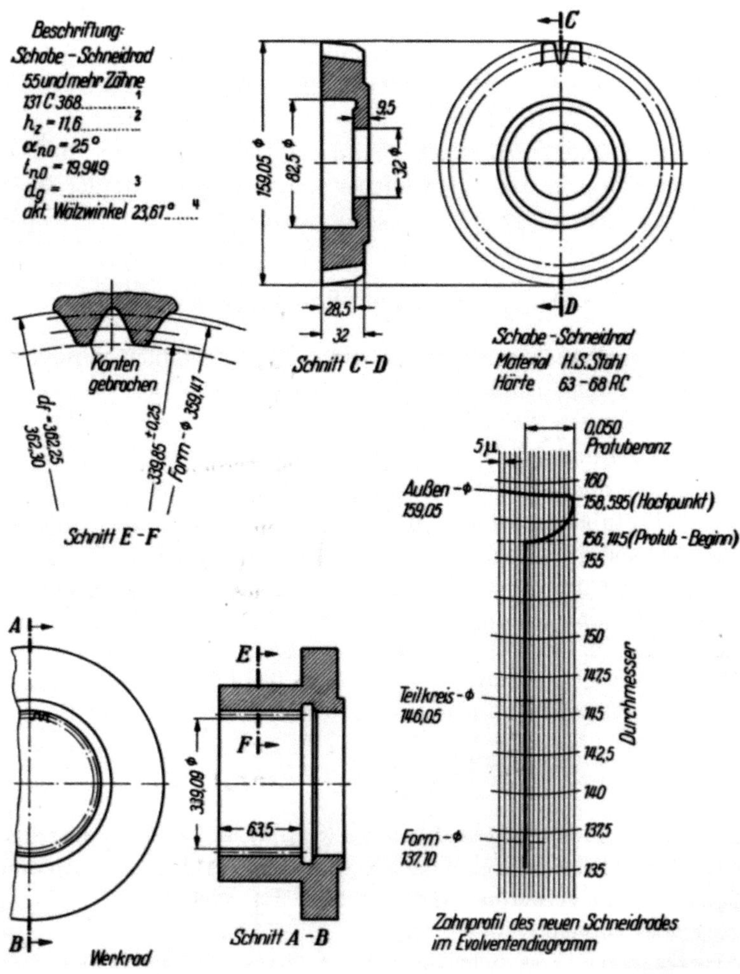

Abb. 8/20b (links u. rechts). Zeichnung eines Schabeschneidrades (= Schneidrad für Vorbearbeitung zum Schaben) mit Protuberanz. [1]. Zeichnungsnummer; [2]. Zahnhöhe des Werkrades; [3]. hier wird der Zahlenwert für die Evolventenprüfung eingetragen (Näherungsformel s. DIN E 1829); [4]. vom Kopfkreisdurchmesser

Gewählte Schneidraddaten. Wir wählen ein Scheibenschneidrad, dessen Hauptdaten in Tab. 8/11, Zeile 1 bis 5, zusammengefaßt sind. Da hiermit eine Innenverzahnung gestoßen werden soll, waren die in Tab. 8/8, S. 476 angegebenen Grenzen zu beachten.

Wie in Zeile 16, Tab. 8/11, gezeigt, legen wir dann für das Schneidrad bestimmte Profilverschiebungsfaktoren x_w zugrunde; der Bereich dieser x_w-Werte muß so groß sein, daß die Änderung der Verzahnungsmaße

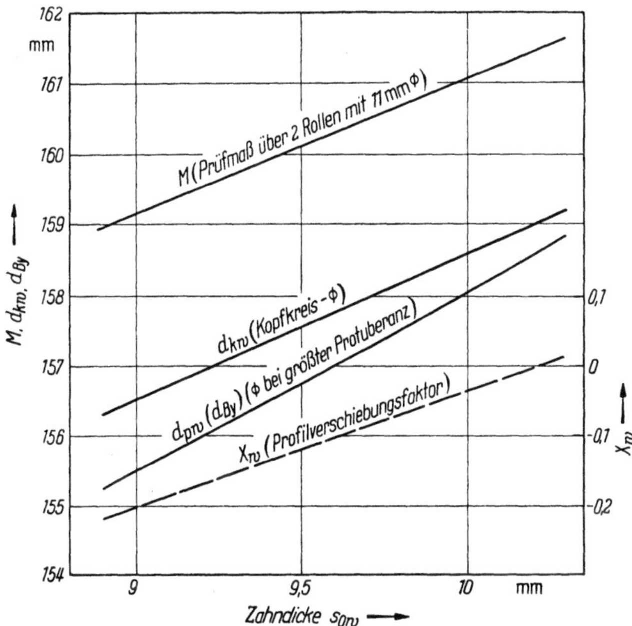

Benennung		Schneidrad (im Neuzustand)	Werkrad
Bezugsprofil			Stumpfverzahnung
Zähnezahl	z	23	55
Modul (Diametral-Pitch)	m	6,35 (4)	6,35 (4)
Eingriffswinkel	α_0	25°	25°
Schrägungswinkel	β_0	0°	0°
Teilkreisdurchmesser	d_0	146,050	349,25
Teilung	t_0	19,949 115	19,949 115
Kopfhöhe	h_k	6,502 $(1,024 \cdot m)$	5,080 $(0,8 \cdot m)$
Gesamtzahnhöhe	h_z	—	11,582
Zahndickensehne	$\bar{s}_0$	10,192	9,75 $(\bar{l}_0 = 10,20)$
Zahnhöhe über der Sehne	h	6,682	5,012
Profilverschiebungsfaktor	x	0	0

Tabelle 8/11. Zusammenstellung der errechneten Größen eines Protuberanz-Schabe-Schneidrades zur Herstellung eines Innen-Geradstirnrades mit $m = 6{,}35$ und $\alpha_0 = 25°$

	Feste Schneidraddaten				*Feste Raddaten:*			
1.	Zähnezahl	z_w	23	6.	Zähnezahl	z_r	55	
2.	Teilkreis-teilung	t_{0w}	19,949	7.	Teilkreis-teilung	t_{0r}	19,949	Gl. (2/3)
3.	Teilkreis-durchmesser	d_{0w}	146,050	8.	Teilkreis-$\varnothing$	d_{0r}	349,250	Gl. (2/17)
				9.	Grundkreis-$\varnothing$	d_{gr}	316,528	Gl. (2/16)
4.	Grundkreis-durchmesser	d_{gw}	132,366	10.	Kopfkreis-$\varnothing$	d_{kr}	339,090	Gl. (2/70)
				11.	Fußkreis-$\varnothing$	d_{fr}	362,250	Gl. (2/72)
5.	Protuberanz	p	0,050	12.	Kleinster Form-kreis-$\varnothing$	$d_{Ff\,min}$	359,410	Gl. (2/74)
				13.	Durchmesser bei größter Unter-schnittiefe	d_{pr}	360,83	gewählt
				14.	Zahndicke mit $A_s = -\,0{,}225$	s_{cr}	9,750	Gl. (2/76)

Mit der Profilverschiebung (infolge Nachschärfen) veränderliche Schneidraddaten:

16.	Profilverschie-bungsfaktor	x_w	0	$-\,0{,}0666$	$-\,0{,}1363$	$-\,0{,}2091$	variiert[1]
17.	Erzeugungsein-griffswinkel	α_w	25°	25°30′	26°	26°30′	Gl. (2/68)
18.	Zahndicke im Teilkreis	$\hat{s}_{0w}$	10,200	9,805	9,392	8,961	Gl. (8/17)
19.	Kopfkreis-durchmesser	d_{kw}	159,050	158,212	157,351	156,467	Gl. (8/18)
20.	Durchmesser bei größter Protu-beranz	$d_{pw}\ (d_{By})$	158,595	157,521	156,456	155,400	Gl. (8/23)[2] Gl. (8/24)[2]
21.	Durchmesser des Protuberanz-beginns	$d'_{By} + \varDelta B$	156,133 $+\,0{,}2$	155,268 $+\,0{,}2$	154,455 $+\,0{,}2$	153,643 $+\,0{,}2$	Gl. (8/23)[3] Gl. (8/24)[3]
22.	Wälzkreis-durchmesser	d_w	146,050	146,652	147,271	147,906	Gl. (2/18)
23.	Prüfmaß über 2 Rollen (11$\varnothing$)	M	161,502	160,706	159.935	159,083	Gl. (2/29)

Veränderliche Raddaten:

24.	Formkreis-$\varnothing$ der Vor-verzahnung	d_{Fv}	358,670	358,820	359,016	359,210	Gl. (8/13 A)
25.	Formkreis-$\varnothing$ der Fertig-verzahnung	d_{Ff}[4]	359,603	359,700	359,800	359,917	Gl. (8/13 A)

---

[1] Normalerweise wird man hier gerundete Werte einsetzen.

[2] In Gl. (8/24) wurde für d_{Ay} der Durchmesser $d_{pr} = 0{,}5\,(d_{fr} + d_{Ff})$ eingesetzt (Nr. 13).

[3] In Gl. (8/24) wurde für d_{Ay} der jeweils zugeordnete Durchmesser d_{Fv} (Nr. 24) eingesetzt.

[4] Zur Berechnung von d_{Ff} wurde für die Schabezugabe $c = 0{,}033$ mm eingesetzt.

während der gesamten Lebensdauer des Schneidrades innerhalb der auf S. 480 genannten Grenzen liegt.

Berechnung der Schneidradverzahnung und Nachrechnung der erzeugten Verzahnung. Wie in Tab. 8/11 gezeigt, kann jetzt für das Schneidrad zu jedem x_w die Zahndicke im Teilkreis, der Kopfkreisdurchmesser, sowie mit guter Näherung der Durchmesser des höchsten Punktes der Protuberanz nach den angeführten Gleichungen berechnet werden. In Abb. 8/20 b, S. 485 ist dargestellt, wie sich die beiden Durchmesser mit der Verringerung der Zahndicke (durch Nachschleifen) – d. h. mit abnehmender Profilverschiebung – ändern. Außerdem ist dort das Prüfmaß über Bolzen abhängig von der Zahndicke dargestellt. Die Zahndicke selber ändert sich um ungefähr 0,06 mm je mm Schneidradbreite.

Der Formdurchmesser der Fertigverzahnung d_{Ff} des Werkrades (nach dem Schaben) kann mit den auf S. 464 bzw. 465 angegebenen Gleichungen bestimmt werden, wobei Schabezugabe $c = 0{,}033$ mm gewählt wurde.

Mit denselben Gleichungen können wir auch den jeweils erzeugten Formkreisdurchmesser der gestoßenen Verzahnung d_{Fv} (Vorverzahnung) berechnen, indem wir die Schabezugabe $c = 0$ setzen. Für unser Beispiel ist das in Tab. 8/11, Zeile 24 und 25, durchgeführt worden.

Ausgehend vom Formkreisdurchmesser d_{Fv} kann der zugeordnete Punkt auf der Schneidradevolvente nach den Gln. (8/19) bzw. (8/23), S. 481 ermittelt werden. In Abb. 8/20 a, S. 482 ist dieser Schneidradpunkt durch d'_{By} gekennzeichnet. Den Beginn der Protuberanz legen wir um einen kleinen Betrag $\triangle B$ oberhalb dieses Punktes. Berechnung von d'_{By} s. Tab. 8/11, Zeile 21.

Das Evolventendiagramm des neuen Schneidrades ist in Abb. 8/20 b, S. 484 dargestellt. Den eingetragenen Durchmessern entsprechen bestimmte Wälzwinkel und Abstände auf der Eingriffsstrecke; Berechnung s. S. 59/60[1].

Zahlenwerte von C und E sind für die Eingriffswinkel $\alpha_0 = 14^1/_2$, 15, 20 und 25° und Pressungs- bzw. Betriebseingriffswinkel von 0 bis 60° in Tab. 8/12, S. 488/91 angegeben.

8.35 Schneidräder für Schräg- und Pfeilverzahnung

Beim Verzahnen von Stirnrädern mit Schräg- oder Pfeilverzahnung muß das Schneidrad außer der normalen Wälzbewegung während der Auf- und Abbewegung eine Drehbewegung ausführen, die durch eine Schraubenführung gesteuert wird. Über die Beziehungen zwischen Anzahl der Schneidradzähne und Ganghöhe der Schraubenführung s. Gl. (7/3), S. 377.

---

[1] Länge auf der Eingriffstrecke = Grundkreisbogen, der dem Wälzwinkel zugeordnet ist.

Tabelle 8/12. Winkelfunktionen $C = \cos \alpha_0/\cos \alpha_y$

α_y [1] [°]	$\alpha_0 = 14{,}5°$		$\alpha_0 = 15°$	
	$C = \cos \alpha_0/\cos \alpha_y$	$E = \mathrm{ev}\,\alpha_y - \mathrm{ev}\,\alpha_0$	C	E
0	0,968148	− 0,005545	0,965926	− 0,006150
1,0	0,968295	− 0,005543	0,966073	− 0,006148
2,0	0,968738	− 0,005531	0,966514	− 0,006136
3,0	0,969476	− 0,005497	0,967251	− 0,006102
4,0	0,970512	− 0,005431	0,968285	− 0,006036
5,0	0,971846	− 0,005323	0,969615	− 0,005928
6,0	0,973480	− 0,005161	0,971246	− 0,005765
7,0	0,975418	− 0,004933	0,973180	− 0,005538
8,0	0,977662	− 0,004631	0,975419	− 0,005235
9,0	0,980216	− 0,004240	0,977967	− 0,004845
10,0	0,983083	− 0,003751	0,980828	− 0,004356
10,5	0,984635	− 0,003466	0,982376	− 0,004070
11,0	0,986268	− 0,003151	0,984005	− 0,003756
11,5	0,987982	− 0,002805	0,985714	− 0,003411
12,0	0,989777	− 0,002428	0,987505	− 0,003033
12,5	0,991654	− 0,002016	0,989378	− 0,002621
13,0	0,993614	− 0,001570	0,991334	− 0,002175
13,5	0,995658	− 0,001086	0,993373	− 0,001691
14,0	0,997786	− 0,000563	0,995496	− 0,001168
14,5	1,000000	0	0,997705	− 0,000605
15,0	1,002300	0,000605	1,000000	0,000000
15,5	1,004719	0,001254	1,002382	0,000649
16,0	1,007163	0,001948	1,004851	0,001343
16,5	1,009729	0,002689	1,007411	0,002084
17,0	1,012384	0,003480	1,010060	0,002875
17,5	1,015131	0,004322	1,012801	0,003716
18,0	1,017971	0,005215	1,015634	0,004610
18,5	1,020904	0,006164	1,018561	0,005559
19,0	1,023933	0,007170	1,021582	0,006565
19,5	1,027060	0,008235	1,024702	0,007629
20,0	1,030281	0,009359	1,027916	0,008754
20,5	1,033600	0,010547	1,031231	0,009942
21,0	1,037026	0,011800	1,034647	0,011195
21,5	1,040552	0,013120	1,038163	0,012515
22,0	1,044181	0,014509	1,041784	0,013904
22,5	1,047915	0,015969	1,045510	0,015364
23,0	1,051757	0,017504	1,049343	0,016899
23,5	1,055708	0,019115	1,053285	0,018510
24,0	1,059770	0,020805	1,057338	0,020200
24,5	1,063944	0,022576	1,061502	0,021971

[1] α_y ist der Pressungswinkel am Durchmesser d_y. Am Durchmesser des Betriebswälzkreises ist $\alpha_y = \alpha_b$, am Herstellwälzkreis $\alpha_y = \alpha_w$ (vgl. Abb. 2/3, S. 38).

und $E = \mathrm{ev}\,\alpha_y - \mathrm{ev}\,\alpha_0$ *für Evolventenstirnräder*

α_y [1] [°]	$\alpha_0 = 20°$		$\alpha_0 = 25°$	
	C	E	C	E
0	0,939693	− 0,014904	0,906308	− 0,029975
1,0	0,939836	− 0,014903	0,906446	− 0,029974
2,0	0,940265	− 0,014890	0,906860	− 0,029961
3,0	0,940982	− 0,014857	0,907552	− 0,029927
4,0	0,941987	− 0,014791	0,908521	− 0,029861
5,0	0,943282	− 0,014682	0,909770	− 0,029753
6,0	0,944869	− 0,014520	0,911300	− 0,029591
7,0	0,946749	− 0,014293	0,913114	− 0,029364
8,0	0,948928	− 0,013990	0,915215	− 0,029061
9,0	0,951406	− 0,013600	0,917605	− 0,028671
10,0	0,954189	− 0,013110	0,920289	− 0,028181
10,5	0,955696	− 0,012825	0,921743	− 0,027896
11,0	0,957281	− 0,012510	0,923271	− 0,027582
11,5	0,958944	− 0,012165	0,924875	− 0,027236
12,0	0,960686	− 0,011787	0,926555	− 0,026858
12,5	0,962508	− 0,011376	0,928313	− 0,026447
13,0	0,964410	− 0,010929	0,930147	− 0,026000
13,5	0,966394	− 0,010445	0,932061	− 0,025516
14,0	0,968460	− 0,009923	0,934053	− 0,024993
14,5	0,970609	− 0,009360	0,936125	− 0,024431
15,0	0,972841	− 0,008755	0,938279	− 0,023825
15,5	0,975158	− 0,008106	0,940514	− 0,023177
16,0	0,977561	− 0,007412	0,942831	− 0,022482
16,5	0,980051	− 0,006670	0,945233	− 0,021741
17,0	0,982629	− 0,005879	0,947719	− 0,020950
17,5	0,985295	− 0,005038	0,950290	− 0,020109
18,0	0,988051	− 0,004143	0,952948	− 0,019215
18,5	0,990899	− 0,003194	0,955695	− 0,018266
19,0	0,993838	− 0,002189	0,958530	− 0,017260
19,5	0,996872	− 0,001125	0,961455	− 0,016196
20,0	1,000000	0	0,964473	− 0,015071
20,5	1,003225	0,001187	0,968583	− 0,013883
21,0	1,006547	0,002440	0,979787	− 0,012631
21,5	1,009969	0,003760	0,974087	− 0,011310
22,0	1,013491	0,005149	0,977484	− 0,009921
22,5	1,017115	0,006610	0,980981	− 0,008461
23,0	1,020844	0,008145	0,984577	− 0,006926
23,5	1,024667	0,009756	0,988275	− 0,005315
24,0	1,028621	0,011445	0,992077	− 0,003625
24,5	1,032673	0,013216	0,995985	− 0,001854

Tabelle 8/12.

α_y [1] [°]	$\alpha = 14{,}5°$		$\alpha_0 = 15°$	
	$C = \cos \alpha_0/\cos \alpha_y$	$E = \mathrm{ev}\,\alpha_y - \mathrm{ev}\,\alpha_0$		
25,0	1,068233	0,024430	1,065781	0,023825
25,5	1,072639	0,026372	1,070177	0,025767
26,0	1,077163	0,028402	1,074691	0,027797
26,5	1,081809	0,030524	1,079326	0,029919
27,0	1,086578	0,032742	1,084083	0,032137
27,5	1,091472	0,035057	1,088967	0,034451
28,0	1,096495	0,037472	1,093978	0,036867
28,5	1,101649	0,039992	1,099120	0,039387
29,0	1,106936	0,042619	1,104396	0,042014
29,5	1,112358	0,045356	1,109805	0,044751
30,0	1,117921	0,048206	1,115355	0,047601
31,0	1,12947	0,054264	1,126881	0,053659
32,0	1,14160	0,060819	1,138999	0,060214
33,0	1,15348	0,067904	1,151734	0,067299
34,0	1,16780	0,075552	1,165116	0,074947
35,0	1,18189	0,083797	1,179177	0,083193
36,0	1,19670	0,092679	1,193950	0,092075
37,0	1,21225	0,102237	1,209469	0,101632
38,0	1,22860	0,112516	1,225777	0,111911
39,0	1,24577	0,123561	1,242914	0,122956
40,0	1,26383	0,135423	1,260927	0,134818
42,0	1,30277	0,161821	1,299781	0,161216
44,0	1,34588	0,192199	1,342794	0,191594
46,0	1,39370	0,227134	1,390505	0,226529
48,0	1,44687	0,267310	1,443552	0,266704
50,0	1,50617	0,313544	1,502713	0,312939
52,0	1,572534	0,366825	1,568925	0,366221
54,0	1,647112	0,428359	1,643332	0,427754
56,0	1,731330	0,499632	1,727357	0,499027
58.0	1,826973	0,582499	1,822780	0,581894
60,0	1,936296	0,679308	1,931852	0,678703

Ausbildung der Spanflächen. Stirnräder mit einfacher oder Doppel-schrägverzahnung – bei der letzteren sind beide Schrägungsrichtungen durch eine Ringnut getrennt – werden im allgemeinen mit Schneid-rädern verzahnt, deren Spanflächen senkrecht zur Schrägungsrichtung der Schneidradverzahnung liegen („Treppen"schneidrad); s. Abb. 8/21.

Pfeilverzahnte Räder mit nicht unterbrochenen Zähnen („echte" Pfeilverzahnung) müssen mit einem Paar, in einem bestimmten Rhyth-mus zusammenarbeitender Schneidräder hergestellt werden, da der Über-gang von einer Schrägung in die andere für alle Flanken des Werkrades in einem Stirnschnitt liegt, muß die Spanfläche des Schneidrades eben-falls in einem *Stirnschnitt*, d. h. normal zu seiner Achse liegen. Daraus folgt, daß der Spanwinkel gleich Null ist; ferner steht eine Flanke des

(Fortsetzung)

$\alpha_y{}^1$ [°]	$\alpha_0 = 20°$		$\alpha_0 = 25°$	
	C	E	C	E
25,0	1,036836	0,015071	1,000000	0
25,5	1,041112	0,017012	1,004124	0,001942
26,0	1,045504	0,019043	1,008360	0,003972
26,5	1,050013	0,021165	1,012709	0,006094
27,0	1,054642	0,023382	1,017173	0,008312
27,5	1,059392	0,025697	1,021755	0,010627
28,0	1,064267	0,028113	1.026457	0,013042
28,5	1,069270	0,030633	1,031281	0,015562
29,0	1,074401	0,033259	1,036231	0,018189
29,5	1,079665	0,035996	1,041307	0,020925
30,0	1,085064	0,038847	1,046514	0,023776
31,0	1,096277	0,044904	1,057329	0,029834
32,0	1,108065	0,051460	1,068699	0,036389
33,0	1,120455	0,058545	1,080648	0,043474
34,0	1,133474	0,066192	1,093205	0,051122
35,0	1,147153	0,074438	1,106398	0,059367
36,0	1,161524	0,083320	1,120258	0,068249
37,0	1,176623	0,092878	1,134820	0,077807
38,0	1,192487	0,103156	1,150121	0,088085
39,0	1,209158	0,144201	1,166200	0,099130
40,0	1,226682	0,126064	1,183101	0,110993
42,0	1,264481	0,152461	1,219557	0,137390
44,0	1,306326	0,182840	1,259916	0,167769
46,0	1,352741	0,217775	1,304681	0,202704
48,0	1,404385	0,257950	1,354456	0,242879
50,0	1,461902	0,304185	1,409965	0,289114
52,0	1,526314	0,357466	1,472088	0,342935
54,0	1,598701	0,419000	1,541903	0,403929
56,0	1,680444	0,490273	1.620743	0,475042
58,0	1,773276	0,573140	1,701276	0,558069
60,0	1,879386	0,669949	1,812616	0,654878

Abb. 8/21. Linkssteigendes und rechtssteigendes Schneidrad zum Stoßen der beiden Schrägen eines Rades mit Doppelschrägverzahnung. (Werkfoto: Fellows Gear Shaper Co.; Springfield, Vermont, USA)

Schneidradzahnes in spitzem Winkel und die andere Flanke in stumpfem Winkel zur Stirnfläche. Diese Form ist zwar ungünstig für die Schneidwirkung des Werkzeuges, sie ist aber erforderlich, um einen durchgehenden Zahn erzeugen zu können. Abb. 8/22 zeigt ein Paar Schneidräder dieser Art, und man sieht, daß es mit Hilfe eines besonderen Schärfverfahrens möglich ist, auch auf der stumpfwinkligen Seite eine spitze Schneidkante zu erzeugen.

Abb. 8/22. Schneidräder zum Erzeugen einer durchgehenden (sog. „echten") Pfeilverzahnung, geschärft nach einem patentierten Verfahren der National Tool Co.; Cleveland, Ohio (USA)

Beziehungen zwischen Schneidrad und Werkrad. Abgesehen von der Stoßbewegung des Schneidrades wälzen Schneidrad und Werkrad wie zwei normale Schrägstirnräder aufeinander ab. Für das Hüllprofil, d. h. die ideelle Schrägverzahnung, in der alle Schneidkanten liegen, gelten demnach die Bedingungen für eine gleichförmige Bewegungsübertragung: Teilung und Eingriffswinkel von Schneid- und Werkrad müssen im Normalschnitt (wie auch im Stirnschnitt) übereinstimmen. Entsprechend den auf S. 64 bzw. 69 für Schrägstirnräder angegebenen Regeln gilt ferner für die Schrägungsrichtung folgendes:

1. Werkrad mit *Außen*verzahnung:

> Rechtssteigendes Schneidrad für linkssteigendes Werkrad,
> linkssteigendes Schneidrad für rechtssteigendes Werkrad.

2. Werkrad mit *Innen*verzahnung:

> Rechtssteigendes Schneidrad für rechtssteigendes Werkrad,
> linkssteigendes Schneidrad für linkssteigendes Werkrad.

Die Schrägungswinkel von Schneidrad und Werkrad müssen gleich groß sein.

Berechnung der Schneidradabmessungen. Die Berechnungsangaben der Abschn. 8.33, S. 479 und 8.34, S. 483 gelten auch für Stirnräder mit Schrägverzahnung. Zu beachten ist, daß alle Beziehungen für den *Stirn-schnitt* des Hüllprofils gelten. Wie die Stirnschnittwerte auf den Normal-schnitt umgerechnet werden können, ist in Abschn. 2.12, S. 62 f. angegeben.

8.4 Zahnrad-Hobelkämme

Beschreibung des Arbeitsverfahrens und der Hobelmaschinen s. Abschn. 7.13, S. 382.

Hobelkämme sind Zahnstangen, die durch Kippen senkrecht zur Stoßrichtung und Anschleifen der Stirnflächen zu Schneidwerkzeugen gemacht werden.

8.41 Hobelkammarten und -abmessungen

Hobelkammarten. Wir unterscheiden Schrupp-, Schlicht- und Schleif-kämme, wobei Schleifkämme für Verzahnungen verwendet werden, die nach dem Hobeln gehärtet und geschliffen werden sollen. Die drei Werk-zeugarten weisen – ähnlich den Bezugsprofilen für Wälzfräser (S. 453) – unterschiedliche Zahnkopfhöhen auf und haben – entsprechend ihrem Anwendungszweck – verschiedene Verzahnungsgenauigkeit. Für Sonder-zwecke verwendet man auch kombinierte Schrupp- und Schlichtkämme. Diese haben zur Hälfte Schrupp- und zur anderen Hälfte Schlichtzähne. Das Werkrad wird hierbei zunächst mit den Schruppzähnen vorverzahnt und dann vor die Schlichtzähne gewälzt und fertigverzahnt. Dadurch entfällt das Auswechseln der Werkzeuge.

Hobelkämme für Schrägstirnräder. Mit den normalen geraden Hobel-kämmen (Abb. 8/23a) können außer Gerad- auch Schrägstirnräder verzahnt werden, wenn genügend Auslaufweg zur Verfügung steht. Die Stoßbewegung des Kammes ist stets in Richtung der zu erzeugenden Zähne gerichtet; Normalmodul von Werkrad und Hobelkamm sind stets gleich groß.

Für die Herstellung von Schrägverzahnungen mit kleinem Auslauf-weg – z. B. bei Stufenrädern oder durchgehender (sog. „echter") Pfeilverzahnung[1] benötigt man Hobelkämme, deren Spanflächen parallel zum Stirnschnitt des Werkrades liegen müssen. Durch einen Hohlschliff an der stumpfwinkligen Seite der Spanfläche wird auch hier ein positiver Spanwinkel erzeugt (Abb. 23b).

Bei etwas größerem Auslaufweg behilft man sich vielfach mit schrägen Hobelkämmen, deren Spanflächen senkrecht zur Stoßrichtung stehen

---

[1] Zur Herstellung der durchgehenden Pfeilverzahnung s. a. S. 490.

(Abb. 8/23 c). Sie sind besonders einfach scharf zu schleifen und werden auch als „Treppenstähle" bezeichnet. Abb. 8/24 a zeigt die Einspannung im Stahlhalter der Maschine.

Abb. 8/23 a–c. a) Gerader Hobelkamm; b) schräger Hobelkamm; c) schräger Hobelkamm („Treppenstahl"). (Werkfotos: Maag-Zahnräder AG., Zürich und Zahnradfabrik Friedrichshafen AG.)

Für die Steigungs*richtungen* von Hobelkamm und Werkrad gilt folgende Regel:

Rechtsgängiges Rad – linkssteigender Hobelkamm,
linksgängiges Rad – rechtssteigender Hobelkamm.

Üblicherweise werden schräge Hobelkämme bis zu einem Schrägungswinkel von 45° hergestellt.

Schnittwinkel. Die Hobelkämme werden wie normale Zahnstangen verzahnt und geschliffen und dann so in die Hobelmaschine eingespannt, daß die Flankenlinien in einem kleinen Winkel gegen die Stoßrichtung geneigt stehen. Dadurch entstehen an Kopf und Flanken der Hobelkammverzahnung die erforderlichen Freiwinkel (ent-

Abb. 8/24 a. Wälzhobeln eines doppelschrägen Stirnrades mit einem schrägen Hobelkamm. (Werkfoto: Maag-Zahnräder AG.)

sprechend den Kopf- und Flankenhinterschliffwinkeln bei Schneidrädern). Die Spanflächen stehen – bezogen auf die Senkrechte zur Stoßrichtung – im Winkel η (meist 6,5°) geneigt (vgl. Abb. 8/24 b). Durch zusätzliches Hohlschleifen der Spanflächen kann ein zusätzlicher seitlicher Spanwinkel erzeugt werden (vgl. Abb. 8/23 a).

Maßgebend für das erzeugte Profil ist die Projektion der Spanfläche in Stoßrichtung. Flankenwinkel und Zahnhöhe des Hobelkammes müssen also so gewählt werden, daß diese Projektion dem vorgeschriebenen Bezugsprofil entspricht; Berechnung s. [8/275].

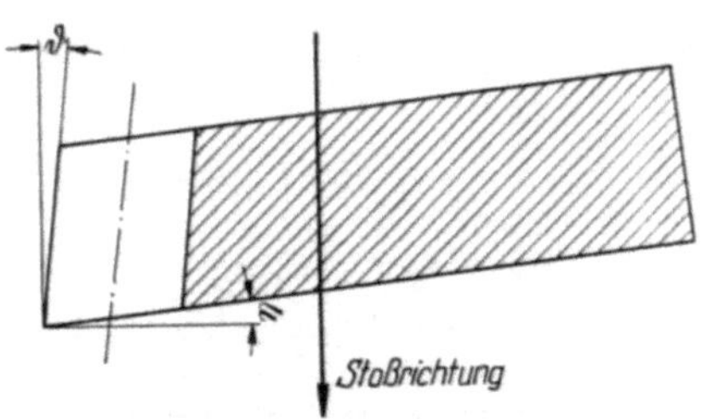

Abb. 8/24 b. Winkel am Hobelkamm

Hobelkammgrößen. Die Firma Maag – der Haupthersteller von Hobelmaschinen und Werkzeugen – hat für die geraden Stähle 187 Größen zwischen Modul 1 und 30 genormt. In dieser Reihe sind auch sämtliche Moduln nach DIN 780 enthalten.

8.42 Genauigkeit

Die einfache Form dieses Werkzeugs ermöglicht es, sehr enge Toleranzen einzuhalten. So garantiert die Firma Maag für die von ihr hergestellten Hobelkämme folgende Genauigkeiten:

Ebenheit der Flanken: $\pm 2\,\mu$,
Winkelgenauigkeit: $\pm 1'$ bis $\pm 3'$ je nach Modul,
Teilungsfehler: $\pm 1\,\mu$ bis $4\,\mu$ je nach Modul.

8.43 Beziehungen zwischen Hobelkamm und Werkrad

Der Wälzvorgang zwischen Hüllprofil des Hobelkamms – das die Schneidkanten enthält – und Werkrad ist der gleiche wie zwischen Zahnstange und Rad. Es gelten hierfür also die gleichen Beziehungen wie wir sie in Abschn. 8.12, S. 454, angegeben haben.

Auch Hobelkämme mit Protuberanz und Kopfkantenbrecher können nach den Regeln in Abschn. 8.17, S. 464, berechnet werden.

8.5 Formfräser für Geradstirnräder

Beschreibung des Formfräsverfahrens, der verwendeten Maschinen und des Anwendungsbereiches s. Abschn. 7.14, S. 385. Wie dort gezeigt, hat der Fräser im Achsschnitt die gleiche Form wie die zu fräsende Lücke im Stirnschnitt.

Scheibenfräser werden serienmäßig hergestellt von Modul 0,8 (etwa 45 mm Durchmesser und 22 mm Bohrung) bis Modul 25 (etwa 220 mm Durchmesser und 50 mm Bohrung). Es werden jedoch auch Fräser für größere Moduln benutzt. – Über Modul 35 verwendet man in erster Linie Fingerfräser. –

Wer die Absicht hat, Formfräser zum Verzahnen einzusetzen, sollte sich über Einzelheiten, die hier nicht behandelt werden können, bei den Herstellern derartiger Fräser informieren.

8.51 Mehrzweckfräser-Vorzugsreihen

Da die Zahnform außer vom Modul noch von Zähnezahl und Profilverschiebung abhängt, benötigt man – wenn es auf hohe Zahnformgenauigkeit ankommt – für jede Kombination dieser Größen einen besondern Formfräser.

Wenn jedoch nur Satzräder, d. h. Räder eines bestimmten Profilverschiebungssystems, erzeugt werden sollen (z. B. Nullverzahnung oder 05-Verzahnung), und wenn gewisse Ungenauigkeiten des Zahnprofils in Kauf genommen werden können, ist es dagegen möglich, mit *einem* Fräsersatz *sämtliche* Zähnezahlen eines Moduls zu fräsen.

Tabelle 8/13. Achtteiliger Form-Frä-sersatz mit den dazugehörigen Rad-zähnezahlen für Null-Verzahnung

Fräser-Nr.	Für Radzähnezahlen von
1	135 ÷ ∞
2	55 ÷ 134
3	35 ÷ 54
4	26 ÷ 34
5	21 ÷ 25
6	17 ÷ 20
7	14 ÷ 16
8	12 ÷ 13

Man verwendet 8teilige und – für höhere Genauigkeitsansprüche – 15teilige Fräsersätze. In Tab. 8/13 ist zu jedem Fräser der zugehörige Zähnezahlbereich angegeben.

Die Form eines Fräsers entspricht jeweils der Zahnform der kleinsten Zähnezahl des hierfür angegebenen Bereiches. Nur Räder mit dieser Zähnezahl erhalten also die theoretisch richtige Zahnform, während die Zahnprofile der übrigen Zähnezahlen dieses Bereiches eine etwas zu starke Krümmung aufweisen. – Nehmen wir beispielsweise den Fräser Nr. 5 des 8teiligen Satzes aus Tab. 8/13: Das Profil dieses Fräsers entspricht dem Zahnprofil eines Rades mit 21 Zähnen. Wird er für das Verzahnen eines Rades mit 25 Zähnen verwendet, so erzeugt man ein zu stark gekrümmtes Profil. Man kann diesen Fehler jedoch in vielen Fällen in Kauf nehmen; immerhin arbeiten Verzahnungen mit zu stark gekrümmten Profilen besser zusammen als solche mit zu flacher Krümmung.

Die hieraus entstehenden Fehler in der Bewegungsübertragung können darüber hinaus in vielen Fällen durch geschickte Wahl der Zähnezahlen weiter vermindert werden. – Wird z. B. die Übersetzung 4 vorgeschrieben, so ist es günstig, bei Verwendung des 8teiligen Fräsersatzes das Zähnezahlverhältnis 14/56 zu wählen. Das Ritzel kann mit dem Fräser Nr. 7 theoretisch einwandfrei verzahnt werden, während der Fräser Nr. 2 die Verzahnung des Rades mit sehr guter Annäherung richtig erzeugt (ausgelegt ist dieser Fräser nach der Zahnform eines Rades mit 55 Zähnen).

Die hier beschriebenen Mehrzweckfräser sind im allgemeinen *nicht* geschliffen.

8.52 Einzweckfräser

Wenn Zahnräder mit hoher Formgenauigkeit durch Scheiben- oder Fingerfräser erzeugt werden sollen, so kommen hierfür nur Fräser in Frage, deren Form genau der vorgeschriebenen Zähnezahl und Profilverschiebung entspricht. Derartige Fräser sollten ferner geschliffen sein.

8.53 Berechnen und Aufzeichnen des Fräserprofils

Die rechtwinkligen Koordinaten des Evolventenprofils (s. Abb. 8/25) können nach Gl. (8/25) und (8/26) berechnet werden, wenn der Koordinatenursprungspunkt auf Mitte Zahnlücke und Teilkreis gelegt wird.

$$
\begin{aligned}
x &= \frac{d_0 \cos \alpha_0}{2 \cos \alpha_y} \cos \left[\Theta + (\operatorname{ev} \alpha_y - \operatorname{ev} \alpha_0) \right] - d_0/2 \\
&= \frac{d_0}{2} \left[C \cos (\Theta + E) - 1 \right],
\end{aligned}
\tag{8/25}
$$

$$
\begin{aligned}
y &= \frac{d_0 \cos \alpha_0}{2 \cos \alpha_y} \sin \left[\Theta + (\operatorname{ev} \alpha_y - \operatorname{ev} \alpha_0) \right] \\
&= \frac{d_0}{2} C \sin (\Theta + E),
\end{aligned}
\tag{8/26}
$$

$$
\Theta = \frac{l_0}{d_0} = \frac{1}{d_0} (m \, \pi - s_0).
$$

Man geht zweckmäßigerweise so vor, daß man bestimmte α_y Werte vorgibt, beginnend mit etwa $\alpha_y = \alpha_0$ und rechnet damit die zusammengehörigen x- und y-Werte aus. Zahlenwerte für C und E können zu den angenommenen α_y-Werten aus Tab. 8/12, S. 488 entnommen werden.

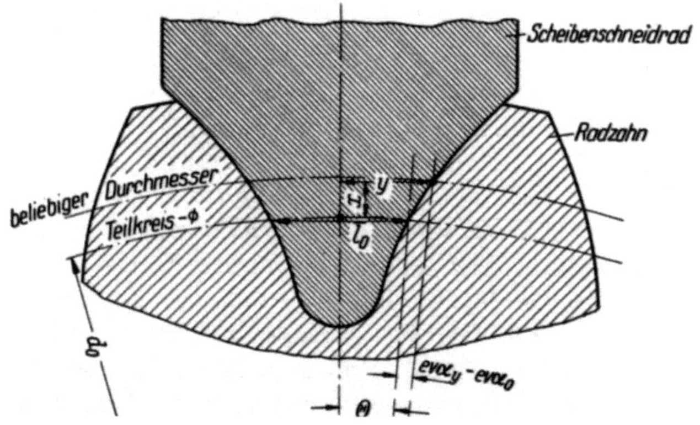

Abb. 8/25. Rechtwinklige Koordinaten zur Berechnung des Formfräserprofils

Führt man die Berechnung für eine genügend große Anzahl von Punkten durch, so kann eine sehr genaue Evolvente aufgezeichnet werden. Um auf eine Formgenauigkeit am Fräser von 2 bis 3 μ zu kommen, ist es allerdings erforderlich, auf mehrere Dezimalstellen genau zu rechnen und die Kurve etwa im Maßstab 50:1 aufzuzeichnen.

8.6 Formfräser für Schrägstirnräder und Schnecken

Bei oberflächlicher Betrachtung könnte der Eindruck entstehen, daß das Achsschnittprofil eines Formfräsers gleich dem Normalschnittprofil der erzeugten Schnecke sei. Daß dies nicht der Fall ist, erhellt aus der Tatsache, daß der Steigungswinkel der Schnecke vom Kopf bis zum Fuß der Schneckenverzahnung unterschiedlich ist. Vielfach wählt man den Anstellwinkel des Scheibenfräsers (= Kreuzungswinkel der Achsen von Fräser und Schnecke) gleich dem Steigungswinkel auf Mitte Zahnhöhe der Schneckenverzahnung; dies bedeutet, daß die Berührungspunkte (zwischen Fräser und Schneckenflanke) am Kopf und Fuß der Schneckenverzahnung nicht in der Normalschnittebene (die auch die Fräserachse enthält) liegen können. An diesen Stellen des Schneckenzahns wird infolgedessen mehr Werkstoff abgearbeitet als dem Achsschnittprofil des Fräsers entspricht (s. Abb. 8/27 b).

Zum Herstellprozeß sei noch folgendes vorausgeschickt, was für alle unten angeführten Verfahren gilt: Bei feststehender Fräser- oder Schleifscheibenachse muß das Werkstück mit der gleichförmigen Geschwindigkeit $H \cdot n$ in seiner Achsrichtung verschoben werden, wenn n die ebenfalls gleichförmige Werkstücksdrehzahl ist.

8.61 Scheibenfräser für die verschiedenen Schneckenarten

Im Achs- oder Normalschnitt geradflankige Schnecken (*Flankenform A und N nach DIN-Entwurf 3975*). Diese Schnecken haben den Vorzug, daß sie auf der Drehbank leicht hergestellt werden können. Man findet sie deshalb verhältnismäßig häufig. Aus den oben erläuterten Zusammenhängen folgt, daß ein für die Herstellung verwendeter Fräser oder eine Schleifscheibe ein *konvexes* Profil haben muß.

Ein Verfahren zur Berechnung des Scheibenfräser- oder Schleifscheibenprofils für Schneckenverzahnungen mit geradem Achsschnitt wurde von GARY [*8/266*] angegeben. – WEBER [*8/264*] hat gezeigt, wie zu einem vorgegebenen Achsschnittprofil das zugehörige Profil eines Fingerfräsers berechnet werden kann.

Im Achsschnitt geradflankiger Fräser (*entspricht Flankenform K der Schnecke nach DIN-Entwurf 3975*). Ein solcher Fräser (Abb. 8/26) erzeugt ein im Achs- und Normalschnitt *konvexes* Schneckenprofil. Die Krümmung ist bei kleinen Moduln und Steigungswinkeln meist sehr gering, kann jedoch bei großen Moduln und Steigungswinkeln beträchtliche Werte annehmen. Beispielsweise erhält man bei

Abb. 8/26. Im Achsschnitt geradflankiger Scheibenfräser für Schnecken. (Werkfoto: General Electric)

einer 5gängigen Schnecke mit 10 mm Achsmodul und 30° Steigungswinkel eine Flankenballigkeit (d. h. Abweichung von der Geraden) von etwa 0,15 mm. Eine ebenfalls 5gängige Schnecke mit 5 mm Achsmodul und 15° Steigungswinkel wird dagegen nur eine Balligkeit von etwa 0,025 mm aufweisen.

Ein Verfahren zur Berechnung dieser Balligkeit wurde von DUDLEY und PORITSKY [*8/250*] angegeben. Weitere Untersuchungen über dieses Problem sind unter [*8/251*], [*8/257*], [*8/258*] und [*8/265*] angeführt. SAARI [*8/263*] weist auf ein Berechnungssystem und Nomogramm hin, mit dessen Hilfe das Schneckenprofil bei gegebener Form des Werkzeuges ermittelt werden kann; dieses Verfahren hat sich in den Illinoos Tool Works (Chicago) bewährt.

In den USA wird in überwiegendem Maße mit geradflankigen Fräsern und Schleifscheiben gearbeitet. Dem Vorteil – einfaches Werkzeug für die Schnecke – steht als Nachteil gegenüber, daß die Herstellung des Wälzfräsers für die Schneckenräder schwierig ist. Bekanntlich muß ja die Zahnform dieses Wälzfräsers genau gleich der der Schnecke sein.

Evolventenschnecke, Schrägstirnrad (*Flankenform E nach DIN-Entwurf 3975*). In Großbritannien und auch in Deutschland wird diese Schneckenart vielfach verwendet im Gegensatz zu den USA, wo die Firmen im allgemeinen nicht über die erforderliche Werkzeugausrüstung verfügen.

Im Prinzip sind Evolventenschnecken Stirnräder mit großem Schrägungswinkel. Die Zahnflanke ist im Stirnschnitt eine Evolvente.

8.62 Berechnung des Scheibenfräserprofils für Evolventenschnecken und Schrägstirnräder

Wir benutzten ein von GARY [*8/272*] angegebenes Verfahren, wobei wir allerdings von vornherein bestimmte Vereinfachungen treffen, die jedoch für die allermeisten praktischen Fälle zutreffen bzw. sinnvoll sein dürften:

1. Die Grundzylinder von Links- und Rechtsflanken sind identisch.

2. Der Koordinatenursprungspunkt wird so gewählt, daß beide Seiten des Fräsers das gleiche Profil erhalten. Demnach muß der Fräser zentralsymmetrisch über der Zahnlücke angeordnet werden (Abb. 8/27).

Folgende Gleichungen stehen zur Bestimmung des Fräserachsschnittprofils zur Verfügung. Wir verwenden hierbei mit Blick auf die Schnecken stets den Steigungswinkel γ; zwischen dem Schrägungswinkel β, mit dem bei Schrägstirnrädern meist gearbeitet wird, und γ besteht die Beziehung $\gamma = 90° - \beta$.

$$K_1 = u + r_g \tan\gamma_g \, \mathrm{arc}\,\varphi, \tag{8/27}$$

$$u = \frac{m_{s0} \cos\alpha_{s0} \tan\gamma_g}{2}\,(\pi - \psi z), \tag{8/28}$$

$$\psi = \frac{s_{s0}}{z\,m_{s0}} + \mathrm{ev}\,\alpha_{s0}. \tag{8/29}$$

Unter der Voraussetzung, daß die Fräserachse mit der Rad- (oder Schnecken-)achse den Kreuzungswinkel γ_g bildet, gilt:

$$K_2 = -\sin\varphi \sin\gamma_g, \tag{8/30}$$

$$K_3 = \cos\gamma_g (1 - \cos\varphi), \tag{8/31}$$

$$K_4 = \cos\gamma_g (\cos\varphi - 1), \tag{8/32}$$

$$K_5 = K_1 + \frac{a K_4 - r_g K_3}{K_2}, \tag{8/33}$$

$$\lambda_s = -\sin\gamma_g K_5. \tag{8/34}$$

Der Radius der Schleifscheibe – an der Stelle t_s – ergibt sich aus:

$$\varrho_s^2 = r_g^2 + a^2 + u^2 + \lambda_s^2 - t_s^2 + r_g \tan\gamma_g (u + K_1) \arccos\varphi$$
$$+ (a\sin\varphi + K_1 \tan\gamma_g) 2\lambda_s \cos\gamma_g - 2 a r_g \cos\varphi. \tag{8/35}$$

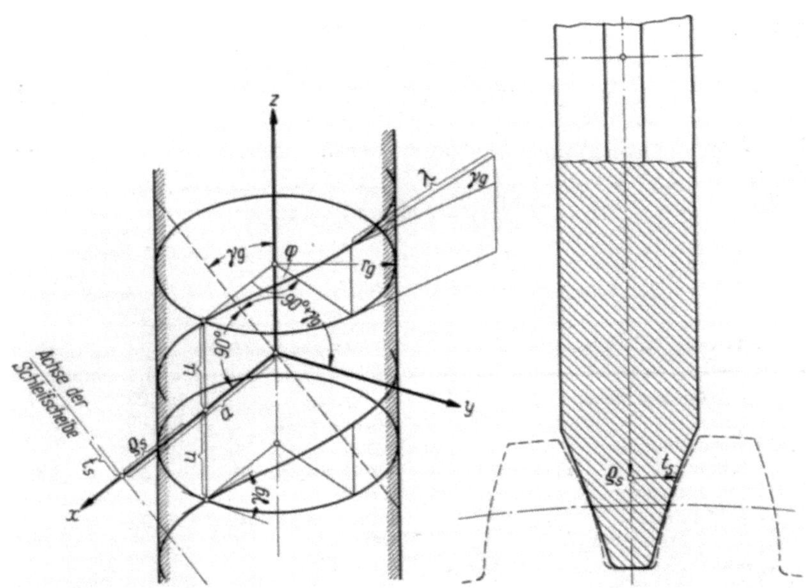

Abb. 8/27 a u. b. Scheibenfräser zur Erzeugung eines Schrägstirnrades. a) Koordinatensystem; b) Achsschnittprofil des in Tab. 8/14 berechneten Fräsers

Die zum Schleifscheibenradius ϱ_s zugehörige Koordinate in Richtung der Schleifscheibenachse, gemessen vom Schnittpunkt der Schleifscheibenachse mit der x-Achse beträgt

$$t_s = K_1 \cos\gamma_g + K_2 r_g + K_3 \lambda_s \sin\gamma_g. \tag{8/36}$$

Es existiert zu dem betrachteten Punkt der Evolventenflanke nur dann eine Schleifscheibe bzw. ein Scheibenfräser zur Erzeugung dieser Flanke, wenn folgende Bedingung erfüllt ist:

$$1 + \frac{K_3^2 \tan\gamma_g}{K_2^3 K_5} [r_g \tan\gamma_g (\cos\gamma_g - K_3) - a\sin\gamma_g] > 0. \tag{8/37}$$

Das Ziel der Rechnung ist also, die zusammengehörigen Werte von ϱ_s und t_s zu finden, die das Fräserprofil bestimmen.

Um das Fräserprofil für die Rechtsflanke des Rades zu ermitteln, läßt man φ Werte durchlaufen, die stets $\lambda_s > 0$ ergeben; φ-Werte, die $\lambda_s < 0$ ergeben, sind der Linksflanke zugeordnet. Nach Voraussetzung muß bei uns das Profil für Rechts- und Linksflanke gleich sein.

Der mindesterforderliche *Außen*radius der Schleifscheibe wird bestimmt durch den Maximalwert des Formkreisdurchmessers, der noch geschliffen werden muß:

$$\left(\frac{d_F}{2}\right)^2 = (x_s^2 + y_s^2)_{\text{außen}} . \qquad (8/38)$$

Der Maximalwert des *Innen*radius der Schleifscheibe wird bestimmt durch die Forderung, daß der Kopfkreisdurchmesser des Werkrades (oder der Schnecke) noch geschliffen werden muß:

$$\left(\frac{d_k}{2}\right)^2 = (x_s^2 + y_s^2)_{\text{innen}} . \qquad (8/39)$$

Tabelle 8/14. Berechnung des Scheibenfräser-Profils für ein Schrägstirnrad

Gegebene Raddaten		*Errechnete Raddaten*		Gleichung
1.	Normaleingriffs-winkel $\alpha_{n0} = 20°$	8.	Teilkreis-$\varnothing$ $\quad d_0 = 169,050$	2/17
2.	Normalmodul $m_n = 3,5$	9.	Grundkreis-$\varnothing$ $\quad d_g = 152,692$	2/16
3.	Zähnezahl $z = 37$	10.	Formkreis-$\varnothing$ $\quad d_F = 163,100$	2/43
4.	Schrägungswinkel im Teilkreis $\beta_0 = 40°$	11.	Kopfkreis-$\varnothing$ $\quad d_k = 177,442$	2/20
5.	Profilverschiebungs-faktor $x = 0,2$	12.	Schrägungs-winkel im Grund-kreis $\beta_g = 37°09'31''$	2/43 A
6.	Zähnezahl (Gegen-rad) $z_{\text{gegen}} = 25$	13.	Steigungs-winkel im Grund-kreis $90°-\beta_g$ $\quad \gamma_g = 52°50'29''$	
7.	Kopfkreis-$\varnothing$ (Gegenrad) $d_{K\,\text{gegen}} = 121,215$	14.	Zahndicke $\quad s_{s0} = 7,842$	2/63

Errechnete Zwischenwerte des Scheibenfräser-Profils

		15	20°	25°	30°	gewählt
15.	$\varphi°$	15	20°	25°	30°	gewählt
16.	a		150,000			gewählt
17.	u			0,699381		8/28
18.	ψ			0,077965		8/29
19.	K_1	$-25,6724$	$-34,4632$	$-43,2538$	$-52,0444$	8/27
20.	K_2	0,2063	0,2726	0,3368	0,3985	8/30
21.	K_3	0,0206	0,0364	0,0566	0,0809	8/31
22.	K_4	$-0,0206$	$-0,0364$	$-0,0566$	0,0809	8/32
23.	K_5	$-45,2176$	$-64,7117$	$-81,2849$	$-98,0106$	8/33
24.	λ_s	36,0369	51,5731	64,7814	78,1112	8/34
25.	$x_s^2 + y_s^2$	6302	6799	7359	8055	8/40 8/41

Errechnete Endwerte des Scheibenfräser-Profils

26.	t_s	0,832	1,491	2,510	4,024	8/36
27.	ϱ_s	70,694	67,986	65,182	61,077	8/35

Man kann also zu jedem φ-Wert mit Hilfe der nachfolgend angeführten Gleichungen der Evolventenschnecke die x_s- und y_s-Werte errechnen. Die daraus ermittelten Werte für $(x_s^2 + y_s^2)$ müssen dann mindestens den Bereich zwischen $(\frac{d_F}{2})^2$ und $(\frac{d_k}{2})^2$ erreichen.

Gleichungen der Evolventenflanken:

$$x_s = r_g \cos \varphi - \lambda_s \cos \gamma_g \sin \varphi, \qquad (8/40)$$

$$y_s = r_g \sin \varphi + \lambda_s \cos \gamma_g \cos \varphi, \qquad (8/41)$$

$$(z_s = r_g \tan \gamma_g \operatorname{arc} \varphi + \lambda_s \sin \gamma_g + u). \qquad (8/42)$$

In Tab. 8/14 ist die Rechnung für ein Beispiel durchgeführt. Das errechnete Profil wurde in Abb. 8/27 b, S. 501 zeichnerisch dargestellt.

8.7 Schaberäder

Bewegungsablauf und Zerspanungsvorgang beim Schaben sowie der grundsätzliche Aufbau der Schaberäder sind bereits in Abschn. 7.31, S. 431, beschrieben worden.

8.71 Wahl des Achskreuzungswinkels

Schaberad und Werkrad arbeiten wie zylindrische Schraubenräder zusammen, d. h. ihre Achsen kreuzen sich unter einem gewissen Winkel. Die Größe dieses Winkels ist maßgebend für die Schneidwirkung des Schaberades. Je größer der Achskreuzungswinkel ist, um so höher ist die Geschwindigkeit der Schabkanten in Längsrichtung der Werkstückflanken. Die Einstellung des Schaberades, entsprechend dem Schrägungswinkel des Werkrades, ist allerdings am genauesten bei kleinem Kreuzungswinkel (großes Tragbild) möglich.

Tabelle 8/15. Allgemeine Richtlinien für die Wahl des Achskreuzungswinkels zwischen Werkrad und Schaberad

Benennung	Achskreuzungs- winkel
Geradzahn-Ritzel unter 20 Zähnen	8–12°
Geradzahn-Ritzel mit 20 bis 35 Zähnen	10–15°
Geradzahn-Räder	10–15°
Schrägzahn-Ritzel mit kleiner Zahnbreite	8–12°
Schrägzahn-Räder mit kleiner Zahnbreite	10–15°
Schrägzahn-Ritzel mit großer Zahnbreite	5–10°
Schrägzahn-Räder mit großer Zahnbreite	10–15°
Innenverzahnte Räder	4-8°

Bei der Festlegung des Achskreuzungswinkels müssen die Einflüsse der Größen, die für den Arbeitsablauf von Bedeutung sind, gegeneinander abgewogen werden. Es gibt dafür keine festen Regeln. Die Grenzen, in denen man sich im allgemeinen bewegt, sind in Tab. 8/15 angegeben. Zusammenhang zwischen Steigungsrichtung und Achskreuzungswinkel s. nächsten Abschnitt.

8.72 Schaberadabmessungen

Die Hauptabmessungen der Schaberäder – wie Kopfkreisdurchmesser, Bohrungsdurchmesser, Zahnbreite – sind bisher in keiner Norm festgelegt. Jeder Hersteller hat seine eigenen Bemessungsregeln, die mit denen anderer Hersteller in manchen Punkten übereinstimmen, in anderen jedoch voneinander abweichen. Auch hierfür können also nur Anhaltswerte gegeben werden.

Schaberaddurchmesser. Bei Schabemaschinen *geringer* Leistung, die für die Bearbeitung von Zahnrädern (kleiner Moduln) bis zu 100 mm Durchmesser verwendet werden, arbeitet man mit Schaberädern von etwa 50 bis 75 mm Durchmesser.

Bei Schabemaschinen *mittlerer* Leistung für Räder bis zu 450 mm Durchmesser benutzt man Schaberäder von 150 bis 280 mm Durchmesser.

Hochleistung-Schabemaschinen für Räder bis zu 1,3 m Durchmesser und darüber arbeiten mit Schaberädern von 180 bis 300 mm Durchmesser.

Viele Benutzer und Hersteller von Schaberädern bevorzugen Schaberäder zwischen 100 und 125 mm Durchmesser in allen Fällen, wo die Werkradkonstruktion dies zuläßt. Die unten erläuterten Bedingungen für die Wahl von Zähnezahl und Schrägungswinkel lassen es im allgemeinen nicht zu, den Teilkreisdurchmesser des Schaberades mit runden Maßen – z. B. 180 oder 200 mm – auszuführen.

Schaberadzähnezahlen. Die Zähnezahl des Schaberades sollte so gewählt werden, daß sie mit der Werkradzähnezahl keinen gemeinsamen Teiler hat. Nur dann kommen die Zähne des Schaberades nacheinander mit allen Zähnen des Werkrades in Eingriff. Man bevorzugt deshalb Schaberäder, deren Zähnezahlen *Primzahlen* sind, weil dann die Zähnezahlen von Schaberad und Werkrad nur in dem Falle gemeinsame Teiler haben, wenn die Werkradzähnezahl gleich oder gleich dem Vielfachen der Schaberadzähnezahl ist. – Man findet deshalb häufig Schaberäder mit 37, 41, 43, 47, 53, 59, 61, 67, 73 usw. Zähnen.

Modul, Teilung. Die Eingriffsteilung im Normalschnitt des Schaberades muß gleich der des Werkrades sein, d. h. auch Teilkreisteilung und Pressungswinkel im Teilkreis (Normalschnittwerte) müssen am Schaberad und Werkrad gleich groß sein.

Steigungsrichtung, Schrägungswinkel des Schaberades. Normalerweise ist die Steigungsrichtung des Schaberades der des Werkrades entgegengesetzt. In diesem Falle – Werkrad mit Außenverzahnung vorausgesetzt – ist der Achskreuzungswinkel gleich der *Differenz* der Schrägungswinkel.

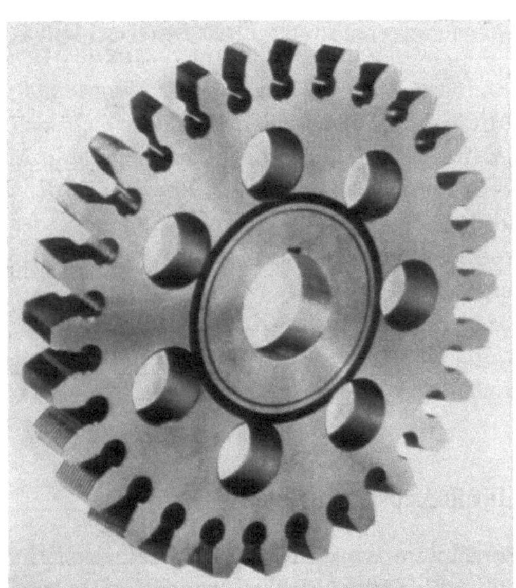
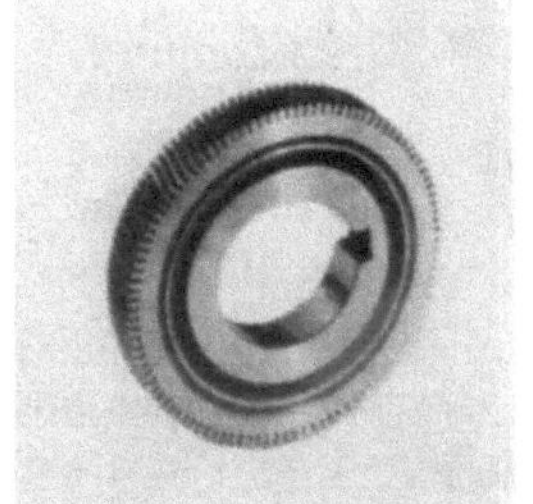

Abb. 8/28. Schaberäder mit unterschiedlichen Moduln. (Werkfoto: National Broach & Machine Co.; Detroit, Michigan, USA)

Bei Stirnrädern mit Geradverzahnung oder kleinem Schrägungswinkel ist die Steigungsrichtung des Schaberades gleichgültig. – Ist die Steigungsrichtung beider Räder gleich, so ist der Achskreuzungswinkel – Außenverzahnung vorausgesetzt – gleich der *Summe* der beiden Schrägungswinkel. Erläuterung dieser Zusammenhänge s. S. 87.

Zahnhöhe des Schaberades. Die Flanken des Werkrades müssen mindestens bis zum Formkreisdurchmesser herab bearbeitet werden. Bei einem Werkrad, das mit einem Protuberanzwerkzeug vorverzahnt wurde, sollte die Verzahnung bis dicht an den Durchmesser geschabt werden, der dem Punkt des tiefsten Unterschnitts entspricht. Nur dann erhält man einen glatten Übergang der Zahnfußausrundung in die geschabte Flanke.

Weiter ist folgendes zu beachten: Wenn der Kopfeckpunkt des Schaberades außer Eingriff kommt, so beschreibt er eine Bahn (relative Kopfbahn), die sich dem Fußkreisdurchmesser des Werkrades weiter nähert. Um nun zu vermeiden, daß der Kopf des Schaberadzahnes im

Fußkreis des Werkrades aufstößt oder in die Fußausrundung eindringt, muß die aktive Zahnhöhe des Schaberadzahnes immer um einen gewissen Mindestbetrag kleiner sein als die Gesamtzahnhöhe des Werkrades. Wie dieser Abstand kontrolliert werden kann, wird in Abschn. 8.74 gezeigt.

8.73 Änderung der Schaberadverzahnung durch Scharfschleifen

Schaberäder werden dadurch geschärft, daß die Evolventenflanken nachgeschliffen werden. Mit jedem Scharfschleifen ändert sich also die Profilverschiebung und somit auch die Zahndicke der Schaberadzähne, ähnlich wie dies auch beim Scharfschleifen der Schneidräder der Fall ist. – Um jedoch während der ganzen Lebensdauer des Schaberades die gleiche Zahndicke am Werkrad zu erzeugen, muß das Schaberad nach jedem Scharfschleifen tiefer zugestellt werden. Daraus folgt, daß ebenfalls nach jedem Scharfschleifen auch der Kopfkreisdurchmesser des Schaberades verringert werden muß, damit das oben erwähnte Aufstoßen im Zahngrund des Werkrades vermieden wird.

8.74 Beispiel für die Auslegung eines Schaberades

Das Verfahren zur Berechnung von Schaberädern ist ziemlich verwickelt. Wir wollen uns deshalb darauf beschränken, die erforderlichen Formeln anzugeben und ihre praktische Anwendung an einem Beispiel zu zeigen.

Die Gleichungen und das Berechnungsblatt Tab. 8/16, S 508 gelten für das Schaben von Stirnrädern mit Schrägverzahnung. Für geradverzahnte Stirnräder ist der Schrägungswinkel mit Null einzusetzen.

Werkraddaten. In Tab. 8/16 sind die Daten des Rades angegeben, dessen Flanken geschabt werden sollen. Das Rad wurde mit einem Protuberanzfräser verzahnt; mit den Fräserdaten ergab sich aus Gl. (8/11), S. 454 der in Zeile 20 angeführte Durchmesser d_p des tiefsten Unterschnitts. Der Durchmesser des Werkrades d_u, bis zu dem herunter geschabt werden soll, wurde als Mittelwert von d_p und dem vorgeschriebenen maximalen Formkreisdurchmesser gewählt.

Gewählte Schaberaddaten. Wie in Tab. 8/15, S. 503 empfohlen, wurde ein Achskreuzungswinkel von 12° vorgegeben. Wählt man für das Schaberad eine entgegengesetzte Steigungsrichtung (gegenüber dem Werkrad), so muß der Schrägungswinkel des Schaberades etwa 23° betragen. Um auf einen Schaberaddurchmesser von etwa 180 mm zu kommen, wurde die Zähnezahl des Schaberades mit 47 (Primzahl) festgelegt (Zeile 23, Tab. 8/16).

Nachstehend haben wir die Gleichungen angeführt, die für die Berechnung eines Schraubentriebs mit profilverschobenen Rädern benötigt werden (Bezeichnungen s. Tab. 8/0, S. 450):

$$\psi_w = \frac{d_{gr} \cos \beta_{gr}}{d_{gw} \cos \beta_{gw}} \left(\frac{\pi}{z_r} - \psi_r + \mathrm{ev}\, \alpha_{sbr} \right) + \mathrm{ev}\, \alpha_{sbw}, \tag{8/43}$$

$$\psi_r = \frac{1}{z_r} \frac{s_{n0r}}{m_n} + \mathrm{ev}\, \alpha_{s0r}, \tag{8/44}$$

$$\tan \alpha_{s0} = \frac{\tan \alpha_{n0}}{\cos \beta_0}, \tag{8/45}$$

$$\frac{d_{gr}}{d_{gw}} = \frac{z_r}{z_w} \frac{\sin \alpha_{s0r}}{\sin \alpha_{s0w}}, \tag{8/46}$$

$$\sin \beta_g = \sin \beta_0 \cos \alpha_{n0}, \tag{8/47}$$

$$\sin \beta_b = \frac{\sin \beta_g}{\cos \alpha_{nb}}, \tag{8/48}$$

$$\tan \alpha_{sb} = \frac{\tan \alpha_{nb}}{\cos \beta_b}, \tag{8/49}$$

$$d_{kw} = d_{gw} \sqrt{\left[\frac{d_{gr}}{d_{gw}} \frac{\cos \beta_{gw}}{\cos \beta_{gr}} \left(\tan \alpha_{sbr} - \tan \alpha_{ur} \right) + \tan \alpha_{sbw} \right]^2 + 1}, \tag{8/50}$$

$$\cos \alpha_{ur} = \frac{d_{gr}}{d_{ur}}, \tag{8/51}$$

$$s_{n0} = m_n z \left(\psi - \mathrm{ev}\, \alpha_{s0} \right), \tag{8/52}$$

$$S_k = \frac{1}{2} \left[\left(\frac{d_{gr}}{\cos \alpha_{sbr}} + \frac{d_{gw}}{\cos \alpha_{sbw}} \right) - \left(d_{fr} + d_{kw} \right) \right], \tag{8/53}$$

$$a = \frac{m_n \cos \alpha_{n0}}{2} \left(\frac{z_r}{\cos \beta_{gr} \cos \alpha_{sbr}} + \frac{z_w}{\cos \beta_{gw} \cos \alpha_{sbw}} \right). \tag{8/54}$$

Durch das Nachschleifen des Schaberades ändern sich dessen Profilverschiebung und Zahndicke sowie Eingriffswinkel und Achsabstand des Triebes.

Die Nuten auf den Flanken der Schaberadzähne sind im allgemeinen so tief, daß ein Nachschärfen bis auf 70% der ursprünglichen Zahndicke möglich ist.

Wir gehen nun so vor (Tab. 8/16, Teil 3), daß wir für die verschiedenen Schärfzustände des Schaberades eine Reihe von *Betriebseingriffswinkeln* α_{nb} (beginnend mit $\alpha_{nb} = 16°30'$ für das neue Rad) wählen und hierfür die Zahndicken der Schaberadzähne bestimmen. – Wenn wir α_{nb} von

Tabelle 8/16. Beispiel für die Berechnung eines Schaberades für ein Außen-Stirnrad

Daten des Wälzfräsers mit Protuberanz:

1.	Normaleingriffswinkel	$\alpha_{n0} = 16°30'$
2.	Kopfhöhe	$h_{kw} = 4{,}877$
3.	Kopfabrundungsradius	$\varrho_{kw} = 1{,}8034$

Daten des Werkrades:

				Gleichung					Gleichung
5.	Eingriffs-∢	α_{n0}	16°30'		14.	Schrägungs-∢	β_0	35°	
6.	Eingriffs-∢	α_{s0}	19°52'50''	8/45	15.	Schrägungs-∢	β_g	33°21'50''	8/47
7.	Modul	m_n	3,4677		16.	Teilkreis- $\varnothing$	d_0	622,30	2/17
8.	Stirnmodul	m_s	4,2333	2/44	17.	Grundkreis- $\varnothing d_g$		585,2134	2/16
9.	Diametral-Pitch DP		6	2/5	18.	Kopfkreis- $\varnothing$	d_k	629,235	2/20
10.	Zähnezahl	z	147		19.	Fußkreis- $\varnothing$	d_f	612,546	2/19
11.	Normalteilung	t_{n0}	10,894	2/44	20.	Protuberanz- $\varnothing$	d_p	615,46	8/11
12.	Zahndicke	s_{n0}	5,334 [2]	2/56	21.	Formkreis- $\varnothing$	d_F	615,54	2/43
13.	halb. Zahndick.-∢	$\hat{\psi}_r$	0,025094	8/44	22.	Schabe- $\varnothing$	d_u	615,50	s. Text

Konstante Daten des Schaberades:

				Gleichung					Gleichung
23.	Zähnezahl	z	47		28.	Schrägungs-∢	β_0	23°	gewählt
24.	Modul	m_n	3,4677	wie unter 7	29.	Schrägungs-∢	β_g	22°0'7,6''	8/47
25.	Stirnmodul	m_s	3,7672	2/44	30.	Teilkreis- $\varnothing$	d_0	177,0592	2/17
26.	Eingriffs-∢	α_{n0}	16°30'	wie unter 5	31.	Grundkreis- $\varnothing$	d_{gw}	168,5475	2/16
27.	Eingriffs-∢	α_{s0}	17°50'16''	8/45					

Durch Schärfen veränderte Schaberaddaten [1]

	Schaberadzustand		neu	halb verbr.	verbraucht	Gleichung
32.	Normaleingriffs-∢	α_{nbw}	16°30'	16°	15°30'	variieren
33.	Stirneingriffs-∢	α_{sbw}	17°50'16''	17°17'41''	16°45'07''	8/49
34.	Erzeugungs-Wälzkreis- $\varnothing$	d_{bw}	177,059	176,529	176,018	$d_g/\cos\alpha_{sb}$
35.	Schrägungs-∢ im Wälzkreis	β_{bw}	23°	22°56'18''	22°52'143''	8/48
36.	halber Zahndicken-∢	$\hat{\psi}_{gw}$	0,04458	0,03942	0,03460	8/43
37.	Kopfkreis- $\varnothing$	d_k	185,570	181,782	178,451	8/50
38.	Zahndicke im Normalschnitt	s_{n0}	5,560	4,719	3,934 (70%)	8/52 [3]
39.	Zahndicke im Stirnschnitt	s_{s0}	6,040	5,126	4,273	$s_{n0}/\cos\beta_0$
40.	Kopfspiel (am Kopf des Schaberades)	S_k	0,621	1,075	1,354	8/53
41.	Achsabstand	a	399,680	398,238	396,852	8/54
42.	Prüfrollen- $\varnothing$	d_r	6,0	6,0	6,0	$\approx 1{,}75\,m_n$
43.	Prüfrollen-Eingriffs-∢	α_{sM}	20°30'57''	18°06'44''	15°00'10''	2/62
44.	Prüfmaß über 2 Rollen	M	185,861	183,236	180,398	2/60
45.	Kopfhöhe	h_{k0}	4,255	2,362	0,696	$0{,}5\,(d_k-d_0)$
46.	Achskreuzungs-∢	δ	12°	11°57'35''	11°55'17''	$\beta_{br}-\beta_{bw}$

[1] Das Schaberad kann so lange nachgeschliffen werden bis die Zahndicke auf etwa 70% des Neuzustandes gesunken ist.

[2] Mit $x = 0$ und $A_s = 0{,}138$. [3] Mit $\psi = \psi_w$ nach Zeile 36.

16°30' bis 15°30' variieren, ergeben sich die in Zeile 38 angeführten Zahndicken. Wir haben also den geforderten Bereich (kleinste Zahndicke = 70% der Dicke im Neuzustand) erfaßt.

Der *Kopfkreisdurchmesser* des Schaberades kann nach Gl. (8/50) ermittelt werden; man geht dabei von der Forderung aus, daß die Zahnflanken des Werkrades gerade bis zu dem in Zeile 22, Tab. 8/16, angeführten Schabedurchmesser herunter geschabt werden müssen. Praktische Durchführung der Rechnung s. Tab. 8/16, Zeile 23 bis 46.

In Tab. 8/16, Zeile 40, wird für jeden Zustand des Schaberades das *Kopfspiel* (am Kopf des Schaberades) berechnet, das ein gewisses Mindestmaß nicht unterschreiten soll. Bei zu kleinem Kopfspiel kann zwar nicht der Fußkreis angeschnitten werden (vorausgesetzt, daß überhaupt Kopfspiel vorhanden ist), wohl aber die Fußausrundung. Bei großer Fußausrundung – wie im vorliegenden Beispiel – sollte das Kopfspiel mindestens 8% der Gesamtzahnhöhe des Werkrades betragen. – Im vorliegenden Fall ergibt sich für das neue Schaberad gerade ein Kopfspiel von 0,621 mm, d. h. genau 7,5% der Zahnhöhe. Man sieht ferner (in der gleichen Zeile), daß mit dem Nachschleifen des Schaberades, d. h. mit kleiner werdendem Eingriffswinkel das Kopfspiel wächst. Daraus folgt, daß für das neue Schaberad kein größerer Eingriffswinkel als $\alpha_{nb} = 16°30'$ hätte gewählt werden dürfen; ein kleinerer Eingriffswinkel wäre dagegen zulässig gewesen.

Wenn jedoch der Eingriffswinkel des abgenutzten Schaberades zu klein wird, so besteht die Gefahr, daß die Teile der Schaberadflanken in der Nähe des *Schaberadgrundkreises* zum Schneiden herangezogen werden, wo die Profile sehr stark gekrümmt sind. Kommen Flankenteile unterhalb des Grundkreises zum Eingriff, so werden möglicherweise die Zahnköpfe des Werkrades angeschnitten. Im vorliegenden Beispiel ist dies allerdings nicht zu befürchten.

Sind Zähnezahl und Eingriffswinkel (des abgenutzten Schaberades) so klein, daß diese Gefahr besteht, so empfiehlt sich folgende Kontrolle:

In Gl. (8/50) vertauscht man die Indices w und r und errechnet somit den Durchmesser des Werkrades, der dem Flankenpunkt am Grundkreis des Schaberades zugeordnet ist. Das heißt, d_{uw} ist gleich d_{gw} zu setzen. Cos α_{uw} nach Gl. (8/51) wird 1 und tan α_{uw} = Null. – Ergibt sich aus dieser Rechnung ein kleinerer Durchmesser als der Kopfkreisdurchmesser des Werkrades, so ist das Schaberad im abgenutzten Zustand zu klein; es würde die Zahnköpfe des Werkrades anschneiden.

Um die Maßhaltigkeit der Schaberäder zu prüfen, wird meist das Prüfmaß über Rollen bestimmt. Diese Berechnung [nach Gl. (2/60), S. 68] bildet den Abschluß der Schaberadberechnung.

Die Entwurfszeichnung des berechneten Schaberades ist in Abb. 8/29 wiedergegeben. Oben links auf S. 511 sind in einem Diagramm die

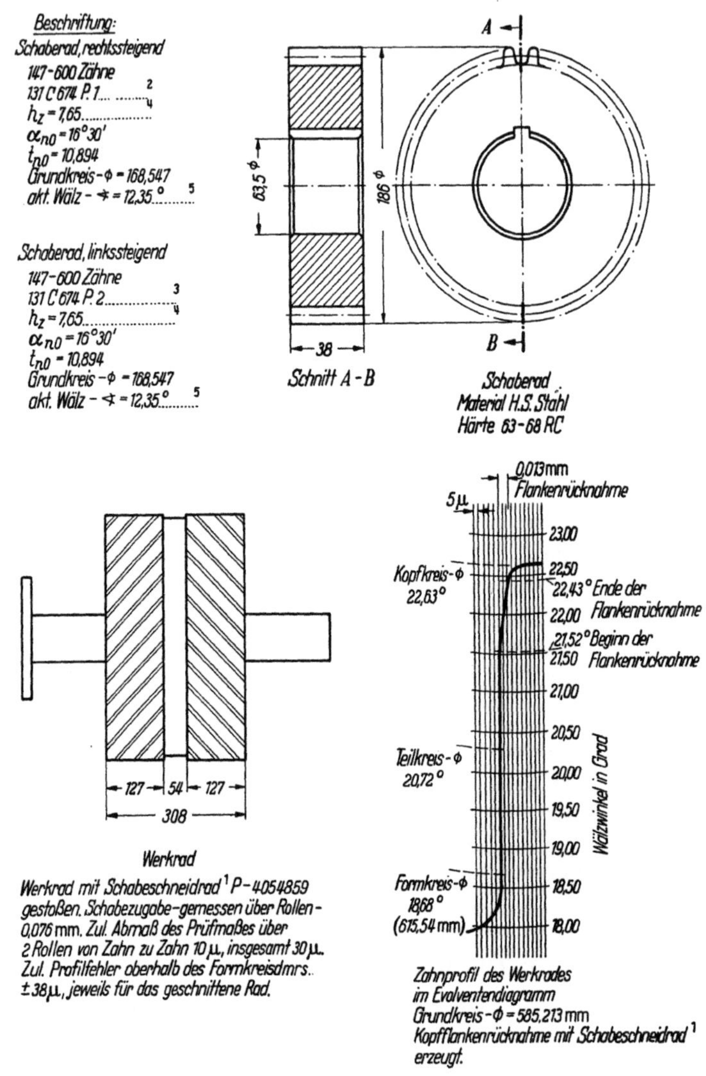

Abb. 8/29 (links u. rechts). Entwurfszeichnungen des in Tab. 8/16 berechneten Schaberades. [1]. Schneidrad für Vorbearbeitung zum Schaben. [2]. Zeichnungsnummer für Teil 1. [3]. Zeichnungsnummer für Teil 2. [4]. Geschabte Zahnhöhe am Werkrad. [5]. Vom Kopfkreisdurchmesser. Berechnung der Wälzwinkel s. S. 60 u. 68

Beziehungen zwischen Kopfkreisdurchmesser sowie Prüfmaß über Rollen und Zahndicke dargestellt, wobei die Zahndickenänderung durch das Nachschleifen entsteht. – Wird beispielsweise an dem nachgeschliffenen Schaberad ein Prüfmaß über Rollen von 183,50 mm ermittelt, so beträgt nach dem Diagramm die Zahndicke 4,81 mm und der zugehörige

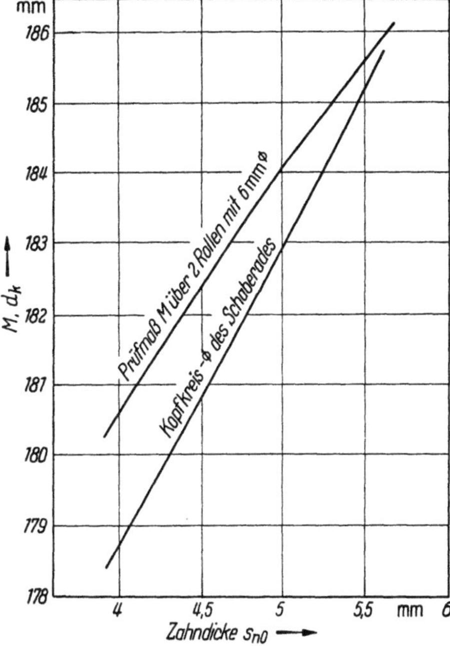

Zusammenhang von Kopfkreisdurchmesser und
Rollenprüfmaß

Kopfkreisdurchmesser ist mit 182,15 mm ebenfalls aus dem Diagramm zu entnehmen. Nach dem Scharfschleifen des Schaberades muß er auf dieses Maß geschliffen werden.

Beim Entwurf von Schaberädern hat man nur sehr wenig Freiheit in der Wahl von Achskreuzungswinkel, Betriebseingriffswinkel, Schaberadbreite und Profilverschiebung; es gehört viel Erfahrung dazu, wirklich die günstigste Kombination dieser Werte herauszufinden. Der Getriebekonstrukteur sollte sich deshalb nach Möglichkeit durch einen erfahrenen Spezialisten beraten lassen.

Benennung		Schaberad	Werkrad
Bezugsprofil			(n. Tab. 3/19, $h_{kw} = 1,4 m_n$)[1]
Zähnezahl	z	47	147
Normalmodul	m_n	3,4677	3,4677
Normaleingriffswinkel	α_{n0}	16° 30′	16°30′
Stirneingriffswinkel	α_{s0}	17° 50′ 16″	19°52′50″
Schrägungswinkel	β_0	23°	35°
Teilkreisdurchmesser	d_0	177,059	622,30
Normalteilung	t_n	10,894	10,894
Kopfhöhe	h_k	4,255	3,468 = m_n
Gesamtzahnhöhe	h	−	8,344
Zahndickensehne	$\overline{s_{n0}}$	5,559	5,334
Zahnhöhe über der Sehne		4,292	3,475

8.8 Sinter-Werkzeuge

Sintermetallzahnräder s. S. 311. Herstellverfahren s. S. 444.

Bei der Herstellung gesinterter Zahnräder werden die Spezialwerkzeuge in erster Linie für den Brikettierungsvorgang und nicht für das eigentliche Sintern benötigt.

[1] s. S. 172.

In Abb. 8/30 sind die zur Herstellung eines Preßlings notwendigen drei Werkzeuge dargestellt:

1. Die Preßform (Matrize), in deren Hohlraum das Metallpulver eingefüllt wird. Sie hat Innenverzahnung.

2. Der Auswerfer, der als Boden und unterer Stempel der Preßform dient; er hat entweder den Außendurchmesser der Nabe oder – bei Scheibenrädern – eine genau in die Lücken der Preßformverzahnung passende Außenverzahnung.

3. Der obere Stempel, der das Metallpulver gegen den Auswerfer preßt; er hat die zur Preßformverzahnung genau passende Außenverzahnung.

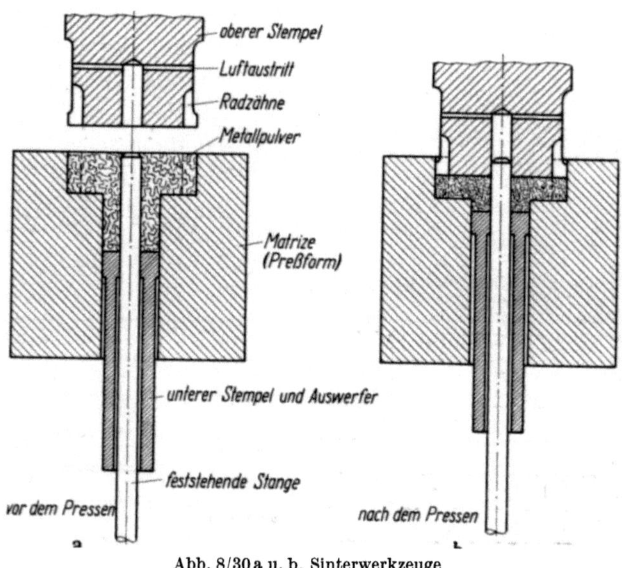

Abb. 8/30 a u. b. Sinterwerkzeuge

Wenn das Metallpulver zusammengepreßt ist, wird der Stempel zurückgezogen und der Preßling wird durch den hochgehenden Auswerfer aus der Preßform herausgedrückt.

Die Innenverzahnung der Preßform wird im allgemeinen durch Räumen erzeugt. Ein geeignetes Material hierfür ist Spezialgesenkstahl, der sich beim Härten nur wenig verzieht. Vielfach verwendet man lufthärtende Stähle.

Die Verzahnung von Stempel und Auswerfer wird geschliffen, wobei man etwas Übermaß im Vergleich zu den Abmessungen der Preßform nach dem Härten vorsieht. Die Preßform wird im Anschluß an das Verzahnen nacheinander mit etwa drei außenverzahnten Rädern geläppt, um kleine Zahnfehler zu beseitigen. Die Abmessungen der Preßform werden dadurch etwas vergrößert, so daß Stempel und Auswerfer dann genau passen.

Die Verzahnung von Stempel und Auswerfer wählt man so, daß alle Oberflächen auf hohe Genauigkeit geschliffen und vermessen werden können. Die Zahnfußausrundungen von Stempel und Auswerfer werden oft kreisbogenförmig ausgeführt. Bei Anwendung des Formschleifverfahrens ist es ohne weiteres möglich, die Schleifscheibe am Außendurchmesser halbkreisförmig abzuziehen. Das Ausmessen des Zahnfußes wird dadurch erleichtert.

Die Zahnflanken sind Evolventen. Die Zahnköpfe dürfen weder abgerundet, noch die Kanten gebrochen werden. Abb. 8/31 zeigt, wie genau die Verzahnungen von Stempel und Matrize

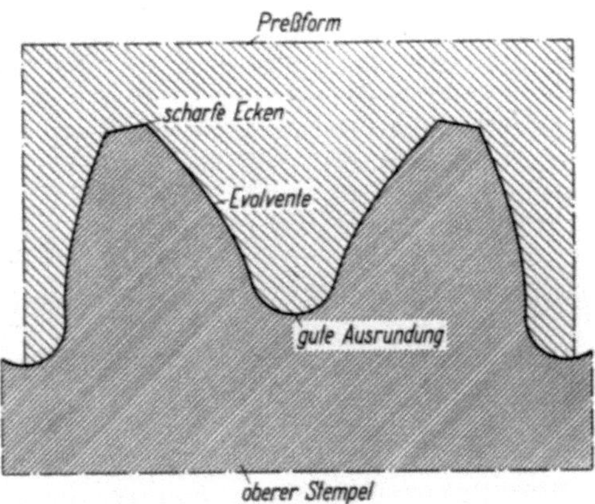

Abb. 8/31. Einzelheiten von Preßform und Auswerfer

ineinander passen müssen. Damit das Metallpulver nicht durch Fugen entweicht, darf das Spiel zwischen den Zahnflanken höchstens 12 μ betragen. Zur Herstellung von Preßwerkzeugen mit einer derartigen Paßgenauigkeit aller Flächen ist große Erfahrung und Sorgfalt erforderlich.

8.9 Schrifttum zu Kapitel 8
Siehe auch Schrifttum zu Kap. 7 (Zahnradherstellung), S. 448

AGMA[1] 121.02 (Feb. 56). Single - Thread Coarse – Pitch Hobs.
AGMA 122.02 (Feb. 56). Single – Thread Fine – Pitch Hobs.
AGMA 123.01 (Dez. 56). Multiple – Thread Coarse – Pitch Hobs.
B. S.[2] 2062: 1953. Gear Hobs.
B. S. 2518: 1954. Rotary Form-Relieved Gear Cutters.
B. S. 2697: 1956. Rack Type Gear Cutters.
DIN 3972 (Feb. 52). Bezugsprofile von Verzahnwerkzeugen.
DIN 8000 (Feb. 55). Wälzfräser für Stirnräder mit Evolventenverzahnung.
DIN 8001 (Entwurf Juni 52). Wälzfräser für Stirnräder.
DIN 8002 (Jan. 55). Wälzfräser für Stirnräder.
DIN 1821 (März 42). Verzahnfräser der Feinmechanik.
DIN 1825 (Feb. 41). Scheiben-Schneidräder.
DIN 1826 (Feb. 41). Glocken-Schneidräder.
DIN 1827 (Feb. 41). Hals-Schneidräder.

---

[1] AGMA = American Gear Manufacturers Association (Vereinigung der amerikanischen Getriebehersteller).
[2] B. S. = British Standard.

DIN 1828 (Feb. 41). Schaft-Schneidräder.

DIN E 1829 (Feb. 41). Schneidräder mit geraden Zähnen. Verzahnungsmaße und Toleranzen.

DIN 3968 (Entwurf Juni 57). Toleranzen eingängiger Wälzfräser.

[8/250] DUDLEY, D. W., und H. PORITSKY: On Cutting and Hobbing Gears and Worms. Trans. ASME, 1943.

[8/251] DUDLEY, D. W., und H. PORITSKY: Cutting and Hobbing Gears and Worms. AGMA semiannual meeting, Okt. 1943 (No. 209.02).

[8/252] Illinois Tool Works: Catalog E; 2nd. ed.. Illinois Tool Works, Chicago 1944.

[8/253] CANDEE, A. H.: Involute Gear Calculations Simplified. Am. Machinist, Sept. 13, 1945.

[8/254] ZAMIS, A.: Equations for the Normal Profile of Helical Gears. Am. Machinist, Sept. 1947, S. 82–84.

[8/255] PORITSKY, H., und D. W. DUDLEY: Conjugate Action of Involute Helical Gears with Parallel or Inclined Axes. Quar. Applied Mech., VI (1948) Nr. 3, Okt.

[8/257] WILDHABER, E.: Cutter Shapes for Milled and Ground Threads. Am. Machinist Bd. 60 (1950) Nr. 13.

[8/258] BUCKINGHAM, E.: Side Cutting of Thread Milling Hobs. Am. Machinist Bd. 53 (1950) Nr. 26.

[8/259] BOOKMILLER, W. H.: Selection and Design of Gear-generating Tools. Machinery, Mai, Juni, Juli 1950.

[8/260] Fellows Gear Shaper Co.: The Involute Curve and Involute Gearing; 6th ed.. Fellows Gear Shaper Co. Springfield, Vt., 1952.

[8/261] FIESELER, A., und G. LAUSBERG: Der Einfluß der Einzelabweichungen der Wälzfräserabmessungen, der Aufspannfehler und der Nachschleiffehler auf das erzeugte Zahnprofil. Walther Hentzen & Co., Remscheid 1953.

[8/263] SAARI, O.: Nomograph Aids Solution of Worm-thread Profiles. American Machinist 1954, Juli, S. 113–116.

[8/264] WEBER, C.: Profilbeziehungen bei der Herstellung von zylindrischen Schnecken, Schneckenfräsern und Gewinden. Antriebstechnik H. 6, Braunschweig 1954.

[8/265] DUDLEY, D. W.: Practical Gear Design. New York, Toronto, London, 1954.

[8/266] GARY, M.: Ein Beitrag für die Ermittlung von Schleifscheiben -und Fräserprofilen zum Erzeugen geradflankiger Gewinde. Werkstattstechnik und Maschinenbau Bd. 46 (1956), S. 510–513.

[8/267] BUDNICK, A.: Abschnitt „Stirn- und Schneckenradbearbeitung"; in Betriebshütte Bd. I. Berlin 1957.

[8/268] BURBECK, E.: Wissenswertes über die Wahl und den richtigen Gebrauch von Wälzfräsern. Werkstattstechnik und Maschinenbau Bd. 47 (1957), S. 329–336.

[8/269] ENGLMEIER, M.: Abmessungen von Kettenrad-Wälzfräsern. Werkstatt und Betrieb Bd. 90 (1957) Nr. 6, S. 373–375.

[8/270] THOMPSON, G. B.: Effects of Hob Form on Tooth Profile. The Engineer, Aug. 1957, S. 262–265.

[8/271] BURBECK, E.: Wirtschaftlichkeitsbetrachtungen vor der Wälzfräserbeschaffung. Industrieblatt, Dez. 1957, S. 562–567.

[8/272] GARY, E.: Profilberechnung für Scheibenfräser zu Evolventen-Schnecken und Schrägstirnrädern. Werkstattstechnik und Maschinenbau Bd. 48 (1958), S. 153–156.

[8/273] WINTER, H., und J. LOOMAN: Sonderwerkzeuge für Verzahnungen. Techn. Wiss. Veröff. d. Zahnradfabrik Friedrichshafen A.G., Heft 4, 1959.

[8/274] WINTER, H. und E. PIEPKA: Zahnradberechnung auf elektronischen Rechenanlagen. VDI–Z. 102 (1960), S. 203/15.
[8/275] WINTER, H. und J. LOOMAN: Berechnung von Hobelkämmen für die Zahnradfertigung. Industrieblatt, März 1960, 172/82.

9 Beispiele und Sonderprobleme

Einige schwierigere Zahnradprobleme, die in allgemeiner Form bereits in einem der vorstehenden Kapitel behandelt wurden, sollen hier an Hand praktischer Beispiele erläutert werden. – Ferner wollen wir uns mit einigen Sonderproblemen beschäftigen, die über den bisher behandelten Stoff hinausgehen.

Tabelle 9/1. Bezeichnungen zu Abschnitt 9

a	mm	Achsabstand	M_1	$\dfrac{\text{kg s}^2}{\text{m}}$	Ritzelmasse
A_a	mm, μ	Achsabstand-Abmaß			
A_{os}	mm, μ	oberes Zahndicken-abmaß	M_2	$\dfrac{\text{kg s}^2}{\text{m}}$	Radmasse
A_{us}	mm, μ	unteres Zahndicken-abmaß	M_T	$\dfrac{\text{kg s}^2}{\text{m}}$	Turbinenmasse
b	mm	Zahnbreite			
c	kg/mm	Drehsteifigkeit	M_G	$\dfrac{\text{kg s}^2}{\text{m}}$	Generatormasse
d_b	mm	Wälzkreisdurchmesser			
d_0	mm	Teilkreisdurchmesser	n	U/min	Drehzahl
d_f	mm	Fußkreisdurchmesser	N	PS	Leistung
d_k	mm	Kopfkreisdurchmesser	P	kg	Umfangskraft
d_l	mm	Grenzdurchmesser	P_N	kg	Zahnnormalkraft
e	mm, μ	wirksamer Fehler	P_{dyn}	kg	dynamische Zusatzkraft
e'	mm, μ	zur Wirkung kommender Fehler	$P_{\max}$	kg	max. Zahnkraft
			r_{b1}	mm	Wälzkreisradius des Ritzels
E	kg/mm^2	Elastizitätsmodul	r_{b2}	mm	Wälzkreisradius des Rades
f_t	μ	Einzelteilungsfehler			
f_p	μ	Profilfehler	S_d	mm	Verdrehflankenspiel
g	mm	Eingriffsstrecke	S_k	mm	Kopfspiel
h	mm	Hebelarm für Kraftangriff	s_f	mm	Zahnfußdicke
			t	s	Zeit für Lastangriff
h_{kw}	mm	Werkzeugkopfhöhe	v	m/s	Umfangsgeschwindigkeit
i	—	Übersetzungsverhältnis			
J	m^4	äquatorial. Trägheitsmoment	W	mm	Zahnweite
			x	—	Profilverschiebungsfaktor
J_p	m^4	polares Trägheitsmoment			
			y	mm, μ	Formänderung
J_m	kgm s^2	Massenträgheitsmoment	y_B	mm, μ	Formänderung durch Biegung
K_1	—	Formänderungskonstante	y_t	mm, μ	Formänderung durch Verdrehung
K_2	—	Beschleunigungskonstante	z	—	Zähnezahl
			α	°	Eingriffswinkel
l	mm	Verdrehlänge	β	°	Schrägungswinkel
L	mm	Biegelänge	ε	—	Überdeckungsgrad
m	mm	Modul	θ	°	Wälzwinkel

33*

Der Getriebekonstrukteur und -berechner macht ja immer wieder die Erfahrung, daß es zwar unerläßlich ist, die in den vorstehenden Kapiteln behandelten Grundlagen zu beherrschen, daß seine einzelnen Aufgaben meistens aber irgendwie einen Sonderfall darstellen, der auch gesondert behandelt werden muß und meist ein besonderes Rechenverfahren erfordert. Einige Beispiele sollen die Anwendung solcher Verfahren erläutern.

9.1 Bestimmung der Verzahnungsdaten bei gegebenem Achsabstand

In vielen Fällen sind die Achsabstände in einem Getriebe von der Konstruktion her vorgeschrieben. Die Verzahnwerkzeuge sind ebenfalls im allgemeinen vorhanden bzw. können nur aus einer Normreihe gewählt werden.

Wir zeigen nachstehend, wie hierbei die Verzahnung von Stirnrädern mit Gerad- oder Schrägverzahnung ausgelegt werden kann.

9.11 Stirnräder mit Geradverzahnung – Achsabstand vorgeschrieben

Gegeben:		
Achsabstand	a	154 mm
Achsabstandsabmaße	A_a	$\pm\,50\,\mu$
Übersetzungsverhältnis	i	$2 \pm 3\,\%$
Verdrehflankenspiel	S_d	$0{,}12 \div 0{,}34$
Kopfspiel	$S_K = 0{,}25\,m$	1,0
Verzahnungsqualität nach DIN 3967		$8\,e/d\,S''$
Werkzeug: Wälzfräser mit Modul	m	4,0 mm
Herstelleingriffswinkel	α_0	20°
Werkzeugkopfhöhe	$h_{kw} = 1{,}25\,m$	5,0 mm

Gesucht: Profilverschiebungen von Ritzel und Rad sowie sämtliche Abmessungen, die für die Herstellung der Verzahnung erforderlich sind.

Lösung: Im Prinzip haben wir den Lösungsgang auf S. 46 bereits angegeben. – Zunächst müssen die Zähnezahlen bestimmt werden. In Gl. (2/14 A) ist außer der Ritzelzähnezahl z_1 der Betriebseingriffswinkel α_b unbekannt; wir setzen ihn zunächst gleich dem gegebenen Herstelleingriffswinkel α_0. Damit wird $\cos \alpha_0 / \cos \alpha_b = 1$, und wir erhalten aus Gl. (2/14 A) den theoretischen Wert

$$z_1 = 25{,}67\,.$$

Da die Zähnezahl nur ganzzahlig sein kann, wählen wir $z_1 = 25$ und erhalten – da das Übersetzungsverhältnis gegeben ist – auch $z_2 = i \cdot z_1$.

Um einen gemeinsamen Teiler für beide Zähnezahlen zu vermeiden (vgl. Hinweis auf S. 170/71), legen wir fest ....

z_1 , z_2	25, 51

Hierzu ist zu bemerken, daß z_1 – insbesondere bei kleinen Zähnezahlen – immer etwas kleiner gewählt werden sollte als der zunächst errechnete theoretische Wert. Man erhält dann eine positive Profilverschiebung und damit eine höhere Tragfähigkeit (vgl. S. 43/44).

Aus Gl. (2/14 B) kann nun der cosinus des Betriebseingriffswinkels und damit α_b errechnet werden ...

Für dieses α_b entnehmen wir aus Tab. 2/2 (S. 39) oder besser einem genaueren Tabellenwerk [16], [29][1] den zugehörigen Wert der Evolventenfunktion ev α_b ....

Damit kann aus Gl. (2/15) (S. 46) die Summe der Profilverschiebungsfaktoren errechnet werden...........................

Entsprechend den Empfehlungen in Abb. 3/35b (Übersetzung ins Langsame), S. 179 teilen wir die Profilverschiebungssumme auf Ritzel und Rad auf.............

$\cos \alpha_b$	0,927489
α_b	$21° 57' 11{,}6''$
ev α_b	0,019 921
$x_1 + x_2$	$+ 0{,}523\,796$
x_1	$+ 0{,}313\,796$
x_2	$+ 0{,}21$

Damit können alle übrigen Verzahnungsabmessungen berechnet werden:

Teilkreisdurchmesser nach Gl. (2/17) ....

Fußkreisdurchmesser nach Gl. (2/19)...................

Kopfkreisdurchmesser nach Gl. (2/20)...................

Meßzähnezahl nach Abb. 2/18, S. 55 ....

Zahndickenabmaß nach Gl. (3/11 A und B), S. 156 ....

Zahnweite nach Gl. (2/27) ....

$d_{0\,1}$	100,000 mm
$d_{0\,2}$	204,000 mm
$d_{f\,1}$	92,51 mm
$d_{f\,2}$	195,68 mm
$d_{k\,1}$	110,32 mm
$d_{k\,2}$	213,49 mm
z_1'/z_2'	4/6
$A_{o\,s\,1}$	$- 72\,\mu$
$A_{u\,s\,1}$	$- 80\,\mu$
$A_{o\,s\,2}$	$- 144\,\mu$
$A_{u\,s\,2}$	$- 160\,\mu$
W_1	$43{,}521 \div 43{,}454$ mm
W_2	$68{,}247 \div 68{,}172$ mm

[1] Schrifttum s. S. 119 und 120.

Der Fußkreisdurchmesser ist in Wirklichkeit etwas kleiner als oben errechnet wurde, da der Wälzfräser – zur Erzeugung des Zahndickenabmaßes, d. h. um das Flankenspiel zu sichern – etwas tiefer zugestellt wird. Dadurch ergibt sich ein etwas größeres Kopfspiel, was jedoch praktisch ohne Bedeutung ist.

9.12 Stirnradpaar mit Schrägverzahnung – Achsabstand vorgegeben
(V-Verzahnung)

Gegeben: Achsabstand	a	154 mm
Achsabstandsabmaße	A_a	$\pm 50\,\mu$
Übersetzungsverhältnis	i	2 genau
Verdrehflankenspiel	S_d	$0,12 \div 0,34$ mm
Verzahnungsqualität nach DIN 3967		8 e/d S''
Schrägungswinkel	β_0	30°
Kopfspiel	$S_K = 0{,}25\,m_n$	1,0 mm
Werkzeug: Wälzfräser mit Modul	m_n	4,0 mm
Herstelleingriffswinkel	α_{n0}	20°
Werkzeugkopfhöhe	h_{kw}	5,0 mm

Gesucht: Profilverschiebungen von Ritzel und Rad sowie sämtliche Abmessungen, die für die Herstellung der Verzahnung erforderlich sind.

Lösung: Wir gehen ebenso vor, wie dies auf S. 516 für die Geradverzahnung beschrieben wurde. In Gl. (2/53), S. 66 sind außer z_1 noch α_{s0} und α_{sb} unbekannt; zunächst setzen wir $\cos\alpha_{s0}/\cos\alpha_{sb} = 1$ und erhalten damit aus Gl. (2/53) den theoretischen Wert

$$z_1 = 22{,}23\,.$$

Wie im vorhergehenden Beispiel wählen wir zunächst die kleinere ganze Zahl und erhalten damit auch z_2, da das Übersetzungsverhältnis mit genau 2 vorgeschrieben ist, Ritzelzähnezahl z_1 und Radzähnezahl $z_2 = i \cdot z_1$.

zahl z_1 und Radzähnezahl $z_2 = i \cdot z_1$.	z_1, z_2	22, 44
Nach Gl. (2/49) ist $\tan\alpha_{s0} = \tan\alpha_{n0}/\cos\beta_0$. Damit ergibt sich der Teilkreispressungswinkel im Stirnschnitt	α_{s0}	22° 47′ 45,15″
Aus Gl. (2/53) kann damit der cosinus des Betriebseingriffswinkels im Stirnschnitt und α_{sb} selber be	$\cos\alpha_{sb}$	0,912436
stimmt werden	α_{sb}	24° 09′ 20,8″

Für diesen α_{sb} entnehmen wir aus Tab. 2/2 (S. 39) oder besser aus einem genaueren Tabellenwerk [16], [29][1] die Größe von ev α_{sb}...

Damit kann mit Gl. (2/54) (S. 66) die Summe der Profilverschiebungsfaktoren errechnet werden..

Diese Summe teilen wir – wie bei Geradverzahnung – nach den Empfehlungen in Abb. 3/35 b, S. 179 auf Ritzel und Rad auf............

ev α_{sb}	0,026893
$x_1 + x_2$	+ 0,406144
x_1	+ 0,266144
x_2	+ 0,14

Damit liegen alle Verzahnungsdaten fest, und es ergeben sich für Ritzel und Rad folgende Abmessungen:

Teilkreisdurchmesser nach Gl. (2/17) und (2/44) $d_0 = m_n \cdot z / \cos \beta_0$	d_{01}	101,614 mm
	d_{02}	203,227 mm
Fußkreisdurchmesser nach Gl. (2/55)	d_{f1}	93,74 mm
	d_{f2}	194,35
Kopfkreisdurchmesser nach Gl. (2/20)	d_{k1}	111,65 mm
	d_{k2}	212,26 mm
Meßzähnezahl nach Gl. (2/28) und (2/58)	z_1'	5
	z_2'	8
Zahndickenabmaß nach Gl. (3/11 A und B), S. 156	A_{os1}	− 72 μ
	A_{us1}	− 144 μ
	A_{os2}	− 80 μ
	A_{us2}	− 160 μ
Zahnweite nach Gl. (2/57)	W_1	55,661 ÷ 55,602 mm
	W_2	89,253 ÷ 89,187 mm
Schrägungswinkel im Betriebswälzkreis nach Gl. (2/43 B)	β_b	30° 15′ 23″

Der tatsächliche Fußkreisdurchmesser ist etwas kleiner als oben errechnet wurde. Siehe Erläuterung zu Beispiel 9/11, S. 518 oben.

9.13 Stirnradpaar mit Schrägverzahnung – Achsabstand vorgegeben
(*Nullverzahnung*)

Gegeben: Dieselben Daten wie in Abschn. 9.12. Der Schrägungswinkel braucht jedoch nur in der Nähe von 30° zuliegen. Dagegen ist Nullver-

---

[1] Schrifttum s. S. 119 und 120.

zahnung $x_1 = x_2 = 0$ vorgeschrieben, d. h. Teilkreisdurchmesser und Wälzkreisdurchmesser sollen gleich sein.

Gesucht: Schrägungswinkel sowie sämtliche Abmessungen von Ritzel und Rad, die für die Herstellung benötigt werden.

Lösung: Wir wählen die gleichen Zähnezahlen wie im vorgegebenen Beispiel (S. 518) ....

Da Nullverzahnung vorgeschrieben ist, muß $\alpha_{sb} = \alpha_{s0}$ sein. Der Quotient $\cos\alpha_{s0}/\cos\alpha_{sb}$ in Gl. (2/53) ist also gleich 1. Damit kann $\cos\beta_0$ mit Gl. (2/53), S. 66 berechnet werden.

Mit Gl. (2/49) erhalten wir dann den Eingriffswinkel im Stirnschnitt $\alpha_{sb} = \alpha_{s0}$ aus $\tan\alpha_{s0} = \tan\alpha_{n0}/\cos\beta_0$.

z_1	22
z_2	44
$\cos\beta_0$	0,857143
$\beta_0 = \beta_b$	31°00′09,6″
α_{sb}	23°00′27,4″

Damit liegen bereits alle Verzahnungsdaten fest, und wir erhalten für Ritzel und Rad folgende Abmessungen:

Teilkreisdurchmesser (hier = Wälzkreisdurchmesser) nach Gl. (2/17) und (2/44): $d_0 = m_n \cdot z/\cos\beta_0$ .....

Fußkreisdurchmesser nach ...... Gl. (2/55) ....

Kopfkreisdurchmesser nach Gl. (2/20) ....

Meßzähnezahl nach Gl. (2/28) und (2/58) ....

Zahndickenabmaß nach Gl. (3/11 A und B), S. 156 ....

Zahnweite nach Gl. (2/57) ....

d_{01}	102,667 mm
d_{02}	205,333 mm
d_{f1}	92,67 mm
d_{f2}	195,33 mm
d_{k1}	110,67 mm
d_{k2}	213,33 mm
z'_1	5
z'_2	8
A_{os1}	$-72\,\mu$
A_{us1}	$-144\,\mu$
A_{os2}	$-80\,\mu$
A_{us2}	$-160\,\mu$
W_1	54,988 − 54,930 mm
W_2	92,315 − 92,251 mm

Der tatsächliche Fußkreisdurchmesser ist etwas kleiner als oben berechnet wurde. Siehe Erläuterung zu Beispiel 9.11, S. 518 oben.

Vergleicht man die Lösungen der Beispiele 9.12 und 9.13, so kann man feststellen, daß sowohl die Schrägungswinkel im Betriebswälzkreis als auch die Betriebseingriffswinkel nur wenig voneinander abweichen.

Beide Verzahnungen dürften daher auch bezüglich ihres Laufverhaltens etwa gleichwertig sein.

Beide Verzahnungen können durch Wälzfräsen und Schaben hergestellt werden. Auch Wälzhobeln (mit Hobelkamm) ist im allgemeinen in beiden Fällen möglich, für Verzahnung 9.13 muß allerdings vorausgesetzt werden, daß jeder beliebige Schrägungswinkel an der Maschine eingestellt werden kann. Bei den meisten Wälzhobelmaschinen ist dies möglich.

Beim *Wälzstoßen* wird der Schrägungswinkel β_0 durch Schraubenführung und Schneidrad festgelegt [Gl. (7/3), S. 377]. Man muß hier also von festen, vorgegebenen Werten für β_0 ausgehen, d. h. die Auslegung nach Abschn. 9.12 wäre gegenüber der von Abschn. 9.13 vorzuziehen. Für Verzahnung 9.13 müßte wahrscheinlich eine besondere Schraubenführung angefertigt werden.

Verzahnung 9.13 ist vom Standpunkt der Berechnung einfacher, in USA wird diese Lösung deshalb vielfach bevorzugt. Die Werkstatt fertigt nach den Prüfmaßen, so daß – von hier aus gesehen – keine Verzahnung gegenüber der anderen besondere Schwierigkeiten bietet.

9.2 Profilkorrekturen
(*Zahnhöhenballigkeit*)

Mit Hilfe von Profilkorrekturen ist es möglich, die Laufruhe eines Radpaares zu verbessern und die Tragfähigkeit zu steigern.

Man wählt die Abweichungen von der Evolvente (Profilkorrekturen) so, daß bei Eingriffsbeginn zwischen der treibenden und der getriebenen Zahnflanke ein geringes Spiel entsteht. Damit erreicht man, daß ein stoßartiges Auftreffen der Kopfkante des getriebenen Rades auf die Fußflanke des treibenden Rades vermieden wird. Derartige Eintrittsstöße treten auch bei exakter Evolventenflanke auf, wenn Teilungsfehler vorhanden sind oder wenn sich die Zähne infolge hoher Belastung durchbiegen.

Auswirkung von Teilungsfehlern. Abb. 9/1, S. 522 zeigt, daß Eintrittsstöße infolge Teilungsfehler beispielsweise durch eine Zurücklegung der Fußflanke (des treibenden Rades) hinter die Evolvente vermieden werden können. Die Zähne kommen dadurch sanfter in Eingriff.

Man kann die Relativbewegung zweier so korrigierter Zahnflanken mit dem Gleiten eines Backsteines längs eines geschindelten Daches vergleichen (Abb. 9/1b). Bei unkorrigiertem Evolventenprofil ähnelt der Bewegungsablauf dagegen mehr dem Schleifen eines Backsteines auf einem Kopfsteinpflaster (Abb. 9/1a).

Auswirkung von Zahndurchbiegungen. In Abb. 9/2 ist dargestellt, daß die Zähne infolge Verformung unter Last stoßartig in Eingriff kommen können, selbst wenn die Teilungsfehler sehr gering sind. Bei hoch-belasteten Getrieben überwiegt meist dieser Einfluß gegenüber dem des Teilungsfehlers.

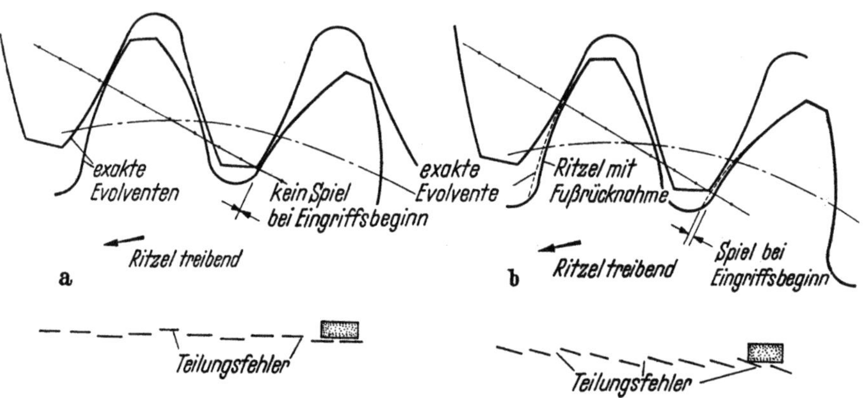

Abb. 9/1 a u. b. Durch Zurücklegung der Fußflanke des treibenden Ritzels entsteht ein Flankeneintrittsspiel

In diesem Falle treten noch zusätzliche Schwierigkeiten beim *Außer-eingriffkommen*, d. h. am Eingriffsende auf, was auf folgende Zusammen-hänge zurückzuführen ist: Wenn der äußerste Punkt des Ritzelzahnpro-

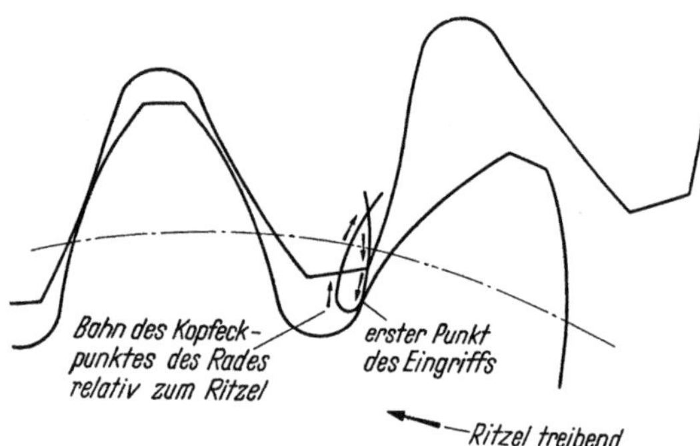

Abb. 9/2. Eingriffsstörung bei Eingriffsbeginn infolge Formänderung der Zähne unter Last

fils (am Zahnkopf) mit der Gegenflanke im Eingriff ist, ergibt sich eine wesentlich schmalere Abplattungsfläche als im mittleren Eingriffsgebiet; die gewölbte Fläche des Ritzelzahnprofils ist ja zur Hälfte durch den Kopfzylinder abgeschnitten. Die Pressungen sind hier deshalb wesentlich größer (Abb. 9/3). Aus diesem Grunde ist es vielfach gebräuchlich, auch das Profil am Zahnkopf des treibenden Rades zu korrigieren, d. h. zurück-zulegen.

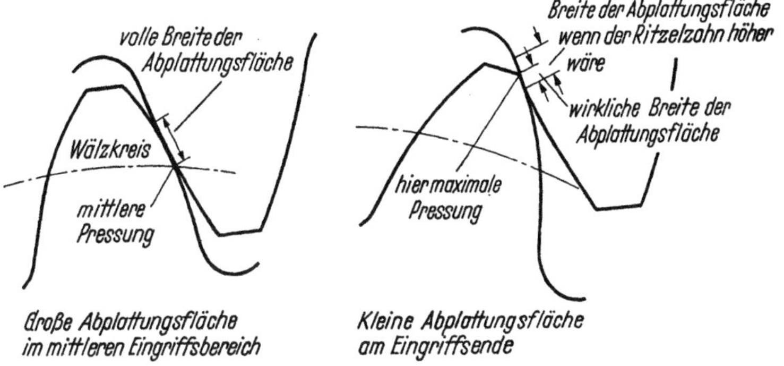

Abb. 9/3. Spannungserhöhung am Zahnkopf infolge der schmaleren Abplattungsfläche

9.21 Bestimmung der Profilkorrektur bei einem hochbelasteten Getriebe hoher Genauigkeit

Gegeben: Stirnradgetriebe mit Geradverzahnung; Ritzel treibend.

	z_1	24
Zähnezahlen	z_2	49
Modul	m	5,0 mm
Profilverschiebungsfaktoren	x_1	+ 0,125
	x_2	− 0,125
Eingriffswinkel	$\alpha_0 = \alpha_b$	20°
Verzahnungsqualität nach DIN 3962		4 ÷ 5
Einzelteilungsfehler max.	f_t	9 μ
Profilfehler[1] max.	f_p	9 μ
Werkstoff		Einsatzstahl, gehärtet
Ritzeldrehzahl	n_1	8000 U/min
Belastung je mm Zahnbreite	P/b	71,5 kg/mm

Gesucht: Profilkorrektur zur Verbesserung der Laufruhe und Verringerung der Freßgefahr.

Lösung: Wie aus Abb. 9/4 zu erkennen ist, muß der Kopf des getriebenen Rades um soviel hinter die Evolvente zurückgelegt werden, wie Zahnpaar *I/II* sich in dem Augenblick verformt, wo Zahnpaar *III/IV* in Eingriff kommt. Dieser kritische Eingriffspunkt des Zahnpaares *I/II* liegt – auf der Eingriffslinie gemessen – um t_e oberhalb des Eingriffs-

---

[1] Definition s. S. 143.

beginns; es handelt sich also um den äußeren Einzeleingriffspunkt des Ritzels.

Zunächst muß also die Verformung des Zahnpaares *I/II* in dieser Eingriffsstellung berechnet werden. Wir benutzen hierfür ein Verfahren von WALKER [9/280], das auf Meßergebnissen basiert und für alle Zahnformen angewendet werden kann.

Gesamtverformung bei Kraftangriff im Punkt *B* (Abb. 9/4):

$$y_B\,[\text{mm}] = \frac{14\,P_N/b\,[\text{kg/mm}]}{E\,[\text{kg/mm}^2]}\left(\frac{h_1}{s_{f1}}\cos\alpha_1 + \frac{h_2}{s_{f2}}\cos\alpha_2\right) \tag{9/1}$$

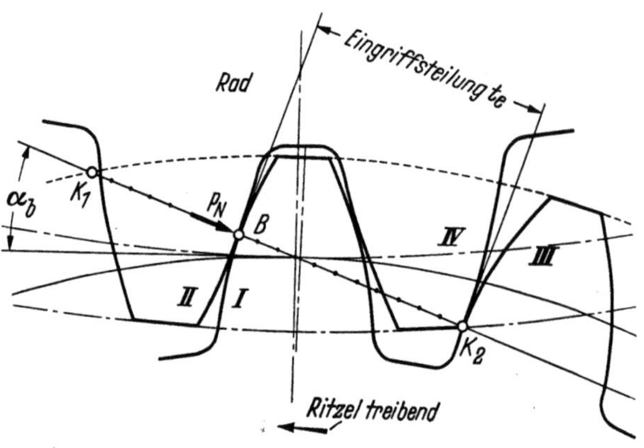

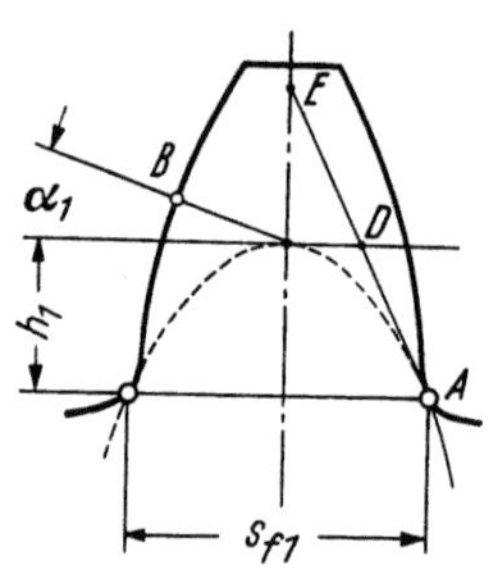

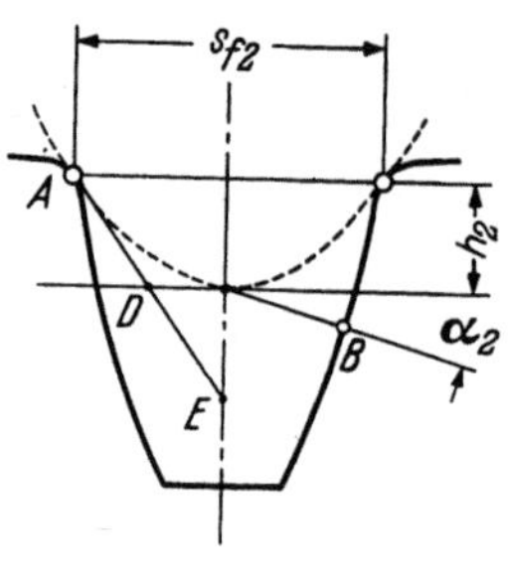

Ritzel (Zahn I)	Rad (Zahn II)
s_{f1} = 10 mm	s_{f2} = 11 mm
h_1 = 4,7 mm	h_2 = 4,2 mm
α_1 = 19,5°	α_2 = 16,75°
$\theta_{äEP1}$ = 24,2°	$\theta_{äEP2}$ = 21,74°

Abb. 9/4. Maße zur Berechnung der Zahnverformung nach dem Verfahren von WALKER [9/280] für Beispiel Abschn. 9.21

In Abb. 9/4 sind für unser Beispiel die Zahnformen dargestellt und die aus der Zeichnung entnommenen Abmessungen angegeben; Berechnung von P_N s. Gl. (2/144), S. 98. Hiermit ergibt sich eine Verformung von

$$y_B = 41\,\mu\,.$$

Der Einfluß der Verformung wird in diesem Falle also wesentlich stärker sein als der der Verzahnungsfehler (s. oben).

Wir wählen am getriebenen Rad eine Kopfrücknahme von 36 μ. Die Kopfflanke des Rades wird dadurch beim Eingriffsbeginn entlastet und die Freßgefahr verringert; sie übernimmt jedoch – da die Kopfrücknahme kleiner ist als die Durchbiegung – sofort einen Teil der Umfangskraft. Um das vorhergehende Zahnpaar – in Anbetracht der hohen Umfangskraft – sofort zu entlasten und um nicht zu ungünstige Verhältnisse bei Teillast bzw. Leerlauf zu erhalten, wird also ein gewisser Flankeneintrittsstoß in Kauf genommen. Aus denselben Gründen lassen wir die Kopfrücknahme etwas außerhalb des äußeren Einzeleingriffspunktes beginnen; im Einzeleingriffsgebiet sind damit die korrekten Evolventenflanken im Eingriff, und bei Teillast bzw. Leerlauf ist eine gewisse Mindestüberdecknug gesichert. Um die auf S. 522 erwähnten Schäden infolge zu hoher Hertzscher Pressungen am Ritzelzahnkopf zu vermeiden, wählen wir für das Ritzel eine Kopfrücknahme von 20 μ, die ebenfalls etwa im äußeren Einzeleingriffspunkt auslaufen soll. Am Eingriffsende haben wir ein ziehendes Gleiten der Zahnflanken (Wälz- und Gleitbewegung sind gleich gerichtet), so daß hier keine Gefahr besteht, daß der Ritzelzahnkopf in die Fußflanke des Rades eindringt. Auch aus diesem Grund genügt hier eine kleinere Kopfrücknahme. – Beim Eingriffsbeginn haben wir dagegen ein schiebendes Gleiten (Wälz- und Gleitbewegung sind entgegengesetzt gerichtet); die scharfe Kopfkante der Radzähne versucht, in einer Art Schabebewegung in die Fußflanke des Ritzels einzudringen.

Zur Festlegung der Profilkorrekturen im Evolventendiagramm müssen die Wälzwinkel bzw. die Abstände auf der Eingriffslinie vom Kopf (= Strecke im Evolventendiagramm vom Kopf) berechnet werden. Formeln s. Abschn. 2.11, S. 60.

1. Wälzwinkel am Kopf ($d_{k1} = 131{,}25$ mm; $d_{k2} = 253{,}75$ mm)

Ritzel: Wälzwinkel	Θ_{k1}	34,13°
Teileingriffsstrecke vom Kopf[1] . .	g_{k1}	0
Rad: Wälzwinkel	Θ_{k2}	26,55°
Teileingriffsstrecke vom Kopf[1] . .	g_{k2}	0

[1] Entspricht dem Grundkreisbogen, der dem Wälzwinkel zugeordnet ist.

2. Wälzwinkel am Teilkreis und Teileingriffsstrecke vom Kopf bis Teilkreis ($d_{01} = 120$ mm; $d_{02} = 245$ mm)

Ritzel: Wälzwinkel	Θ_{01}	20,85°
Teileingriffsstrecke vom Kopf . .	g_{01}	13,1 mm
Rad: Wälzwinkel	Θ_{02}	20,85°
Teileingriffsstrecke vom Kopf . .	g_{02}	11,4 mm

3. Wälzwinkel am Grenzdurchmesser und Teileingriffsstrecke vom Kopf bis Grenzdurchmesser ($d_{l1} = 114{,}21$ mm; $d_{l2} = 237{,}34$ mm)

Ritzel: Wälzwinkel	Θ_{l1}	9,21°
Teileingriffsstrecke vom Kopf . .	g_{l1}	24,51 mm
Rad: Wälzwinkel	Θ_{l2}	14,35°
Teileingriffsstrecke vom Kopf . .	g_{l2}	24,51 mm

4. Wälzwinkel am äußeren Einzeleingriffspunkt und Teileingriffsstrecke vom Kopf bis zum äußeren Einzeleingriffspunkt ($d_{a1} = 122{,}40$; $d_{a2} = 246{,}10$ mm)

Ritzel: Wälzwinkel	Θ_{a1}	24,20°
Teileingriffsstrecke vom Kopf . .	g_{a1}	9,75 mm
Rad: Wälzwinkel	Θ_{a2}	21,74°
Teileingriffsstrecke vom Kopf . .	g_{a2}	9,75 mm

5. Aktiver Wälzwinkel und Gesamteingriffsstrecke:

Die Differenz zwischen den Wälzwinkeln im Kopfkreis und Grenzdurchmesser bezeichnen wir als „aktiven Wälzwinkel"; dies ist also der Winkelbereich, der der aktiven Flanke bzw. der Gesamteingriffsstrecke zugeordnet ist.

Ritzel: Aktiver Wälzwinkel	$\Theta_{\text{aktiv }1}$	24,91°
Rad: Aktiver Wälzwinkel	$\Theta_{\text{aktiv }2}$	12,20°

Eingriffsstrecke vom Kopf wie unter 3.

Wie das Zahlenbeispiel zeigt, verhalten sich die aktiven Wälzwinkel von Ritzel und Rad umgekehrt wie deren Zähnezahlen, nämlich:

$$\frac{\text{Aktiver Wälzwinkel des Ritzels}}{\text{Aktiver Wälzwinkel des Rades}} = \frac{24{,}91°}{12{,}20°} = \frac{\text{Radzähnezahl}}{\text{Ritzelzähnezahl}} = \frac{49}{24} = 2{,}04 . \tag{9/2}$$

Weiter erkennt man aus diesem Beispiel, daß der aktive Wälzwinkel gleich dem Produkt aus dem Teilwinkel (von Zahn zu Zahn) und Profilüberdeckung ist:

$$\text{Profilüberdeckung} = \text{aktiver Wälzwinkel} \frac{\text{Zähnezahl}}{360°}$$

$$= 24{,}91 \cdot \frac{24}{360°} = 1{,}660 .$$

ε	1,660

In Abb. 9/5 sind die damit festliegenden Profilkorrekturen im Evolventendiagramm dargestellt. Diese Diagramme können als Fertigungsvorschrift dienen.

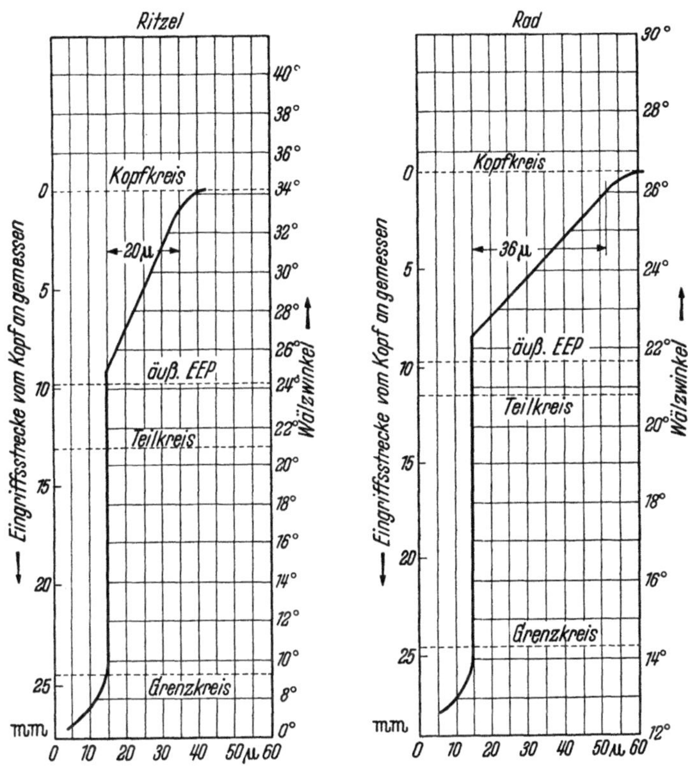

Abb. 9/5. Gewählte Profilkorrektur (Evolventendiagramme) für Beispiel Abschn. 9.21

9.22 Bestimmung der Profilkorrektur bei einem niedrig belasteten Getriebe handelsüblicher Genauigkeit

Gegeben: Stirnradgetriebe mit Geradverzahnung, Ritzel treibend. Gleiche Raddaten wie in Beispiel 9.21 außer:

Verzahnungsqualität nach		
DIN 3962		8
Einzelteilungsfehler maximal...	f_t	$25\,\mu$
Profilfehler maximal	f_p	$20\,\mu$
Werkstoff	vergüteter Stahl	
Belastung je mm Zahnbreite ...	P/b	$7{,}15\,\mathrm{kg/mm}$

Gesucht: Profilkorrektur zur Verbesserung der Laufruhe.

Lösung: Bei gleichen Verzahnungsabmessungen beträgt die Belastung hier nur ein Zehntel derjenigen des Beispiels 9/21, S. 523/27. Bei Kraftangriff im äußeren Einzeleingriffspunkt des Ritzels ist also eine Durchbiegung von etwa 4 μ zu erwarten. Wir sehen also, daß die oben angeführten Teilungsfehler in diesem Fall einen wesentlich größeren Einfluß haben als die Durchbiegungen. Wenn das Ritzel treibt, so haben wir am Ritzelfuß – wenn der Kopf des Rades mit der Fußflanke des Ritzels in Eingriff kommt – die kritische Eingriffsstellung. Hier kann es zu dem oben beschriebenen Eintrittsstoß kommen, wenn der Radzahn infolge eines positiven Teilungsfehlers zu früh in Eingriff kommt.

Ist der Teilungsfehler am Rad negativ (zu kleine Teilung), so kommen die Flanken erst nach dem theoretischen Eingriffsbeginn zur Anlage. Der dabei auftretende Stoß wird aber weit schwächer sein als bei zu frühem Eingriffsbeginn, da bei zu spätem Eingriffsbeginn die gewölbten Flanken aufeinander fallen, während bei zu frühem Eingriff die Kopfecke des getriebenen Rades auf die Fußflanke des treibenden Ritzels aufstößt und diese beschädigt. Nach den Regeln der Wahrscheinlichkeit muß angenommen werden, daß immer ein Teil der Zähne zu früh und der andere Teil zu spät in Eingriff kommen.

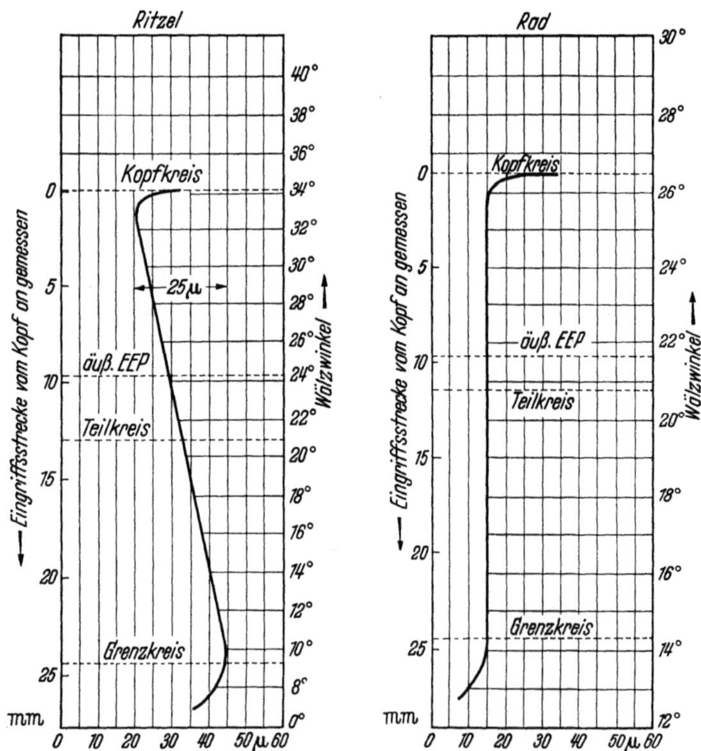

Abb. 9/6. Gewählte Profilkorrekturen (Evolventendiagramme) für Beispiel Abschn. 9.22

Wir wählen deshalb folgende Lösung:

Das Ritzel erhält eine Profilkorrektur von – im Mittel + 25 μ am Kopf, d. h. der Kopf der Ritzelflanke soll am Kopf um 25 μ gegenüber dem Fuß vorstehen.

Für das Rad wird keine Profilkorrektur vorgesehen, die Flanke erhält also das normale Evolventenprofil.

Mit diesen Daten und den auf S. 526 berechneten Wälzwinkeln bzw. Teileingriffsstrecken können die Evolventendiagramme für dieses Getriebe festgelegt werden. Sie sind in Abb. 9/6 wiedergegeben.

Wenn eine große Anzahl von Zahnrädern der oben genannten Abmessungen hergestellt wird, so kann die empfohlene Profilkorrektur natürlich nicht für jede beliebige Paarung genau richtig sein. Wenn das schlechteste Rad (d. h. das Rad mit den größten Teilungsfehlern) mit dem schlechtesten Ritzel gepaart wird, wäre an sich eine größere Profilkorrektur erwünscht. Entsprechend wäre für die Paarung der genauesten Ritzel und Räder nur eine kleinere Korrektur nötig. In solchen Fällen empfiehlt es sich immer, einen Mittelwert zu wählen. Die Korrekturen werden auf jeden Fall die Laufruhe verbessern; es darf jedoch nicht erwartet werden, daß alle Paarungen gleich gut laufen.

9.3 Lastverteilung über die Zahnbreite bei breiten Ritzeln
(*Breitenballigkeit, Breitenkorrektur*)

Bei Ritzeln mit großem b/d (d. h. „Verhältnis: Breite zu Durchmesser") besteht die Gefahr, daß sich die Last infolge Durchbiegung und Verdrehung auf einem Zahnende konzentriert (Abb. 9/7).

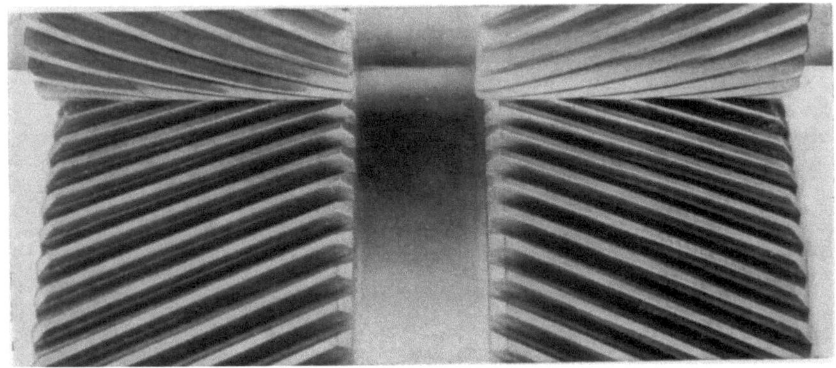

Bei einfacher Schrägverzahnung wird im allgemeinen der Einfluß der Verdrehung überwiegen; dem kann in vielen Fällen dadurch begegnet werden, daß man den Schrägungswinkel – entgegen der Verdrehungsrichtung – korrigiert oder eine entsprechende Abweichung von der Parallelität der Achsen vorsieht.

Diese Maßnahmen schaffen jedoch bei Pfeilverzahnung (bzw. Doppel-Schrägverzahnung) im allgemeinen keine Abhilfe, weil hier der Einfluß der Durchbiegung meist stärker ist als der der Verdrehung. Da die Berechnung der hierfür erforderlichen Breitenkorrektur komplizierter ist wollen wir uns mit der Frage der Lastverteilung bei Doppelschrägverzahnungen großer Zahnbreite befassen.

Die Lösung dieses Problems ist deshalb schwierig, weil Formänderung (Durchbiegung und Verdrehung) und Lastverteilung voneinander abhängen: Um die Formänderung zu berechnen, benötigt man die Lastverteilung; diese kann jedoch nur ermittelt werden wenn die Formänderung bekannt ist.

Es gibt drei Lösungswege:

1. Man nimmt eine Lastverteilung an und berechnet hiermit die Formänderung; diese ist wegen der fehlerhaften Annahmen natürlich nur näherungsweise richtig.

2. Man kann das Problem mit Hilfe der Differential- und Integralrechnung angreifen, was jedoch außerordentlich kompliziert wird, wenn alle Einflußgrößen berücksichtigt werden.

3. Schließlich besteht die Möglichkeit, von bestimmten Annahmen auszugehen und diese schrittweise zu korrigieren, bis schließlich die angenommenen und die berechneten Werte übereinstimmen.

Es sei darauf hingewiesen, daß auch die genaueste Rechnung nur ein näherungsweise richtiges Ergebnis liefern kann; die Einflüsse von Verschleiß und Schmierung – letzterer ist noch vollkommen unerforscht – können bewirken, daß die Lastverteilung bei einem eingelaufenen Getriebe ganz anders ist als bei einem neuen Getriebe und bei laufendem Getriebe anders als bei statischer, d. h. ruhender Belastung.

Wir wählen für die beiden folgenden Beispiele das Verfahren Nr. 3 der schrittweisen Annäherung.

9.31 Untersuchung auf einseitiges Zahntragen bei einem Stirnrad geringer Härte mit Doppel-Schrägverzahnung

Gegeben (Abb. 9/8): Teilkreisdurchmesser des Ritzels

Teilkreisdurchmesser des Ritzels	d_{01}	127 mm
Breite jeder Schrägverzahnung	b_L, b_R	102 mm
Breite der Ringnut zwischen den Schrägen	b_N	50 mm
Härte des Ritzels	HB	$200 \cdots 240$ kg/mm²
Härte des Rades	HB	$170 \cdots 200$ kg/mm²
Übersetzungsverhältnis	i	4
Umfangskraft	P	1450 kg
Umfangskraft je mm Zahnbreite	P/b	7,5 kg/mm

Gesucht: Es ist zu prüfen, ob infolge Biegung und Torsion gefährliche Lastkonzentrationen auftreten. Dabei soll vorausgesetzt werden, daß keine Flankenrichtungs- und Achsparallelitätsfehler vorhanden sind.

Lösung:

1. Annahme: Wir nehmen an, daß je eine Einzelkraft in der Mitte jeder Pfeilhälfte angreift (Abb. 9/11, S. 533).

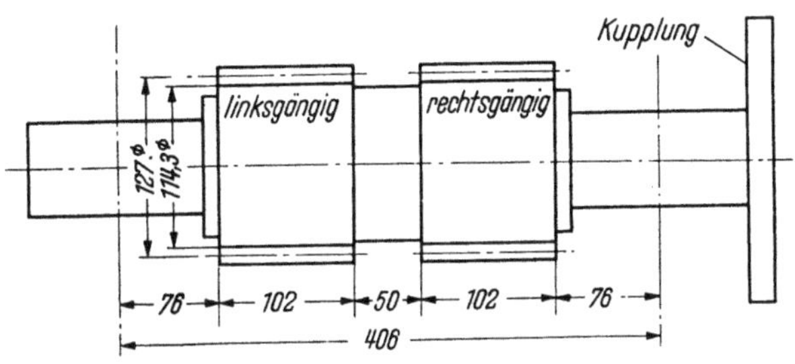

Abb. 9/8. Ritzelabmessungen für Beispiel Abschn. 9.31

Die Grundformel für die *Durchbiegung* eines Balkens, der durch eine Einzelkraft belastet wird, lautet mit den Bezeichnungen nach Abb. 9/9:

$$y_b = \frac{Pb}{6LEI}\left[x^3 - (L^2 - b^2)\,x\right] \qquad \text{für } x < a, \qquad (9/3)$$

$$y_b = \frac{Pb}{6LEI}\left[x^3 - \frac{L}{b}(x-a)^3 - (L^2 - b^2)\,x\right] \quad \text{für } x > a. \qquad (9/4)$$

Für die *Verdrehung* durch eine Einzelkraft gilt mit den Bezeichnungen nach Abb. 9/10:

$$y_t = \frac{P\,r_0^2\,l}{G\,I_p}. \qquad (9/5)$$

Die Art der Lastverteilung hängt nun von der Federsteifigkeit der Zähne ab. Wir setzen hierfür

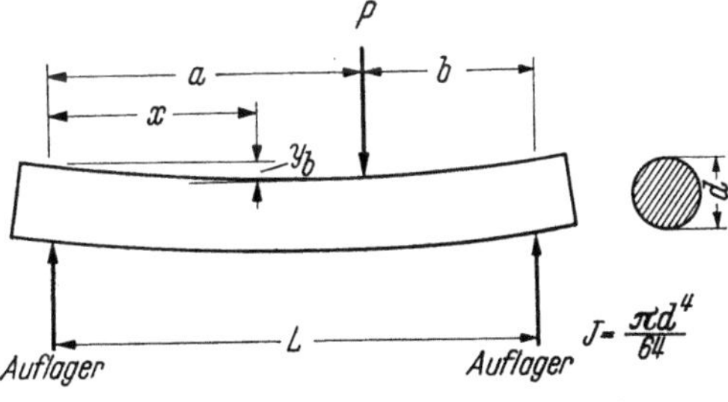

Abb. 9/9. Durchbiegung eines Balkens durch
eine Einzelkraft

einen Zahlenwert ein, der in Versuchen mit derselben Verzahnung (gleiche Zahnhöhe, Eingriffswinkel, Schrägungswinkel) ermittelt wurde, wie wir sie im vorliegenden Fall verwenden[1]. Federkonstante je mm Zahnbreite:

$$c = 1400 \ \text{kg/mm}^2.$$

---

[1] Wenn Versuchsergebnisse nicht vorliegen, kann die Federkonstante nach den Angaben auf S. 217 geschätzt oder die Durchbiegung unmittelbar nach den auf S. 524 angegebenen Verfahren von WALKER ermittelt werden.

Damit erhalten wir den mittleren Formänderungsweg der Verzahnung aus folgender Gleichung:

$$y_z = \frac{P/b}{c}\,.\tag{9/6}$$

Wir berechnen nun den *Verdrehweg* y_t für jede Einzellast und addieren die zusammengehörigen Werte (Superpositionsverfahren). Das Ergebnis ist in Abb. 9/11a dargestellt.

Ebenso errechnen wir zunächst die *Durchbiegungen* y_b für jede Einzellast und erhalten durch Addition die Gesamtdurchbiegung (s. Abb. 9/11 b).

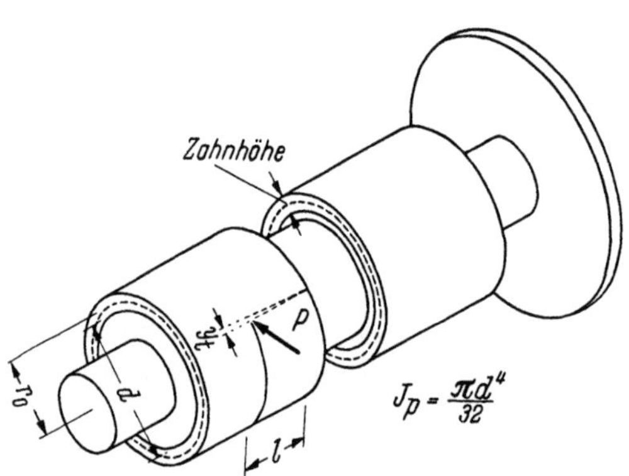

Abb. 9/10. Verdrehung eines Ritzels durch eine Einzelkraft

Bei diesen Berechnungen kann als Biege- bzw. Verdrehquerschnitt der Querschnitt des Ritzelfußkreises angenommen werden. Tatsächlich sind die verzahnten Teile der Ritzelwelle etwas steifer, in der Ringnut zwischen beiden verzahnten Hälften ist die Welle dagegen meist etwas dünner als der Fußkreisdurchmesser also weniger biege- bzw. verdrehsteif. Die kleinere Steifigkeit der dünneren Lagerzapfen braucht nicht berücksichtigt zu werden, da für die Lastverteilung nur die Verformung des eigentlichen Ritzelkörpers von Bedeutung ist. Die Gesamtverformung durch Verdrehung und Biegung erhalten wir durch Addition der Verdrehwege (Abb. 9/11a) zu den Durchbiegungen (Abb. 9/11b). Das Ergebnis ist in Abb. 9/11c dargestellt. Man erhält einen Kurvenzug für jeden verzahnten Teil; daß beide nicht auf einer fortlaufenden Kurve liegen, braucht uns dabei nicht zu stören.

Da der Durchmesser des Rades viel größer ist als der des Ritzels ($i = 4!$), dürften Biegung und Verdrehung des Rades vernachlässigbar klein sein. Hieraus folgt, daß die Teile der Verzahnung, die entsprechend der Gesamtverformung des Ritzels (Abb. 9/11c) am stärksten aus der Eingriffszone herausgebogen werden, die geringste Belastung aufzunehmen haben.

Bei *gleichmäßiger* Lastverteilung über die Zahnbreite ergäbe sich nach Gl. (9/6) eine Verformung der Zähne an jeder Stelle der Zahnbreite von

$$y_z = \frac{1450}{102 + 102}\,\frac{1}{1400} = 0{,}0051 \text{ mm}\,.$$

Da nun auch bei ungleichmäßiger Lastverteilung die Verformung der Zähne *im Mittel* den gleichen Wert haben muß, können wir in Abb. 9/11 c über den Ritzelverformungskurven eine Zahnverformungsfläche auftragen, deren Höhe *im Mittel* 0,0051 mm beträgt (schraffierte Fläche).

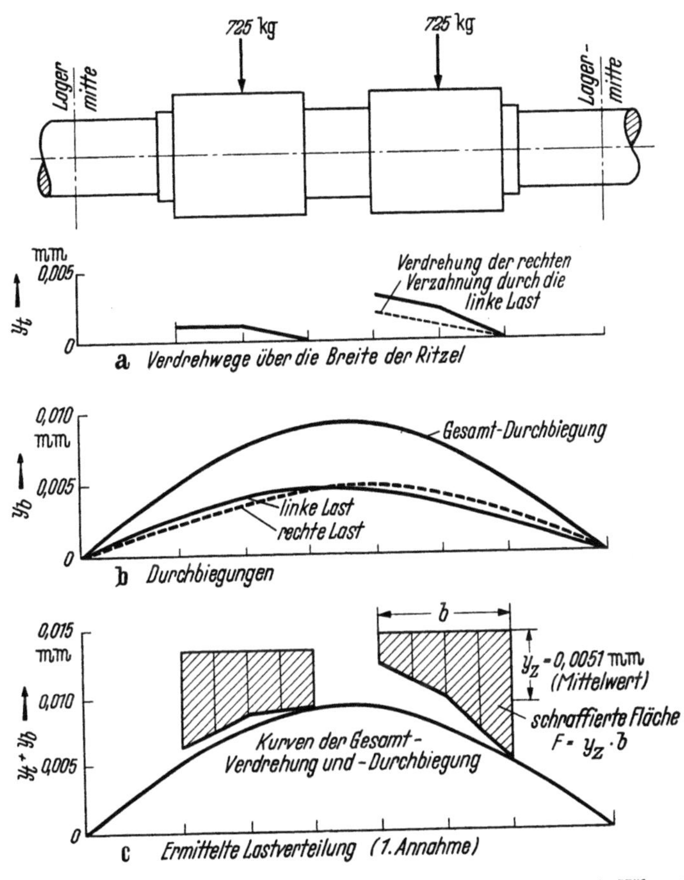

Abb. 9/11 a–c. Berechnung der Formänderung für Beispiel Abschn. 9.31, erste Näherung

Da aber die Formänderung der Verzahnung der jeweiligen Belastung proportional ist, so gibt die Höhe der schraffierten Fläche die Lastverteilung über die Zahnbreite an. – Damit haben wir die erste Näherungslösung.

2. Annahme: Wir gehen jetzt von der – mit der ersten Näherungslösung gewonnenen – Lastverteilung aus. Wie in Abb. 9/11 c dargestellt, teilen wir jede Pfeilhälfte in vier gleich breite Streifen ein und bringen in jedem eine Einzelkraft (Abb. 9/12 a) an. Die Größe jeder Einzelkraft entspricht der Höhe des entsprechenden Streifens der Lastverteilungsfläche Abb. 9/11 c; die Summe der Kräfte einer Pfeilhälfte muß gleich der halben Umfangskraft sein.

Mit dieser Lastannahme werden Biegung und Verdrehung sowie die Gesamtverformung des Ritzels in gleicher Weise wie bei der ersten Näherungsrechnung ermittelt (Abb. 9/12a, b und c). In Abb. 9/12c kann nun

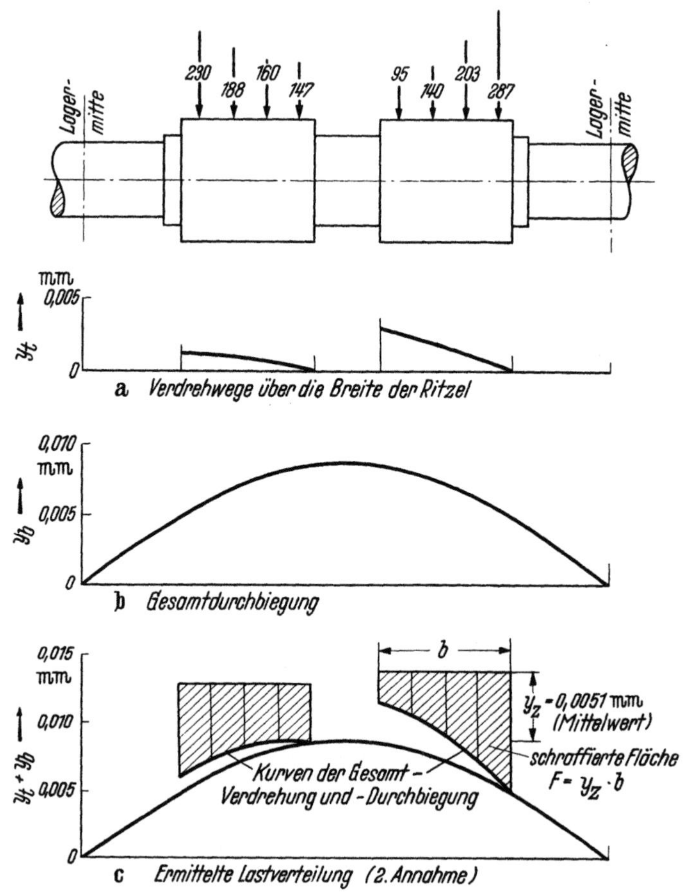

Abb. 9/12 a–c. Berechnung der Formänderung für Beispiel Abschn. 9.31, zweite Näherung

eine zweite, verbesserte Lastverteilungskurve (schraffierte Fläche) eingezeichnet werden; dabei gehen wir ebenfalls genau so vor wie bei der ersten Näherungslösung.

3. *Annahme*: Ausgehend von der zweiten, verbesserten Lastverteilungskurve bestimmen wir die Einzellasten für die dritte Näherung, wobei wir wie bei der zweiten Näherung vorgehen; s. Abb. 9/13. Die mit der dritten Näherungsrechnung gefundenen Verformungen und Lastverteilungen sind in Abb. 9/13c dargestellt.

Man erkennt, daß diese Lastverteilungskurve der von Abb. 9/12 c (zweite Näherung) sehr ähnlich ist und kann daher annehmen, daß weitere Näherungen keine wesentlichen Verbesserungen mehr bringen werden. Deshalb können wir die Lastverteilungskurven der dritten Näherung als Lösung des Problems betrachten.

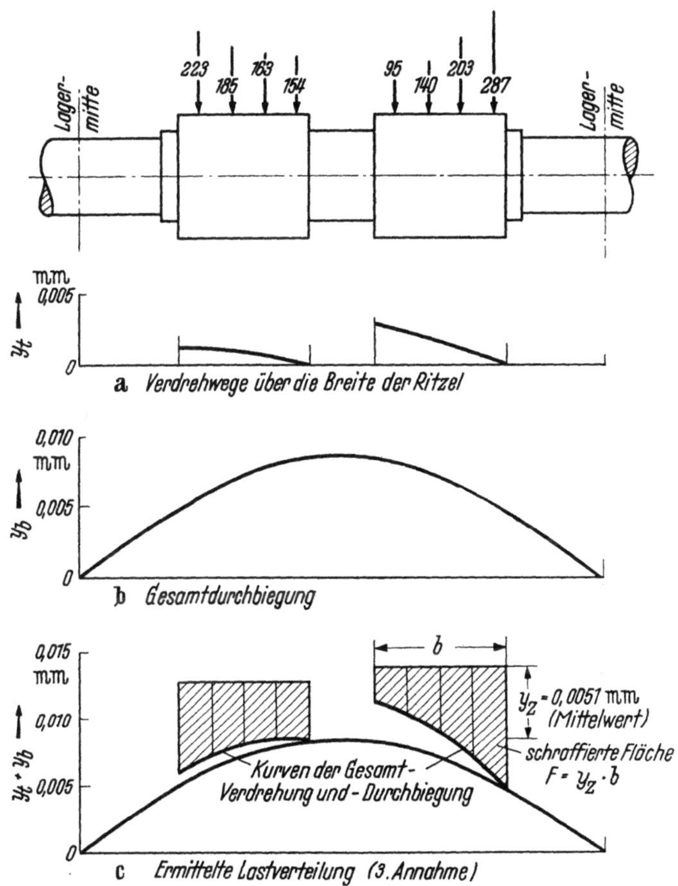

Abb. 9/13 a–c. Berechnung der Formänderung für Beispiel Abschn. 9.31, dritte Näherung

Aus Abb. 9/13 c ist zu ersehen, daß die größten Formänderungen der Verzahnung am Kupplungsende der rechtssteigenden Pfeilhälfte auftritt: 0,0090 mm. Da die mittlere Verformung – wie auf S. 532 errechnet – 0,0051 mm beträgt, haben wir an dieser Stelle eine Lastspitze von

$$\frac{0{,}0090 \text{ mm}}{0{,}0051 \text{ mm}} \cdot 100\% = 177\% \,.$$

Der Unterschied zwischen kleinster und größter Formänderung beträgt 6,5 μ.

Eine gleichmäßige Lastverteilung wird sich einstellen, sobald im Verlauf des Einlaufprozesses – durch Verschleiß – an der obenerwähnten Stelle maximaler Belastung etwa 6 μ abgetragen sind.

Aus Erfahrung wissen wir, daß sich Zahnräder so geringer Härte wie in unserem Falle ($HB \approx 200$ kg/mm²) bis zu einem maximalen Verschleiß von etwa 25 μ gut einlaufen. – Die Zahnbeanspruchung ist verhältnismäßig gering ($K = 0,07$ kg/mm²), so daß selbst bei einer örtlichen Lastspitze von 177% keine Bruchgefahr besteht. Äußerstenfalls werden während des Einlaufens Grübchen auftreten. Diese Grübchenbildung wird jedoch schnell zum Stillstand kommen, sobald die Lastverteilung gleichmäßiger geworden ist. In diesem Fall sind also keine besonderen Maßnahmen zum Abbau der Lastspitzen erforderlich.

Nach AGMA 421.03 darf der Unterschied der Formänderung innerhalb der Ritzelbreite bei schnellaufenden Getrieben (Umfangsgeschwindigkeit > 20 m/s oder Drehzahl $n_1 > 3600$ U/min) nicht größer als 25 μ und bei langsamer laufenden Getrieben nicht größer als 37 μ sein. Diese Regel gilt für eine maximale Brinellhärte von 300 kg/mm² am Ritzel und 255 kg/mm² am Rad.

9.32 Berechnung der Lastverteilung über die Zahnbreite und der erforderlichen Schrägungswinkelkorrektur

Gegeben: Stirntrieb mit Doppel-Schrägverzahnung; gleiche Abmessungen wie in Beispiel 9.31, S. 530, außer:

Härte des Ritzels..............	HB	$380 \cdots 420$ kg/mm²
Härte des Rades	HB	$300 \cdots 350$ kg/mm²
Umfangskraft................	P	4350 kg
Umfangskraft je mm Zahnbreite	P/b	21,3 kg/mm

Gesucht: Es ist zu prüfen, ob infolge Biegung und Torsion gefährliche Lastkonzentrationen auftreten; bejahendenfalls sind Abhilfemaßnahmen zu treffen. Es soll wieder angenommen werden, daß keine ins Gewicht fallenden Flanken- und Achsparallelitätsfehler vorhanden sind.

Lösung: Das Ritzel hat die gleichen Abmessungen, wie im vorigen Beispiel (S. 530); die Belastung ist in diesem Fall jedoch dreimal so groß. – Da nun alle Formänderungen der Belastung proportional sind, folgt hieraus, daß an der hochbelasteten Stelle der rechtssteigenden Pfeilhälfte ein Verschleiß von $3 \cdot 6 \mu = 18 \mu$ erforderlich ist, bis sich eine etwa gleichmäßige Lastverteilung einstellt.

Bei einem Stahl der hier vorliegenden Härte und richtig gewählter Schmierölviskosität ist allerdings eine lange Laufzeit erforderlich, bis ein Verschleiß von 18 μ erreicht ist. Wie in Beispiel 9.31 errechnet, beträgt die Spannung an der höchstbelasteten Stelle 177% des Mittelwertes. Bei einem mittleren K-Faktor von 0,21 kg/mm² kommen wir also an der höchstbelasteten Stelle auf einen Maximalwert von 0,37 kg/mm². Schließlich muß noch beachtet werden, daß die Verzahnung in Wirklichkeit natürlich gewisse Flankenrichtungsfehler aufweisen wird; auch die Wellen werden nicht genau parallel sein.

Insgesamt kann man sagen, daß der K-Faktor am Kupplungsende der Verzahnung – auch bei äußerster Verzahnungsgenauigkeit – Werte von 0,50 bis 0,55 kg/mm² erreichen kann.

Bei einem so hohen K-Faktor eines neuen Getriebes muß befürchtet werden, daß vor Ablauf der ersten 20 Millionen Lastwechsel schwere Freßerscheinungen an den Zahnflanken auftreten. Ferner ist mit Grübchenbildung zu rechnen, wobei zu bedenken ist, daß bei der hohen Schwellbelastung Anrisse von diesen Grübchen ausgehen können, die möglicherweise einen Zahnbruch verursachen.

Diese gefährlichen Lastkonzentrationen können durch eine geeignete *Flankenrichtungskorrektur* vermieden werden; die in unserem Fall erforderliche Korrektur wollen wir jetzt bestimmen:

Wir nehmen an, die Last wäre *gleichmäßig* über die Zahnbreite verteilt (Annäherung: Zehn gleich große Teillasten, d. h. eine Teillast von ein Zehntel der Umfangskraft auf 204 mm Zahnbreite) und berechnen die Verdrehung (Abb. 9/14a), die Durchbiegung (Abb. 9/14b) und hieraus durch Superposition die Gesamtverformung des Ritzelkörpers (Abb. 9/14c).

Entsprechend der dreifach höheren Belastung, muß die Verformung der *Zähne* bei gleichmäßiger Lastverteilung nach Gl. (9/6), S. 532 betragen: $y_z = 15\,\mu$.

Wie in Beispiel 9.31 tragen wir nun über den *Ritzelkörper*-Verformungskurven die *Zahn*-Verformungsfläche auf, deren Höhe im Mittel $15\,\mu$ betragen muß (schraffierte Fläche in Abb. 9/14c). Die Höhe muß möglichst konstant sein, weil bekanntlich die jeweilige Belastung der Formänderung der Verzahnung proportional ist. Die Schräglage der oberen Begrenzung der (schraffierten) Zahnverformungsfläche, die wir auch als Belastungsfläche auffassen können, ist also ein Maß für die Größe der Schrägungswinkelkorrektur; errechnete Zahlenwerte s. Abb. 9/14c.

Die nach der Schrägungswinkelkorrektur noch zu erwartende Überlastung ergibt sich aus dem Verhältnis der größten Höhe der schraffierten Flächen zur mittleren Höhe:

$$\frac{18,1\,\mu}{15,3\,\mu} \cdot 100\% = 118\% .$$

Um eine vollkommene gleichmäßige Lastverteilung zu erhalten, ist somit nur ein Verschleiß von etwa $3\,\mu$ erforderlich, ein Wert, der bei Verzahnungen mittlerer Härte in verhältnismäßig kurzer Zeit erreicht wird.

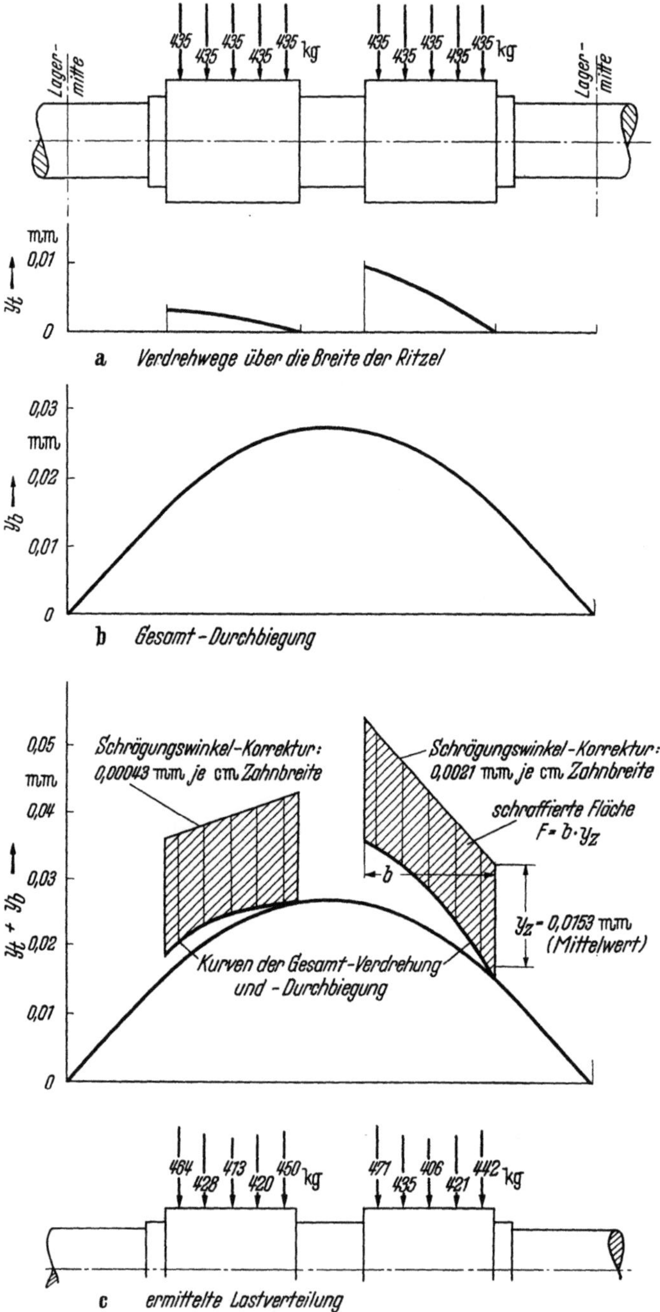

Abb. 9/14 a–c. Formänderungskurve und Lastverteilung für Beispiel Abschn. 9.32

Selbst wenn man berücksichtigt, daß in Wirklichkeit noch Schrägungswinkelfehler und Achsparallelitätsfehler hinzukommen, werden keine extremen Lastspitzen mehr auftreten. Statt eines größten K-Faktors von 0,50 oder 0,55 kg/mm² , der ohne Korrektur bei den neuen Zahnrädern auftreten könnte, ist infolge der Schrägungswinkelkorrekturen mit höchstens 0,35 bis 0,42 kg/mm² zu rechnen.

Wie in Abb. 9/14c angeführt, beträgt die Schrägungswinkelkorrektur der rechtssteigenden Pfeilhälfte nur 21 μ auf 100 mm (entspricht einem Winkel von 42,5″). Die praktische Frage ist nur: „Mit welchem Verfahren kann man den Schrägungswinkel so genau herstellen?" Und weiter: „Welche Schrägungswinkelkorrektur muß man anwenden, wenn das Getriebe in beiden Drehrichtungen läuft und Drehmoment übertragen muß?"

Als Herstellverfahren kommt in erster Linie Schaben in Frage. Unbedingt erforderlich ist ein sehr genau arbeitendes Schrägungswinkelprüfgerät. – Auch Verzahnungsschleifen ist möglich; allerdings ist dann – für Schleifscheibenauslauf – eine viel breitere Ringnut zwischen den Rädern erforderlich. Eine breitere Nut würde eine Vergrößerung der Durchbiegung bedeuten und damit das Übel vergrößern, das bekämpft werden soll.

Bis heute gibt es nur wenige Firmen, die über die Einrichtungen zum Schaben und Prüfen von Zahnrädern derartiger Genauigkeit verfügen. Die meisten Hersteller müssen diese Lastverteilungsprobleme dadurch lösen, daß sie größere Achsabstände und damit kleinere spezifische Zahnbelastungen wählen. Interessant ist in diesem Zusammenhang, daß seit dem zweiten Weltkrieg immerhin eine ganze Anzahl von Hochleistungsgetrieben mit den besprochenen Schrägungswinkelkorrekturen hergestellt wurden. Dadurch war es möglich, hohe K-Faktoren zuzulassen, ohne daß Zahnschäden auftraten.

9.4 Entwurf schnellaufender Getriebe – Berechnung der dynamischen Zahnkräfte

Entwurf und Herstellung schnellaufender Getriebe bereiten häufig ganz besondere Schwierigkeiten. Die Verzahnung dieser Getriebe muß sehr genau sein, damit die dynamischen Zusatzkräfte nicht zu groß werden. Aus demselben Grunde ist man auch bestrebt, die Umfangsgeschwindigkeiten herunterzudrücken, d. h. die Getriebe mit möglichst geringem Achsabstand und großer Zahnbreite auszuführen.

Auch die Wärmebehandlung großer Zahnräder ist schwierig, insbesondere wenn hohe Härtegrade erreicht werden sollen: Es müssen dann besondere Maßnahmen getroffen werden, um Härterisse zu vermeiden und den Härteverzug in zulässigen Grenzen zu halten.

Im allgemeinen werden Zahnräder für schnellaufende Getriebe allerdings aus Werkstoffen geringer bis mittlerer Härte[1] hergestellt und nach

---

[1] $HB \approx 180$ bis 340 kg/mm² .

dem Vergüten fertigbearbeitet. Wegen der geringen Belastbarkeit dieser Werkstoffe bauen solche Getriebe für hohe Leistungen notwendigerweise sehr groß.

9.41 Beispiel für den Entwurf eines Turbinengetriebes (Abb. 9/15)

Gegeben: Eine Turbine treibt mit einer Drehzahl von 10 000 U/min über ein Stirnradgetriebe einen 600 kW-Generator an; die Generatordrehzahl

Abb. 9/15. Stromerzeugungsanlage, bestehend aus schnellaufender Turbine, Stirnradgetriebe und Generator

beträgt 1200 U/min. Der Achsabstand im Getriebe, d. h. zwischen Ritzel und Rad soll etwa 430 mm betragen.

Gesucht: Die Abmessungen der Zahnräder sind zu bestimmen. Die Verzahnungsgenauigkeit ist so zu wählen, daß hohe dynamische Zusatzkräfte vermieden werden. – Falls große Zahnbreiten erforderlich sind, ist die Lastverteilung über die Zahnbreite zu prüfen.

Lösung:

1. Bestimmung der Hauptabmessungen: Wir legen für das Getriebe eine Leistung von 860 PS zugrunde, wobei der Wirkungsgrad des Generators mit 95% angesetzt wurde. Mit Gl. (3/1) (S. 123) kann damit der Q-Faktor ermittelt werden:

$$Q\text{-Faktor} = \frac{860}{10000} \frac{(8{,}33 + 1)^3}{8{,}33} = 8{,}39 \, .$$

Nach Tab. 3/4, S. 129 kann für ein derartiges Getriebe ein K-Faktor von 0,077 kg/mm² zugelassen werden.

Da der Achsabstand vorgegeben ist, kann die Zahnbreite aus Gl. (3/5) (S. 126) berechnet werden:

$$b = \frac{358000 \cdot 8,39}{430^2 \cdot 0,077} = 211 \text{ mm} .$$

Mit Gl. (3/7), S. 127 ergibt sich dann folgender Wälzkreisdurchmesser des Ritzels:

$$d_{b1} = 92,135 \text{ mm} .$$

Wir erhalten somit ein sehr hohes Breitenverhältnis: $b/d_1 = 2,29$.

2. Bestimmung der Verzahnungsdaten: Bei der Wahl der Ritzelzähnezahl stehen die Gesichtspunkte „Laufruhe" und „Günstiges Verschleißverhalten" im Vordergrund. Nach den Empfehlungen von S. 169 bis 171 und den Richtlinien in Tab. 3/18 dürfte eine Ritzelzähnezahl zwischen 35 und 40 dem vorliegenden Zweck entsprechen. Mit einem (in den USA) genormten Modul von $m_s = 2,54$ (entsprechend $DP = 10$) ergäbe sich eine Ritzelzähnezahl von 36 bis 37. Wir wählen $z_1 = 37$ und erhalten mit dem Übersetzungsverhältnis $i = 8,33$ eine Radzähnezahl von 308 oder 309. Wir wählen $z_2 = 309$, um die Turbinendrehzahl möglichst hoch zu halten. Damit ist auch der Forderung genügt, daß z_1 und z_2 keinen gemeinsamen Teiler haben sollen.

Im Hinblick auf einen hohen Überdeckungsgrad wurde Nullverzahnung gewählt (nach den Empfehlungen in Bild 3/35 b, S. 179 wäre eine geringe $\pm$ Profilverschiebung zweckmäßig).

Damit ergibt sich ein Achsabstand von 439,42 mm; d. h. die Radbreite kann auf 206 mm verringert werden, ohne daß der vorgegebene K-Faktor von 0,077 kg/mm² überschritten wird. Der Wälzkreisdurchmesser wird dann nach Gl. (3/7), S. 127: $d_{b1} = 93,98$ mm.

3. Kontrolle der Lastverteilung über die Zahnbreite. Wegen des großen Breitenverhältnisses von $b/d_1 = 206 / 93,98 = 2,19$ muß geprüft werden, ob die zusammenwirkende Biege- und Verdrehbeanspruchung zu starker einseitiger Lastkonzentration führt. Wir gehen hierbei nach dem Verfahren vor, das in Abschn. 9.3, S. 529 f. beschrieben wurde.

In Abb. 9/16 sind die mit der dritten Näherung errechneten Werte für Formänderung und Lastverteilung über die Breite des Ritzels dargestellt. Als Maximalwert der Formänderung wurde 12,5 μ errechnet; gegenüber einem Kleinstwert von 2 μ. — Wie auf S. 536 bereits erwähnt, darf der Unterschied der Formänderung über die Zahnbreite bei schnellaufenden Ritzeln 25 μ nicht überschreiten. Eine Korrektur dürfte — auch bei den hier gewählten Werkstoffen (s. S. 542 oben) — nicht erforderlich sein, obwohl der K-Faktor an der überlasteten Stelle (Kupplungsseite) im Neuzustand etwa 0,20 kg/mm² betragen wird. — Man kann jedoch annehmen, daß sich die Flanken ohne ernste Schäden einlaufen.

4. Werkstoffe. Um den Verschleiß möglichst niedrig zu halten, wählen wir für das Ritzel einen Stahl mit 300 bis 350 und für das Rad von 180 bis 220 kg/mm² Brinellhärte. Durch die Paarung zweier Stähle verschie-

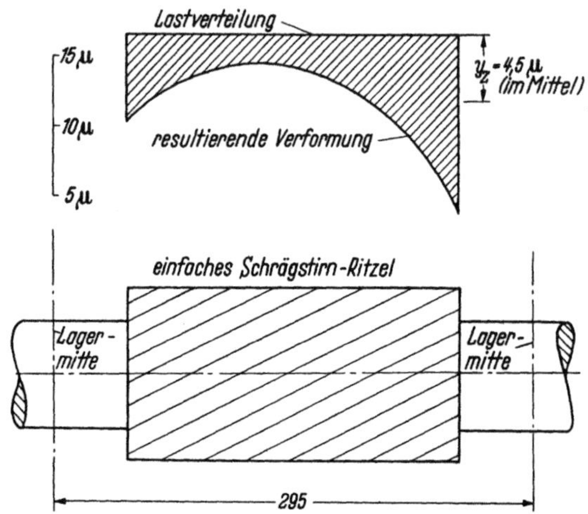

Abb. 9/16. Formänderungskurve und Lastverteilung für Beispiel Abschn. 9.41

dener Härte erreicht man eine gewisse Erhöhung der Flankentragfähigkeit; auch der Reibwert der sich berührenden Flanken wird etwas geringer.

5. Berechnung der dynamischen Zahnkräfte nach Buckingham [9/282]. Trotz aller Mängel (vgl. S. 107) ist das von BUCKINGHAM angegebene Verfahren sehr geeignet, den Einfluß von Verzahnungsfehlern, Umfangsgeschwindigkeiten und rotierenden Massen auf die Zahnkraft abzuschätzen.

Die gesamte zu übertragende Zahnkraft wird wie folgt berechnet:

$$P_{ges} = P + P_{dyn}. \tag{9/7}$$

Hierin ist P die aus Leistung und Drehzahl berechnete Umfangskraft und P_{dyn} die dynamische Zusatzkraft.

BUCKINGHAM unterscheidet nun zwei Arten dynamischer Zusatzkräfte. Die eine Art, die wir mit $P_{dyn\,A}$ bezeichnen wollen, ist bei kleinen Umfangsgeschwindigkeiten und Massen maßgebend. In diesem Fall verursachen die wirksamen Fehler (bestehend aus Verzahnungsherstellfehlern und Verformung unter Last) Beschleunigungen und Verzögerungen der umlaufenden Massen, deren Folge zusätzliche Massenkräfte sind.

Unter bestimmten Bedingungen – bei kurzer Eingriffsdauer[1] – bewirken die rotierenden Massen jedoch, daß die Umfangsgeschwindigkeit im wesentlichen konstant bleibt. Der zur Wirkung kommende Fehler e'

---

[1] Das heißt hoher Drehzahl.

kann hierbei kleiner werden als der vorher erwähnte Fehler e und dementsprechend auch die dynamische Zusatzkraft, die wir – wenn dieser Fall eintrifft – $P_{\mathrm{dyn}\,B}$ nennen wollen.

Maßgebend zur Berechnung von P_{dyn} ist also stets der kleinere Wert von e oder e'.

Bestimmung von e: Bei fehlerfreier Verzahnung ist der wirksame Fehler e gleich der Durchbiegung unter der aufgebrachten Last. Wenn die Verzahnung außerdem Herstellfehler aufweist, so ergibt sich der wirksame Fehler aus dem Zusammenwirken von Herstellfehler und Durchbiegung. Je nach der Lage der Herstellfehler (vorstehende oder zurückliegende Flanke) können sich beide gegenseitig verstärken oder vermindern.

Bestimmung von e':

$$e' = \frac{6\,P\,t^2}{M}\ [\mathrm{mm}], \tag{9/8}$$

$$t = \frac{30}{n\,z}\ [\mathrm{sek}]. \tag{9/9}$$

Hierin ist n [U/min] die Drehzahl des treibenden Rades und z die Zähnezahl des treibenden Rades. Die Berechnung der wirksamen Masse M wird nachstehend gezeigt.

Berechnung der dynamischen Zusatzkraft: Die nachfolgend angeführten Formeln entstammen dem Buch von BUCKINGHAM, „Analytical Mechanics of Gears". Bezeichnungen s. Tab. 9/1, S. 515.

$$P_{\mathrm{dyn}} = \sqrt{f_a(2f_2 - f_a)}\ [\mathrm{kg}], \tag{9/10}$$

$$f_a = \frac{f_1 f_2}{f_1 + f_2}\ [\mathrm{kg}], \tag{9/11}$$

$$f_2 = P\left(\frac{(e)\,[\mathrm{mm}]}{y\,[\mathrm{mm}]} + 1\right)\ [\mathrm{kg}]. \tag{9/12}$$

Hierin ist (e) der maßgebende Eingriffsteilungsfehler, für den der kleinere Wert von e und e' einzusetzen ist (s. oben!). y ist die Formänderung des Zahnes, für die BUCKINGHAM folgende Näherungsgleichung angibt:

$$y = \frac{K_1\,\dfrac{P}{b}\left(\dfrac{1}{E_1} + \dfrac{1}{E_2}\right)}{\cos^2\beta_0}\ [\mathrm{m}]. \tag{9/13}$$

K_1 ist eine Steifigkeitskonstante, die von Eingriffswinkel und Zahnhöhe abhängt. In Abb. 9/17 ist K_1 für normale Zahnhöhen abhängig vom Eingriffswinkel angegeben.

$$f_1 = H\,M\,v^2 \cos^2\beta_0\ [\mathrm{kg}], \tag{9/14}$$

$$H = K_2\left(\frac{1}{r_1} + \frac{1}{r_2}\right)\ [1/\mathrm{m}]. \tag{9/15}$$

Die Konstante K_2 kann wieder aus Abb. 9/17 entnommen werden. v ist die Umfangsgeschwindigkeit, die mit Gl. (2/146), S. 98 zu bestimmen ist. M ist die im Zahneingriff wirksame Masse, deren Berechnung nun gezeigt werden soll.

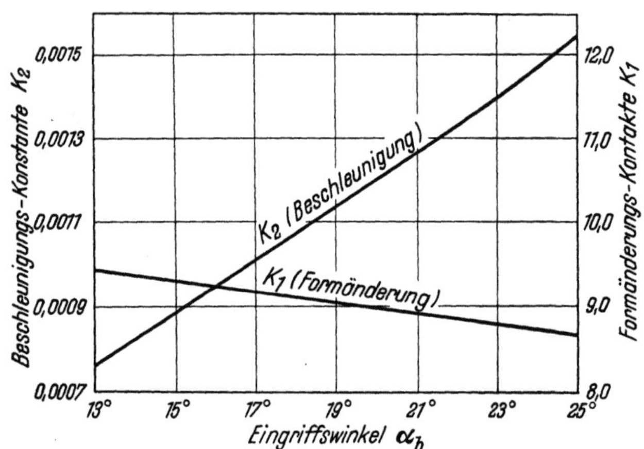

Abb. 9/17. Konstante K_1 und K_2 für normale Zahnhöhe zur Berechnung der dynamischen Zahnkraft nach dem Verfahren von BUCKINGHAM

$$M = \frac{M_\mathrm{I} M_\mathrm{II}}{M_\mathrm{I} + M_\mathrm{II}} \ [\mathrm{kg\,sek^2/m}]. \tag{9/16}$$

$$M_\mathrm{I} = M_1 + M_1' \ [\mathrm{kg\,sek^2/m}], \tag{9/17}$$

$$M_\mathrm{II} = M_2 + M_2' \ [\mathrm{kg\,sek^2/m}]. \tag{9/18}$$

Hierin ist M_1 die auf Radius r_1 reduzierte Masse des Ritzels, M_2 die auf Radius r_2 reduzierte Masse des Rades, die aus Massenträgheitsmoment J_m und Radius berechnet werden können.

$$M_1 = \frac{I_{m1}}{r_1^2}; \quad M_2 = \frac{I_{m2}}{r_2^2} \ [\mathrm{kg\,sek^2/m}]. \tag{9/19}$$

Die Formeln zur Berechnung des Massenträgheitsmomentes sind in Abb. 9/18 für eine Reihe von Rotationskörpern angegeben.

M_1' und M_2' berücksichtigen den Einfluß der mit Ritzel und Rad verbundenen Massen M_T und M_G.

$$M_1' = \frac{\sqrt{B_1^2 + 4 A_1 C_1} - B_1}{2 A_1} \ [\mathrm{kg\,sek^2/m}], \tag{9/20}$$

$$A_1 = H M_T v^2 \cos^2 \beta_0 \ [\mathrm{kg}]. \tag{9/21}$$

$$B_1 = (M_1 + M_\mathrm{II}) A_1 + e M_\mathrm{II} c_1 \ [\mathrm{kg^2\,sek^2\,m}]. \tag{9/22}$$

$$C_1 = e M_T M_\mathrm{II} c_1 \ [\mathrm{kg^3\,sek^4/m^2}]. \tag{9/23}$$

M_T ist die volle wirksame Masse der mit dem Ritzel verbundenen Teile, reduziert auf den Ritzelradius r_1. M_T errechnet sich ähnlich wie M_1:

$$M_T = \frac{I_{mT}}{r_1^2} \ [\text{kg sek}^2/\text{m}].$$

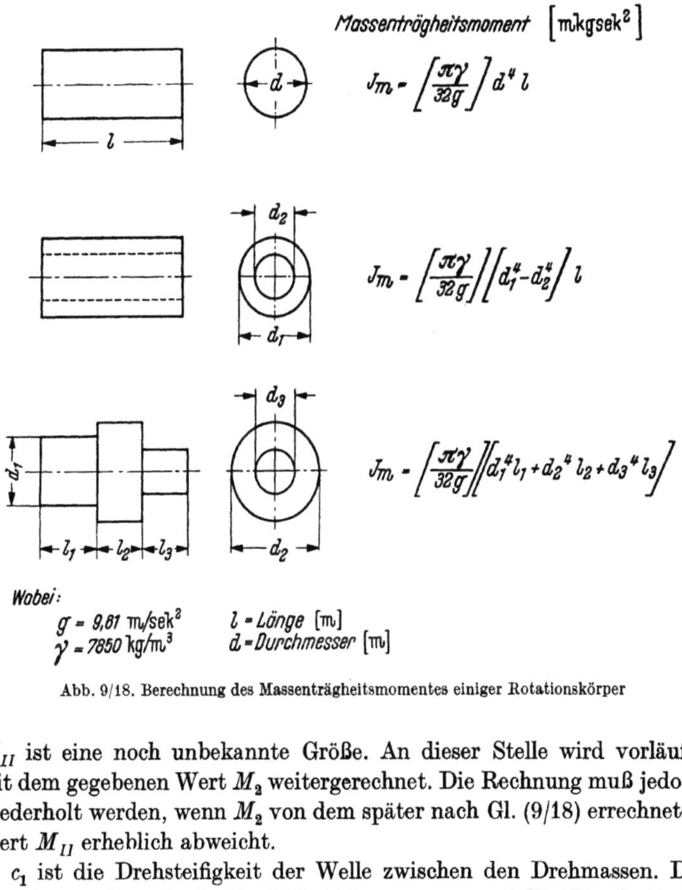

Abb. 9/18. Berechnung des Massenträgheitsmomentes einiger Rotationskörper

M_{II} ist eine noch unbekannte Größe. An dieser Stelle wird vorläufig mit dem gegebenen Wert M_2 weitergerechnet. Die Rechnung muß jedoch wiederholt werden, wenn M_2 von dem später nach Gl. (9/18) errechneten Wert M_{II} erheblich abweicht.

c_1 ist die Drehsteifigkeit der Welle zwischen den Drehmassen. Die Berechnungsformeln sind in Abb. 9/19 zusammengestellt. Für elastische Kupplungen und andere komplizierte Teile muß der c-Wert experimentell bestimmt werden. Der Gleitmodul für Stahl kann mit 8300 kg mm² eingesetzt werden. Für zylindrische Stahlwellen ohne Bohrung ergibt sich damit (Bez. s. Abb. 9/19):

$$c = 814{,}85 \, \frac{d^4}{r^2 l} \ [\text{kg/mm}]. \tag{9/24}$$

In entsprechender Form kann für das Rad der Wert M_2' berechnet werden:

$$M_2' = \frac{\sqrt{B_2^2 + 4A_2 C_2} - B_2}{2A_2} \ [\text{kg sek}^2/\text{m}], \tag{9/25}$$

$$A_2 = H M_G v^2 \cos^2\beta_0 \ [\text{kg}], \tag{9/26}$$

$$B_2 = (M_2 + M_\mathrm{I}) A_2 + e M_\mathrm{I} c_2 \ [\text{kg}^2\,\text{sek}^2/\text{m}] \tag{9/27}$$

$$C_2 = e M_G M_\mathrm{I} c_2 \ [\text{kg}^3\,\text{sek}^4/\text{m}^2], \tag{9/28}$$

$$M_G = \frac{I_{mG}}{r_2^2} \ [\text{kg sek}^2/\text{m}].$$

c_2 kann wieder mit den Formeln in Abb. 9/19 bzw. nach Gl. (9/24) errechnet werden.

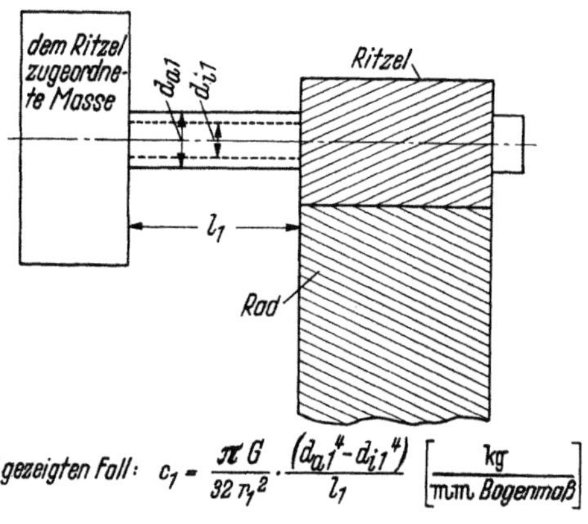

Für den im Bild gezeigten Fall: $c_1 = \dfrac{\pi\,G}{32\,r_1^2}\cdot\dfrac{(d_{a1}^4 - d_{i1}^4)}{l_1}\ \left[\dfrac{\text{kg}}{\text{mm Bogenmaß}}\right]$

Für den allgemeinen Fall: $c = \dfrac{\pi\,G}{32\,r^2}\cdot\sum\dfrac{(d_a^4 - d_i^4)}{l}$

Wobei: d_a = Außendurchmesser der Welle eines Schnittes

d_i = Innendurchmesser der Welle eines Schnittes

l = Länge eines Schnittes

G = Gleitmodul = 8300 kg/mm² für Stahl

r = Teilkreisradius des auf der Welle befestigten Zahnrades

Abb. 9/19. Berechnung der Drehsteifigkeit von Wellen

6. Zahlenbeispiel: Die Zahlenrechnung für das auf S. 540 begonnene Beispiel ist in Tab. 9/2 zusammengestellt. Die Angaben über die Massen und Drehsteifigkeiten der zu untersuchenden Anlage sind aus Abb. 9/20, S. 548 zu entnehmen. Die Berechnung zeigt, daß e (Zeile 12) hier kleiner ist als e' (Zeile 43). Deshalb wurde die Berechnung mit e fortgesetzt.

Die dynamische Zusatzkraft beträgt für diesen Fall $P_{\mathrm{dyn}\,A} = 565$ kg (Tab. 9/2, Zeile 47). Die zu erwartende Gesamtzahnkraft ist demnach fast 1,5mal so groß wie die – aus der Leistung errechnete – Umfangskraft, was einem K-Faktor von etwa 0,11 kg/mm² entspricht. Für die hier ver-

Tabelle 9/2. Zusammenstellung der Rechenergebnisse für den Entwurf eines Turbinengetriebes, Abschnitt 9.41[1]

I. Gegebene Daten:

1.	Leistung	N	860	PS	8.	Reduzierte Ritzelmasse	M_1	0,818	$\dfrac{\text{kg sek}^2}{\text{m}}$
2.	Drehzahl (Turbine)	n_1	≈ 10000	U/min	9.	Reduzierte Radmasse	M_2	16,36	$\dfrac{\text{kg sek}^2}{\text{m}}$
3.	Drehzahl (Generator)	n_2	1200	U/min	10.	Reduzierte Turbinenmasse	M_T	174,45	$\dfrac{\text{kg sek}^2}{\text{m}}$
4.	Achsabstand	a	≈ 430	mm	11.	Reduzierte Generatormasse	M_G	13,242	$\dfrac{\text{kg sek}^2}{\text{m}}$
5.	Eingriffswinkel	$\alpha_0 = \alpha_b$	20	°	12.	Wirksamer Fehler	e	0,006 [2]	mm
6.	Schrägungswinkel	β_0	23	°	13.	Drehsteifigkeit	c_1	3 571,65	kg/mm
7.	Stirnmodul	m_s	2,54	mm	14.	Drehsteifigkeit	c_2	1 660,82	kg/mm

II. Errechnete Daten:

15.	Q-Faktor		8,45	Gl. 3/1	32.	Zwischenwert	A_1	10 647,24	Gl. 9/21
16.	K-Faktor		0,077	Tab. 3/4	33.	Zwischenwert	B_1	183 248,88	Gl. 9/22
17.	Zähnezahl	z_1	37	Tab. 3/18	34.	Zwischenwert	C_1	61 160,98	Gl. 9/23
18.	Zähnezahl	z_2	309	$i\,z_1$	35.	Masse	$M_1{}'$	0,328	Gl. 9/20
19.	Achsabstand	a	439,42	Gl. 2/53	36.	Masse	M_I	1,146	Gl. 9/17
20.	Teilkreisdurchmesser	d_{01}	93,98	$z_1\,m_s$	37.	Zwischenwert	A_2	808,185	Gl. 9/26
21.	Teilkreisdurchmesser	d_{02}	784,86	$z_2\,m_s$	38.	Zwischenwert	B_2	14 159,50	Gl. 9/27
22.	Zahnbreite	b	206	Gl. 3/5	39.	Zwischenwert	C_2	151,22	Gl. 9/28
23.	Drehzahl (Turbine)	n_1	10022	$i\,n_2$	40.	Masse	$M_2{}'$	0,0107	Gl. 9/25
24.	Übersetzung	i	8,351	z_2/z_1	41.	Masse	M_{II}	16,370 [3]	Gl. 9/18
25.	Umfangsgeschwindigkeit im Teilkreis	v	49,33	$\dfrac{d_{01}\,\pi\,n_1}{60}$	42.	Wirksame Masse	M	1,071	Gl. 9/16
26.	Umfangskraft	P	1320 kg	$\dfrac{716{,}2\,N}{r_{01}\,n_1}$	43.	Fehler	e'	0,048 [4]	Gl. 9/8
27.	Zeit für Lastangriff	t	$81 \cdot 10^{-6}$ sek	Gl. 9/9	44.	Zwischenwert	f_1	65,365	Gl. 9/14
28.	Konstante	K_1	9,0	Abb. 9/17	45.	Zwischenwert	f_2	2540	Gl. 9/12
29.	Konstante	K_2	0,012	Abb. 9/17	46.	Zwischenwert	f_a	63,725	Gl. 9/11
30.	Formänderung	y	$6,5 \cdot 10^{-6}$ m	Gl. 9/13	47.	Dynamische Zusatzkraft	P_{dyn}	565 kg	Gl. 9/10
31.	Zwischenwert	H	0,0296 1/m	Gl. 9/15	48.	Maximale Zahnbelastung	P_{max}	1885 kg	Gl. 9/7

[1] Bezeichnungen gegenüber BUCKINGHAM [9/282] geändert.

[2] Wirksamer Fehler $e = 6\,\mu$ geschätzt. (Mittlere Durchbiegung nach Abb. 9/16 etwa $4,5\,\mu$; um die positiven Teilungsfehler in gewissem Maße zu berücksichtigen, wurde ein Zuschlag von $1,5\,\mu$ gemacht – sehr genaue Verzahnung!).

[3] M_{II} muß mit M_2 gut übereinstimmen. Bei größerer Abweichung muß die Rechnung mit dem für M_{II} ermittelten Wert wiederholt werden.

[4] e' ist größer als e.

wendeten Werkstoffe dürfte dieser Wert noch als zulässig angesehen werden, selbst wenn es – wie in diesem Fall – auf hohe Betriebssicherheit ankommt. Versuche haben gezeigt, daß man bei Stählen dieser Härte je

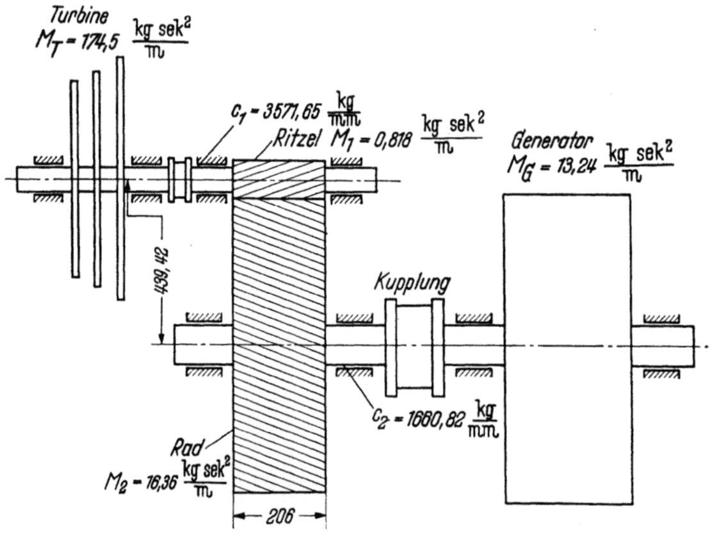

Abb. 9/20. Schematische Darstellung der Stromerzeugungsanlage von Beispiel Abschn. 9.41

nach Schmierung, Oberflächenbeschaffenheit und Stahlzusammensetzung einen K-Faktor von 0,14 bis 0,28 kg/mm² zulassen kann, wenn keine oder nur geringe dynamische Zusatzkräfte auftreten. Für den Fall, daß die Rechnung einen zu hohen K-Faktor ergibt, müssen die dynamischen Zusatzkräfte durch Erhöhung der Verzahnungsgenauigkeit herabgesetzt (in diesem Beispiel kaum möglich) oder die Dimensionen geändert werden.

9.5 Schrifttum zu Kapitel 9

AGMA 421.03 (Mai 55). Practice for High Speed Helical & Herringbone Gear Units.

[9/280] WALKER, H.: Gear Tooth Deflection and Profile Modification. Engineer, Bd. 166 (1938), S. 409–412, 434–436; Bd. 170 (1940), S. 102–104.

[9/281] PORITZKY, H., A. D. SUTTON and A. PERNICK: Distribution of Tooth Load along a Pinion. J. Applied Mech., Bd. 12 (1945), S. A78–A86; Bd. 13 (1946), S. A246–A249.

[9/282] BUCKINGHAM, E.: Analytical Mechanics of Gears. S. 455–459. New York 1949.

[9/283] DUDLEY, D. W.: Modification of Gear Tooth Profiles. Product Eng., Bd. 20 (1949) Sept., S. 126–131.

[9/284] WEBER, C., und K. BANASCHEK: Formänderung und Profilrücknahme bei gerad- und schrägverzahnten Rädern. Braunschweig 1953.

[9/285] CAMERON, A.: Versuche an Schiffsgetrieben. In „Zahnräder, Zahnradgetriebe". Braunschweig 1955.

Sachverzeichnis

Berichtigung

S. 253, Gl. (3/61): statt m_s lies m_n

S. 253, 2. Zeile im Anschluß an Gl. (3/61):

    statt m_s Modul im Stirnschnitt

    lies m_n Modul im Normalschnitt

MIX
Papier aus verantwortungsvollen Quellen
Paper from responsible sources
FSC® C105338

FSC
www.fsc.org

If you have any concerns about our products,
you can contact us on
ProductSafety@springernature.com

In case Publisher is established outside the EU,
the EU authorized representative is:
Springer Nature Customer Service Center GmbH
Europaplatz 3, 69115 Heidelberg, Germany

Printed by Libri Plureos GmbH
in Hamburg, Germany